中国石油科技进展丛书（2006—2015年）

海外油气勘探开发

主　编：穆龙新

石油工业出版社

内 容 提 要

本书系统地阐述了中国石油2006—2015年在海外油气勘探开发方面取得的重要成果和进展，主要包括以被动裂谷盆地、含盐盆地、前陆盆地油气勘探理论与技术为代表的海外油气勘探理论与技术；以砂岩油田高速开发、碳酸盐岩油气田高效开发、超重油油藏冷采开发为代表的海外油气田开发理论与技术等内容。

本书可供从事海外油气勘探开发工作的科研人员、管理人员阅读，也可供石油院校相关专业师生参考。

图书在版编目（CIP）数据

海外油气勘探开发 / 穆龙新主编. —北京：石油工业出版社，2019.1

（中国石油科技进展丛书. 2006—2015年）

ISBN 978-7-5183-3013-3

Ⅰ. ①海… Ⅱ. ①穆… Ⅲ. ①油气勘探 ②油气开发 Ⅳ. ① P618.130.8 ② TE34

中国版本图书馆CIP数据核字（2018）第300411号

审图号：GS（2018）6915号

出版发行：石油工业出版社
  （北京安定门外安华里2区1号　100011）
  网　　址：www.petropub.com
  编辑部：（010）64523543　图书营销中心：（010）64523633
经　销：全国新华书店
印　刷：北京中石油彩色印刷有限责任公司

2019年1月第1版　2019年1月第1次印刷
787×1092毫米　开本：1/16　印张：30.75
字数：787千字

定价：260.00元
（如出现印装质量问题，我社图书营销中心负责调换）
版权所有，翻印必究

《中国石油科技进展丛书（2006—2015年）》编委会

主　任：王宜林

副主任：焦方正　喻宝才　孙龙德

主　编：孙龙德

副主编：匡立春　袁士义　隋　军　何盛宝　张卫国

编　委：（按姓氏笔画排序）

于建宁　马德胜　王　峰　王卫国　王立昕　王红庄
王雪松　王渝明　石　林　伍贤柱　刘　合　闫伦江
汤　林　汤天知　李　峰　李忠兴　李建忠　李雪辉
吴向红　邹才能　闵希华　宋少光　宋新民　张　玮
张　研　张　镇　张子鹏　张光亚　张志伟　陈和平
陈健峰　范子菲　范向红　罗　凯　金　鼎　周灿灿
周英操　周家尧　郑俊章　赵文智　钟太贤　姚根顺
贾爱林　钱锦华　徐英俊　凌心强　黄维和　章卫兵
程杰成　傅国友　温声明　谢正凯　雷　群　蔺爱国
撒利明　潘校华　穆龙新

专家组

成　员：刘振武　童晓光　高瑞祺　沈平平　苏义脑　孙　宁
高德利　王贤清　傅诚德　徐春明　黄新生　陆大卫
钱荣钧　邱中建　胡见义　吴　奇　顾家裕　孟纯绪
罗治斌　钟树德　接铭训

《海外油气勘探开发》编写组

主　　编：穆龙新

编写人员：（按姓氏笔画排序）

万仑坤	马　锋	马中振	马海珍	王兆明	王　震
王燕琨	计智锋	田作基	史卜庆	朱恩永	阳孝法
杨朝蓬	李　志	李星民	肖坤叶	吴义平	吴向红
辛玉霞	宋　珩	张光亚	张志伟	张良杰	张祥忠
陈亚强	陈和平	范子菲	周玉冰	郑俊章	赵　伦
郭春秋	郭　睿	黄文松	廖长霖	潘校华	

序

习近平总书记指出，创新是引领发展的第一动力，是建设现代化经济体系的战略支撑，要瞄准世界科技前沿，拓展实施国家重大科技项目，突出关键共性技术、前沿引领技术、现代工程技术、颠覆性技术创新，建立以企业为主体、市场为导向、产学研深度融合的技术创新体系，加快建设创新型国家。

中国石油认真学习贯彻习近平总书记关于科技创新的一系列重要论述，把创新作为高质量发展的第一驱动力，围绕建设世界一流综合性国际能源公司的战略目标，坚持国家"自主创新、重点跨越、支撑发展、引领未来"的科技工作指导方针，贯彻公司"业务主导、自主创新、强化激励、开放共享"的科技发展理念，全力实施"优势领域持续保持领先、赶超领域跨越式提升、储备领域占领技术制高点"的科技创新三大工程。

"十一五"以来，尤其是"十二五"期间，中国石油坚持"主营业务战略驱动、发展目标导向、顶层设计"的科技工作思路，以国家科技重大专项为龙头、公司重大科技专项为抓手，取得一大批标志性成果，一批新技术实现规模化应用，一批超前储备技术获重要进展，创新能力大幅提升。为了全面系统总结这一时期中国石油在国家和公司层面形成的重大科研创新成果，强化成果的传承、宣传和推广，我们组织编写了《中国石油科技进展丛书（2006—2015年）》（以下简称《丛书》）。

《丛书》是中国石油重大科技成果的集中展示。近些年来，世界能源市场特别是油气市场供需格局发生了深刻变革，企业间围绕资源、市场、技术的竞争日趋激烈。油气资源勘探开发领域不断向低渗透、深层、海洋、非常规扩展，炼油加工资源劣质化、多元化趋势明显，化工新材料、新产品需求持续增长。国际社会更加关注气候变化，各国对生态环境保护、节能减排等方面的监管日益严格，对能源生产和消费的绿色清洁要求不断提高。面对新形势新挑战，能源企业必须将科技创新作为发展战略支点，持续提升自主创新能力，加快构筑竞争新优势。"十一五"以来，中国石油突破了一批制约主营业务发展的关键技术，多项重要技术与产品填补空白，多项重大装备与软件满足国内外生产急需。截至2015年底，共获得国家科技奖励30项、获得授权专利17813项。《丛书》全面系统地梳理了中国石油"十一五""十二五"期间各专业领域基础研究、技术开发、技术应用中取得的主要创新性成果，总结了中国石油科技创新的成功经验。

《丛书》是中国石油科技发展辉煌历史的高度凝练。中国石油的发展史，就是一部创业创新的历史。建国初期，我国石油工业基础十分薄弱，20世纪50年代以来，随着陆相生油理论和勘探技术的突破，成功发现和开发建设了大庆油田，使我国一举甩掉贫油的帽子；此后随着海相碳酸盐岩、岩性地层理论的创新发展和开发技术的进步，又陆续发现和建成了一批大中型油气田。在炼油化工方面，"五朵金花"炼化技术的开发成功打破了国外技术封锁，相继建成了一个又一个炼化企业，实现了炼化业务的不断发展壮大。重组改制后特别是"十二五"以来，我们将"创新"纳入公司总体发展战略，着力强化创新引领，这是中国石油在深入贯彻落实中央精神、系统总结"十二五"发展经验基础上、根据形势变化和公司发展需要作出的重要战略决策，意义重大而深远。《丛书》从石油地质、物探、测井、钻完井、采油、油气藏工程、提高采收率、地面工程、井下作业、油气储运、石油炼制、石油化工、安全环保、海外油气勘探开发和非常规油气勘探开发等15个方面，记述了中国石油艰难曲折的理论创新、科技进步、推广应用的历史。它的出版真实反映了一个时期中国石油科技工作者百折不挠、顽强拼搏、敢于创新的科学精神，弘扬了中国石油科技人员秉承"我为祖国献石油"的核心价值观和"三老四严"的工作作风。

《丛书》是广大科技工作者的交流平台。创新驱动的实质是人才驱动，人才是创新的第一资源。中国石油拥有21名院士、3万多名科研人员和1.6万名信息技术人员，星光璀璨、人文荟萃、成果斐然。这是我们宝贵的人才资源。我们始终致力于抓好人才培养、引进、使用三个关键环节，打造一支数量充足、结构合理、素质优良的创新型人才队伍。《丛书》的出版搭建了一个展示交流的有形化平台，丰富了中国石油科技知识共享体系，对于科技管理人员系统掌握科技发展情况，做出科学规划和决策具有重要参考价值。同时，便于科研工作者全面把握本领域技术进展现状，准确了解学科前沿技术，明确学科发展方向，更好地指导生产与科研工作，对于提高中国石油科技创新的整体水平，加强科技成果宣传和推广，也具有十分重要的意义。

掩卷沉思，深感创新艰难、良作难得。《丛书》的编写出版是一项规模宏大的科技创新历史编纂工程，参与编写的单位有60多家，参加编写的科技人员有1000多人，参加审稿的专家学者有200多人次。自编写工作启动以来，中国石油党组对这项浩大的出版工程始终非常重视和关注。我高兴地看到，两年来，在各编写单位的精心组织下，在广大科研人员的辛勤付出下，《丛书》得以高质量出版。在此，我真诚地感谢所有参与《丛书》组织、研究、编写、出版工作的广大科技工作者和参编人员，真切地希望这套《丛书》能成为广大科技管理人员和科研工作者的案头必备图书，为中国石油整体科技创新水平的提升发挥应有的作用。我们要以习近平新时代中国特色社会主义思想为指引，认真贯彻落实党中央、国务院的决策部署，坚定信心、改革攻坚，以奋发有为的精神状态、卓有成效的创新成果，不断开创中国石油稳健发展新局面，高质量建设世界一流综合性国际能源公司，为国家推动能源革命和全面建成小康社会作出新贡献。

2018年12月

丛书前言

石油工业的发展史，就是一部科技创新史。"十一五"以来尤其是"十二五"期间，中国石油进一步加大理论创新和各类新技术、新材料的研发与应用，科技贡献率进一步提高，引领和推动了可持续跨越发展。

十余年来，中国石油以国家科技发展规划为统领，坚持国家"自主创新、重点跨越、支撑发展、引领未来"的科技工作指导方针，贯彻公司"主营业务战略驱动、发展目标导向、顶层设计"的科技工作思路，实施"优势领域持续保持领先、赶超领域跨越式提升、储备领域占领技术制高点"科技创新三大工程；以国家重大专项为龙头，以公司重大科技专项为核心，以重大现场试验为抓手，按照"超前储备、技术攻关、试验配套与推广"三个层次，紧紧围绕建设世界一流综合性国际能源公司目标，组织开展了50个重大科技项目，取得一批重大成果和重要突破。

形成40项标志性成果。（1）勘探开发领域：创新发展了深层古老碳酸盐岩、冲断带深层天然气、高原咸化湖盆等地质理论与勘探配套技术，特高含水油田提高采收率技术，低渗透/特低渗透油气田勘探开发理论与配套技术，稠油/超稠油蒸汽驱开采等核心技术，全球资源评价、被动裂谷盆地石油地质理论及勘探、大型碳酸盐岩油气田开发等核心技术。（2）炼油化工领域：创新发展了清洁汽柴油生产、劣质重油加工和环烷基稠油深加工、炼化主体系列催化剂、高附加值聚烯烃和橡胶新产品等技术，千万吨级炼厂、百万吨级乙烯、大氮肥等成套技术。（3）油气储运领域：研发了高钢级大口径天然气管道建设和管网集中调控运行技术、大功率电驱和燃驱压缩机组等16大类国产化管道装备，大型天然气液化工艺和20万立方米低温储罐建设技术。（4）工程技术与装备领域：研发了G3i大型地震仪等核心装备，"两宽一高"地震勘探技术，快速与成像测井装备、大型复杂储层测井处理解释一体化软件等，8000米超深井钻机及9000米四单根立柱钻机等重大装备。（5）安全环保与节能节水领域：

研发了 CO_2 驱油与埋存、钻井液不落地、炼化能量系统优化、烟气脱硫脱硝、挥发性有机物综合管控等核心技术。(6)非常规油气与新能源领域：创新发展了致密油气成藏地质理论，致密气田规模效益开发模式，中低煤阶煤层气勘探理论和开采技术，页岩气勘探开发关键工艺与工具等。

取得15项重要进展。(1)上游领域：连续型油气聚集理论和含油气盆地全过程模拟技术创新发展，非常规资源评价与有效动用配套技术初步成型，纳米智能驱油二氧化硅载体制备方法研发形成，稠油火驱技术攻关和试验获得重大突破，井下油水分离同井注采技术系统可靠性、稳定性进一步提高；(2)下游领域：自主研发的新一代炼化催化材料及绿色制备技术、苯甲醇烷基化和甲醇制烯烃芳烃等碳一化工新技术等。

这些创新成果，有力支撑了中国石油的生产经营和各项业务快速发展。为了全面系统反映中国石油2006—2015年科技发展和创新成果，总结成功经验，提高整体水平，加强科技成果宣传推广、传承和传播，中国石油决定组织编写《中国石油科技进展丛书（2006—2015年）》（以下简称《丛书》）。

《丛书》编写工作在编委会统一组织下实施。中国石油集团董事长王宜林担任编委会主任。参与编写的单位有60多家，参加编写的科技人员1000多人，参加审稿的专家学者200多人次。《丛书》各分册编写由相关行政单位牵头，集合学术带头人、知名专家和有学术影响的技术人员组成编写团队。《丛书》编写始终坚持：一是突出站位高度，从石油工业战略发展出发，体现中国石油的最新成果；二是突出组织领导，各单位高度重视，每个分册成立编写组，确保组织架构落实有效；三是突出编写水平，集中一大批高水平专家，基本代表各个专业领域的最高水平；四是突出《丛书》质量，各分册完成初稿后，由编写单位和科技管理部共同推荐审稿专家对稿件审查把关，确保书稿质量。

《丛书》全面系统反映中国石油2006—2015年取得的标志性重大科技创新成果，重点突出"十二五"，兼顾"十一五"，以科技计划为基础，以重大研究项目和攻关项目为重点内容。丛书各分册既有重点成果，又形成相对完整的知识体系，具有以下显著特点：一是继承性。《丛书》是《中国石油"十五"科技进展丛书》的延续和发展，凸显中国石油一以贯之的科技发展脉络。二是完整性。《丛书》涵盖中国石油所有科技领域进展，全面反映科技创新成果。三是标志性。《丛书》在综合记述各领域科技发展成果基础上，突出中国石油领先、高端、前沿的标志性重大科技成果，是核心竞争力的集中展示。四是创新性。《丛书》全面梳理中国石油自主创新科技成果，总结成功经验，有助于提高科技创新整体水平。五是前瞻性。《丛书》设置专门章节对世界石油科技中长期发展做出基本预测，有助于石油工业管理者和科技工作者全面了解产业前沿、把握发展机遇。

《丛书》将中国石油技术体系按15个领域进行成果梳理、凝练提升、系统总结，以领域进展和重点专著两个层次的组合模式组织出版，形成专有技术集成和知识共享体系。其中，领域进展图书，综述各领域的科技进展与展望，对技术领域进行全覆盖，包括石油地质、物探、测井、钻完井、采油、油气藏工程、提高采收率、地面工程、井下作业、油气储运、石油炼制、石油化工、安全环保节能、海外油气勘探开发和非常规油气勘探开发等15个领域。31部重点专著图书反映了各领域的重大标志性成果，突出专业深度和学术水平。

《丛书》的组织编写和出版工作任务量浩大，自2016年启动以来，得到了中国石油天然气集团公司党组的高度重视。王宜林董事长对《丛书》出版做了重要批示。在两年多的时间里，编委会组织各分册编写人员，在科研和生产任务十分紧张的情况下，高质量高标准完成了《丛书》的编写工作。在集团公司科技管理部的统一安排下，各分册编写组在完成分册稿件的编写后，进行了多轮次的内部和外部专家审稿，最终达到出版要求。石油工业出版社组织一流的编辑出版力量，将《丛书》打造成精品图书。值此《丛书》出版之际，对所有参与这项工作的院士、专家、科研人员、科技管理人员及出版工作者的辛勤工作表示衷心感谢。

人类总是在不断地创新、总结和进步。这套丛书是对中国石油2006—2015年主要科技创新活动的集中总结和凝练。也由于时间、人力和能力等方面原因，还有许多进展和成果不可能充分全面地吸收到《丛书》中来。我们期盼有更多的科技创新成果不断地出版发行，期望《丛书》对石油行业的同行们起到借鉴学习作用，希望广大科技工作者多提宝贵意见，使中国石油今后的科技创新工作得到更好的总结提升。

孙龙德

2018年12月

前 言

中国石油天然气集团有限公司（以下简称中国石油）海外油气投资业务从1993年开始，经过20多年的艰苦努力，经历了探索起步、基础发展、快速发展、规模发展到质量效益和可持续发展5个阶段，实现了海外油气业务从无到有、从小到大的跨越式发展，已基本建成了中亚、中东、非洲、美洲、亚太"五大海外油气合作区"和横跨我国西北、东北、西南、东部海上的"四大油气运输通道"，以及亚太、欧洲和美洲"三大油气运营中心"，工程技术、建设和装备制造等业务也大规模走出去，与国际大石油公司同台共舞。回顾中国石油海外业务的创业与发展历程，科技进步和技术创新发挥了极大的支撑和保障作用。

海外油气勘探开发技术也走过了从国内技术集成应用到集成创新到研发并形成一系列特色技术的发展过程。逐步形成了以被动裂谷盆地、含盐盆地、前陆盆地油气勘探理论与技术为代表的海外油气勘探理论和技术；以砂岩油田高速开发、碳酸盐岩油气田天然能量开发、超重油油藏冷采开发为代表的海外油气田开发理论和技术；以全球油气资源评价技术为代表的海外项目投资优化和经济评价技术。这一系列技术极大地提升了中国石油的技术核心竞争力，现场应用取得了很好的效果，持续推进了海外油气田勘探开发规模有效快速发展。

为进一步总结、宣传、推广中国石油海外业务所取得的优秀科技成果及先进经验，系统总结两个五年（2006—2015年）海外油气勘探开发理论与技术新进展，以及取得的新成效，特别设计编写了《海外油气勘探开发》以及《全球油气地质与资源潜力评价》《中西非被动裂谷盆地石油地质理论与勘探实践》《中亚含盐盆地石油地质理论与勘探实践》《南美奥连特前陆盆地勘探技术与实践》《海外砂岩油田高速开发理论与实践》《海外碳酸盐岩油气田开发理论与技术》《超重油油藏冷采开发理论与技术》7个重点专著分册。

《中国石油科技进展丛书（2006—2015年）》中涉及海外油气勘探开发进

展的8个分册由穆龙新担任编委会主任，负责该系列的总体设计、提纲审定和全部统稿工作，并负责《海外油气勘探开发》分册的编写。委员包括（按姓氏笔画排列）万仑坤、马锋、马中振、王兆明、王震、王燕琨、计智锋、阳孝法、杨朝蓬、李志、李星民、肖坤叶、吴义平、吴向红、辛玉霞、宋珩、张光亚、张志伟、张良杰、张祥忠、陈和平、陈亚强、范子菲、周玉冰、郑俊章、赵伦、郭春秋、郭睿、黄文松、潘校华、廖长霖。各委员负责相关重点专著分册的编写，辛玉霞负责总体协调联络、前言和内容提要等的编写。每个分册都设立了编写组和审稿专家，以确保高质量高水平完成整套丛书的编写工作。

  本书为海外部分总的进展分册——《海外油气勘探开发》，全书共分为九章，各章主要内容和主要编写人员如下：第一章海外油气勘探开发业务发展历程与特点，系统介绍了中国石油海外上游业务发展历程及现状，全面总结了海外油气勘探开发业务的特殊性，并分别从海外勘探和开发业务的基本情况、发展历史和特点等几个方面进行详细的论述，尤其是系统介绍了海外技术支持体系和勘探开发技术的发展历程及科技进步奖的获奖情况，简要介绍了这些年持续攻关形成的海外油气勘探开发系列特色技术，集中反映了中国石油在海外勘探开发领域取得的成就。主要编写人员为穆龙新、计智峰、陈亚强等。第二章全球油气地质与资源评价，基于"十一五""十二五"国家及中国石油天然气股份有限公司重大科技专项，深入系统研究了全球原型盆地、岩相古地理、生储盖等成藏要素、油气富集规律等全球油气地质特征，用新技术、新方法系统评价获得了全球常规、非常规油气资源潜力与分布的最新成果，为自主、超前开展全球有利油气富集区块筛选和油气国际合作提供了科学依据。主要编写人员为张光亚、王兆明、吴义平、马锋等。第三章中西非被动裂谷盆地石油地质理论与勘探技术，基于中国石油在中西非裂谷系的勘探实践，提出了被动裂谷盆地动力学成因、类型与分布，总结了被动裂谷盆地石油地质特征、油气成藏模式与分布规律，结合苏丹/南苏丹、乍得和尼日尔等重点盆地的勘探实践，介绍了三项勘探配套技术，分析了被动裂谷盆地勘探理论与技术发展趋势。主要编写人员为万仑坤、肖坤叶、计智锋、李志等。第四章中亚含盐盆地石油地质理论与勘探技术，通过对中亚地区含盐盆地的石油地质理论和勘探技术研究，进一步丰富了含盐盆地石油地质理论，形成了包括盐下圈闭识别、盐下碳酸盐岩储层预测等含盐盆地勘探配套技术，这些研究成果为中亚地区的油田增储上产做出了重要贡献，可以指导该类盆地的高效勘探。主要编写人员为郑俊章、王燕琨、王震、张良杰等。第五章海外前陆盆地石油地质理论与勘探技术，介绍了南美奥连特前陆盆地的石油勘探技术与应用实践，重点论述了盆地主探区斜坡带的低幅度构造地震采集与处理技术、低幅度构造地球物理解释技术，并对前陆盆地油气勘探评价方法与技术进行了梳理，总结了奥连特盆地斜坡带的勘探实践成果，并提出了斜坡带的勘探前景与勘探策略。主要编写人员为张志伟、马中振、周玉冰、阳孝法等。第六章海外砂岩油田高速开发理论与技术，以非洲和中亚俄罗斯油气合作区砂岩油田开发实践为重点，系统总结了海外砂岩油田地质油藏特征、开发规律，揭示了在海外合作背景下，弱天然水驱油藏、强天然水驱油藏、人工注水与天然水驱联合驱动油藏高速开发机理理论，以及相应的产能建设技术政策、后期开发调整对策，提出了海外砂岩油田开发潜力与未来技术发展方向。主要编写人员为吴向红、赵伦、张祥忠、廖长霖等。第七章海外碳酸盐岩油气田高效开发理论与技术，系统论述了"十二五"期间在海外碳酸盐岩油气藏开发理论和技术方面取得的重要进展和生产应用实效，其中主要包括油气藏储层表征技术、碳酸盐岩油气藏开发机理、大型生物碎屑灰岩油藏整体优化部署技术、带凝析气顶碳酸盐岩油藏油气协同开发技术、复杂碳酸盐岩气田群开发技术，以及钻采和地面工程关键技术，分析了海外碳酸盐岩油气藏开发面临的挑战，展望了海外碳酸盐岩油气藏开发的技术发展方向。主要编写人员为范子菲、郭睿、郭春秋、宋珩等。第八章超重油油藏冷采开发理论与技术，系统论述了委内瑞拉重油带超重油油藏冷采开发理论与技术进展，从其储层特征、流体特征与泡沫油驱油机理、冷采特征与评价方法、水平井油藏工程设计与开发部署等方面加以阐述，并通过重油带大型超重油油田开发实例剖析，分析了超重油冷采开发效果及其影响因素。主要编写人员为陈和平、李星民、黄文松、杨朝蓬等。第九章海外油气勘探开发理论与技术发展展望，回顾了"十一五""十二五"期间中国石油海外油气勘探开发技术研发取得的最重要的标志性成果和应用效果及成功经验，分析了当前和今后面临的机遇和挑战，基于未来海外勘探开发业务的发展目标及对技术的需求，详细论述了未来海外油气勘探开发理论与技术的主要发展方向、发展目标及实现途径。主要编写人员为穆龙新等。

全书由穆龙新统稿。因为本书是对中国石油海外勘探开发业务"十一五""十二五"在科技方面所取得的重大技术进展和标志性成果的总结，因此它凝结着全体中国石油国内外技术人员和管理人员多年的心血和汗水。在这里要感谢中国石油海外勘探开发公司国内外的各级领导，尤其是吕功训、王仲才、叶先灯、卞德智、张兴、薛良清、刘英才、陈镭、窦立荣、史卜庆、潘校华、朱恩永、高金玉等等一大批专家领导在这些成果研发中做出的巨大贡献；要特别感谢以童晓光、李文阳、林志芳、方宏长、吴湘等为代表的一大批老专家把自己的全部精力倾注到海外油气勘探开发技术研究上；更要感谢各海外项目公司和地区公司，尤其是尼罗河公司、哈萨克斯坦公司、拉美公司、阿姆河公司、乍得公司、尼日尔公司等，是他们提出的需求和精心组织，才使这些技术得以研发和应用。特别要感谢海外研究中心的广大技术人员，尤其是田作基、常毓文、王建君、王红军、张庆春、董俊昌、冯明生、何鲁平、刘尚奇、贾芬淑、夏朝辉、温志新、齐梅、祝厚勤、赵国良、尹继全、杨桦、汪平、张凡芹等一大批专家多年来为海外油气勘探开发技术取得的重大进展做出的突出贡献，编写了大量的研究报告，还多次参与本书提纲的讨论，为本书的顺利编写出版打下了坚实的基础。

在此向所有为中国石油海外油气勘探开发业务"十一五""十二五"在科技方面所取得的重大技术进展和标志性成果做出贡献的单位和个人表示衷心的感谢和由衷的敬意！

参与本书编写的人员很多，在此仅列出了少量主要编写者，而且在编写过程中还得到了各级领导、专家的大力支持和悉心指导，就不一一赘述，再次对他们为本书编写做出的贡献表示衷心的感谢！

由于笔者水平有限，书中难免存在不足，敬请专家和读者批评指正！

目 录

第一章 海外油气勘探开发业务发展历程与特点 ... 1
- 第一节 中国石油海外上游业务发展历程及现状 ... 1
- 第二节 海外油气勘探开发业务的特殊性 ... 4
- 第三节 中国石油海外油气勘探历程与特点 ... 12
- 第四节 中国石油海外油气开发历程与特点 ... 23
- 第五节 海外油气勘探开发技术发展历程及特色技术 ... 29
- 参考文献 ... 56

第二章 全球油气地质与资源评价 ... 57
- 第一节 全球含油气盆地基本地质特征 ... 57
- 第二节 全球古板块演化与原型盆地 ... 65
- 第三节 全球岩相古地理演化及其控制因素 ... 70
- 第四节 全球油气成藏要素及其控油气作用 ... 76
- 第五节 全球常规油气资源评价与分布规律 ... 82
- 第六节 全球非常规油气资源评价及分布 ... 90
- 参考文献 ... 106

第三章 中西非被动裂谷盆地石油地质理论与勘探技术 ... 107
- 第一节 被动裂谷成因与分类 ... 107
- 第二节 被动裂谷盆地主要地质特征 ... 111
- 第三节 被动裂谷盆地油气分布规律 ... 116
- 第四节 被动裂谷盆地油气勘探技术 ... 122
- 第五节 中西非被动裂谷盆地油气勘探实践 ... 131
- 参考文献 ... 144

第四章 中亚含盐盆地石油地质理论与勘探技术 ... 145
- 第一节 含盐盆地基础地质特征 ... 145

第二节　含盐盆地石油地质理论研究进展 …………………………………… 150
　　第三节　含盐盆地油气勘探技术及应用 …………………………………… 162
　　第四节　滨里海含盐盆地勘探实践与成效 ………………………………… 197
　参考文献 ………………………………………………………………………… 203

第五章　海外前陆盆地石油地质理论与勘探技术 ……………………………… 204
　　第一节　南美前陆盆地概况 ………………………………………………… 204
　　第二节　奥连特盆地石油地质特征 ………………………………………… 208
　　第三节　奥连特盆地斜坡带低幅度构造地震资料采集与处理技术 ……… 214
　　第四节　奥连特盆地斜坡带低幅度构造地球物理解释技术 ……………… 223
　　第五节　奥连特盆地斜坡带油气勘探评价方法 …………………………… 239
　　第六节　奥连特盆地斜坡带勘探实践与成效 ……………………………… 247
　参考文献 ………………………………………………………………………… 249

第六章　海外砂岩油田高速开发理论与技术 …………………………………… 253
　　第一节　海外砂岩油田分布及地质特征 …………………………………… 253
　　第二节　砂岩油田高速开发机理及适应条件 ……………………………… 265
　　第三节　砂岩油田高速开发技术政策 ……………………………………… 274
　　第四节　砂岩油田高速开发后剩余油分布及挖潜技术及应用 …………… 283
　　第五节　海外砂岩油田高速开发模式 ……………………………………… 299
　参考文献 ………………………………………………………………………… 313

第七章　海外碳酸盐岩油气田高效开发理论与技术 …………………………… 314
　　第一节　海外碳酸盐岩油气藏地质特征 …………………………………… 314
　　第二节　碳酸盐岩储层表征技术 …………………………………………… 324
　　第三节　碳酸盐岩油气藏开发机理 ………………………………………… 341
　　第四节　大型碳酸盐岩油藏整体优化部署技术及应用 …………………… 357
　　第五节　带凝析气顶碳酸盐岩油藏油气协同开发技术及应用 …………… 373
　　第六节　复杂碳酸盐岩气田群开发技术及应用 …………………………… 382
　参考文献 ………………………………………………………………………… 390

第八章　超重油油藏冷采开发理论与技术 ……………………………………… 391
　　第一节　超重油油藏地质油藏特征及储层表征 …………………………… 391

第二节　超重油泡沫油开发机理 …………………………………… 406

第三节　超重油泡沫油冷采特征与评价方法 …………………… 421

第四节　超重油油藏水平井冷采开发部署技术及应用 ………… 433

参考文献 ……………………………………………………………… 448

第九章　海外油气勘探开发理论与技术发展展望 …………… 450

第一节　回顾 ………………………………………………………… 450

第二节　机遇与挑战 ………………………………………………… 451

第三节　海外勘探开发业务对科技的需求 ………………………… 455

第四节　发展展望 …………………………………………………… 457

第一章　海外油气勘探开发业务发展历程与特点

1993年，在党中央、国务院"充分利用国内外两种资源、两个市场"和"走出去"战略方针的指引下，中国石油走出国门、开始国际油气合作。经过20多年的不懈努力，海外业务实现了从无到有、从小到大的跨越式发展，为保障国家能源安全做出了重要的贡献。

20多年来，中国石油从秘鲁项目起步，培养队伍、积累经验、探索路子，相继在苏丹、哈萨克斯坦和委内瑞拉取得突破，奠定了海外业务发展基础。目前，中国石油基本建成了中亚、中东、非洲、美洲、亚太"五大海外油气合作区"及横跨我国西北、东北、西南和东部海上的"四大油气运输通道"，以及亚太、欧洲和美洲"三大油气运营中心"，工程技术、建设和装备制造等业务也大规模走出去，与国际大石油公司同台共舞。油气投资业务与工程技术等服务保障业务"一体化协调发展"格局业已形成，"储、产、炼、运"体系初步成形，国际业务进入"质量效益和可持续发展"的新阶段。

第一节　中国石油海外上游业务发展历程及现状

一、发展历程

1993年中国石油率先走出去在秘鲁获取了一个有上百年开发历史的老油田小项目，开始了探索海外勘探开发油气资源、国际化经营管理和人才培养之路。1997年中国石油抓住低油价和资源国政策松动时机，获取了以苏丹为代表的一批重要海外油气勘探开发项目使其海外业务持续迅速发展。2009年以后，中国石油又抓住伊拉克战后重建的有利时机，获取了以鲁迈拉大型油田为代表的一大批海外大型油气田勘探开发项目，使海外油气业务迈入了规模化发展阶段。可以看出，海外油气投资业务经过20多年的艰苦努力，已经历了探索起步、基础发展、快速发展和规模发展4个阶段[1]，实现了海外油气业务从无到有、从小到大的跨越式发展，目前已进入以质量效益和可持续发展为目标的发展新阶段（图1—1）。

1. 探索起步阶段（1993—1996年）

中国石油海外勘探开发业务的发展是以小项目开始起步的，即以1992年签订巴布亚新几内亚的勘探区块项目为起点，1993—1996年又分别获得了秘鲁6/7区和加拿大阿奇森等老油田开发项目和苏丹区块勘探项目。此阶段初步实现了积累经验、锻炼队伍、培养人才和熟悉国际环境的目标。

2. 基础发展阶段（1997—2002年）

经过初期摸索起步，1997年起海外勘探开发进入大发展时期，相继签订了苏丹1/2/4区块勘探开发项目、哈萨克斯坦阿克纠宾油气股份公司购股协议、委内瑞拉英特甘布尔项目和卡拉高莱斯项目，从此，奠定了非洲、中亚和南美洲三大油气合作区的基础。海外油

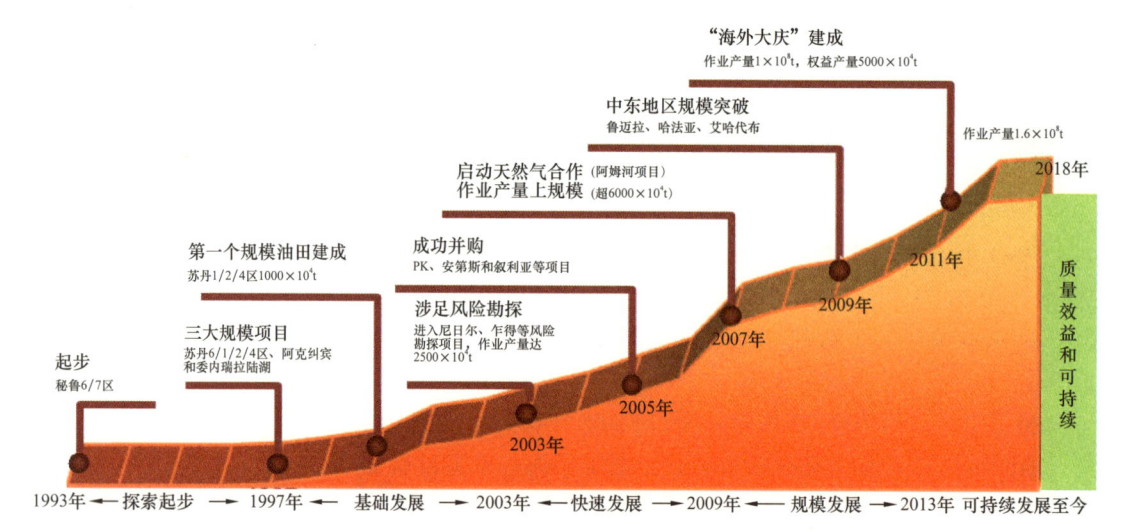

图 1-1 中国石油海外业务发展历程图

气作业产量超过 $2000×10^4t$，自主勘探取得突破，勘探开发业务进入良性发展，国际化经营管理和人才培养取得明显成效。这一切为日后的全面快速发展奠定了坚实的基础。

3. 快速发展阶段（2003—2008 年）

该阶段中国石油海外勘探开发业务进入了"风险勘探与滚动勘探开发并举，加大自主勘探、增强发展基础"的快速发展阶段。2003 年，中国石油海外作业产量达到 $2500×10^4t$，开始涉足风险勘探，同时加强了已有在产在建项目的滚动勘探开发力度，实现了年新增油气可采储量超过年油气产量的目标；2004 年，作业产量超过 $3000×10^4t$，中国第一条外国原油管道——中哈原油管道开工建设；2005 年，成功并购 PK 公司，首次实现海外公司并购的突破；2006 年，中国石油海外原油作业产量突破 $5000×10^4t$；2007 年突破 $6000×10^4t$，中亚天然气合作全面启动。从此，中国石油海外初步形成了非洲、中亚、中东、南美和东南亚五大油气合作区。

4. 规模发展阶段（2009—2013 年）

2009 年以来，海外新项目开发工作在中东、中亚和美洲等合作大区连续取得重大战略性突破，海外油气业务全球战略布点基本完成。伊拉克战后，率先重启了艾哈代布项目，与国际合作伙伴共同中标鲁迈拉和哈法亚项目，开创了大型国际石油公司与国家石油公司合作的新模式。

2011 年，面对复杂多变的国内外宏观经济形势，中国石油集团公司平稳组织生产经营，海外战略成效显著，海外油气作业产量突破 $1×10^8t$ 油当量，权益产量超过 $5000×10^4t$，成为公司海外油气业务发展历史上的重要里程碑，成功建成"海外大庆"。

2013 年中国石油在海外油气项目获取方面又取得多个重大突破，这些油气项目不仅资源规模巨大，而且资产类型和合作方式多样：莫桑比克 4 区天然气和 LNG 一体化项目与巴西 Libra 油田均属深海巨型勘探开发项目，俄罗斯亚马尔为北极大型天然气项目，里海卡萨甘属巨型碳酸盐岩油气田开发项目，在伊拉克又获得与鲁迈拉规模相当的西古尔纳巨型油田。仅这 5 个项目新增权益石油储量超过 $55×10^8bbl$，天然气 $24×10^{12}ft^3$，预计高峰年产规模达到 $2×10^8t$ 以上。

5. 质量效益和可持续发展的新阶段（2014年—现今）

2014年以来，随着国际油价的迅速下跌，暴露出海外这些年快速规模发展出现的系列问题，中国石油海外油气业务进行了重大战略调整，提出了以质量效益和可持续发展为目标的新阶段。海外油气作业产量逐年平稳上升，年产量超过 $1.3 \times 10^8 t$，年复合增长率超过 7%。

二、发展现状

中国石油海外上游业务经过20多年的发展，业务领域不断扩展、自主勘探成果显著、油气开发规模持续上台阶，基本实现海外"五大油气合作区"的布局（图1–2）。截至"十二五"末，中国石油海外油气业务已在全球35个国家管理运作着91个油气项目，油气权益剩余可采储量 $40.6 \times 10^8 t$，其中石油 $33.1 \times 10^8 t$，天然气 $9422 \times 10^8 m^3$；原油年生产能力 $1.35 \times 10^8 t$，天然气年生产能力 $290 \times 10^8 m^3$；输油（气）管线总里程达到14508km，年输油能力 $8550 \times 10^4 t$，输气能力 $604 \times 10^8 m^3$；运营或在建炼化项目有6个，原油加工能力 $1300 \times 10^4 t$；海外油气总资产增长到784亿美元，资产价值超过302亿美元。在产项目大多已进入投资回收的黄金期。28个项目已实现投资全部回收，其中净回收大于5亿美元的包括苏丹1/2/4区、阿克纠宾、PK等10个项目。平均投资回报率10.3%，平均单位操作费7.41美元/bbl。海外业务始终坚持"以人为本、安全第一、预防为主"的HSE理念，坚持追求"零事故、零伤害、零污染"的目标，连续多年未发生一般A级及以上工业生产安全事故和较大及以上交通事故。海外投资业务形成了一支忠于祖国和石油事业、

图1–2 中国石油海外业务分布概略图

具有较强业务能力、拥有顽强作风和奉献精神的海外员工队伍，目前海外油气投资业务的中外方人数6万多人。构建了一套以"选、育、用、留、轮"五大环节为核心的、体现中国文化特色的国际化人力资源管理体系。基本建成以中国石油勘探开发研究院为主体、12个专业技术中心提供专业支持、多个国内油气田对口支持海外项目的"1+12"开放式的海外业务技术支持体系，建立了中国石油国内油田"对口支持"海外重点地区或项目的特色模式。集成创新了涵盖地质勘探、油气田开发和新项目评价等的十大特色技术系列。

目前，油气投资业务与工程技术等服务保障业务"一体化协调发展"格局业已形成，基本形成了集油气勘探开发、管道运营、炼油化工、油品销售于一体的油气产业链，海外业务进入"质量效益和可持续发展"的新阶段。

20余年海外油气上游合作积累了大量的经验，探索并创新形成了一系列适应海外油气业务发展的管理理念、方法和特色技术等，但目前海外油气勘探开发形势已发生了深刻变化，面临着一系列的巨大挑战，包括现有上游项目大面积到期、资产结构单一、新拓展领域经营效益不理想、老油田开发难度越来越大、投资环境不断恶化、投资风险持续加大、国际油价变化无常等。

第二节　海外油气勘探开发业务的特殊性

中国石油公司20多年来的海外油气勘探开发实践之所以取得如此巨大的成绩，与不断探索、认识和适应海外油气勘探开发的特殊性密不可分。与国内相比，海外油气勘探开发在资源的拥有性、合同模式、合作方式、投资环境、开发时效性、项目经济性、国际惯例等等方面都不一样，海外的油气勘探开发有着自身独有的特点，这些特点决定了海外油气勘探开发不能照搬国内已有模式，必须开拓创新，这些年我们走出了一条适合海外特点和具有中国石油公司特色的海外油气田勘探开发之路[2]。

一、合同模式的多样性

在海外进行石油勘探开发合作，首先就需要签署石油合同。石油勘探开发合作主要是通过资源国政府（或国家石油公司为代表）和外国石油公司之间签订的国际石油合同来实施和完成的。因此国际石油合同是指资源国政府（或国家石油公司为代表）同外国石油公司合作开采本国油气资源，依法订立的包括油气勘探、开发、生产和销售在内的一种国际合作合同。石油合同模式多种多样，主要有矿费税收制、产品分成、风险服务合同（包括回购合同）三种合同模式，另外还有在以上合同基础上形成的合资经营以及各种混合合同模式。以中国石油海外项目为例，产品分成合同占36%，矿费税收制合同占51%，风险服务合同占13%。下面简单介绍这三种主要合同模式的特点。

1. 矿费税收制合同

又称许可证合同，是从传统的许可证协议演变而来，外国石油公司均需由资源国政府发放经营许可证，才能取得勘探许可及开发区块的开采权，其特点为跨国石油公司获得的是原油和天然气实物，并向资源国政府交纳矿区使用费和所得税等税费。一般具有以下特点：

（1）租让区或合同区有一定的范围限制。

（2）租让期较传统许可证制大大缩短。

（3）资源国的经济收益除了矿区使用费外，还有按公司净收益征收的所得税。矿区使用费可随产量增长或价格上涨采用递增费率或滑动费率。许多许可证协议还包括各种必须支付的定金，如签约定金，发现油田定金，以及达到规定产量水平的定金等。

（4）对于外国石油公司的各种决策，资源国政府有权进行审查和监督，诸如政府要求公司必须完成最低限额的勘探工作量和批准的油田开发计划并确保油价等。

（5）资源国政府可作出参股的规定。

（6）外国石油公司的投资按许可证所授予的区块回收，区块内所建和所购置资产归外国石油公司所有。

如中国石油在哈萨克斯坦的阿克纠宾项目就是矿税制合同模式。其合同的主要条款有：勘探期6～10年，开发期25～40年，签字费一次性支付（可商定），定金按合同规定，矿区使用费按产量浮动2%～6%，所得税15%（自2011年起），红利税30%，增值税12%，矿产资源开采税6%～19%（从2011年固定为7%～8%），油气出口税1%～33%，超额利润税15%～60%，进口关税可免（项目有关设备），财产税0.05%～1%（分三档）。

2. 产品分成合同

产品分成合同是1966年由印度尼西亚首创的。从投资者的角度来看，最基本的特点是投资者获得的是原油、天然气实物。其主要特征是：

（1）外国石油公司承担勘探风险。

（2）全部产品分为两部分，一部分是用来偿还费用的"成本油"，另一部分是由资源国或资源国国家石油公司同外国石油公司分享的"利润油"。

（3）国家石油公司通常掌握重大的监督权和管理权，日常业务管理由外国石油公司负责。

如中国石油在苏丹的1/2/4项目就是产品分成合同，其合同要点是：

合同期限：勘探区1a、2a勘探期为5年，4区勘探期为6年，探区中任何开发区的合同期为25年（自1996年11月29日起），可根据情况延长5年。开发区1b、2b的合同期为20年，可根据情况延长5年。最低义务工作量：勘探区35口探井，7750km二维地震，最低义务投资为1.1亿美元，开发区至少钻30口开发井，150km^{2}三维地震，最低日产油能力65000bbl/d（325×10^{4}t/a），最低义务投资为6300万美元。投资回收：勘探区，45%原油为成本油，55%为利润油；开发区，40%原油为成本油，60%为利润油。在第一船原油出口前，外国合作伙伴垫付Sudapet的干股，Sudapet在投产后将用其利润油的50%偿还外国合作伙伴垫付的干股费用，CNPC及Petronas将追赶SPC的历史投资。

3. 风险服务合同

风险服务合同于1966年开始在伊朗使用。这种合同通常规定，签订合同的外国石油公司不仅要为勘探提供全部风险资金，而且还要为油田开发提供所需全部资金，相当于为国家石油公司提供有息贷款。油田投产后，于一定年限内偿还。

（1）不仅强调资源国国家石油公司对合同区块的专营权，还强调对产出原油的支配权。

（2）外国石油公司在承担作业风险后，所能得到的只是一笔服务费。服务费中包括已花费用的回收和合理的利润，所建和所购置资产归资源国所有。年度报酬费按照每桶报酬乘以年度产量计算得到，并从油田年度总收入中支付给外国石油公司。每桶报酬费在合同年份由大到小的变化反映了资源国政府允许跨国石油公司加速回收的思想，其在成本回收以后，报酬费逐渐减少。

（3）外国石油公司在风险服务合同中只是一个纯粹的作业承包者或者简称为合同者。

在油气服务合同中出现了不少技术含量高、风险较低的服务合同。如资源国的油田在过去曾经开发过一段时间，但因种种原因停产，目前要重新开发；或者油田已进入开发中后期，需要进行开发调整或实施提高采收率措施等，这时可签订风险服务合同。风险服务合同与产品分成合同相似，主要特点与产品分成合同相同，其明显特征是油公司得到的是现金补偿，而不是油气补偿，跨国石油公司不能分享利润油而使得到合同中规定的服务费。服务合同模式主要分布在伊拉克。

与许可证协议、产品分成和联合经营等合同模式相比，风险服务合同能使资源国得到更多的收益。采用风险服务合同的国家主要有：巴西、智利、阿根廷、委内瑞拉、秘鲁、菲律宾、伊朗、伊拉克等。

如中国石油在伊拉克的哈法亚项目就是服务合同模式，其合同要点是：

合同期：为生效日起20年，最长可延长5年，开发方案提交：合同生效后6个月内提交初始开发方案，3年内提交最终开发方案，初始商业生产：120天中连续90天超过$7×10^4$bbl/d的第一天或合同生效3年后的最后一天，两者以早者为准。合同生效后7年内达到高峰产量$30×10^4$bbl/d，且稳产期为13年。服务合同收入的分配是政府所得50%，回收上限50%，报酬费25%，所得税35%。

每种合同模式都有其自身的特点。在现代矿税制合同模式下，外国石油公司拥有较大的经营自主权，相对其他类型的合同而言，现代矿税制合同模式是对合同者最为有利的。同时，资源国政府经济风险较小，管理上也比较简便，主要关注矿区使用费和所得税，如果采用竞争性招标，资源国还可以获得数额可观的定金或较多的矿区使用费以及较高的所得税。而产量分成合同模式下，外国石油公司只是一个合同者，管理权属于资源国。外国石油公司承担了较大的风险，同时资源国也通过优先成本回收、政府参股、基于总收入和利润的税收、总产量分成等形式分担了部分油气开发作业风险。对于服务合同，外国公司在开发服务区域获得的权利比产品分成合同更少。合同者只是按照资源国的要求通过提供资金、技术等服务完成既定的作业目标，并借此获取报酬。资源国享有对其油气资源的完全所有权、开采的直接控制权和全部油气产品的占有权，服务合同以现金支付合同者固定的投资报酬，尽管服务合同条款有时也规定合同者可以回购一定数量的油气产量，而产量分成合同一般是以利润油支付合同者收益。从承担的风险和收益获取潜力大小看，风险服务合同对合同者来说是一种潜在风险与收益报酬不对等的合同，是体现合同谈判力由公司转向资源国政府的最明显例证，代表了国际石油合同模式的另一个极端，即政府具有极强的谈判权和潜力油气产品的所有权。在纯服务合同下，资源国雇佣外国石油公司作为合同者提供技术服务，并向合同者支付服务费，合同者不承担任何风险，风险全部由资源国政府（往往通过国家石油公司）承担。由于合同者不承担任何风险，因此获得的报酬率更低。在产量分成合同模式下，合同者能够分享潜在的油气收益，当油气产量增多时，合作双方的收益都在增加。

近年来石油合同呈现出控制性、限制性等特点，合同条款愈加苛刻，服务合同渐成主流、矿税、暴利税和红利税不断提高。

同一国家可能具有不同的合同类型，同一项目不同区块具有不同的"篱笆圈"，投资回收和分成比例具有较大差异，投资风险大小各异。

二、合作方式的复杂性

海外油气田勘探开发在签订合同后都要在资源国成立公司经营项目，合作方式复杂多样，有独资经营、联合作业、控股主导和参股等。独资经营和控股项目具有主导作业权，但权限受资源国政府和合作伙伴制约；联合作业为多家伙伴组成联合作业公司，共同实施生产作业，任何一方均不具有独立决策权，如中国石油苏丹项目，中国石油天然气集团有限公司（CNPC）股份40%，马来西亚国家石油公司（Petronas）股份30%，加拿大SPC公司股份25%，苏丹国家石油公司（Sudapet）有5%干股（图1-3）。而参股项目没有决策权，只在股东会上具有建议权。

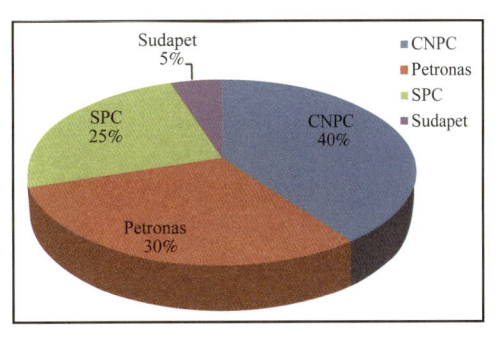

图1-3 苏丹项目各油公司股份占比

三、项目资源的非己性

正因为海外勘探开发项目是履行与资源国签署的合同完成的，因此地下的油气资源并不属于外国油公司，即所谓项目资源的非己性主要是指海外油气业务所勘探开发的资源都是他国资源，油气资源归资源国所有，外国公司只是一定期限内的油气勘探开发的经营者，并不真正拥有地下油气资源。而国内石油公司的勘探开发既是资源开发者也是资源拥有者，可以无限期地拥有和开发地下资源。

地下油气地质储量和可采储量等油气资源归资源国管理，虽然外国公司可以评价储量，但最终必须获得资源国的认可。为了对海外油气资源进行有效管理，我们建立了一套完整的海外油气储量管理规范，把海外储量分为油田技术储量、项目商业储量（份额储量）和SEC储量三大类。油田技术储量即我们通常所指的储量，主要为编制开发方案服务，而SEC储量主要为资本市场服务。对于制定公司战略规划具有重要参考意义的是份额储量，它的计算要综合考虑合同模式、合同期、权益比以及影响储量经济极限的各类经济参数。如产品分成合同模式下的份额储量=（评价期CNPCI分的成本油+利润油）/原油净回价（销售价扣除管输费）；矿税制合同模式下的份额储量=评价期内的总储量*工作权益；技术服务合同模式下的份额储量=中方在有效经济评价期内获得的收入（包含回收的石油成本和补充服务成本、银行利息及报酬费）除以油价得到的产量的和。

总之，不同合同模式（合同条款）的项目份额储量比例是不同的。对于产品分成合同，份额储量比例与工作权益、分成比例和产量规模密切相关。对于矿税制合同，总的来说份额储量比例比较明确，区别仅在于矿税以实物形式缴纳还是以现金形式缴纳：如果矿税以实物形式缴纳，则份额储量需要扣除矿税对应的石油储量，如果是以现金形式缴纳，则份额储量不需要扣除矿税对应的石油储量。技术服务合同的份额储量比例受投资、报酬和油价等因素影响。

四、勘探开发项目的时效性

勘探开发项目合同期限短、时限性强（图1-4）。勘探期一般3~5年、最多可延长1~2次。每个勘探阶段结束后，要求退还一部分勘探面积。延长期结束后必须退还除已申请开发油气田区的所有剩余勘探面积。这种勘探期限制，要求油公司必须在现有的技术条件下，在有限的时间内用最快的速度发现区块内的规模油气藏，才能进入开发期，实现投资回收，否则全部投资将沉没。

而开发项目一般为25~35年，油气开发技术的应用受项目效益和时间的制约。由于合同期有限，往往无法按照国内常规的程序开展开发工作。为了在合同期内尽快回收投资，实现效益的最大化，必须提高采油速度，实现油田高速开发。在这种情况下，因高速开发造成边水指进，底水锥进，气顶气窜，油藏内剩余油分布复杂，压力传导很不平衡，给油藏开发中后期或高含水期调整带来很大困难。

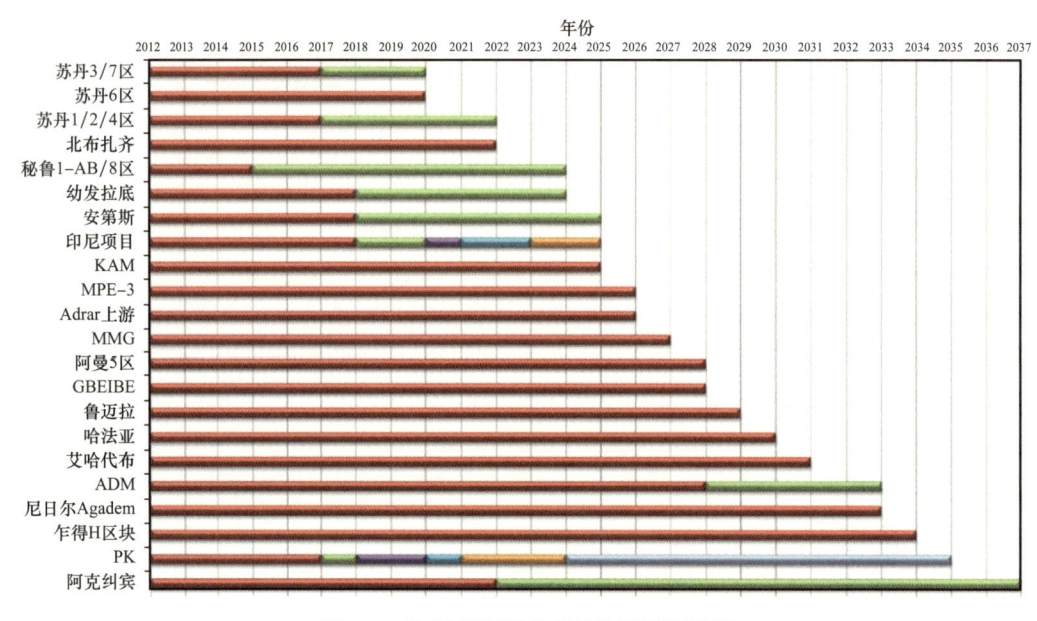

图1-4 海外勘探开发项目许可证期限图

总之，海外油气作业合同期限具有明显的时效性，合同到期后，需要和资源国重新谈判，商定合同延期条款和期限。因此海外油气勘探开发往往无法按照国内早已规范的程序开展工作。海外勘探开发的部署策略和工作节奏要充分考虑项目合同的时效性，"有油快流"、实现投资快速回收已成为海外项目的重要经营策略之一。

五、项目运作的国际性

海外项目经营是一种国际化经营，由两家或两家以上的公司按股份制形式开展合作经营，合作伙伴来自不同国家。勘探开发部署不仅需要合作伙伴的批准，还需要资源国政府的最终批准，方能开展实际操作或作业。勘探开发区块选择既要基于其开发潜力，还需考虑其投资环境。

一旦合同签订后，勘探开发活动必须符合国际惯例和规则，符合资源国的相关规定。

外国油气公司尤其要遵循资源国政策，遵从资源国行业规定，以及合同中的各种相关条法约束。如在哈萨克斯坦，外国企业每年必须按照合同约定销售一定比例（通常在30%的年产油以内）的原油以满足哈萨克斯坦国内消费需求，销售价格比国际油价低很多，影响了跨国油气公司的投资效益。跨国公司油气作业区分散于多个国家、地区，必须尊重资源国的风俗习惯；合作伙伴来自不同国度，海外勘探开发通常是两家或两家以上的公司按股份制形式开展合作经营，任何勘探部署、开发方案、开发调整方案、油水井作业措施以及地面工程建设不仅需要合作伙伴的批准，还需要资源国政府的最终批准，方能开展实际操作或作业。

在海外投资油气勘探开发项目，重大事故的发生不仅会干扰项目的正常经营，还会引起当地政府和人民的不满，从而造成更严重的后果，如经济上的重大损失、投资形象的严重损坏、更多潜在合作机会的丧失。如果对海外油气开发活动中的重大危机事故处理不当，将会对我国的国际形象造成严重影响。因此在海外从事油气开发活动时，肩负着更多的社会责任，需要更加严谨的态度，更科学的操作规程，更严格的安全监控，确保油气开发业务安全运行，以捍卫中国石油企业自身的投资形象。

六、项目经营的风险性

海外项目经营因受到内外部等多种因素的影响，具有高投入、高风险的特点，决策正确可以获得丰厚的回报，相反则会带来较大损失。主要风险有：政治风险，如国家政权的更迭可能导致合同的流产；政策风险，如国家实施国有化政策；金融风险，如外国金融体系、汇率变化等；油价风险，如国际油价的不可预测性对油气田开发经营效益的巨大影响；环境安保风险，如环保条件严苛、劫匪及恐怖袭击存在等；技术风险，如对油藏地质情况认识的不确定性；经济风险，如合同条款变更导致投资难以回收等风险。

国际政治经济形势瞬息万变，现有海外油气项目又多集中在非洲、南美、伊拉克、伊朗等局势动荡、高风险的国家和地区，资源国政府更迭、西方国家制裁、社区矛盾突出，安保成本不断增高，这些因素使海外项目运作时刻要面临着高政治风险、高安保防恐风险以及高社会风险。同时，由于资源国频繁调整油气合作政策和财税政策，使得项目的经济效益保障面临较大不确定性，经济风险日益突出。

石油产业价值链包括勘探开发、管道运输、炼油化工及终端产品销售，在整个产业链中隐含着各种各样的风险。海外油气田开发作为一个非常复杂而又烦琐的过程，从国际石油信息的收集开始，到开发区块的可行性评价、投标以及开发方案的编制、前期工作的准备，再到项目在资源国的整个实施过程，最后到合同期满撤离项目等一系列的环节，每一个节点的运作都需要和合作伙伴进行沟通并达成一致，完成每个环节都必须遵循资源国政策法规。海外油气开发项目相对于国内油气开发项目，具有很明显的不确定性特点，根据IHS网站2012年公布的研究结果，将海外油气投资业务风险归纳为政治风险、投资环境风险、经济风险三大类，政治风险的权重最大，占60%，其他两类风险的权重分别占20%，因此国外油气开发比国内油气开发面临更大的风险。

近年来，由于我国石油企业在海外油气业务发展得非常迅速，引起了西方利益集团妒忌，认为中国石油企业触动了它们的利益，鼓噪并煽动"中国威胁论"攻击中国，对我国同资源国开展合作产生了一定的负面影响。西方发达国家往往会凭借它们自身经济、技术和军事优势以反恐、防武器扩散为借口，为西方石油企业提供政治上的后盾和保护，对产油国展开了激烈的争夺，加紧了对资源国家的政治、经济渗透或控制，挤压中国石油企业的拓展空间，国际势力的介入更会给原本动荡的政局增添新的变数。西方利益集团的争夺与干预对于我国在海外地区的油气开发项目会带来不利的影响。

目前我国海外油气田开发项目大多聚集在第三世界国家，而又由于这些国家的经济不够发达，国内动荡不安，甚至有些国家战乱频频，这都在无形当中为顺利实施油气田开发项目带来了重重阻碍，使得在这些国家和地区投资的政治风险大大增加。中国石油重点发展的中东、非洲和中亚地区不同程度存在民族、宗教和社会冲突，恐怖活动频发，社会治安混乱等不安全因素。2011年哈萨克斯坦肯基亚克恐怖袭击造成油田停产，曼格什套州发生动乱、示威游行和罢工给在哈中资企业项目增添了新的不确定性；伊拉克在美军撤军后局势长期处于失控状态，恐怖袭击事件频繁发生，特别是针对油田设施和管道的破坏活动对石油生产造成重大影响，可能影响项目的顺利实施；独立后的南苏丹各部族势力割据局面难以根本改变，地方势力和部族武装干扰油田正常运行和员工人身安全的事件有可能增加；尼日利亚国内三角洲反政府武装和乍得国内反政府武装组织将是这两个国家长期的安全隐患，这些武装组织通过破坏石油设施，绑架石油工人等来扩大事件影响力，冲击现政权稳定，给项目的运行造成较大不稳定性。

七、作业窗口和条件的限制性

许多国家的油气作业窗口期很短，如乍得地区旱季可作业期仅半年；作业环境差，如尼日尔撒哈拉沙漠腹地、安第斯热带丛林、苏丹疾病肆虐；后勤条件差，如苏丹、乍得、尼日尔都是世界上贫穷落后的国家，地处内陆，无石油工业基础；运输难度大，如尼日尔项目，需要通过3个月海陆联运才到达多哥洛美港或贝宁科图努港，再经过跨三个国家2400多千米陆路运输至迪法，然后换成沙漠运输车辆在沙漠行驶400km才能最后到达作业区。由于每年都有雨季，虽然初始勘探期有5年，但有效作业时间只有30个月，还要修路修桥扫雷等其他工作，因此，海外许多国家的自然条件恶劣，安全恐怖事件频发，当地居民和工人围困、偷盗油田等事件很多，使得海外勘探开发有效作业时间极大缩短。

八、合同区范围及资料的有限性

海外勘探开发合同区范围空间有限。外国油公司获取的合同区范围空间有限，勘探开发合同不仅规定了区块平面面积，而且还规定了纵向上的深度范围，一般是盆地中的一个局部区块，造成油田开发资料有限，难以从区域上开展研究。收集和采集的资料也十分有限，前期往往只有本区块的少量资料，区块投入勘探开发后，由于合作伙伴追求经济效益的最大化，都会尽量减少资料的采集，同时由于资源国对资料的严格管理，通常只能得到合同区内相关资料，相邻区块的地质资料、生产动态资料往往无法获得，但局部的资料无法充分准确的认识整个油田，所以海外油气勘探开发业务获取的资料具有很大的局限性，可能造成对地下认识无法弥补的损失。

如开发合同区范围的限制，一般开发区块在平面上的边界十分明确，纵向上规定了特定层位和深度，一切开发作业只能在规定的空间范围内进行，如果在油田开发过程中发现有油田有扩边或深层开发潜力，需要重新签订开发合同或补充合同，重新规定边界和深度范围。油田投入开发后，需向资源国缴纳矿区使用费，有成本回收比例的限制，剩余部分为利润油，合同规定了分成比。不同开发区块之间存在"篱笆圈"，投资和资金回收以合同区块为单元，不同合同区块的成本油、剩余成本油、分成油和利润油相互之间不能串换，成本的回收及利润的分配都只能限制在本区块进行。对于潜力较大油气藏，外国石油公司可获得该油气田中后期产量所带来的超额利润，相反，若油气藏潜力不佳，外国石油公司将损失较大。

又如资料限制，海外油田通常是两家或者两家以上的公司按照股份形式开展合作经营，由于合作伙伴追求经济效益的最大化，减少前期资料的采集，特别是流体的PVT特性、压力测试、产液剖面测试等非常重要的资料严重不足，可能造成对油藏认识无法弥补的损失。如PVT资料，必须在油田开发初期获得，错过了这个时期，将无法再直接得到该资料，油藏工程师将很难确定流体的地下黏度、原始气油比、饱和压力。特殊的岩心分析资料不足，束缚水饱和度很难准确确定，导致含油饱和度的不确定性，进一步影响原油地质储量的准确性。相对渗透率资料的不足，很难确定可动油饱和度、残余油饱和度、油水相对渗透率，这将直接影响油藏的采收率及合同期内产量剖面的可靠性，最终可能使经济评价存在较大的偏差，影响油公司的决策和经济效益。

九、项目产量的权益性

由于是与资源国、伙伴按股份开展合作经营，因此海外项目的产量具有作业产量、权益产量之分（图1-5）。产量的权益性是指由于是与资源国、伙伴按股份开展合作经营，合同者之间存在不同的投资比例，以及资源国政府各种税费和干股权益的存在，合同者所能获得的实际份额油比例和收入比例要小于实际负担的投资比例。

作业产量一般是指合同者参与生产和经营的所有石油和天然气产量总和。作业产量一般用于项目公司（联合公司）的考核指标，同时也作为项目生产动态分析和规划计划使用的产量指标。但伊拉克等地区部分服务合同项目其作业产量定义较特殊，是指从油气田总产量中扣除掉基础产量后剩余的那部分产量（基础产量是指在合同期内以购入时的初始产量为基础，并以合同约定的递减率进行计算得出）。

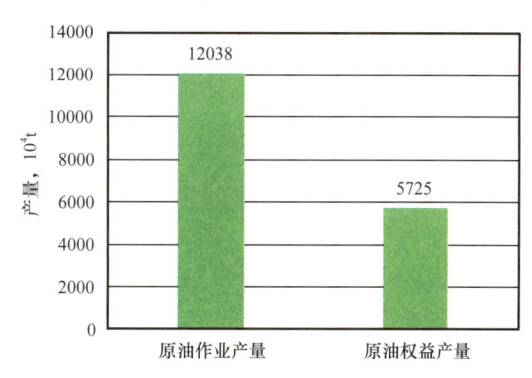

图1-5 海外原油作业产量和权益产量对比

权益产量一般是指合同者按照工作权益或股权比例所获得的原油或天然气产量。权益产量一般用于合同者的考核指标，反映了合同者在作业产量中所占有的份额。但伊朗、伊拉克等服务合同项目对权益产量内涵有修正，其中伊拉克地区含有基础油的项目权益产量 =（油田产量 − 基础油产量）× 权益比。

净产量一般是指合同者在作业产量中扣除矿费及政府分成比例之后的剩余产量中拥有的净份额。对于服务合同项目，其净产量是指按照服务费折算成相应的产量（净产量 = 服务费 / 油价）。净产量用于上市公司年报的对外披露。

中国石油海外项目长期以来一直是采用作业产量、权益产量和净产量三级产量统计与披露方式。2010年以前，多数海外项目权益比例大，以产品分成合同和矿税制合同为主，作业产量和权益产量大体能够反映出项目效益贡献。但是随着伊朗地区回购合同、伊拉克地区服务合同以及权益小产量高的项目不断增多，权益产量与作业产量的差距越来越大、作业产量与现金流贡献不匹配、小权益项目作业产量虚高等问题开始出现。2013年中国石油海外油气作业产量为$1.24×10^8$t，权益产量为$5890×10^4$t，净产量为$3573×10^4$t。

因此，海外项目对于以上三种产量统计和使用方法侧重点不同。作业产量主要用于公司内部开发研究、方案编制使用；但从考核指标层面越来越强调权益产量的考核；而净产量主要是上市公司年报对外披露时采用。

十、项目追求的经济性

国内油气田勘探开发不受合同期限制约，投资环境稳定，在勘探开发的理念上以长期保障国内经济发展需求为出发点，制订长期的勘探开发计划，持续勘探，坚持稳定高产的开发策略，不断提高油气田采收率，使资源得到最大化利用，实现油气业务可持续发展。而海外油气田开发由于受资源的非己性、投资环境的巨大风险性以及勘探开发时间的限制性等因素制约，勘探开发以项目追求经济效益最大化和规避投资风险为原则，以最小投入获取最大利润，实现经济效益最大化。总体遵循"少投入、多产出，提高经济效益"的原则。在勘探上，利用少量的二维地震资料实行快速盆地评价，优选目标，加快钻探，一有油气发现，立刻进行勘探开发一体化部署，尽快宣布商业发现，进入开发阶段。力争在几年的勘探期内有最多的发现。在开发上，海外油气田开发以能够实现快速回收投资、降低风险为前提，优选有利目标区块快速建产、高速开发。海外油气田经营者采取资源"唯我所用"的原则，采用先"肥"后"瘦"、先"易"后"难"做法，优先选择富集且技术难度小的资源进行开发，而对低品位资源可不考虑开发。其次，合同规定了资源国和油气开发经营者的收益分配方式，因此海外油气田开发经营者必须依据合同规定采用一切可行的办法来保证自己的利益，在开发工程建设上需要简化流程、做到安全、可靠、实用。在技术应用上采用最适用的成熟、施工难度小的开发技术，避免新技术应用带来的不确定性产生的经济风险，利用有限的时间和较小的投资实现规模快速建产和经济效益的最大化。

第三节　中国石油海外油气勘探历程与特点

一、海外勘探历程

中国石油1994年首次在巴布亚新几内亚初步尝试探索一口风险探井（简称巴新风险探井），从此开始了海外勘探业务。20多年来，海外油气勘探经历了探索勘探、自主勘探、规模勘探、效益勘探四大阶段（图1—6）。储量快速增长，资源基础逐步夯实，实现了跨越式发展。自2014年油价断崖式下跌以来，海外油气业务进入转型发展关键期，对勘探业务的质量效益发展提出了更高要求。

1. 探索勘探阶段（1993—1995年）

1994年初，中国石油与日本石油工团、韩国大宇等公司成立联合体，共同开展巴布

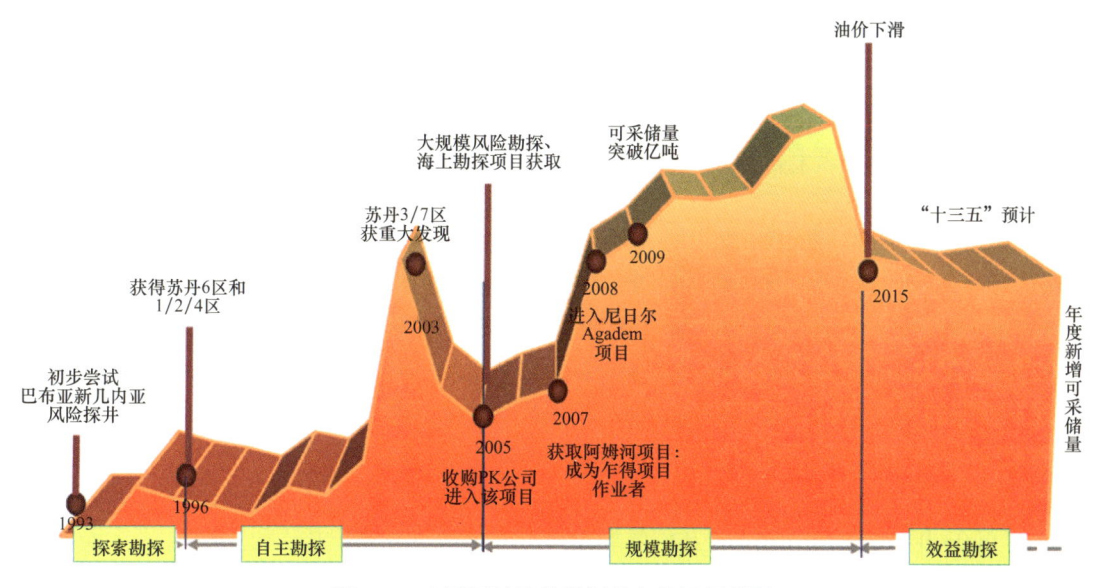

图 1-6 中国石油海外勘探业务发展历程图

亚新几内亚前陆盆地冲断带风险勘探工作，开始了中国石油海外勘探尝试和探索。按照与巴布亚新几内亚签订的勘探合同，首先在前陆盆地冲断带钻 1 口风险探井，如果取得发现，再讨论未来油气合作事宜。经过地质综合，研究确定了一口探井，并于 1994 年下半年开钻，1995 年上半年顺利完钻，钻遇目的层古新统砂岩，未见任何油气显示。该井的钻探，是中国石油国际化进程中勘探工作的初步尝试，尽管没有取得成功，但为中国石油开展国际化合作积累了宝贵的经验[3]。

2. 自主滚动勘探阶段（1996—2002 年）

以 1996 年获得苏丹 1/2/4 项目为标志，CNPC 海外油气勘探进入到油田周边自主滚动勘探阶段，即实施大规模新老油田开发生产的同时，带动油气田周边滚动勘探，扩大油田规模。几年来，以苏丹 1/2/4 区、苏丹 3/7 区、苏丹 6 区和印度尼西亚项目为代表的一系列勘探开发一体化项目均在勘探上取得了举世瞩目的成绩，为中国石油海外油气业务中长期持续发展奠定了坚实的储量基础，极大地提升了公司的整体效益和价值，提升了中国石油海外油气勘探的整体实力与水平[4]。

1）苏丹 1/2/4 项目勘探

美国 Chevron 公司（1975—1992 年）和加拿大 SPC 公司（1993—1996 年）先后勘探了 20 多年，共完成航磁 20100km、重力测线 52175km、采集二维地震 18866km、三维地震 255km^2，钻预探井和评价井 48 口，发现了 Unity、Heglig、Bamboo、Toma South 和 El Toor 等油田，仅探明原油地质储量 2.1×10^8t，可采储量 5660×10^4t。1997 年中国石油接手该项目后，截至 2010 年底，共采集了二维地震近 40000km，三维地震资料近 4500km^2，钻探井和评价井 300 多口，发现了十几个油田，累计新增地质储量近 8×10^8t，建成年生产和管输能力 1500×10^4t。

2）苏丹 6 区勘探

美国 Chevron 公司（1975—1992 年）经过十多年的勘探仅发现了萨拉夫和阿布加布拉两个小油田。1996 年到 2000 年中原石油勘探局经过 5 年勘探在 Fula 凹陷东部构造带钻 Fula-1 井取得重大突破，Bentiu 组测试获得 226.8m³/d 的高产油流，Aradeiba 获得 42.19m³/d 工业油流，拉开了苏丹 6 区大规模勘探的序幕。2001 年中国石油正式接管该项目后，共完成二维地震 32353km，三维地震 3646km²，完钻探井 148 口、评价井 57 口，新增石油地质储量 20×10⁸bbl 以上，建成年产 300×10⁴t 产能规模的油田。

3）苏丹 3/7 区勘探

美国 Chevron 公司（1970—1980 年）经过十年勘探，仅在 Adar-Yale 背斜构造带古近系发现两个小油田，新增石油地质储量 1.68×10⁸bbl。2001 年中国石油正式主管该项目后进入到快速勘探发现期，共完成二维地震 30000km，三维地震 5500km²，钻井 230 口。于 2002 年底在 Melut 盆地北部凹陷的北侧钻探 Palogue-1 井，成功发现了 Palogue 大油田，实现了勘探的重大突破，证实该油田是一个世界级的大型整装油田。随后在北部凹陷中央构造带发现了一系列含油断块，建成了 1500×10⁴t 产能的大油田。

3. 规模风险勘探阶段（2003—2013 年）

从 2003 年开始，中国石油先后签署了尼日尔、乍得、阿尔及利亚、哈萨克斯坦中区块和巴斯、阿塞拜疆 Gubustan、厄瓜多尔 11 区块、阿姆河右岸、缅甸等多个勘探项目，既有勘探程度低、大面积、全盆地的风险勘探项目，又有老油田滚动勘探项目。截至 2005 年底，共有海外勘探项目 23 个，分布于全球 14 个国家，总勘探面积已超过 80×10⁴km²，标志着中国石油海外油气战略已经逐步走向了勘探开发并举，上游业务加快发展，国际化程度快速提高的发展道路[5]。

1）乍得 H 区块勘探

Conoco 公司（1970—1985 年）进行了十五年的勘探，发现了八个油田，控制储量近 10×10⁸bbl。随后 Exxon 公司（1985—1999 年）又钻井 29 口，发现了 4 个油田，控制储量 2.25×10⁸bbl。2000—2005 年 Encana 公司在 Exxon 等国际大油公司经过二十多年勘探和综合评价后放弃的 H 区块，开展了大量工作，但也仅在 Bongor 盆地上组合发现 Miomosa 稠油油藏。

中国石油于 2003 年底介入 H 区块，当时不过是一个拥有 12.5% 权益的小股东。经三年多的运筹和谋划，中国石油于 2006 年拥有了该区块 100% 的权益，并成为作业者。其后针对 Bongor 盆地开展了重点勘探工作，2007 年 4 月，随着 Ronier–1 井在 Bongor 盆地下白垩统的上部成藏组合获得商业性油流，实现勘探突破，随后发现了一系列油田，勘探领域由上组合逐步向下组合拓展，勘探对象逐步从构造向岩性和潜山油气藏方向发展。截至目前，中国石油共完成二维地震 7200km，三维地震 5700km²，完钻探井 60 口，具有年产 600×10⁴t 产能资源基础。

2）尼日尔 Agadem 区块勘探

美国 Texaco 公司（1970—1985 年）在 Termit 盆地针对白垩系具有背斜背景的构造钻探 7 口井，均失利，但在古近系 Sokor 组地层油藏，初步认识到源上成藏的潜力。Esso 公司（1985—1995 年）通过研究认为 Termit 盆地古近系满盆富砂，而在区块西侧的 Dinga 断阶带发育三角洲前缘相带砂泥交互沉积，易于成藏，勘探主要集中在该区带之中，前后共发现了 Goumeri、Agadi、Faringa 和 Karam 等 4 个油气藏。西方石油公司在近 40 年的勘探中共完成了 30825km 航磁及 17000km 二维地震勘探，平均二维地震测网密度 4km×8km，在 Dinga 地堑最密可达 2km×2km，南部邻近乍得湖盆地的 Trakes 和 Moul 区最稀为

8km×16km。完钻探井19口，发现7个小油藏，探井成功率为47%，完钻评价井5口，成功率仅为40%。由于发现油藏规模较小，综合评价后认为该盆地的勘探潜力有限而退出，共沉没投资约3.5亿美元。

2008年6中国石油取得了尼日尔Agadem区块100%权益，该区块涵盖了Termit盆地的主体部分，面积27516km²，勘探期8年，其中第一勘探期4年，到期后退地50%，第二勘探期2年，到期后再退剩余勘探区块面积的50%，第三勘探期2年，到期后退还全部面积。中国石油进入后，针对古近系提出全盆地甩开的勘探策略，并按照规模断层、反向断块和断垒、三角洲前缘砂三要素开展圈闭评价，针对下组合白垩系Yougon组新层系，提出靠近物源区、源内找砂体的勘探策略，在Termit盆地的连续获得重大突破，相继发现了3个亿吨级含油区带及2个千万吨级油田，不仅在上组合古近系Sokor组发现了规模储量，而且在下组合白垩系也获得了商业发现，7年来累计完钻探井128口，成功率达81.2%，新增石油地质储量$4×10^8$t以上，为二期$500×10^4$t产能建设奠定了储量基础。

3）阿姆河右岸勘探

阿姆河右岸区块位于阿姆河盆地东北部，东北以土库曼斯坦和乌兹别克斯坦国界为界，西南以阿姆河为边界，自北西向南东横跨查尔朱断阶带、别什肯特凹陷和西南吉萨尔山前冲断带等构造单元。受盆地勘探开发进程及阿姆河右岸石油地质条件影响，自20世纪50年代，该区块油气勘探总体经历了以下四个阶段[1]。

（1）浅层预探阶段（1965—1964）：该阶段的油气勘探与全盆地基本同步，主要进行了区域地质调查及西部盐下浅层的预探。1964年，在萨曼杰佩构造上钻探Sam-2井，发现了萨曼杰佩气田，由此正式揭开了阿姆河右岸盐下碳酸盐岩天然气勘探开发的序幕。在地质认识上，原苏联及土库曼斯坦专家一直认为萨曼杰佩气田属于台地边缘堤礁相气藏，与坚基兹库尔气田相同。

（2）浅层探索阶段（1965—1996）：西部浅层隆起带获得突破过程中，在东部深层也进行了艰难的探索，但总体成效甚微。1965年勘探中部桑迪克雷构造，钻预探井3口，未获工业油气。1975—1990年，甩开勘探东部别什肯特凹陷，在召拉麦尔根、霍贾姆巴兹等三个断裂背斜构造带的7个构造上共钻探井34口，仅3口井获工业性气流/低产气流，探井成功率14.3%。1988—1993年，全面勘探中部鲍塔—坦格古伊—乌兹恩古伊构造群，在10多个礁滩体圈闭上共钻探井和详探井25口，6口井获工业性气流/低产气流，发现3个小气田，探井成功率30%。1992—1996年开始勘探中部别列克特利、皮尔古伊和扬古伊构造，钻探井3口，测试获气后，认为发现了3个孤立的小气田。

（3）整体停滞阶段（1997—2006）：除在中部别列克特利、皮尔古伊和扬古伊构造采集了三维地震，完成部分井的测试工作外，基本没有实施其他勘探活动，勘探工作总体处于停滞状态。经过半个世纪的勘探，原苏联及土库曼斯坦在阿姆河右岸累计完成二维地震19364km，三维地震500km²，发现构造圈闭130个（已钻圈闭65个），共钻探井和评价井192口，发现大小气田21个，探井成功率小于30%。

（4）一体化大发展阶段（2007年—现今）：2007年8月，中国石油获得阿姆河右岸勘探开发许可证，开始进行右岸盐下碳酸盐岩天然气的全面勘探开发。经过6年的持续探索，西部叠合台内滩气田、中部缓坡礁滩气藏群及中东部缝洞型碳酸盐岩气田勘探开发都获得重要突破，盐下浅层及深层勘探开发均进入快速发展阶段。累计采集二维地震3366.7km、三维地震7784km²，钻完井60口（另有7口正钻），钻井成功率由先前的22%提高至100%。钻探了30个圈闭，发现了4个天然气富集区带，新探明阿盖雷、霍贾古尔卢克、捷列克古伊、东伊利吉克等8个气田，圈闭钻探成功率达80%以上。重新评价了萨曼杰佩等8个老气田，天然气储量都有所增加，全区落实天然气三级储量接近$7000×10^8 m^3$。

4）滨里海中区块勘探

滨里海中区块位于滨里海盆地东缘，是中国石油在中亚俄罗斯地区的第一个风险勘探项目，在中国石油接手之前，多家外国石油公司经过近百年的勘探，累计钻干井18口，未获得任何勘探发现，纷纷退出。由于受盆地内发育巨厚盐丘的影响，盐下勘探异常复杂困难。盆地内油气勘探工作可以追溯到20世纪初，但区块内的勘探工作大体经历了以下三个阶段。

（1）早期探索阶段：区块周边的油气勘探历史可以追溯到20世纪初。1914年，区块以北的莫尔图克盐上获得了少量的氧化稠油。1931年，在盐上二叠系、三叠系首次获得工业油流。第二次世界大战后，随着地震技术的发展和钻井技术的提高，1959年在区块西北部发现了肯基亚克盐上稠油油田，1971年首次发现肯基亚克盐下油田，1978年紧邻区块北部边界发现了大型盐下凝析油气田——让纳若尔油田，但是区块内前人在西部和北部钻探的18口井均未发现工业油气流。中国石油接手前，该区块已完成二维地震4000km，测网密度稀疏不均。

（2）持续探索阶段：从2006年6月签约开始，中国石油加大对区块成藏条件的研究，重新处理2000km老二维测线，明确区块具有较好的油气成藏条件。通过二维地震资料重新处理，明显改善了地震剖面的质量，同时结合新采集的二维地震，开展盐下圈闭速度研究与识别技术攻关，在区块西部构造带部署了KB-1井，该井于2003年7月17日开钻，10月4日完钻，完钻层位为石炭系维宪阶，虽然失利，但发现了较好的盐下碳酸盐岩储层，试油见油花。西部盐丘间勘探失利，促使研究人员将勘探重点逐步向东部高部位转移，在盐下构造变速成图基础上，部署了A-1井，该井于2004年10月22日完钻，测井解释油层3.4m，可疑油层17m，7mm油嘴获得日产$95m^3$的工业油流，从而拉开了勘探大发现的序幕。

（3）规模突破阶段：A-1井的成功，进一步增强了向东高部位寻找大油气田的信心。针对巨厚盐丘的影响，重点加大了地震攻关，明确了石炭系碳酸盐岩之上的二叠系泥岩向东过渡为速度较高的碳酸盐岩是影响盐下构造识别的另一个重要速度异常体，它使区块东部石炭系目的层在时间剖面上严重上拉，从而造成向东一直抬升的假象。按照上述认识，2006年初在东部隆起带北特鲁瓦构造部署了CT-1井，该井于2006年5月25日开钻，2006年9月8日完钻，完钻井深3350m，钻井过程中首先在KT-I层白云岩中见到良好油气显示，中途测试日产$50m^3$，从而发现北特鲁瓦大油田。截至2017年底，滨里海中区块共采集二维地震5000km，三维地震4700km²，共钻探井51口，发现了北特鲁瓦大油田，新增3P地质储量$2.4×10^8 t$。

4. 效益勘探阶段（2014年—现今）

自2014年下半年油价断崖式下跌以来，石油行业面临前所未有的挑战，公司海外油气勘探业务从规模速度发展进入了质量效益发展的阶段，海外积极构建效益勘探体系，紧密围绕"低成本勘探、精准勘探和效益勘探",调整勘探策略、削减勘探投资、降低勘探成本、全面升级管理,扭转了高油价下粗放型的发展惯性,为海外在低油价下实现质量效益发展夯实了优质的资源基础。

1)调整勘探策略

勘探理念自高油价时期的"快速高效"向低油价时期的"效益优先"进行转变。突出效益勘探、注重经济理念,建立勘探资产分类及排队体系,差异化制定项目勘探策略。突出滚动勘探、提升综合效益,加强勘探开发一体化,追求优质高效可快速动用储量,确保滚动勘探工作量及投资;兼顾合同到期、合理统筹安排,开展部分退地、保地项目的甩开勘探,推迟高风险、高投入、长周期项目的实施。

2)削减勘探投资

低油价时期预算整体压缩的形势下,勘探投资控减总量,突出重点、有保有压,加强资源—资产评价和勘探目标全球排队,将有限的勘探投资聚焦于有利的项目、区带/领域和目标,强化单项工程经济评价,设定重点项目探井经济储量门槛,滚动探井门限值适当降低,外围探井门限值相应提高。充分利用有限的勘探资金,立足重点领域和区带,加强综合研究、深化科研攻关、谨慎论证部署、推广先进适用技术、提高部署准确率,降低单位储量发现成本。

3)全面升级管理

低油价下进一步加强海外板块对油气勘探工作的统一管理和集中决策,全面加强海外勘探的升级管理。通过下发《关于海外勘探业务全面升级管理》的通知,明确地区公司、项目公司全部探井、评价井地质设计和试油地质方案,全部地震、非地震部署和采集方案必须向板块报批,其中海洋以及高投资探井必须要有经济评价结果;要求严格履行干井费用化报批制度。

4)降低勘探成本

通过优化勘探部署、简化方案设计、降低同比单位成本、强化组织实施,进一步降低勘探作业成本。发挥传统技术优势,在复杂断块、薄储层碳酸盐岩、岩性地层圈闭及深浅层勘探等多领域开展持续攻关,精细研究、反复认识、明确靶点、稳步实施,努力提高探井成功率。单项勘探工程强化跟踪、动态调整,严格把关地震采集参数和镶边面积,重点探井严控完钻井深、简化测录试和完井设计,利用开发井兼探深层目标并减少低效和无效试油层位,多管齐下减少或杜绝无效投资。

低油价以来,以南图尔盖盆地 PK 项目、安第斯盆地前陆斜坡带 T 区块、巴西桑托斯盆地里贝拉区块等项目为依托,加大了油田周边精细勘探力度,紧密围绕富油气凹陷,开展复杂断块精细梳理和岩性地层油气藏评价,加大探井和评价井论证力度,以效益勘探为目标,大幅提高探井成功率和储量可动用率,桶油发现成本逐步降低,较高油价时期下降了 14%,探井成功率逐步提高,由高油价时期的 67% 逐步提高到 83%、评价井成功率由 80% 提高至 93%,实现了低成本勘探、高效勘探和规模效益增储。

(1)PK 项目勘探:2005 年 10 月中国石油通过收购 PK 公司进入该项目,并成为作业者,合同模式为矿税制,拥有 260D、951D、1928 和 1057 四个勘探区块,权益分别为 67%、50.25%、67% 和 33.5%,勘探面积合计 10416km^2,260D 勘探许可将于 2020 年 6 月到期,其余三个勘探许可将于 2018 年 12 月到期。项目位于哈萨克斯坦中部南图尔盖盆地，南图尔盖盆地属于中生代走滑裂谷系，现处于勘探成熟期，地质结构上垒堑相间，勘探潜力主要分布在深层J1-2、走滑断块、岩性、新区和基岩潜山五个领域。2005—2014年，主要围绕已发现油田滚动甩开，围绕凹间隆及其围斜部位寻找中浅层构造油气藏，发现Tuzkol、Karabulak、West Tuzkol、Doshan等系列油田，累计发现石油可采储量$4212×10^4$t。由于PK项目主力层埋深浅、储层物性好、油品好、钻井成本低，当年发现当年投产，是低油价下效益勘探的首选项目。2015年以来，加强新块、新层等三新领域评价，加大勘探部署力度，在河道砂体、潜山风化壳、走滑断裂带和深层岩性等领域获重要进展，累计发现石油可采储量$665×10^4$t，实现了低油价下的增储见效。

（2）安第斯项目勘探：2005年8月26日，中国石油和中国石化按55%：45%的投资比例在厄瓜多尔成立安第斯石油公司，2005年8月30日，该公司以14.2亿美元购买加拿大英卡纳公司在厄瓜多尔的油气资产，间接拥有安第斯项目T区、14区（含S区）100%权益和17区70%权益，并担任作业者，合同模式为产品分成合同。T区块由中国石油主导作业，14/17区块由中国石化主导作业。2010年7月，厄瓜多尔总统签署石油修正法案，将模式转制为服务合同，并于当年11月1日生效，T区块合同期由2015年延至2025年。T区块面积1047km^2，位于厄瓜多尔Oriente盆地斜坡带，勘探主要目的层为上白垩统Napo组砂岩。2005—2014年，围绕已发现油田滚动扩边，DN地区发现Esperanza/Colibri等油藏；加大新区甩开和新层系探索，优选MS地区和T西北地区，探明MS构造油藏和TN油藏，发现UT组海绿石砂岩低阻油层，形成新的储量增长点；累计发现石油可采储量$2000×10^4$t。2015年以来，围绕T西地区展开评价，先后发现Alice S/Alice N、Johanna/Johanna E、Gaby等含油气构造，累计发现石油可采储量$1000×10^4$t，揭示T西亿吨级储量接替区。

（3）巴西里贝拉项目：2013年10月21日，巴西国油（30%+10%）、壳牌（20%）、道达尔（20%）、中国石油（10%）和中国海油（10%）组成联合体成功获得巴西里贝拉项目，合同模式为产品分成合同，合同期分为4年勘探期（至2017年12月1日）和31年开发期。项目位于桑托斯盆地东北部，距离海岸线约180km，面积1547km^2，水深范围1900~2200m。桑托斯盆地盐下构造主要形成于裂谷期，发育多个地垒、地堑、断背斜及火山隆起，平面上可分为西部隆起带、中央坳陷带、东部隆起带和东部坳陷带。里贝拉区块位于东部隆起带向中央坳陷一侧，勘探主要目的层为盐下裂谷期介壳灰岩和坳陷期微生物灰岩。

中国石油进入前，该区块已完成二维地震993km，三维地震6622km^2，完钻2口探井、进尺6015m，已发现油气藏1个，其中2-ANP-2A-RJS井于2010年获得盐下突破，钻遇盐下278.6m油层。2014年中国石油进入后，完钻探井和评价井12口，累计进尺44894.6m。其中西部构造NW1、NW3、NW5、NW2、NW4、NW7、NW8、NW13、NW11井分别钻遇盐下239.7m、175.9m、264.3m、383.2m、297.7m、210.6m、357.6m、232.0m、141.8m厚油层，NW2井钻遇油层厚度刷新了桑托斯盆地记录，NW3井测试折算单井产能达万吨以上，NW8和NW13井揭示了西部构造北段和南段的油水界面比主体构造的油水界面分别深55m和65m，西北区构造基本落实$15×10^8$t油田规模，具备建成产能$5000×10^4$t/a的资源基础。

二、海外勘探现状

截至 2015 年末,在海外 21 个国家运作 35 个勘探项目(图 1-7),总面积 $40.9 \times 10^4 km^2$。"十二五"期间,海外累计新增探明可采储量 $6.23 \times 10^8 t$ 油气当量,较"十一五"增长 47.4%,超额完成规划目标;储量替换率大于 1,探井成功率 50% 以上,风险探井成功率 40% 以上。累计完成权益勘探投资 52 亿美元,平均发现成本 1.95 美元 / 桶。"十二五"共实施二维地震采集 34964km,完成规划目标的 120%;实施三维地震采集 $34966km^2$,完成规划目标的 175%。完钻探井 700 口,完成规划目标的 138%;完钻评价井 480 口,完成规划目标的 164%。

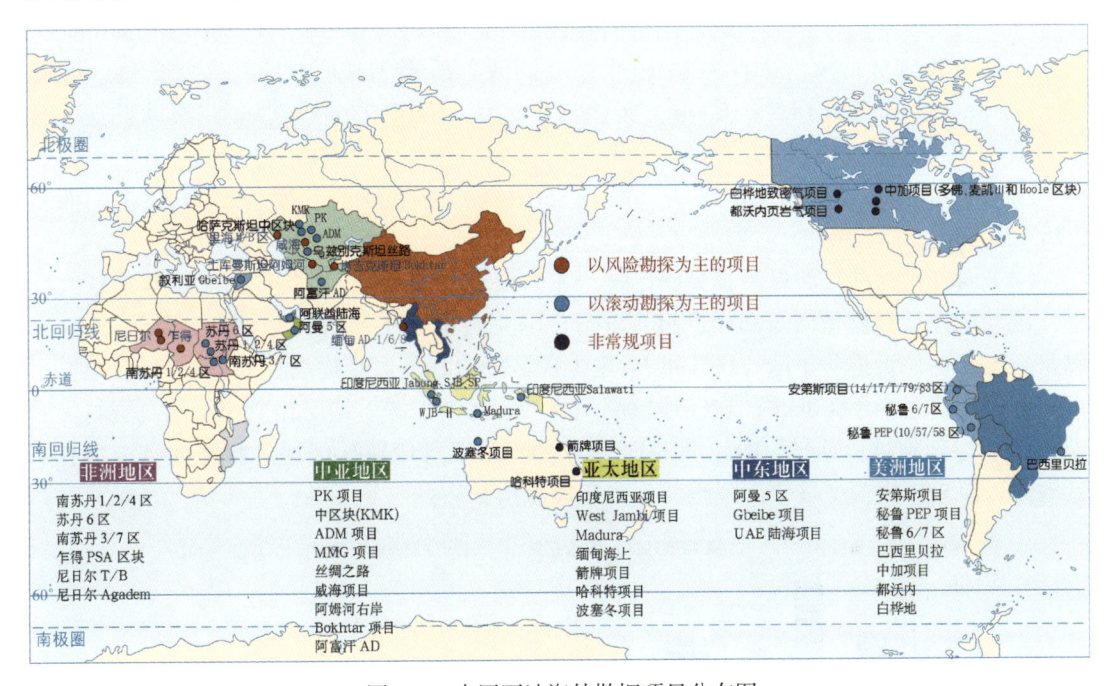

图 1-7 中国石油海外勘探项目分布图

在常规陆上勘探方面取得多项重大突破,西非地区风险勘探取得重大进展;中亚阿姆河天然气勘探取得全面突破,中亚地区滚动勘探取得重要发现,苏丹、南美、亚太等地区精细挖潜取得良好成效;在海上及非常规勘探方面有效进入东非海上、巴西海上和西澳海上等领域,同时介入北美和澳大利亚非常规资源勘探。

三、海外勘探项目特点

(1)形成了以陆上常规油气勘探为主,兼顾海上和煤层气、油砂等非常规领域的局面。

在海外 35 个勘探项目中,以风险勘探为主的项目 8 个、以滚动勘探为主的项目 22 个、非常规项目 5 个(图 1-7)

(2)涉及的沉积盆地类型多种,地质单元和地面条件复杂多样。

海外勘探项目分布在劳亚、特提斯、冈瓦纳三大油气构造域,共涉及裂谷盆地、前陆盆地、被动大陆边缘盆地、主动大陆边缘及弧前盆地等 5 大类 30 多个含油气盆地。其中中西非裂谷主要有:苏丹 Muglad 和 Melut 盆地、乍得 Bongor、尼日尔 Termit 盆地等;中

— 19 —

亚裂谷及含盐盆地主要有：滨里海盆地、南图尔盖盆地、阿姆河盆地等；印尼弧后盆地主要有：苏门答腊盆地；南美前陆盆地主要有：东委内瑞拉、奥连特盆地等；被动大陆边缘盆地主要有：缅甸孟加拉湾、巴西桑托斯盆地。

含油气层系包括了中—新生界、古生界、前古生界等多个年代地层。

地面条件包含了草原、山地、沙漠、热带雨林、滩海、深海和湖泊/沼泽。按地表条件分：其中陆上区块 78 个，分布在苏丹、南苏丹、尼日尔、乍得、哈萨克斯坦、土库曼斯坦、阿富汗、塔吉克斯坦、秘鲁、厄瓜多尔、加拿大、阿曼、叙利亚、阿联酋、印度尼西亚和澳大利亚 16 个国家；海上区块 9 个，分布在哈萨克斯坦、乌兹别克斯坦、巴西、阿联酋、缅甸和澳大利亚 6 个国家。

（3）海外风险勘探和滚动勘探项目面积各占一半。

按勘探程度分：风险勘探区块 16 个，合同区总面积 $21.3 \times 10^4 km^2$，占 52.8%，包括陆上 11 个区块、面积 $18.5 \times 10^4 km^2$，海上 5 个区块、面积 $2.78 \times 10^4 km^2$；滚动勘探（含非常规油气）区块 71 个、合同区总面积 $19.1 \times 10^4 km^2$，占 47.2%，包括陆上 37 个区块、面积 $16.14 \times 10^4 km^2$，海上 4 个区块、面积 $8562 km^2$，非常规油气勘探区块 31 个，面积 $2.36 \times 10^4 km^2$。

（4）海外勘探项目储量增长高峰已过，主力项目勘探程度日益提高，难度越来越大。

滚动勘探项目储量增长高峰已过：苏丹、阿克纠宾、PK 和印度尼西亚等项目 2003 年以来年度新增储量连年下降（图 1-8）。主力探区勘探程度逐步提高，规模圈闭越来越少，可实施目标普遍小于 $1.0 km^2$；岩性地层圈闭目的层逐渐加深、储层相变快、地震资料品质差、识别与刻画难；苏丹、PK、印度尼西亚和安第斯等成熟探区通过精细挖潜，仍有一定潜力，但总体规模呈逐年下降趋势、未来储量增长后劲明显不足。

图 1-8　海外探区滚动勘探新增油气可采储量连年下降

风险勘探项目新增储量节奏放缓：乍得、尼日尔、阿姆河三大项目是海外储量增长的主力区块，2009 年三个大项目的新增储量贡献率达 53%，2010 年最高达 65.2%（图 1-9）。随着三个项目勘探程度的增加，新增储量比例逐年下降。风险探区以油田周边新区带和新层系为主，领域接替尚未形成。2015 年以来，海外风险勘探主要围绕已发现区周边适度甩开，兼顾义务工作量，实施目标增储规模小；乍得、尼日尔等项目外围探区资料品质差、地质条件复杂，潜力区带不明朗；塔吉克斯坦博格达地表山高坡陡、盐下目的层埋藏深、地震资料品质差，盐上高角度复杂叠瓦冲断构造以及地层倒转和重复，勘探难度大；未来领域集中在外围盆地/凹陷、主力探区深层/岩性地层和新进入项目等，目前尚未形成有效接替。

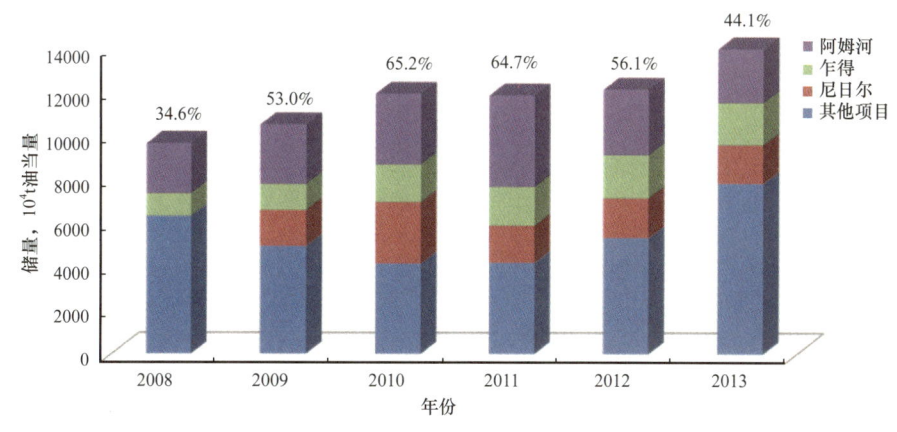

图 1-9　风险勘探项目在新增储量中的占比

红色数字为风险勘探项目储量占比

（5）海洋及非常规项目占比增高，勘探经验及技术储备不足，但挑战和机遇并存。

自 2005 年进入海上以来，已运行过 10 多个海上区块，红海和缅甸海上 5 口探井失利，揭示出巨大风险；巴西里贝拉项目进入后不断取得新突破，2017 年又新获取巴西佩罗巴区块潜力巨大，海上项目也面临重大机遇；巴西里贝拉项目面临火成岩分布规律不清、中东部盐下地震成像攻关处理、厚层碳酸盐岩储层预测等难题，Peroba 区块需加强勘探目标优选，力争实现风险勘探重大突破；缅甸海上项目面临深水沉积体预测、生物气成藏规律和烃类检测等难题。总之，海上勘探区块，需要不断加深深水沉积体系地质认识，积累海上勘探经验和技术，提升海上油气勘探部署及决策水平。

（6）勘探区块陆续到期退地，勘探面积越来越小，可持续发展面临重大挑战。

"十二五"末：KMK、PK、ADM、MMG、丝绸之路、莫桑比克、秘鲁 1-AB、卡塔尔 4 和 SPC 等项目勘探合同到期，剩余 30 个项目、75 个区块，剩余勘探面积 $37 \times 10^4 km^2$；"十三五"末：剩余 14 个项目、30 个区块，剩余勘探面积 $13 \times 10^4 km^2$；"十四五"末：剩余 8 个项目、15 个区块，剩余勘探面积 $7 \times 10^4 km^2$（图 1-10）。

可见"十三五"末海外勘探项目面积仅为"十二五"末的 1/4，可勘探空间急剧缩小；现有海外勘探项目区块个数和面积变化趋势。

（7）低油价下勘探投资大幅缩减，勘探业务面临巨大挑战。

2014 年以来，随着油价下跌，中国石油海外勘探开发公司大幅削减勘探投资，同比 2014 年近几年削减幅度超过 60%；海外勘探工作主要聚焦现实和见效快的领域，风险领域探索与勘探新项目获取放缓，公司未来可持续发展面临巨大挑战。

权益勘探投资：2016 年完成约 4 亿美元，与 2015 年同比减少 35%、与 2014 年同比减少 65%（图 1-11）；权益新增储量：2015 年与 2016 年完成情况持平，但 2017 年增储严重下滑，仅为 2014 年的 1/4（图 1-12）；风险勘探也主要围绕已有发现区周边兼顾义务工作量，实施目标资源规模较小。

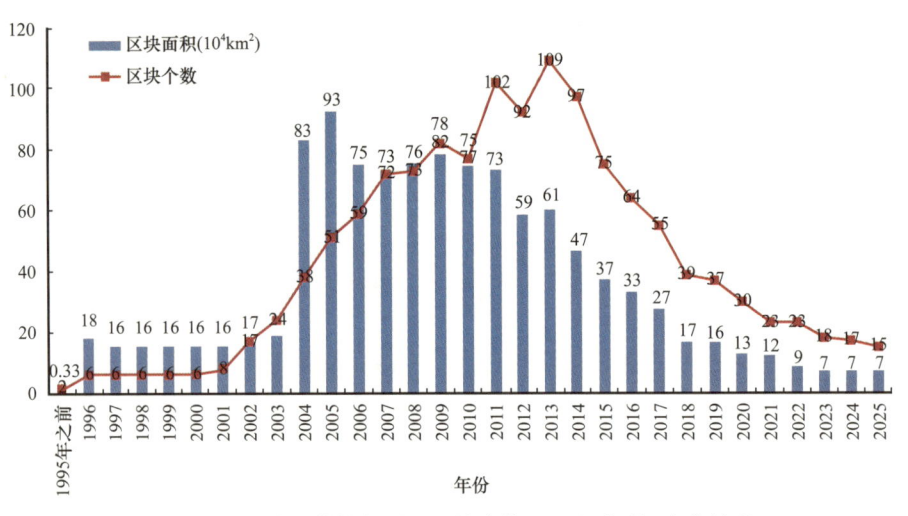

图 1-10　现有海外勘探项目区块个数和面积随时间变化情况

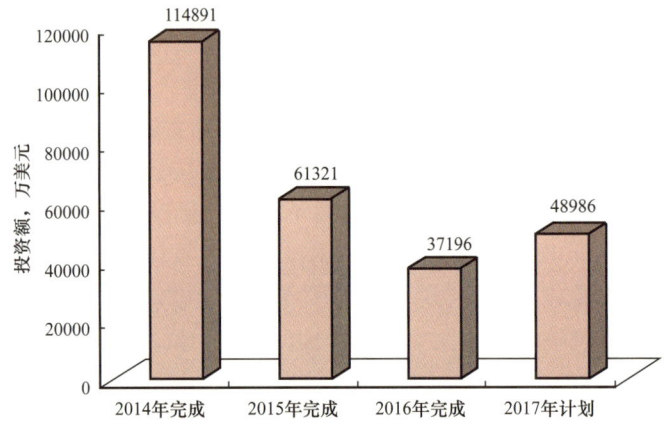

图 1-11　权益勘探投资变化情况

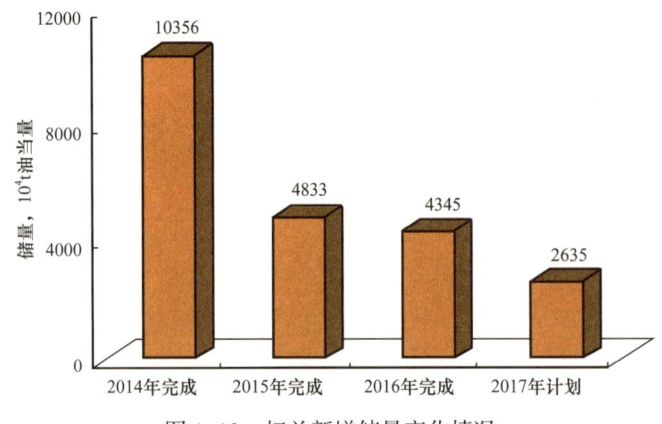

图 1-12　权益新增储量变化情况

（8）海外勘探理念和方法与国内不同。

针对海外勘探时间有限、空间有限、资料有限和风险极高的特点，海外勘探追求在最短勘探期内以最小投入获得最大规模的发现为原则。因此，海外勘探利用尽可能收集到的资料和类比的方法进行快速盆地评价,优选目标,加快钻探,一有油气发现,立刻进行勘探开发一体化部署,尽快宣布商业发现,进入开发阶段。而不像国内方式,需要进行大量基础地质研究,部署大量地震采集,反复研究论证,勘探发现后再逐渐评价,交完探明储量后转给开发人员再研究部署。海外勘探的管理始终坚持"统一管理、集中决策、快速确定"的管理机制。以区带/领域为对象,按滚动和风险勘探两个层次部署、研究、实施和管理整个海外勘探区块。总体看,海外勘探实行的是快速优选目标、快速地震部署、快速钻探、快速评价,采用先"肥"后"瘦"、先"易"后"难"、勘探开发一体化部署、提前研究退地方案的勘探理念和方法。

第四节 中国石油海外油气开发历程与特点

一、海外开发历程

中国石油从1993年中标秘鲁6/7区塔拉拉油田项目开始的,海外油气田开发到现在经历了起步发展、快速上产、规模建产和持续稳产上产四个阶段(图1—13)。

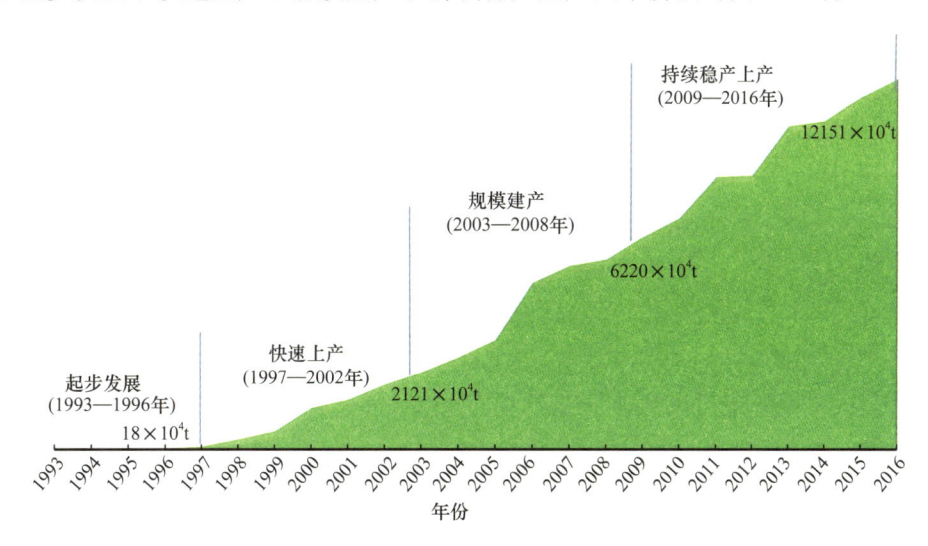

图1—13 中国石油海外开发业务发展历程图

1. 起步发展阶段(1993—1996年)

1993年3月,中国石油中标秘鲁塔拉拉油田第七区块,并于1993年10月22日与秘鲁国家石油公司正式签订了"塔拉拉油田第七区块生产服务合同"。1994年初中标塔拉拉油田第六区块,并于2005年将两个区块合并,将服务合同改为经营许可证合同。这两个油田都是生产百年的老油田,大部分为弹性溶解气驱油藏,地层压力已大幅下降,接近枯竭。中国石油接手后,通过精细的地质研究,对老井修复和补孔,特别是搞清油气分布,发现了新层和新块。第六区块在3个层系中发现6个新的含油断块,新增含油面积10km^2,地质储量7582×10^{4}bbl,新增含气面积2.8km^2,地质储量8.8×10^{8}m^3,第七区块发现5个含油断块,含油面积1.9km^2,地质储量2182×10^{4}bbl。1994年第六区块、第七区块项目开始投产,当年产油4×10^{4}t,标志着中国石油海外原油产量实现了零的突破。在之后三年时间通过义务工作量的完成，原油产量大幅度提高，日产油水平由接管时1750bbl/d 上升到1997年的5375bbl/d，为历年最高峰，并在经过百年开发的老油田打出了3口千桶井，为中国石油在秘鲁石油界树立了良好形象，也成为中国石油在海外投资项目中第一个收回投资的项目。该项目的成功运作，打开了中国石油走出国门开展国际化合作的第一步。

2. 快速上产阶段（1997—2002年）

从1997开始，中国石油海外油田开发业务迅速成长发展，继美洲之后，在非洲、中亚、中东、亚太等地区都实现了零的突破。在1997—2002年期间，海外签订并投产的油田项目包括苏丹1/2/4区、哈萨克斯坦阿克纠宾、阿曼5区、委内瑞拉陆湖等一批大油田项目以及泰国邦亚、阿塞拜疆K&K等小项目。海外原油作业产量也从1997年的 97×10^4 t/a 迅速增长到2002年的 2121×10^4 t/a，为我国海外原油生产历史画上了浓墨重彩的一笔。

苏丹1/2/4区项目是中国石油在非洲地区的第一个原油开发项目，在1999年正式投产后不到两年时间就实现年产原油 939×10^4 t/a，成为中国石油海外第一个千万吨级规模的大型油田开发项目，也是我国海外油田开发历程中的一个重要里程碑。该项目投产后采用"有油快流，好油先投，高速开发，快速回收"的开发策略，从联合作业公司成立到千万吨级油田投产，用了不到两年时间；从投产到全部投资回收，仅仅用了三年半时间，成为中国石油海外油田高速高效开发的典范。

在快速上产阶段，除了苏丹1/2/4区项目这个新投产油田项目外，中国石油也陆续开始参与包括阿克纠宾、陆湖、阿曼等项目在内的一批老油田的合作开发，并且在接管后油田年产量快速增加，使老油田焕发了新青春。哈萨克斯坦阿克纠宾项目作为中国石油在中亚地区的第一个油气开发项目，在1997年中方接管后，年产油量从 262×10^4 t 迅速增长到2002年年产原油 437×10^4 t。委内瑞拉陆湖项目在1998年接管后用了不到三年时间年产油量由 22×10^4 t 迅速上升到 100×10^4 t 以上。

3. 规模建产阶段（2003—2008年）

从2003年开始，海外油田开发进入规模建产的阶段。在2003—2008年，海外先后签订并投产的大小油田开发项目共有15个，无论从数量上及产量规模上都达到了一个前所未有的程度。

在中亚地区，先后投产了哈萨克斯坦PK、北布扎奇、KAM、ADM等4个项目，再加上之前的阿克纠宾项目和K&K项目，中亚地区油田开发项目达到6个，整个中亚地区的年产油量由2003年的 500×10^4 t 水平增长到2008年的 1800×10^4 t 水平。PK项目2005年中方接管时主力油田处于高含水开发后期，油田年产量仅 364×10^4 t，接管后通过深入挖潜，产量创造历史新高，2006年达到年产油 1000×10^4 t 以上并稳产2年。北布扎奇项目是海外第一个普通重油油田开发项目，中方于2003年进入该项目，通过开展地质开发综合研究，加快油田产能建设步伐，油田年产量由接管前的 33×10^4 t 上升到 200×10^4 t。

在非洲地区，共有苏丹3/7区、苏丹6区、阿尔及利亚ADRAR这3个油田项目投产，整个非洲地区的投产项目达到4个，年产油量由2003年的 1400×10^4 t 水平上升到2008年的 2500×10^4 t 水平。苏丹3/7区项目2006年投产，在投产第二年便迅速实现了年产 1000×10^4 t 的产量目标，成为继苏丹1/2/4项目后又一个千万吨级的油田开发项目。作为苏丹三大项目之一的苏丹6区也于2004年正式投产，当年实现一期 60×10^4 t 规模商业生产，2006年实现二期上中下游200×10⁴t产能规模一体化生产。

在美洲地区，先后接管并投产了秘鲁1-AB/8区、厄瓜多尔安第斯、委内瑞拉MPE3以及ZUMANO等项目，加上早期接管的秘鲁6/7区项目和委内瑞拉陆湖项目，整个美洲地区的投产项目达到6个，原油产量从2003年的300×10⁴t水平上升到2008年的1000×10⁴t水平。秘鲁1-AB/8区项目也是一个老油田项目，中方接管后积极探索小股东参股下项目运作模式，年产油量由2003年接管时的156×10⁴t迅速上升到第二年的290×10⁴t。安第斯特高含水油田开发项目于2006年正式接管，中方通过加强低幅度构造特征及成藏规律研究，进行老油田高含水后期剩余油挖潜和油田综合治理工作，成功实现了油田高速高效开采，油田产量连续四年保持在300×10⁴t生产规模。MPE3项目是海外第一个超重油开发项目，位于世界著名的委内瑞拉奥里诺科重油带，该超重油项目于2007年正式投产，利用特殊的泡沫油丛式水平井冷采开发方式，产量逐年上升至目前的年产900×10⁴t规模。

在中东地区，中国石油又陆续投产了叙利亚幼发拉底和Gbeibe两个油田项目，加上之前投产的阿曼5区项目，这3个项目使中东地区的年产油量由2003年的60×10⁴t迅速增加到2008年的371×10⁴t。

在亚太地区，中方参与合作的印尼油气开发项目在接管前原油产量逐年降低，在接管后年产油量由之前的220×10⁴t增长到2008年的374×10⁴t。

在2003—2008年规模建产阶段，海外油田规模不断扩大，原油作业产量和权益产量屡创新高。2006年海外原油作业产量首次突破5000×10⁴t大关，2007年达到6000×10⁴t。

4. 持续稳产上产阶段（2009年—现今）

进入2009年以后，海外相继投产一批大中型油田项目，包括中东地区伊拉克鲁迈拉、哈法亚、艾哈代布、西古尔纳等4个大型油田以及伊朗MIS、北阿项目，非洲地区尼日尔、乍得一体化项目，中亚地区哈萨克斯坦MMG项目，另外还有新加坡SPC项目以及秘鲁珍珠等项目。这一批大中型项目的投产，尤其是2011年之后连续在中东伊拉克、伊朗两伊地区实现了重大突破，使得海外油气业务战略布点基本完成，进入了持续稳产上产的新阶段。

2011年中国石油海外油气生产获历史性突破，油气作业当量首次突破1×10⁸t，油气权益当量超过5000×10⁴t，圆满建成"海外大庆"。其中原油作业产量接近9000×10⁴t，为"海外大庆"的顺利建成奠定了坚实的基础。2012年在国际政治形势急剧变化而导致南苏丹停产、叙利亚限产的不利局面下，通过克服种种困难，海外油气作业当量仍完成了1.04×10⁸t，油气权益当量达到5243×10⁴t，从而确保了海外大庆的成果。2013年，在面临着南苏丹项目复产滞后、叙利亚政局动荡、伊拉克鲁迈拉项目上产难度加大等严峻形势下，海外原油作业产量仍然首次超过1×10⁸t。从2014年开始，国际原油价格一路暴跌，世界油气行业风云突变，海外油田开发经营面临的内外部形势日益复杂，但海外油田开发生产仍然逆势稳产上产，屡创历史新高，原油作业产量连续四年在1×10⁸t以上并保持小幅上涨的态势。

在此期间，中东地区随着伊拉克、伊朗等大项目的开拓和快速规模发展，有力支撑了海外油田的持续稳产上产。伊拉克鲁迈拉油田项目既是中国石油海外第一个巨型油田开发项目，又是海外第一个技术服务合同项目。在2010年接管油田后，同年底便提前实现合同规定的前三年内将油田产量水平提高到初始产量110%的目标，从而开始投资成本回收。2011年至今鲁迈拉项目克服了生产设施老化、施工力量不足、材料供应短缺和安保形势日益严峻等诸多不利因素影响，油田产量稳步提高，设施处理能力逐渐稳定，投资回收进展顺利。2011年实现原油作业产量$1548×10^4$t，之后连续5年产量稳步提升，2016年实现原油作业产量$3889×10^4$t。西古尔纳油田项目在2013年底接管后通过优化油井生产以及实施全区规模注水等大量工作，原油作业产量由接管前的$528×10^4$t/a迅速增加到2016年的$1420×10^4$t/a。

哈法亚项目是中方为作业者主导的新投产油田开发项目，2010年接管后迅速开展产能建设，2012年实现了一期$10×10^4$bbl/d产能规模，2014年二期投产后累计产能达到$20×10^4$bbl/d，油田年产量在投产三年即达到了$1000×10^4$t/a规模。艾哈代布项目于2008年底签订合同后迅速开展产能建设，一期$600×10^4$t产能于2011年6月投产，比合同规定提前两年实现产量目标，也提前进入了回收期，截至2016年底年产原油保持在$700×10^4$t的水平。

在持续稳产上产阶段，海外上游新项目开发及合资合作亮点频现。2014年年初，俄罗斯亚马尔液化天然气（LNG）项目顺利完成交割，实现了中国石油进入俄罗斯上游成熟油气项目的重要突破；2014年底，巴西国家石油公司全资子公司巴西能源秘鲁公司股权收购项目完成交割。在此阶段，海外重点项目建设也取得重大突破，乍得二期一阶段产能建设项目、阿克纠宾三厂油气处理工程、哈法亚二期产能建设项目等纷纷投产。中国石油海外油田规模化发展已取得显著成效，正朝着健康可持续发展的道路上迈进。

二、海外开发现状

截至"十二五"末，在22个国家参与管理和运作着47个油气开发项目，其中正生产项目37个（图1-14）。原油：2P储量$2195×10^8$bbl，剩余可采储量$383×10^8$bbl；天然气：2P储量$31623×10^8$m^3，剩余可采储量$13154×10^8$m^3。37个在产开发项目日产油水平$35×10^4$t（$249.4×10^4$bbl/d），剩余可采储量采油速度3.39%，可采储量采出程度45.61%，油田综合含水63%。油井总数21909口，开井14456口，平均单井日产油水平300bbl/d，采油方式以有杆泵和电潜泵采油为主，占生产井总数的60%以上，注水井总数3619口，平均日注水$533×10^4$bbl，平均单井日注水1654bbl。

按照优质高效的发展目标和"突出中亚、做大中东、做强非洲、做优美洲、推进亚太"的发展思路，逐步形成差异化的发展布局（图1-14）。

"十二五"以来，海外油气业务克服叙利亚战乱、苏丹分裂、南苏丹内乱、伊拉克安全局势动荡等不利因素，狠抓油田稳产上产，实现了海外油气产量持续增长，年复合增长率达7.65%。"十二五"海外累计完成油气作业当量$5.96×10^8$t，权益当量$3.01×10^8$t，年均完成$11923×10^4$t和$6012×10^4$t，均完成规划目标的85%，年复合增长率分别达到7.65%和8.61%。重大开发成果方面，高水平高质量建成并巩固了集团公司首个"海外大庆"，伊拉克、阿姆河、乍得等一批重点油气产能建设项目顺利投产，注水、水平井和提高采收率"三大工程"的实施取得了积极效果。

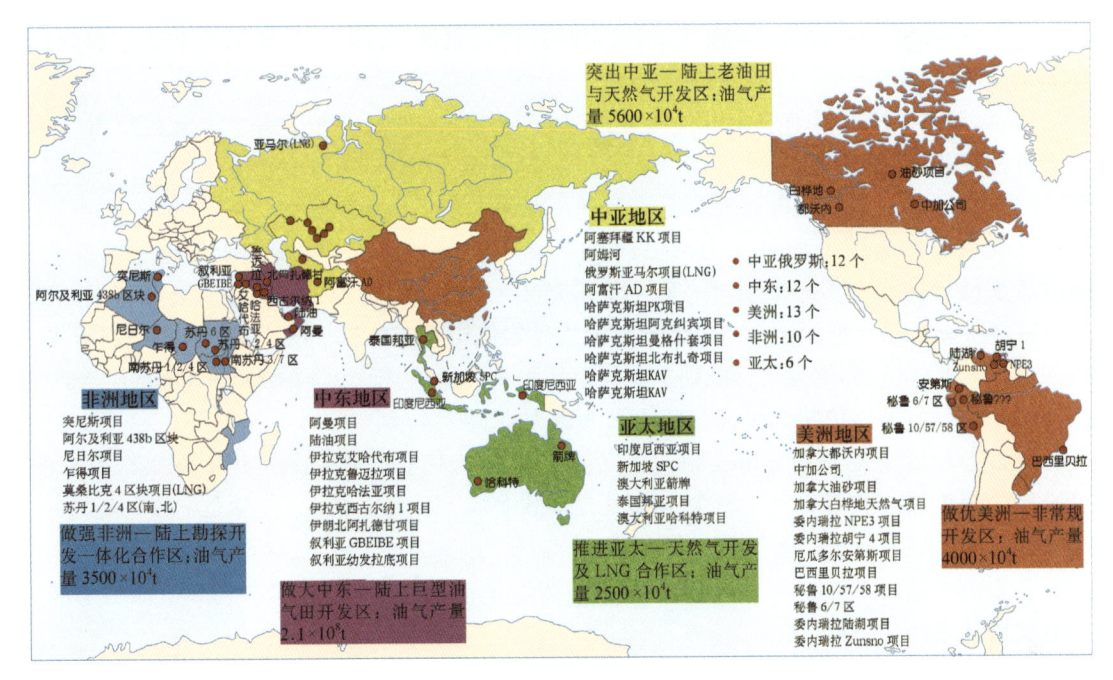

图 1-14 海外开发项目全球分布图

三、海外开发项目特点

（1）海外油气田所处的盆地类型主要有六大类，被动陆缘盆地和前陆盆地的剩余储量巨大。

从盆地类型看[6]，海外主力气油田约50%发现于被动陆缘盆地，30%发现于前陆盆地，20%发现于裂谷盆地；被动陆缘盆地的储量约占36%，被动裂谷盆地的储量约占14%，超重油和油砂及非常规气田的储量分布在前陆盆地，约占43%，煤层气主要分布在克拉通盆地，约占7%。

（2）油气田构造类型以背斜、断背斜、单斜和断块为主。

从构造类型看[6]，海外主力油田约40%为背斜构造，40%为单斜构造，20%为断背斜构造；42%为构造油气藏：主要为长轴背斜、断背斜、单斜和断块；25%为地层岩性油气藏：尤其是超重油、油砂、古潜山等；25%为非常规油气藏。构造、地层—岩性油气藏大致各占一半。

（3）储层类型丰富，物性较好，碳酸盐岩和疏松砂岩储层储量规模巨大。

从储层类型和物性看[6]，海外油田储层主要为砂岩（包含疏松砂岩储层）和碳酸盐岩两大类，其储量和产量占比接近，约50%储层物性为高孔高渗，40%为中孔中高渗，10%为低孔低渗。与国内相比，海外油气藏储层类型更加复杂多样，包括碳酸盐岩、常规砂岩、疏松砂岩、致密砂岩、页岩、煤层等多种类型。总体可分4大类：

① 常规砂岩：目前剩余可采储量占37%，产量占64%；主要包括苏丹、乍得、尼日尔、委内瑞拉、厄瓜多尔、秘鲁、哈萨克斯坦等国家的项目。

② 碳酸盐岩：目前剩余可采储量占42%，产量占29%；主要包括伊拉克、伊朗、阿曼、哈萨克斯坦、叙利亚等国家的项目。

③疏松砂岩：目前剩余可采储量占14%，产量占5%；主要是加拿大油砂、委内瑞拉超重油等项目。

④非常规储层：目前剩余可采储量占7%，产量占2%；主要是澳大利亚煤层气、加拿大致密气和页岩气等开发项目。

（4）储层以白垩系和古近—新近系为主，埋深大多小于3000m。

从储层分布看[6]，海外主力油田约64%发现于白垩系，36%发现于古近—新近系。海外碳酸盐岩储层主要分布于白垩系，埋深1500~4600m；常规砂岩储层主要分布于白垩系和古近—新近系，埋深1200~3000m；疏松砂岩储层主要分布于白垩系和古近—新近系，埋深160~1100m；非常规气储层则主要分布于泥盆系和侏罗系，埋深150~4000m不等。

（5）油藏类型以块状底水和层状边水油藏为主。

统计100余个主力油气田表明：主力油田40%为块状底水油藏，30%为层状边水油藏，层状超重油油藏占20%，其余10%为层状油砂。

（6）油品性质复杂、天然气类型多样。

主要油品统计表明：常规黑油占58%、普通重油占4%、超重油占22%，油砂16%，还有凝析油等；

主要天然气类型统计表明：常规气占68%、致密气占16%、煤层气占9%、页岩气占7%等。

（7）大部分主力油气田地层压力保持水平低、水驱储量控制和动用程度低，增储上产难度大。

大部分油田处于开发中后期阶段：25%处于开发早期阶段，25%处于开发中期阶段，50%处于开发后期阶段。

大部分主力生产项目普遍迈入高采出程度、高含水的"双高"阶段，地层压力保持水平低，仅为50%~80%，水驱储量控制程度和动用程度总体偏低；虽综合含水整体平稳，但主力油田含水上升快，平均单井日产油水平逐年下降（不含伊拉克），从2010年165bbl下降到2016年的98bbl，相比下降40%。

油田递减水平总体偏高，年综合递减10%，油田稳产面临严峻挑战。

（8）海外开发项目也面临大规模合同到期的难题。

海外项目始终面临着合同到期的问题。统计表明"十三五""十四五"期间到期开发项目分别有4个、12个；以2016年产量规模计算，将涉及减少权益产量分别为910×10^{4}t、1255×10^{4}t，影响巨大。

（9）海外油气田的开发理念和开发模式与国内不同。

与国内相比，海外油气田开发具有许多独有的特点，因此就形成了以追求合同期内产量和效益最大化为目标，海外油气田田开发总体采取"有油快流、好油先投、提高经济效益，规避投资风险"的开发理念。基于此，建立了海外特色的开发模式，这就是早期优先利用天然能量开发，规模建产，快速上产，高速开采，快速回收；优先开发优质资源，对低品位资源暂时搁置；勘探开发一体化，保证合同期内储产量高效接替；先衰竭开采，尽量延迟或推迟注水；坚持使用适用和集成配套技术，尽量不用高成本的提高采收率等新技术；有条件油田实施适合海外油田特点的"二次开发"，保证合同期内产量和效益最大化。

第五节　海外油气勘探开发技术发展历程及特色技术

一、海外油气勘探开发技术发展历程

伴随着中国石油海外油气勘探开发业务的不断发展，海外的勘探开发技术支持和研究也经历了将国内成熟技术直接应用到海外，到集成应用，到与海外特点相结合的创新应用之发展道路。回顾过去，中国石油的海外勘探开发技术发展历程与海外勘探开发技术支持体系的发展历程密不可分，经历了萌芽、成长和加快发展三个阶段，在每一个阶段，海外油气勘探开发技术发展的特点和重点都不同。

1. 国内成熟技术直接应用到海外项目的萌芽阶段（1993—1999 年）

这一阶段，中国石油并没有专门的海外业务技术研究队伍，海外业务的技术支持工作主要依托国内油田研究院分散承担，以解决海外油田现场具体技术问题为主，其特点是直接将国内的成熟技术应用到海外项目，海外勘探开发技术的发展处于萌芽和探索阶段。

2. 国内成熟技术集成并创新应用到海外项目的成长阶段（1999—2009 年）

随着中国石油海外勘探开发业务的快速发展，由国内各油田管理局分散的技术支持已经不能满足海外业务发展的迫切需求，1998 年中国石油决定成立海外研究中心，1999 年 2 月，由中国石油海外勘探开发公司和中国石油勘探开发研究院联合共同创建了海外研究中心，并正式挂牌成立。海外研究中心的成立从根本上改变了中国石油海外勘探开发项目没有专职技术队伍支持和研究的局面，开始了海外勘探开发技术的全面研究。为了适应海外业务的发展，2001—2003 年又在中国石油勘探开发研究院成立了海外研究中心二部、在廊坊分院创建了工程技术分中心、在东方地球物理公司成立了物探地质分中心，海外技术支持机构进一步扩充，技术支持队伍逐步壮大到 120 人左右。2004 年以后，海外业务进入加快发展的新阶段，海外技术支持工作也从以开发为主进入勘探、开发、新项目三大业务并举的新阶段。2004 年 12 月，海外研究中心一部、二部整合为中油国际海外研究中心，以海外研究中心为主体的技术支持体系进一步壮大，中国石油海外勘探开发公司先后与中国石油钻井工程技术研究院合作建立了钻井工程分中心（2007 年 1 月）、与中国石油西南油气田勘探开发研究院合作建立了天然气研究分中心（2007 年 3 月）、与 CPE 合作建立了地面工程分中心（2007 年 5 月）。这一阶段，在中国石油集团公司、海外勘探开发公司和勘探开发研究院领导的亲切关怀下，海外研究中心坚持科技集成创新、管理创新、人才创新，在海外业务决策与项目运行技术支持、技术集成创新、人才队伍建设、科研环境建设、企业文化建设与国际技术交流等方面取得重要进展，已成为中国石油海外业务技术支持与集成创新的主体力量，为中国石油海外业务的又好又快发展做出了应有的贡献。

海外技术支持体系的逐步完善为海外业务提供了系统全面的技术支持与决策参谋，积累了丰富的海外油田勘探、开发、新项目开发经验，培养了一支专门从事海外油气业务的技术队伍。海外油气勘探开发技术发展的特点主要是将国内成熟技术集成应用到海外项目，并探索与海外特点相结合集成创新发展了一些海外特色技术，初步形成了如被动裂谷盆地油气地质理论及勘探技术、低勘探程度盆地快速发现大油田的勘探技术、异常高压特

低渗透碳酸盐岩油藏开发技术、多层、块状油田高效开发技术、薄层碳酸盐岩油藏多分支水平井开发技术、带凝析气顶复杂碳酸盐岩油藏注水开发技术、边际油田开发技术、海外新项目评价技术等海外特色技术。

这期间获国家科技进步一等奖有"苏丹 Muglad 盆地 1/2/4 区高效勘探的理论与实践"（2003 年），二等奖有"委内瑞拉边际油田挖潜技术及应用"（2003 年），"迈卢特盆地快速发现大油田的配套技术与实践"（2005 年），"哈萨克斯坦肯基亚克盐下复杂碳酸盐岩油田高效开发配套技术"（2007 年）。

3. 创新海外勘探开发特色技术的加快发展阶段（2009—现今）

2008 年，中国石油提出了建设综合性国际能源公司的奋斗目标。中国石油海外业务进入了一个新的历史发展阶段，规划到 2020 年海外油气作业当量要达到 2×10^8t 油当量，占公司油气总当量的 50% 左右。面对海外投资规模不断扩大和业务领域不断拓展的新形势，原有的技术支持体系已经不能完全适应中国石油国际化战略跨越式发展的需要，必须充分发挥集团公司整体优势，调动国内科研单位和油气田企业科研资源，集中力量做好技术支持保障。2008 年 9 月 12 日，中国石油决定，将海外研究中心划归中国石油勘探开发研究院直接管理，纳入股份公司机构序列。中国石油勘探开发研究院形成了以海外研究中心为核心以及相关单位从事海外技术支持的 470 余人研究队伍。

2010 年以后海外勘探开发业务进入规模化跨越式发展和从"规模速度"向"质量效益可持续发展"转变发展阶段，海外科技发展坚持"主营业务驱动、发展目标导向、简约集成与创新发展相结合"的理念，统筹推进技术支撑体系和科技创新机制建设，努力攻克制约海外主营业务发展的关键瓶颈技术，推动理论技术集成应用和特色技术创新研发，大大提升了勘探开发质量效益和国际竞争力，为集团公司海外业务有质量有效益可持续发展提供了有力的技术支撑和保障。

这一阶段，进一步明确了海外技术支持体系的结构、管理和定位及职责，这就是充分依托中国石油勘探开发研究院，发挥"一部三中心"作用，实行业务"一体化"管理，在海外技术支持体系中国石油勘探开发研究院要起核心和龙头作用，为此，中国石油勘探开发研究院形成了海外专职研究、技术支撑与技术辅助三大部分力量构成的"8+3+N"的海外技术支持体系，从事和参与海外技术研究与支持的总人数达到 600 人。按照"一部三中心"定位，当好海外的决策参谋部：重点做好发展战略与经营策略、新项目评价、勘探开发中长期规划与年度计划编制、储量管理、股东行权技术支持等；作为理论技术研发中心，全面承担国家/公司重大科技攻关项目，有针对性做好全球油气资源评价与战略选区、重大勘探开发技术研发与集成；作为生产技术支持中心，要重点做好勘探部署、开发方案编制、跟踪与调整、勘探开发生产动态分析、勘探开发生产年报、勘探开发图册编制、信息化标准化和资料管理等等；作为海外技术人才培训中心，要重点做好海外项目和外籍员工技术培训、向海外输送技术人才、实现海外技术人员轮换等等。同时按三个层次的技术发展方向组织攻关，这就是集成创新：主要针对常规油气项目，结合国内成熟技术和海外特点，集成创新勘探选区评价、稳产和提高采收率开发、全生命周期工程技术；攻关创新：主要针对非常规和低品位资源，攻关低成本、有效益、实用性强的技术，实现非常规和低品位资源的规模效益开发；超前储备：主要针对油气发展和能源转型的新领域，超前储备颠覆性、方向性前沿技术，为可持续发展提供基础。

这一阶段，海外科技工作者针对海外油气勘探开发的特殊性和地质油藏特点进行持续攻关，创新形成了一系列适应海外特点的勘探开发特色技术：创新发展了被动裂谷和含盐盆地石油地质理论和技术，"十一五"和"十二五"期间，在苏丹、哈萨克斯坦、尼日尔、乍得等勘探项目部署探井759口、评价井433口，发现10个亿吨级储量油田/区带、22个千万吨级油田和4个规模气田，新增油气地质储量26.28×10^8t油当量，探井成功率67%，发现桶成本低于3美元。创新形成以大型碳酸盐岩油藏整体优化开发部署及注水开发技术、高含水砂岩油田稳油控水技术、边底水碳酸盐岩气田群高效开发技术、特高含凝析油页岩气藏开发关键技术、超重油油藏开发技术为代表的油气田10大开发特色技术系列，编制海外油气田开发和调整方案246个，新建原油生产能力1.1×10^8t、天然气$90 \times 10^8 m^3$，百万吨产能建设投资不超5亿美元，综合递减小于10%，含水上升率小于1.5%，达到国际先进水平。创新形成以全球油气资源评价技术、海外油气田开发潜力评价及多目标投资优化和决策支持技术、新项目全周期技术经济快速评价技术为代表的海外决策支持系统，十年间评价新项目1030个，获取70个，累计新增权益原油可采储量约155×10^8bbl油当量；全面评价了全球含油气盆地的资源潜力，明确了全球油气发展新趋势和有利地区，为海外业务发展提供了强有力的战略决策建议。可以自豪的说，这一系列特色技术的攻克和现场应用，持续推进了海外油气田勘探开发的快速规模有效发展，科技进步和技术创新在中国石油海外业务的创业与发展过程中发挥了关键性的支撑和保障作用。

这期间获得了大量科技进步奖，包括国家科技进步一等奖有"特殊环境下复杂类型油气田规模高效开发关键技术"，二等奖有"阿姆河右岸盐下碳酸盐岩大型气田勘探开发关键技术与应用"；国家能源科技进步奖二等奖"海外大型超重油油藏水平井规模上产和稳产开发技术"；北京市科学技术奖三等奖"全球油气资源潜力研究与海外战略选区"等；中国石油科技进步一等奖有"海外高效勘探配套理论技术与油气重大发现""滨里海盆地东缘中区块油气综合地质与地震勘探技术研究""苏丹6区福北亿吨级油田的发现及Fula坳陷成藏规律研究""中非裂谷系低勘探程度区快速发现大油田的预测技术与评价方法""委内瑞拉英特甘博边际油田开发综合技术""印尼南苏门答腊盆地中油区块高效勘探开发技术研究""苏丹3/7区Palogue油田高效开发配套技术研究""乍得Bongor盆地石油地质研究与勘探发现""提高让纳若尔大型复杂碳酸盐岩油藏高效注水开发配套技术研究"等。表1-1列出了从2007年到2017年间获得的主要科技进步奖。

表1-1 中国石油海外油气勘探开发主要科技获奖成果统计

（2007—2017年省部级及以上奖励）

序号	年度	成果名称	获得奖项	等级	完成单位	完成人员
1	2011	特殊环境下复杂类型油气田规模高效开发关键技术	国家科技进步奖	一等奖	中国石油天然气勘探开发公司、中国石油勘探开发研究院	集体奖

续表

序号	年度	成果名称	获得奖项	等级	完成单位	完成人员
2	2014	阿姆河右岸盐下碳酸盐岩大型气田勘探开发关键技术与应用	国家科技进步奖	二等奖	中国石油阿姆河天然气勘探开发（北京）有限公司、中国石油天然气勘探开发公司、中国石油勘探开发研究院、中国石油集团川庆钻探工程有限公司、中国石油集团钻井工程技术研究院、中国石油集团工程设计有限责任公司、中国石油集团东方地球物理勘探有限责任公司	吕功训、刘合年、邓民敏、吴蕾、程绪彬、张兴阳、刘廷富、刘有超、李万军、郭春秋
3	2013	全球油气资源潜力	北京市科学技术奖	三等奖	中国石油勘探开发研究院、中国石油天然气勘探开发公司、北京中油锐思技术开发有限责任公司	童晓光、穆龙新、张光亚、王建君、田作基、郑炯
4	2014	澳大利亚Bowen区块煤层气有利储层预测与水平井开发技术及应用	北京市科学技术奖	三等奖	中国石油勘探开发研究院、中油国际澳大利亚项目公司	穆龙新、夏朝辉、冯建华、张铭、丁伟、刘玲莉、杨勇、赵超斌、郑科宁、崔泽宏、曲良超、张文起、段利江、李铭、夏明军
5	2014	北布扎奇普通稠油油藏注水开发调整技术及应用	北京市科学技术奖	三等奖	中国石油勘探开发研究院、中油国际（北布扎奇）公司	穆龙新、田克俭、赵伦、许安著、范子菲、赵洪岩
6	2013	海外大型超重油油藏水平井规模上产和稳产开发技术	国家能源科技进步奖	二等奖	中国石油勘探开发研究院、中国石油拉美公司	穆龙新、陈和平、李星民、吕斌昌、黄文松、李方明、黄继新、徐宝军、陈长春、刘大平
7	2014	阿姆河右岸盐下碳酸盐岩天然气勘探技术与重大发现	国家能源科技进步奖	一等奖	中国石油阿姆河天然气勘探开发（北京）有限公司、中国石油天然气勘探开发公司、中国石油勘探开发研究院、中国石油集团川庆钻探工程有限公司、中国石油集团东方地球物理勘探有限责任公司	吕功训、刘合年、邓民敏、吴蕾、薛良清、张兴阳、费怀义、刘廷富、邓常念、史卜庆、杨福忠、李虹、何新贞、郭同翠
8	2007	苏丹6区稠油冷采应用配套技术研究	集团公司科技进步奖	二等奖	中国石油天然气勘探开发公司、中国石油勘探开发研究院	李国诚、聂昌谋、常广发、张义堂、王国造、汪绪刚、吴向红、刘尊斗、唐雪清、潘有立
9	2007	委内瑞拉乳化油项目MPE-3区水平井开发技术研究	集团公司科技进步奖	二等奖	中国石油勘探开发研究院、中国石油天然气勘探开发公司	常毓文、沈平平、张三盛、李薇、窦宏恩、王政文、刘尚奇、郭建林、葛云华、杨雪雁

续表

序号	年度	成果名称	获得奖项	等级	完成单位	完成人员
10	2008	苏丹3/7区Palogue油田高效开发配套技术研究	集团公司科技进步奖	一等奖	中国石油勘探开发研究院、中国石油天然气勘探开发公司	刘英才、李薇、卜德智、余国义、曹纪元、张可宝、李捷、杜政学、郝卫东、毛凤军、万学鹏、易成高、齐明明、王喻雄、黄宏庆
11	2008	PK项目稳产1000万吨开发技术研究	集团公司科技进步奖	二等奖	中国石油勘探开发研究院、中国石油天然气勘探开发公司	范子菲、吴向红、王良善、胡捷、陈烨菲、赵伦、吴敬鹏、张祥忠、李树峰、曹海丽
12	2009	乍得Bongor盆地石油地质研究与勘探发现	集团公司科技进步奖	一等奖	中国石油天然气勘探开发公司、中国石油勘探开发研究院、中国石油集团东方地球物理勘探有限责任公司	窦立荣、潘校华、肖坤叶、胡勇、黄先雄、宋红日、刘春芳、代双河、史卜庆、程顶胜、薛良清、王鹏、梁巧锋、任立忠、纪迎章
13	2009	让纳若尔大型复杂碳酸盐岩油藏高效注水开发配套技术研究	集团公司科技进步奖	一等奖	中国石油天然气勘探开发公司、中国石油勘探开发研究院	卜德智、范子菲、赵伦、关维东、汪绪刚、李建新、宋珩、郭双根、田中元、蔡冬梅、李孔绸、田慧、何伶、王淑琴、张祥忠
14	2010	海外新项目快速技术经济评价方法研究	集团公司科技进步奖	二等奖	中国石油天然气勘探开发公司、中国石油勘探开发研究院	郑炯、冯明生、王志峰、段海岗、单连政、杜政学、韩涛、聂臻、王延华、杨双
15	2011	尼日尔Agadem区块勘探潜力评价与亿吨级含油区带的发现	集团公司科技进步奖	二等奖	中国石油天然气勘探开发公司、中国石油勘探开发研究院	薛良清、付吉林、孙志华、万仑坤、毛凤军、杨保东、刘计国、欧陈盛、孙松林、徐新宇
16	2011	大型低幅度特高含水油田开发配套技术	集团公司科技进步奖	二等奖	中国石油南美公司、中国石油勘探开发研究院	陈和平、赵新军、杨周平、雷占祥、张克鑫、谢寅符、周玉冰、万学鹏、李剑、林金逞
17	2011	中国石油海外上游石油资产评价技术研究与应用	集团公司科技进步奖	二等奖	中国石油勘探开发研究院、中国石油天然气勘探开发公司	王建君、齐梅、尹秀玲、穆龙新、赵书怀、王青、葛艾继、易成高、汪平、徐晖
18	2011	哈萨克斯坦南图尔盖盆地石油地质特征、油气富集规律及勘探技术研究	集团公司科技进步奖	三等奖	中国石油天然气勘探开发公司、中国石油勘探开发研究院、中国石油集团东方地球物理勘探有限责任公司	徐志强、郑俊章、张明军、田作基、方甲中、胡欣

续表

序号	年度	成果名称	获得奖项	等级	完成单位	完成人员
19	2012	阿姆河右岸勘探关键技术与三个千亿方气区的发现和落实	集团公司科技进步奖	一等奖	中国石油（土库曼斯坦）阿姆河天然气公司、中国石油集团川庆钻探工程有限公司、中国石油集团东方地球物理勘探有限责任公司、中国石油勘探开发研究院	吴蕾、费怀义、陈业全、徐明华、孙林、龚幸林、徐剑良、王强、侯六根、张兴阳、孙维昭、李洪玺、靳凤兰、鲁兵、曹来勇
20	2012	苏丹Muglad盆地1/2/4区精细滚动勘探实践与勘探新突破	集团公司科技进步奖	二等奖	中国石油尼罗河公司、中国石油勘探开发研究院、中国石油天然气勘探开发公司	汪望泉、苏永地、李志、黄人平、贾久恩、王国林
21	2012	全球油气资源评价研究及其在海外业务发展中的应用	集团公司科技进步奖	二等奖	中国石油勘探开发研究院、中国石油天然气勘探开发公司、中国石油集团经济技术研究院	童晓光、穆龙新、张光亚、王建君、田作基、温志新、米石云、牛嘉玉、李小地、王兆明
22	2012	MMG项目老油田开发潜力评价及剩余油挖潜技术	集团公司科技进步奖	二等奖	中国石油勘探开发研究院、中国石油哈萨克斯坦公司	范子菲、陈泉、王江、马白宁、赵伦、陈论韬
23	2013	海外高效勘探配套理论技术与油气重大发现	集团公司科技进步奖	一等奖	中国石油勘探开发研究院、中国石油天然气勘探开发公司、中国石油集团东方地球物理勘探有限责任公司	薛良清、潘校华、史卜庆、万仑坤、窦立荣、张杰、孙志华、吴蕾、黄先雄、代双和、杨福忠、郑俊章、肖坤叶、苏永地、张兴阳
24	2013	阿姆河右岸盐下复杂碳酸盐岩气田群高效开发技术研究及应用	集团公司科技进步奖	一等奖	中国石油阿姆河天然气勘探开发（北京）有限公司、中国石油天然气勘探开发公司、中国石油勘探开发研究院、中国石油集团川庆钻探工程有限公司、中国石油集团钻井工程技术研究院、中国石油集团工程设计有限责任公司	郭春秋、张培军、刘荣和、吴蕾、刘有超、李万军、包强、王非、夏朝辉、陈怀龙、吴先忠、史海东、程木伟、程绪彬、徐刚
25	2013	海外不同合同模式储量价值模型建立及储量评估	集团公司科技进步奖	二等奖	中国石油勘探开发研究院、中国石油天然气勘探开发公司	张建英、翟光华、鲁兵、原瑞娥、王忠生、李嘉、衣艳静、王恺、刘志芳、胡勇
26	2014	厄瓜多尔安第斯项目大型低幅度圈闭群勘探技术研究与应用	集团公司科技进步奖	一等奖	中国石油拉美公司、中国石油勘探开发研究院	赵新军、张志伟、胡泉、谢寅符、林金逞、周玉冰、万学鹏、马中振、赵永斌、阳孝法、刘亚明、王丹丹、郝卫东、郭松伟、张克鑫

续表

序号	年度	成果名称	获得奖项	等级	完成单位	完成人员
27	2014	伊拉克大型碳酸盐岩油藏高效开发技术及应用	集团公司科技进步奖	一等奖	中国石油伊拉克公司、中国石油勘探开发研究院、中国石油集团川庆钻探工程有限公司、中国石油集团渤海钻探工程有限公司	穆龙新、汪绪刚、田平、郭睿、张兆武、程绪彬、赵丽敏、申家锋、王良善、李应光、冯生生、田国臣、胡丹丹、范建平、汪华
28	2014	南图尔盖盆地砂岩油田高速开发理论、关键技术及应用	集团公司科技进步奖	三等奖	中国石油勘探开发研究院、中国石油哈萨克斯坦公司	赵伦、范子菲、方甲中、张祥忠、王进财、陈礼
29	2014	海外系列重大新获取项目的技术和经济评价	集团公司科技进步奖	三等奖	中国石油勘探开发研究院、中国石油天然气勘探开发公司	王建君、郑炯、田文辉、齐梅、朱纪宪、易成高
30	2015	邦戈尔盆地花岗岩潜山复合体油气重大发现与关键勘探技术	集团公司科技进步奖	一等奖	中国石油天然气勘探开发公司、中国石油勘探开发研究院、中国石油集团东方地球物理勘探有限责任公司、中国石油集团长城钻探工程有限公司	窦立荣、肖坤叶、代传书、王景春、胡勇、赵玉光、杜业波、宋红日、毛德民、任立忠、肖高杰、王利、王仁冲、魏小东、白国斌
31	2015	伊拉克鲁迈拉油田规模上产关键技术研究及应用	集团公司科技进步奖	一等奖	中国石油伊拉克公司、中国石油勘探开发研究院	田昌炳、蔡开平、朱怡翔、冀成楼、张为民、周贤文、李勇、凌宗发、宋本彪、都占海、魏晨吉、曹建林、刘卓、王印玺、罗洪
32	2015	伊拉克哈法亚油田复杂丛式井分支井钻井配套技术研究	集团公司科技进步奖	二等奖	中国石油伊拉克公司、中国石油勘探开发研究院、中国石油集团渤海钻探工程有限公司、中国石油集团海洋工程有限公司	梅景彬、聂臻、辛俊和、邹科、耿东士、罗慧洪、邹建龙、汝大军、杜政学、任智基
33	2015	委内瑞拉超重油MPE3项目规模上产关键技术研究与应用	集团公司科技进步奖	二等奖	中国石油拉美公司、中国石油勘探开发研究院	陈和平、农贡、李星民、申志军、黄文松、郭纯恩、杨朝蓬、韩国庆、李松林、卢滨
34	2015	海外油气田开发潜力评价及多目标投资组合优化方法研究	集团公司科技进步奖	二等奖	中国石油勘探开发研究院	常毓文、陈亚强、王作乾、翟光华、王恺、谭莉、李嘉、蒋伟娜、郭晓飞、兰君
35	2015	哈萨克斯坦滨里海盆地东缘碳酸盐岩油气稳产1000万吨开发关键技术与应用	集团公司科技进步奖	二等奖	中国石油勘探开发研究院、中国石油哈萨克斯坦公司	赵晓明、宋珩、李建新、范子菲、赵伦、关维东、陈烨菲、王淑琴、李孔绸、许安著

续表

序号	年度	成果名称	获得奖项	等级	完成单位	完成人员
36	2015	白桦地项目致密砂岩气藏储量评价和分段压裂水平井高产区预测技术研究与应用	集团公司科技进步奖	三等奖	中国石油勘探开发研究院、中国石油天然气勘探开发公司	夏朝辉、汪萍、黎小刚、曲良超、高伟、蔡文渊
37	2016	阿姆河右岸二期工程多类型气田整体上产稳产关键技术研究及应用	集团公司科技进步奖	一等奖	中国石油阿姆河天然气勘探开发（北京）有限公司、中国石油天然气勘探开发公司、中国石油勘探开发研究院、中国石油集团川庆钻探工程有限公司	郭春秋、张文彪、张培军、马文辛、陈鹏羽、冷有恒、张良杰、郑可、程木伟、李洪玺、雷惠博、邢玉忠、柴辉、魏占军、费怀义
38	2016	南图尔盖走滑裂谷盆地高效滚动勘探技术及实践	集团公司科技进步奖	二等奖	中国石油哈萨克斯坦公司、中国石油勘探开发研究院	阿布都热西提·吐尔逊、尹继全、秦宏伟、张明军、尹微、陈素考、郭建军、葛晖、盛晓峰、浦世照
39	2016	中东及中亚复杂碳酸盐岩油田高效改造技术研究与应用	集团公司科技进步奖	三等奖	中国石油勘探开发研究院廊坊分院、中国石油哈萨克斯坦公司	崔明月、蒋卫东、黄先雄、梁冲、邹洪岚、齐晓成
40	2016	哈萨克斯坦复杂油气藏水平井200万吨产能建设开发关键技术与应用	集团公司科技进步奖	三等奖	中国石油哈萨克斯坦公司、中国石油勘探开发研究院	许安著、曹克川、张祥忠、赵伦、范子菲、倪军
41	2016	伊拉克哈法亚大型生物碎屑灰岩油藏精细描述方法研究与应用	集团公司科技进步奖	三等奖	中国石油中东公司、中国石油勘探开发研究院	赵丽敏、温道明、段天向、欧瑾、郭睿、韩海英
42	2017	乍得H区块300万吨高效开发关键技术研究与应用	集团公司科技进步奖	一等奖	中国石油天然气勘探开发公司、中国石油勘探开发研究院、中国石油集团长城钻探工程有限公司	文光耀、马明福、吴向红、王修朝、苗国政、李贤兵、卢学瀛、董金木、李香玲、刘世良、马全华、李栋明、张军涛、晋剑利、刘洋、窦世杰、雷从众、徐锋
43	2017	阿姆河右岸山前盐下缝洞型气藏勘探技术突破及千亿方气田群发现	集团公司科技进步奖	二等奖	中国石油阿姆河天然气勘探开发（北京）有限公司、中国石油勘探开发研究院、中国石油集团川庆钻探工程有限公司、中国石油集团东方地球物理勘探有限责任公司、中国石油天然气勘探开发公司	王红军、龚幸林、郭同翠、张培军、曹来勇、马文辛、张良杰、董建雄、张婷、孙维昭、徐洪、李洪玺

续表

序号	年度	成果名称	获得奖项	等级	完成单位	完成人员
44	2017	乍得裂缝性基岩潜山油藏高效勘探开发钻完井技术研究	集团公司科技进步奖	二等奖	中国石油天然气勘探开发公司、中国石油勘探开发研究院、中国石油集团钻井工程技术研究院（油气钻井技术国家工程实验室）	罗淮东、石李保、刘新云、段德祥、张小宁、王文广、景　宁、王治中、张顺元、魏　俊、曲兆峰、周作坤
45	2011	哈萨克斯坦让纳若尔复杂碳酸盐岩油藏采油工程关键技术研究及应用	中国石油和化学工业联合会科学技术奖	二等奖	中国石油勘探开发研究院廊坊分院	蒋卫东、汪绪刚、邹洪岚、陈彦东、赫安乐、王青华、梁　冲、姜　强、杨军征、卢拥军
46	2012	海外大型超重油油藏水平井规模上产开发技术	中国石油和化学工业联合会科学技术奖	一等奖	中国石油勘探开发研究院、中国石油天然气集团公司拉美公司	穆龙新、陈和平、李星民、吕斌昌、黄文松、李方明、黄继新、徐宝军、谢寅符、刘大平、陈长春、李松林、韩　彬、刘尚奇、陈亚强
47	2012	海外复杂碳酸盐岩油气藏采油关键技术研究及应用	中国石油和化学工业联合会科学技术奖	二等奖	中国石油勘探开发研究院廊坊分院、中国石油海外勘探开发公司	邹洪岚、丁云宏、汪绪刚、邓民敏、蒋卫东、康健利、周作坤、赫安乐、张合文、王　鹏
48	2013	尼日尔Termit盆地石油地质综合研究与勘探实践	中国石油和化学工业联合会科学技术奖	三等奖	中国石油天然气勘探开发公司、中国石油勘探开发研究院	付吉林、孙志华、万仑坤、毛凤军、刘计国
49	2013	苏丹3/7区Palogue高凝油油藏800万吨稳产开发技术研究	中国石油和化学工业联合会科学技术奖	三等奖	中国石油勘探开发研究院、中国石油天然气勘探开发公司、中国石油尼罗河公司	李　薇、吴向红、王喻雄、黄奇志、赵国良
50	2014	哈萨克斯坦阿克纠宾复杂油气藏增产稳产采油工程关键技术	中国石油和化学工业联合会科学技术奖	一等奖	中国石油勘探开发研究院廊坊分院、中国石油阿克纠宾油气股份公司	丁云宏、赵晓明、梁　冲、蒋卫东、张宝瑞、崔明月、赫安乐、邹洪岚、陈彦东、王青华、姚　飞、吴志均、张合文、晏　军、温晓红
51	2014	哈萨克斯坦南图尔盖走滑裂谷盆地控藏机制与高效勘探技术	中国石油和化学工业联合会科学技术奖	二等奖	中国石油勘探开发研究院、中国石油海外勘探开发公司	穆龙新、尹继全、张明军、史卜庆、方甲中、尹　微、郭建军、盛晓峰、李奇艳、林雅平

续表

序号	年度	成果名称	获得奖项	等级	完成单位	完成人员
52	2014	盐下复杂碳酸盐岩气田开发关键技术与规模化应用	中国石油和化学工业联合会科学技术奖	二等奖	中国石油阿姆河天然气勘探开发（北京）有限公司、中国石油天然气勘探开发公司、中国石油勘探开发研究院、中国石油集团川庆钻探工程有限公司、中国石油集团钻井工程技术研究院、中国石油集团工程设计有限责任公司、中国石油天然气股份有限公司西南油气田分公司	邓民敏、刘合年、刘廷富、王 晖、张培军、张 李、冷有恒、邢玉忠、何新贞、张文彪
53	2015	海外重点风险项目勘探理论技术与油气重大发现	中国石油和化学工业联合会科学技术奖	一等奖	中国石油勘探开发研究院、中国石油天然气勘探开发公司、中国石油集团东方地球物理勘探有限责任公司	薛良清、史卜庆、张 杰、杨福忠、计智锋、尹继全、刘计国、袁圣强、张良杰、李 志、毛凤军、胡广成、肖高杰、韩宇春、杜业波
54	2015	高酸值油的实验方法与成因成藏模式	中国石油和化学工业联合会科学技术奖	一等奖	中国石油天然气勘探开发公司、中国石化石油勘探开发研究院、中国石油勘探开发研究院、中国科学院地质与地球物理研究所、长江大学、中国地质大学（北京）、中国石油大学（北京）	窦立荣、黎茂稳、程顶胜、蒋启贵、张刘平、文志刚、侯读杰、潘校华、史 权、刘 鹏、陶国亮、唐友军、史卜庆、胡 瑛、陈 奇
55	2015	大型礁滩型碳酸盐岩油藏注水开发技术及工业化应用	中国石油和化学工业联合会科学技术奖	二等奖	中国石油勘探开发研究院	田昌炳、李保柱、朱怡翔、张为民、李 勇、宋本彪、刘 卓、魏晨吉、高 严、罗 洪
56	2015	复杂碳酸盐岩水平井非均匀定量剖面注酸技术研究及规模化应用	中国石油和化学工业联合会科学技术奖	三等奖	中国石油勘探开发研究院廊坊分院、绿洲石油有限责任公司、伊拉克哈法亚项目公司、西南石油大学	崔明月、邹洪岚、刘平礼、朱新民、姚 飞
57	2016	复杂裂缝孔隙型碳酸盐岩油气藏注水开发技术及在哈萨克斯坦的应用	中国石油和化学工业联合会科学技术奖	二等奖	中国石油哈萨克斯坦公司、中国石油勘探开发研究院	范子菲、赵 伦、马白宁、宋 珩、陈烨菲、李建新、王淑琴、赵文琪、吴学林、李孔绸
58	2016	邦戈尔盆地大型基岩和岩性油藏发现与关键勘探技术	中国石油和化学工业联合会科学技术奖	二等奖	中国石油天然气勘探开发公司、中国石油勘探开发研究院	窦立荣、肖坤叶、王景春、张战敏、任立忠、余朝华、王仁冲、袁志云、鲍 强、张桂林

续表

序号	年度	成果名称	获得奖项	等级	完成单位	完成人员
59	2016	中东大型碳酸盐岩油田快速建产中高产复杂结构井人工举升关键技术	中国石油和化学工业联合会科学技术奖	三等奖	中国石油勘探开发研究院廊坊分院、伊拉克绿州石油有限公司、中国石油天然气股份有限公司伊拉克公司哈发亚项目、吐哈油田分公司工程技术研究院	崔明月、邹洪岚、王青华、齐晓成、朱新民
60	2016	全球油气供需与价格预测系统研究	中国石油和化学工业联合会科学技术奖	三等奖	中国石油勘探开发研究院	常毓文、闫 伟、易洁芯、王 曦、赵 喆
61	2017	苏丹高含水辫状河块状底水油藏高效开发调整及接替技术研究与应用	中国石油和化学工业联合会科学技术奖	一等奖	中国石油勘探开发研究院、中国石油天然气勘探开发公司、中国石油天然气集团公司尼罗河公司	赵国良、吴瑞坤、孙天建、王生宝、周俊杰、袁ући涛、蔡红岩、晋剑利、张新征、李贤兵、王 强、郭亚俊、杨学东、王瑞峰、徐 锋
62	2017	尼日尔Termit盆地上白垩统成藏规律与勘探突破	中国石油和化学工业联合会科学技术奖	二等奖	中国石油勘探开发研究院、中国石油天然气勘探开发公司	张光亚、胡 勇、毛凤军、何新贞、刘 邦、袁圣强、虹、李早红、郑凤云、陈忠民
63	2017	阿克纠宾低渗薄层碳酸盐岩水平井钻完井改造技术及应用	中国石油和化学工业联合会科学技术奖	三等奖	中国石油勘探开发研究院、中油阿克纠宾油气股份公司	赫安乐、马白宁、蒋 东、张宝瑞、崔明月
64	2017	阿姆河右岸二期工程复杂气田群百亿方上产稳产关键技术	中国石油和化学工业联合会科学技术奖	三等奖	中国石油阿姆河天然气勘探开发（北京）有限公司、中国石油天然气勘探开发公司、中国石油勘探开发研究院、中国石油集团川庆钻探工程有限公司	邓民敏、陈怀龙、张 军、郭春秋、费怀义

二、海外油气勘探开发特色技术简介

通过持续攻关，"十一五""十二五"期间形成了许多具有海外特点的勘探开发特色技术。

1. 裂谷盆地勘探技术[7, 8]

针对中西非及中亚裂谷盆地地质特征和国际油气勘探的特点，在勘探实践中集成了一套裂谷盆地勘探技术，主要包括复杂断块解释技术、测井综合评价技术和规模目标快速优选技术等三大技术系列和六项单项技术。

1）复杂断块解释技术

由于这些裂谷盆地多期发育，断层多期活动，断层复杂，主要圈闭类型以断块为主，断块往往与一条或多条断层相关，断裂组合和圈闭识别难度大。断层的识别和解释是裂谷盆地油气勘探的难点之一。针对裂谷盆地的地质特征，在实践中反复摸索，形成了有针对性的复杂断块解释技术，包括复杂断块构造精细解释技术和复杂断块变速成图技术（图1-15）。

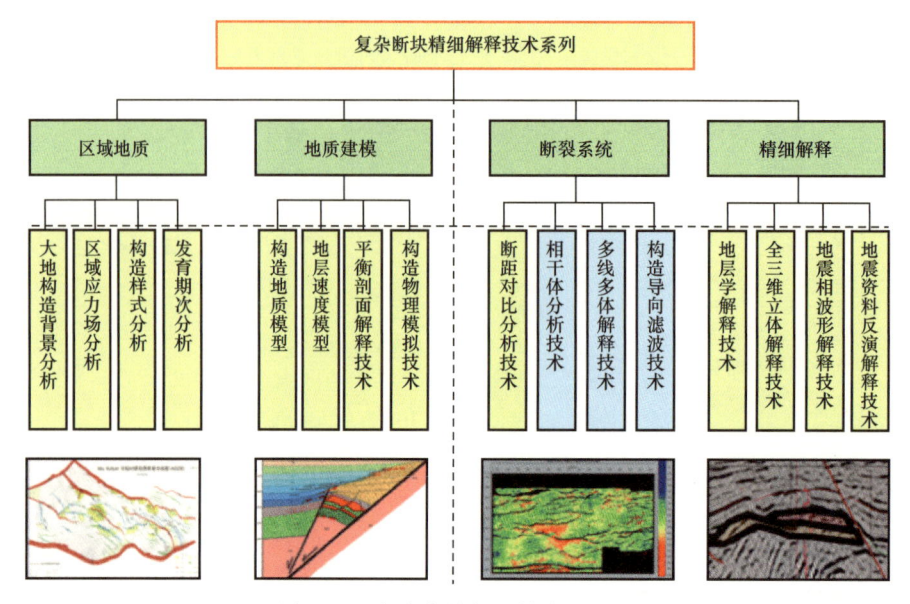

图1-15 复杂断块解释技术系列图

2）测井综合评价技术

国际油气勘探尤其是新区风险勘探，由于各种原因，取心、化验分析、特殊测井系列等直接可利用的资料非常少，为此，在勘探过程中集成了测井综合评价技术，包括测井烃源岩评价技术和测井盖层评价技术。该项技术充分利用有限的钻井资料开展生油岩、储层和盖层评价，快速确定研究区的主力成藏组合，及时高效地提供决策依据。

3）圈闭综合评价及优选技术

针对国际油气勘探节奏快、以经济效益为中心的特点，集成了圈闭综合评价及优选技术，包括成藏组合快速评价技术和基于EMV值的圈闭综合评价技术（图1-16）。该项技术从盆地结构分析入手，利用有限的地震、钻井和实验室分析资料，开展盆地结构分析和烃源岩评价，快速锁定主力凹陷；通过油气成藏条件分析，纵向上快速选准主力成藏组合，横向上选准有利勘探区带，引入EMV值（Expectedmonetary Value，圈闭期望资金值，简称EMV）开展圈闭定量评价，确保钻探目标具有较好的经济效益。

裂谷盆地勘探技术是在中西非裂谷盆地及中亚南图尔盖盆地勘探实践中集成的技术系列，在中国石油海外苏丹6区项目、1/2/4区项目、3/7区项目、乍得项目、尼日尔Agadem项目及哈萨克斯坦PK项目的勘探中得到了广泛应用，效果显著。苏丹Muglad盆地1/2/4区建成年产1500×10^4t油田，6区建成年产300×10^4t油田；苏丹Melut盆地3/7区项目建成年产1500×10^4t油田；乍得H区块具有建成年产600×10^4t的储量基础，现已建成300×10^4t的产能；尼日尔Agadem区块具有建成500×10^4t的储量基础，现已建成100×10^4t的产能。

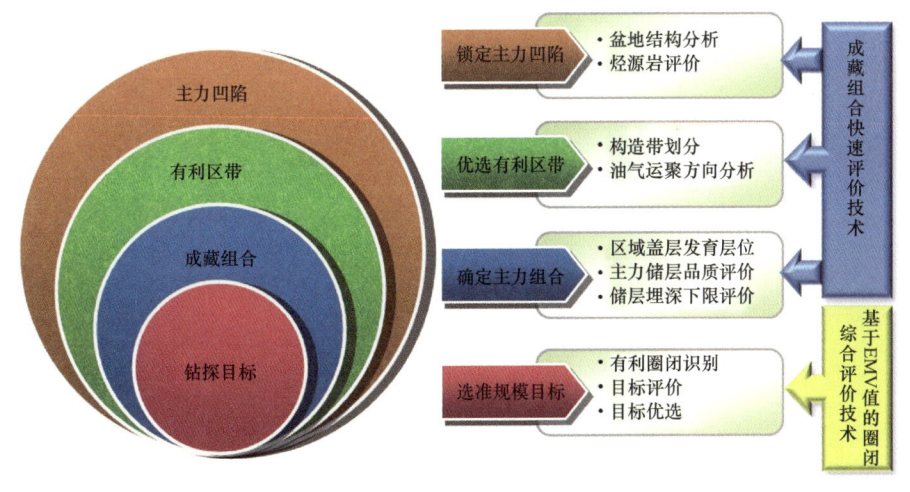

图 1-16 圈闭综合评价及优选技术

2. 含盐盆地油气勘探技术[9, 10]

盐作为优质盖层对油气成藏具有重要作用，盐运动也形成伴生圈闭，但同时也给油气勘探带来诸多技术难题，包括地震成像质量差、速度异常、影响储层发育等。针对以上难题，依托国家和股份专项研究，形成系统的理论认识和四项勘探技术，为滨里海、阿姆河等含盐盆地亿吨级大油气田的发现提供技术支撑。

1）盐下圈闭识别技术流程

通过速度异常体识别和刻画、不同异常体速度建模、叠前深度偏移、双聚焦+叠前逆时偏移等技术试验，以及天然地震、宽线二维地震、电磁、遥感、综合速度建模技术试验，建立了盐下构造识别技术流程，使盐下深度构造图误差降低到 1.5% 以下，为圈闭评价和井位部署提供了精确的基础图件，盐下构造成图精度提高 0.5%。

2）盐下碳酸盐岩储层和流体预测技术流程

基于地震储层学理论指导下的储层预测研究，建立完善了以层序—沉积相、叠前反演多属性"穷举法"、谱分解、地质统计学反演、"两宽一高"地震、测井储层评价为模块的盐下储层预测技术流程；利用宽方位和低频信息，通过质心频率技术预测储层和含油气性。采用交错网格高阶差分波动方程正演算法、平衡剖面、古地貌恢复、速度反演等技术识别盐下缓坡礁滩群。储层预测与测井解释厚度相符合，预测符合率达 80% 以上。

3）盐伴生圈闭评价技术

通过盐构造物理模拟及含盐盆地成藏模拟，发现多种盐侧、盐上、盐间伴生圈闭；盐窗为盐下油气向上运移的优势通道，盐伴生圈闭为油气成藏的有利场所。集成机那里相干+瞬时相位+导向滤波+速度扫描等盐伴生圈闭刻画技术（图 1-17），在滨里海盆地东南缘发现 20 个盐伴生圈闭，总资源量超过 2×10^8t。

4）盐下岩性地层圈闭评价技术

基于"两宽一高"地震技术和封堵机制研究，形成沉积成岩+地震+电磁+氡异常辅助综合评价盐下物性圈闭评价技术，建立"六定"法的岩性圈闭预测流程，沉积相研究定有利区带、层序—成岩研究定封堵机制（层序界面、蒸发岩侧向封堵、不均一性成岩）、速度建模定构造、储层预测定圈闭、实验室模拟定成藏模式、油气检测—定流体性质。

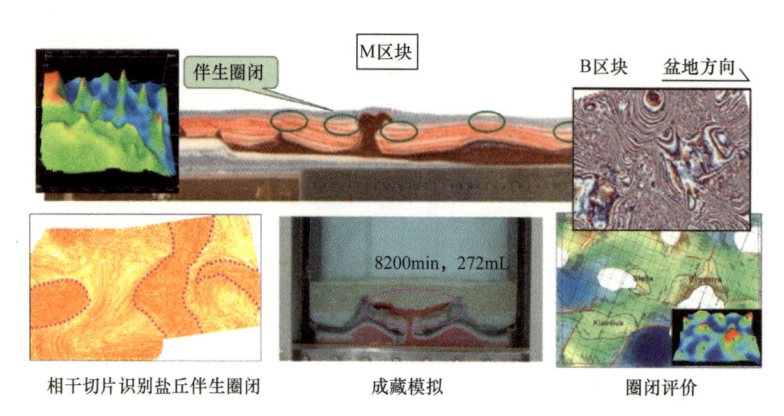

图 1-17 盐下岩性圈闭评价技术

含盐盆地油气勘探技术成功应用于滨里海、阿姆河、东西伯利亚、塔吉克等盆地的勘探部署，发现构造型北特鲁瓦 2.4×10^8 t 级大油田、阿姆河盆地千亿立方米级大气田，同时开拓盐下岩性勘探新领域，发现中小型油气田群；储备盐下大型碳酸盐岩建造及盐上伴生圈闭目标，为后续发展奠定基础。

3. 前陆盆地斜坡带勘探技术

前陆盆地斜坡带勘探技术以南美洲奥连特盆地斜坡带为研究对象，针对盆地斜坡带发育的低幅度圈闭面积小、幅度低、隐蔽性强，成因机理及分布模式不清，识别难度大，高伽马、高密度和低电阻的海绿石砂岩油层测井解释难的技术难点。综合应用各种地质和地球物理资料，开展构造、沉积、烃源岩、地震、测井技术等综合研究工作，形成了热带雨林地表条件下针对低幅度圈闭和构造岩性圈闭的一系列勘探评价技术。主要技术内容包括：

1）建立了"上组合混源、下组合自源"成藏模式

证明了奥连特盆地斜坡带白垩系 Napo 组烃源岩是优质、成熟的烃源岩，已经进入低成熟—成熟阶段。斜坡带原油经历了两期充注，首期充注的原油已普遍遭受降解，晚期原油充注规模控制原油密度。提出了浅部 M1 层原油主要来自西部生烃中心，两期混源成藏，深部 LU 和 UT 原油来自原地烃源岩，近源成藏（图 1-18）。

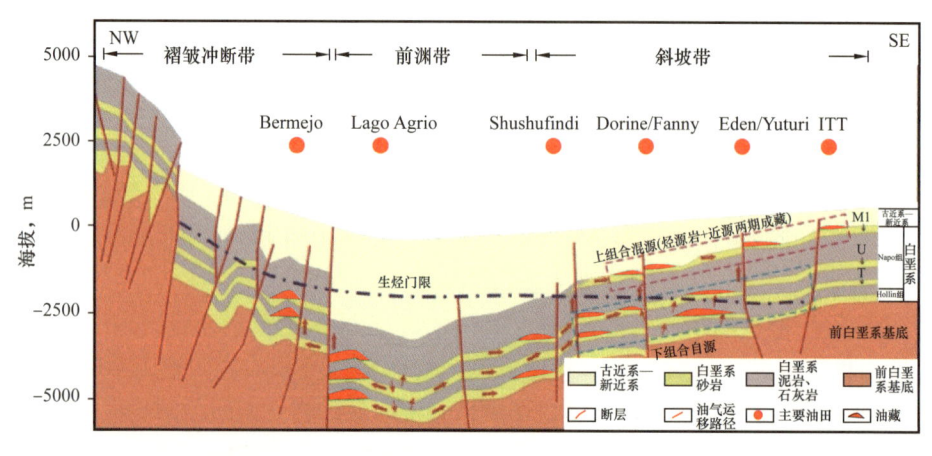

图 1-18 "上组合混源、下组合自源"成藏模式图

2）形成一套适用于低幅度构造和岩性圈闭勘探的评价技术

形成针对低幅度圈闭的地震采集、处理、解释、反演的一体化识别和评价技术。包括"小面元、小线/道距、宽方位、高道密度"的地震采集技术，"高保真、高精度、高分辨率"的地震处理技术，"VSP走廊叠加精细标定、相移剖面技术、剩余构造量分析、叠后拓频地震处理、分频属性反演、相控储层预测"的地震综合解释技术。在保幅的同时提高了薄砂体的分辨率和低幅度构造的成像精度，实现了对幅度大于3m圈闭的准确识别与描述。

3）自主研发了海绿石砂岩油层测井评价技术

自主研发了海绿石砂岩油层测井评价方法，发现了一套新的含油层，形成了一个新的储量增长点。创新认识海绿石砂岩储层的微观结构，明确了海绿石是岩石骨架而非充填物，建立了海绿石—石英混合骨架体积模型。明确了海绿石砂岩储层的特征和测井响应低电阻、高密度、高伽马的成因机理，含海绿石是导致油层测井响应"高密度"的主要成因，高束缚水是导致油层测井响应"低电阻率"的主要原因。建立了海绿石砂岩油层3类8种识别方法，确定了各项物性和含油性参数。实现了海绿石砂岩油层的测井综合解释与评价（图1-19）。

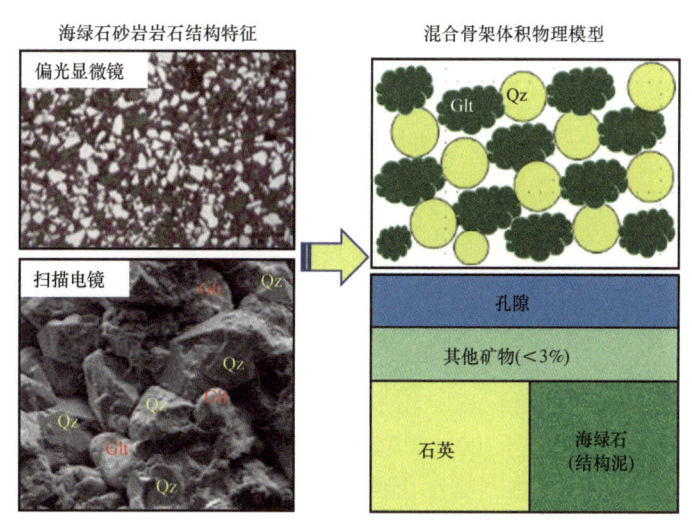

图1-19　海绿石－石英混合骨架体积模型

前陆盆地斜坡带勘探技术有效指导厄瓜多尔安第斯项目的勘探部署和实践，实现了成熟探区高效勘探和规模发现，新增3P地质储量1.8×10^8t，3P可采储量3955×10^4t，连续6年储量替换率大于1。

4. 砂岩油田天然能量高速开发和稳油控水技术[11]

中国石油自1995年进入苏丹作业以来，实施了以"稀井高产、大压差生产、延迟加密和注水、快速回收投资"为特征的充分利用天然能量、高速开发的开发技术政策。逐渐形成了一套海外砂岩油田天然能量高速开发和稳油控水的理论和技术，取得巨大的成功。苏丹地区H油田，FN油田和P油田均按照稀井高产的开发技术政策部署初始井网，H油田初始井距1100m，FN稠油油田570m，P油田990m，单井配产1000～1500bbl/d，高峰期单井年产油4.3×10^4t，依靠初始稀井网实现高峰产量，高峰期采油速度2%～2.5%，支撑两个主力区块上产到 1500×10^4 t/a。

1）建立了充分利用天然能量高速开采的合理采油速度和大段合采的技术政策

以苏丹为代表的砂岩油田表现出天然能量充足的特点，油藏压力水平保持高。高速开发的核心问题是高采油速度是否影响采出程度和最终采收率，资源国政府高度关注这个问题，美国有的州政府提出最大有效产量（MER）概念，定义为不影响油田阶段采出程度和最终采收率的年产油量，实质是合理采油速度的概念。

中高孔渗砂岩油藏高采油速度是否影响最终采收率可以通过油藏模拟法、室内实验研究和矿场实验等进行研究。1973 年，Byrne 和 Miller 发表了底水油藏提高采油速度敏感性分析的研究结果，认为没有证据表明高速开发底水油藏对最终采收率产生不利影响。L.P.Dake[12]认为采油速度影响最终采收率多见于溶解气驱油藏和气顶驱油藏，而对于注水和天然水驱油藏，高采油速度不影响最终采收率。1982 年胜利油田地质院在 27 块岩心实验中分析了影响采收率的因素，结果表明：油水黏度比对采收率影响最大，采油速度对采收率影响较小。1996 年，中海石油研究中心南海东部研究院对两个油藏的 16 块岩心以 1∶4∶10∶20 的注入速度进行了岩心驱油效率实验，结论是高水驱速度下（采油速度）不会降低最终驱油效率。国外室内试验研究表明提高采油速度提高孔隙中的液流流速，还可以降低残余油饱和度，提高采收率。中国石油参股的秘鲁 1-AB 区块底水油藏 1987 年在 88 口井中进行大泵提液，动态分析表明 80% 的井通过提液取得了产油量增加和含水降低的生产效果，最终采收率可提高 2.4%～5.6%。

苏丹地区油田保持了较高采油速度和采液强度，H 油田高峰期采油速度超过 2%，单井日产液量普遍超过 5000bbl/d，部分储层物性较好，天然能量充足油藏的采油速度超过 4%。数值模拟研究显示高采油速度对于合同期采出程度和采收率没有不利影响，因此对于常规原油砂岩油藏，高采油速度不影响采出程度和采收率。

2）创新了充分利用天然能量的井网井距和加密技术

根据苏丹油田的储层渗透率（一般大于 1000mD）和油品性质范围，建立流度比矩阵，判别所适用的井网密度公式，由表 1-2 可以看出，苏丹油田流度比范围以 II 型（100～300mD/mPa·s）和 I 型（300～600）公式为主，反映出储层物性较好的特点。按照采出程度 20% 计算，对应井网密度下的井距为 590m（II 型）和 670m（I 型），油藏物性条件适合采用稀井网。H 油田经过两轮加密，井距加密到 600m 左右，采出程度达到 20%，较好地吻合了相关式。

油田加密的另一个主要问题是加密井的单井产量要在经济下限之上。国内单井产量经济下限研究采用盈亏平衡法，即单井产量所实现的净效益（收入扣除税金等）与成本相等时的产量。盈亏平衡法属于静态方法，没有考虑合同模式和投资的折现问题。产品分成合同中加密井属于新增开发成本，会对剩余成本油有一定影响，因此海外油田加密的单井产量经济下限研究，需要从单井、篱笆圈、产品分成合同条款结合的角度来研究，将每口加密井视作独立的投资项目，所发生的钻井投资、操作费用从成本油中回收，结合预测篱笆圈总产量所适用的利润油比例来决定单井利润油分配。以 P 油田为例，达到合同者 15% 内部收益率（IRR）时的单井产量和累计产油量即是下限值，对加密井进行筛选和排队，实现加密方案技术经济统筹优化，可以同时满足资源国监管的要求。

表 1-2 苏丹三大油田流度比矩阵表

K/U_o，mD/mPa·s	5	10	15	20	30	40	50
800	160	80	53	40	27	20	16
1000	200	100	67	50	33	25	20
1500	300	150	100	75	50	38	30
2000	400	200	133	100	67	50	40
2500	500	250	167	125	83	63	50
3000	600	300	200	150	100	75	60
3500	700	350	233	175	117	88	70
4000	800	400	267	200	133	100	80
5000	1000	500	333	250	167	125	100

■ Ⅰ型公式　■ Ⅱ型公式　■ Ⅲ型公式

3）创新低黏度和中高黏度油藏剩余油挖潜策略

创新低黏度和中高黏度油藏剩余油挖潜策略，形成高含水砂岩油田注水开发调整与提高采收率技术，实现油田递减下降和动用程度增加。明确低黏度和中高粘度油藏剩余油分布模式，提出2种剩余油挖潜策略：

低黏油藏（<5mPa·s）高含水期平面上剩余油整体分散，但局部更为富集。改变整体多次井网加密挖掘剩余油潜力的方式，提出以剩余油富集区为重点，以改变液流方向和提高注水波及体积为目标的高含水低黏砂岩油田开发调整策略。PK项目主力油田实施井网转换、分层注水、层系互换等水动力调整措施，结合局部井网加密，递减下降10%以上，合同期内采出程度提高5.4%。

中高黏油藏（>20mPa·s）剩余油整体分散的同时井间整体富集，采用多次井网加密结合分层注水、注水井调剖有针对性地挖掘剩余油潜力（图1-20）。MMG项目主力油田在目前400m反九点井网基础上，一次加密到280m，二次加密到200m，合同期内采出程度提高6%～7%。

400m反九点井网　　280m反九点井网　　200m反九点井网

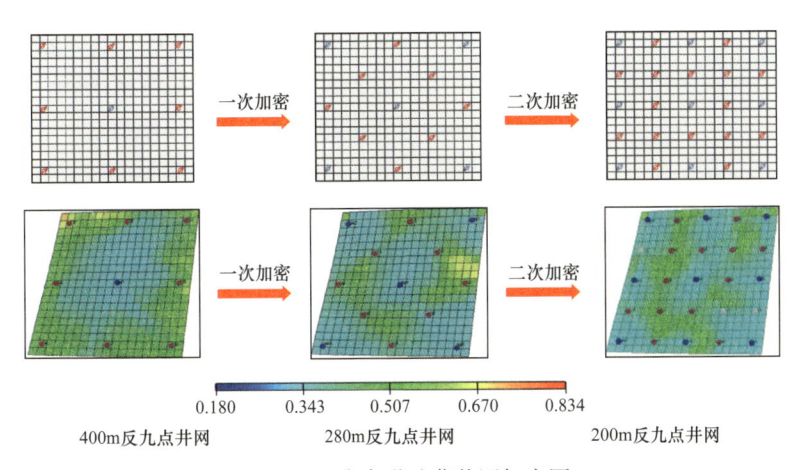

图 1-20 中高黏油藏井网加密图

4）创新边底水高凝油砂岩油藏天然能量高速开发后人工注水与天然水驱协同开发技术

创新边底水高凝油砂岩油藏天然能量高速开发后人工注水与天然水驱协同开发技术，实现地层压力恢复和自然递减降低。揭示边底水高凝油（凝固点36～47℃、黏度500mPa·s）砂岩油藏水体能量、压力保持水平、采出程度、累计采出量与能量补充等的协同关系，建立天然水驱与人工注水协同开发技术政策图版，明确地层压力保持水平与水体倍数、注采比合理匹配关系，确定研究区天然能量高速开发后注水时机是在采出程度达到10%左右条件下实施注水开发（图1-21）。

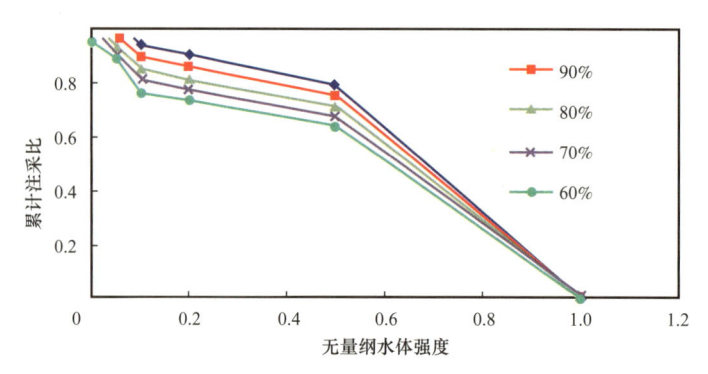

图1-21 地层压力保持水平与水体倍数、注采比协同关系图版

高含水砂岩油田稳油控水及提高采收率技术应用于海外低黏度、中高黏度以及高凝油油藏高含水期的稳油控水，提高采收率取得了良好的效果：哈萨克斯坦PK项目低黏度主力砂岩油藏通过实施水动力调整，实现自然递减与2015年相比下降5.5%～15%，目前采出程度53%～57%，预测水驱采收率可达到62%～65%；MMG中高黏度砂岩油藏实施逐步井网加密，实现油田自然递减保持平稳（7%～8%），预计井网加密到200m后，合同期内采出程度提高6%～7%[1]。

5. 大型碳酸盐岩油藏整体优化开发部署及注水开发技术

1）集成创新生物碎屑灰岩储层多信息一体化相控建模技术

通过细分孔隙结构类型，建立9小类储层的孔渗关系模型；通过测井—岩类响应特征进行井震反演预测，建立储层及其物性空间分布模型，把微观孔渗关系通过井、地震和相控实现在三维模型内，解决孔渗关系差造成渗透率场与实际不匹配问题。模型渗透率场精度从30%提升到80%，有效指导快速评价和滚动扩边，新井成功率100%，实现油田新增石油地质储量1.5×10^8t。

2）创立薄层生物碎屑灰岩平行正对水平井整体注采井网开发模式、巨厚生物碎屑灰岩油藏大斜度水平井采油+直井注水的排状注采井网模式

研发薄层碳酸盐岩储层整体水平注采井网模式和巨厚碳酸盐岩储层大斜度水平井+直井注采井网模式（图1-22），形成以主力油藏为骨干井网与枝干井网空间相容匹配的

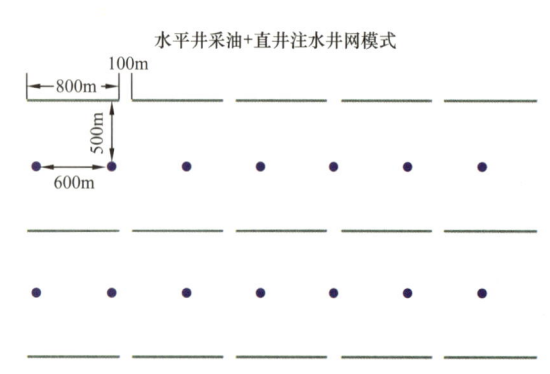

图1-22 哈法亚Mishrif巨厚生物碎屑灰岩油藏井网模式

立体井网模式,解决地下多层系井网空间结构复杂及地面和安保限制难题。艾哈代布和哈法亚油田水平井产能分别为 1670bbl/d 和 5300bbl/d,与开发方案配产指标非常吻合。哈法亚油田 7 套井网平台数由 184 优化到 133,节约投资 1.5 亿美元。

3)创新"上产速度+投资规模+增量效益"的多目标协同优化技术

制定艾哈代布"水平井网一步到位,优势资源重点突破,两翼稳步展开"的部署策略,提前 3 年实现 700×10^4t 高峰产能,内部收益率从 17% 提高到 20%;制定哈法亚分级台阶建产模式,提前 15 个月建成一期 500×10^4t 产能,2014 年 8 月建成 1000×10^4t 产能,内部收益率从 9% 提高到 15%(图 1-23)。

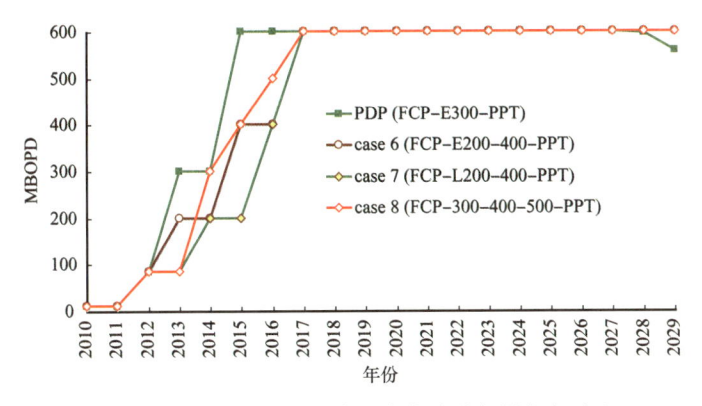

图 1-23　哈法亚多次上产的产能建设部署方案对比

4)创新薄层整体水平井注水开发技术和巨厚碳酸盐岩油藏分区分块差异注水开发技术

创新艾哈代布薄层采取整体水平井注水开发技术和哈法亚巨厚碳酸盐岩油藏分区分块差异注水开发技术(图 1-24),采收率比衰竭开发提高 15%~20%,增加可采储量 5×10^8t。根据巨厚碳酸盐岩储层纵向叠置模式和高渗贼层发育模式,制定了多轮次加密,分别动用不同类型储层的加密技术。

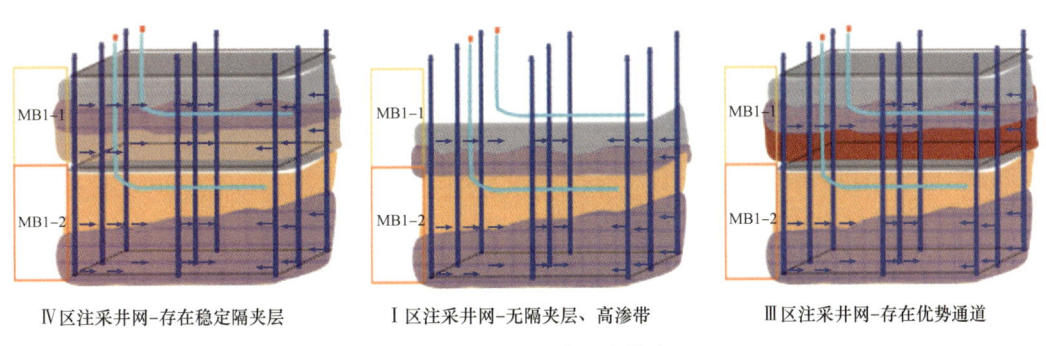

Ⅳ区注采井网-存在稳定隔夹层　　Ⅰ区注采井网-无隔夹层、高渗带　　Ⅲ区注采井网-存在优势通道

图 1-24　差异注水开发技术

大型碳酸盐岩油藏整体优化开发部署及注水开发技术应用于伊拉克碳酸盐岩油藏,新建原油年产能 1700×10^4t,百万吨产能建设约 3.2 亿美元,创造了中国石油海外百万吨产能建设投资规模的新低。有力支撑了中东地区作业产量从 2010 年 358×10^4t 迅速增加至 2015 年的 6256×10^4t,有力支撑中国石油海外规模高效可持续发展,在中东高端石油市场展现了中国石油技术实力和国际化大公司形象。

6. 边底水碳酸盐岩气田群高效开发技术

阿姆河右岸项目开发对象为复杂海相碳酸盐岩气藏，普遍发育裂缝、储层非均质性强、气水关系复杂、部分气田水体较为活跃，气田井网部署、合理高效开发难度大；同时，项目气田数量众多、储量规模不一、地理位置分散、受产品分成合同条款约束，项目整体实现有序接替、稳定供气面临很大挑战。针对上述问题，从单个气田和气田群两个层面入手，通过开展裂缝—孔隙型边底水气藏整体大斜度井优化开发技术和基于产品分成合同模式的气田群整体协同优化开发技术两方面的研究，实现了各气田和总项目的整体优化，保证了气田高效开发和项目平稳运行。

1) 裂缝—孔隙型边底水气藏整体大斜度井优化开发技术

综合气藏构造、储层、裂缝和水体等因素，以财务净现值为目标函数建立多变量数学模型，实现了井网与斜井段长度、避水高度和总井数等关键参数的同步优化（表1-3）。

表1-3 大斜度井网影响因素

优化参数	主要影响因素
井位（B点）	构造位置、储层发育程度
斜井段走向	储层分布、构造、裂缝发育方向
斜井段长度	储层渗透率、井筒摩阻、单位进尺钻井费用、储层连续性
避水高度	水体能量、储层纵向渗透率与水平渗透率的比值、隔夹层物性
总井数	储层渗透率、天然气气价、钻井费用

2) 基于产品分成合同模式的气田群整体协同优化开发技术

揭示了单个气田采气速度与稳产期末采出程度定量关系，在此基础上，建立了考虑产品分成合同模式的气田群整体优化开发模型，并采用改进的遗传算法进行求解，得到了最优的气田投产次序和产能规模。

边底水碳酸盐岩气田群高效开发技术已经全面应用于阿姆河右岸的产能建设中，实现了气田的高效开发、取得了良好的经济效益。与常规大斜度井网优化技术相比，主力气田别—皮产能规模提高20%，钻井总进尺减少13%，财务净现值增加11%。整个阿姆河右岸项目建成产能 $170×10^8m^3/a$，上产、稳产期15年。

7. 特高含凝析油页岩气藏开发关键技术[11]

以加拿大都沃内页岩气藏项目为研究对象，针对页岩储层中发育多（3~5套）且薄（2~5m）的碳酸盐岩隔夹层、凝析油含量分布区间广（252~2028g/m^3）、凝析油产量差异大（半年累产2000~20000t）、井间存在干扰等技术挑战，通过前后方联合研究、开展持续技术攻关和交流，逐步形成特高含凝析油页岩气藏开发关键技术。

1) 基于稀疏层反射系数高分辨率处理的地震薄碳酸盐岩隔夹层识别与高TOC层预测技术

基于稀疏层反演方法，重构宽频带的稀疏脉冲反射系数，生成高分辨率地震资料，在此基础上，应用叠前地质统计学弹性参数反演和叠后波形差异模拟相结合，识别薄碳酸盐岩隔夹层和预测高 TOC 层，减少隔夹层对压裂的影响，明确纵向部署水平井最佳的高 TOC 层，改善压裂效果，提高单井产量。

2）基于岩心、岩屑地化数据和生产动态的页岩气藏凝析油含量分布预测技术

鉴于页岩气藏凝析油含量分布区间广的特点，开发初期，生产数据有限，充分利用岩心、岩屑地化分析数据计算氢指数，建立氢指数与凝析油含量相关性，在相关性良好的情况下，预测凝析油含量分布，指导初期开发。进入规模开发期后，引入近百口左右水平井水平段岩屑地化和生产动态数据，丰富凝析油含量平面分布的认识，从而有效提高凝析油含量分布预测精度。通过上述不同阶段的凝析油含量分布预测，不断提高预测精度，预测的特高含凝析油区带和高含凝析油区带的分段压裂水平井产量比含凝析油区带提高 3 倍以上。

3）特高含凝析油页岩气藏"甜点体"预测技术

建立含 4 类 10 参数的特高含凝析油页岩气藏储层定量评价体系，结合丰富的分段压裂水平井生产数据，逐一分析上述参数对开发效果的影响。在分析的基础上，首次在本区提出"纵平连续有效厚度大（大于40m）、孔隙度高（大于4%）、高 TOC 层（大于3.5%）和高凝析油含量（凝析油含量 540~1125g/m^3，过高会转为挥发性油藏）"的页岩气藏"甜点体"储层标准，有力指导"甜点体"预测。

4）综合微地震、井间干扰和超精细数值模拟的分段压裂水平井井距优化技术

通常以微地震为主确定井距，本区微地震明确井距为 120m，但结合井间生产动态分析，150m 井距的井组已出现井间干扰，合理井距至少在 150m 以上。综合微地震和井间干扰分析，通过精细数值模拟（裂缝网格宽度 0.6m），在现有技术条件下，本区合理井距扩大为 200m，方案减少 248 口水平井，节约 25 亿加元（图 1-25）。

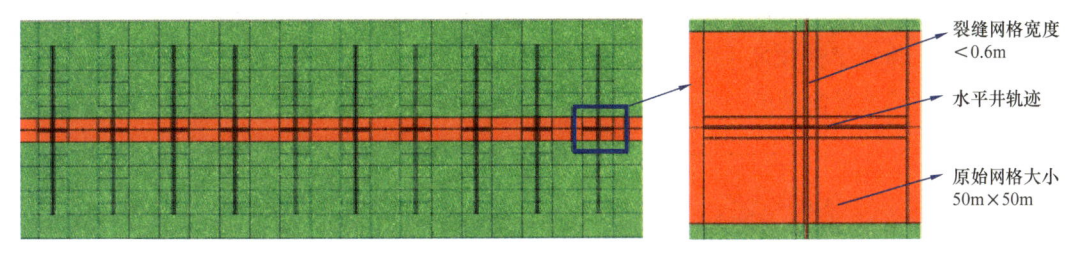

图 1-25　超精细数值模拟确定现有技术条件下合理井距确定

5）明确"甜点体"分布、确定合理井距基础上的工厂化钻完井技术

"甜点体"的预测、合理井距的确定为工厂化作业奠定基础，通过采用丛式分段压裂水平井井型，实施工厂化钻完井作业，本区平均单井钻完井成本从 2015 年的 2200 万加元下降到 2016 年的 1200 万加元，下降 46%，节省投资 4 亿加元。

特高含凝析油页岩气藏开发关键技术应用于都沃内项目后，P1 级可采储量从 2013 年的 $256×10^4$t 上升到 2015 年的 $2033×10^4$t 油当量；产量由 2013 年近乎为零提高到 2016 年 $176×10^4$t 油当量；大幅提高单井产量，降低成本，桶油当量操作成本由 2015 年的 11.6 加元下降到 2016 年的 5.02 加元，降低 57%，节约 1 亿加元；通过井距优化，未来部署少钻 248 口井，节省约 25 亿加元；通过实施工厂化钻完井作业，2016 年钻完井成本下降 46%，节省投资 4 亿加元。

8. 超重油油藏水平井整体开发技术[13]

"超重油油藏开发技术"以委内瑞拉奥里诺科重油带中深层超重油油藏为研究对象，针对油藏原油高密度、高黏度、可就地形成泡沫油流、具备一定冷采产能等特殊的油藏流体特征，以泡沫油驱油机理研究为基础，重点开展辫状河沉积储层及隔夹层表征与建模、泡沫油数值表征与冷采特征评价、水平井开发技术政策与部署优化等关键技术攻关，形成了委内瑞拉超重油整体丛式水平井冷采开发技术，充分利用泡沫油驱油作用，实现了超重油经济高效的一次衰竭开发[1]。

1）自主研发多套泡沫油驱油物理模拟实验装置与流程

针对超重油油藏特殊的流体性质和流动特性，自主研发了多套泡沫油驱油物理模拟实验装置与流程，系统揭示了泡沫油驱油机理，包括泡沫油形成机制与微观驱油机理，非常规 PVT 特征、流变特征、渗流与驱替特征及其影响因素，为超重油油藏开发优化设计提供了理论认识基础，丰富了我国超重油开发理论。

2）水平井—体化储层表征与建模技术

针对辫状河沉积储层隔夹层识别与预测难度大、水平井地质信息应用受限的难题，通过露头、现代沉积、水平井信息与地震信息相结合，建立了储层沉积模式及定量表征；基于水平井时深转换技术，利用水平井和直井联合反演方法实现了隔夹层的描述与预测；研发了辫状河多点地质统计学可变影响比和点对点增长建模算法，突出了井间地震资料的约束作用；系统研究了水平井地质建模难点及对策，形成了水平井地质建模技术，提高了地质模型储层内部非均质性描述的精度。

3）超重油泡沫油水平井非常规溶解气驱冷采特征评价方法

基于泡沫油微观形成机制、PVT 和油气相渗特征，采用多组分数值模拟方法，数值再现泡沫油中分散气泡的形成、破裂和聚并的动态过程。同时，油层物理、渗流力学和油藏工程相结合，建立了泡沫油水平井初始产能预测公式、IPR 关系式和无量纲 IPR 模型，提高产能与生产动态预测精度，为超重油油藏冷采开发优化提供了技术途径（图1—26）。

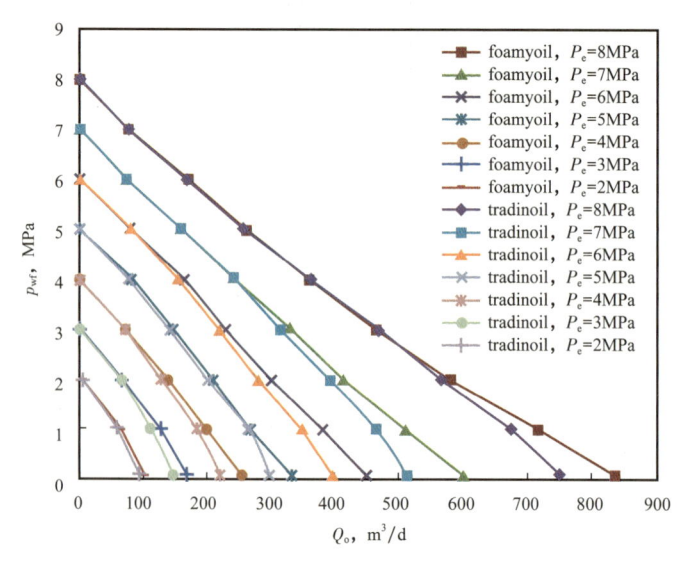

图1—26 泡沫油水平井冷采流入动态曲线

泡沫油水平井 IPR 曲线形态右端向上弯曲

4）超重油油藏水平井开发优化设计技术

系统论证开发层系、储量动用标准、井型、排距、水平井段长度、平台丛式水平井平行布井方式，并制定提高冷采效果的技术政策，提高了单井产量，降低了开采成本，有利于地面建设、油气集输管理以及环境保护。

超重油油藏开发技术的研发与应用，支撑了委内瑞拉 MPE3 项目建成年产重油近千万吨，取得显著的经济效益。至 2016 年底，项目建设平台 25 座，完钻并投产水平井 423 口，平均单井初产 100t/d 以上，累计生产 6340×10^4t 超重油；超重油桶油操作费低于 5 美元/bbl，2008—2015 年实现中方权益利润 21.84 亿美元，同时促进了与资源国的合作。

9. 全球油气资源评价技术[14]

为合理有效利用国外油气资源，实现海外业务发展目标，需要全面掌握全球含油气盆地的油气地质条件与资源潜力，超前优选有利领域与方向，获取优质资产。经过两期国家及股份公司重大专项科技攻关，系统形成了全球油气资源评价技术。

1）创新形成地质要素古位置重建技术

创新形成地质要素古位置重建技术，系统编制了 13 个时期全球原型盆地、岩相古地理、成藏要素古今位置工业图件，从时空两个维度揭示了全球油气分布规律

2）创新形成了常规与非常规油气资源评价技术系列

基于成藏组合的常规待发现油气资源评价技术，适用于不同勘探程度盆地；基于概率分析和分段累乘法的已知油气田储量增长评价技术，适用于不同大区 12 条储量增长曲线；基于成因和分布特点的非常规油气技术可采资源评价技术，适用于 7 个不同矿种（图 1-27）。

图 1-27 全球不同矿种 4 类评价方法

3）建立一套盆地知识库

全面建成了集数据、应用软件、GIS 制图于一体的"全球油气资源信息系统平台"，为资源评价及海外业务发展提供软件、信息支持。

4）形成一套基础数据

自主评价获得了全球 468 个盆地 678 个成藏组合的常规与非常规资源评价的系统数据，明确了全球主要含油气盆地的资源潜力。

全球油气资源评价技术可广泛应用于中国石油海外已有探区的地质评价与勘探部署、海外重点领域的超前选区选带研究与新项目评价、同时可为国家及油公司制定海外油气发展战略提供重要技术支持。为"十二五"期间成功获取 19 个新项目提供了有效的技术支撑，新增原油权益可采储量 8×10^8t，天然气 $3800 \times 10^8 m^3$；通过资源评价结果对盆地、勘探项目和成藏带进行分级分类，并提出勘探部署建议，为制定海外业务发展战略、海外勘探规划提供了决策支持。

10. 海外油气田开发潜力评价及多目标投资优化和决策支持技术[11]

以实现海外项目有质量有效益发展为出发点，立足于关键技术的攻关和创新，形成了适合海外项目的开发潜力评价及多目标投资优化和决策支持技术，包括技术、经济、合同相结合的开发潜力评价方法、海外项目规划方案风险定量评价方法、海外项目多目标投资组合优化方法、海外项目合同条款和经营指标多因素综合评价方法，建立了海外开发决策支持系统。

1）形成了技术、经济、合同相结合的潜力评价方法

充分考虑资源国环境、投资回收的方式以及合同期的长短对项目的影响，通过对不同类型措施的经济效益进行对比，量化出海外油田技术经济可行的各类潜力，形成了技术、经济、合同相结合的开发潜力评价方法，为进一步提高合同期内采出程度提供依据（图1-28）。

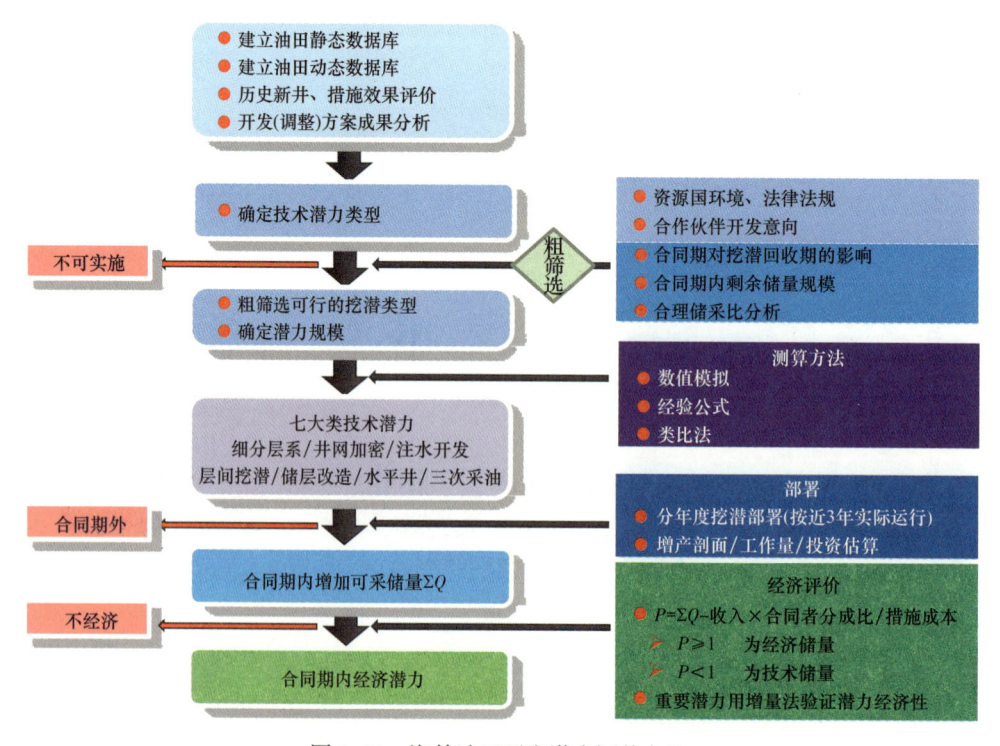

图 1-28　海外油田开发潜力评价方法

2）形成海外规划方案风险定量评价方法

针对海外项目风险识别及量化表征难的问题，在确定海外项目外部风险和规划方案执行风险主控因素的基础上，运用层次分析法和归一化方法构建了风险指标体系递阶层次结构模型，并对风险因子进行了定量化评价，形成了海外项目规划方案风险定量评价方法，建立了一套量化的海外风险评价指标体系，为海外项目规划多方案优选增加了重要评价参数（图1-29）。

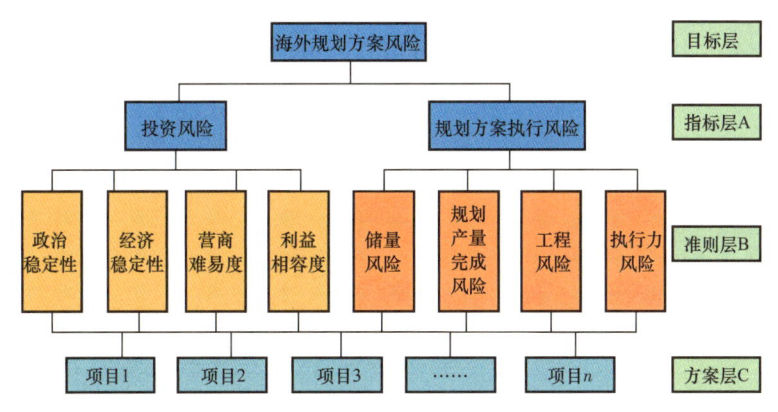

图1-29　海外风险评价指标体系递阶层次结构图

3）建立考虑时间维度及风险因子的多目标优化数学模型和优化方法

针对如何实现海外项目产量、投资、效益、风险等多个目标优化配置的技术难题，运用多目标非线性约束建模方法，创新建立了考虑时间维度及风险因子的非线性多目标优化数学模型，形成了适合海外特点的多目标动态投资组合优化方法，为海外项目规划编制、投资优化及经营策略研究提供了科学决策支持平台（图1-30）。

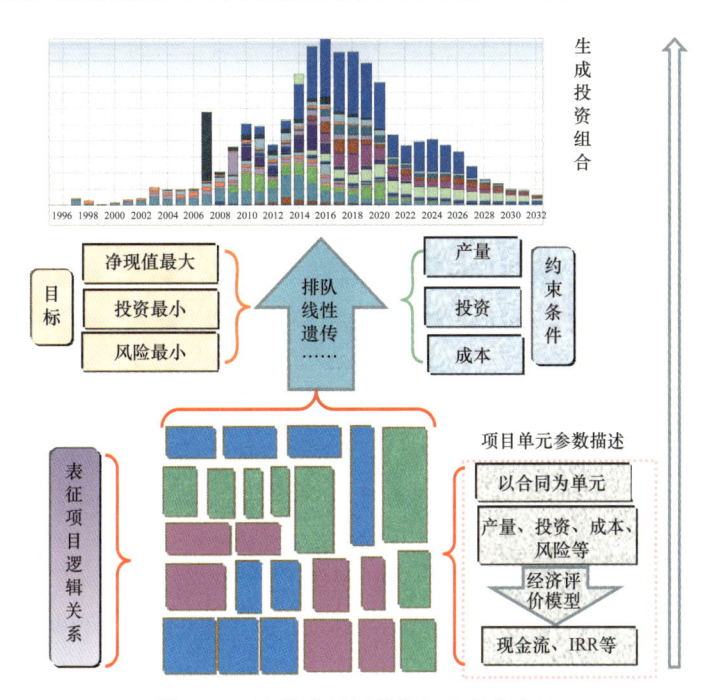

图1-30　海外多目标投资组合优化方法

4）形成评价合同财务条款和项目经营指标的多因素综合评价方法

针对如何用多个指标综合定量评价合同优劣及经营效益的技术难题，筛选确定了五个量化的代表性评价指标，在对指标归一化的基础上首次建立了雷达图评价模式，形成了整体评价项目优劣的多因素综合评价方法（图1-31）。

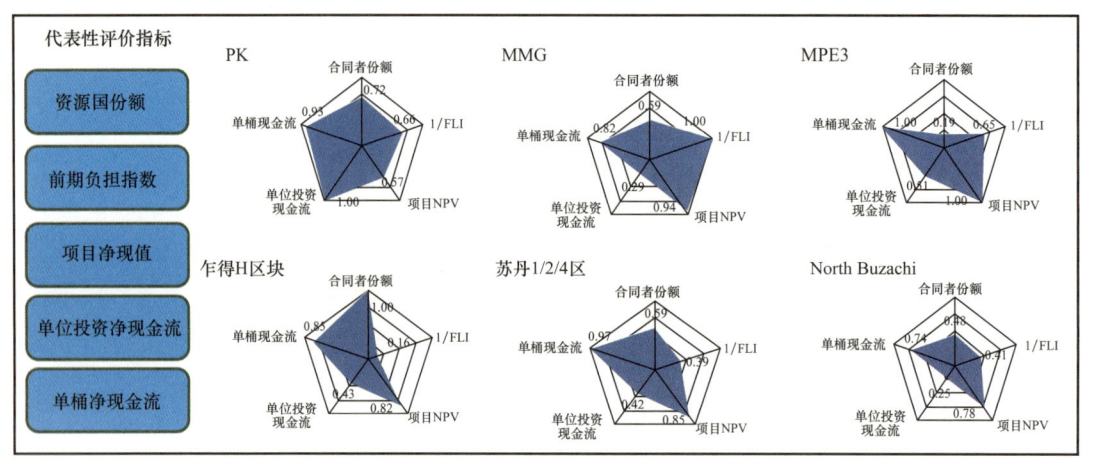

图1-31 雷达图评价模式

海外油气田开发潜力评价及多目标投资优化和决策支持技术定量评价了95个已开发油田合同期内的分类技术经济潜力，优选出30个适合二次开发的油田，预计实施后采收率可提高6个百分点，同时应用到海外开发"十三五"规划编制中，"十三五"开发规划方案优化后指标与优化前相比，中方投资减少10.1%，内部收益率提高1.8%，净现值增加3.2%。

11. 新项目全周期技术经济快速评价技术[11]

按照规范流程、构建指标、注重创新、防范风险的总体思路，发展完善上游资产全周期技术经济快速评价技术。围绕夯实业务发展基础、东西行业发展态势、抓住关键环节三个核心制定具体思路和举措。明确勘探区块获取比例低、一体化待开发总和评价、投资和成本预测难度大及效益和估值存在差别等四项业务挑战，明确具体攻关方向和优势技术，为新项目全周期技术经济快速评价奠定坚实基础。

1）技术和经济充分结合，开展评价指标优化

为了降低项目投资风险，提高项目经济效益，合理安排勘探、开发工作量，降低最大负现金流，减少投资风险，考虑多种价格、操作成本乃至汇率和通胀等预测模式，运用成熟和创新技术，依托一体化和综合优势优化勘探开发和成本预测，探索现有资产优化方法（图1-32）。

2）形成一套稳定的快速评价与报价方法、流程和标准，在复杂资产评价方面取得重要进展

利用全球资源和商业数据库，综合判断资源和开发潜力，按照资产类型、评价难点和主要风险，制定解决方案；参考历史评价项目信息，类比开展投资和经济效益的快速评价，完善一套完整的新项目报价、对价指标方法和策略（图1-33）。

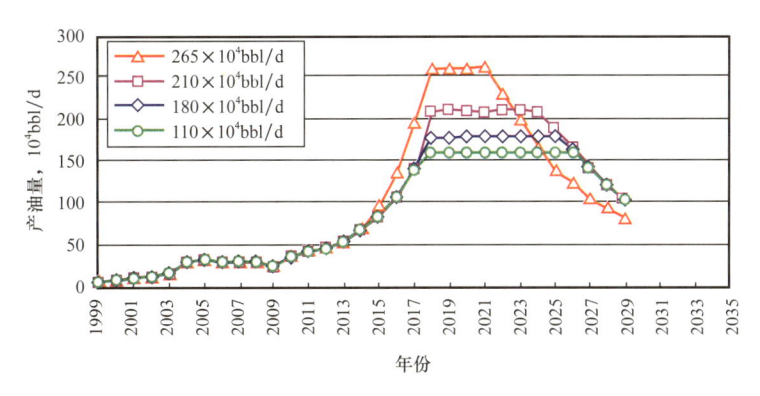

图 1-32　开发概念设计及其优化

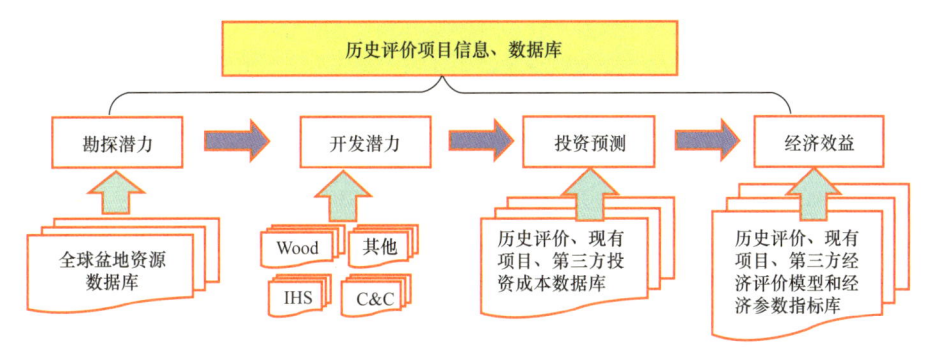

图 1-33　快速评价与报价的方法与流程

新项目全周期技术经济快速评价技术自"十二五"以来已应用于 412 个海外新项目的评价工作中，成功获取新项目 20 个。新增原油权益可采储量 73×10^8 bbl，天然气 57TCF，可建原油和天然气产能 3900×10^4 t/a、340×10^8 m³/a；评价结果采纳率 98%。与第三方评估机构对比：储量评估符合率 42%~98%，平均 78%；年产规模符合率 31%~94%，平均 83%；勘探发现成功率 41.8%。

总体来看，这些技术的有效应用为海外项目增储上产提供了强有力的技术保障，前陆盆地斜坡带勘探技术和含盐盆地油气勘探技术成功应用于厄瓜多尔、滨里海、阿姆河、东西伯利亚、塔吉克斯坦等区域的勘探部署，新增安第斯项目 3P 地质储量 1.8×10^8 t，发现北特鲁瓦 2.4×10^8 t 级大油田和阿姆河盆地千亿方级大气田；裂谷盆地勘探技术在中西非裂谷盆地、中亚南图尔盖盆地的应用和大型碳酸盐岩油藏整体优化开发部署及注水开发技术在伊拉克碳酸盐岩油藏的应用，新建原油年产能 6100×10^4 t；高含水砂岩油田稳油控水及提高采收率技术应用于海外低黏度、中高黏度以及高凝油油藏高含水期的稳油控水，实现了自然递减降低；边底水碳酸盐岩气田群高效开发技术保障了阿姆河右岸项目建成 170×10^8 m³/a 产能；特高含凝析油页岩气藏开发关键技术指导了加拿大都沃内页岩气藏新增 P1 级可采储量 1700×10^4 t 油当量；超重油油藏开发技术支撑了委内瑞拉 MPE3 项目建成年产重油近千万吨；全球油气资源评价技术和新项目全周期技术经济快速评价技术自"十二五"以来已应用于 400 多个海外新项目的评价工作中，成功获取新项目 20 个，新增原油权益可采储量 73×10^8 bbl，天然气 57×10^{12} ft³；海外油气田开发潜力评价及多目标投资优化和决策支持技术定量优选出 30 个适合二次开发的油田，预计实施后采收率可提高

6%，使"十三五"规划编制内部收益率提高1.8%，净现值增加3.2%。一系列有形化成果推广应用前景广阔，能规避和降低海外投资风险并有效推动海外业务的又好又快发展，同时为中国石油乃至国家制定海外油气发展战略提供重要技术支撑。

参 考 文 献

[1] ．海外石油勘探开发技术及实践[M]．北京：石油工业出版社，2010.

[2] 穆龙新等．海外油气田开发特点、模式与对策[J]．石油勘探与开发，2018，45（4）：690-697.

[3] 薛良清．海外油气勘探实践与典型案例[M]．北京：石油工业出版社，2014.

[4] 薛良清．中国石油中西非高效勘探实践[J]．中国石油勘探，2014，19（1）：65-74.

[5] 童晓光．国外油气勘探开发研究论文集[M]．北京：石油工业出版社，2015.

[6] 穆龙新．油气田开发地质理论与实践[M]．北京：石油工业出版社，2011.

[7] 穆龙新．海外油气勘探开发特色技术及应用[M]．北京：石油工业出版社，2018

[8] 童晓光等．成藏组合快速分析技术在海外低勘探程度盆地的应用[J]．石油学报，2009，30（3）：317-323.

[9] 吕功训．阿姆河右岸盐下碳酸盐岩大型气田勘探与开发[M]．北京：科学出版社，2013.

[10] 金之钧，王骏，张生根等．滨里海盆地盐下油气成藏主控因素及勘探方向，石油实验地质[J]，2004，9（1-2）：54-58

[11] 穆龙新等．高凝油油藏开发理论与技术[M]．北京：石油工业出版社，2015.

[12] Dake L P. The practice of reservoir engineering [M]. Revised edition, Holland: Elsevier, 2001: 325-326.

[13] 穆龙新．重油和油砂开发技术新进展[M]．北京：石油工业出版社，2012.

[14] 童晓光．论成藏组合在勘探评价中的意义[J]．西南石油大学学报（自然科学版），2009，31（6）：1-8.

第二章 全球油气地质与资源评价

深化全球油气地质研究与自主开展全球油气资源潜力评价是认识全球油气分布规律、筛选油气富集有利区块、开展海外油气合作的重要基础和根本保障。"十一五""十二五"以来，依托国家及中国石油天然气股份有限公司重大科技专项，首次系统深入开展了全球原型盆地、岩相古地理、生储盖等成藏要素、油气富集规律研究，用新资料、新方法全面开展了全球常规、非常规油气资源潜力评价与分布研究，获得一系列重要认识与成果，为自主、超前开展全球有利油气富集区块筛选和国际油气合作提供了科学依据。

第一节 全球含油气盆地基本地质特征

一、全球大地构造基本格局

板块构造学说认为，岩石圈的构造单元是板块，板块的边界是洋中脊、转换断层、俯冲带和缝合带等。经典的板块构造模式中所提到的陆块、大洋、洋中脊、岛弧、弧前盆地、弧后盆地、前陆盆地、岩浆弧、俯冲带、造山带、海山、洋岛等都是一些基本的大地构造单元。

1. 主要缝合造山带

碰撞造山是造山运动中一种最主要的类型。造山带只发育在汇聚型的板块边缘地带。为便于讨论构造演化，本书将全球主要造山带划分为四个地质时期。

泛非运动（Pan African Orogeny）是一次非洲大陆乃至整个冈瓦纳大陆（Gondwana）前寒武纪至寒武纪的构造运动，发生于700—500Ma或1100—500Ma。该运动对于非洲—巴西超大陆克拉通化的完成起重要作用。南美的巴西造山运动与之发生时限及运动性质颇为相近，故又统称巴西泛非事件。在600—550Ma，由于泛非运动造成罗迪尼亚超大陆解体，东、西冈瓦纳块体开始聚合，莫桑比克洋消亡，经过多个地质体的碰撞，形成了比罗迪尼亚超大陆小的冈瓦纳大陆（图2-1）。

早古生代加里东（Caledonides）造山带主要分布于欧洲（图2-2）。它从爱尔兰、苏格兰西北延伸到斯堪的纳维亚半岛，包括加里东造山带（斯堪的纳维亚造山带）、南方大陆造山带（Terra-Australis Orogen）、塔科尼亚造山带（Taconia Orogen）。在斯堪的纳维亚，加里东造山带的东南前沿保存得相当完好，从造山带向东推掩到波罗的地盾上的逆掩岩席的位移量达100km以上。造山带内岩石变形和花岗岩化非常强烈，其构造关系复杂。造山带的西北前沿已被大西洋所截，只在英国西北部尚有保存，其逆冲断层指向西北。在英国，东南加里东造山带前沿出露较少，大部分已被沉积掩盖，出露的古生代地层褶皱也较宽缓。

晚古生代海西造山运动（Hercynides）使晚古生代欧美（劳亚古陆）和冈瓦纳大陆碰撞形成了潘基亚泛大陆。海西运动形成了华力西造山带、乌拉尔造山带、阿巴拉契亚造山

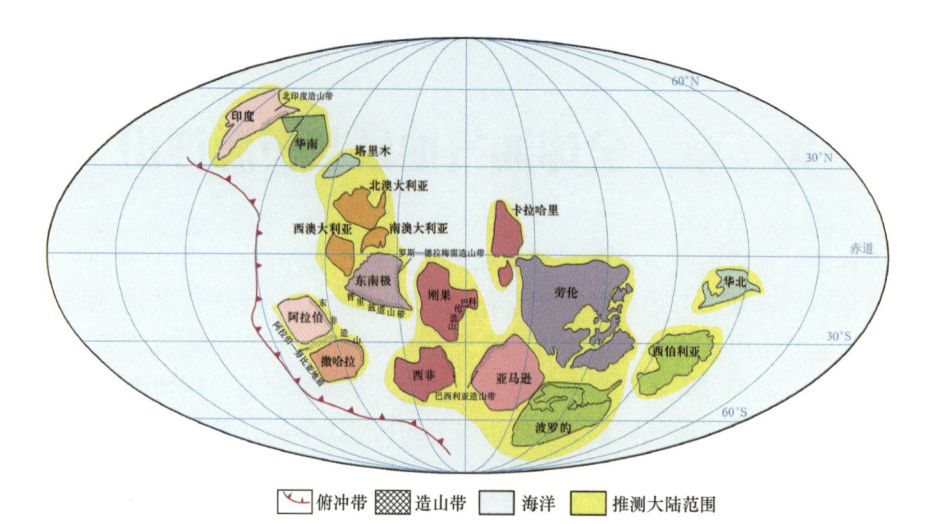

图 2-1　全球新元古代泛非期（635Ma）造山带分布图

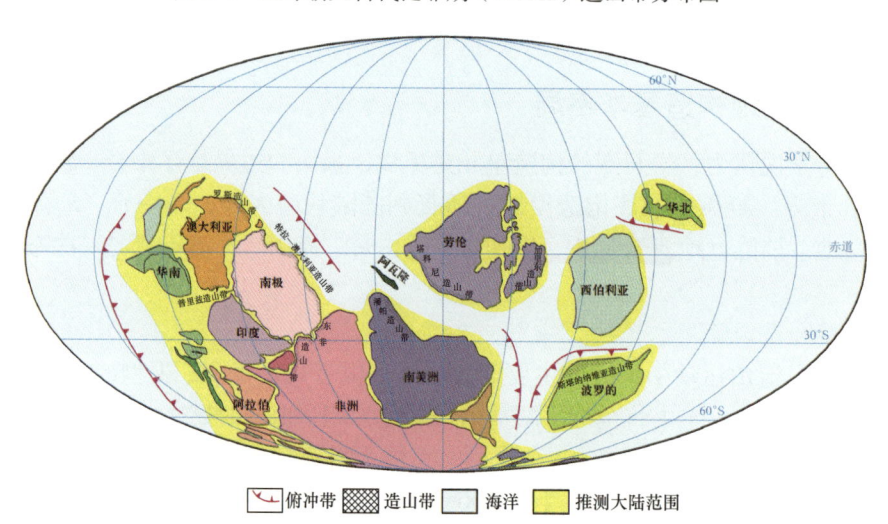

图 2-2　全球早古生代（485Ma）造山带分布图

带、科迪勒拉—安第斯造山带、南非开普造山带、欧亚中部中亚造山带和澳大利亚新英格兰造山带（图 2-3）。

阿尔卑斯造山作用发生于晚中生代和新生代的造山期，形成了欧洲的阿尔卑斯以及其他一些年轻的巨大造山带和褶皱山系，包括阿尔卑斯造山带、扎格罗斯造山带、喜马拉雅造山带、环太平洋造山带、泰米尔造山带、阿特拉斯造山带、科迪勒拉—安第斯造山带、维尔霍扬斯克造山带、鄂霍次克造山带、秦岭造山带等。在古近纪和新近纪，由于阿尔卑斯运动（中国称喜马拉雅运动），使沿欧洲南部中生代的古地中海发生了强烈褶皱，形成横贯东西的阿尔卑斯—喜马拉雅山脉（从西班牙至亚洲南部），该造山带属于板块碰撞型山系（图 2-4 和图 2-5）。

特提斯构造域（Tethys Tectonic Domain）是在特提斯洋和印度洋两个相继的动力体系作用下形成的一个中新生代构造域。其西起北非和欧洲南部的阿尔卑斯褶皱带，向东经地中海、土耳其、高加索、伊朗、阿富汗、巴基斯坦进入我国青藏高原，再向南延伸至马来

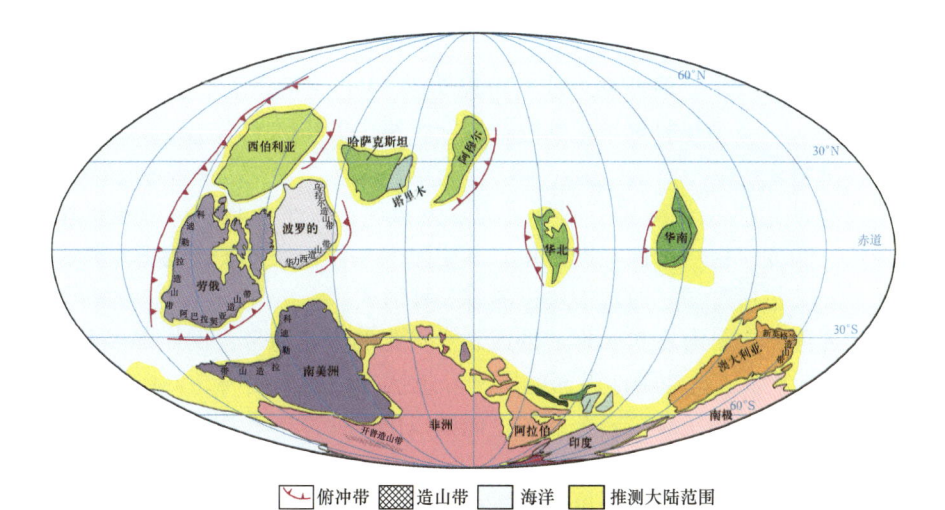

图 2-3　全球晚古生代海西期（340Ma）主要造山带分布图

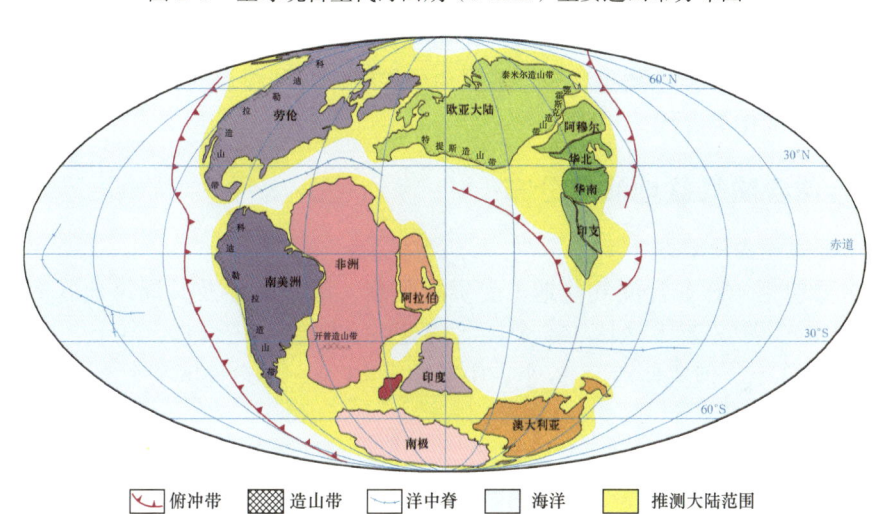

图 2-4　全球阿尔卑斯—喜马拉雅期（120Ma）造山带分布图

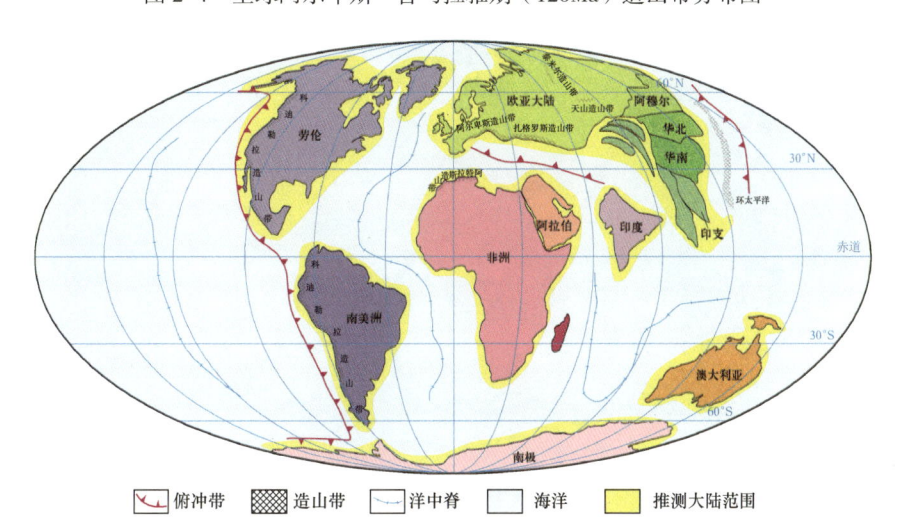

图 2-5　全球阿尔卑斯—喜马拉雅期（30Ma）造山带分布图

西亚、印尼构造带（图2-5）。特提斯构造域经历了海西、早阿尔卑斯和喜马拉雅（晚阿尔卑斯）三个旋回的发展。海西期形成古特提斯洋（Paleo-Tethys），早阿尔卑斯期形成中特提斯洋（Tethys），喜马拉雅期形成新特提斯洋（Neo-Tethys）。

2. 全球板块划分

缝合线等板块边界将全球岩石圈划分为六大板块：太平洋板块、欧亚板块、非洲板块、美洲板块、印度洋板块和南极洲板块。其中除太平洋板块几乎全为海洋外，其余五个板块既包括大陆又包括海洋。通常板块边界有三种形式。

（1）张性界面：它是海底扩张形成的或属于扩张的中心地带，例如许多大洋中脊（即中央海岭）、洋隆等都是这种张性界面的实例。包括：欧亚板块与北美板块之间以北大西洋中脊作为分界线；非洲板块与南美板块之间则以南大西洋中脊作为分界线；南极洲板块和印度洋板块以印度洋中脊作为分界线。

（2）剪切界面（或走向滑动的界面）：例如转换断层便是这类界面的代表。

（3）压性界面：包括深海沟—火山岛弧界面，如阿留申群岛；海沟—火山弧大陆边缘界面，如智利安第斯山脉与邻近的海沟；大陆与大陆碰撞的界面，也称为缝合带，例如欧亚板块与印度洋板块以雅鲁藏布江缝合带作为分界线；智利板块与科科斯板块和南美板块以秘鲁—智利海沟作为界线。

二、全球含油气盆地油气分布

1. 全球含油气盆地划分

全球主要包括468个含油气盆地（受资料限制，南极大陆及其周缘地区尚未划分盆地）(图2-6)。其中，亚太地区155个、北美地区82个、非洲地区70个、拉美地区65个、欧洲地区43个、俄罗斯地区26个、中亚地区18个、中东地区9个（表2-1）。

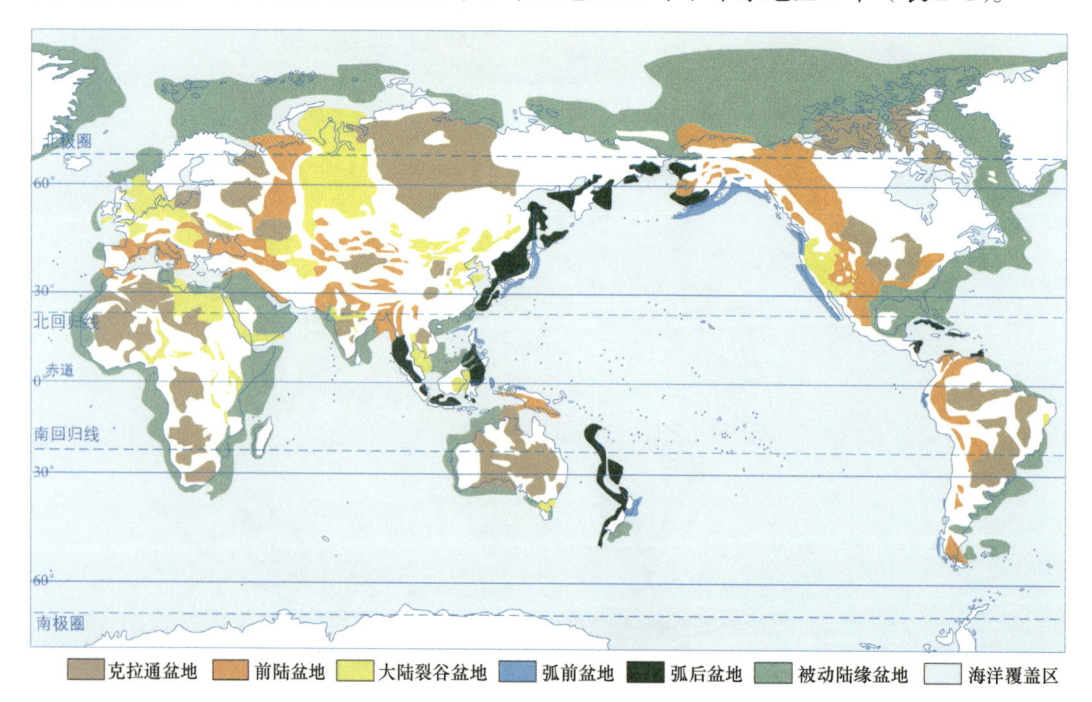

图2-6 全球主要含油气盆地分布图

表2-1 全球各地区主要含油气盆地数量及面积分布

地区	盆地数量及占比 数量，个	盆地数量及占比 占比，%	盆地面积及占比 面积，$10^4 km^2$	盆地面积及占比 占比，%	单个盆地面积，$10^4 km^2$
非洲	70	15.0	2360.30	22.2	33.7
中东	9	1.9	365.03	3.4	40.6
中亚	18	3.8	276.49	2.6	15.4
俄罗斯	26	5.6	1265.70	11.9	48.7
亚太	155	33.1	2474.90	23.3	16
拉美	65	13.9	1193.20	11.2	18.4
北美	82	17.5	2090.10	19.7	25.5
欧洲	43	9.2	600.71	5.7	14
合计	468	100	10626.43	100	—

全球468个盆地总面积约$10626\times 10^4 km^2$，约占全球表面积（$5.101\times 10^8 km^2$）的21%（表2-1）。盆地数量多的地区盆地总面积较大，各地区盆地大小规模有所差别。单个盆地面积较大的地区为俄罗斯（$48.7\times 10^4 km^2$/盆地）、中东（$40.6\times 10^4 km^2$/盆地）、非洲地区（$33.7\times 10^4 km^2$/盆地），盆地规模较小的地区为亚太（$16\times 10^4 km^2$/盆地）、中亚（$15.4\times 10^4 km^2$/盆地）、欧洲地区（$14\times 10^4 km^2$/盆地）。

2. 地区和海陆储量分布

根据IHS 2014统计，截至2014年底，全球已发现油气田数量达到29225个（包括北美本土），2P剩余可采$4333\times 10^8 t$油气当量，其中石油$2092\times 10^8 t$、凝析油$201\times 10^8 t$；累计产量$1987\times 10^8 t$油气当量，其中石油累计产量$1351\times 10^8 t$、凝析油累计产量$45\times 10^8 t$。剩余可采储量主要分布于中东，占全球总储量44.2%；其次为南美和俄罗斯，分别占14.7%和占12.9%；非洲和亚太剩余可采储量相当，占比为8.0%和7.7%。

从地域分布来看，陆上油气田21265个，占全部已发现油气田数量的72.8%，海上油气田7960个，占全部已发现油气田数量的27.2%，陆上油气田数量是海上的两倍多。陆上累计产量为$1568\times 10^8 t$油当量，产量贡献率为78.9%，剩余可采储量$2644\times 10^8 t$油当量，占全部剩余可采储量61%。海上累计产量达到$419\times 10^8 t$油当量，海上剩余可采储量占总量39.0%（表2-2）。

表2-2 全球已发现油气田数量、累计产量和剩余可采储量的海陆地域分布

地区	个数 海上	个数 陆上	累计产量，$10^8 t$油当量 海上	累计产量，$10^8 t$油当量 陆上	剩余可采储量，$10^8 t$油当量 海上	剩余可采储量，$10^8 t$油当量 陆上
非洲	1391	2475	54.11	127.81	172.33	172.33
中东	196	1441	67.53	372.05	901.78	1013.29
中亚	85	991	14.52	67.95	60.27	213.56

续表

地区	个数		累计产量,10⁸t油当量		剩余可采储量,10⁸t油当量	
	海上	陆上	海上	陆上	海上	陆上
俄罗斯	99	3602	17.12	359.32	66.99	490.96
拉美	758	3453	31.92	172.19	255.75	380.82
北美	694	1407	82.05	225.34	39.32	107.95
亚太	2717	4125	42.74	146.71	123.01	212.19
欧洲	2020	3771	108.77	96.99	69.32	53.15
合计	7960	21265	418.76	1568.36	1688.77	2644.25

3. 盆地储量、产量分布

全球剩余油气2P可采储量主要富集在38个盆地内（10×10^8t以上）。阿拉伯、东委内瑞拉和西西伯利亚三个盆地的剩余油气2P可采储量占全球剩余2P可采储量的58.9%（图2-7）。阿拉伯盆地剩余油气2P可采储量为1530.9×10^8t，其中石油占53.1%，凝析油占6.4%，天然气占40.5%；东委内瑞拉盆地位居第二，为412.6×10^8t，以石油为主，占比高达92.9%，凝析油和天然气极少，分别占0.8%和6.3%；西西伯利亚盆地为403.3×10^8t，以天然气为主，达到68.7%，石油和凝析油较少，分别占28.1%和3.2%。其次为扎格罗斯盆地、阿姆河盆地、滨里海盆地、桑托斯盆地等。

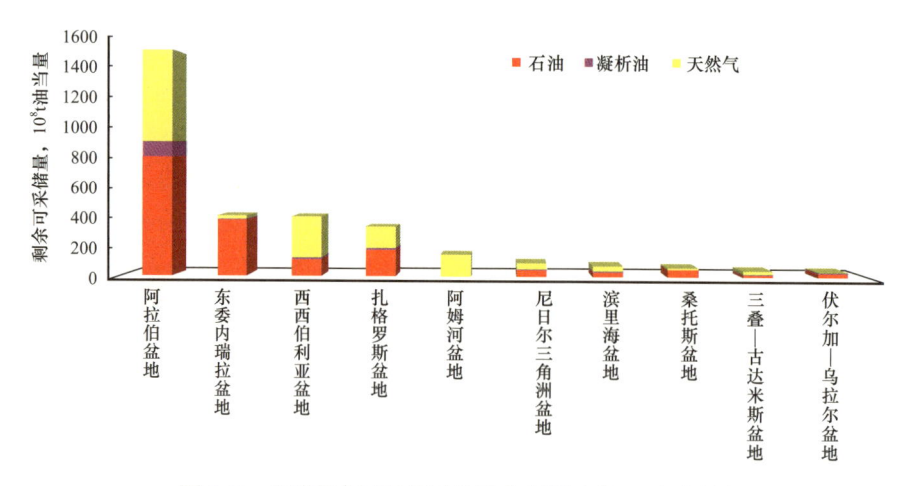

图2-7 全球剩余可采储量盆地分布图（前10个盆地）

全球累计产量主要来源于30个盆地内（10×10^8t以上）。阿拉伯、西西伯利亚和扎格罗斯三个盆地累计占全球的33.8%（图2-8）。阿拉伯盆地累计产量为321.9×10^8t，其中石油占53.1%，凝析油占6.4%，天然气占40.5%；西西伯利亚盆地位居第二，为248.2×10^8t，以天然气为主，达到68.7%，石油和凝析油较少，分别占28.1%和3.2%；扎格罗斯盆地累计产量为101.2×10^8t，以石油为主，占比达52.9%，凝析油和天然气较少，分别占3.8%和43.3%。其次为伏尔加—乌拉尔盆地、马拉开波盆地、阿尔伯塔盆地等。

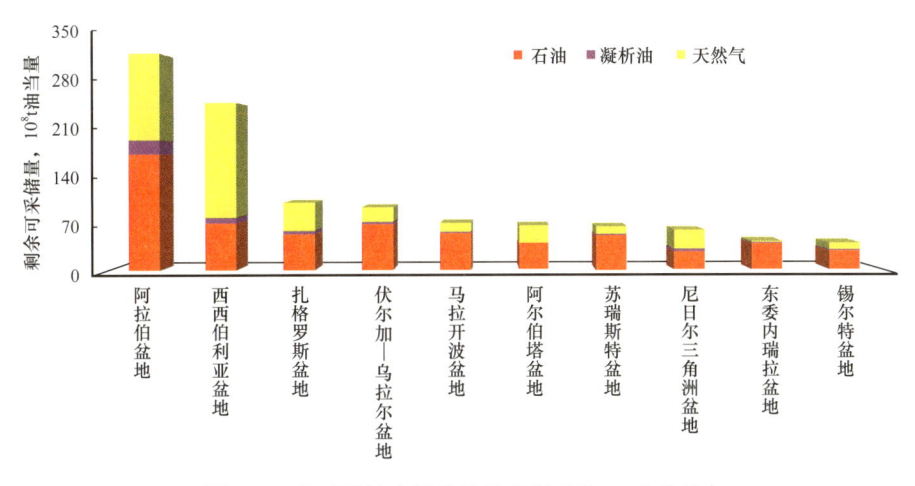

图 2-8　全球累计产量盆地分布图（前10个盆地）

4. 不同类型盆地储量分布

全球已发现油气田数量以前陆盆地、被动陆缘盆地和大陆裂谷盆地为主，分别为9564个、7088个和7040个，分别占全部已发现油气田数量的32.7%、24.3%和24.1%，三者相加占81.1%。克拉通盆地和弧后盆地发现油气田相对较少，分别为3651个和1634个，分别占全部已发现油气田数量的12.5%和占5.6%。弧前盆地内的油气田数量极少（表2-3）。

表 2-3　全球各地区不同类型含油气盆地已发现油气田数量分布　　　　（单位：个）

地区	大陆裂谷盆地	被动陆缘盆地	前陆盆地	克拉通盆地	弧后盆地	弧前盆地	总计
非洲	881	2265	49	671	0	0	3866
中东	139	927	430	141	0	0	1637
中亚	496	0	310	270	0	0	1076
俄罗斯	948	5	2498	152	98	0	3701
拉美	161	1147	2647	92	70	94	4211
北美	465	1193	277	78	0	88	2101
亚太	1750	1310	923	1484	1309	66	6842
欧洲	2200	241	2430	763	157	0	5791
合计	7040	7088	9564	3651	1634	248	29225

从发现储量看，被动陆缘盆地可采储量达到2603×10^8t油当量，占全部可采储量的41.2%。前陆盆地和大陆裂谷盆地可采储量基本相当，其占比分别为23.4%和22.7%。克拉通盆地油气储量较少，仅占10.5%。由于弧后盆地和弧前盆地数量少，油气丰度相对较低，其可采储量也很低。

5. 不同层系储量、产量分布

白垩系剩余油气可采储量最多，其次为侏罗系和古近系（表2-4）。

表 2-4　全球各地区已发现油气田剩余可采储量不同时代储层分布

（单位：10^8t 油当量）

地层	非洲	中东	中亚	俄罗斯	南美	北美	亚太	欧洲	合计
新近系	178.91	18.68	69.68	23.07	31.16	82.25	64.27	18.19	486.21
古近系	92.39	417.68	2.58	44.29	150.56	57.79	79.16	21.11	865.56
白垩系	72.16	935.99	39.54	426.13	484.50	133.24	297.23	26.68	2415.47
侏罗系	6.28	478.58	151.45	237.57	77.08	66.45	17.25	166.39	1201.05
三叠系	10.15	14.50	1.07	5.33	53.61	8.16	2.38	12.05	107.25
二叠系	1.02	454.65	2.99	21.27	13.48	42.03	8.66	56.28	600.38
石炭系	2.44	22.58	59.68	92.51	15.36	45.62	5.90	26.59	270.68
泥盆系	19.77	0.68	29.32	72.91	12.84	11.75	18.62	0.45	166.34
志留系	6.40	0.01	0	5.88	0	2.08	25.25	0.70	39.69
奥陶系	39.88	6.39	0	0	0	3.07	0	0.39	49.73
寒武系	29.60	3.30	0	5.38	0	2.23	0	0	40.51
前寒武系	67.59	1.69	0	0	2.16	0	6.00	0	77.44

白垩系累计产量最多，为 $502×10^8$t 油当量，占 28.6%，其次为侏罗系、古近系和新近系，分别为 $375×10^8$t 油当量、$251×10^8$t 油当量和 $233×10^8$t 油当量，占比分别为 21.3%、14.3% 和 13.3%，其他层系累计产量产出占比较少（表 2-5）。

表 2-5　全球已发现油气田不同时代储层累计产出表

（单位：10^8t 油当量）

地层	非洲	中东	中亚	俄罗斯	南美	北美	亚太	欧洲	合计
新近系	43.56	2.05	27.95	9.59	13.84	43.42	80.27	12.33	233.01
古近系	20.68	90.55	1.10	3.29	34.93	34.79	54.52	10.82	250.68
白垩系	23.42	161.51	18.36	52.60	101.10	99.73	29.45	15.89	502.06
侏罗系	1.10	166.58	22.33	67.95	11.37	32.05	7.95	65.48	374.81
三叠系	3.01	1.37	0.27	2.19	1.92	4.79	8.77	7.40	29.72
二叠系	0.14	14.25	1.64	11.37	0.14	37.12	3.70	36.58	104.94
石炭系	7.26	0.27	4.11	37.67	3.01	31.23	1.37	14.38	99.30
泥盆系	6.71	0	6.30	48.36	3.29	10.14	0	0	74.80
志留系	1.51	0	0	0.55	1.37	1.37	0.14	0	4.94
奥陶系	13.97	0.55	0	0	0	2.60	0.96	0	18.08
寒武系	15.89	0.41	0	0	0	2.05	0.14	0	18.49
前寒武系	39.32	0	0	0	3.29	0	1.64	0	44.25

第二节 全球古板块演化与原型盆地

基于古板块恢复与重建，研究不同时期原型盆地类型及展布，可以深刻认识原型盆地形成的区域构造环境、岩相古地理及其演化，以及它们对含油气盆地油气地质条件和油气分布规律的控制作用。

一、古大陆重建与板块构造演化

1. 古大陆重建

目前，全球古板块重建主要依据古地磁数据，结合古地理、古气候以及海洋磁极性条带、热点等资料来实现。

最早的全球板块运动模型是由 Le Pichon 于1968年提出来的。此后，随着观测资料的积累和研究工作的深入，Chase 建立了板块运动模型[1]；Minster 和 Jordon 建立了板块运动 RM 模型[2]；DeMets 和 Gordon（1990，1994）建立了基于 Plate Project Model 的板块运动 NUVEL21 模型。

最为广泛引用的全球板块构造演化图是 Scotese（1987）推出的，从前寒武纪（约650Ma）开始，分30幅图分别构建了不同时代板块构造位置图和气候演化图，成为全球板块构造演化最具代表性的图件。法国地球物理实验室古地磁与地球动力学研究团队 Cogne（2003）在 Macintosh 平台上研制了较完全的古地磁数据处理软件 PaleoMac，并同时附带了全球板块构造重建的模块，为全球板块的恢复提供了一个方便的工具。美国北亚利桑那大学退休教授 Ron Blakey（2008）将 Scotese 的20余幅板块重建图，赋予了各板块的 DEM 数据，并经过精心编辑，得到27幅十分精致的板块恢复图件。

挪威地质调查局 Torsvik 等（2008）对约130Ma 以来的全球板块构造演化做了创新性的研究工作，提出了对于古老地质年代的板块构造重建，建立了1100Ma 左右至530Ma 左右时段的板块演化图。

上述几个重要的、具真正意义的全球（而不是局部区域的）板块构造重建成果，为本次研究提供了一个良好参考系。

2. 板块构造演化

20世纪70年代初，中国地质学家尹赞勋在研究了大量的文献之后，最早将板块构造的基本思想引进国内[3,4]。其后，李春昱等也相继发表了更详细的有关板块构造的论文[5,6]。基于前人对全球板块构造演化的研究，以及本次以古地磁数据为依据进行的全球古大陆重建工作，将全球板块构造演化划分为四个阶段：（1）罗迪尼亚超大陆的汇聚（元古宙）；（2）罗迪尼亚超大陆的裂解（元古宙晚期—奥陶纪），期间在罗迪尼亚超大陆裂解后出现过短暂的全球性超大陆——潘诺西亚超大陆；（3）潘基亚超大陆的汇聚（志留纪—二叠纪）；（4）潘基亚超大陆的裂解（三叠纪至今）。

1）罗迪尼亚（Rodinia）超大陆的汇聚（元古宙）

1990年 McMenamin 等首先提出新元古代罗迪尼亚超大陆的概念，指出罗迪尼亚是一个1000Ma 前由大陆碰撞形成的全球性的超大陆。Li 等（2008）对罗迪尼亚超大陆的形成与演化做了较详细的研究。在约1100Ma，劳伦古大陆、西伯利亚大陆、华南陆块、华夏古陆（现今华南的一部分）、拉普拉塔克拉通（Riode laPlata）已经拼接在一起，扬子克拉通已开始与劳伦古大陆斜向碰撞。然而，所有其他大陆板块仍然以大洋与劳伦古大陆相隔。澳大利亚克拉通，包括莫森（Mawson）克拉通的东南极洲部分已经合并。它们可能接近于扬子地块和劳伦古大陆碰撞的地方。在约1000Ma，卡拉哈里地块很可能已经与劳伦古大陆南部碰撞。到900Ma左右，所有已知的大陆板块已经聚集在一起形成罗迪尼亚超级大陆。

2）罗迪尼亚超大陆的裂解（元古宙晚期—奥陶纪）

从全球看，中、新元古代之交的罗迪尼亚超级大陆鼎盛时期也极可能在新元古代的850Ma左右，因为在此之前还没有裂解方面的证据[7]。在斯堪的纳维亚加里东（Scandinavian Caledonides）、苏格兰均获得了845Ma左右和870Ma左右的双峰式侵入活动的证据，两者都被解释为代表罗迪尼亚分裂的开始。Li等（2003）认为这些侵入可能是罗迪尼亚超级地幔柱的一个标志，因上升地幔柱使地热梯度变大，导致了地幔深源熔融上侵。

直到约825Ma才出现广泛分布的地幔柱活动，同时出现镁铁质岩墙群、镁铁质—超镁铁质侵入岩，以及由于地壳熔融或岩浆分异出现的长英质侵入岩。Li等（1999，2003）将这个广泛分布的且在很大程度上同步的岩浆活动解释为超级地幔柱事件的第一个主要阶段，这个阶段导致了罗迪尼亚的分裂。

3）潘基亚超大陆的汇聚（志留纪—二叠纪）

伴随着罗迪尼亚超级大陆的解体，劳伦古大陆周围的地块和从劳伦古大陆裂离出的地块，随后与地球另一边的陆块相撞拼合，一起形成冈瓦纳大陆。在540至约530Ma期间，冈瓦纳古大陆通过莫桑比克洋的闭合最终合并。寒武纪时冈瓦纳大陆发生了逆时针的旋转，而到了奥陶纪约460Ma时则转为顺时针的旋转。这种旋转方向的调整伴随着东冈瓦纳边缘发生了岩浆弧的后退，导致了沿古太平洋新的边缘海张开。志留纪时，冈瓦纳大陆绕着澳大利亚大陆附近的一个轴发生了明显的顺时针旋转，到早泥盆世，古南极不在南美地块的最南点上。志留纪时冈瓦纳大陆的顺时针旋转可以解释冈瓦纳大陆与其邻近地块的横向位移。晚泥盆世到早石炭世，古南极移到非洲中部，打开了位于低纬度地区的冈瓦纳北西和劳伦大陆之间的莱茵洋。泥盆纪期间，原来是冈瓦纳西北部的阿莫里卡从冈瓦纳古陆分开，漂移到南纬高纬度地区。早泥盆世，华北陆块和华南陆块仍然与冈瓦纳古陆分开。至晚泥盆世，淡水鱼生物群类的相似性表明华南陆块与华北陆块才与东冈瓦纳古陆相连。冈瓦纳古陆与西伯利亚和哈萨克斯坦地块南部边缘的汇聚较复杂，可能有若干个同时代的俯冲带存在。这个时段的冈瓦纳古陆以逆时针旋转为主，因此与邻近地块可能发生右行的剪切运动。早石炭世与晚泥盆世的构架总体相似。海西早期，冈瓦纳古陆开始快速地跨过南极。至320至310Ma左右时，冈瓦纳与劳亚大陆碰撞形成了潘基亚超大陆。

4）潘基亚超大陆的裂解及后续演化（三叠纪—现今）

从晚古生代（约260Ma）开始，辛梅利亚大陆从冈瓦纳古陆分离，晚三叠世拉萨地块、晚侏罗世西缅甸地块陆续从冈瓦纳大陆的印度—澳大利亚边缘裂离，导致原特提斯洋的扩开。到了中三叠世（约240Ma），西伯利亚和哈萨克斯坦地块与欧洲大陆碰撞拼合，形成了乌拉尔造山带，此时，特提斯洋正在扩张，辛梅利亚大陆位于冈瓦纳古陆和欧洲大陆之间，早侏罗世时特提斯洋完全形成。中侏罗世（约160Ma）冈瓦纳大陆开始裂解，冈瓦纳大陆东部（南极洲、澳大利亚、印度和马达加斯加）顺时针旋转离开冈瓦纳大陆西部（非洲、阿拉伯和南美）（约130Ma），先前的冈瓦纳大陆开始裂解成4个大陆板块：南美、非洲—阿拉伯、印度—马达加斯加、澳大利亚—南极洲。印度—马达加斯加顺时针旋转远离非洲，直到119Ma左右才停止。此时，非洲和马达加斯加之间的海底扩张停止。这时的印度和澳大利亚—南极洲之间的印度洋宽约800km。西伯利亚和哈萨克斯坦地块则位于高纬度但靠近欧洲大陆。

在中侏罗世至晚侏罗世（170至150Ma左右），非洲板块与北美板块分离，潘基亚大陆完全解体。冈瓦纳古陆解体在160Ma左右，这时南极洲（与大印度地块一起）与非洲板块分离。大致于130Ma，与伊利比亚地块和南美板块分离后，北美板块与非洲板块分离。冈瓦纳古陆的东部（包括大印度板块、马达加斯加地块、南极洲板块和澳大利亚板块）首先向南漂移，与非洲板块分离。然后，在约130Ma时，大印度板块和马达加斯加地块与南极洲板块分离，并向北漂移。至晚白垩世早期（约90Ma），构成现代欧亚板块的主要地块，开始碰撞拼合，并发育了狭窄的北大西洋和南大西洋。

早白垩世期间，南大西洋和印度洋的海底扩张以相当缓慢的速率继续。印度洋的海底扩张速率在约95Ma发生了一次重要的改变，印度洋板块开始从中南纬向北迅速旋转，在澳大利亚板块和南极洲板块之间开始了缓慢的海底扩张。此时，非洲、南美、澳大利亚、南极洲和印度—马达加斯加是各自独立的大陆板块，虽然在南美和南极洲之间通过南极半岛仍存在陆地连接，澳大利亚和南极洲之间通过塔斯马尼亚也有连接。因为Lord Howe Rise（包括新西兰）相对澳大利亚做东北向的旋转，塔斯曼海在约85Ma时也开始打开。

到了白垩纪晚期（约80Ma），大印度板块与马达加斯加地块分离，印度洋扩张开始随着大印度板块迅速地往北漂移，特提斯洋最终消失。直至约60Ma时，欧洲与格陵兰之间的北大西洋才开始形成。到55Ma左右，印度板块开始和欧亚大陆碰撞，而塔斯曼海已完全打开。印度和澳大利亚之间的海底扩张在中始新世已经停止，一个新的扩张脊从阿拉伯东部的Owen Fracture地区延伸进入澳大利亚和南极洲之间的南大洋，然后与成熟的东太平洋海隆连接。澳大利亚和南极洲之间海底扩张的现代模式就是在这个时候开始的，但直到渐新世，沿着塔斯马尼亚和北维多利亚之间的转换断层发生的位移足够让这两个大陆板块分离时，澳大利亚才完全失去与南极洲的陆地连接。

到渐新世（50至30Ma左右），大印度板块与亚洲板块碰撞，印度洋板块俯冲于欧亚板块之下，导致喜马拉雅造山带的形成。在中新世（20至15Ma左右），由于欧亚大陆受印度洋板块继续向北及北北东方向推挤，欧亚大陆向东运移，太平洋板块向西扩张俯冲，大陆东部岩石圈由扩张转为挤压，形成沟弧盆体系，在西太平洋出现一系列边缘海，形成现代板块轮廓。

二、全球原型盆地分布及演化

盆地的形成与演化完全受控于全球板块构造演化，不同构造背景的板块构造单元决定盆地的性质和盆地油气资源潜力。在全球板块构造演化的不同阶段形成了以地球动力学为基础，分属于张、压、剪及垂直应力背景的原型盆地。地质历史过程中，盆地的类型、位置都随着板块的运动而不断地发生变化。因此，原型盆地研究必然以构造分析为主线，构造环境是所有沉积盆地在演化过程中最根本的控制因素，不同时期全球古板块构造格局及同时期所形成盆地所处的大地构造背景严格控制着盆地的类型、几何形态、盆地内部沉积构造特征及其油气分布规律。在全球板块构造发展演化过程中，沉积盆地呈阶段性并且有世代的演化。如裂谷盆地接受沉降转变为被动陆缘盆地，被动陆缘盆地受洋壳和岛弧俯冲影响演化为弧后盆地，经碰撞造山后转变为前陆盆地等，而现今构造背景下的盆地构造沉降单元必然包容了历史上众多的由不同沉降结构所组成的盆地演化实体。盆地在纵向上所具有的不同层次的系统，在横向上呈现多种形式的结构，决定了盆地生储盖组合上的多样性和盆地不同部位油气聚集条件的差异性。

本次研究从含油气盆地构造类型出发，将含油气盆地划分为6种类型：（1）裂谷盆地；（2）被动大陆边缘盆地；（3）克拉通内盆地；（4）弧前盆地；（5）弧后盆地；（6）前陆盆地。并在全球古板块构造格局重建的基础上，编制了晚前寒武纪以来全球13个主要地质时期（前寒武纪、寒武纪、奥陶纪、志留纪、泥盆纪、石炭纪、二叠纪、三叠纪、侏罗纪、早白垩世、晚白垩世、始新世、中新世）原型盆地分布图，并分析了原型盆地形成和演化规律（图2-9）。

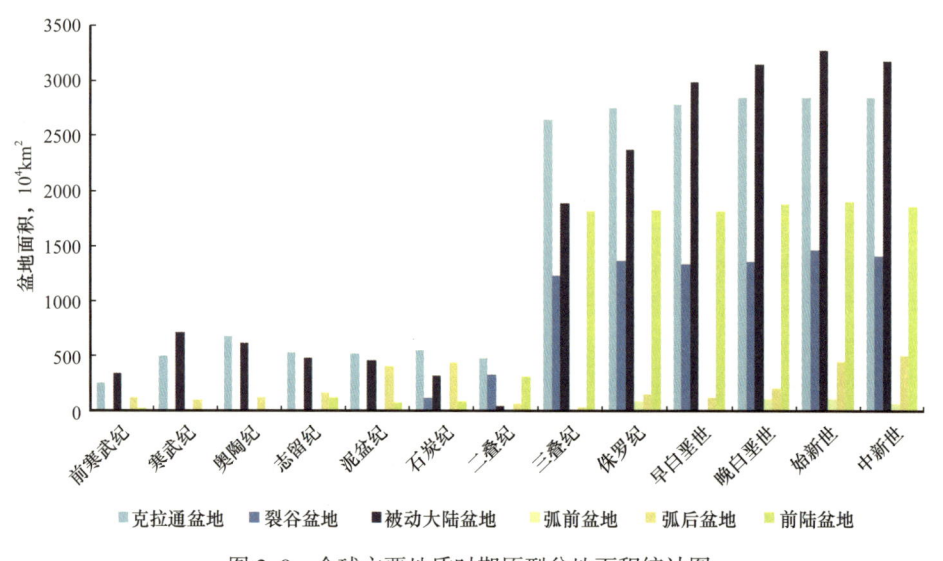

图2-9 全球主要地质时期原型盆地面积统计图

根据同位素年代学证据和造山带全球性分布的特征，人们推测地质历史上可能发生过多次超级大陆或泛大陆聚散事件，目前对地质历史时期古地理和构造格局已基本研究清楚的只有中、新元古代—古生代的罗迪尼亚大陆（Rodinia超大陆、Rodinia泛大陆）和古生代的冈瓦纳大陆（Gondwana）以及晚古生代—早中生代的潘基亚大陆（Pangea超大陆、Pangea泛大陆）。正是源于三个超大陆的聚合离散形成了前寒武纪晚期以来的两个构造旋回：（1）罗迪尼亚大陆裂解，形成冈瓦纳和劳伦西亚、潘诺西亚大陆—潘基亚大陆旋回；（2）潘基亚大陆裂解，特提斯、大西洋张开—新特提斯、太平洋收缩旋回，并进一步控制了地质历史时期原型盆地的发育演化及分布。对全球发育的468个盆地不同地质时期盆地类型统计分析（表2-6），也表明了前寒武纪晚期以来的两个构造旋回对全球古板块构造格局及原型盆地的发育特征和演化规律具有严格的控制作用。分析全球不同地质时期各种类型盆地的分布特点并结合同时期全球板块构造演化特点，可以得到一系列认识。

表 2-6 全球 468 个主要盆地不同地质时期盆地原型统计表

地质时期		克拉通盆地		裂谷盆地		被动大陆盆地	
距今，Ma	地质时代	面积，km²	个数	面积，km²	个数	面积，km²	个数
15	中新世	28554572	57	14148773	79	31888075	122
40	始新世	28554572	57	14670700	83	32829657	123
90	晚白垩世	28554572	57	13602929	76	31542807	115
125	早白垩世	27934942	56	13371205	74	29891104	106
165	侏罗纪	27599310	56	13662884	75	23742316	91
220	三叠纪	26508941	54	12327680	71	18939641	85
270	二叠纪	4803066	59	3320317	27	466489.9	13
350	石炭纪	5580055	58	1196789	12	3210856	39
390	泥盆纪	5232074	34			4600547	65
430	志留纪	5272716	43	88239.1	2	4793983	65
480	奥陶纪	6798150	61			6187209	80
510	寒武纪	5006656	39			7070108	92
630	前寒武纪	2566975	20	24332.4	3	3374207	27

（1）地质时期全球板块构造开—合旋回控制了不同动力学背景盆地的发育与叠合。

显生宙，南北大陆不同构造演化历史，控制了不同板块及其周边盆地的性质与演化。劳亚大陆中板块的独立演化和多期聚散作用，使得板块边缘发育以多类型动力学背景的复杂叠合盆地为特征；冈瓦纳大陆及其内部板块间的相对整一性演化，使得其板块边缘以简单动力学背景的盆地继承性发育或简单叠合为特征。

① 前寒武纪晚期—早古生代罗迪尼亚超大陆裂解、分离，各陆块及其周边发育克拉通盆地及被动大陆边缘盆地。

② 晚古生代—早中生代各大陆块又一次逐渐聚合，形成潘基亚超大陆，伴随着弧—陆、陆—陆碰撞和造山带形成，弧后盆地、前陆盆地、克拉通盆地以及被动陆缘盆地发育。

③ 晚中生代、新生代潘基亚大陆裂解，伴随着特提斯、大西洋张开新洋壳形成和老洋壳的消亡，发育了相应的裂谷盆地、被动陆缘盆地和前陆盆地、弧前盆地、弧后盆地。

④ 新生代新特提斯、太平洋俯冲收缩，伴随着弧—陆、陆—陆碰撞和造山带形成，弧前盆地、弧后盆地、前陆盆地广泛发育。太平洋向东俯冲形成的科迪勒拉造山带控制了北美、南美西部的前陆盆地群的发育。印度洋向欧亚大陆板块之下的俯冲在东南亚地区形成大量的岛弧，使得东南亚地区的弧前盆地和弧后盆地极其发育。

（2）弧—陆和陆—陆碰撞，控制了全球三大巨型前陆盆地带的形成。

① 二叠纪欧洲大陆与西伯利亚和哈萨克斯坦板块的陆—陆碰撞，形成了乌拉尔造山

带及相应的前陆盆地。

② 新生代非洲和印度大陆与欧亚大陆的陆—陆碰撞，导致新特提斯洋关闭，形成了特提斯域巨型前陆盆地发育带。美洲西侧太平洋板块俯冲造成的弧—陆碰撞，形成了科迪勒拉造山带及相应的前陆盆地带。

（3）新生洋盆的扩张导致了全球规模被动陆缘盆地的发育，而古老洋盆的俯冲消减控制了大量弧后盆地的分布。

① 伴随潘基亚超大陆的裂解，全球原型盆地分布呈现出两大显著特点，即新生洋盆边缘的被动大陆边缘盆地发育带和古老洋盆边缘俯冲消减带的弧后盆地发育带。

② 大西洋的扩张控制了现今大西洋两侧被动大陆边缘带的形成。

③ 太平洋的俯冲消减形成了现今环太平洋弧后盆地发育带。

第三节　全球岩相古地理演化及其控制因素

本研究首先系统编制了覆盖全球现今地理位置13个纪或世关键时间点的岩相古地理图，然后结合古板块恢复成果编制了古构造位置下的岩相古地理图，在此基础上主要讨论了全球前寒武纪以来不同地质时期全球岩相古地理演化规律及其控制因素。

一、全球岩相古地理演化规律

（1）由老到新，隆起剥蚀区及碎屑岩陆相区具有增加的趋势，超级大陆形成时期是大陆生长的关键时期。

现今位置上，隆起剥蚀区及碎屑岩陆相区面积从前寒武纪—早古生代的约20%增加到现今的30%以上（图2-10）。如寒武纪隆起剥蚀区及碎屑岩陆相区面积较小；到泥盆纪开始增加，其中北美和格陵兰东缘、波罗的西北缘及西伯利亚的隆起剥蚀区及碎屑岩陆相区明显增加；二叠纪、三叠纪时期全球隆起剥蚀区及碎屑岩陆相区的发育达到极盛时期。另外，超级大陆形成时期是大陆生长的关键时期，如冈瓦纳大陆、劳俄大陆、潘基亚大陆及欧亚大陆形成时期，隆起剥蚀区及碎屑岩陆相区显著增加（图2-10）。

（2）滨浅海相区规模具有前寒武纪—泥盆纪、石炭纪—三叠纪、侏罗纪—新近纪三个明显的扩展—萎缩旋回。

总体上，超级大陆形成时期及海平面下降期，隆起剥蚀区及陆相区所占比例较大，滨浅海相区所占比例较小；超级大陆解体时期及海平面上升时期，隆起剥蚀区及陆相区所占比例较小，滨浅海相区所占比例较大。地质历史时期隆起剥蚀区及陆相区与滨浅海相区的规模呈现互为消长关系（图2-10）。

前寒武纪：滨浅海相区主要在隆起剥蚀区边缘发育。

寒武纪：北美、格陵兰、波罗的周缘的滨浅海相区扩大，南美和非洲的隆起剥蚀区及碎屑岩陆相区显著扩大，但南美的西部和非洲的北部发育大范围的滨浅海。

奥陶纪滨浅海相区范围进一步扩大。

志留纪：滨浅海相区有所减小。

泥盆纪：北美和格陵兰东缘、波罗的西北缘及西伯利亚的隆起剥蚀区及碎屑岩陆相区明显增加，滨浅海相区范围明显减小。

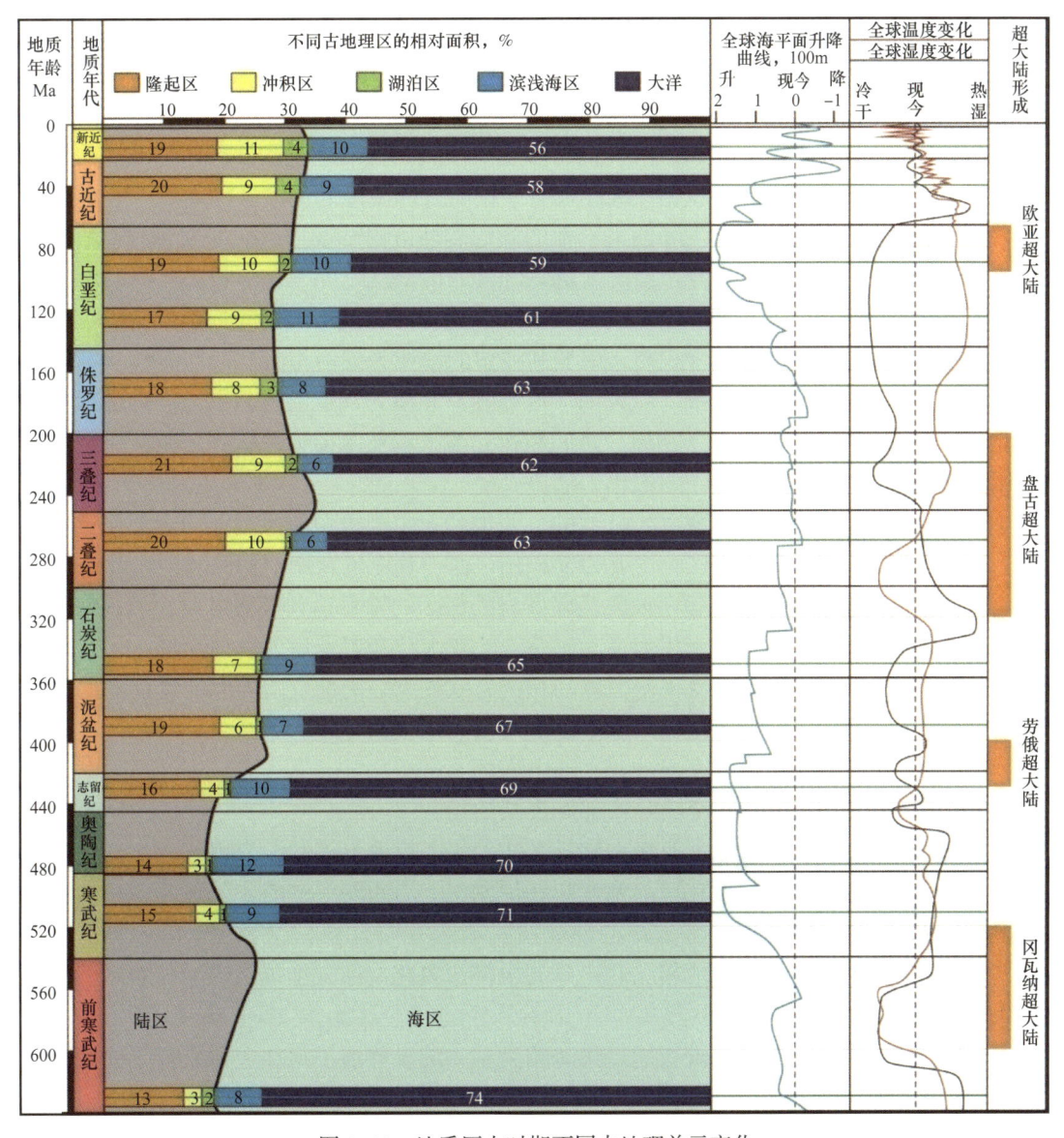

图 2-10 地质历史时期不同古地理单元变化

石炭纪：滨浅海相区有所扩展。

二叠纪、三叠纪：全球隆起剥蚀区及碎屑岩陆相区的发育达到极盛时期，滨浅海相区十分局限。

侏罗纪：在非洲和欧洲之间出现新生滨浅海相区。

早白垩世：先存的滨浅海相区显著扩展。

晚白垩世：滨浅海相区略有减小。

始新世：滨浅海相区进一步缩小。

中新世：南美、欧亚、非洲大陆大范围发育陆相区。

（3）陆相区湖泊相与中粗碎屑岩冲积相相伴而生，湖泊相区主要发育在中新生代。

全球地质历史时期，陆相区中粗碎屑岩冲积相与湖泊相并存。中新生代湖泊相规模占地球表面的3%左右，远大于古生代的1%左右（图2-10）。

前寒武纪：南美、非洲、澳大利亚及波罗的隆起剥蚀区内部或边缘局部发育碎屑岩陆相区，主要为冲积相，湖相仅发育于波罗隆起剥蚀区内部。

寒武纪：北美、南美、非洲、阿拉伯、印度和澳大利亚的隆起剥蚀区内部或边缘局部发育碎屑岩陆相区，主要为冲积相，湖相发育于南美和印度隆起剥蚀区的内部。

奥陶纪：北美、南美、非洲和澳大利亚的隆起剥蚀区内部或边缘局部发育碎屑岩陆相区，主要为冲积相，湖相仅发育于南美隆起剥蚀区的内部。

志留纪：北美、南美、波罗的和澳大利亚的隆起剥蚀区内部或边缘局部发育碎屑岩陆相区，北美和澳大利亚主要为冲积相，南美和波罗的主要为湖泊相区。

泥盆纪：北美、南美、非洲、波罗的、西伯利亚和澳大利亚的隆起剥蚀区内部或边缘局部发育碎屑岩陆相区，北美、非洲、西伯利亚和澳大利亚主要为冲积相，南美主要为湖泊相区，波罗的以冲积相为主、湖泊相为辅。

石炭纪：北美、南美、格陵兰、波罗的、西伯利亚东南极和澳大利亚的隆起剥蚀区内部或边缘局部发育碎屑岩陆相区，主要为冲积相，西伯利亚发育湖泊相区。

二叠纪、三叠纪：全球隆起剥蚀区及碎屑岩陆相区的发育达到极盛时期，滨浅海相区十分局限，碎屑岩陆相区以冲积相为主，三叠纪欧亚大陆南部发育大量湖泊相。

侏罗纪：各大陆内部均发育了碎屑岩陆相区，欧亚大陆南部及南美北部发育湖泊相。

早白垩世：南美、非洲及欧亚大陆中南部均有湖泊相发育。

晚白垩世：湖泊相主要发育于欧亚大陆中南部。

始新世：南美、非洲、欧亚大陆中部发育湖泊相。

中新世：南美、欧亚、非洲及澳大利亚大陆发育了规模不等的湖泊相区。

（4）碳酸盐岩滨浅海相发育呈前寒武纪—泥盆纪、石炭纪—三叠纪、侏罗纪—新近纪三个扩展—萎缩旋回。

总体上，与大陆裂解与形成相关联，碎屑岩滨浅海相旋回式增加，碳酸盐岩滨浅海相旋回式减少（图2-11）。

前寒武纪：浅海相区中以碳酸盐岩浅海相为主，陆源碎屑浅海相主要发育于澳大利亚和南美板块边缘。

寒武纪和奥陶纪：以陆源碎屑滨浅海相为主，碳酸盐岩滨浅海相主要发育于西伯利亚、塔里木、华北及巴伦支海等地。

志留纪：碳酸盐岩滨浅海相显著扩展，北美发育了大范围的碳酸盐岩滨浅海相。

泥盆纪：碳酸盐岩滨浅海相显著萎缩，主要分布于北美大陆西缘。

石炭纪：碳酸盐岩滨浅海相有所扩展，北美西缘和波罗的东缘发育广泛的碳酸盐岩浅海相。

二叠纪：碳酸盐岩浅海相局限于北美西南部、波罗的中东部和中国南部。

三叠纪：碳酸盐岩滨浅海相区局限欧亚大陆南部。

侏罗纪：欧亚大陆南部及北美东南部发育碳酸盐岩滨浅海相区。

早白垩世：非洲北部、欧洲南部和中国青藏大区均有碳酸盐岩滨浅海相发育。

晚白垩世：加勒比海、欧洲南部、非洲北部和东部，以及阿拉伯地区发育碳酸盐岩滨浅海相。

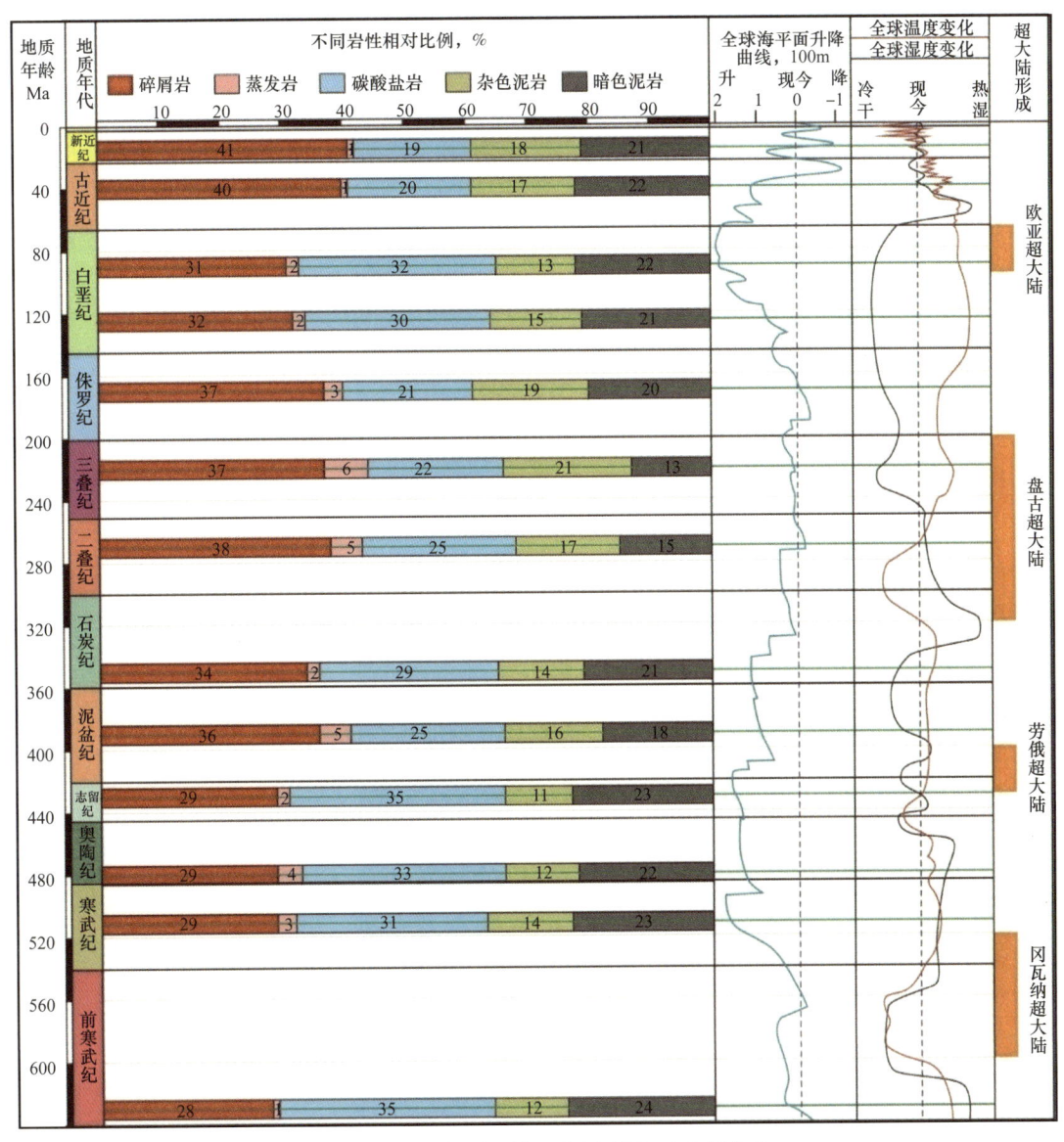

图 2-11 地质历史时期不同岩性相对比例变化

始新世：碳酸盐岩滨浅海相明显减少，主要分布于地中海周边及非洲、阿拉伯边缘。

中新世：碳酸盐岩滨浅海进一步萎缩，主要局限于非洲、阿拉伯大陆边缘的低纬度地区。

（5）蒸发岩盐沼相区发育较为局限，泥盆纪、二叠纪、三叠纪蒸发岩所占比例超过5%，与处于干旱气候带盆地面积较大密切相关。

总体上，蒸发岩盐沼相区发育较为局限。泥盆纪、二叠纪、三叠纪蒸发岩所占比例均达5%以上，而这些时期全球处于干旱气候带的沉积区面积分别占沉积区面积的24%、28%、35%（图 2-11 和图 2-12）。这些时期也是古大陆形成时期。

现今位置上，前寒武纪蒸发岩盐沼相区仅见于西伯利亚地台。

寒武纪蒸发岩盐沼相发育于西伯利亚和塔里木板块，范围有所扩展。

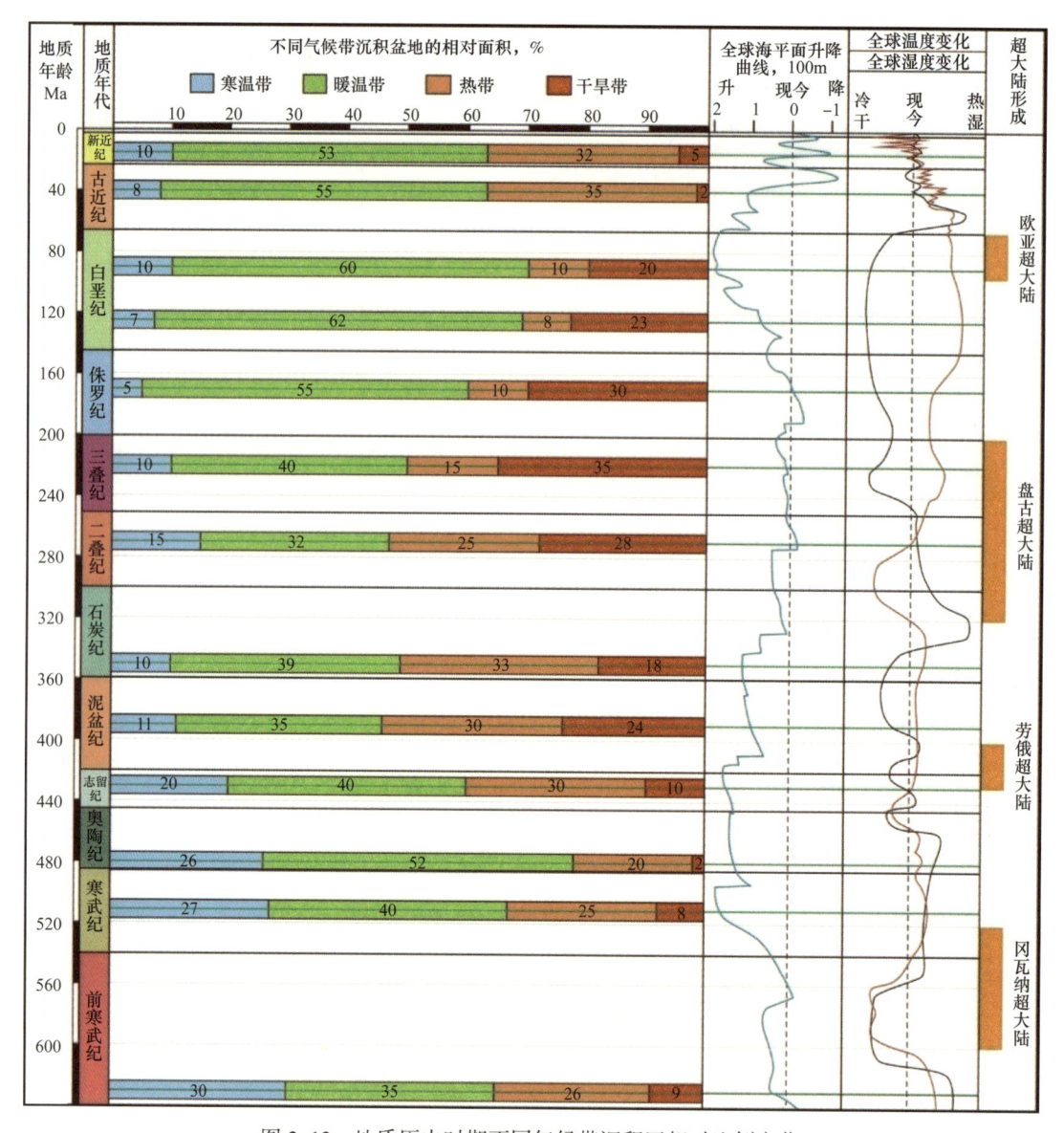

图 2-12 地质历史时期不同气候带沉积区相对比例变化

奥陶纪蒸发岩盐沼相发育于西伯利亚和喀拉板块，范围明显减小。

志留纪蒸发岩盐沼相仅发现于澳大利亚北部，范围十分局限。

泥盆纪北美大陆内部发育蒸发岩盐沼相，范围较大。

石炭纪蒸发岩盐沼相发育于波罗的东北侧的蒂曼—伯朝拉盆地，范围较小。

二叠纪蒸发岩盐沼相发育于欧洲南部和中亚西部，分布范围显著扩大。

三叠纪时期蒸发岩盐沼相发育于欧洲西南部、非洲西北部、阿拉伯东北部和澳大利亚东北部，总体分布面积较大。

侏罗纪蒸发岩盐沼相发育于加勒比海地区和非洲北部，总体分布面积变化不大。

早白垩世蒸发岩盐沼相发育于加勒比海地区和非洲低纬度地带，总体分布面积有所减小。

晚白垩世蒸发岩盐沼相发育于阿拉伯东部和非洲低纬度地带，总体分布面积变化不大。

始新世蒸发岩盐沼相仅发育于阿拉伯东北部和澳大利亚东南部，总体分布面积明显减小。

中新世蒸发岩盐沼相发育于阿拉伯东北部。

二、全球岩相古地理演化的主控因素

在漫长的地质历史时期中，全球经历复杂的规模不等的板块构造运动（板块、地块的分离、聚敛，地壳沉降、隆升）、海平面升降以及气候变化等，这些复杂因素叠加，控制了现今位置全球不同地质时期的岩相古地理格局及其演化。

1. 板块构造运动对全球岩相古地理及其演化的控制

通过古板块重建和对地质历史时期全球岩相古地理恢复，再现了前寒武纪晚期（约630Ma）以来全球板块运动历史。对全球岩相古地理及其演化的关键性板块运动事件由老到新有：（1）泛非构造运动，冈瓦纳大陆形成（约570Ma）；（2）阿瓦伦从冈瓦纳大陆分离，瑞克洋形成（约510Ma）；（3）阿瓦伦与波罗的聚敛（约430Ma）；（4）阿瓦伦—波罗的与劳伦古大陆的碰撞，劳俄大陆形成，加拉提亚从冈瓦纳分离，古特提斯洋形成（约390Ma）；（5）潘基亚大陆形成，辛梅里亚从冈瓦纳分离，特提斯洋形成（约270Ma）；（6）华南、华北、阿穆尔聚敛，特提斯洋快速扩张（约220Ma）；（7）阿穆尔与潘基亚大陆碰撞，中大西洋开裂（约165Ma）；（8）中大西洋、南大西洋裂开，古特提斯洋关闭，印度洋板块从非洲完全分离（约90Ma）；（9）大西洋完全裂开，特提斯洋关闭，印度洋板块与中国大陆碰撞（约15Ma）。

泛非构造运动和冈瓦纳大陆形成，导致大陆区（隆起剥蚀区+陆相区）扩大。阿瓦伦从冈瓦纳大陆分离，瑞克洋形成，导致浅海相扩展。阿瓦伦与波罗的聚敛以及阿瓦伦—波罗的与劳伦古大陆的碰撞，即加里东运动，导致大陆区的再次扩大。古特提斯洋发育的鼎盛时期（约350Ma），滨浅海区分布较广。潘基亚大陆形成，即海西运动，导致全球大陆再次显著增加，并奠定了中新生代大范围陆相盆地发育的基础。大西洋裂开，导致滨浅海相区再次扩大。特提斯洋关闭，印度洋板块与中国大陆碰撞，即阿尔卑斯运动，导致大陆区范围再次扩大和滨浅海相萎缩。

2. 全球海平面升降对全球岩相古地理及其演化的控制

泛非构造运动、加里东运动、海西运动、阿尔卑斯运动与全球海平面变化一级周期的下降期具有很好的对应关系[8]，4个海平面低值期构成3个显生宙一级海平面升降旋回。由于构造抬升与全球海平面下降叠加，导致前寒武纪末—寒武纪早期、泥盆纪、二叠纪—三叠纪、新生代4个地质时期隆起剥蚀区范围大，并控制了前寒武纪—泥盆纪、石炭纪—三叠纪、侏罗纪—新近纪3个明显的滨浅海相区扩展—萎缩周期，以及前寒武纪—泥盆纪、石炭纪—三叠纪、侏罗纪—新近纪3个碳酸盐岩滨浅海相扩展—萎缩周期。

3. 古气候对全球岩相古地理及其演化的控制

古纬度是决定古气候的关键因素。总体上，南纬60°以南、北纬60°以北为寒温带，南北纬30°与60°之间为暖温带，南北纬30°之间为热带。地质历史上，干旱带处于热带。

冰碛岩是寒温带的典型记录，而蒸发岩是干旱热带的典型记录。

冰碛岩的地质记录发现较少，主要在现今波罗的北部及其邻区发现了前寒武纪冰碛岩。古位置、古地理恢复结果表明：前寒武纪时期，现今波罗的北部及其邻区处于南纬60°以南。

各地质时期均发现了规模不等的蒸发岩，反映了蒸发岩所处板块就位于干旱热带的地质时期。古位置、古地理恢复结果表明：前寒武纪的西伯利亚地台；寒武纪的西伯利亚和塔里木板块；奥陶纪的西伯利亚和喀拉板块；志留纪的澳大利亚北部；泥盆纪的北美；石炭纪的波罗的东北侧蒂曼—伯朝拉盆地；二叠纪的欧洲南部和中亚西部；三叠纪的欧洲西南部、非洲西北部、阿拉伯东北部和澳大利亚东北部；侏罗纪的加勒比海地区和非洲北部；早白垩世的加勒比海地区和非洲低纬度地带；晚白垩世的阿拉伯东部和非洲低纬度地带；新生代阿拉伯东北部的古位置均处于南北纬30°之间的热带。

第四节　全球油气成藏要素及其控油气作用

根据油气成藏理论，油气成藏主要受控于烃源岩、储层、盖层、圈闭、运移、保存六个条件。其中烃源岩、储层、盖层主要受控于盆地的岩相古地理及沉积充填，是油气成藏的基础和必要条件。

一、全球主要地质时期烃源岩分布规律

从全球主要地质时期烃源岩发育的原型盆地类型可以看出，烃源岩主要发育于拉张环境下被动陆缘和裂谷盆地，长期稳定的构造环境更利于烃源岩发育和保存。IHS数据库全球主要时期烃源岩发育特征统计结果表明，晚侏罗世和早白垩世烃源岩最为发育，结合盆地板块构造演化过程分析认为，晚侏罗世和早白垩世两个烃源岩发育富集期全球处于冈瓦纳大陆裂解期，大部分盆地处于拉张演化环境。从全球十大烃源岩发育盆地的演化阶段来看，这些盆地烃源岩最为发育的阶段均处于被动大陆边缘和裂谷盆地原型演化阶段（图2-13）。因此，通过上述分析可知拉张的盆地板块构造演化环境下形成的被动陆缘和裂谷盆地对于烃源岩的发育具有重要的控制作用，十分有利于烃源岩层系的大规模发育。

1.有机质沉积水体环境对烃源岩发育的控制作用

水流可以携带大量的有机质在静水条件下沉积，同时静水条件也可以促进有机质的生长和保持良好的还原环境，有利于烃源岩

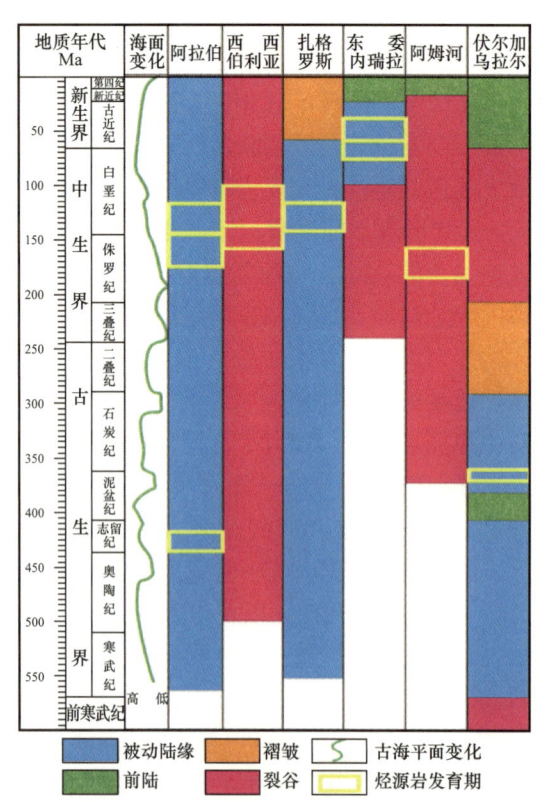

图2-13　烃源岩发育与盆地演化阶段关系图

的形成和保存。因此局限、稳定的水体环境对烃源岩的形成具有重要的控制作用，而局限性浅海相被动陆缘盆地具有稳定的水体环境有利于烃源岩的形成，也是烃源岩最为富集的区域。烃源岩的形成不仅受水流的控制，同时还受海进、海退过程的控制，统计结果表明海侵环境有利于烃源岩的发育，特别是晚侏罗世和早白垩世全球处于海平面上升阶段，此时烃源岩也最为发育（图2-14）。

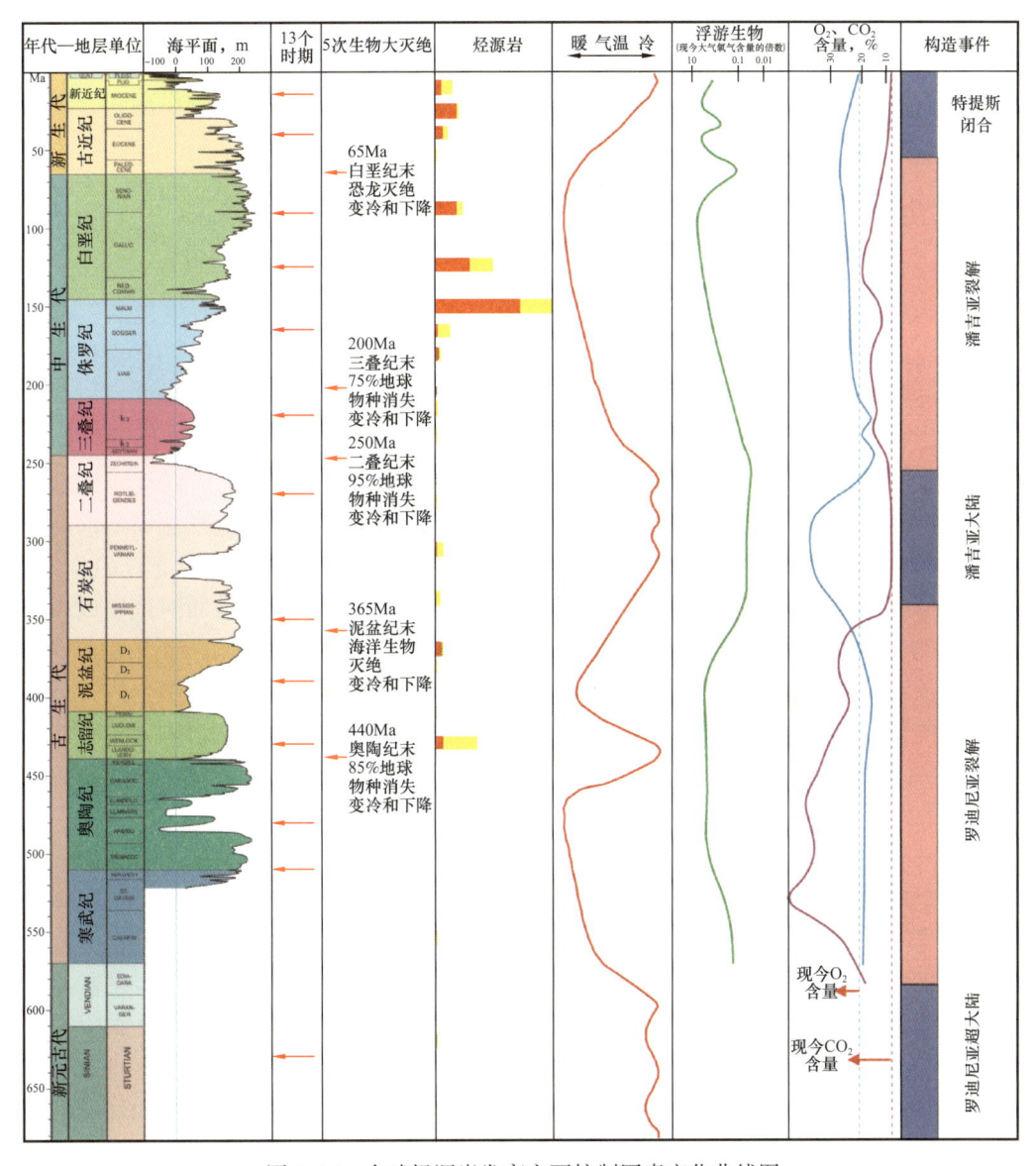

图2-14 全球烃源岩发育主要控制因素变化曲线图

2. 烃源岩发育的其他控制因素

烃源岩的发育除了受盆地构造演化和水体环境的控制以外，还主要受烃源岩生烃母质生物繁殖时古温度和古气候等其他要素的控制。较高的温度为有机质的生成提供了条件，也有利于烃源岩的发育，晚侏罗世—早白垩世全球气温较高，烃源岩也十分发育（图2-14）。不同气候背景具有不同的沉积岩石组合，各个气候带均有高有机质丰度的沉积物堆积。在地质历史上，古气候因大气组成成分的不同、纬度地带性和海陆格局的差异而引起古大气环流形势、气候带的迥异，从而成为控制沉积作用，特别是成为控制烃源岩发育的重要因素。研究表明，大气中的中等含氧量、干热的气候有利于烃源岩的形成。

地质历史上，各地质时期的大气圈组成成分不同，其中主要表现为 O_2 与 CO_2 含量的消长关系。Boucot 和 Gray（2001）的研究结果表明（图 2-14）：大气氧含量大于 30% 的石炭纪—二叠纪和晚白垩世以来主要为成煤高峰期；大气氧含量介于 20%~30% 的侏罗纪—早白垩世主要为形成烃源岩的高峰期，这与全球烃源岩发育的主要时期相一致；而大气氧含量介于 15%~20% 的早古生代，CO_2 的含量最高，主要表现为广阔碳酸盐岩沉积与大气 CO_2、海洋水 CO_2 的循环作用，为一般成烃源岩期。

二、全球主要地质时期储层、盖层特征与分布

1. 全球不同层系储层分布特征

根据地质年代划分，全球油气资源主要分布在晚古生代之后，早古生代油气资源较少，前寒武纪也存在少部分的油气资源。以"代"为单位统计，则中生代、新生代、晚古生代分别占全球油气资源总量的 53%、29% 和 16%。

晚古生代总体上主要以天然气为主，石油储量相对较少，晚二叠世储层油气储量最高，油气总储量约 560×10^8t 油当量，占所有地质年代总油气储量的 9.2%，该时代以天然气储量为主，占油气总储量的 85.2%。与其他地质年代相比，中生代油气总储量最高，油气总储量约 3220×10^8t 油当量，总体上石油多于天然气，石油占油气总储量的 61.7%。石油主要分布在中侏罗世—晚白垩世，早白垩世油气储量在中生代所有地质时代中最高，油气总储量约 1540×10^8t 油当量，占所有地质年代总油气储量的 25.5%，且该历史时期石油储量大于天然气储量，占油气总储量的 60.0%。新生代油气储量仅次于中生代，总体上以石油为主，占油气总储量的 68.9%，主要分布在中新世和渐新世。中新世油气总储量为 938×10^8t 油当量，占所有地质年代总油气储量的 15.5%，该时期石油储量占油气总储量的 72.0%（图 2-15）。

2. 不同岩石类型盖层分布特征

根据全球已发现油气资源数据统计 33 个时代盖层聚集油气特征可以看出，聚集油气的盖层地质年代主要在中生代和新生代。泥页岩盖层中控制着最多的油气，其次是蒸发岩盖层，碳酸盐岩盖层控油气储量较少。泥页岩盖层控油气量占总储量的 63.8%，蒸发岩盖层占总储量的 26.3%，碳酸盐岩盖层和其他岩性盖层仅占总储量的 9.7% 和 0.2%。

由图 2-16 可知，上二叠统、下三叠统、上侏罗统、白垩系及中新统盖层封盖了绝大部分油气。封盖油气最多的盖层是下白垩统，泥页岩盖层油气藏数量最多且油气储量占绝对优势。其次是中新统盖层封盖油气储量位于第二，油气也主要聚集在泥页岩盖层油气藏中，同时发育较多的碳酸盐岩为盖层的油气藏，但油气储量相对较少，分布较少的蒸发岩盖层中聚集着较多的油气。封盖油气储量第三的是上侏罗统盖层，泥页岩盖层油气藏最多，但是控制储量较少，少量的蒸发岩盖层油气藏中聚集了绝大多数的油气。上白垩统盖层封盖油气储量排在第四，泥页岩盖层油气藏数量最多、储量也最大，发育少量的碳酸盐岩盖层及少量的蒸发岩盖层。其次是下三叠统、上二叠统盖层，蒸发岩和泥页岩盖层油气藏数量较多，但主要的油气都聚集在蒸发岩盖层之下。

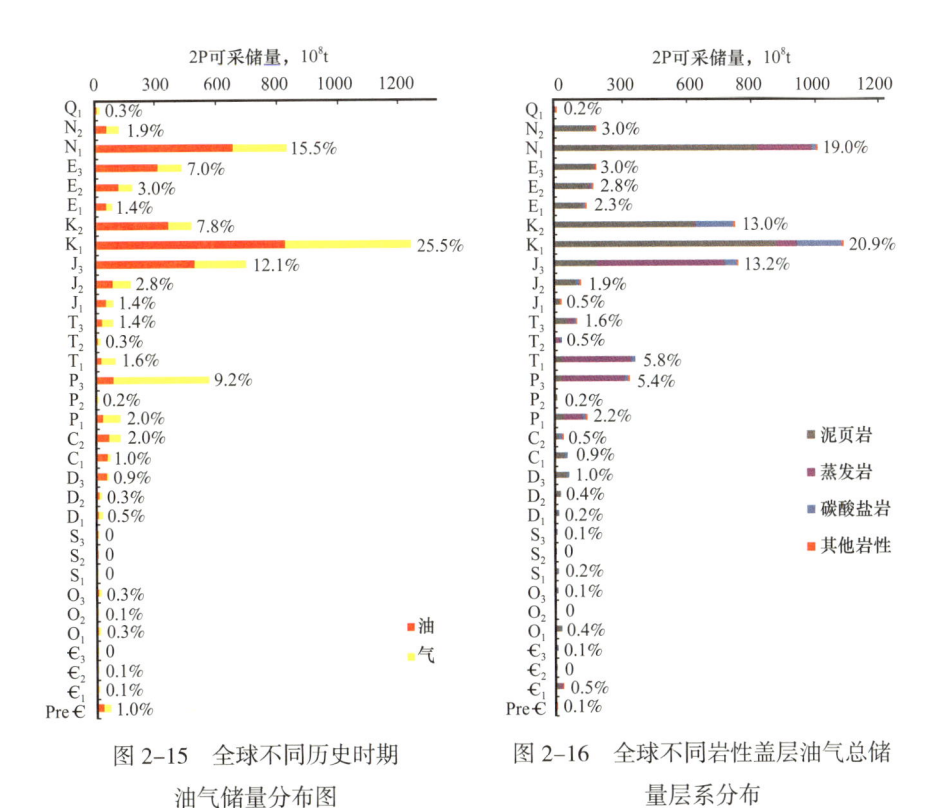

图 2-15　全球不同历史时期油气储量分布图

图 2-16　全球不同岩性盖层油气总储量层系分布

以中生界、新生界为盖层的油气藏占大多数。泥页岩为盖层的盆地分布面积最广，油气藏数量及油气储量最多。侏罗系、白垩系、古近系和新近系中绝大多数为泥页岩盖层。碳酸盐岩盖层的油气藏总数次之，从上泥盆统开始增多，之后各时代均有发育，主要分布于上泥盆统—石炭系、白垩系和古近—新近系；蒸发岩盖层分布较少，主要发育于上二叠统—上侏罗统以及中新统。上二叠统和上侏罗统的蒸发岩盖层占比分别为44.9%和17.8%。下三叠统、中三叠统、上三叠统盖层总体发育较少，但其中蒸发岩盖层都较为发育，时代从老到新分别所占比例为32.1%、22.9%和11.1%。

对比不同岩性盖层分布和控油气特征，蒸发岩盖层控油气的能力最强，其次是泥页岩盖层，碳酸盐岩盖层和其他岩性盖层的控油气能力较差。其中前寒武系、下二叠统、上二叠统、下三叠统、中三叠统、上三叠统、上侏罗统和中新统蒸发岩盖层相对较发育，油气藏数量分别占25.4%、17.7%、44.9%、32.1%、22.9%、11.1%、17.8%和3.3%；对应的蒸发岩控制油气储量的比例分别为50.9%、57.3%、83.7%、84.7%、60.6%、31.0%、68.9%和20.6%。明显可以看出分布范围和数量较少的蒸发岩盖层，往往封盖着大量的油气。储量排名前十的盆地中，阿拉伯盆地、扎格罗斯盆地、阿姆河盆地、滨里海盆地都因发育有良好的蒸发岩盖层而聚集了大量的油气，形成大油气田。

三、全球储盖组合发育规律

1. 全球主要储盖组合

全球范围内四套储盖组合油气最为富集，分别为上二叠统/下三叠统、上侏罗统、下白垩统和中新统储盖组合，这四套储盖组合的油气储量分别占油气总储量的9.5%、

12.5%、20.9%和15.4%，合计为58.3%。前两个储盖组合主要表现为碳酸盐岩为储层、蒸发岩为盖层的特征；而后两个储盖组合则主要表现为砂岩为储层、泥页岩为盖层的特征。储盖岩性的这种配置意味着蒸发岩盖层在碳酸盐岩层系内的成藏中起着至关重要的作用，在富油气的碳酸盐岩盆地内，区域蒸发岩之下的优质储层往往是油气最富集的储层，如中东的上侏罗统和中新统、滨里海盆地的上石炭统、阿姆河盆地的下白垩统、桑托斯盆地的下白垩统均是下伏于蒸发岩盖层之下的碳酸盐岩层系，它们构成了盆地的主力储层。

2.储盖组合发育规律

泥岩盖层分布最广，但蒸发岩盖层封盖性最好，蒸发岩盖层主要发育于6套层系：下二叠统、上二叠统、下三叠统、上侏罗统、下白垩统和中新统。蒸发岩盖层往往与下伏的碳酸盐岩构成良好的碳酸盐岩储层—蒸发岩盖层储盖组合，这类组合内的颗粒灰岩、生物礁和白云岩储层是值得关注的储层系。全球最大油田——Ghawar油田是上侏罗统颗粒灰岩储层、蒸发岩盖层的典型代表，中东一系列上侏罗统大油气田均发育这种储盖组合。全球最大气田——North气田是上二叠统白云岩储层、上二叠统—下三叠统蒸发岩盖层的典型代表。滨里海上石炭统生物礁储层、下二叠统蒸发岩盖层和卡拉库姆盆地上侏罗统生物礁储层、上侏罗统蒸发岩盖层是生物礁储—蒸发岩盖的典型代表[9]。

蒸发岩在碳酸盐岩层系的油气成藏中，起着重要的作用[10]。统计分析表明尽管21世纪新发现的126个大油气田中仅有28个油气田的盖层为蒸发岩，但是以蒸发岩为盖层的大油气田储量却占到了总储量的56.2%，说明蒸发岩盖层封盖性优越。此外，碳酸盐岩储层与蒸发岩盖层具有良好的对应关系，21世纪以来新发现的海相碳酸盐岩大油气田的81.6%的储量被蒸发岩覆盖，在湖相碳酸盐岩大油气田中，蒸发岩封盖了90.4%的储量（图2-17）。

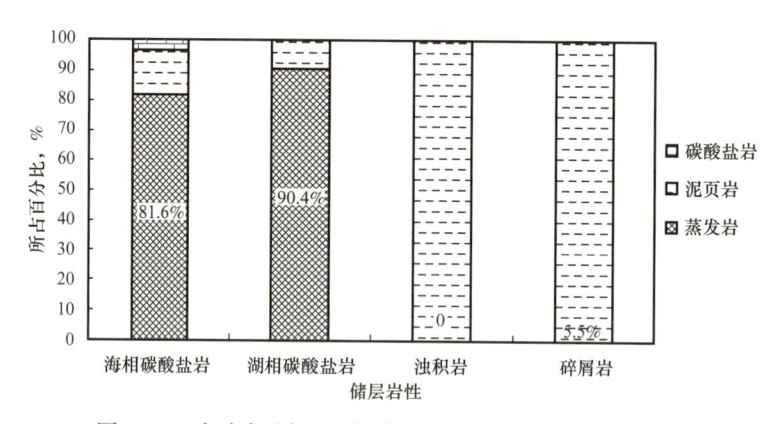

图2-17 全球大油气田不同类型储层的盖层岩性分布比例

泥页岩是最普遍的盖层，这类盖层可以封盖任何一类的储层，但对不同类型储层的重要性不同。浊积岩大油气田的盖层全部为泥页岩，而碎屑岩大油气田的大部分油气储量被泥页岩封盖。

四、全球主要地质时期圈闭发育特征

受构造运动、沉积环境、成岩作用、古地貌等多种因素控制，世界含油气盆地油气藏圈闭类型复杂多样。全球含油气盆地圈闭类型可分为5种类型：构造圈闭、岩性圈闭、地层圈闭、复合圈闭和连续型圈闭，前四种是常规油气藏圈闭类型，而连续型圈闭则是非常规油气藏的圈闭类型。复合圈闭又可细分为5类：构造岩性复合圈闭、构造地层复合圈闭、岩性地层复合圈闭、水动力复合圈闭以及构造岩性地层三种复合圈闭。

统计发现，全球复合圈闭最为普遍，几乎遍及世界所有含油气盆地，世界前10的大富油气盆地中，7个含油气盆地圈闭为复合型圈闭，其发育受构造、地层、岩性等多种因素控制。

构造圈闭所含油气储量占全球油气总储量的57.6%，构造岩性复合圈闭占32.0%，构造岩性地层三种复合圈闭占5.2%，其余6种圈闭类型所含油气储量较少，其油气储量之和占5.2%。总体来说，中生界和新生界油气藏以构造圈闭和构造岩性复合圈闭为主，古生界的油气藏以构造岩性复合圈闭为主。挤压型构造圈闭形成于板块、地体、地块、洋壳等构造单元之间碰撞带中，通常在前陆盆地中很发育，如中东地区扎格罗斯山前构造带、乌拉尔山前构造带、中国塔里木盆地北部等。伸展型构造圈闭发育在大陆裂解、分离形成的大陆裂谷盆地、弧后盆地及被动陆缘盆地中，如南大西洋两侧的陆架深水盆地、澳大利亚西北陆架盆地、北非地区及中国东部含油气盆地等。

地层圈闭、岩性圈闭已构成全球一系列大型油气田的油气藏圈闭类型，约占全球油气藏圈闭的3%，主要分布在南大西洋两侧被动陆缘盆地、西西伯利亚盆地、西加盆地及中国的重要含油气盆地。大油气田的勘探历程表明地层圈闭（包括岩性圈闭）内发现的大油气田个数和油气储量均体现出增长趋势，从20世纪60年代至21世纪，地层圈闭大油气田的个数从3个增加到12个，地层圈闭内的油气可采储量从占总量的0.3%增长至9.9%。

构造圈闭主要出现在上二叠统、上侏罗统、下白垩统、上白垩统、渐新统和中新统，分别占各时期总油气储量的95.1%、68.3%、48.3%、74.1%、74.4%和50.4%。构造岩性复合圈闭主要分布在上侏罗统、下白垩统和中新统，分别占该时期油气总储量的28.2%、43.2%和42.1%。构造岩性地层三种复合圈闭主要分布在中侏罗统、下白垩统与始新统，在下白垩统中构造岩性地层三种复合圈闭所含储量占该时期总储量的4.9%。岩性圈闭主要分布于中新统，其余类型的圈闭类型所含的油气储量较少，在图中不明显（图2-18）。

在所有地质年代中，构造圈闭油气藏数量占全球油气藏总数量的43.5%，构造岩性复合圈闭占46.9%，构造岩性地层三种复合圈闭占3.4%、岩性圈闭占3.0%，其余圈闭类型所含油气藏数量较少，其油气藏数量之

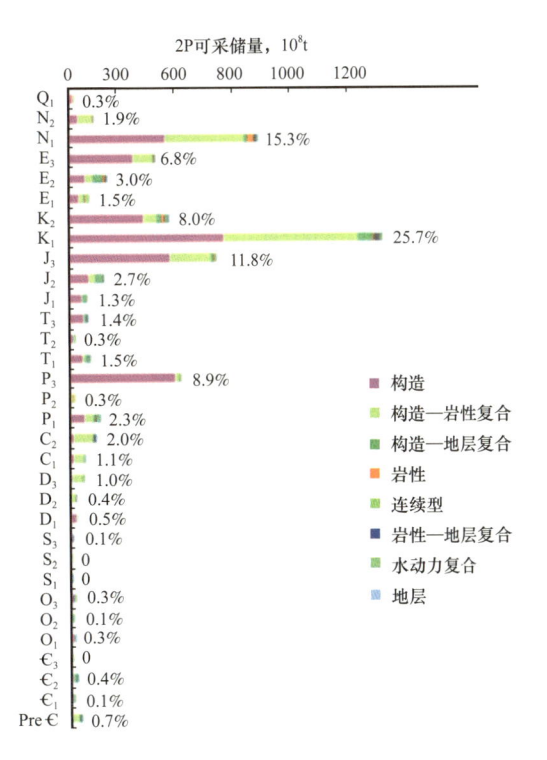

图2-18 全球不同圈闭类型油气总储量层系分布

和占3.2%。

构造圈闭油气藏数量较多的为中新统、下白垩统、上白垩统、渐新统和始新统，分别占38.1%、48.8%、58.9%、47.9%和53.7。构造岩性复合圈闭的油气藏主要分布在中新统、下白垩统和下石炭统，分别占53.7%、44.5%和84.8%。构造岩性地层三种复合圈闭的油气藏主要分布于中侏罗统、下白垩统和上白垩统，在中侏罗统的构造岩性地层三种复合圈闭占10.5%。岩性圈闭的油气藏分布于下白垩统之后，主要集中分布于中新统，占4.2%。其余五种圈闭类型的油气藏数量较少。

根据全球已发现油气资源数据统计出全球储量排名前十的盆地中：储量第一的阿拉伯盆地圈闭类型以构造圈闭为主；西西伯利亚盆地，圈闭类型以复合圈闭为主；委内瑞拉盆地以构造圈闭和复合圈闭为主；扎格罗斯盆地构造圈闭占绝对优势；阿姆河盆地圈闭类型以构造岩性复合圈闭为主；前十名的其他盆地主要圈闭类型以复合圈闭为主。

第五节 全球常规油气资源评价与分布规律

一、全球待发现油气资源评价及分布

全球468个盆地待发现资源总量为3386×10^8t油气当量，其中大于50×10^8t的11个盆地待发现资源量达到1808×10^8t油当量，占全球总量53.4%（图2-19）。勘探潜力最大的盆地为阿拉伯盆地、扎格罗斯盆地、西西伯利亚盆地，待发现资源量分别达到369×10^8t、280×10^8t和252×10^8t油当量，其次为阿姆河盆地、坎波斯盆地、桑托斯盆地、墨西哥湾深水盆地等。

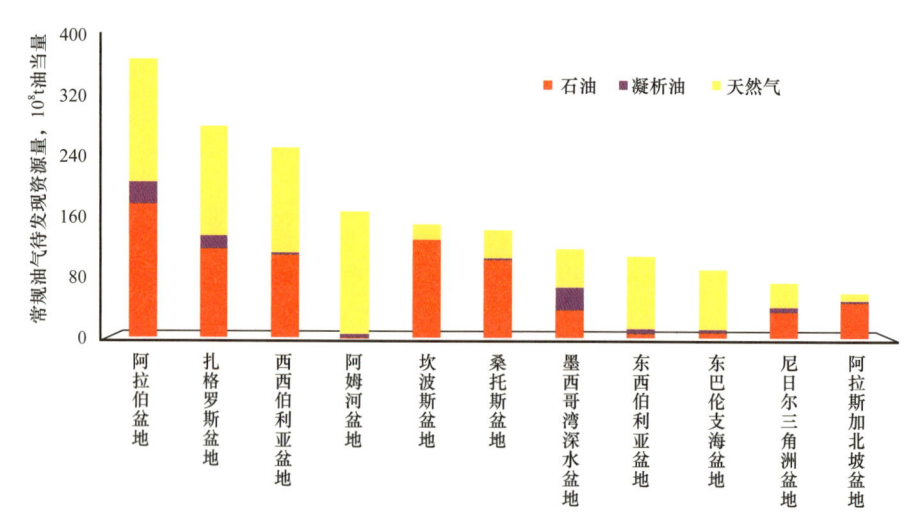

图2-19 全球待发现资源量盆地分布图（$>50\times10^8$t油当量）

待发现油气主要分布于被动陆缘盆地，待发现资源量为1734×10^8t油当量，占全球总量51.2%。其次是前陆盆地和裂谷盆地，待发现资源量分别为721×10^8t油当量和637×10^8t油当量，分别占21.3%和18.8%，克拉通盆地等其他三类盆地待发现油气资源量所占比例较小（表2-7）。

表 2-7 全球常规待发现油气资源盆地类型分布表

盆地类型	石油, 10^8t	凝析油, 10^8t	天然气, $10^{12}m^3$	油气合计, 10^8t 油当量	占比, %
被动陆缘盆地	732.05	94.11	108.888	1733.56	51.2
前陆盆地	315.75	38.49	44.039	721.23	21.3
裂谷盆地	232.06	30.27	44.910	636.58	18.8
克拉通盆地	92.19	11.92	15.946	236.99	7
弧后盆地	17.40	4.94	2.201	40.68	1.2
弧前盆地	8.77	1.23	0.839	16.99	0.5
合计	1398.22	180.95	216.823	3386.03	100

中东地区待发现常规油气资源潜力最大，待发现资源量为 $667×10^8$t 油当量，占全球全部待发现油气资源量的 19.7%。其次为俄罗斯、拉美地区和亚太地区，其待发现资源量分别占全部待发现资源量的 16.3%、14.9% 和 14.9%，北美地区占比为 12.2%，非洲和中亚地区较少，比例为 9.6% 和 7.8%（表 2-8）。

表 2-8 全球待发现油气资源地区分布表

地区	盆地面积 10^4km^2	石油 10^8t	凝析油 10^8t	天然气 $10^{12}m^3$	油气合计 10^4t 油当量	待发现资源量丰度 10^4t 油当量 $/10^4km^2$
非洲	2096	163.97	21.37	16.629	3239700	1545.66
中东	365	302.33	45.34	38.300	6671200	18277.26
中亚	268	44.38	12.05	24.901	2639700	9849.63
俄罗斯	1211	154.11	18.77	45.637	5532900	4568.87
拉美	1464	361.23	10.14	15.836	5034200	3438.66
北美	1772	159.04	48.36	24.646	4128800	2330.02
亚太	2475	156.03	13.01	40.142	5038400	2035.72
欧洲	601	57.12	11.92	10.595	1575300	2621.13
合计	10252	1398.21	180.96	216.686	33860200	—

常规油气待发现资源分布于全球 112 个国家，资源分布极不均匀：资源量大于 $100×10^8$t 油当量的国家有 8 个，其总可采资源量为 $1826×10^8$t 油当量，占全球油气可采资源量 53.9%；资源量为 $(50~100)×10^8$t 油当量的国家有 8 个，占比为 19.0%；规模为 $(10~50)×10^8$t 油当量的国家有 22 个，占比 18.4%，剩余 74 个国家待发现油气资源规模均在 $10×10^8$t 油当量以下，待发现资源量占比仅为 8.7%（表 2-9）。

常规油气待发现资源主要分布在俄罗斯、中国、委内瑞拉、美国、沙特阿拉伯等 38 个国家，待发现油气资源量为 $3093×10^8$t 油当量，占全部常规油气资源总量的 91.4%。其中俄罗斯为 $551×10^8$t 油当量，占比 16.3%；其次为中国和委内瑞拉，占比分别为 10.1% 和 9.7%；美国和沙特阿拉伯待发现资源量相当，占比分别为 5.7% 和 5.1%（图 2-20）。

表 2-9 全球常规油气待发现资源不同规模分布表

资源规模 10⁸t 油当量	国家个数 个	石油，10⁸t	凝析油，10⁸t	天然气，10⁸t	油气合计 10⁸t 油当量	油气占比 %
>100	8	803.70	86.30	935.89	1825.89	53.9
50～100	8	269.44	26.86	347.54	643.84	19.0
10～50	22	224.19	23.23	375.93	623.35	18.4
5～10	8	87.38	8.07	24.84	120.29	3.6
<5	66	13.51	36.50	122.65	172.66	5.1
合计	112	1398.22	180.96	1806.85	3386.03	—

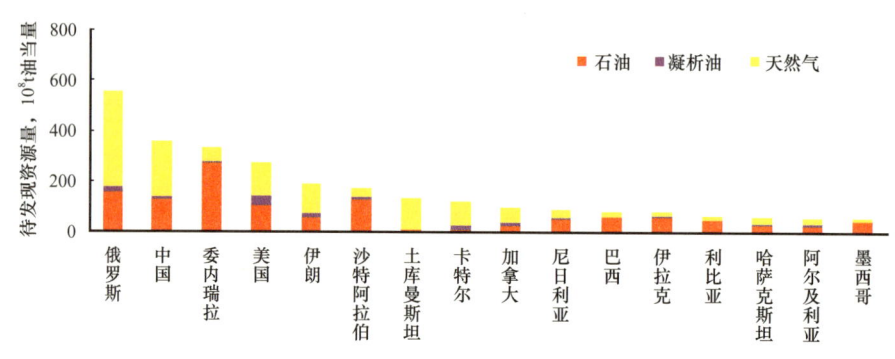

图 2-20 全球 35 个国家常规油气待发现资源分布图（>50×10⁸t 油当量）

陆上部分常规油气待发现资源量为 1956×10⁸t 油当量，占全部常规资源总量的 57.8%，高于海域部分待发现油气资源量为 1430×10⁸t 油当量（表 2-10）。

表 2-10 全球常规油气可采资源地域分布表

地区	海上 石油 10⁸t	海上 凝析油 10⁸t	海上 天然气 10¹²m³	海上 油气合计 10⁸t 油当量	陆上 石油 10⁸t	陆上 凝析油 10⁸t	陆上 天然气 10¹²m³	陆上 油气合计 10⁸t 油当量	海域占比 %
非洲	90.14	5.34	9.694	167.40	68.90	5.48	11.097	156.58	51.7
中东	53.97	4.38	8.674	122.74	263.29	18.49	35.461	544.38	18.4
中亚	24.93	1.78	3.348	51.51	103.70	14.79	12.692	212.47	19.5
俄罗斯	131.51	18.77	16.072	269.18	138.63	19.73	16.965	284.11	48.7
拉美	92.88	13.29	11.384	190.41	152.74	21.78	18.687	313.01	37.8
北美	114.25	16.30	13.967	234.11	106.99	11.64	8.132	178.77	43.8
亚太	170.96	18.63	13.011	285.89	45.48	10.00	21.940	217.95	56.7
欧洲	22.74	4.93	10.970	108.90	12.33	2.33	4.592	48.63	69.1
合计	701.38	83.42	87.120	1430.14	892.06	104.24	129.566	1955.90	—

二、全球已知油气田储量增长潜力评价及分布

单个大油气田储量增长评价方法是以已知油气藏和潜在远景圈闭（成藏组合）为评价单元，从储量升级、提高采收率、油气田扩边和发现新层系等方面开展储量增长因素的定量分析，明确油气田地质资源量（OIP 和 GIP）的概率分布特征。在开展不同地质条件下的油气藏可采系数研究基础上，确定不同层系未来 30 年的预期油气采收率，进行 5000 次迭代相乘计算出最终可采资源量（Ultimately Recoverable Resources），减去目前报告的可采储量（剩余可采储量加上累计产量），即为未来 30 年的油气可采储量增长。

本书以 2014 年底的各地区、各盆地已发现油气田的产量、剩余可采储量等数据为基础，采用 12 个储量增长模型，预测出未来 30 年（即到 2044 年底）各已发现油气田未来储量增长潜力（表 2-11）。

表 2-11　全球各地区已发现油气田未来油气储量增长潜力

地区	盆地个数 个	盆地面积 $10^4 km^2$	已发现油田未来增长储量			
			石油 $10^8 t$	凝析油 $10^8 t$	天然气 $10^{12} m^3$	油气合计 $10^8 t$ 油当量
非洲	70	2360	253.29	36.16	28	518.90
中东	9	365	73.97	8.77	18	233.01
中亚	18	276	107.12	5.62	14	228.36
俄罗斯	26	1266	107.12	7.53	13	221.51
拉美	65	1193	81.64	4.79	5	130.00
北美	82	2090	30.55	5.75	10	121.10
亚太	155	2475	76.44	3.29	4	114.38
欧洲	43	601	20.00	3.42	5	63.84
合计	468	10626	750.13	75.33	97	1631.1

从上述已发现油气田储量增长的资源量估算来看，全球未来储量增长量为 $1631 \times 10^8 t$ 油当量，其中石油增长 $750 \times 10^8 t$、凝析油 $75 \times 10^8 t$、天然气 $97 \times 10^{12} m^3$。主要来源于中东 $519 \times 10^8 t$ 油当量，占全球储量增长量的 31.8%；其次为亚太、俄罗斯和非洲，分别占全球储量增长量的 14.3%、14.0% 和 13.6%。

全球已发现油气田储量增长分布极不均匀。常规可采资源量规模在 $100 \times 10^8 t$ 油当量以上的国家有 3 个，其储量增长为 $518 \times 10^8 t$ 油当量，占全球已发现油气田储量增长量的 31.8%；储量增长规模为 $(50 \sim 100) \times 10^8 t$ 油当量的国家有 11 个，占比为 20.4%；储量增长规模为 $(10 \sim 50) \times 10^8 t$ 油当量的国家有 13 个，占比为 31.4%；储量增长规模为 $(5 \sim 10) \times 10^8 t$ 油当量的国家有 14 个，占比为 7.3%；储量增长规模为 $(1 \sim 5) \times 10^8 t$ 油当量的国家为 19 个；$1 \times 10^8 t$ 油当量以下的国家达到 52 个（表 2-12）。

表 2-12 全球已发现油气田储量增长不同规模分布表

资源规模 10^8t 油当量	国家个数 个	石油 10^8t	凝析油 10^8t	天然气 10^{12}m^3	油气合计 10^8t 油当量	油气占比 %
>100	3	254.66	26.30	28	517.95	31.8
50~100	11	165.34	17.53	20	332.72	20.4
10~50	13	230.68	22.19	30	512.12	31.4
5~10	14	50.96	4.79	7	119.06	7.3
1~5	19	31.10	3.84	5	84.81	5.2
<1	52	17.40	0.68	4	63.61	3.9
合计	112	750.14	75.33	94	1630.27	—

俄罗斯已知油气田储量增长潜力最大，为 234.0×10^{8}t 油当量，占全球总量的 16.8%，其中石油占 45.6%、凝析油占 3.1%、天然气占 51.3%。伊朗和沙特阿拉伯油气储量增长潜力相当，各占全球总量的 10.0% 和 9.8%。伊朗为 139.7×10^{8}t 油当量，其中，石油占 31.3%、凝析油占 8.9%、天然气占 59.8%；沙特阿拉伯为 136.8×10^{8}t 油当量，其中，石油占 75.4%、凝析油占 4.7%、天然气占 19.9%。卡塔尔占 6.2%，以天然气储量增长为主。美国和委内瑞拉占比分别为 5.9% 和 5.2%，主要来源于石油储量增长（图 2-21）。

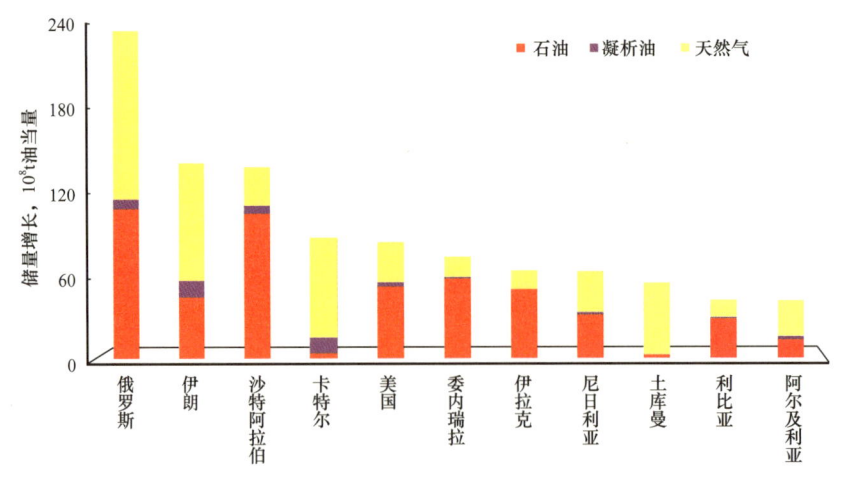

图 2-21 全球 10 个国家已发现油气田储量增长分布图

陆上部分储量增长量为 939×10^{8}t 油当量，占全部常规资源总量 57.6%，高于海域部分资源量，海域部分待发现油气资源量为 692×10^{8}t 油当量（表 2-13）。

已发现油气储量增长主要集中在中东阿拉伯和扎格罗斯两大盆地、俄罗斯西西伯利亚盆地、中亚阿姆河盆地和滨里海盆地、东非鲁伍马盆地、尼日尔三角洲盆地、墨西哥湾深水盆地等盆地（表 2-14），占全球已发现油气储量增长的 50.0%。其中阿拉伯盆地、西西伯利亚盆地、扎格罗斯盆地、阿姆河盆地和鲁伍马盆地，分别占全球已发现油田储量增长比例为 23.2%、9.5%、6.9%、4.1% 和 2.1%。

表 2-13　全球已发现油气田储量增长地域分布表

地区	海上 石油 10⁸t	海上 凝析油 10⁸t	海上 天然气 10¹²m³	海上 油气合计 10⁸t 油当量	陆上 石油 10⁸t	陆上 凝析油 10⁸t	陆上 天然气 10¹²m³	陆上 油气合计 10⁸t 油当量	海域占比 %
非洲	59.32	3.56	5.666	110.00	49.04	3.97	6.997	111.37	49.7
中东	95.07	7.67	13.569	216.03	146.44	10.27	17.535	303.01	41.6
中亚	12.88	0.96	1.530	26.44	46.16	6.58	5.014	94.52	21.9
俄罗斯	1300	1.78	1.416	26.58	98.36	13.97	10.708	201.78	11.6
拉美	22.47	3.15	2.436	46.03	33.42	4.79	3.626	68.49	40.2
北美	35.75	5.07	3.881	73.29	33.97	3.70	2.295	56.71	56.4
亚太	89.59	9.73	6.062	149.86	17.40	3.84	7.422	83.15	64.3
欧洲	9.04	1.92	3.881	43.29	5.21	0.96	1.728	20.41	42.4
合计	337.12	33.84	38.441	691.52	430.00	48.08	55.325	939.44	—

表 2-14　全球部分盆地未来储量增长表（>20×10⁸t 油当量）

序号	盆地名称	盆地类型	石油 10⁸t	凝析油 10⁸t	天然气 10¹²m³	油气合计 10⁸t 油当量
1	阿拉伯盆地	被动陆缘盆地	188.68	29.08	19.272	160.18
2	西西伯利亚盆地	大陆裂谷盆地	74.92	3.09	9.212	76.57
3	扎格罗斯盆地	前陆盆地	55.44	6.06	6.054	50.32
4	阿姆河盆地	大陆裂谷盆地	0.53	1.10	7.819	64.99
5	鲁伍马盆地	被动陆缘盆地	0	0.47	4.092	34.01
6	尼罗河三角洲盆地	被动陆缘盆地	20.15	1.50	1.411	11.73
7	墨西哥湾深水盆地	被动陆缘盆地	26.25	0.46	0.784	6.52
8	尼日尔三角洲盆地	被动陆缘盆地	18.90	1.41	1.329	11.04
9	苏瑞斯特盆地	被动陆缘盆地	22.07	0.02	0.689	5.72
10	下刚果盆地	被动陆缘盆地	22.29	0.16	0.466	3.87
11	滨里海盆地	克拉通盆地	17.63	2.84	0.597	4.96
12	伏尔加—乌拉尔盆地	前陆盆地	18.51	0.64	0.487	4.05
13	东委内瑞拉盆地	前陆盆地	16.55	0.44	0.730	6.07
14	塔里木盆地	克拉通盆地	13.10	0.81	0.872	7.24
15	桑托斯盆地	被动陆缘盆地	0	0.23	2.440	20.28

全球不同类型盆地已发现油气田未来储量增长潜力依次为被动陆缘盆地、大陆裂谷盆地、前陆盆地、克拉通盆地、弧后盆地和弧前盆地。其中被动陆缘盆地的占比最大，达49.0%；大陆裂谷盆地和前陆盆地次之，占比分别为22.3%和19.1%；克拉通盆地占比为7.4%，弧后盆地和弧前盆地占比分别为2%和小于1%（表2-15）。

表2-15 全球不同类型盆地未来储量增长潜力

盆地类型	石油，10^8t	凝析油，10^8t	天然气，$10^{12}m^3$	油气合计，10^8t 油当量
被动陆缘盆地	382.31	40.99	24.398	799.77
大陆裂谷盆地	150.46	9.22	16.529	363.09
前陆盆地	157.77	16.28	8.238	311.86
克拉通盆地	45.17	7.07	1.747	120.92
弧后盆地	9.41	1.28	0.436	25.26
弧前盆地	5.01	0.51	24.398	10.06

三、全球常规油气资源潜力分布

全球常规油气最终可采资源分布极不均匀，最终可采资源量主要集中在中东、俄罗斯和南美地区，达到59.2%，盆地面积占全球468个含油气盆地面积的26.6%。其中中东地区资源量为3541×10^8t 油当量，占全部资源量的31.2%；其次为俄罗斯和拉美地区，分别为1716×10^8t 油当量和1459×10^8t 油当量，分别占15.1%和12.9%（表2-16）。

表2-16 全球各地区最终可采资源量汇总表

地区	盆地个数 个	盆地面积 $10^4 km^2$	已发现油气田总数，个	石油 10^8t	凝析油 10^8t	天然气 $10^{12}m^3$	油气合计 10^8t 油当量
非洲	70	2360	3866	560.41	52.33	55.099	1071.92
中东	9	365	1637	1950.68	207.53	165.836	3540.68
中亚	18	276	1076	164.93	33.42	65.099	741.23
俄罗斯	26	1266	3701	638.49	45.48	123.796	1716.03
拉美	65	1193	4211	1115.75	29.32	37.620	1458.63
北美	82	2090	2101	530.96	59.32	48.839	997.53
亚太	155	2475	6842	424.52	44.25	95.127	1261.78
欧洲	43	601	5791	206.03	30.96	37.479	549.45
合计	468	10626	29225	5591.77	502.61	628.895	11337.25

注：最终可采资源量包括已发现可采储量、已发现油气田储量增长和待发现油气资源量。

全球常规油气资源分布在112个国家，分布极不均匀。常规可采资源量规模在1000×10^8t 油当量以上的国家为俄罗斯，其总可采资源量为1751×10^8t 油当量，占全球油气可采资源量15.4%；资源量为（500～1000）×10⁸t的国家有6个，占比为40.3%；规模为（100～500）×10⁸t的国家有15个，占比为28.4%；规模在（50～100）×10⁸t油当量的国家有8个，资源量占比为8.3%；50×10⁸t油当量以下的国家为82个，其资源量仅占全部总量7.5%（表2-17）。

表2-17 全球常规油气可采资源不同规模分布表

资源规模 10⁸t油当量	国家个数 个	石油 10⁸t	凝析油 10⁸t	天然气 10¹²m³	油气合计 10⁸t油当量	油气占比 %
>1000	1	638.49	55.75	127.361	1750.08	15.4
500～1000	6	2624.51	245.11	200.128	4573.18	40.3
100～500	15	1781.79	143.54	161.784	3218.67	28.4
50～100	8	238.18	23.54	45.755	936.04	8.3
10～50	26	272.68	26.96	44.603	661.72	5.8
5～10	8	24.34	2.67	3.816	58.06	0.5
<5	48	11.50	4.89	45.450	139.51	1.2
合计	112	5591.49	502.46	628.897	11337.26	—

常规油气资源超过100×10⁸t油当量的国家有22个（表2-17），可采资源总量为9542×10⁸t油当量，占全部常规油气资源总量的84.2%。其中，除俄罗斯外，沙特阿拉伯、委内瑞拉和伊朗分别占总量的8.6%、8.5%、7.8%；美国和中国资源量相当，分别占5.6%和5.5%（图2-22）。剩余90个国家资源总量仅占全球总量15.8%。

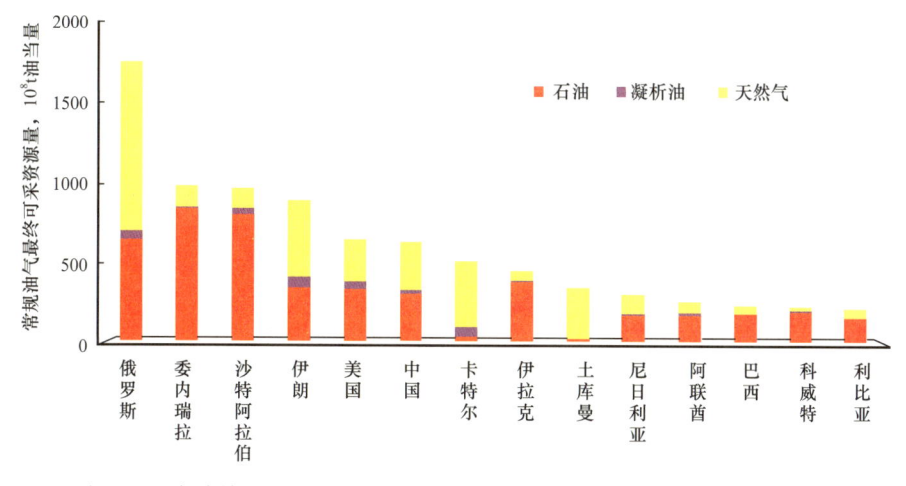

图2-22 全球前14个国家常规油气资源总量分布图（>200×10⁸t油当量）

全球最终可采资源量大于100×10⁸t油当量的含油气盆地有17个，其资源量为7316×10⁸t油当量，占全部资源量的64.5%。其中中东地区2个盆地、俄罗斯地区4个盆地、南美地区4个盆地、非洲地区4个盆地、中亚地区3个盆地（图2-23）。

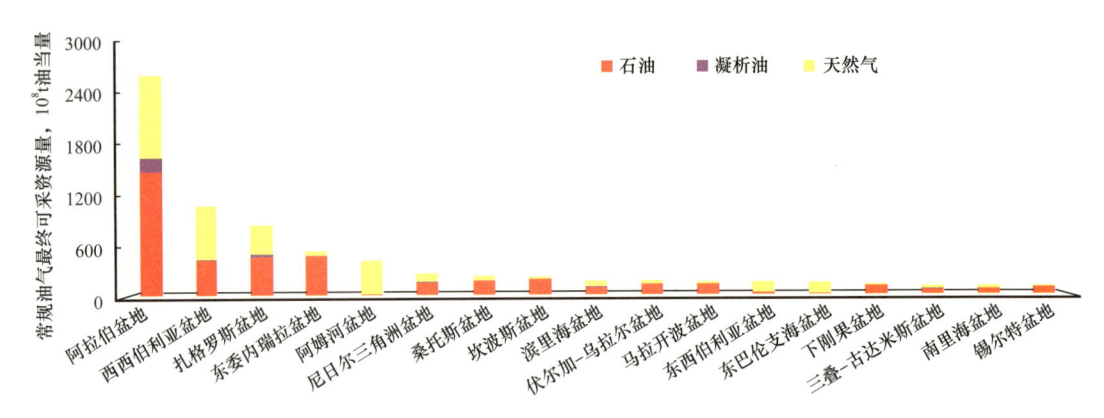

图 2-23　全球 17 个含油气盆地最终可采资源量分布（$>100\times10^8$t）

常规油气最终可采储量主要分布于被动陆缘盆地、前陆盆地和大陆裂谷盆地，占全部最终可采储量的 92.2%。其中被动陆缘盆地总可采储量规模最大，为 5510×10^8t 油当量，占全球全部资源量的 48.6%（表 2-18）；其次为前陆盆地和大陆裂谷盆地，分别占全球全部资源量的 23.9% 和 19.7%；克拉通盆地仅占 5.8%；弧后盆地和弧前盆地所占比例非常小。

表 2-18　全球不同类型含油气盆地最终可采资源量分布

盆地类型	盆地数量，个	石油，10^8t	凝析油，10^8t	天然气，$10^{12}m^3$	油气合计，10^8t 油当量
被动陆缘盆地	121	2716.71	286.44	300.669	5509.91
前陆盆地	127	1637.53	91.37	117.629	2709.61
大陆裂谷盆地	86	942.60	64.11	147.138	2233.44
克拉通盆地	62	214.66	50.27	47.093	657.56
弧前盆地	25	61.51	8.36	13.378	181.40
弧后盆地	47	18.49	1.92	2.991	45.35
合计	468	5591.50	502.47	628.898	11337.27

第六节　全球非常规油气资源评价及分布

目前全球实现商业开发利用的非常规油气类型主要包括重油、油砂、致密油、油页岩、页岩气、煤层气和致密气 7 类。近年来非常规油气产量持续增长，2015 年全球非常规油年产量达 3.7×10^8t，占全球石油年产量的 9%；非常规天然气年产量为 $9273\times10^8m^3$，占全球天然气年产量的 27%。2015 年，美国致密油年产量达 2.59×10^8t，占美国石油年产量的 45%；非常规天然气年产量为 $4500\times10^8m^3$，占美国天然气年产量的 50%。非常规油气资源已对全球油气供需结构产生重大影响，正在逐步成为常规油气资源的重要接替。

开展全球非常规油气可采资源评价须解决三方面的问题：(1) 资源形成的地质条件及主要分布；(2) 评价参数、方法的选择；(3) 基于资源可采性的有利区优选。

2000 年以来，随着非常规油气勘探开发的发展，美国地质调查局（USGS）、美国能源信息署（EIA）、哈特能源（Hart Energy）等多家世界知名能源评价机构均相继开展了全球非常规油气资源潜力的评价。但这些评价机构目前仅对外公布评价结果，评价所采用的具体评价方法与关键参数数据并不公开，由此导致评价结果不具对比性和汇总性，很难甄别其准确性。如 EIA 在 2015 年公布的中国页岩气可采资源总量为 $32×10^{12}m^3$，中国很多学者都质疑其评价依据和可信度，但无从考证。

本次非常规油气资源评价步骤如下：（1）基于国际通用性和地质评价的可操作性，研究 7 类非常规资源定义和筛选标准。（2）依据定义和标准，在全球含油气盆地范围内开展各类资源分布的详查，细化到每一个盆地和岩层组合。（3）根据筛选结果和资料翔实程度，将评价对象划分为详细评价和统计评价两类。前者要编汇各评价参数的等值线图；后者只需进行关键参数编图，其他参数有概率分布值即可。（4）选择评价方法，改进目前通用的体积法，在地理信息系统（GIS）平台上实现多个评价参数的空间插值运算，计算出评价单元的可采资源丰度等值线图，资源量评价结果由以往一个评价单元对应一个数据变为一个评价单元对应一张资源丰度等值线图，便于直接进行有利区带的优选。对于北美地区致密油、页岩气开发程度较高的盆地，采用单井最终可采储量（EUR）丰度评价方法得到评价单元可采储量丰度分布；在获取评价单元内可采资源丰度和储量分布的基础上，根据丰度值区间划分不同级别潜力区，进一步优选全球非常规油气资源的有利区。

一、非常规油气资源评价

1. 资源分类

本次研究针对每一种非常规资源类型，参照中国国家标准和中国石油天然气行业标准，并调研全球各机构和油公司采用的标准，考虑每一类资源的地质特征、概念的国际通用性以及资源评价的可操作性，确定全球非常规油气资源类型的定义与分类标准。力求使评价过程尽量简化，增加评价结果的实用性（表 2-19）。

表 2-19 非常规油气资源类型定义与标准简表

资源类型	定义	标准				
		黏度 mPa·s	覆压基质渗透率 mD	含油率 %	发热量 MJ/kg	甲烷含量 %
重油	指油层温度条件下，不易流动或不能流动的原油	50~10000				
油砂	又称沥青砂，特指含有天然沥青的砂岩或其他岩石，由沥青、砂粒、水、黏土等矿物质组成	>10000				
致密油	储集在致密砂岩、致密碳酸盐岩等储层中的石油；其单井一般无自然产能，但在一定经济条件和技术措施下可获得工业石油产量		≤0.200			
油页岩	指灰分含量和有机质含量较高的可燃页岩，低温干馏可获得页岩油			>3.5	>4.18	
页岩气	以游离态、吸附态赋存于富有机质页岩层段中的天然气，其单井一般无自然产能，但在一定经济条件和技术措施下可获工业天然气产量		≤0.001			

续表

资源类型	定义	标准			
		黏度 mPa·s	覆压基质渗透率 mD	含油率 %	发热量 MJ/kg	甲烷含量 %
致密气	储集在致密砂岩等储层中的天然气，其单井一般无自然产能，但在一定经济条件和技术措施下可获工业天然气产量		≤0.100			
煤层气	赋存在煤层中，以吸附在煤基质颗粒表面为主，并部分游离于煤孔隙中或溶解于煤层水中的烃类气体					>85

2. 评价参数的优选

常规石油与天然气历经上百年的开发利用，大部分富集的盆地和层系已被发现和研究。但对全球含油气盆地中非常规油气资源的分布尚未进行系统筛选。本次研究收集了IHS、USGS、EIA、C&C等全球大型数据库数据和中国石油公司在北美、南美和澳大利亚非常规项目区块的勘探开发生产资料，专门购置了北美、欧洲、南美和中亚俄罗斯地区的非常规油气数据包。按照上述定义和标准（表2-19），完成全球非常规油气资源评价地质参数的甄选填表及图件编制。首次厘定出全球7类非常规油气资源主要分布在363个盆地的476套层系中（表2-20至表2-24）。

表2-20 重油、油砂和致密油可采资源评价参数（以典型盆地为例）

资源类型	重油	油砂	致密油
盆地个数，个	69	31	78
层系个数，个	84	38	115
典型盆地	东委内瑞拉	阿尔伯塔	威利斯顿
国家	委内瑞拉	加拿大	美国、加拿大
盆地类型	前陆盆地	前陆盆地	克拉通
评价单元	古近系—新近系Oficina组	上白垩统Mannville组	上泥盆统—下石炭统Bakken组
岩性	砂岩	砂岩	页岩
埋深，m	150~1900	0~1500	1500~3400
有效厚度，m	15~240	5~80	12~70
有效孔隙度，%	25~35	15~30	2~9
平均渗透率，mD	0.10~20	0.02~12	0.001~1
含油面积，km²	5000~20000	90000~96000	65200
含油饱和度，%	80~95	55~70	7.5~8.5
原油密度，g/cm³	0.93~1.02	1.00~1.08	0.70~0.90
原油黏度，mPa·s	1000~8000	3000~40000	
体积系数	1.04	1.01	1.35
可采系数，%	7~20	5~50	3~10

表2-21 油页岩可采资源评价参数(以典型盆地为例)

资源类型	油页岩
盆地个数,个	38
层系个数,个	42
典型盆地	波罗的海
国家	爱沙尼亚
盆地类型	克拉通
评价单元	上奥陶统 Estonia 组
沉积相	浅海
围岩岩性	石灰岩
有机质类型	Ⅰ、Ⅱ
有机质丰度,%	3.0~4.5
埋深,m	7~170
厚度,m	0.1~5.0
面积,km^2	3000~3700
密度,t/m^3	1.3~1.8
含油率,%	19~47
灰分含量,%	55
热值,MJ/kg	15
全硫含量,%	1.7
可采系数,%	25~80

表2-22 页岩气可采资源评价参数(以典型盆地为例)

资源类型	页岩气
盆地个数,个	65
层系个数,个	89
典型盆地	阿纳达科
国家	美国
盆地类型	前陆
评价单元	上泥盆统 Woodford 组
沉积相	海相
页岩气成因	热成因气

续表

资源类型	页岩气
埋深，m	900～1850
厚度，m	15～50
有效孔隙度，%	1.0～3.5
含气面积，km^2	15000～18000
地层压力，MPa	5.1～10.5
地层温度，℃	38～61
含气饱和度，%	50～60
含气量，m^3/t	0.5～3.0
吸附气占比，%	60～85
吸附气含量，m^3/t	0.30～2.55
可采系数，%	10～20

表 2-23　致密气可采资源评价参数（以典型盆地为例）

资源类型	致密气
盆地个数，个	44
层系个数，个	62
典型盆地	阿尔伯塔
国家	加拿大
盆地类型	前陆
评价单元	上白垩统 Milk River 组
烃源岩	上白垩统 Milk River 组
岩性	海相砂岩
埋深，m	300～600
厚度，m	61～91
平均渗透率，mD	0.01～1.00
有效孔隙度，%	8～12
含气面积，km^2	96037～117379
地层压力，MPa	3～6
地层温度，℃	16～27
含气饱和度，%	40～60
原始气体偏差系数	0.89～0.94
体积系数	0.02
可采系数，%	8～15

表 2-24 煤层气可采资源评价参数（以典型盆地为例）

资源类型	煤层气
盆地个数，个	38
层系个数，个	46
典型盆地	博恩—苏拉特
国家	澳大利亚
盆地类型	克拉通
评价单元	下侏罗统—下白垩统
煤阶	长焰煤—气煤
气成因类型	生物成因、热成因
煤层埋深，m	100～400
煤层净厚度，m	20～30
渗透率，mD	20
煤层孔隙度，%	2～19
含气面积，$10^3 km^2$	190～420
煤层压力，MPa	4～8
平均原煤基水分，%	1.5～6.5
空气干燥基视密度，t/m^3	1.24～1.39
空气干燥基含气量，m^3/t	1.38～8.56
体积系数	3.6～4.8
可采系数，%	37～68

通过对上述全球非常规油气资源富集层系的地质特征研究，基本查明全球非常规油气资源的分布状况与富集规律，确保本次评价参数的准确性，提升评价结果的可靠性。例如东西伯利亚盆地的油砂资源长期以来一直都是研究热点，但众多机构评价得出的资源量差别很大。1987 年，USGS 评价其地质资源总量为 $886 \times 10^8 t$，2006 年修正为 $85 \times 10^8 t$；1989 年，Medaisko 评价其地质资源总量为 $(960 \sim 1098) \times 10^8 t$，而 Starosel'tsev 评价结果为 $820 \times 10^8 t$；"十一五"期间，CNPC 评价其可采资源量为 $367 \times 10^8 t$，几乎与阿尔伯塔盆地（$383 \times 10^8 t$）相当。

针对重油资源评价，重点关注了南美以外的新区，如中东扎格罗斯盆地白垩系、西阿拉伯盆地白垩系和三叠系、中阿拉伯盆地白垩系和侏罗系；油砂的评价则基于前人研究成果，针对东西伯利亚盆地油砂分布的奥列尼克、阿纳巴尔和阿尔丹 3 个大型古隆起区进行细致的地质分析，落实了不同聚集带油砂富集的层位、岩性、含油率以及开采方式等关键参数指标，评价得其可采资源总量为 $61 \times 10^8 t$（表 2-25）。

表 2-25　东西伯利亚盆地油砂资源地质参数

区带名称	奥列尼克隆起			阿纳巴尔隆起			阿尔丹隆起
聚集带	奥列尼克中带	奥列尼奥克带	库依卡带	南阿纳巴尔	东阿纳巴尔	北阿纳巴尔	图洛巴带
储层	二叠系	寒武系—文德系	里菲系、寒武系	中寒武统—上寒武统	下寒武统	里菲系、寒武系	下寒武统、文德系
面积，km²	1750	5850	1750	9100	2400	600	3650
储层岩性	白云岩	石灰岩、砂岩	鲕粒灰岩	鲕粒灰岩、白云岩			白云岩
净厚度，m	5	15	5	5	12	10	5
含油率，%	2.0	3.0	3.0	2.5	3.0	2.0	2.0
资源量，10⁸t	5.2	62.0	7.0	25.0	25.0	2.5	7.8
开采方式	蒸汽辅助重力泄油（SAGD）			蒸汽驱			
可采资源量，10⁸t	37			10	10	1	3

致密油和页岩气的评价，除包括北美热点地区威利斯顿、海湾、福特沃斯、二叠等盆地外，还重点研究了南美内乌肯盆地上侏罗统—下白垩统的 Vacamuerta 组和侏罗系 Losmolles 组、非洲三叠—古达米斯盆地志留系 Tannezuft 组和泥盆系 Frasnian 组、锡尔特盆地白垩系 Sirte 组和 Etel Fm 组、俄罗斯西西伯利亚盆地 Bazhenov 组、欧洲波罗的海志留系 Llandovery 组、澳大利亚坎宁盆地奥陶系 Goldwyer 组的资源潜力。

致密气资源则集中评价了阿巴拉契亚盆地 Clinton 组、阿尔伯塔盆地 Milk River 组和海湾盆地的 Cotton Valley 等目前获得商业开发的盆地；煤层气资源评价则突出开采技术的适用性，排除了大量以往评价资源量大但埋藏较深不具有开采条件的盆地。

3. 评价方法

针对全球非常规油气富集盆地资料的翔实程度，对 7 类非常规油气资源采用改进体积法、EUR 丰度法和参数概率统计法进行评价。对于勘探开发程度高、已有生产井产量数据的盆地利用基础地质参数成图，在厘定有效评价区的前提下，采用 EUR 丰度法进行评价，本次采用 EUR 丰度法计算的有致密油、页岩气；对于已进行勘探开发、基础地质资料丰富、生产井产量数据缺乏的盆地采用改进体积法进行计算，本次采用改进体积法计算的有重油、油砂、油页岩、致密气和煤层气，每种资源的计算原理、软件和计算平台相同，资源类型、评价参数和变量不同（表 2-20 至表 2-24）；对于勘探开发程度较低、基础数据和基础参数图件缺乏的盆地采用参数概率统计法进行评价，本次 7 个资源类型的低勘探程度盆地均采用参数概率统计法进行评价。

1）改进体积法

非常规油气具有大面积连续聚集分布的特征，体积法是最便于应用的资源量评价方法。但大多数非常规油气分布区储层非均质性较强、含油气丰度差别较大，传统方法计算结果仅反映总量大小，不能反映出资源分布的差异性。本次研究对体积法进行了改进，利用 GIS 空间地理信息系统平台，将评价区有机质丰度、有机质成熟度、厚度、埋深、孔隙度等关键参数在区域上进行网格化，对每个参数以网格为单元进行空间插值，计算出每个网格的总资源量，再对所有网格进行积分，计算出整个评价单元的资源量。同时对评价单元内不同地质条件下的可采系数进行分析和空间图形化，计算后得出评价单元的非常规油气"可采资源丰度"平面分布图，可采资源总量通过图形面积累积自动获取。

以内乌肯盆地白垩系 Vacamuerta 组致密油评价为例：编制了体积法公式中关键的含油饱和度、厚度、孔隙度和采收率等值线图；并分别进行网格化；选用反距离加权法进行网格插值；按照体积法公式计算各网格的可采资源量，即在厘定致密油或页岩气含气面积的基础上，将含油/含气面积、转换系数与含油/含气饱和度、储层净厚度、孔隙度、采收率等值线图进行叠加运算；得到可采资源丰度分布图；积分求出最终可采资源量（图 2-24）。

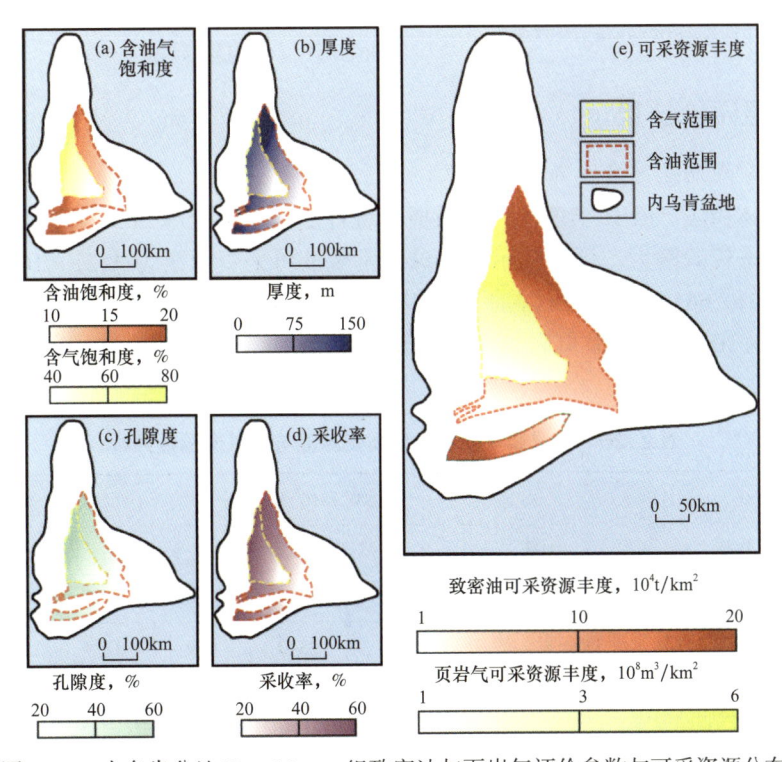

图 2-24 内乌肯盆地 Vaca Muerta 组致密油与页岩气评价参数与可采资源分布

2）EUR 丰度法

针对已有大量生产井的北美致密油生产区，采用双曲递减法和指数递减法计算单井 EUR 及 EUR 丰度，再对 EUR 丰度值进行空间网格插值计算，得到可采储量丰度分布及总量，相当于可采级别最高的一类资源量。研究中采用双曲递减和指数递减组合模型计算单井 EUR。根据区内已有生产井生产情况，确定合理的生产时间极限和经济产能界限，当产量年递减率小于 10% 时，由双曲递减趋势转化为指数递减趋势。从而避免了双曲递减模型在生产数年之后，仍然显示恒定产能的问题。根据单井 EUR 和单井的井控面积，可得该井位置的 EUR 丰度，再进行空间网格插值计算与面积积分，得到区块内可采储量丰度平面分布图和可采储量（图 2-25）。

3）参数概率统计法

对一些勘探开发程度低，掌握资料少的盆地，直接采用参数概率统计法进行资源量计算。该方法以概率论为基础，以体积法为计算模型，将参与资源评价的各个参数视为随机变量，并要求参数之间相互独立，通过不确定性分析，利用蒙托卡罗法和体积法最终得出资源量的概率分布。估算结果为一条资源量概率分布曲线和按规定概率值估算的大、中、小值资源量。

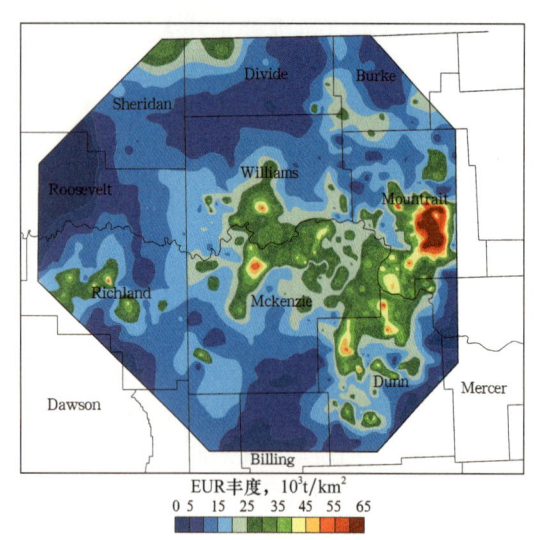

图 2-25　美国威利斯顿盆地 Bakken 组致密油 EUR 丰度图
数据来源于购置的 IHS 北美钻井数据库

二、资源评价结果

1. 全球非常规油气可采资源评价结果

利用改进体积法、EUR 丰度法和参数概率统计法，评价全球 363 个盆地 476 套层系的非常规油气可采资源潜力。评价揭示：全球非常规油可采资源量为 $4421×10^8 t$，其中重油 $1267×10^8 t$、油砂 $641×10^8 t$、致密油 $414×10^8 t$、油页岩 $2099×10^8 t$；全球非常规气可采资源量为 $227×10^{12} m^3$，其中页岩气 $161×10^{12} m^3$、致密气 $17×10^{12} m^3$、煤层气 $49×10^{12} m^3$（表 2-26、表 2-27）。

表 2-26　全球非常规石油地质资源量与可采资源量评价

大区	资源量，$10^8 t$									
	重油		油砂		致密油		油页岩		非常规油	
	可采	地质	可采	地质	可采	地质	可采	地质	可采	地质
北美	318	3177	395	3947	91	2540	699	3279	1503	12943
俄罗斯	88	449	156	599	77	1555	570	1927	891	4530
南美	409	4092	0	0	68	1954	150	280	627	6326
欧洲	82	224	18	54	26	700	354	2334	480	3312
亚洲	130	502	48	273	79	2050	120	137	377	2962
中东	177	1208	0	0	13	357	102	176	292	1741
非洲	63	186	24	140	42	1191	68	115	197	1632
大洋洲	0	0	0	0	18	871	36	97	54	968
总计	1267	9838	641	5013	414	11218	2099	8345	4421	34414

表 2-27　全球非常规天然气地质资源量与可采资源量评价

大区	资源量，$10^{12}m^3$							
	页岩气		致密气		煤层气		非常规气	
	可采	地质	可采	地质	可采	地质	可采	地质
北美	34	136	5	40	17	28	56	204
亚洲	26	108	9	42	14	21	49	171
俄罗斯	15	53	0	3	15	24	30	80
中东	21	94	0	2	0	0	21	96
非洲	19	73	0	0	0	0	19	73
南美	19	75	0	1	0	1	19	77
欧洲	16	67	1	3	0	1	17	74
大洋洲	11	44	2	4	3	6	16	51
总计	161	650	17	95	49	81	227	826

2. 全球非常规油气可采资源分布

1）国家分布

非常规石油可采资源主要集中分布在 54 个国家，列前 10 位的是美国、俄罗斯、加拿大、委内瑞拉、巴西、中国、白俄罗斯、沙特阿拉伯、法国和墨西哥，占全球总量的 82.4%。其中，美国非常规石油可采资源量为 $926×10^8t$，占全球总量的 21%，以油页岩、重油和致密油为主；俄罗斯非常规石油可采资源量为 $892×10^8t$，占全球总量的 20.2%，以油页岩、油砂和致密油为主；加拿大非常规石油可采资源量为 $397×10^8t$，占全球总量的 9%，以油砂和致密油为主；委内瑞拉非常规石油可采资源量为 $353×10^8t$，占全球总量的 8%，以重油为主；中国非常规石油可采资源量为 $212×10^8t$，占全球总量的 4.8%，以油页岩和致密油为主。美国、俄罗斯和加拿大 3 个国家非常规石油可采资源量占全球总量的 50%。油页岩占全球非常规石油可采资源比例最大，为 47.5%；其次为重油，占全球总量的 28.7%；油砂和致密油分别占全球总量的 14.5% 和 9.4%（图 2-26）。

非常规天然气可采资源主要集中分布在 37 个国家，列前 10 位的是美国、中国、俄罗斯、加拿大、澳大利亚、伊朗、沙特、阿根廷、利比亚和巴西，其可采资源占全球总量的 76.8%。其中，美国非常规天然气可采资源量为 $39×10^{12}m^3$，占全球总量的 17.2%，以页岩气为主；中国非常规天然气可采资源量为 $31×10^{12}m^3$，占全球总量的 13.7%，以页岩气、煤层气和致密气为主；俄罗斯非常规天然气可采资源量为 $29×10^{12}m^3$，占全球总量的 12.8%，以页岩气和煤层气为主；加拿大非常规天然气可采资源量为 $16×10^{12}m^3$，占全球总量的 7%，以煤层气和页岩气为主；澳大利亚非常规天然气可采资源量为 $15×10^{12}m^3$，占全球总量的 6.6%。美国、中国、俄罗斯、加拿大和澳大利亚 5 个国家的非常规天然气可采资源量占全球总量的 57.3%。页岩气占全球非常规天然气可采资源比例最大，为 71.1%，其次为煤层气，占全球总量的 21.7%，致密气可采资源量占全球总量的 7%（图 2-27）。

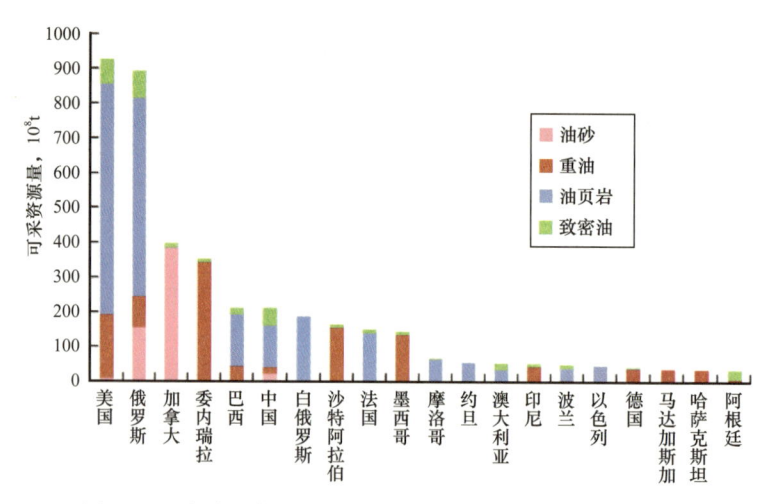

图 2-26 全球非常规石油可采资源潜力前 20 名国家直方图

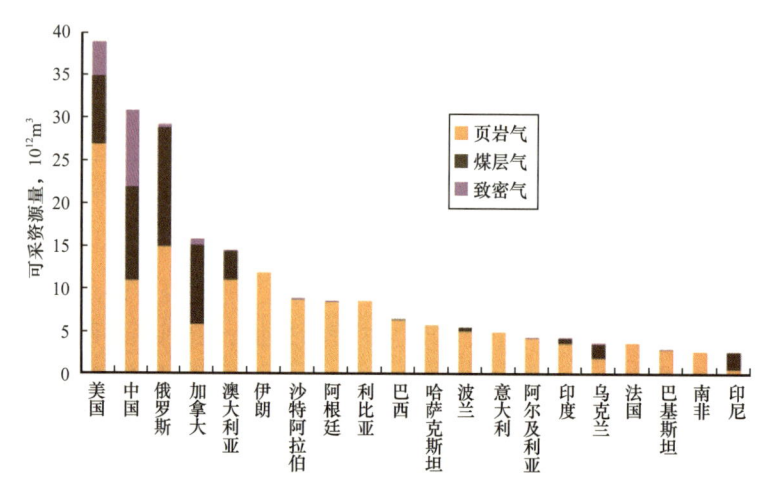

图 2-27 全球非常规天然气可采资源潜力前 20 名国家直方图

2）盆地分布与盆地类型

非常规石油可采资源主要富集在全球的 216 个盆地内，列前 10 位的依次为阿尔伯塔盆地、西西伯利亚盆地、伏尔加—乌拉尔盆地、皮申斯盆地、东委内瑞拉盆地、尤因塔盆地、第聂伯—顿涅茨盆地、东西伯利亚盆地、中阿拉伯盆地和巴黎盆地，占全球总量的 57.2%。阿尔伯塔盆地非常规石油可采资源量为 405×10^8 t，占全球总量的 9.2%，以油砂为主；西西伯利亚盆地非常规石油可采资源量为 312×10^8 t，占全球总量的 7.1%，以油页岩和致密油为主；伏尔加—乌拉尔盆地非常规石油可采资源量为 305×10^8 t，占全球总量的 6.9%，以油页岩和油砂为主；皮申思盆地非常规石油可采资源量为 301×10^8 t，占全球总量的 6.8%，以油页岩为主；东委内瑞拉盆地非常规石油可采资源量为 262×10^8 t，占全球总量的 5.9%，以重油为主（图 2-28）。

非常规天然气可采资源主要富集在全球 147 个盆地内，列前 10 位的依次为阿尔伯塔盆地、扎格罗斯盆地、阿巴拉契亚盆地、东西伯利亚盆地、海湾盆地、中阿拉伯盆地、三叠—古达米斯盆地、库兹涅茨克盆地、坎宁盆地和巴拉纳盆地，占全球总量的 43.3%。阿尔伯塔盆地非常规天然气可采资源量为 16×10^{12} m³，占全球总量的 7%，以煤层气和页岩气为主；扎格罗斯盆地非常规天然气可采资源量为 $12\times10^{12}m^3$，占全球总量的 5.2%，以页岩气为主；阿巴拉契亚盆地非常规天然气可采资源量为 $11.5\times10^{12}m^3$，占全球总量的 4.5%，以页岩气为主；东西伯利亚盆地非常规天然气可采资源量为 $10.3\times10^{12}m^3$，占全球总量的 4.5%，以页岩气和煤层气为主（图 2-29）。

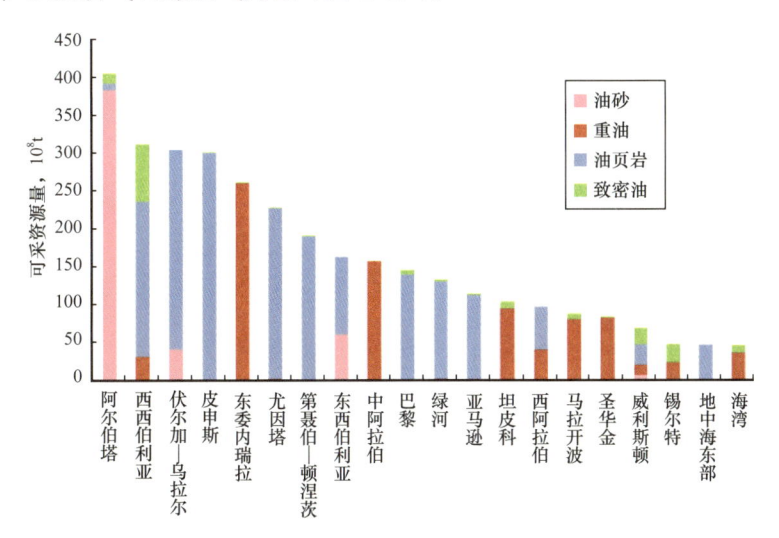

图 2-28 全球非常规石油可采资源潜力前 20 名盆地直方图

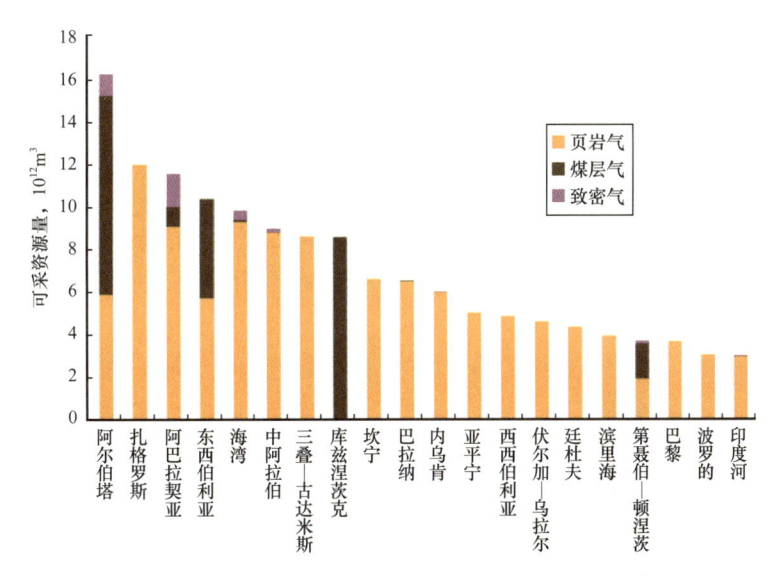

图 2-29 全球非常规天然气可采资源潜力前 20 名盆地直方图

非常规油气富集盆地类型的统计揭示，非常规石油资源主要分布在前陆盆地、克拉通盆地、被动陆缘盆地、裂谷盆地、弧前盆地和弧后盆地内。前陆盆地非常规石油最为富集，可采资源量为 2556×10^8t，占全球总量的 58%；其次为克拉通盆地，非常规石油可采资源量为 720×10^8t，占全球总量的 16%；被动陆缘盆地和裂谷盆地非常规石油可采资源量分别为 481×10^8t 和 474×10^8t，分别约占全球总量的 11%；弧前盆地和弧后盆地非常规石油可采资源量分别为 128×10^8t 和 63×10^8t，分别占全球总量的 3% 和 1%。其中，重油集中分布在东委内瑞拉前陆盆地、马拉开波前陆盆地、坦皮科和阿拉伯被动陆缘盆地；

油砂集中分布在阿尔伯塔前陆盆地和东西伯利亚克拉通盆地内；致密油主要分布在内乌肯前陆盆地、威利斯顿克拉通盆地、西西伯利亚裂谷盆地内；油页岩集中分布在皮申思前陆盆地、伏尔加—乌拉尔前陆盆地、尤因塔前陆盆地、第聂伯—顿涅茨前陆盆地、巴黎克拉通盆地、西西伯利亚裂谷盆地和阿拉伯被动陆缘盆地内（图2-30）。

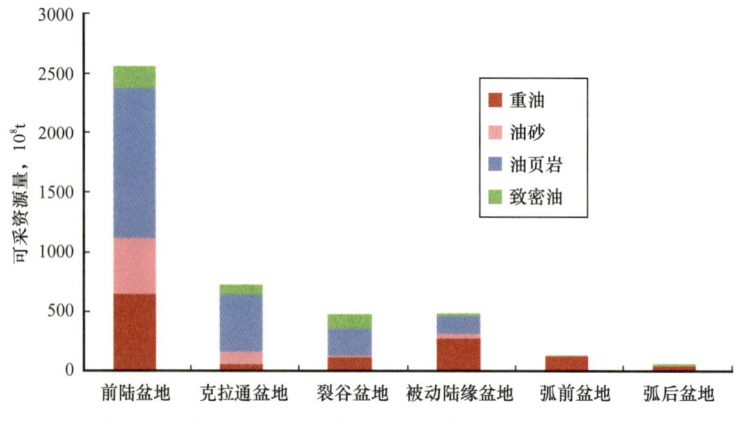

图2-30　全球非常规石油可采资源富集盆地类型直方图

非常规天然气资源主要分布在前陆盆地、克拉通盆地、裂谷盆地、被动陆缘盆地和弧后盆地内。前陆盆地非常规天然气最富集，可采资源量为 $125 \times 10^{12} m^3$，占全球总量的55%；其次为克拉通盆地，非常规天然气可采资源量为 $58 \times 10^{12} m^3$，占全球总量的26%；裂谷盆地非常规天然气可采资源量为 $26 \times 10^{12} m^3$，占全球总量的11%；被动陆缘盆地和弧后盆地最少，非常规天然气可采资源量分别为 $16 \times 10^{12} m^3$ 和 $1 \times 10^{12} m^3$，占全球总量的7%和1%。其中页岩气主要分布在扎格罗斯前陆盆地、阿巴拉契亚前陆盆地、海湾前陆盆地、三叠—古达米斯克拉通盆地、坎宁克拉通盆地、西西伯利亚裂谷盆地及中阿拉伯被动陆缘盆地内；煤层气主要分布在阿尔伯塔前陆盆地、东西伯利亚克拉通盆地和库兹涅茨克裂谷盆地内；致密气主要分布在阿巴拉契亚前陆盆地、阿尔伯塔前陆盆地内（图2-31）。

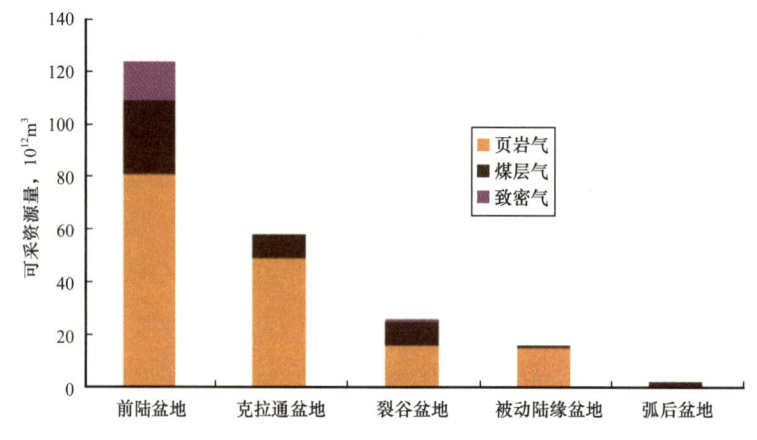

图2-31　全球非常规天然气可采资源富集盆地类型直方图

3）层系分布

非常规石油可采资源主要富集在中生界和新生界。古近系—新近系、白垩系和侏罗系的非常规石油可采资源量为 3418×10^8t，占全球总量的 77.3%。其中古近系—新近系潜力最大，非常规石油可采资源量为 1433×10^8t，占全球总量的 32.4%，以重油和油页岩为主；白垩系非常规石油可采资源量为 1120×10^8t，占全球总量的 25.3%，以油砂、重油和油页岩为主；侏罗系非常规石油可采资源量为 865×10^8t，占全球总量的 19.6%，以油页岩和重油为主；泥盆系非常规石油可采资源量为 379×10^8t，占全球总量的 8.6%，以油页岩和致密油为主；前寒武系非常规石油可采资源量为 164×10^8t，占全球总量 3.7%，以油页岩为主（图 2-32）。

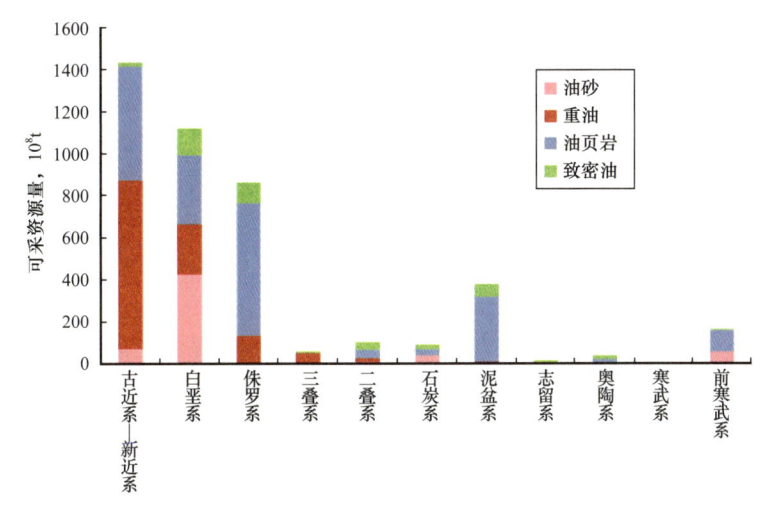

图 2-32 全球非常规石油可采资源富集层系直方图

非常规天然气广泛分布于中生界和古生界。主要分布在侏罗系、白垩系、志留系、石炭系和二叠系，以页岩气和煤层气为主。侏罗系非常规天然气可采资源量为 44×10^{12}m³，占全球总量的 19.6%，以页岩气为主，其次为煤层气和致密气；白垩系非常规天然气可采资源量为 36×10^{12}m³，占全球总量的 15.8%，以页岩气和煤层气为主；志留系非常规天然气可采资源量为 30×10^{12}m³，占全球总量的 13.1%，以页岩气和致密气为主；二叠系和泥盆系非常规天然气可采资源量均为 18×10^{12}m³，各自占全球总量的 8%，以页岩气为主（图 2-33）。

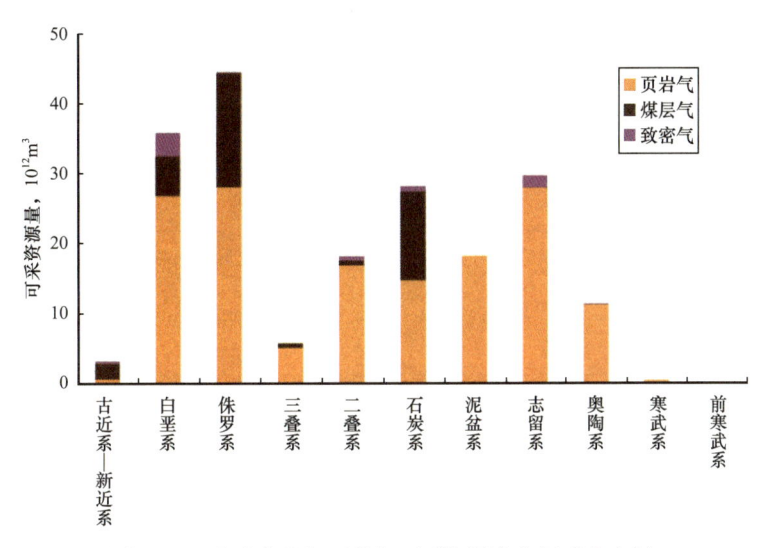

图 2-33 全球非常规天然气可采资源富集层系直方图

三、非常规油气资源潜力区评价

基于上述评价结果与认识，结合未来非常规油气资源开发利用前景分析，针对致密油、页岩气和重油资源类型，开展了全球范围的潜力区优选评价。

1. 致密油资源潜力区

全球致密油资源列前10位的为北美的威利斯顿盆地、二叠盆地、阿尔伯塔盆地，俄罗斯西西伯利亚盆地，南美内乌肯盆地和查科—巴拉纳盆地，非洲锡尔特盆地和三叠—古达米斯盆地，亚洲印度河盆地以及大洋洲坎宁盆地。北非锡尔特盆地（致密油评价层系分布面积 $4.8 \times 10^4 km^2$、厚度31m）、三叠—古达米斯盆地（致密油评价层系分布面积 $4.1 \times 10^4 km^2$、厚度51m）、南美查科—巴拉纳盆地（致密油评价层系分布面积 $3.4 \times 10^4 km^2$、厚度91m）、大洋洲坎宁盆地（致密油评价层系分布面积 $4.5 \times 10^4 km^2$、厚度76m）和亚洲的印度河盆地（致密油评价层系分布面积 $7.1 \times 10^4 km^2$、厚度61m）的致密油评价层系分布面积（$>1 \times 10^4 km^2$）和厚度（>30m）非常大，致密油地质资源富集，但由于其孔隙度、脆性矿物含量、原油密度等重要地质参数来源有限，不能有效覆盖盆地区域，因而数据风险较高，有待继续落实。而针对美洲、俄罗斯的重点盆地及非洲的穆格莱德盆地，根据评价资源丰度和可采性的主要地质参数界限，将每个盆地分别划分为Ⅰ级、Ⅱ级和Ⅲ级区（表2-28和表2-29），其中Ⅰ级区即为致密油富集盆地的"甜点区"。

表2-28 致密油富集区资源分级标准

分级标准	烃源岩参数 TOC, %	烃源岩参数 R_o, %	储层参数 埋深, m	储层参数 厚度, m	储层参数 脆性矿物含量 %	油藏参数 含水饱和度 %	油藏参数 压力系数	裂缝
Ⅰ	>2.0	0.8~1.2	<3000	>15	>65	<50	≥1.30	较为发育
Ⅱ	1.5~2.0	0.7~1.3	<3500	10~15	>55	<65	≥1.15	发育
Ⅲ	1.0~1.5	0.6~1.4	<4500	5~10	>45	<80	≥1.00	不发育

表2-29 全球典型致密油富集层系资源分级数据示例

典型层系	Ⅰ 面积 km²	Ⅰ 可采资源量 10^8t	Ⅱ 面积 km²	Ⅱ 可采资源量 10^8t	Ⅲ 面积 km²	Ⅲ 可采资源量 10^8t
威利斯顿盆地 Bakken 组	31880	6.75	38690	2.52	195090	3.62
海湾盆地 EagleFord 组	4690	2.36	7360	2.22	16930	2.71
二叠盆地 Wolfcamp 组	10630	3.20	22350	4.70	38930	2.91
丹佛盆地 Niobrara 组	5520	1.45	15090	2.64	76870	4.45

续表

典型层系	资源分级					
	Ⅰ		Ⅱ		Ⅲ	
	面积 km²	可采资源量 10⁸t	面积 km²	可采资源量 10⁸t	面积 km²	可采资源量 10⁸t
西西伯利亚盆地 Bazhenov 组	71200	9.20	176200	12.20	992600	54.60
内乌肯盆地 Vacamuerta 组	3920	5.15	7830	8.14	10050	8.16
内乌肯盆地 Losmolles 组	1110	1.18	3910	1.79	6400	2.98
穆格莱德盆地 AG2 组	13	0.01	180	0.11	1660	0.40

2. 页岩气资源潜力区

全球页岩气资源列前10位的是扎格罗斯盆地、海湾盆地、阿巴拉契亚盆地、中阿拉伯盆地、三叠—古达米斯盆地、坎宁盆地、四川盆地、巴拉纳盆地、内乌肯盆地和阿尔伯塔盆地。目前，美洲之外的其他盆地基本没有页岩气商业发现。所以本次页岩气富集区优选仍以美国勘探开发程度较高的地区为重点，优选了 Barnett 页岩、Fayetteville 页岩、Woodford 页岩、Eagle Ford 页岩和 Haynesville 页岩的Ⅰ、Ⅱ级区带（表2-30）。

表2-30 美国西部前陆盆地页岩气资源排序

页岩	可采资源有利区资源量，10⁸m³			可采资源量，10⁸m³	有利勘探方向	排序
	Ⅰ	Ⅱ	Ⅲ			
Haynesville	12011	22421	17056	51488	中央偏东部地区	1
Eagle Ford	11900	11894	11153	34947	西部	2
Barnett	8517	4636	2134	15287	东北部	3
Woodford	4764	4531	5517	14812	西南部	4
Fayetteville	2809	5870	4094	12773	西南部和东北部	5
总计	40001	49352	39954	129307		

3. 重油资源潜力区

全球重油资源列前10位的是委内瑞拉盆地、阿拉伯盆地、坦皮科盆地、圣华金盆地、马拉开波盆地、尤卡坦盆地、文图拉盆地、西北德国盆地、穆伦达瓦盆地和中苏门答腊盆地。委内瑞拉盆地仍排首位，重油主要富集在浅层的古近系—新近系 Oficina 组，其待发现重油可采资源量为 $260 \times 10^8 t$，是未来选区的首选。阿拉伯盆地重油资源丰富，其中西阿拉伯盆地白垩系重油分布于辛加地堑内以及部分幼发拉底地堑内，储层埋深约 1500m，储层厚度为 11m，孔隙度为 15%，含油饱和度较高，达 81%，适合选用蒸汽吞吐开采技术，可采资源量为 $29.2 \times 10^8 t$；中阿拉伯盆地侏罗系重油分布于盆地西部的萨曼隆起，储层埋深较大，达 2400m，储层厚度 41.8m，孔隙度为 22.5%，含油饱和度为 81%，可采资源量为 $83.5 \times 10^8 t$，未来开发前景较好。

参 考 文 献

[1] Chase C G. Plate kinematics: The Americas, East Africa, and the rest of the world [J]. Earth & Planetary Science Letters, 1978, 37 (3): 355-368.

[2] Minster J B, Jordan T H. Present-day platemotion [J]. Journal of Geophysical Research Solid Earth, 1978, 83 (B11): 5331-5354.

[3] 尹赞勋. 板块构造述评 [J]. 地质科学, 1973, 8 (1): 56-88.

[4] 尹赞勋. 板块构造说的发生与发展 [J]. 地质科学, 1978, 13 (2): 99-112.

[5] 李春昱, 王荃, 张之孟, 刘雪亚. 中国板块构造的轮廓 [J]. 中国地质科学院院报, 1980 (00): 11-19.

[6] 李春昱, 汤耀庆. 亚洲古板块划分以及有关问题 [J]. 地质学报, 1983 (01): 1-10.

[7] 王鸿祯, 张世红. 全球前寒武纪基底构造格局与古大陆再造问题 [J]. 地球科学, 2002, 27 (5): 467-481.

[8] Haq B U, Hardenbol J, Vail P R.mesozoic and cenozoic chronostratigraphy and cycles of sea-level change [M] // Sea-Level Changes—An Integrated Approach. SEPM Special Publication, 1988, 42: 71-108.

[9] Chritopher G, Kendall S C, Weber L J. The giant oil field evaporite association——A function of the Wilson cycle, climate, basin position and sea level [A]. AAPG Annual Convention, 2009, 40471.

[10] 文竹, 何登发, 童晓光. 蒸发岩发育特征及其对大油气田形成的影响 [J]. 新疆石油地质, 2012, 33 (3): 373-378.

第三章 中西非被动裂谷盆地石油地质理论与勘探技术

裂谷盆地油气资源丰富，已发现油气资源和待发现油气资源分别占全球的 22.7% 和 19.9%。中国石油在国内东部裂谷盆地的勘探取得了举世瞩目的成就，形成了以陆相湖盆生油理论、复式油气聚集带、岩性油气藏勘探理论为代表的一系列陆相湖盆油气勘探理论和技术。1998 年以来，随着中国石油海外勘探的不断深入，地质学家逐步认识到苏丹、南苏丹、乍得、尼日尔以及哈萨克斯坦的众多裂谷盆地其地质特征和油气成藏特点与国内东部渤海湾等盆地存在明显的差异，具有典型的被动裂谷盆地特征，并基于大量的勘探实践积累形成了被动裂谷盆地石油地质理论及相应的勘探技术。本章以中西非被动裂谷盆地地质特征解剖和勘探实践为例，阐述被动裂谷盆地石油地质理论和勘探技术。

第一节 被动裂谷成因与分类

国内外学者对裂谷盆地基本概念和成因研究较为深入，但多集中在主动裂谷盆地，对被动裂谷盆地成因机理和类型划分研究较少。本书通过主动裂谷盆地和被动裂谷盆地的地球动力学研究，分析了两类裂谷形成的动力学机制和成盆过程的差异，将被动裂谷盆地划分为内克拉通伸展型裂谷盆地、造山后伸展型裂谷盆地、走滑断裂相关的裂谷盆地、碰撞诱导伸展型裂谷盆地和冲断带后缘伸展型裂谷盆地五类。结合这五类盆地形成的大地构造环境，分析了全球不同类型的被动裂谷盆地分布特点及其油气资源潜力。

一、被动裂谷盆地概念

Gregory 在研究东非大裂谷时，首次使用了"裂谷"（rift valley）一词来描述东非地区"那些具有陡而长的、平行于正断层之间的狭长沉降带"[1]。Burke 给出了裂谷较为准确的定义，认为裂谷盆地是整个岩石圈在伸展减薄过程中于破裂的地域上形成的狭长凹陷[2]，这个定义第一次将裂谷与地壳的伸展减薄活动联系在一起，赋予了其地球动力学内涵。

裂谷有主动和被动之分。Sengor 和 Burke[3] 以及 Morgan 和 Baker[4] 根据控制裂谷演化的地球动力将裂谷作用分为两种类型：一类是在板块演化过程中由差异应力引起的裂谷（被动地幔假说），即被动裂谷；另一类是由于地幔对流上涌产生的裂谷（主动地幔假说），即主动裂谷。

在主动裂谷形成过程中，岩石圈发生裂陷作用起因于软流圈热隆起，软流圈热隆起引起的底辟作用和岩石圈在隆起过程中的重力侧向扩展作用使整个岩石圈受到水平引张，导致岩石圈发生破裂和下沉，最终形成裂谷盆地和相关的伸展构造；而在被动裂谷形成过程中，导致岩石圈发生破裂的动力源不是软流圈热隆起，而是由于区域张应力作用导致软流圈的减薄和被动上拱，使得地壳发生裂陷伸展。研究认为，被动裂谷是由非地幔上拱导致地壳拉张而形成的裂陷，其形成过程经历了地壳拉张减薄、地壳均衡上拱和热收缩坳陷等阶段。

二、被动裂谷盆地成因

被动裂谷盆地形成的动力学机制研究近30年来取得了较大进展。Kusznir(1991)基于岩石圈的几何形态、地热史和挠曲均衡特征提出了上地壳断裂伸展(简单剪切)和下地壳岩石圈塑性变形(纯剪切)的力学模型;Khain(1993)认为控制裂谷演化的地球动力是研究裂谷成因的关键;Ziegler和Cloetingh(2004)从地球动力学机制上对主动裂谷和被动裂谷的成因进行了分析,认为主动裂谷形成的内在动力是地幔柱的主动活动,而被动裂谷的内在动力是区域伸展应力作用,地壳与地幔之间不存在地幔柱,仅存在被动的板底垫托作用。

国内对裂谷盆地的研究主要集中在20世纪80—90年代。张文佑(1984)提出中国东部中—新生代裂谷盆地是在亚洲大陆向太平洋蠕散环境下形成的;马杏垣(1981)认为中国东部中—新生代裂谷是地壳沿犁式断层拉张减薄形成的裂陷;朱夏(1981)将中国东部裂谷盆地的形成机制归纳为挤压与岩石圈隆起、侵蚀与岩石圈断裂、减薄并激发地幔底托、断陷、地幔上隆形成坳陷等阶段;田在艺(1996)认为由于太平洋板块俯冲方式的改变,在不同时期和不同地区发生上地幔对流调整、岩石圈拉张减薄和地壳断裂,从而形成中国东部裂谷盆地。

近20年来,中国的裂谷盆地研究开始向国外扩展,主要集中在非洲和中亚地区,在被动裂谷成因研究方面取得重要进展[5,6]。

主动裂谷由地幔上拱形成,经历主动上拱、裂谷初始形成、地壳均衡上拱和热收缩坳陷等阶段,地幔上拱量为主动上拱量和地壳均衡上拱量之和;被动裂谷由非地幔上拱导致的地壳拉张形成,经历了地壳拉张减薄、地壳均衡上拱和热收缩坳陷等阶段,地幔上拱量仅为地壳均衡上拱量(图3-1)。

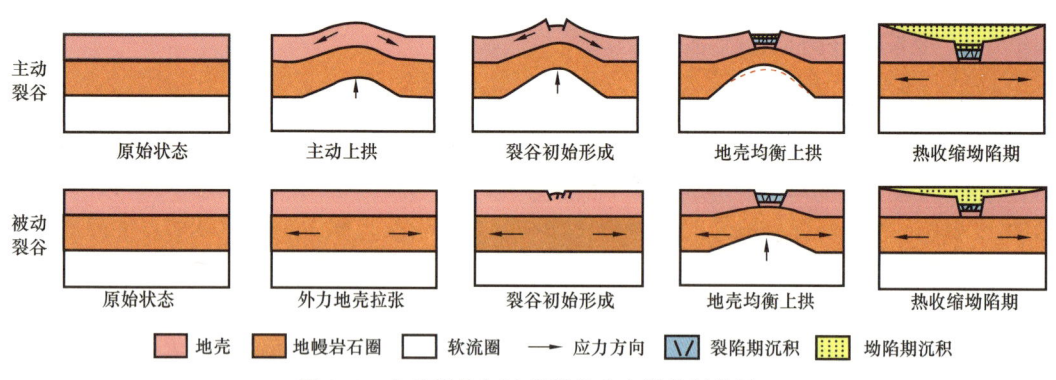

图3-1 主动裂谷与被动裂谷动力学机制差异

主动裂谷的形成需要热源,如地幔柱、热点或地幔隆起,上升的热对流使岩石圈变弱、变薄而产生拉伸应力。裂谷形成初期常伴随着区域规模的穹隆、拱起和隆升作用。被动裂谷形成起因于板块内部应力,岩石圈被拉伸而减薄,从而引起软流圈的被动上拱,早期的张裂表现为下沉而不是上隆,张裂之后出现热事件、穹隆作用和火山活动。

在主动裂谷形成过程中,岩石圈发生裂陷作用起因于软流圈热隆起,软流圈热隆起的底辟作用以及岩石圈在隆起过程中的重力侧向扩展作用使整个岩石圈发生水平引张,从而发生破裂、下沉并形成裂谷，裂谷的地壳薄（一般厚25~37km），裂陷期间存在多个次级旋回，夹多套火山岩，地温梯度一般在4℃/100m以上。如渤海湾盆地古近纪发育的3个火山活动次级旋回对应孔店组—沙四段、沙三段—沙二段和沙一段—东营组沉积时期的3期裂陷活动，盆地热流值平均为65mW/m²。

在被动裂谷形成过程中，导致岩石圈发生裂陷的动力源并非软流圈热隆起，而是由于区域张应力作用下导致软流圈的减薄和被动上拱，使得地壳发生裂陷伸展。裂陷是由地壳引起软流圈减薄和被动上拱造成的，是对区域应力场变化的响应，穹隆和火山活动是次要的。被动裂谷地壳减薄程度较低、地壳较厚（一般厚35~40km），通常只发育一个明显的沉积旋回，热流值平均为50mW/m²，地温梯度一般小于3℃/100m。

三、被动裂谷盆地类型与分布

1. 被动裂谷盆地成因分类

目前，学术界没有统一的被动裂谷盆地分类方案，常见分类方案有三种。一是按形态学分类，将被动裂谷盆地分为对称盆地、旋转型箕状盆地和非旋转型箕状盆地；二是按构造层分类，将被动裂谷盆地分为两层结构和多层结构；三是按地球动力学分类，将被动裂谷盆地划分为纯剪切被动裂谷盆地、简单剪切被动裂谷盆地和混合剪切被动裂谷盆地。以上三种分类方案都没有体现被动裂谷盆地成因本质和力学机制。本书基于被动裂谷盆地地球动力学成因和大地构造环境分析，提出了被动裂谷盆地构造成因分类方案，将被动裂谷盆地划分为五类，即内克拉通伸展型裂谷盆地、造山后伸展型裂谷盆地、走滑断裂相关的裂谷盆地、碰撞诱导伸展型裂谷盆地和冲断带后缘伸展型裂谷盆地。

1）内克拉通伸展型裂谷盆地

内克拉通伸展型裂谷盆地位于克拉通内部，为远源区域伸展构造应力场作用下岩石圈减薄的产物。盆地的基底为克拉通结晶基底，裂谷走向垂直于区域伸展方向，发育断陷和坳陷双层结构，断陷期控盆断裂为生长断层。这类盆地分布比较广泛，如英国东舍特兰盆地（East Shetland Basin）等。

2）造山后伸展型裂谷盆地

造山后伸展型裂谷盆地一般位于造山带内，盆地基底为造山带，断陷期与裂谷前的造山期时间间隔较短，为造山后伸展作用的产物。与克拉通内的裂谷盆地相比，造山后伸展型裂谷的同裂谷阶段与前裂谷阶段的时间间隔很短。造山后伸展型裂谷盆地在造山后期有时会伴随有盐构造活动，这些盐构造可以作为大型油气田的圈闭构造或盖层。中亚地区的南图尔盖、田吉兹、北乌斯特丘尔特、曼格什拉克、克孜勒库姆、楚－萨雷苏和费尔干纳等盆地都属于此类盆地。

3）走滑断裂相关的裂谷盆地

走滑断裂相关的裂谷盆地位于走滑断层带内或附近，多发育张扭性盆地或拉分盆地。该类盆地是在走滑断层活动过程中，受派生的张扭性应力场控制而形成的裂谷盆地，裂谷成盆期与走滑断层活动时期基本一致。走滑断裂相关的裂谷盆地全球分布相对集中，均与走滑断层密切相关，主要集中在非洲的中非走滑断层附近和北美的圣安德烈斯转换断层附近。如中西非裂谷系和北美的洛杉矶（Los Angeles）、萨克拉门托（Saramento）和圣华金（San Joaquin）盆地等。

4）碰撞诱导伸展型裂谷盆地

碰撞诱导伸展型裂谷盆地位于碰撞造山带附近，裂谷的走向与造山带走向垂直，与区域挤压方向一致，裂谷的成盆期与造山时期基本相同，盆地规模一般较小。如中国青藏高原近南北向的新生代裂谷和阿尔卑斯山脉北侧的裂谷等。

5）冲断带后缘伸展型裂谷盆地

冲断带后缘伸展型裂谷盆地位于造山带或冲断带的后缘，盆地的走向与冲断带走向一致，盆地的成盆期与冲断带活动期基本一致，是冲断带后缘局部伸展环境下形成的盆地，裂陷期沉积物的物源主要来自附近的冲断带。在冲断带的前缘常常会发育前陆盆地，在仰冲或逆冲过程中由于冲断带后缘地块对冲断带的拉扯作用，在冲断带后缘形成局部的拉张环境，进而形成冲断带后缘伸展型裂谷。典型实例是北非阿特拉斯造山带的切里夫盆地（Cheliff Basin）。

2. 全球被动裂谷盆地分布

根据被动裂谷的构造成因分类方案，在全球识别出93个被动裂谷盆地，并编制出全球被动裂谷盆地分布图（图3-2）。

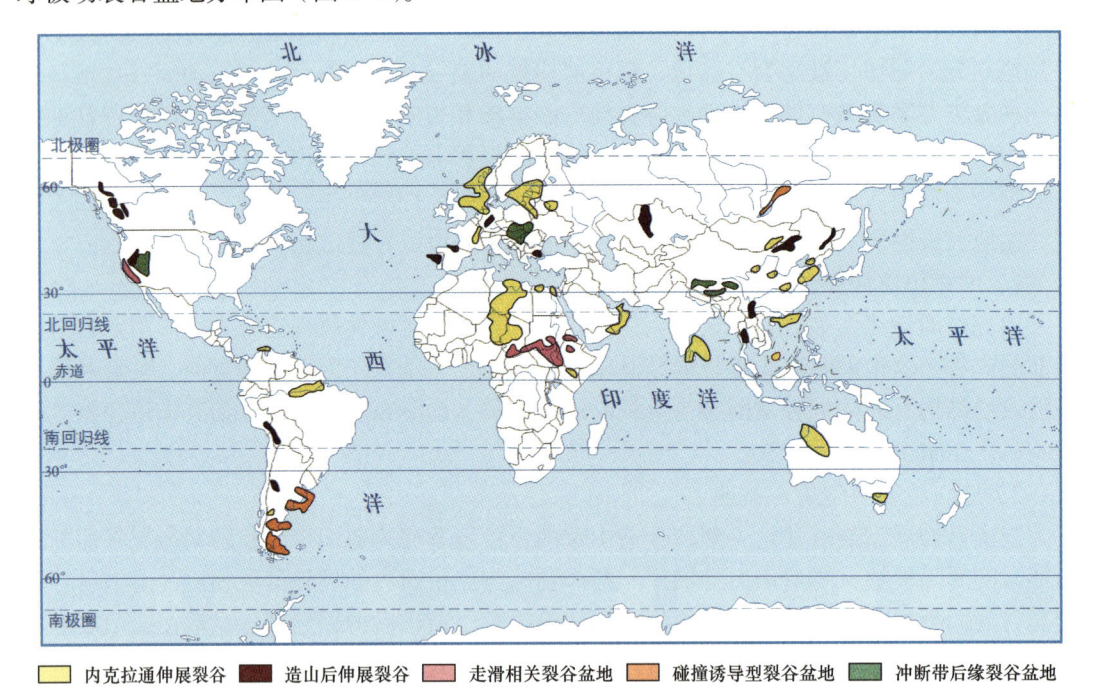

图3-2 全球被动裂谷盆地分布图

非洲地区被动裂谷盆地主要为内克拉通伸展型裂谷和走滑断裂相关的裂谷；南美地区被动裂谷盆地主要为造山后伸展型裂谷、碰撞诱导伸展型裂谷和内克拉通伸展型裂谷；北美地区被动裂谷盆地主要为造山后伸展型裂谷和走滑断裂相关的裂谷；欧洲地区被动裂谷盆地主要为内克拉通伸展型裂谷、造山后伸展型裂谷和碰撞诱导伸展型裂谷；亚洲地区被动裂谷盆地主要为内克拉通伸展型裂谷、造山后伸展型裂谷、碰撞诱导伸展型裂谷和冲断带后缘伸展型裂谷。

在全球93个被动裂谷盆地中，42个为内克拉通伸展型裂谷，主要分布在欧洲北海北部、北非等克拉通内部；18个为造山后伸展型裂谷，主要分布在中亚造山带、特提斯造山带和科迪勒拉造山带内；13个为走滑断裂相关的裂谷，主要分布在中西非走滑断层和北美的圣安德烈斯走滑断层两侧；10个为碰撞诱导伸展型裂谷，主要分布在特提斯带及周边；10个为冲断带后缘伸展型裂谷，主要分布在特提斯带内及其南北两侧。从不同类型被动裂谷数量来看，内克拉通伸展型裂谷最多，占比高达47%，其次为造山后伸展型裂谷，占比为19%，走滑断层相关的裂谷占14%，碰撞诱导伸展型裂谷和冲断带后缘伸展裂谷数量较少。

3. 全球被动裂谷盆地油气资源潜力

2016年中国石油全球油气资源评价结果显示，全球（不含中国国内）主要被动裂谷盆地已发现石油可采储量 $240 \times 10^8 t$、天然气 $15 \times 10^{12} m^3$，油气合计 $362.7 \times 10^8 t$ 油当量，占裂谷盆地已发现油气资源的25.3%，占全球已发现油气资源的5.7%。从待发现油气资源（含已发现油气田储量增长）来看，被动裂谷盆地待发现石油 $90.3 \times 10^8 t$、天然气 $8.1 \times 10^{12} m^3$，油气合计 $156.9 \times 10^8 t$ 油当量，占裂谷盆地待发现油气资源的15.7%，占全球待发现油气资源的3.1%。从总油气资源来看，被动裂谷盆地总石油资源量 $330.3 \times 10^8 t$、天然气 $23.1 \times 10^{12} m^3$，油气合计 $519.6 \times 10^8 t$，占裂谷盆地总油气资源的21.5%、占全球总油气资源的4.6%。

全球裂谷盆地整体勘探程度较高，被动裂谷也不例外，但也有些盆地资源潜力大、勘探程度低。以盆地油气资源发现率（已发现油气资源占总油气资源百分比）为依据，将被动裂谷盆地分为三类。

第一类为资源发现率大于60%的盆地，勘探程度较高。此类盆地主要勘探方向除了主要成藏组合的精细勘探外，还有近源层系的岩性地层圈闭、深层/浅层新的成藏组合等新领域。这些盆地主要有北美的圣华金、萨克拉门托；南美圣乔治、瓜吉拉、麦哲伦；欧洲的北海、潘农、英荷、东爱尔兰海；非洲的锡尔特、穆格莱德；亚洲的图尔盖；中东的阿曼和也门等盆地。

第二类为资源发现率40%~60%的盆地，勘探程度中等。此类盆地主力成藏组合没有完全探明，仅在主力凹陷有发现，外围其他凹陷或构造带勘探程度低。主要勘探方向为主力凹陷的主要成藏组合精细勘探、外围新区新带、深层/浅层等新层系。这些盆地主要有非洲的迈卢特、阿布加拉迪、邦戈尔、东尼日尔；南美的库约等盆地。

第三类为资源发现率小于40%的盆地，勘探程度较低。此类盆地内还没有发现大型油气田，待发现油气资源潜力较大，主力成藏组合或主要的生油气凹陷还不明朗或存在多个有效的生烃凹陷，处于风险勘探阶段。这些盆地主要有南美的湄南、欧洲的波罗的、亚洲的科佛里和大洋洲的坎宁等盆地。

第二节 被动裂谷盆地主要地质特征

由于成因机制不同，主动裂谷、被动裂谷盆地在热史、沉降史、控盆主断裂构造样式、坳陷构造层结构和沉积体系等方面均存在差异，导致盆地的生烃史、断陷期岩性组合、圈闭构造样式、沉积相展布和石油地质条件等方面存在不同的特征（表3–1）。

表3-1 主动裂谷、被动裂谷盆地地球动力学和地质特征

对比参数		被动裂谷	主动裂谷
热史	地球动力学特征	呈低—高—逐步降低的趋势	呈高—更高—逐步降低的趋势
	地质特征	生烃时间晚、持续时间长	生烃时间早、持续时间短
裂陷期沉降史	地球动力学特征	脉冲式快速沉降，间隔期为缓慢收缩沉降，沉降曲线呈锯齿状	快速、持续沉降，沉降速率大，沉降曲线较平滑
	地质特征	湖相和河流相互叠置	长期发育的湖盆
		断陷期砂泥岩间互，砂岩厚度稳定	断陷期湖盆区由大套厚层泥岩构成
		生烃泥岩单层厚度小，累计厚度大，一般发育在断陷中段	烃源岩为大套泥岩，单层厚度较大
		烃源岩排烃效率较高，一般可达50%以上	烃源岩排烃效率为20%~25%
控盆主断裂构造样式	地球动力学特征	无地壳弯曲，层间无滑动，基底滑脱面不明显，控盆主断裂相对陡立	地幔上拱、地壳弯曲，形成易滑面，控盆主断层沿易滑面滑脱形成铲式结构
	地质特征	控盆主断层多为陡立式深大断裂，滚动背斜不发育，以断块为主	控盆主断层多为犁式/躺椅式断裂，滚动背斜发育，圈闭类型多样
坳陷构造层结构	地球动力学特征	持续时间短，沉降幅度小	持续时间长，沉降幅度大
	地质特征	只发育河流相块状砂岩	既可发育砂岩又可发育泥岩，坳陷期的泥岩也可作为烃源岩

一、地球动力学特征

1. 热史

由于成因机制不同，主动裂谷、被动裂谷盆地的热史发育具有明显不同。主动裂谷盆地形成之前地幔先发生上拱，因此初期地温高，主裂陷期由于地壳均衡作用导致地幔上拱，地温进一步升高，后期冷却收缩导致热沉降量大，冷却速度快；而被动裂谷盆地裂陷初期无地幔上拱，早期盆地地温低，地温升高幅度比主动裂谷盆地低，地幔小幅上拱，后期冷却收缩慢，较高的地温时期持续时间较长。

主动裂谷裂陷早期发育火山岩，而被动裂谷裂陷早期一般不发育火山岩，晚期有时发育火山岩。被动裂谷盆地早期地温低，裂陷期因地壳均衡上拱导致地温上升，后期冷却收缩慢，因此裂陷期烃源岩进入生油窗时间晚于主动裂谷盆地，但是生油持续时间长。如苏丹的穆格莱德盆地，因早期地温梯度低（2.8℃/100m），下白垩统裂陷期烃源岩在古近纪早期才开始进入生油窗，一直持续至今。

2. 沉降史

主动裂谷盆地裂陷期热沉降作用大，表现为快速、持续的沉降，沉降速率大，沉降曲线较平滑。被动裂谷盆地裂陷作用是由于板块内部差异应力场造成的，应力作用具有脉动性，裂陷期沉降表现为脉冲式快速沉降，间隔期为缓慢收缩沉降，沉降曲线呈锯齿状形态（图3-3）。

由于沉降速率的差异，导致主动裂谷、被动裂谷盆地裂陷期岩性组合差异较大。主动裂谷裂陷期发育大套厚层湖相泥岩，被动裂谷盆地裂陷期发育砂泥岩互层，裂陷间隔期发育砂岩厚度稳定，可连续追踪；主动裂谷裂陷期发育完整湖盆相序，被动裂谷裂陷期短暂湖盆相序和短暂河流相序间互叠置；被动裂谷裂陷期沉积物的砂岩百分比远高于主动裂谷盆地，裂陷期砂泥岩互层沉积有利于烃源岩高效排烃，内部砂层可形成较大规模油气田。

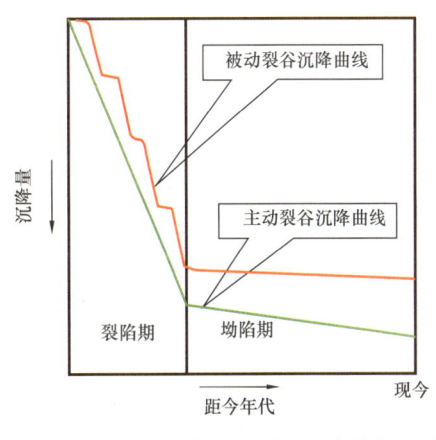

图 3-3 主动裂谷与被动裂谷沉降曲线差异

3. 控盆主断裂构造样式

主动裂谷盆地形成之前地幔上拱、地壳弯曲，由于地壳呈层状结构，弯曲过程中地壳层间滑动，形成易滑面，控盆主断层在发育过程中往往沿易滑面滑脱形成铲式结构；而被动裂谷盆地在形成之前无地壳弯曲，层间无滑动，控盆主断层相对陡立，无深层滑脱（图3-4）。国内渤海湾盆地歧口凹陷典型地震剖面显示其控盆断裂呈铲式和坡坪式，以铲式为主，而中西非裂谷系穆格莱德盆地 Kaikang 凹陷控盆断裂以直立的多米诺式为主。被动裂谷盆地的控盆断层倾角明显大于主动裂谷盆地。统计表明，渤海湾主动裂谷盆地控盆断层倾角一般在45°左右，而穆格莱德被动裂谷盆地控盆断层倾角全部在60°以上。

被动裂谷盆地的构造圈闭类型以断块和断垒为主，少见与铲式断层伴生的滚动背斜。例如苏丹穆格莱德盆地和南苏丹迈卢特盆地中90%以上的构造圈闭为反向断块圈闭。在主动裂谷盆地中，滚动背斜、断背斜和断块都比较发育。

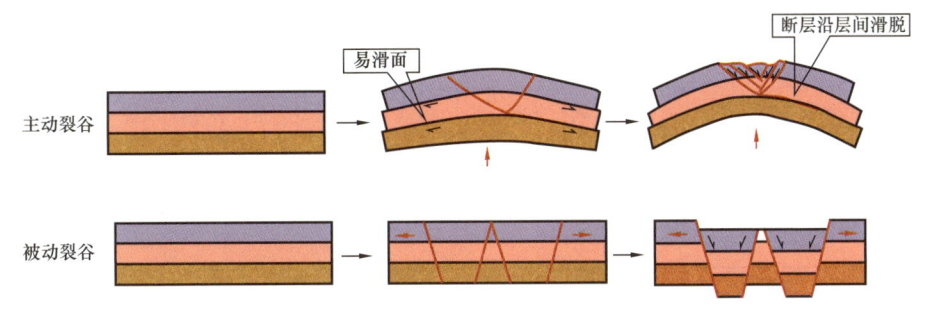

图 3-4 主动裂谷与被动裂谷的控盆主断裂构造样式的差异

4. 坳陷构造层结构

主动裂谷形成过程中岩石圈地幔收缩量为热沉降量和地壳均衡上拱量之和，坳陷构造层持续时间长，沉积厚度大（图3-5a）；被动裂谷形成过程中岩石圈地幔收缩量仅为地壳均衡上拱量，坳陷构造层持续时间短，沉积厚度相对不大。

如苏丹穆格莱德被动裂谷盆地坳陷构造层以大套块状砂岩为主，没有连续分布的泥岩沉积，坳陷期沉积厚度500～1500m，裂陷期厚度2000m以上，一般大于坳陷期沉积厚度；而以松辽盆地为代表的主动裂谷坳陷期沉积物为大套砂岩夹泥岩，泥岩局部分布稳定，坳陷构造层和裂陷构造层沉积厚度基本相同（图3-5b）。

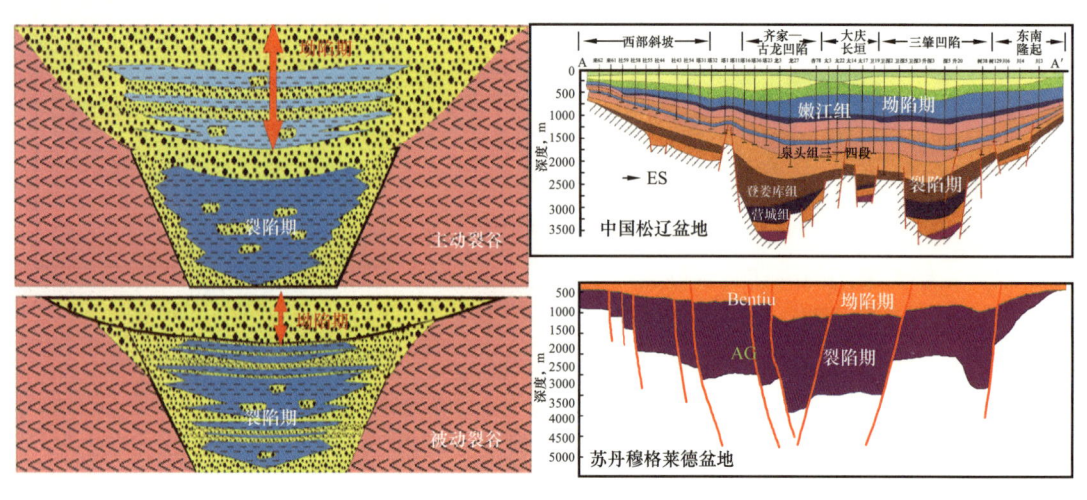

(a) 主动裂谷、被动裂谷盆地坳陷和裂陷构造层岩性组合模式　　(b) 中国松辽盆地和苏丹穆格莱德盆地典型地质剖面

图3-5　主动裂谷与被动裂谷的坳陷构造层模式
粉色代表盆地基底，黄色代表河流相，蓝色代表湖相，红色线代表坳陷
最大厚度或岩石圈收缩量；显示出坳陷和裂陷构造层厚度差异

5. 沉积体系

主动裂谷、被动裂谷盆地由于受力源不同而造成控盆断裂和次级断裂的差异，导致两类盆地在陡坡带沉积、缓坡带沉积、断层及构造单元控砂模式和裂谷期汇水系统等方面有较大的差异（表3-2）。

表3-2　主动裂谷、被动裂谷盆地沉积特征的差异性

对比参数	被动裂谷	主动裂谷
陡坡带沉积特征	陡立板式和阶梯式为主，多发育近岸水下扇沉积	铲式、坐墩式、马尾式为主，多发育扇三角洲
缓坡带沉积特征	窄陡型为主，多发育扇三角洲	宽缓型为主，多发育河流—三角洲体系
断层及构造单元控砂	转换带和构造调节带控砂，单砂体规模较小	砂体呈环带状分布，单砂体规模较大
裂谷期汇水系统	多为内向型汇水系统	早期发育外向型汇水系统，欠补偿性沉积体系

1）陡坡带沉积特征

主动裂谷盆地控盆断裂一般以铲式为主，其沉积体系多以冲积扇、扇三角洲和辫状河三角洲为主；被动裂谷控盆断裂多以直立的多米诺式为主，多发育近岸水下扇沉积和深水浊积扇。

2）缓坡带沉积特征

主动裂谷盆地缓坡宽缓，多发育河流—三角洲体系，而被动裂谷盆地缓坡窄，多发育扇三角洲。

3）断层及构造单元控砂模式

主动裂谷盆地砂体呈环带状分布，单砂体规模较大，缓坡坡折带发育，控制砂体的沉积与分布；被动裂谷盆地断层转换带和构造调节带控砂，单砂体规模较小，缓坡构造转换带的控砂作用更加明显，大型砂体基本沿构造转换带展布。

4）汇水系统

主动裂谷盆地在裂谷早期地势较高，常发育外向型水系，由穹隆区向两侧的低地泄流，导致沉积物缺乏而形成欠补偿性沉积体系；被动裂谷盆地多发育内向型水系，在早期断陷阶段，向心水流导致沉积物供给充足。

二、石油地质特征

（1）烃源岩单一、生烃时间晚、持续时间长。

主动裂谷盆地坳陷构造层既发育砂岩又发育泥岩，而被动裂谷盆地只发育河流相块状砂岩；主动裂谷盆地除断陷期发育的大套厚层烃源岩外，坳陷期也可能发育烃源岩，而被动裂谷盆地坳陷期不发育烃源岩，只发育断陷期烃源岩，因而具有单一烃源岩的特征。主动裂谷盆地裂陷期烃源岩为大套泥岩，单层厚度较大，而被动裂谷盆地裂陷期发育砂泥岩，且频繁间互，生烃泥岩单层厚度小（2~10m），主要靠相对集中的多层泥岩累积效应，主力烃源岩发育在裂陷沉积中段。

主动裂谷盆地烃源岩沉积后就快速生烃，而被动裂谷盆地生烃时间晚，持续时间长；主动裂谷盆地圈闭形成时间一般早于生油结束时间，而被动裂谷盆地晚期形成的圈闭也有聚油机会。主动裂谷盆地烃源岩排烃效率一般为20%~25%，被动裂谷盆地烃源岩为砂泥岩互层中泥岩层，烃源岩排烃效率高，一般可达50%以上。

（2）裂陷期储层以砂泥岩互层中的薄层砂岩为主，坳陷期储层以大套块状砂岩为主。

主动裂谷裂陷期发育大套厚层泥岩，被动裂谷盆地裂陷期发育砂泥岩间互沉积，砂岩厚度稳定。这些差异导致被动裂谷盆地断陷期储层以薄层砂岩为主，储层物性受沉积相控制明显，由于裂陷层序埋藏较深，储层一般较致密，孔隙度大多小于20%。被动裂谷盆地坳陷期储层以大套块状河流相砂岩为主。

（3）区域盖层和主力成藏组合取决于后期叠置裂谷的发育情况。

被动裂谷盆地坳陷构造层发育块状砂岩优质储层，但是否具有区域盖层取决于后期叠置裂谷的发育情况，烃源岩和区域盖层之间的时间跨度可以很大。

（4）构造型圈闭一般与断层有关，以反向断块为主。

被动裂谷边界断层多为陡立式的深大断裂，断层继承性活动，早期的构造圈闭被改造成若干断块，绝大部分圈闭与断层相关。构造圈闭以反（顺）向断块和断垒为主，少见与铲式断层伴生的滚动背斜。

（5）盆地内凹陷以半地堑为主，斜坡带和凹陷间的构造转换带油气最富集。

被动裂谷盆地主要凹陷都是以箕状断陷（半地堑）为特征，凸起以断垒为特征，平面上各构造单元多为凹凸相间、雁行斜列。凹陷的平面组合方式有相背式、相向式和正弦式三种。被动裂谷盆地裂陷期烃源岩一般埋藏较深，生成的油气必须通过大断层输导到储层，构造转换带往往是大型砂体发育的有利地区，在半地堑的构造背景下，斜坡带和凹陷间的构造转换带油气最富集。

第三节　被动裂谷盆地油气分布规律

1996年以来,中国石油先后进入了苏丹、乍得和尼日尔等项目,这些项目所在的盆地均位于中西非裂谷系。通过勘探实践,中国石油科技工作者发现这些盆地与中国东部中—新生代陆内裂谷盆地的地质条件、油气藏的形成和分布规律有明显不同,相应的勘探思路和技术对策也有显著差别。在理清了被动裂谷盆地成因机理、地球动力学特征和石油地质特征基础上,建立了苏丹穆格莱德被动裂谷油气成藏模式、南苏丹迈卢特盆地跨世代油气成藏模式、尼日尔海陆叠合裂谷油气成藏模式以及乍得邦戈尔盆地反转残留凹陷下组合和潜山复合油气成藏模式,有效指导了中西非裂谷系的油气勘探,发现了多个大中型油田。

一、被动裂谷盆地油气成藏模式

中西非裂谷盆地是受中非剪切带影响而发育的中—新生代裂谷系,包括苏丹/南苏丹境内的穆格莱德（Muglad）、迈卢特（Melut）、喀土穆（Khartoum）、白尼罗河（White Nile）、蓝尼罗河（Bule Nile）盆地,肯尼亚境内的安扎（Anza）盆地,乍得境内的邦戈尔（Bongor）、多巴（Doba）、多赛欧（Doseo）、乍得湖（Chad Lake）、马蒂亚戈（Madiago）、萨拉麦特（Salamat,部分在中非共和国）盆地以及尼日尔境内的特米特（Termit）、卡普拉（Kafra）、格莱恩（Grein）、泰内雷（Tenere）、特非德特（Tefidet）、比尔马（Bilma）盆地（图3-6）。中国石油在穆格莱德、迈卢特、邦戈尔、多巴、多赛欧、乍得湖、马蒂亚戈、萨拉麦特、特米特、卡普拉、格莱恩、泰内雷和比尔马盆地拥有作业区块。

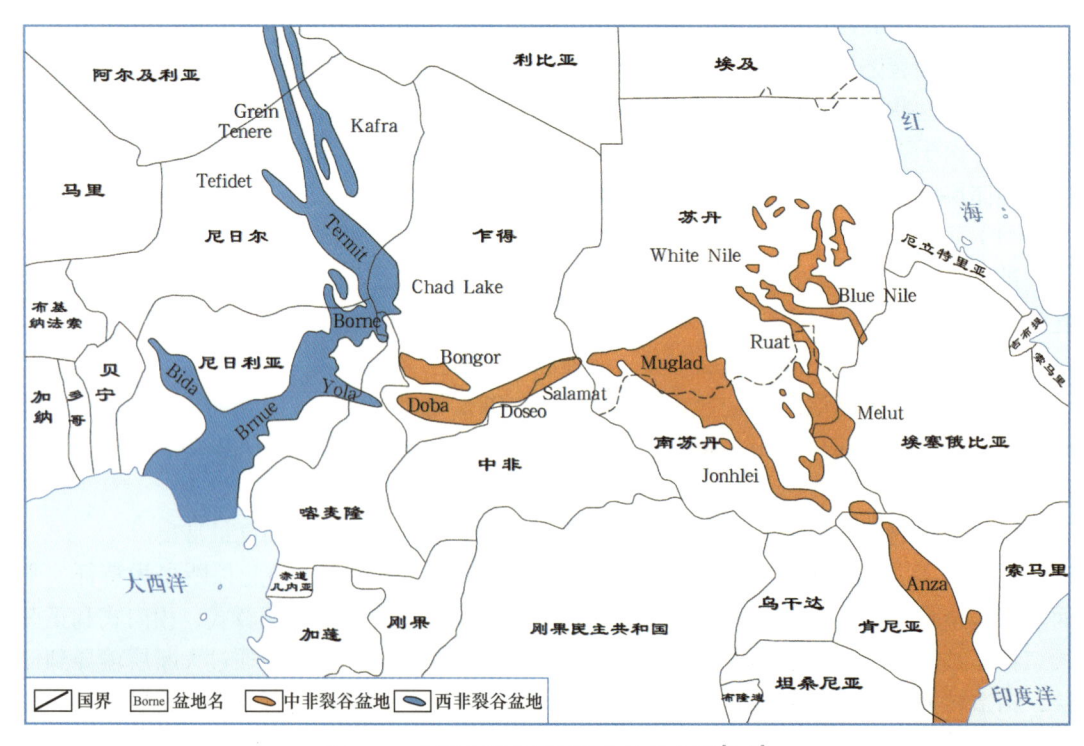

图3-6　中西非裂谷系沉积盆地分布图[7, 8]

1. 苏丹穆格莱德被动裂谷油气成藏模式

该盆地发育早白垩世、晚白垩世和古近纪三期裂谷。其中早白垩世裂谷具有被动性质，后两期裂谷逐渐变为主动。早白垩世同裂谷期块断作用不强烈，在裂陷期形成一套暗色泥岩，只发育完整的"粗—细—粗"的沉积旋回。由于边界断层一般较陡，早期缺乏大型隆起、断块等构造，因而披覆构造和差异压实背斜不发育，只在边界断层上盘发育小型的滚动背斜构造，但由于边界断层相对较陡，形成的背斜规模小。后裂谷期由于沉降不明显，缺乏大型滨浅湖相，以巨厚的大面积分布的砂岩沉积为主，仅发育与断层相关的反向断块。

主要烃源岩为早白垩世被动裂谷期形成的湖相泥岩。由于晚白垩世裂陷作用相对较强，形成了稳定分布的区域盖层，早白垩世生成的油气大部分被封盖在晚白垩世形成的区域盖层之下。由此建立了"早期裂陷控源灶、后期叠置裂谷控区域盖层、转换带控砂、反向断块富油、油源和断层侧向封堵是关键"的被动裂谷油气成藏模式（图3-7），在该模式指导下，围绕被动裂谷时期的白垩系区带开展部署，在盆地东北部发现1个亿吨级油田、Kaikang槽东西两侧发现2个亿吨级油区。

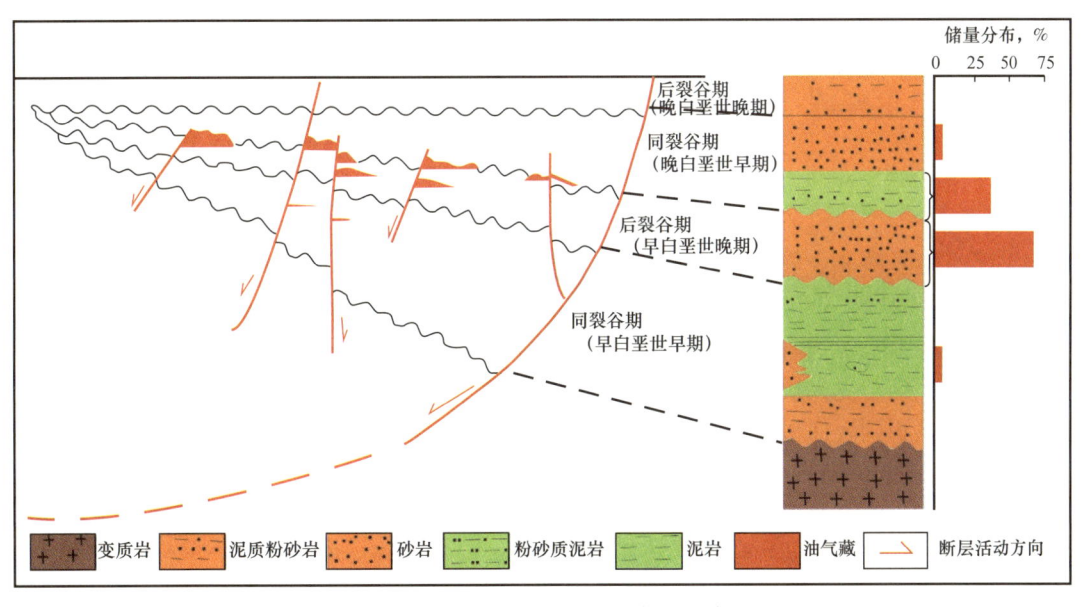

图3-7　苏丹穆格莱德盆地油气藏分布模式图

2. 南苏丹迈卢特盆地跨世代油气成藏模式

该盆地发育早白垩世和古近纪两期裂谷，晚白垩世裂陷作用不明显。早白垩世为被动裂谷，古近纪为主动裂谷。主力烃源岩为早白垩世被动裂谷期形成的湖相泥岩。盆地具有以下油气成藏条件：（1）早白垩世和始新世—渐新世的强烈裂陷阶段分别形成了厚层烃源岩和大套稳定的泥岩盖层；（2）下白垩统烃源岩成熟期和充注期晚，为古近系成藏组合提供了充足的油源；（3）上白垩统地层砂/泥比高，缺乏区域盖层，古近系为主要成藏组合；（4）后期裂谷的叠置使得早期的背斜构造破碎成若干断块，大大降低了早期裂谷层序形成油田的规模；（5）后期活化的断层为油气垂向长距离运移提供了通道。

由此建立了"早期低地温导致早白垩世烃源岩生烃时间持续到古近纪，古近纪强烈裂陷形成稳定区域盖层，深部油气沿活化断层长距离运移至古近系"的跨世代油气成藏模式（图3-8），指导了盆地北部凹陷Palogue世界级油田的发现。

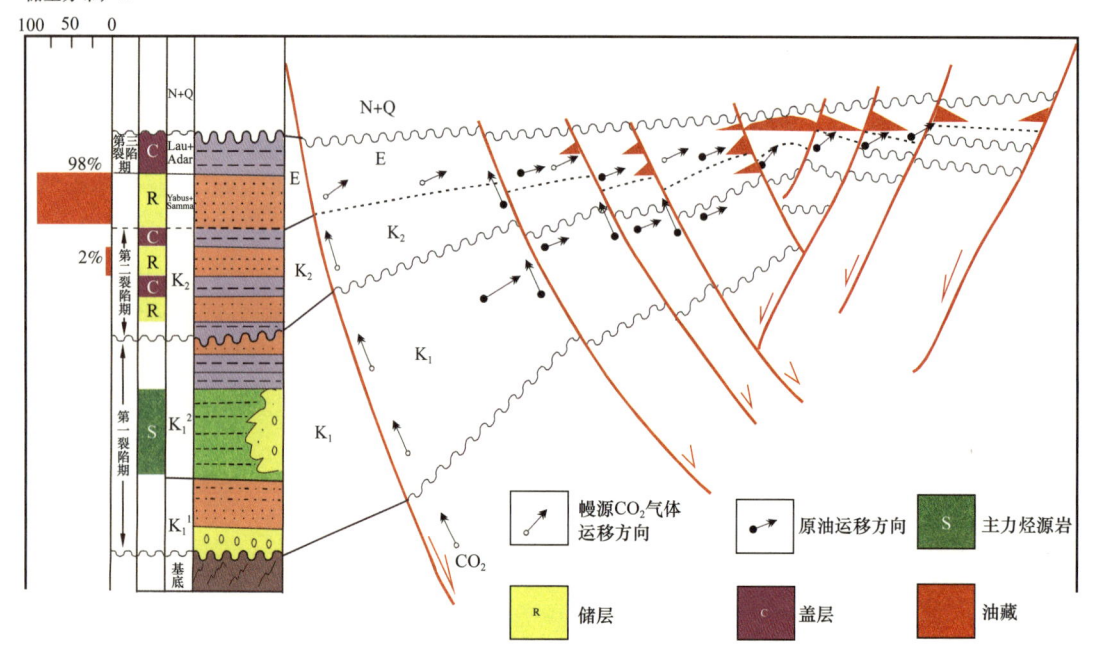

图3-8　南苏丹迈卢特盆地跨世代油气成藏模式

3. 尼日尔海陆叠合裂谷油气成藏模式

1）烃源岩认识

尼日尔特米特盆地是典型的叠合型裂谷，发育早白垩世和古近纪两期裂谷。其中在早期裂谷坳陷期遭受大规模海侵，地层剖面上呈特殊的陆相—海相—陆相的叠覆关系。前作业者虽然认识到晚白垩世海相泥页岩为盆地的主力烃源岩，但预测的生烃灶范围仅局限在盆地西侧的沉降中心，以传统的"源控论"认识和"定凹选带"勘探思路，围绕预测的严重缩小化的"生烃灶"寻找背斜背景构造进行勘探部署，投入3.5亿美元钻探井19口，仅发现7个小规模的含油气构造，达不到经济门槛最终选择放弃。

基于盆地构造地质建模、构造演化史分析和岩相古地理研究，揭示盆地早白垩世强烈断陷（陆相），晚白垩世持续热收缩沉降，大规模海侵形成统一陆表海盆，晚期开始整体抬升，逐渐过渡为陆相环境。始新世末期—渐新世中期盆地再次发生强烈断陷，上新世以来整体进入坳陷期。白垩纪裂谷—坳陷的分布范围明显大于古近纪叠置裂谷，是盆地显著的地质特征。其中，晚白垩世坳陷期海相泥岩经样品地球化学分析、油源对比和盆地模拟研究，确认为盆地主力烃源岩，其有机碳含量高、类型以Ⅱ$_2$—Ⅲ型为主，渐新世末期进入成熟门限。该烃源岩在盆地范围内广泛分布，且因有机质以陆源输入为主，靠近盆地边缘的地区有机丰度反而更高。因此盆地表现出明显的"大生烃灶"特征，古近纪陆相裂谷全部位于白垩纪海相生烃灶范围内，其中发育的圈闭具有优越的油源条件，可以形成"满凹含油"的局面，因而可在全盆地范围内开展圈闭评价。

2）主力成藏组合认识

前作业者对盆地古近纪叠置裂谷主力成藏组合及油气输导体系等的控制作用缺乏认识，导致油气成藏主控因素认识不清。借鉴苏丹勘探经验，认为白垩系储盖组合是盆地主力成藏组合，古近系即使有油气发现，也难以形成规模。

基于层序地层学研究，提出主力成藏组合为古近纪裂陷层序，早期裂谷对其具有明显的控制作用。早白垩世陆相裂谷层系在本区埋藏深，非主要勘探层系；晚白垩世海进期发育巨厚的泥岩，砂岩以薄互层或夹层为主，缺乏规模储层；海退期盆地整体抬升，准平原化，虽发育广泛分布的巨厚辫状河砂岩，但其顶部缺乏有效盖层。古近纪叠置裂谷初陷期三角洲平原河道砂体及三角洲前缘分流河道砂体发育，储层规模大、物性好，受盆地东西两侧物源控制广泛分布，与裂谷深陷期发育的区域泥岩盖层可以有效配置形成主力成藏组合。该成藏组合砂体沿准平原化斜坡注入，受古近纪叠置裂谷边界断层控制，形成断坡控砂局面。优势砂体分布在活动强、断距大的断层下降盘。断裂和砂体有效配置构成油源输导体系，油气垂向运移的主要通道是沟通油源的深大断裂，横向运移则经由次级小断层和砂体接力完成。断距越大，含油层段相对越多，油气在区域盖层的遮挡下形成有序分布。

由此建立了"早期裂谷坳陷期大范围海相烃源岩控源，叠置裂谷初陷期控砂、深陷期区域泥岩盖层控油气分布，断层断距和砂体有效配置控藏"的海陆叠合裂谷油气成藏模式（图3-9）。指导全盆勘探，在盆地东部、中部和南部甩开勘探发现3个亿吨级含油区带，在盆地西部快速落实5个千万吨级油田。

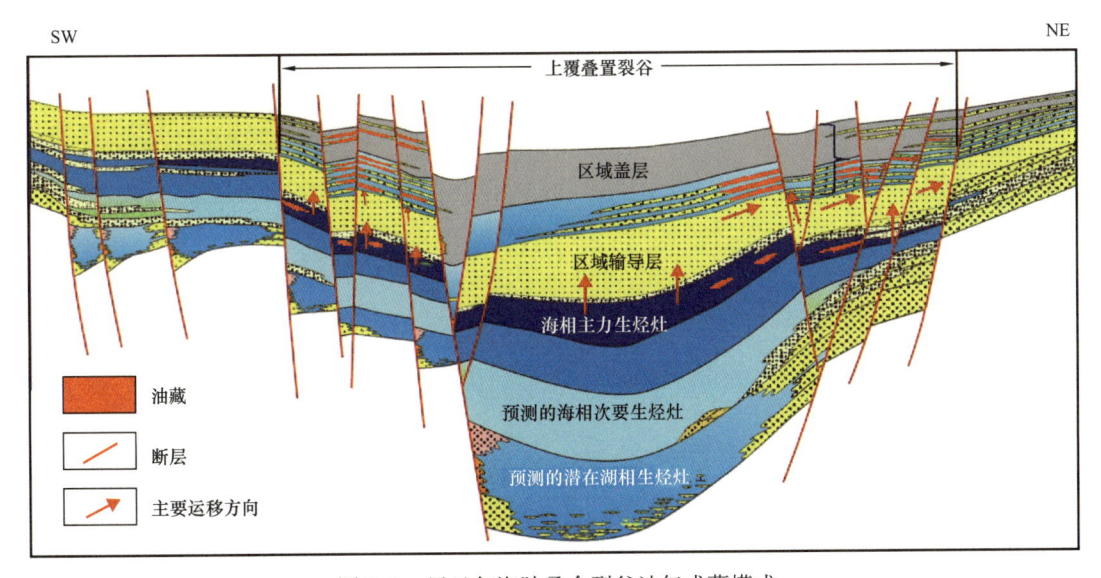

图 3-9 尼日尔海陆叠合裂谷油气成藏模式

4. 乍得邦戈尔盆地反转残留凹陷油气成藏模式

邦戈尔盆地是中非裂谷系中—新生代陆内裂谷，也是中国石油乍得探区唯一相对完整的盆地。该盆地由于强烈反转，仅保留裂陷层系。前人认为上部层系后期破坏严重，缺乏区域盖层；而下部层系埋深大，缺少有效储层，勘探潜力不大。围绕主凹"凹中隆"钻探井8口，仅3口井发现上部小规模稠油/超稠油油藏，单井产能低，因无效益而放弃。

在原型盆地恢复、古地理重建、层序地层学、成岩作用和有机地球化学研究基础上,发现东北部残留凹陷反转剥蚀量最大,其原始沉积范围远超现今地层分布面积,且裂陷期沉积地层保留完整。其深陷期泥岩单层厚度大、有机质丰度高、类型以 II_1 型为主,热演化程度高,因反转导致生烃门限变浅,是盆地内的优质烃源岩,成熟烃源岩分布面积是前人认识的 2.5 倍。盆地以下白垩统 M 组泥岩为界分为上下两套成藏组合。盆地北部斜坡带残留凹陷下组合具备良好的储层条件,其中发育的扇三角洲/近岸水下扇砂体,平面延伸长、纵向厚度大,与深陷期泥岩共生,原生孔隙发育。晚白垩世强烈反转形成断层复杂化的大型反转背斜构造,控隆断层是油气运移通道,古隆起及其两翼为油气的优势聚集区,为构造及岩性地层圈闭规模成藏提供了有利条件。

由此建立了"反转控制构造成型、初始裂陷源储共生、水下扇/(扇)三角洲控砂、古隆/断层控藏、深层/潜山富油"的反转残留凹陷油气成藏模式(图3-10),围绕盆地东北部残留凹陷下组合开展大规模风险勘探,提出"立足古隆、深挖两翼"的勘探策略,打破前人"凹中隆"勘探思路和"油稠"困局,指导发现3个亿吨级超高丰度高产稀油油田和多个高丰度中小型油田,实现了五大基岩潜山的勘探突破。

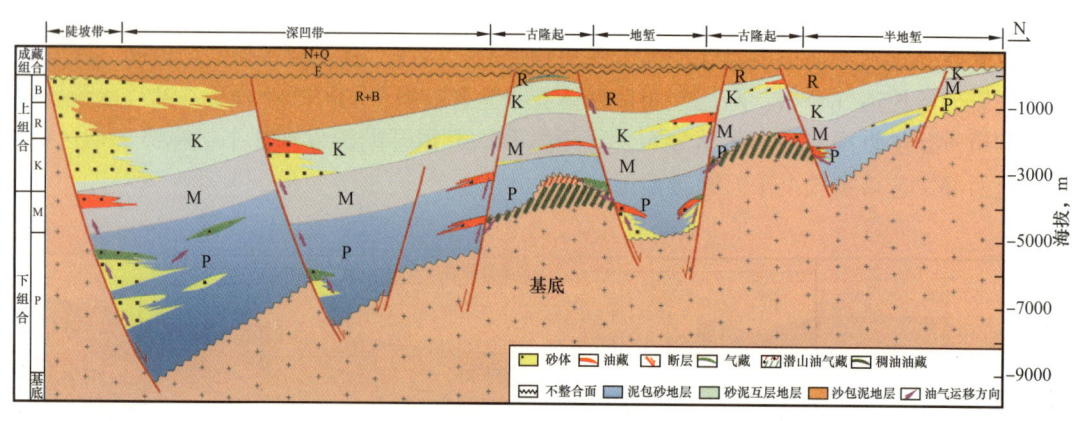

图 3-10 乍得邦戈尔盆地反转残留凹陷油气成藏模式

二、油气分布规律

1. 平面分布规律

1)中非裂谷系油气相对富集

受中非剪切带控制作用的差异性,中西非裂谷系可以分为中非裂谷系和西非裂谷系。中非裂谷系包括穆格莱德、迈卢特、多巴和邦戈尔盆地;西非裂谷系包括特米特和乍得湖等盆地。截至 2016 年底,在中西非裂谷系已发现油气可采储量超过 $10×10^8t$ 油当量。其中中非裂谷系占 86.4%,主要分布在三个大型盆地中,穆格莱德盆地占 39%,迈卢特盆地占 18%,邦戈尔盆地占 16%;西非裂谷系占 13.6%,大部分油气分布在尼日尔的特米特盆地内。

2)大油气田主要分布在中非裂谷系中

中西非裂谷系发现可采储量超过 $1500×10^4t$ 大中型油气田有 12 个。其中 11 个位于中非裂谷系,它们的储量占中非裂谷系总发现储量的 57%;在西非裂谷系中仅发现 1 个大中型油田,其余均为规模小的油田。

2. 纵向分布规律

中西非裂谷系经历了早白垩世、晚白垩世和古近纪三期裂谷旋回，形成了2个含油气系统和3套成藏组合。即中非裂谷系以下白垩统湖相烃源岩为主的下白垩统—古近系含油气系统和西非裂谷系以上白垩统海相烃源岩为主的上白垩统—古近系含油气系统，3套成藏组合主要为下白垩统、上白垩统和古近系组合。

后期叠置裂谷的发育强度控制主力成藏组合的分布。远离中非剪切带的盆地（迈卢特和特米特）发育早白垩世和古近纪两期裂陷作用，以古近系成藏组合为主；靠近中非剪切带盆地（穆格莱德中南部、多巴和多赛欧）发育三期裂陷作用，早白垩世和晚白垩世裂陷作用均较强，以上白垩统成藏组合为主；位于中非剪切带内的盆地（邦戈尔）只保留了早白垩世的裂陷沉积，晚白垩世地层被剥蚀殆尽，主力成藏组合为下白垩统。

3. 油藏类型及其分布

1）构造油气藏主要平行于构造带呈条带状分布

被动裂谷盆地的边界断层和凹陷呈雁行状排列，这样的构造结构易于发育翘倾断块。在翘倾断块中，反向断块对于油气聚集具有得天独厚的优势。首先是在反向断块两侧均发育沟通油源的大断层，可以双向为此类圈闭供油；其次是侧向封堵条件好，大断层使断层两侧的砂泥对接形成封堵，油气易于保存。穆格莱德盆地已经证实的油气富集带基本上平行于构造带，呈近南北走向带状分布。究其原因，主要是断层上下两盘沉积物的载荷不同形成基底翘倾，大量反向断块在此发育，并聚集成藏。

2）岩性油气藏在反转裂谷盆地内发育

构造圈闭在中西非裂谷系扮演着举足轻重的角色，但是随着构造圈闭勘探程度越来越高，未来勘探目标将会逐步向岩性等圈闭转移。截至目前，仅在邦戈尔盆地发现了规模的岩性油气藏。由于邦戈尔盆地在晚白垩世遭受构造反转，仅保留早白垩世地层，早白垩世同裂谷期发育砂泥互层，砂岩埋藏适中，有利于岩性油气藏的形成。而其他盆地多以小型构造—岩性油藏为主，未形成规模突破。

3）潜山油藏的主控因素是其储层发育程度

中西非裂谷系盆地被动裂谷时期形成了优质烃源岩，有些地区可直接覆盖在前裂谷期基岩上，为基岩潜山成藏创造了良好的油源条件，但基岩储层物性是成藏的关键。在侏罗纪—白垩纪前，整个中西非地区为稳定克拉通，没有明显的构造活动，基本不发育沉积岩。盆地基岩为前寒武系花岗岩、花岗闪长岩或石英岩，如果没有经过后期改造，基岩很难形成有效储层。目前在迈卢特盆地和邦戈尔盆地潜山有规模油气发现，这些地区都经历后期强烈的构造抬升，基岩裂缝发育。

研究表明，乍得邦戈尔盆地基岩潜山储层纵向上可划分为四个带，即风化淋滤储层带、溶蚀缝洞型储层带、充填—半充填裂缝储层带和致密带，基底遭受了挤压抬升和风化淋滤的双重改造作用，储层条件较好；而穆格莱德和特米特盆地大部分地区基岩抬升剥蚀作用非常弱，钻井揭示出的基岩储层非常致密，裂缝不发育。

4. 烃类产出相态

目前中西非裂谷系的油气发现以油为主，天然气储量只占总发现油气储量的1.2%左右，且主要分布于西非裂谷系的特米特盆地和乍得湖盆地，其主要原因如下：

（1）中非裂谷系下白垩统烃源岩的干酪根类型（Ⅰ、Ⅱ型为主，少量Ⅲ型）决定了生油为主，生气为辅（主要为裂解气）；而西非裂谷系特米特盆地上白垩统烃源岩以Ⅱ—Ⅲ型为主，既可以生油也可以生气。

（2）被动裂陷盆地早期地温低，烃源岩生烃时间晚，持续时间长，盆地烃源岩大部分仍处于生油阶段。

第四节　被动裂谷盆地油气勘探技术

在中国石油进入中西非裂谷系勘探之初，该区具有盆地/凹陷多、勘探程度低以及断块多且破碎的特点。针对低勘探程度区，重点开展了盆地/凹陷快速筛选与评价；针对复杂构造区，重点加强了断块梳理，并逐步从构造油气藏勘探向岩性油气藏和潜山油气藏勘探领域延伸；针对低电阻率油气层，从测井、录井和测试三方面入手，研究其成因机理，并形成了相应的勘探配套技术。与国内裂谷盆地勘探技术相比，部分技术具有其特殊性，技术也有所发展和延伸，这些技术在中西非裂谷盆地油气勘探中起到了重要的支撑作用，取得勘探成效显著。

一、低勘探程度裂谷盆地快速评价技术

1. 低勘探程度裂谷盆地结构分析技术

运用盆地的规模大小、几何形态及其剖面结构、盆地断陷层与坳陷层厚度关系等参数快速预测低勘探程度盆地的含油气前景。

通过国内外70多个成熟裂谷盆地的盆地几何学和断坳结构类比，发现裂谷盆地几何学参数和断坳结构与油气资源潜力关系密切，类比参数包括盆地长、宽、深度、面积和几何形态、断陷/坳陷构造层发育规模与配置等，建立盆地/凹陷油气资源指数拟合公式：

$$Z = 8x + 1169000 \bigg/ \left\{ 1 + \left[(y - 2.756) \, 0.0024466 \right]^2 \right\} - 100 \qquad (3\text{-}1)$$

式中　Z——盆地/凹陷油气资源指数；
　　　x——盆地/凹陷规模系数；
　　　y——盆地/凹陷长宽比。

其中，

$$盆地/凹陷规模系数(x) = \frac{2秒以下沉积地层面积 \times 最大沉积地层深度 \times 断陷层厚度}{1000 \times 总地层厚度}$$

运用该方法在中西非被动裂谷盆地41个凹陷进行验证，符合率达85.7%。

2. 低勘探程度裂谷盆地烃源岩快速识别技术

低勘探程度盆地钻井少、地球化学分析样品有限，采用单一的钻井评价往往造成分析结果的局限性，因此必须综合利用各种方法快速预测和评价烃源岩。经过多年实践，形成了集地震、录井和测井资料及有限的地球化学分析资料为一体的快速评价烃源岩的方法与

流程（图3-11）。测井资料采用声波测井和电阻率测井资料的 $\Delta \log R$ 方法计算测井泥岩段的总有机碳（TOC）含量；地震方面运用地震反射特征和地震属性识别烃源岩，结合地温梯度及地层埋深，推测有效烃源岩的存在范围；录井方面，建立气测值与烃源岩丰度、成熟度乃至生烃潜力之间的关系，在勘探早期快速评价烃源岩。

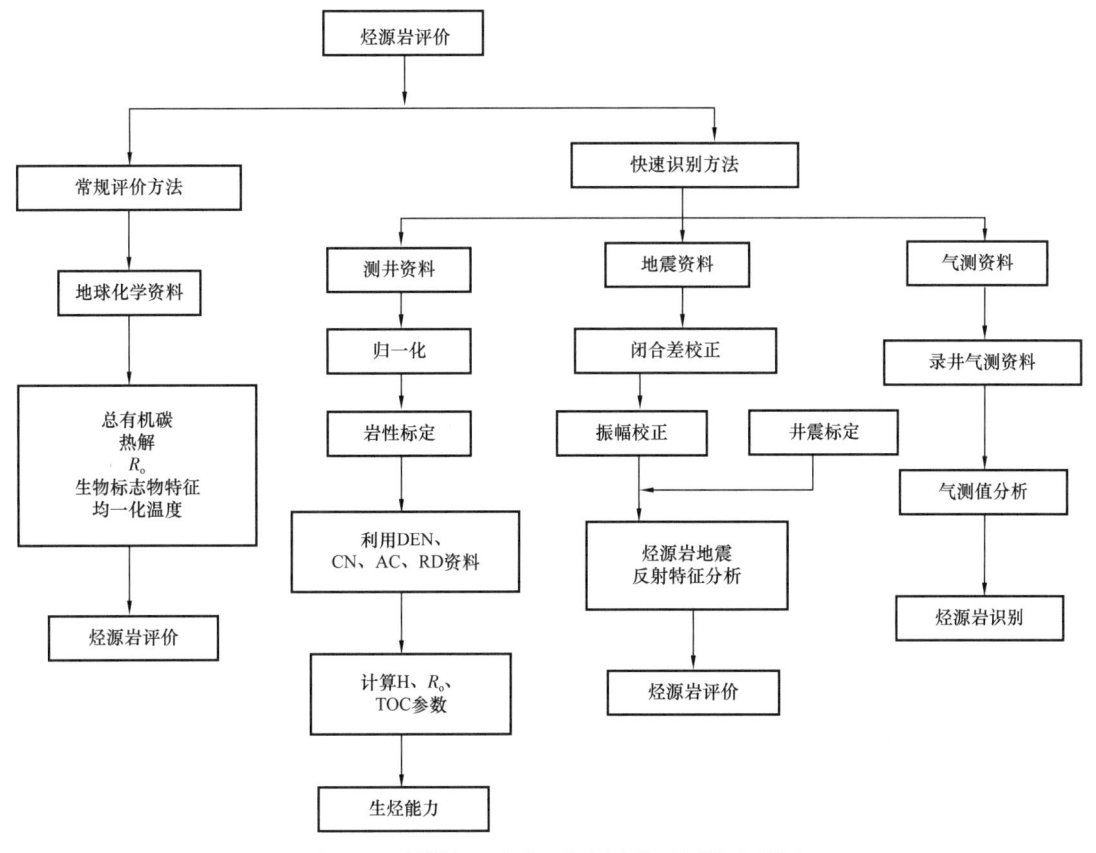

图3-11 低勘探程度盆地烃源岩快速评价流程图

3. 低勘探程度裂谷盆地成藏组合快速评价技术

低勘探程度盆地成藏组合快速评价的核心思想就是在短时间内寻找出最有利的储盖组合及区带，其研究方法通常以区域盖层为界进行划分。成藏组合边界确定后首先需要对储层进行评价，主要包括储集体分布预测、储层的总厚度和单层厚度预测及储层质量预测。盖层评价是成藏组合评价的另一项主要内容，主要涉及盖层的几何形态、封盖连续性、封盖能力、盖层的时空有效性评价和盖层的综合封闭能力与有利保存区评价等，但这种评价往往会受到资料的限制。为此，在低勘探程度区，需要转变思路，寻找出一种更为通用并有效的评价方法。首先，利用有限的地震剖面和测井资料，确定盖层在纵向上的分布范围；之后，利用测井资料，确定盆地内储层分布的埋藏深度下限。则盖层与储层埋深下限之间是有利储盖组合分布的范围，是未来勘探的主要区带（图3-12）。因此，烃源岩评价技术、盖层评价技术和储层经济下限分析技术是低勘探程度盆地成藏组合快速评价的核心。

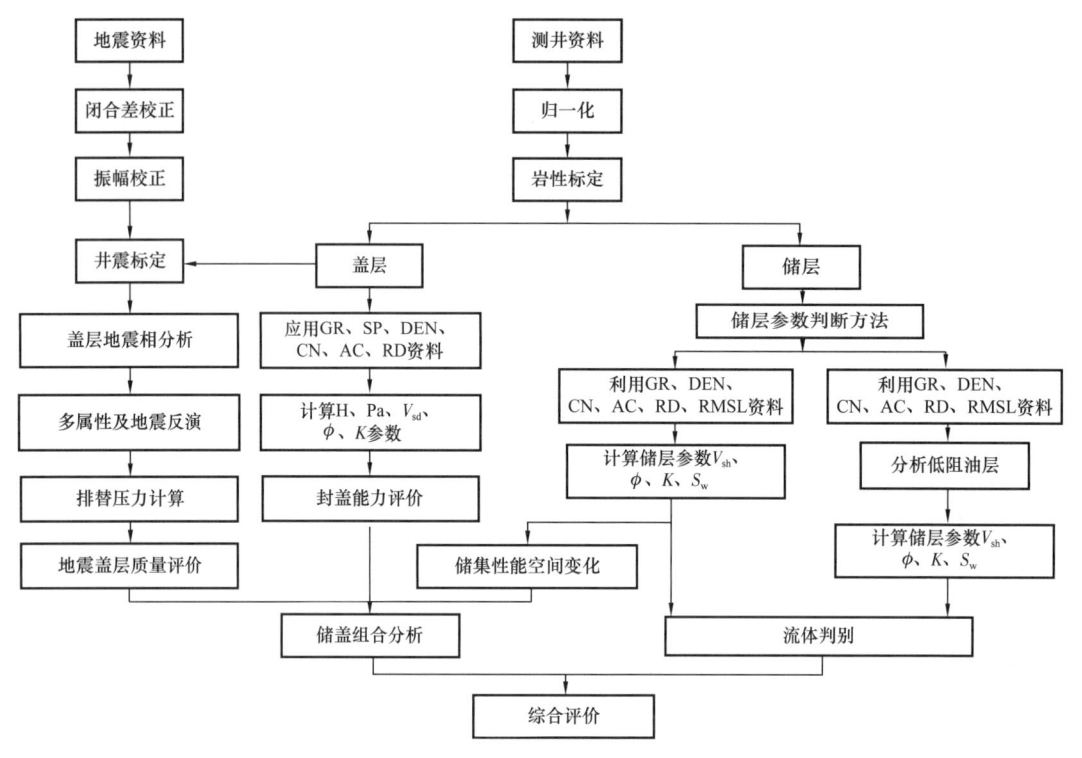

图 3-12　低勘探程度裂谷盆地成藏组合快速评价技术流程图

4. 低勘探程度裂谷盆地规模目标快速筛选技术

寻找规模目标，尽早取得经济效益是海外项目勘探的主要目标，但海外项目勘探工作除了受资料限制外，还受到时效性限制和虚假资料的干扰。海外项目勘探期一般 3～5 年，部分项目可延期至 10 年，不同阶段结束后多需退地 25%～50% 不等，勘探期结束后除开发区以外的区块面积需全部退还。资料提供方出于自身利益的考虑，提供的资料往往都是经过包装，甚至是虚假和错误的信息，这就需要做到"去伪存真"，从有限的资料中尽量获得真实信息。为此，如何在最短的时间内、在较少的资料情况下实现海外低勘探程度盆地取得商业发现，规模目标快速筛选是关键。规模目标快速筛选分两步进行：首先是目标的初选，主要对解释的圈闭进行资料可靠程度和落实程度分析，筛选出落实程度较高的圈闭；其次是评价圈闭的地质风险，预测资源量，优选过程中除考虑常规的地质评价和风险分析之外，还要突出经济评价。具体的规模目标快速筛选流程如图 3-13 所示。

5. 低勘探程度裂谷盆地快速经济评价技术

海外油气勘探是一项高风险、高投入的投资，由于对地质规律的认识和勘探技术的局限，即使对油气勘探项目进行了科学严密的论证，在评价和实施过程中也可能出现难以预测的情况。尤其是低勘探程度裂谷盆地，由于其地质评价和经济评价参数的不确定性以及不同合同模式的影响，都将直接影响项目的评价结果或经济效益。

油气勘探项目经济评价的方法主要有折现现金流法（也称净现值法）、实物期权法、勘查费用法、级差地租法等，目前应用最为广泛、最具可操作性的是折现现金流法。折现现金流法（也称净现值法）通过计算油气勘探项目的净现值、内部收益率、投资回收期等指标来判断项目的可行性，并以此为基础提供决策指标和决策依据。

在评价勘探项目在经济上是否可行时：若NPV≥0，则项目可行；NPV<0，项目不可行；若NPV=0，投资者只能获得最低期望的收益。NPV的经济意义是表示投资者投资于某项目所获得的超额收益。

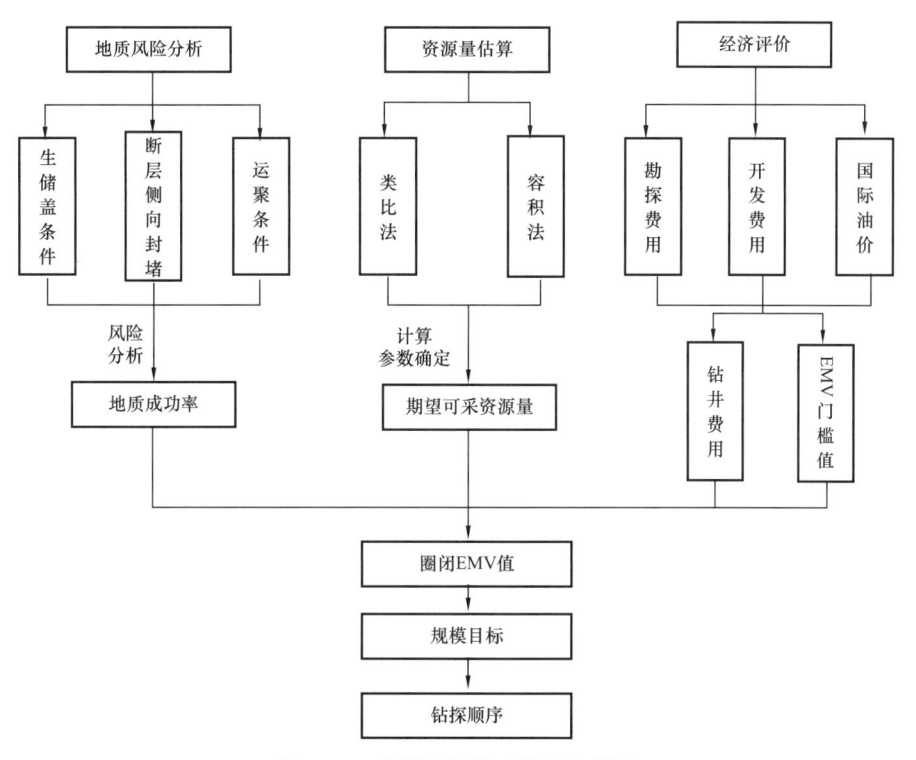

图3-13 规模目标快速筛选流程图

二、低电阻率油气层测录试配套技术

1. 低电阻率油气层的测井识别方法

中西非裂谷盆地无论是已开发的油田，还是新发现的油田，均普遍存在低电阻率油气层，其成因复杂、类型多样。研究表明，中西非裂谷系各盆地低阻油气层主要的微观因素包括束缚水饱和度高、微孔隙发育、孔隙结构复杂、黏土矿物的阳离子交换作用；主要的宏观因素包括薄砂层（砂泥岩薄互层）、钻井液侵入、低幅度油气藏。本区低阻油气层的形成是上述微观和宏观多种因素共同作用的结果。基于低电阻率油气层测井响应和成因机理研究，提出了不同成因类型低电阻率油气层的流体识别方法。

1）高束缚水饱和度高引起的低电阻率油气层识别方法

针对复杂孔隙结构导致的低电阻率油气层，提出了RDSP识别法，即RDS-ϕ交会图法。该方法是对LLD-ϕ交会图的有效补充，当RDS大于1.15时为水层，RDS不大于1.15时为油层，该方法在迈卢特盆地Adar-Yale油田的低阻油气层识别中明显好于传统的LLD-ϕ交会图法。

根据研究区试油、测井及毛细管压力等资料，提出改进的Pickett图版法。该方法利用深电阻率与孔隙度的交会图以及毛细管压力曲线得到的每个油水层自由水界面以上的地层高度，将其集成到Pickett图版中，从而达到识别储层流体的目的。油层电阻率的高低不仅取决于孔隙度的大小，还取决于所处的自由水界面以上的高度，如果一个油层所处的位置距自由水界面越高，且孔隙度越高，含油饱和度越高，电阻率就越大。

针对颗粒细、泥质含量高导致的低阻油层，利用电阻率和自然伽马交会图与补偿中子和自然伽马交会图能够有效识别。通过对特米特盆地岩屑分析粒度中值和自然伽马值对应关系的分析，发现粒度中值与自然伽马测井值成负相关，粒度越细自然伽马值越高。结合对低阻油层测井曲线敏感性分析结果，储层中自然伽马曲线与深电阻率曲线之间存在着一定的关系。针对此类油气层，细分小层建立测井响应敏感的电阻率与自然伽马交会图能够有效被识别。此外，随着岩石颗粒变细、泥质含量的增加，气层在测井、录井资料中的响应特征不再明显，中子、密度值越来越大，中子—密度挖掘效应逐渐减弱，定性识别较为困难，补偿中子（NPHI）与自然伽马（GR）交会图可以有效地评价这类低阻气层。

2）咸水钻井液侵入引起的低电阻率油气层识别方法

由于咸水钻井液侵入型低阻油层主要发生在岩性纯、物性好的储层中。测井响应表现为低自然伽马、低电阻率值，与相同岩性、物性的水层特征相似，但自然电位幅度值小于邻近相同物性的水层。利用这类低阻油层的测井响应特征，分油田、分层组建立的深电阻率与静自然电位交会图可明显识别。

FMT（MDT）资料识别法就是利用电缆地层测试（FMT、MDT）获取的压力数据点估计地层压力、油/气接触面、油/水接触面、气/水接触面，建立地层压力数据与深度的压力曲线。根据其压力梯度变化情况，利用压力梯度与流体密度的计算公式得到地层流体密度，进而判断油层、气层、水层。在苏丹、尼日尔各油田中应用压力梯度识别油水界面，识别咸水钻井液侵入型低阻油层效果显著。

薄砂层导致的低电阻率油气层储层本身的电阻率并不低，由于常规测井仪测量电阻率值是储层及围岩电阻率的综合响应，泥质围岩影响而导致油气层测量电阻率大大降低，得到的并非是地层的真电阻率，而是视电阻率。油层越薄，围岩影响越大，视电阻率越低。对于这类低阻油气层识别，重点是求取地层真电阻率。一是通过阵列感应等技术的应用测量到储层真实的电阻率值；二是对地层的视电阻率进行围岩校正以获得地层真电阻率。利用地层真电阻率与其他测井曲线建立各种交会图，能够有效识别此类油层。其中，低阻薄层电阻率校正是利用微电阻率的纵向分辨率，深电阻率的横向分辨率互相匹配，求取油层真电阻率。

2. 低电阻率油气层的录井、气测识别方法

1）低电阻率油气层录井识别方法

常规荧光录井资料解释方法，主要是在使用荧光资料评价油气储层时，将荧光定性描述进行量化处理，生成表征油气显示级别的综合指数GEOFI，借此综合反映单井含烃丰度的变化。定性描述量化处理依据表3-3进行，根据表中的对应关系，将含油面积、直接荧光、溶剂荧光产状等几项数值化的原始值与分值之间建立数学关系，进行计算。

表 3-3 常规荧光录井定性描述资料量化处理分值表

分值	油味	自然光下的描述			紫外光下的描述			溶剂荧光描述	残余油描述
		含油岩屑比例	含油性描述	原油颜色	荧光岩屑比例	荧光颜色	荧光强度	溶剂荧光产状	
0	无	0	无可见油	—	0	—	—	—	无
1	—	3%	痕量		3%	棕色	很弱	慢速溪流状扩散	痕量
2		5%		黑色	5%	橙棕色	弱		
3	淡	10%	星点状	深棕	10%	橙色		中速溪流状扩散	薄环状
4	—	20%		棕色	20%	金色	中等		中等环状
5		30%	斑状分布	浅棕	30%	黄色		快速溪流状扩散	良环状
6	—	40%		黄棕	40%	浅黄	中等—强	慢速开花状扩散	厚环状
7	中等	50%	带状分布	棕黄	50%	奶黄			
8	—	60%		黄	60%	黄白色	强	中速开花状扩散	薄膜状
9	—	70%	片状分布		70%	白色			
10	强	80%		浅黄	80%	蓝色	很强	快速开花状扩散	厚膜状
11		90%			90%				
12	—	100%	均匀分布	透明	100%			瞬间开花状扩散	

注：颜色和强度参照紫外光下的描述。

气测综合指数解释评价方法是根据气测检测的 C_1、C_2、C_3、iC_4、nC_4、iC_5 和 nC_5 等烃类参数，定义并计算出 I_1[9]，称为气测综合指数。结合中西非裂谷系气测资料的情况，气测综合指数 I_1 能够有效表征油品性质。

$$I_1 = \frac{C_1}{C_1 + C_2 + C_3 + C_4 + C_5} \qquad (3-2)$$

通过参考国内外关于轻烃解释的文献以及研究区内的实践数据资料，I_1 划分流体性质的原则为：$I_1 > 99.5\%$ 为极干气；$82.5\% < I_1 < 99.5\%$ 为天然气；$75\% < I_1 < 82.5\%$ 为轻质油；$67.5\% < I_1 < 75\%$ 为中质油；$60\% < I_1 < 67.5\%$ 为重质油。

改进的 Pixler 法是根据气测检测的 C_1、C_2、C_3、C_4 和 C_5 等烃类参数，将 Pixler 图版的解释定义储层性质表征指数——Ip 系列指数。根据试油资料建立识别油层、水层判断原则为：当 Ip_1、Ip_2、Ip_3 不小于 0，为油层；当 Ip_1、Ip_2、Ip_3 小于 0，为含水层、非产层。

2）测井、录井、气测资料综合识别方法

该方法采用气测总烃 TG 与荧光录井油气显示级别综合指数 GEOFI、深电阻率 RT 与荧光录井油气显示级别综合指数 GEOFI、气测总烃 TG 与钻时 ROP、气体比值 I_1 与气测总烃 TG 等多种交会图进行综合识别低阻油气层的方法。该方法可以消除实测资料受油气藏性质、钻井条件、人的经验等多种因素的影响导致录井、气测资料井与井之间差异较大，在非洲地区的勘探开发中得到了广泛应用，并取得了良好的应用效果。

3. 试油配套技术

复杂油质砂岩油藏试油技术包括试油测试技术及其配套技术。在试油过程中可能出现稠油、常规油、高凝油或凝析气，因此复杂油质砂岩油藏的基本测试方法如下：对于稠油出砂油藏，采用射孔、测试、PCP 求产联作工艺技术；对于正常油，采用射孔、测试、ESP 求产联作工艺技术；对于能自喷的高产油层和凝析气藏，采用 APR+TCP 联作工艺技术。

1）稠油出砂油藏低阻油层射孔、测试、PCP 求产联作工艺技术

射孔、测试、PCP 求产联作工艺技术主要适用于一定深度下的稠油和出砂地层。其主要优点在于可减少作业时间、降低多次压井造成的储层污染，提高作业实效。现场实施存在两种情况：联作或分开测试。PCP（Pipe Convey Pump）泵实际上就是螺杆泵，按驱动方式分为电动潜油螺杆泵和地面驱动井下螺杆泵。它是一种容积泵，没有阀件和复杂的油流通道，油流扰动小，排量均匀，受气体影响小，而且液体中的砂粒和杂质不易沉积，最适合于开采高黏度油和含砂、含气量大的原油。也适合于井斜小于 3° 的油井地面。此外，螺杆泵结构简单，易于管理，设备投资及安装费用少，单井地面设备投资约为抽油机的 1/2~1/3，节能效果显著，相同工况下的用电量约为有杆泵的一半。

乍得探区浅层主要是黏度从几十到几百厘泊的正常稠油，而地层胶结相对疏松，存在出砂倾向。采用螺杆泵排液求产的系统效率高，出砂不存在类似于电泵或抽油机卡泵的问题，是较适宜的试油人工举升方式。

2）正常油品低阻油层射孔、测试、ESP 求产联作工艺技术

射孔、测试、ESP 求产工艺技术主要适用于正常油，产量相对较高，但在试油过程中又无法自喷的井。潜油电泵排量大，在 $5\frac{1}{2}$in 套管中可达 698t/d，适应中高排液量、高凝油、定向井和中低黏度，扬程可达 2500m，具有井下工作寿命长、地面工艺简单、管理方便、经济效益明显等特点，是油田人工举升的重要手段之一。

潜油电泵工艺管柱主要由滑套、安全接头、扶正器及电子压力计、气液分离器、筛管等组成。为适应油井产量变化，同时保证电泵机组的平稳启动，每口电泵井配套一台变频调速器。

3）物性好、自喷能力强低阻油层 APR+TCP 联作工艺技术

为减少作业工序，降低施工成本，自喷井推荐采用射孔—测试—生产联作技术，射孔时下入自喷生产管柱下带射孔测试管柱，射孔、测试后投入自喷生产。"TCP+APR"的测试联作工艺技术适用于物性较好、自喷能力较强的复杂油质砂岩油藏的试油。其特点和优点在于适用于复杂井的测试（如含 H_2S、斜井、稠油井等），具有联合作业的简便、节约费用的特点，比常规工具安全、可靠。

三、复杂油气藏勘探配套技术

1. 复杂断块精细刻画技术

中西非裂谷盆地构造圈闭类型主要以反向断块为主,其次为顺向断块、断垒、断背斜和滚动背斜。中国石油自1996年陆续进入这些盆地勘探以来,在断块圈闭中发现的储量占总发现储量的80%以上。随着勘探程度的加深,断块油气藏勘探仍为该地区主要增储领域,但剩余断块具有"少、小、碎、深"的特点。为此提高断块圈闭刻画精度,尤其是小断层的识别精度是寻找这类油气藏的关键,对保障油田的稳产和增产具有重要的现实意义。

中西非裂谷系断裂发育、断层系统复杂,且断裂发育带地震成像差、分辨率低,断层解释与组合难。同时,由于断裂发育的复杂性和多期性、储层横向变化和断层封堵的差异性造成油水关系复杂,圈闭有效性评价难。为此,针对上述特点,"十一五"以来,重点开展了小断层的精细梳理,逐步形成了以构造导向滤波为基础,结合相干体、曲率、谱分解、能量差异滤波、蚂蚁追踪等技术为一体的复杂断块精细刻画技术。该技术通过构造导向滤波,沿地震反射界面的倾角和方位角,利用有效的滤波方法去除噪声,增加横向的连续性。在构造导向滤波基础上,依次开展相干体、曲率、蚂蚁追踪,在噪声消除后的地震剖面上,以识别不同级别的断层和裂缝发育带,可以有效提高断裂的识别精度(图3-14)。此外,在构造导向滤波与相干体、曲率和蚂蚁追踪分析基础上,针对性开展谱分解和能量差异滤波等属性计算,也可以将多种体属性组合或融合使用,进一步提高对微小断层的识别精度。

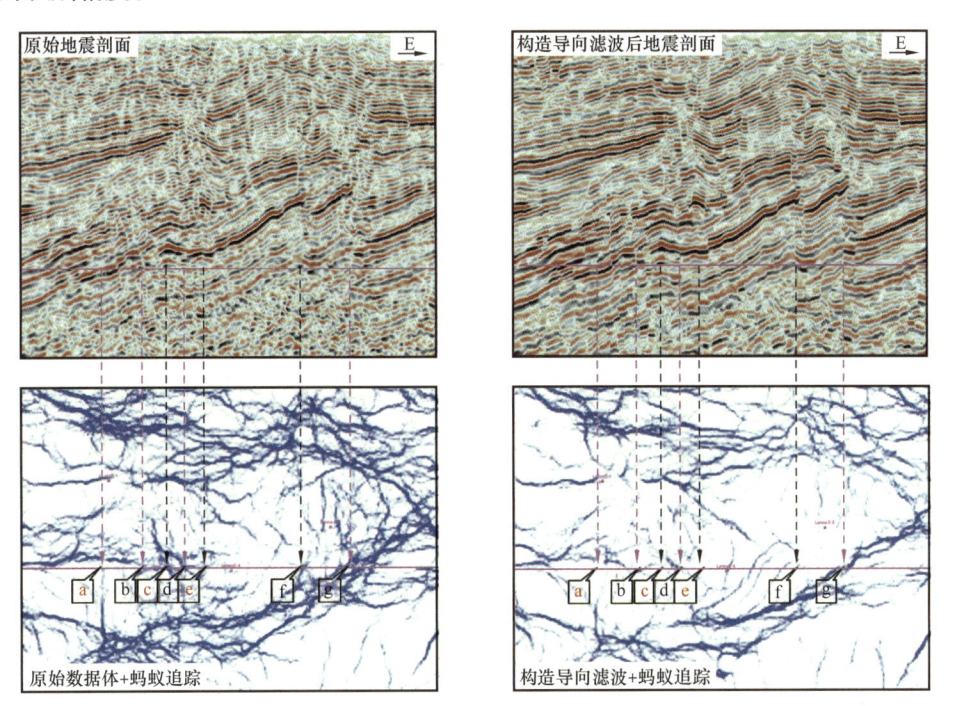

图3-14 构造导向滤波处理前后处理效果对比

2. 岩性圈闭勘探评价技术

岩性地层油气藏在国内已经成为成熟探区增储的重要来源。其探明储量占中国石油新增储量的50%以上，且已经形成了包含地质理论、评价方法、关键技术、软件系统四大部分为核心的岩性地层油气藏勘探评价技术。中国石油海外岩性地层圈闭勘探基本处于起步和探索阶段，除了在乍得邦戈尔盆地北部斜坡发现了Baobab岩性油气藏和五大基岩潜山油藏外，在南苏丹迈卢特盆地北部凹陷、苏丹穆格莱德盆地Fula凹陷均有少量发现。由于海外探区勘探期有限，早期的地震采集主要针对构造油气藏勘探进行部署，随着勘探目的层的加深，深层地震资料品质普遍偏差、信噪比偏低，而海外勘探的时效性又决定了很难按照国内的方式进行地震资料二次、三次采集。为此在中西非裂谷系针对低信噪比地震资料条件下，岩性地层圈闭勘探除了按照国内标准开展沉积背景分析、层序划分与对比、沉积相综合分析等内容外，重点针对储层预测方法开展了技术攻关，形成了针对性的储层预测关键技术。

针对低信噪比地震资料，形成了以"相带研究定方向、分频属性定靶点、储层反演定厚度、烃类检测定边界"的"四定"储层预测方法。首先，以地震波形分类为手段，针对主要目的层，初步筛选有利地震相带和沉积体系发育区，确定沉积体系的空间展布特征以及岩性目标的总体勘探方向。其次，针对筛选出来的主要沉积体，以频谱分解为工具，落实分流河道、河口坝、三角洲前缘等沉积微相分布范围，定性预测薄厚砂体在不同频率域的空间响应特征，分析不同砂体的厚度分布特征，初步确定目标的靶点位置。再次，以地质统计学等高分辨率地震反演为手段，定量预测储层分布范围，确定储层的发育厚度。最后，聚焦有利砂体，针对性开展流体活动性和烃类检测，预测优质储层的分布范围，确定流体的分布边界（图3-15）。综合运用上述方法，结合沉积背景分析与层序划分和对比，开展岩性地层油气藏目标优选与部署，在地震低信噪比地区，可以有效提高地震储层预测精度，丰富了岩性地层油气藏勘探技术手段，在中西非被动裂谷盆地取得了显著成效。

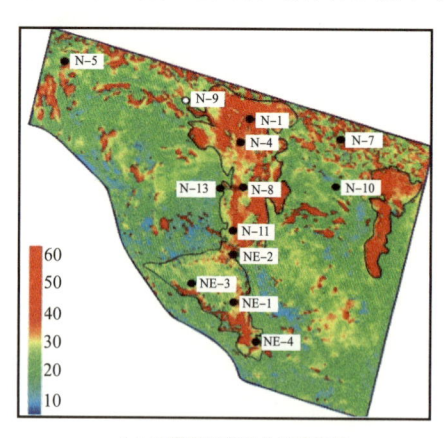

(a) MⅢ谱分解最大波峰频率　　　　(b) 油气检测技术预测

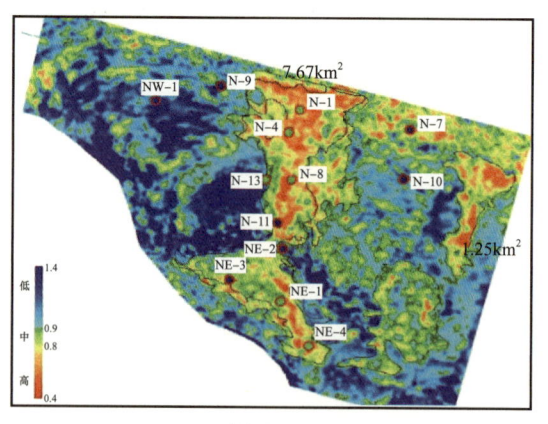

图3-15　乍得Baobab N三维地震区P组MⅢ砂层谱分解和油气检测技术预测图

3. 基岩潜山油气藏勘探评价技术

中西非裂谷系基底在400～600Ma前泛非运动时期形成，其岩性主要以花岗岩、花岗片麻岩和片麻岩为主，经历了古生界和中生界早期长达300Ma左右的风化，具有形成基岩潜山油气藏的基本条件。自 2008 年苏丹 3/7 区迈卢特盆地 Ruman 潜山取得发现以来，中西非裂谷系基岩潜山勘探逐步得到重视。2013 年 1 月在乍得邦戈尔盆地北部斜坡带东南 Lanea 潜山率先取得突破，开启了邦戈尔盆地基岩潜山油气藏勘探的序幕。中西非裂谷系基岩潜山勘探面临基底顶面和潜山内幕地震成像差、测井油气层评价难、潜山裂缝发育预测难等问题，"十二五"以来，以花岗岩潜山油气成藏模式研究为基础，针对"两宽一高"地震采集处理、花岗岩潜山测井评价、花岗岩潜山地震裂缝预测及有效性评价，形成了中西非裂谷系基岩潜山油气藏勘探评价技术。

通过"两宽一高"地震采集技术，获得了丰富保真的地震资料，经过宽频、OVT 域、各向异性等处理后得到高信噪比、高分辨率、高保真的三维地震数据体，提高了潜山顶面的成像精度和潜山内幕深层反射能量，提高了刻画潜山地质细节特征和内幕变化的能力。基于不同岩心薄片资料及测井响应特征，开展潜山测井岩性识别，建立岩性识别图版，综合评价潜山储层及裂缝发育情况。基于 OVT 域叠前地震道集处理与属性分析，结合花岗岩岩心及测井裂缝研究成果，开展叠前裂缝储层预测研究（图 3-16）。预测优势储层分布范围，指导花岗岩潜山目标优选和井位部署，提高花岗岩潜山勘探成功率。

(a)裂缝展布图　　　　　　　　　　　(b)裂缝强度图

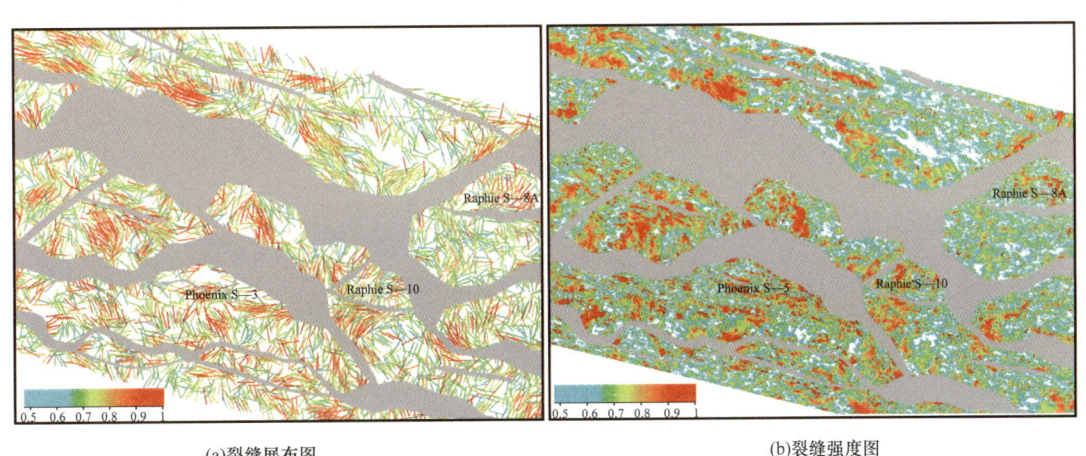

图 3-16　Phoenix 地区局部裂缝预测成果图

潜山顶面及往下 200m

第五节　中西非被动裂谷盆地油气勘探实践

中国石油在中西非被动裂谷盆地勘探取得的成就举世瞩目，然而勘探所走过的道路从来不是一帆风顺的，伴随的失望、摸索的艰辛、突破的喜悦才是主旋律！经过"十一五""十二五"两轮的科技攻关与勘探实践，中国石油的勘探工作者们才逐步理清了以苏丹穆格莱德盆地、南苏丹迈卢特和尼日尔特米特盆地为代表的叠合型裂谷和以乍得邦戈尔盆地为代表的反转残留裂谷的石油地质特征；创新建立了不同被动裂谷盆地油气成藏模式；攻关形成了被动裂谷盆地勘探配套技术；指导发现了南苏丹迈卢盆地 Palogue 世界级大油田、乍得邦戈尔盆地 3 个亿吨级油田和 5 大基岩潜山油田以及尼日尔特米特盆地 4 个亿吨级含油气区带，累计发现石油地质储量超过 30×10^8t，建成了 3300×10^4t 的年产能。为中国石油与非洲的油气合作做出了巨大的贡献。

一、南苏丹迈卢特盆地 Palogue 大油田快速发现

中国石油在迈卢特盆地的勘探历程几经周折,勘探理念几经转变,基于地质认识创新一举发现 Palogue 世界级大油田。其后通过北部凹陷的快速评价,进一步认清油气成藏规律,累计发现 15 个油田,探明地质储量 $8.7 \times 10^8 t$,最终形成了北部凹陷"满凹含油"的格局(图3-17)。

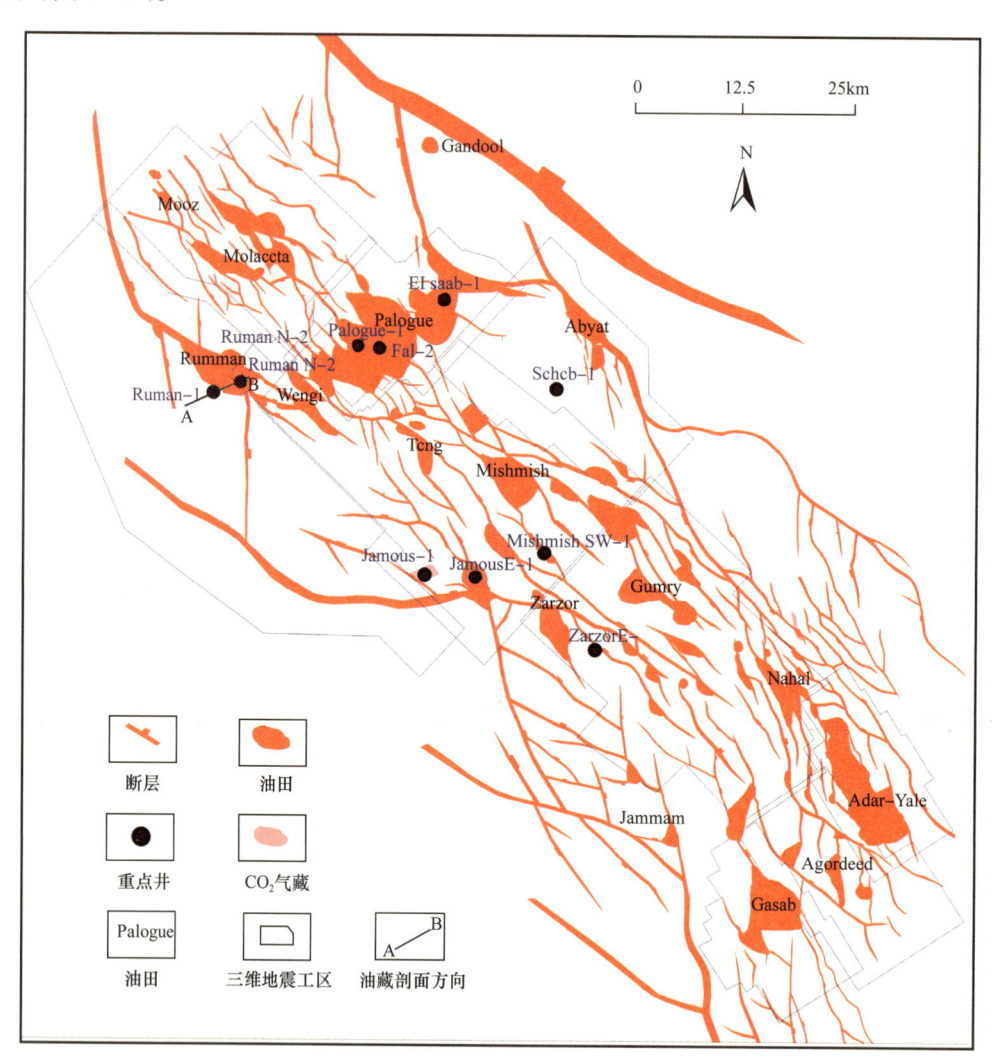

图 3-17 迈卢特盆地北部凹陷主要油田分布图

1. 借鉴穆格莱德盆地勘探经验

迈卢特盆地与穆格莱德盆地同属于中西非裂谷系,为同期形成的被动裂谷盆地。中国石油在苏丹穆格莱德盆地的勘探已经取得重要突破,并形成了一系列地质认识。借鉴这些地质认识,在迈卢特盆地勘探的初期阶段,勘探工作者们相信盆地早白垩世第一期断陷沉积的湖相泥岩是优质的烃源岩、晚白垩世坳陷期良好的储盖组合是勘探的主要目标、古近系储盖组合是次要的成藏组合。

为此，勘探部署上围绕已获发现的 Adar 油田，在"凹中隆"上探索白垩系、兼探古近系，发现了 Agordeed 油田。虽然白垩系和古近系均有测试出油，但探明地质储量仅 1800×10^4t。后续围绕 Agordeed 油田和前作业者发现的 Adar 油田钻探 5 口探井，均告失利，勘探一度陷入僵局。钻后分析认为失利的主要原因是构造不在油气运移的主要路径上，且白垩系目的层储层薄、物性差，难以形成规模聚集。摆在勘探工作者面前的问题，是主力凹陷不清、主力成藏组合不清（究竟是白垩系还是古近系）、有利成藏带不清。开展了迈卢特盆地和穆格莱德盆地地质差异性对比研究，重新评价迈卢特盆地的成藏条件和资源潜力，成为重开钻井之前必须补足的功课之一。

2. 跨世代成藏新认识指导勘探大发现

顺着石油地质综合研究的脉络，迈卢特盆地形成大油气藏的秘密被一层一层逐渐揭开。

1）北部凹陷是重点勘探区

盆地北部凹陷最大重力异常值为 –88mGal，南部凹陷为 –82mGal，明显高于其他凹陷（重力最大异常值 –60～–74mGal）。北部凹陷面积 3500km^2，南部凹陷面积 1300km^2，也明显大于其他凹陷（300～800km^2 不等）。据此明确北部凹陷和南部凹陷基底埋深大、沉积岩厚度大，是最有利的油气远景区。

地震剖面分析表明北部凹陷在白垩系中存在密集反射段，与中非剪切带内相邻的已知含油气盆地的生油岩反射特征相似，很可能存在白垩系烃源岩。该密集反射段埋藏深度大于 2s，考虑被动裂谷盆地早期地温梯度低的特点，液态烃的排烃期较晚，排烃高峰大约在古近系沉积之后，北部凹陷很可能是一个以液态烃产出为主的凹陷。Adar–Yale 油田和 Agordeed 油田的成藏条件分析也认为油源来自于北部凹陷。

鉴于南部凹陷的安全形势，北部凹陷确定为最有望取得勘探突破的地区，而凹陷的缓坡带是勘探的重点区带。

2）构造调节带和基岩隆起带是有利的油气聚集区

迈卢特盆地在白垩纪—古近纪受伸展—右旋走滑作用，不仅发育大规模的张性断裂构造，而且还发育大量伸展构造调节带。北部凹陷至少发育四个区域性构造调节带，以宽缓的斜向低凸起为特征。凹陷内部还存在基岩隆起带，是白垩纪早期或之前就已形成的长期继承性隆起带，后期沉积披覆于上，在剩余布格重力异常图和重力垂向一阶导数异常图上都有反映，如 Palogue 一带的鼻状基岩隆起。古近纪末期的构造反转作用使上述正向地形单元更有利于形成圈闭。构造调节带和基岩隆起带与生油洼陷相邻，是油气运聚的长期指向，因此是有利的成藏带。尤其是 Palogue 地区发育在大型基岩隆起背景之上的披覆背斜带，走向与盆地走向近垂直，其西侧、南侧和东侧三面紧邻生油洼陷，是油气运聚的最优势方向。

3）古近系 Adar 组—Yabus+Samma 组是一套优质的储盖组合

古近系 Adar 组泥岩厚度大、分布稳定，大套空白反射段特征易于全区追踪，构成了全盆地油气运移的唯一的区域屏障。其下伏的 Yabus+Samma 组砂岩尤其是 Yabus IV 砂组以下为高孔高渗或特高孔特高渗储层，孔隙度 22%～30%，渗透率几百至几千毫达西，成岩作用弱，埋藏浅，一般为 1000～2000m。而 Adar 组泥岩以下一直到白垩系疑似烃源岩的密集发射段，超过 1000m 的地层范围内，钻井所见一直以砂岩为主，少见像样的厚层泥岩。因此 Adar 组盖、Yabus-Samma 组储可能是迈卢特盆地最为理想的储盖组合，也即最主要的勘探的目的层。这与邻区穆格莱德盆地等中非裂谷系的主力储盖组合为上白垩统组合截然不同。产生这种现象的主要原因，在于穆格莱德盆地发育三期裂谷，其中晚白垩世裂谷深陷期发育了一套区域盖层，而迈卢特盆地晚白垩世这一期裂谷不发育，白垩系顶部缺乏盖层。前作业者美国雪佛龙公司发现的 Adar-Yale 油田以及早期发现的 Agordeed、Luil、Jobar 等小型油田，油气大多分布在 Adar 组—Yabus+Samma 组这套储盖组合内，但储量丰度较低，属于"边际油田"，这种现象可能掩盖了该套组合是主力成藏组合的事实。因此迈卢特盆地的勘探思路应据此做出重大的调整。

4）北部凹陷缓坡带发育大型辫状三角洲砂体

在 Adar 组—Yabus+Samma 组储盖组合内发现大规模经济储量的关键是寻找有利的储层发育带。迈卢特盆地在古近纪 Yabus+Samma 组沉积时期地形高差不大，湖平面浅，斜坡带缓，发育以辫状三角洲为主的沉积体系，地震上以丘状反射为特征，不具有明显的前积反射特征。同期盆地构造迁移性不强，周边物源相对固定，盆地缓坡带复合叠置了多个大型辫状三角洲沉积砂体，砂岩成分较单一。北部凹陷受共轭伸展作用和构造调节作用的影响，南北两侧缓坡带斜向对置。中南部的缓坡带位于西侧，由西向东辫状三角洲砂体逐渐变薄，Adar-Yale、Agordeed、Jobar 和 Luil 等小型油田基本上都位于砂体厚度变薄区；北部的缓坡带位于东北侧，正好位于 Palogue 地区的重力异常高上，具有沉积和构造的双重配置。因此，Palogue 地区发育的大型辫状三角洲砂体是寻找大型油气田有利区。

5）跨世代油气成藏模式

（1）两期裂谷控制主力烃源岩与区域盖层的发育。

裂谷盆地幕式活动的阶段性与活动强度直接控制着盆地沉积层序的发育。迈卢特盆地经历了两期裂谷—坳陷的叠置，分别是早白垩世裂谷、晚白垩世坳陷以及古近纪裂谷和新近纪坳陷。早白垩世裂谷期断裂活动幅度较大、基底持续差异沉降，物源供给充分，发育深湖相沉积体系，形成了沉积范围广阔的富含有机质的细粒沉积，为油气的生成提供了优越的烃源岩；晚白垩世坳陷期断裂活动强度相对较小，形成的烃源岩规模有限；古近系 Lau+Adar 组沉积时期为第二期裂谷深陷期，以悬浮沉积作用为主的湖相泥岩广泛发育，沉积持续时间较长，形成了大套稳定分布的泥岩，从而为油气藏提供了良好的区域盖层条件。

（2）下白垩统烃源岩生排烃期晚，为古近系成藏组合提供了充足的油源。

早白垩世裂谷期盆地岩浆活动较弱，地温梯度较低。与迈卢特盆地近邻的穆格莱德早白垩世地温梯度仅为 2.8℃/100m，推测迈卢特盆地早白垩世古地温梯度与之类似。由于地壳均衡作用的影响，上白垩统地温梯度有所增加，到古近系 Adar 组沉积时期，盆地岩浆活动剧烈，地温梯度增加，部分地区可达 4.0℃/100m 以上。这种古地温背景，使得下白垩统上段主力烃源岩成油期晚，生烃高峰期在古近纪 Adar 组沉积末期，此时正当第二期裂谷裂陷作用强烈期，油气沿着活化的断层大规模运移充注。油气生排烃高峰期与圈闭的定型期形成良好匹配。

（3）上白垩统地层砂/地比高，缺乏区域盖层。

古近系 Yabus+Samma 组优质砂岩储层与 Adar 组区域有效盖层的配置决定了盆地主力成藏组合在古近系。

盆地晚白垩世处于早白垩世的裂谷作用之后的坳陷沉降背景，裂陷作用不明显，上白垩统主要以砂泥互层沉积为主，缺乏区域分布的大套泥岩盖层。上白垩统地层砂泥比高：上段地层砂泥比最高达4.0，一般在2.0以上，代表了以砂岩为主夹薄层泥岩的岩性组合；下段地层砂泥比也在1.0左右，为砂岩和泥岩基本等厚互层的岩性组合。泥岩单层厚度一般为10～30m，而且分布不稳定，不能构成良好的区域盖层。

古近系Yabus组下段—Samma组沉积时期，盆地基本呈现坳陷型特征，地形高差不大，Yabus组下段—Samma组沉积缓慢，形成分选好、泥质含量低的块状砂岩，以特高孔特高渗及高孔高渗为主。始新世—渐新世的第二期裂谷，裂陷作用强烈，形成的Adar组厚层泥岩为Yabus组下段—Samma组优质储层提供了良好的区域盖层。这种构造和沉积特点决定了盆地的主力成藏组合为古近系，上白垩统内油气成藏条件较差，体现了后期叠置裂谷发育程度控制主力成藏组合发育层位的特点。

（4）两期裂谷的叠置使得早期构造破碎化，降低了白垩系油藏的规模。

古近纪的伸展和断裂作用使得早期的断裂持续活动，早白垩世裂谷与坳陷期形成的圈闭发生强烈改造，白垩系圈闭破碎，上白垩统以反向断块圈闭为主，不利于油气大规模的聚集。古近纪裂谷作用之后定型的圈闭更有利于油气藏的形成。

（5）后期活化的断层为油气垂向长距离运移提供了通道。

深层的烃源岩生成油气后，断层为油气的运移提供了良好的通道。古近纪裂谷作用不仅形成了一系列深大断层，同时还使白垩纪裂谷期和坳陷期形成的断层进一步活化开启，为油气运移提供了良好的通道，使得深层油气跨越上白垩统垂向运移进入古近系圈闭聚集成藏。

基于上述认识，建立了迈卢特盆地油气跨世代运聚的预测模式。其核心思想是：早白垩世裂谷控制烃源岩的发育，古近纪裂谷控制区域盖层的发育，被动裂谷盆地早期的低地温梯度使得烃源岩成熟晚，油气在区域盖层沉积之后，经两期裂谷作用形成的断裂系统垂向运移，跨越白垩系近1000m厚的地层，在古近系区域盖层之下的断块圈闭中聚集成藏，缓坡大型辫状三角洲是有利储集相带。

以这一模式为指导，勘探重点果断向盆地北部凹陷缓坡带Palogue地区转移，经过地震部署侦查、加密，落实构造，快速实现了Palogue大油田的发现。2001年在该地区西北侧部署5条二维地震测线约102.5km，发现了不太落实的背斜圈闭；2002年在构造的主体部位加密22条二维地震测线共538.3km落实构造，据此部署Palogue-1井。2002年10月Palogue-1井开钻，该井在Yabus+Samma组测井解释油层厚度83.1m，古近系Yabus组1312～1333m测试最高产量达810m^3/d，突破了迈卢特盆地勘探历史以来最大油柱高度、最大油层厚度和最高测试产量记录。随后又在北侧断块钻探Fal-1井，试油证实油层90m、单层最高产原油520m^3/d。2003年3月，完成308.88km^{2}的三维地震采集，并随后集中力量钻探评价Palogue三维地震区。2003年10月，地质储量超过5×10^8t的Palogue世界级大油田宣告发现和探明[10]。

Palogue油田发现后，盆地石油地质条件和勘探主攻方向基本明确，北部凹陷证实为"富油气凹陷"。后续围绕北部凹陷实施整体勘探，在凹陷深洼带、外围、基岩潜山、深层和浅层岩性等领域接连获得勘探突破，发现了Moleeta亿吨级油田以及Gumry、Zarzor、Teng-Mishmish和Nahal等五千万吨级油田和一些中小型油气田，累计发现油藏百余个，探明石油地质储量占整个盆地的99%以上。2006年8月迈卢特盆地一千吨级油田投产，2009—2011年实现年产1500×10^4t以上。2009年11月苏丹3/7区项目实现投资回收，勘探的成功带来了巨大经济效益。

二、乍得邦戈尔盆地下组合勘探突破

1. 上组合勘探

邦戈尔盆地紧邻中非剪切带，经历张、剪、扭复合应力改造和后期强烈反转，盆地结构异常复杂，不同凹陷、不同区带间的构造样式、沉积特点以及油气富集规律均存在较大差异。20世纪60—80年代，前作业者借鉴邻区Doba油田勘探经验，立足盆地凹中隆和主力凹陷陡坡带勘探遭受挫折；2002—2006年，前作业者主攻盆地缓坡带，并采取优选大圈闭、多凹、多带甩开钻探的勘探策略，勘探效果甚微。

2007年，中国石油成为作业者，通过深入分析邦戈尔盆地结构、构造样式和沉积的控制作用，逐步明确盆地东西分段、南北分带的结构特征，认为盆地"早期拉分、中期走滑、晚期反转"形成多个北断南超与南断北超箕状凹陷间互拼合的特点。开展原型盆地恢复、储层演化及稠油成因分析，明确盆地经历两期强烈反转，地层剥蚀500～2000m，油气现早期成藏、后期调整破坏。但盆地东部凹陷具有烃源岩质量好、成熟烃源岩广布的有利条件。据此提出"储集砂体、保存条件、构造形成早晚"三大控油关键因素，明确邦戈尔盆地东段以东部凹陷为主力凹陷，其北部斜坡为首选有利勘探区，快速锁定斜坡上的Ronier地区。2006年整体部署503km²三维地震，落实了Ronier构造，分析认为该构造具有古隆背景，为后期构造反转形成的大型复式断背斜，位于物源注入通道区，目的层埋深适中（900～1500m），储集物性与保存条件较好，具垂向与侧向双向供油条件，是盆地内中浅层圈闭资源量最大的构造。中国石油力排异议于2007年1月完钻的Ronier-1井产原油37.9t/d，成为邦戈尔盆地首口突破商业油流关的井。

Ronier-1井之后，沉积、成岩作用研究相结合，判定盆地快速深埋后反转抬升，中深层整体储层物性变差，但原始优质储集相带在中深层仍可保留较好物性，突破了前人对残留盆地储层下限浅的认识。部署Ronier-4、Ronier CN-1等井探索中深层，在下白垩统K组下段和M组相继获得高产稀油，展示出亿吨级正常原油规模储量区（后命名Ronier油田）。截至2016年底，该油田完钻井20余口。其中19口井获得油气发现，10口井均获商业油流，单井测试折算最高产油394m³/d，产气14.69×10^4m³/d。

Ronier-4、Ronier CN-1等井的发现坚定了勘探重点转向稀油的信心。在相关地质认识支持下，快速展开了下白垩统M组的构造成图与目标优选工作。并依据盆地构造经多期改造、二维地震资料较难落实圈闭形态等实际情况，在Maye地区超前部署三维地震。2008年底—2009年初，基于三维地震资料解释，部署3口探井均获成功。其中Prosopis-1测井解释油层72.9m/45层，气层6.5m/3层，测试最高产油1061t/d、产气超过50×10^4m³/d，成为中国石油进入乍得项目以来的首口试油产量超千吨的探井。三年勘探奠定了邦戈尔盆地一百万吨上下游一体化项目的储量基础，之后经过两年建设，2011年正式投产，帮助乍得实现了石油自给。

2. 下组合勘探

邦戈尔盆地的勘探在Ronier地区先后突破商业油流关和稀油关后，仍然面临如何继续扩大储量规模的难题。针对该盆地的反转特征，项目组精细分析其石油地质和成藏条件，通过地质和地球物理综合研究，建立了强反转裂谷盆地的地质模式，明确下部成藏组合为主力勘探层系，集成了区带快速评价与目标优选技术、构造精细解释技术、储层预测技术和测井综合解释技术。通过以上认识和技术集成应用，2011年取得Great Baobab和Daniela两个勘探重大突破，为盆地二期开发奠定了储量基础。

（1）综合研究把好脉，厘清反转影响。

邦戈尔盆地在早白垩世强烈断陷后在晚白垩世经历了一期较大规模的整体抬升剥蚀，其中北部斜坡带平均剥蚀量为1200~1500m。反转对盆地石油地质条件的影响主要体现在以下几个方面：

① 反转抬升前北部斜坡带烃源岩埋深较深，已成熟并大量生烃。地球化学分析表明，泥岩样品的热演化程度普遍高于现今埋深和地温所对应的成熟度，部分泥岩样品在1000m左右的埋深就已达到生烃门限；

② 储层成岩演化阶段高于现今埋深所对应阶段，盆地快速抬升剥蚀有利于原始孔隙的保存，本区储层以中成岩A期—中成岩B期为主，具备原生孔隙和次生孔隙大量发育的条件；

③ 由于反转抬升剥蚀，中浅层的下白垩统R组和K组成藏组合保存条件差，油品普遍偏稠，不排除部分油藏被破坏。

（2）转变思路开药方，重心转向下组合。

由于强烈反转的影响，邦戈尔盆地下部成藏组合应作为勘探重点层系，主要原因如下：

① 构造反转前盆地经历了早期深埋作用，烃源岩已经进入生烃门限并大量生烃，且下组合的P组和M组泥岩单层厚度大、有机质丰度高、干酪根类型以II_1型为主，具备形成大油藏的基础；

② 下组合储层虽然经历了早期深埋压实，但在白垩纪晚期被迅速抬升，经历强压实作用的时间较短，部分原生孔隙得以保存，早期的油气充注也对破坏性成岩作用有一定的迟滞作用；

③ 构造反转虽然使得油气藏保存条件变化，甚至于破坏原生油气藏，但是客观上也使得下组合油气藏埋深变浅，使其更易于钻探，局部地区反转构造加强加大了原有圈闭，更有利于油气聚集。

（3）稳步实施结硕果，下组合再获大突破。

通过重新评价已钻圈闭，大胆探索下组合，发现了Great Baobab和Daniela两个下组合高产油田，揭开了下组合勘探的序幕。

Baobab S构造带位于邦戈尔盆地北部构造带中段Baobab构造群的西南、Mimosa构造北侧约6km处，整体上与Mimosa构造近于平行。前作业者于2006年2月完钻Baobab-1井，认为以稠油为主，未予重视。2009年，中国石油在新三维地震连片解释的基础上部署了Baobab S-1井，探索下组合勘探潜力。该井解释油层累计厚度23.1m，试油产稀油991m³/d，其后部署的评价井Baobab S-2和Baobab S-4井均钻遇油层且试油获高产稀油。2010年发现Baobab NE含油构造，该构造位于Baobab构造带东北部，处于在Baobab构造带北侧低凸起北翼洼槽，为一北倾断层下降盘的断鼻构造，构造形态从深层至浅层具有良好的继承性。基于 Baobab S 构造的发现，认为 Baobab NE 构造下组合具有良好的油气潜力。2010 年 7 月通过三维地震资料的解释，部署了 Baobab NE-1 井，该井解释油层厚度 190m，试油合计产稀油 470m³/d。

Daniela 构造位于盆地东部凹陷的北部斜坡带东端，距 Great Baobab 油田约 42km。该构造具有明显的基底隆起背景，其南部和东部紧邻凹陷的生烃区，地层埋藏较深，是油气的主要供给区，其北部和西部地层埋藏较浅。Daniela 构造是受控于两条不同期次的 NW 走向主干断裂所形成的复杂断背斜构造，北倾主干断裂控制构造的形成，南倾断裂对构造进一步改造定型。古构造恢复表明，该构造在早白垩世已具有雏形，在强烈断陷期末，由于区域不均衡应力作用，使构造幅度加强；晚白垩世末期的强反转构造运动对主力目的层 P 组构造形态影响不大，但 K 组构造形态则更加破碎。Daniela-1 井于 2011 年钻探，测井解释油层 137m，试油获产原油 411t/d，评价井 Daniela-2 井证实油层 46m，随后钻探的 Daniela E-1 井、Daniela-3 井和 Daniela-4 井均钻遇油层（图 3-18）。

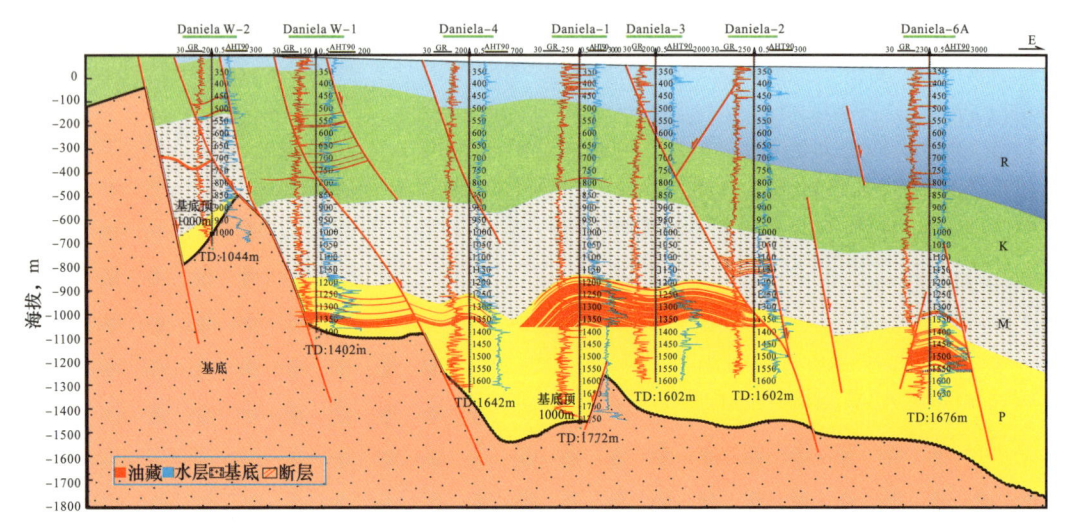

图 3-18 Daniela 油藏剖面

3. 岩性油气藏勘探

通过北部斜坡 Kubla 三维地震资料解释和分频地震属性分析，识别出 8 个岩性圈闭目标（图 3-19），优选出 A 和 B 两个有利目标，针对 B 目标部署的 Baobab N-1 井获重大发现，揭开了盆地岩性油气藏勘探的序幕。

（1）首钻突破，区带现良好前景。

B 目标 Baobab N 凹陷的东北部，该凹陷长 10～20km，宽数千米，面积仅 93km²，现今最大埋深不过 3000m。凹陷是否发育规模烃源岩、烃源岩能否成熟等是勘探面临的两大挑战。通过类比发现 Baobab N 凹陷与邻近的 Mimosa 凹陷类似，基底之上分布有大套的连续反射，推测存在厚层泥页岩。此外，根据构造恢复结果，该区白垩纪末期的剥蚀厚度接近 2000m，因此只要存在烃源岩，在反转之前就已经成熟并生烃。2010 年 11 月，针对 B 构造部署 Baobab N-1 井完钻，该井测井解释油层厚度 127m/28 层，试油 5 层，累计产原油 1611t/d、天然气 $1.87 \times 10^4 m^3/d$。

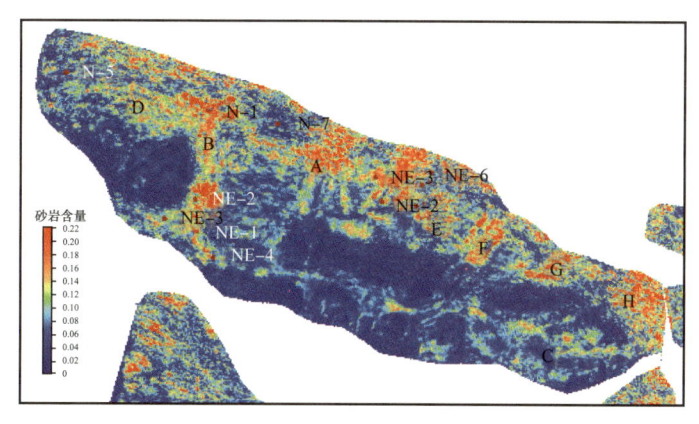

图 3-19　P 组北洼陷分频属性有利砂体预测图

（2）山重水复，构造勘探遇难题。

Baobab N-1 井成功后，抱着极大的信心与期待，研究人员在该构造东西两侧分别选取 Baobab N-2 井、Baobab N-5 井上钻，但这两口井的钻探却以失利告终，研究工作面临新的难题。整个 Baobab N 油藏成藏的主控因素是什么？是构造不够落实？是断层侧向封堵问题？还是该油藏是岩性油气藏？针对以上疑问，项目组开展了两项针对性研究：一是深化构造研究，细分层，针对主要油层组顶面、底面开展精细构造解释；二是开展地震相分析及简单的地震属性反演。尽管受资料所限，无法准确预测储层，但属性分析结果初步展现出该区储层的发育特征，储层呈北东向展布，近乎垂直于凹陷的边界断层，不同的储集体之间以泥岩墙相隔，储层是控制成藏的关键因素。

（3）转变思路，岩性勘探获突破。

项目组重新对生、储、盖等主要成藏要素进行了分析，认为该凹陷是富油气凹陷，不管是构造还是岩性圈闭均具有成藏条件。据此，研究组及时对地震资料提出了保幅处理的要求，改进地震资料品质；同时决定按照岩性油气藏的勘探思路，重点应用：层序地层学、"分频属性定靶点、立体透视定边界、储层反演定厚度"储层预测技术以及沉积相分析技术三项针对性技术。在此基础上于 Baobab N-1 井的下倾部位部署 Baobab N-4 井、Baobab N-8 井，两口井均成功钻遇巨厚油层。Baobab N-4 井钻遇油层厚度达 177m，Baobab N-8 井钻遇油层厚度达 288m，成功发现了 Baobab N 超高丰度岩性油气藏，探明石油地质储量 4095×10^4t。

（4）Baobab N 区沉积体系的认识助推 Raphia S-8 岩性油藏的发现。

Baobab N 地区已钻井显示，该地区 P 组沉积相变快，各井之间差别较大。结合该地区地震振幅三维立体透视及已钻井砂岩厚度统计，发现该地区各个砂体相互独立，呈南北向展布，以北部物源为主，南部物源为辅，各砂体展布纵向上具有一定的继承性。

随着对 Baobab N 区沉积体系认识深化，项目组坚持岩性勘探这一思路，在邦戈尔盆地北部斜坡带积极探索，在 Raphia-Phoenix 次凹钻发现 Raphia S 岩性体，部署 Raphia S-8 井获成功，该井在 P 组发现油层 154.6m，试油获高产原油 972t/d。目前该发现已建成年产 50×10^4t 产能油田。

4. 基岩潜山勘探

（1）兼探潜山，未识真面目。

中国石油成为乍得项目作业者以来，在探索下白垩统上、下成藏组合的同时，积极对前寒武系基底进行兼探。2008—2012年共有64口井进入基岩，潜山总进尺约1500m，但单井揭示基岩的地层厚度薄，绝大部分不足30m，钻进过程中偶见钻井液漏失及好的油气显示，但当时因为有上、下组合良好的油气发现，没有引起太多关注。

（2）转变理念，首攻Lanea E-2。

截至2012年底，盆地东北部连片三维地震区（满覆盖面积3262.5km²）已完钻探井74口、评价井73口，3km²以上的有利圈闭基本钻探完毕，还有多大的勘探潜力？新的储量接替领域在哪里？

项目组通过分析盆地潜山成藏的条件指出：强烈断陷期箕状断陷与古隆相间展布的盆地格局奠定了古潜山雏形，强烈断陷期之后沉积了巨厚的M组湖相泥岩，大部分潜山被其覆盖，封盖条件良好；M组本身也是优质烃源岩，潜山烃源岩条件优越；长期的风化淋滤作用导致古隆基底顶面发育大面积风化壳，早白垩世中非剪切带的左旋走滑拉张作用，导致潜山基底内幕裂缝发育，极大地改善了基岩的储集性能；近源早期成藏，富油气凹陷、顶面盖层及基岩风化壳/裂缝储层为潜山油气藏成藏的三大主控因素；临近富油气凹陷的早埋型高潜山为最有利的勘探目标。

基于上述认识，项目组对全盆地32个潜山开展分级分类研究，明确了潜山勘探必须立足北部连片三维地震区（图3-20），早埋型潜山要优于晚埋型潜山，并优选出Lanea E等12个有利的潜山勘探目标[11-13]。

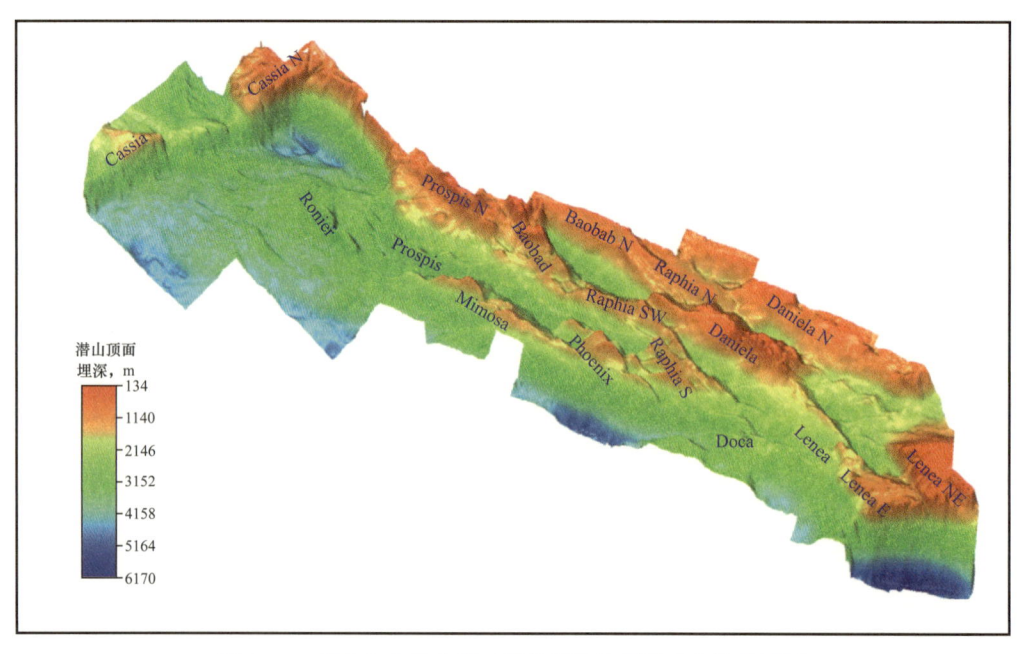

图3-20 邦戈尔盆地北部三维地震连片区潜山立体显示图

2012年12月，盆地北部斜坡部署Lanea E-2井探索Lanea E构造及其基岩潜山的勘探潜力。该井钻井过程中好油气显示不断，钻井液也不断漏失，同时槽面出现大量原油。该井钻入基岩130m，在基岩上覆的P组发现油层66.3m/25层，基岩发现油层88.9m/26层，基岩段试油产原油494.78m³/d，揭开了邦戈尔盆地最古老地层的神秘面纱，拓宽了地质家的视野，拉开了中西非裂谷系基岩潜山勘探的大幕。

（3）老井复查，再获新突破。

潜山勘探首战告捷，给勘探工作者带来了思想上的新启示，坚信北部斜坡带还有规模潜山油气田的存在。Lanea E-2井成功后，梳理已钻井的基岩资料及其油气显示，认真开展老井复查工作。对比发现Baobab C-1等13口钻遇潜山的探井气测组分全，也存在钻井液漏失情况，但油气显示弱。进一步分析发现，潜山段钻进时用的钻井液相对密度达1.32g/cm³，较高的钻井液密度是导致潜山油气显示弱的主要原因。

复查后优选构造落实的高潜山上两口已钻老井重新测试，均获高产商业油流，证实基岩存在以裂缝为主的有效储集空间。随着试油工作的逐渐铺开，"一山一藏"的潜山油藏特征清晰展示出来。

（4）攻坚克难，终获大场面。

潜山油气藏受构造控制明显，高潜山和裂缝发育程度是控藏的关键因素，要想获取规模大场面，必须先实施"占山头"策略。为此制定了"整体研究、整体部署、稳步推进、分步实施"的潜山勘探部署思路。为克服潜山钻速慢的难题，引入欠平衡钻井设备，大幅提高钻井速度，缩短钻井周期，减少钻井液漏失以及地层流体溢出和储层污染。2013年，潜山进尺近9000m，喜讯频传，连获重大突破，一举发现五大高产潜山，四大潜山试油，日产量超150t，累计有利勘探面积超过400km²。邦戈尔盆地基岩潜山的勘探成功打开了中西非裂谷盆地一个新的勘探领域，为乍得项目迈上新台阶奠定了坚实的基础。

三、尼日尔特米特盆地高效勘探实践

特米特盆地经过埃索等国际石油公司勘探36年发现7个油藏，认为没有经济效益而放弃。2008年中国石油进入时，盆地探井密度仅为0.058口/100km²，属于典型的低勘探程度区。进入之初在前作业者发现油藏的Dinga断阶带开展滚动勘探，通过叠合裂谷盆地成藏组合快速评价和复杂断块精细刻画，迅速打开了局面。2009年首钻告捷，发现Faringa W千万吨级油藏，随后又发现Gololo、Dougoule和Dinga Deep三个千万吨级油藏；同时积极评价前作业者发现的Goumeri油藏，通过评价井G2井、G3井和G8井的钻探，落实了该油藏的地质储量。Dinga断阶带由此成为盆地第一个亿吨级含油气区带。

2010年开始，在"基于海相烃源岩的叠合型裂谷盆地油气成藏模式"的指导下，逐步开展盆地新区带甩开勘探和新层系探索，先后发现了Dibeilla、Fana-Koulele和Moul坳陷—Yogou西斜坡三个亿吨级新区带（图3-21），并在上白垩统新层系勘探中取得重要突破，上白垩统新增石油地质储量$1.1×10^8$t，整个Agadem区块累计自主勘探探明石油地质储量$5.15×10^8$t。

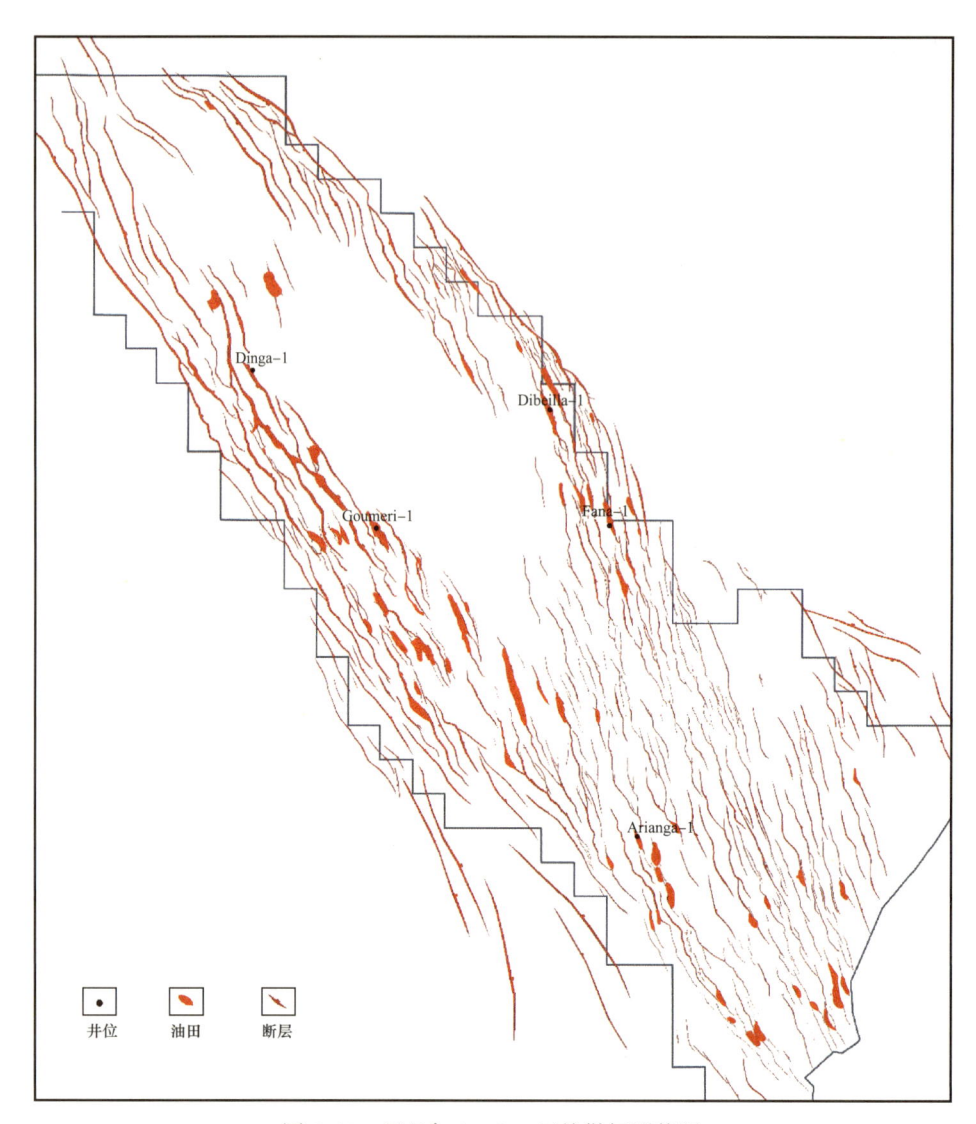

图 3-21 尼日尔 Agadem 区块勘探形势图

1. Dibeilla 构造带勘探

"基于海相烃源岩的叠合型裂谷盆地油气成藏模式"是总结特米特盆地石油地质综合研究和 Dinga 地堑的勘探成果，借鉴中国石油在苏丹穆格莱德盆地和迈卢特盆地的勘探实践于 2010 年创新性提出来的。该模式的核心思想是：特米特盆地经历早白垩世和古近纪两期裂谷—坳陷演化；其中第一期裂谷坳陷期（晚白垩世）海相烃源岩全盆分布，第二期裂谷深陷期（古近纪）发育盆地的区域盖层，与初陷期湖湘—三角洲砂体形成良好的储盖组合；油气沿两期裂谷断裂体系向上运移，在断层和砂体配置良好的古近纪反向断块圈闭聚集成藏。这一模式突破了传统的陆相裂谷"定凹选带"的区带评价和油气勘探思路，认为在烃源岩全盆分布的前提下，成熟烃源岩所及的范围，都是主力成藏组合的有利勘探区。这一模式不仅丰富了裂谷盆地的油气成藏理论，也为特米特盆地勘探潜力评价和甩开勘探奠定了理论基础，为下一步勘探指明了方向。

Araga 地堑位于特米特盆地 Dinga 凹陷东侧的斜坡带，勘探面积约 3500km^2，发育

Dibeilla、Madama、Araga 等多个构造带。前作业者在 Araga 地堑及周边共钻探井 4 口，除 Madama-1 井发现少量稠油之外，其余均为干井，认为该区远离油源，勘探潜力有限。在"基于海相烃源岩的叠合型裂谷盆地油气成藏模式"指导下，通过盆地模拟研究，认为 Araga 地堑之下白垩系 Yogou 组烃源岩正处于生烃窗口，油气通过断层向上运移，可以在古近纪 Sokor 成藏组合形成聚集。2010 年经精细的构造成图和目标评价，在 Araga 地堑的 Dibeilla 构造带大胆部署一口甩开探井 Dibeilla-1 井。该井测井及试油证实油层 65m，累计产油 1103t/d，石油重度为 26°API，是特米特盆地勘探有史以来发现的油层最厚的一口探井。2010 年 8 月，Dibeilla 构造北部的第二口探井 Dibeilla N-1 井也钻探成功，钻遇油层 42.3m，自此特米特盆地 Dinga 坳陷东部斜坡的勘探获得重大突破。

2011 年，Dibeilla 构造带完成三维地震采集。在三维构造研究的基础上继续进行滚动勘探和油田评价，到 2016 年底，Dibeilla 构造带共完钻探井 10 口、评价井 9 口，成功率 100%，累计新增石油地质储量 1.26×10^8t。

2. Fana-Koulele 构造带勘探

Fana 低凸起位于特米特盆地 Dinga 坳陷和 Moul 坳陷之间，面积约 2200km²。该带发育一系列北北东—南南西走向的断裂，局部构造走向与断裂的走向一致，构造之间呈侧向斜列展布。前作业者在 Fana 低凸起东西两侧钻探 2 口探井均失利。

通过含油气系统模拟，认为盆地古近系裂谷范围内白垩系主力烃源岩均处于生烃窗口内，运聚模拟表明沟通烃源岩的油源断层是油气运移的主要通道，垂向短距离运移是主要运移方式。Fana 低凸起为长期发育的低幅度隆起，夹持于南部 Moul 坳陷和北部 Dinga 坳陷之间，其整体构造背景为两期斜向叠置裂谷形成的"中央斜向背斜"，具有优越的油气富集条件。

2011 年，在二维地震解释的基础上发现了 Koulele、Fana 等构造，部署了 Koulele-1、Fana E-1 和 Fana-1 三口探井，均钻探成功，在古近系获得重大突破。2012 年在 Fana 低凸起部署三维地震，基于三维构造解释和储层预测的结果开展了滚动勘探和评价。截至 2016 年底，在 Fana-Koulele 含油区带共完钻探井 18 口、成功率 94%，完钻评价井 9 口、成功率 100%，新增石油地质储量 1.68×10^8t。

3. Yogou 西斜坡勘探

Moul 坳陷位于特米特盆地南部，面积约 8000km²，自西向东依次为 Yogou 斜坡、Moul 凹陷和 Trakes 斜坡。前作业者在 Moul 坳陷共钻井 5 口，只发现了 Yogou-1 井一个出油点。结合失利井分析和盆地模拟结果，认为失利原因为侧向封堵和圈闭不落实，Moul 坳陷 Yogou 组烃源岩现今凹陷内大面积成熟，具备油气成藏的物质基础。构造建模揭示 Yogou 斜坡西侧的古构造高点能够提供稳定物源，储层较发育。本区断裂继承性发育，断距较大，且紧邻 Moul 生油凹陷，油气易于垂向和横向运移至白垩系和古近系圈闭中聚集成藏。基于上述认识，在该区带部署探井 26 口、成功率为 73%，部署评价井 6 口、成功率为 100%，新增石油地质储量 1.7×10^8t。

4. 上白垩统新层系勘探

前作业者针对下组合白垩系完钻探井 6 口，仅发现 1 个油藏（Yogou-1 油藏），探井成功率 16.7%。中国石油自 2008 年进入后，通过对钻遇白垩系钻井的钻后分析、烃源岩地球化学分析、油源对比以及沉积相分析，认为上白垩统上部组合（Yogou 组三段）发育主力烃源岩，具备较好的生油条件，但由于缺乏顶部盖层，储层发育与侧向封挡条件是油气聚集成藏的关键控制因素，滚动背斜、反向断块是有利的勘探目标。基于此，提出"围绕物源区、源内找砂体"的勘探策略，结合区域构造和沉积相研究，优选出 Dinga 断阶、Yogou 斜坡和 Fana 低凸起三个"近物源有利储层发育区"。2013 年开始下组合油气勘探，取得了以 Sokor SD-1 井和 Trakes N-1 井为代表的一系列发现，见到了良好效果。截至 2016 年底，共完钻探井 17 口、成功率 76%，发现 13 个油气藏，新增地质储量 1.10×10^8 t，占特米特盆地总储量的 12%，展示了良好的勘探前景。

参 考 文 献

[1] Gregory J W. Contribution to the physical geography of British Eest Africa [J]. 1894, 4: 290-315.

[2] Burke K. Intercontinental rifts and aulacogens [C] //Continental tectonices. Washington D C: National Academy of Science, 1980: 42-49.

[3] Sengor A M C, Burke K. Relative timing of rifting and volcanism on Earth and its tectonic implications [J]. Geophysical Research Letters, 1978, 5: 419-421.

[4] Morgan P, Baker B H. Inttoduction process of continental rifting [J]. Tetonophysics, 1983, 94: 1-10.

[5] 童晓光，窦立荣，田作基，等. 苏丹穆格莱特盆地的地质模式和成藏模式 [J]. 石油学报，2004，25(1): 19-24.

[6] 窦立荣，潘校华，田作基，等. 苏丹裂谷盆地油气藏的形成与分布——兼与中国东部裂谷盆地对比分析 [J]. 石油勘探与开发，2006，33(3): 255-261.

[7] Genik G J. Regional framework, structural and petroleum aspects of rift basins in Niger, Chad and the Central African Republic (CAR)[J]. Tectonophysics, 1992, 213 (1): 169-185.

[8] Genik G J. Petroleum geology of Cretaceous-Tertiary rift basins in Niger, Chad, and Central African Republic [J]. AAPG Bulletin, 1993, 77 (8): 1405-1434.

[9] 蔡明华，陆军，周显松，等. 油气层解释评价技术建模方法研究与实践 [J]. 录井工程，2009，20(2): 34-36.

[10] 童晓光，徐志强，史卜庆，等. 苏丹迈卢特盆地石油地质特征及成藏模式 [J]. 石油学报，2006，27(2): 1-6.

[11] 窦立荣，魏小东，王景春，等. 乍得 Bongor 盆地花岗质基岩潜山储层特征 [J]. 石油学报，2015，36(8): 898-904.

[12] Wang X, Dou L, Zhao Y, et al. Fractured Granite Basement Reservoir Discoveries in the Bongor Basin of Chad [J]. 2005, 2: 253-259.

[13] 陈志刚，徐刚，王景春，等. 乍得 Bongor 盆地东、西部构造差异及其对油气富集的影响 [J]. 石油地球物理勘探，2016，36(增刊): 113-119.

第四章　中亚含盐盆地石油地质理论与勘探技术

世界上许多含盐盆地具有丰富的油气资源，含盐盆地控制的已探明石油储量和天然气储量分别为全球的89%和80%。随着中国石油海外油气勘探的发展，含盐盆地油气藏的勘探占有越来越重要的地位，尤其在中亚地区的滨里海、阿姆河含盐盆地油气勘探都实现了重大突破。经过"十二五"期间的科技攻关与勘探实践，含盐盆地石油地质理论与盐下碳酸盐岩勘探技术都取得了重要进展，进一步丰富了含盐盆地石油地质理论，形成了包括盐下圈闭识别、盐下碳酸盐岩储层预测等含盐盆地勘探配套技术。这些研究成果为中亚地区的油田增储上产做出了重要贡献。

2006—2015年，中国石油对含盐盆地成因机制、盐膏层形变、成藏机理与富集规律、盐下圈闭识别（速度建模）和碳酸盐岩储层预测技术等方面有了进一步的深化和提高。盐下圈闭识别技术包括叠后变速成图技术及叠前处理技术。其中叠后变速成图技术在"十一五"只针对盐层、礁滩两种速度异常体的层位控制法基础上，发展为应用模型层析法针对6种速度异常体进行分体建模；叠前处理技术在"十一五"单程波动方程叠前深度偏移基础上发展为双聚焦、逆时偏移（双程），盐下构造成图的深度误差由"十一五"的2%降至1.5%以下。盐下碳酸盐岩储层预测技术从"十一五"的地震属性分析、叠后地震反演发展为地震多属性分析、多参数地震联合反演、谱分解、"两宽一高"地震勘探技术、频率域含油气性检测、测井储层与流体参数等综合评价技术，预测符合率由"十一五"的75%提高到80%。

第一节　含盐盆地基础地质特征

盐构造对油气聚集成藏具有重要的控制作用，因而含盐盆地的研究受到了极大关注。例如中亚地区滨里海盆地和阿姆河盆地盐丘—盐墙、中东地区伊朗东南部地区盐底辟、北美墨西哥湾深水外来盐岩侵入构造等，对油气聚集均有决定性影响。这些盆地已成为重要油气产区，也是未来勘探重点地区，因而也是相关理论技术研究的热点领域。

含盐油气盆地目前还没有通用的标准定义。有学者认为湖水盐度超过4%称为咸水湖，在此成盆的为含盐盆地；还有学者认为，盆地中盐体积含量超过沉积体积的8%可称为含盐盆地。由于含盐盆地中油气的生、储、盖、圈、运、保明显受盐因素的影响，而且在规模巨大的沉积盆地中盐岩越发育，其含油气性越好。因此一个盆地中油气的生、储、盖、圈、运、保等成藏要素明显受盐的影响，即可称为含盐油气盆地。

一、含盐盆地的分布

目前已在全球许多不同类型的盆地中发现了膏盐岩沉积，有150多个盆地的构造变形和演化明显受到盐构造运动的影响。从南、北半球分布状况来看，这些含盐盆地主要分布在北半球及赤道附近，南半球仅有为数不多的含盐盆地（图4-1）[1]，这与南半球大型克拉通不发育有关。中国在塔里木、江汉、四川等盆地也发现了与盐岩有关的油气聚集。从时代来看，盐层主要发育在古生代末期和中生代中期，包括二叠纪和侏罗纪，其次为新生代和早古生代（图4-2）。

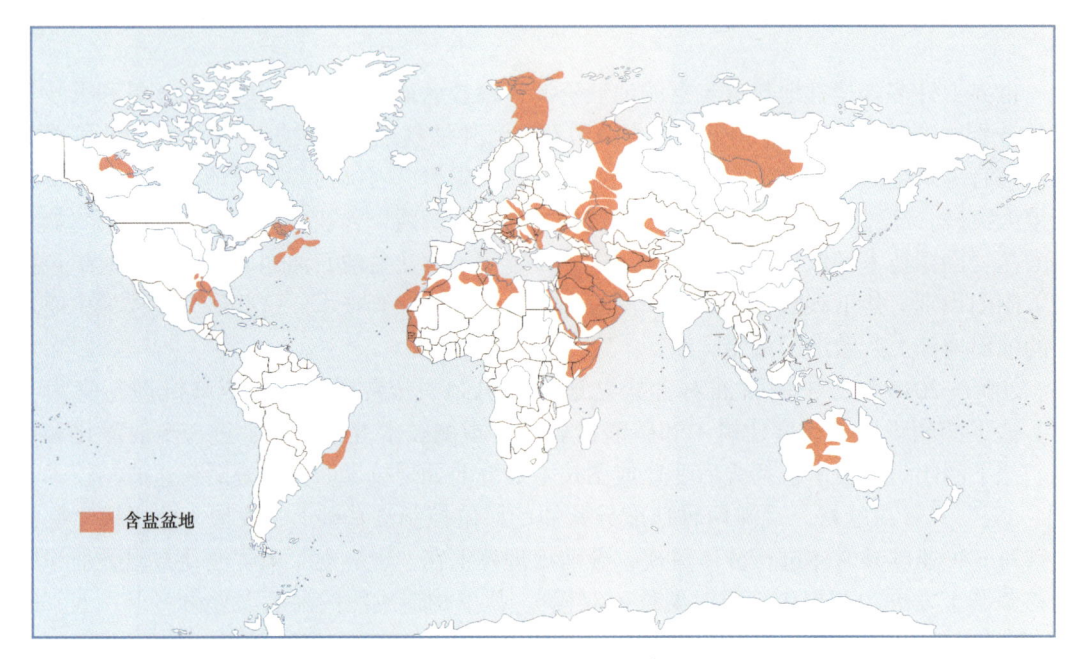

图4-1　世界含盐盆地分布图

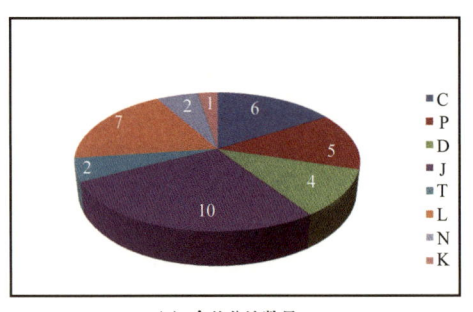

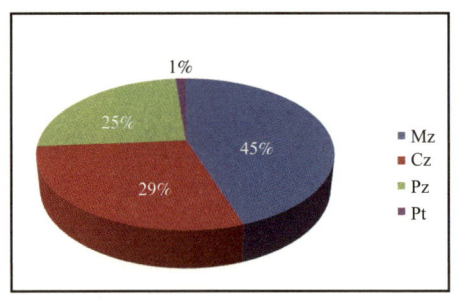

(a) 含盐盆地数量　　　　(b) 占总含盐盆地比例

图4-2　盐岩分布地质层位统计图

二、含盐盆地的构造类型

从板块构造方面来看，含盐盆地主要分布在欧亚板块及非洲板块（图4-3）。

膏盐层是否发育与盆地的构造类型并没有绝对的关系，但总体上来看，克拉通（包括边缘前陆）和初始大洋裂谷（包括西非海岸盆地群、南美洲的桑托斯盆地和坎波斯盆地等）等是膏盐层较发育的盆地类型。盆地裂谷期中发育的含盐沉积最多，占到总含盐盆地的72%，其次是前陆盆地期（图4-4），而严格意义的克拉通盆地期中发育的占比并不多，这也可能与克拉通盆地普遍遭到破坏有关。

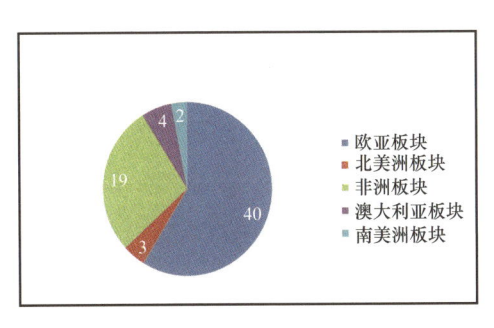

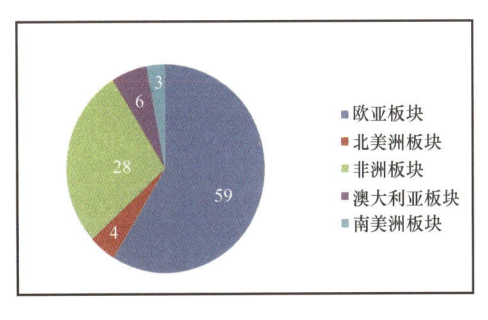

图 4-3 构造板块含盐盆地数量及比例图

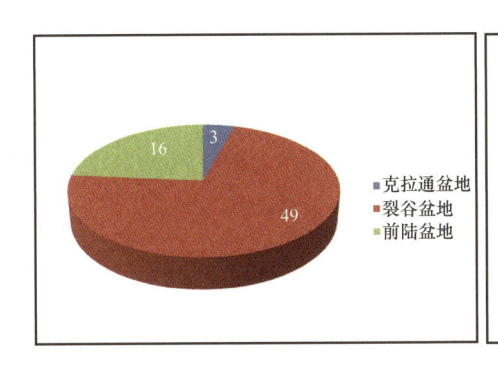

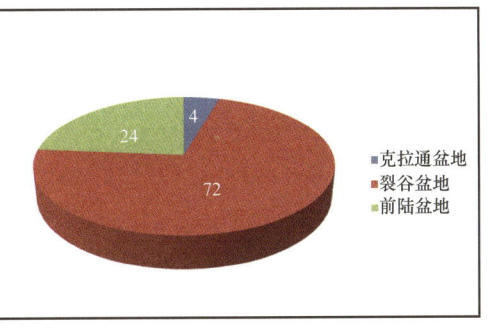

图 4-4 不同盆地类型含盐盆地数量及比例图

三、含盐盆地石油地质概要

全球含油气盆地有近 200 个，其一半以上盆地发现了油气田，其中 58% 的油气田又与盐系地层有关。含盐盆地控制的已探明石油和天然气储量分别为全球的 89% 和 80%[2]，这表明油气运聚成藏与盐构造有着极为密切的关系。世界 79 个含盐盆地中有 59 个发现了工业油气流，盐下石油储量占总储量的 65.4%，盐下凝析油和天然气储量分别占总储量的 76.5% 和 91.8%。可见，含盐盆地的油气储量主要集中在盐下。

含盐沉积是影响储集性能的重要因素之一。对储集性能的影响主要有两个方面：一是改善储集性能。例如在碳酸盐岩成岩期间白云石化所形成的白云石要比方解石的体积缩小 12.5%，碳酸盐岩的孔隙度因此增加。二是使储层物性变差，例如盐以胶结物的形式沉淀在储层孔隙中，储集性能即变差。

盐不仅具有较强的致密性而且具有极强的可塑性。由于差异负载作用，盐层可向上流动改变上覆岩层的产状而形成各种类型的盐伴生圈闭，而这些圈闭可以为油气成藏提供有利条件。如滨里海盆地在二叠系盐丘之上及盐丘之间形成的断背斜、龟背斜、地层遮挡等圈闭中发现了大量的油气藏，以及大西洋两岸和墨西哥湾的中新生代油气田。

从全球范围看，不同类型的含盐盆地具有不同的石油地质特征（表 4-1）。裂陷成因盆地（包括后期发育成大西洋被动边缘型盆地）中，盐层多沉积于初裂期，有些发展到被动边缘，因而发育盐上油气系统，圈闭以盐丘伴生类型为主，储层为河流—三角洲砂岩。克拉通膏盐层多发育于盆地演化的晚期阶段，因而发育盐下油气系统，圈闭以构造—盐下为主，碳酸盐岩储层占主导地位。前陆盆地由于多具有双层结构，盐层可能多期发育，因而其盐上和盐下油气系统兼有，储层及圈闭类型多样。

表 4-1 盐层发育与盆地类型及相关油气系统的关系

盆地类型	盐沉积期	油气系统	圈闭类型	储层类型
裂陷型	早期沉积	盐上为主	盐丘伴生为主	河流和三角洲为主
	同期沉积	盐上为主	构造和盐丘伴生	河流和三角洲为主
克拉通型	中晚期沉积	盐下为主	构造和岩性为主	碳酸盐岩和礁体、大型海相砂岩为主
前陆型	多期沉积	盐上、盐下	类型多样	碳酸盐岩、海相砂岩为主

含盐盆地的烃源岩主要为海相泥页岩和碳酸盐岩。烃源岩有机质丰度普遍较高，类型多以Ⅰ型和Ⅱ型为主。由于盐下地层埋藏深度普遍较大，且其沉积和埋藏年代久远，所以大多数烃源岩达到了大量生油气阶段，为油气藏的形成提供丰富的物质基础。

油气储层主要发育在碳酸盐岩、生物礁和碎屑岩中。盐下含油气层系以碳酸盐岩储层居多。其储层的主要储集和渗滤空间为粒间孔隙和溶蚀孔洞、裂缝。如中国塔里木盆地寒武系盐下储层的岩性主要为灰色、深灰色厚层块状微—中晶白云岩。

含盐盆地最主要的盖层为盐膏地层，其次为泥质岩类。对世界上大型油气田盖层的岩性统计结果显示，盐（膏）岩作为常规油气资源的主要盖层。尽管泥页岩盖层分布广、比例大（>80%），但被其所封盖的石油储量仅占世界石油储量的22%；而仅占8%面积的盐（膏）盖层所封盖的油气储量却达到55%。盐岩是最好的油气藏区域盖层，含盐盆地盐下易于形成大型、特大型油气田。

四、膏盐层分布与成因

1. 膏盐层分布特点

盐岩的形成必须满足一些基本条件，如封闭和稳定的构造环境、干旱和半干旱的气候条件，以及足够的盐类物质来源等。全盆性的盐岩沉积模式主要包括深水深盆、浅水深盆和浅水浅盆三类[3]。不同地区的盐岩沉积过程和时代差别较大，较早的盐类沉积可发生在中元古代、新元古代，较晚的盐岩沉积时代可以是新近纪和第四纪。大型含油气区的盐岩沉积主要发生在新元古代、晚古生代、侏罗纪和白垩纪（表4-2），大多数盐盆均发育多套含盐层系，形成多套生储盖组合，如波斯湾地区从寒武系到新近系共有6套地层含有盐岩沉积，墨西哥湾地区有4套地层含有盐类沉积。

表 4-2 含盐盆地主要含盐层系沉积时代[1]

盆地/地区	主要含盐层系	年代	盆地/地区	主要含盐层系	年代
墨西哥湾	Louann	中侏罗世	下刚果	阿普特阶	早白垩世
波斯湾	Hormuz	元古宙	宽扎	阿普特阶	早白垩世
地中海	墨西拿阶	晚中新世	加蓬	阿普特阶	早白垩世
北海	Zechstein	晚二叠世	南美桑托斯	阿普特阶	早白垩世
滨里海	空谷阶	早二叠世	斯维德鲁普	Otto Fiord	石炭纪
苏伊士—红海	Belayim、Dungunab	中新世	四川	嘉陵江组、雷口坡组	早—中三叠世
阿拉伯	Hormuz	元古宙	渤海湾	沙河街组	始新世—渐新世
第聂伯—顿涅茨	Rotliegende、Liven、空谷阶	元古宙	塔里木	阿瓦塔格组、巴楚组、库姆格列木组、吉迪克组	中寒武世、早石炭世、古新世—始新世、中新世
西伯利亚	Angara	早寒武世	江汉	潜江组	始新世—渐新世
德国蔡希斯坦	Zechstein	晚二叠世	羌塘	雀莫错组、布曲组、夏里组	中侏罗世
阿富汗—塔吉克	钦莫利阶	晚侏罗世	南美坎波斯	阿普特阶	早白垩世
伏尔加—乌拉尔	空谷阶、亚丁斯克阶、萨克马尔阶	早二叠世	阿姆河	提塘阶—钦莫利阶	晚侏罗世

2. 膏盐层沉积成因

膏盐岩的形成有两方面的要素，其一是盐类物质来源，其二是盐类沉积环境。盐类物质来源主要有五种：（1）海源，盐类由海侵或海啸提供；（2）陆源，即由周围及河流等物源提供；（3）火山或岩浆活动；（4）天然水热溶液循环；（5）通过深大断裂上涌的地壳深部卤水。盐类形成机制主要由盐源决定，盐源为深层卤水、热溶液时一般为"对卤成盐"；而当盐源为海源和陆源时一般为蒸发成盐。因此，也可把盐类沉积环境分为深部热卤水和浅部蒸发两种。

五、盐构造分类

所谓盐构造，是指盐和其他蒸发岩作为塑性体卷入构造变形，盐岩与周围地层共同作用，形成诸如盐枕、盐背斜、盐滚、盐底辟、盐墙等盐构造形态的总称。按照盐构造发育的位置和形状，将含盐盆地盐构造分为 16 种主要类型（图 4-5），包括盐底劈（分为三类）、盐株、盐悬挂体、外来盐席、盐床、分离盐株、盐枕、盐推覆、盐滚、盐蓬和盐缝合、盐筏、盐焊接和断层焊接、鱼尾构造、龟背和假龟背。

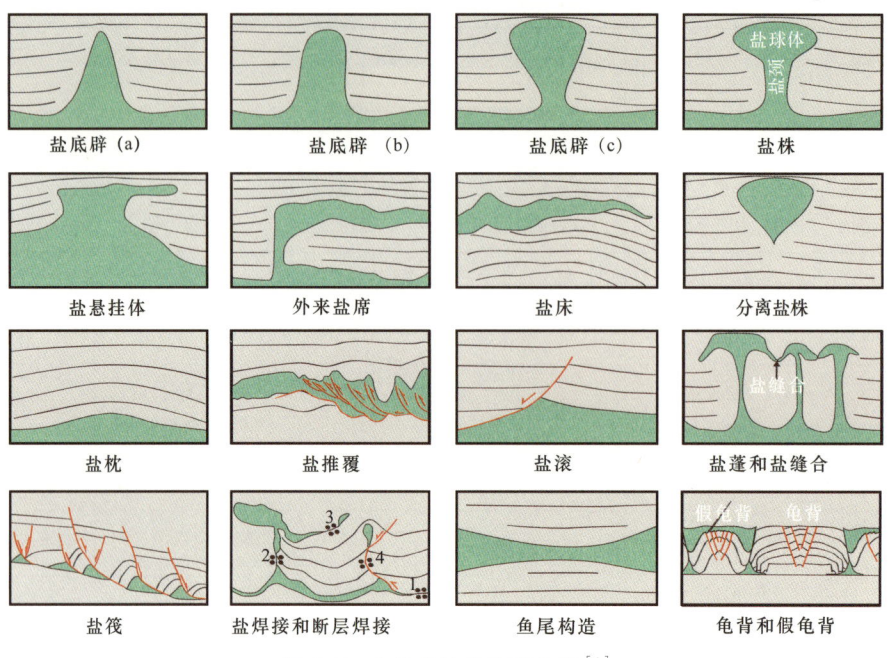

图 4-5 含盐盆地盐构造分类[1]

（从左到右，从上到下）盐底辟（a）、盐底辟（b）、盐底辟（c）、盐株、盐悬挂体、外来盐席、盐床、分离盐株、盐枕、盐推覆、盐滚、盐蓬和盐缝合、盐筏、盐焊接和断层焊接、鱼尾构造、龟背和假龟背

第二节 含盐盆地石油地质理论研究进展

膏盐层的可塑性、致密性及导热性等特征，使其不仅可作为油气藏的良好盖层，受构造挤压变形也可形成特殊运移通道，并在其周围形成多种盐伴生圈闭。另外，盐层也对储层成岩后生作用产生影响。因此，盐层对含盐盆地的油气成藏具有重要控制作用，加强含盐盆地石油地质理论及勘探技术研究将会大大提高国内外含盐盆地油气勘探效率，对于国内外含盐盆地的快速发现具有非常重要的意义。

一、盐构造变形模拟实验

物理模拟要求实验室里的实验模型与自然界中的构造原型之间几何学相似、运动学相似及动力学相似[4]。根据相似性原则，实验中用干燥松散的纯石英砂来模拟沉积岩，用聚合硅树脂SGM-36（简称硅胶）来模拟具牛顿流体特性、黏度为 $10^{17} \sim 10^{18}$ Pa·s 的塑性盐岩（Weijermars，1993）。实验材料实物照片如图4-6所示。

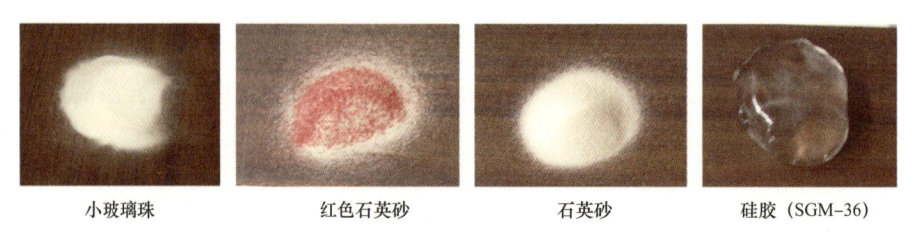

图 4-6 物理模拟中的实验材料（小玻璃珠、红色石英砂、石英砂、硅胶（SGM-36））

其中小玻璃珠和石英砂用于模拟自然界中脆性变形，硅胶用于模拟自然界中塑形变形

实验设备主要包括如下物品。(1)实验平台：平滑的桌子；(2)模型箱子：长130cm、高20cm、厚1cm的玻璃组成的长方体；(3)活塞；照相机两台；(4)数控马达及计算机各一台；(5)其他一些辅助设备，用于铺石英砂，浇湿固结模型，切割剖面等用途。

实验模型箱子放置于平滑的桌面上，模型箱子左端固定，右端可自由移动（图4-7a）。实验过程中，每隔一段时间往实验箱中加入石英砂，模拟自然界中地层沉积。放置于模型正上方及侧面的相机每30分钟拍照一张，以记录挤压过程中模型的变形（图4-7b、c）。实验结束后，用干燥的石英砂小心的保护模型，然后用水慢慢浇湿。最后，沿挤压方向每隔2cm切割一条剖面，观察分析构造变形特征（图4-7d）。

图 4-7 实验平台和模拟挤压的活塞

图 a 至图 c 分别为俯视、侧视相机记录的照片；
图 d 为实验结束后沿挤压方向切割模型得到的剖面

1. 滨里海盆地盐构造实验模型

滨里海盆地南缘盐构造物理模拟实验总共包括三个模型，各模型参数见表4-3。模型分别考虑了基底古隆起和沉积模式对盐构造的影响（图4-8）。模型1不包含盐下基底古隆起，仅仅存在基底斜坡。模型2和模型3包含盐下基底古隆起，但是两者沉积模式不同，模型2采用进积加载模式，而模型3采用非进积加载模式。

在实验过程中，为了满足模型与滨里海盆地南缘盐构造演化的相似性，按照设计的比例，在模型中使用石英砂铺设隆起带和斜坡带以模拟盆地基底古隆起和斜坡。斜坡的角度约为2°，其上的硅胶顶面自然流平后为一向上坡位置逐渐减薄的楔形。

表 4-3 滨里海盆地南缘盐构造物理实验模型参数

模型编号	模型大小，cm	基底形态	沉积间隔，h	沉积模式	进积次数	运行时间，h
模型 1	55×30×30	非古隆起	4	进积	3	50
模型 2	110×30×30	古隆起	4	进积	5	50
模型 3	90×30×30	古隆起	4	非进积	0	20

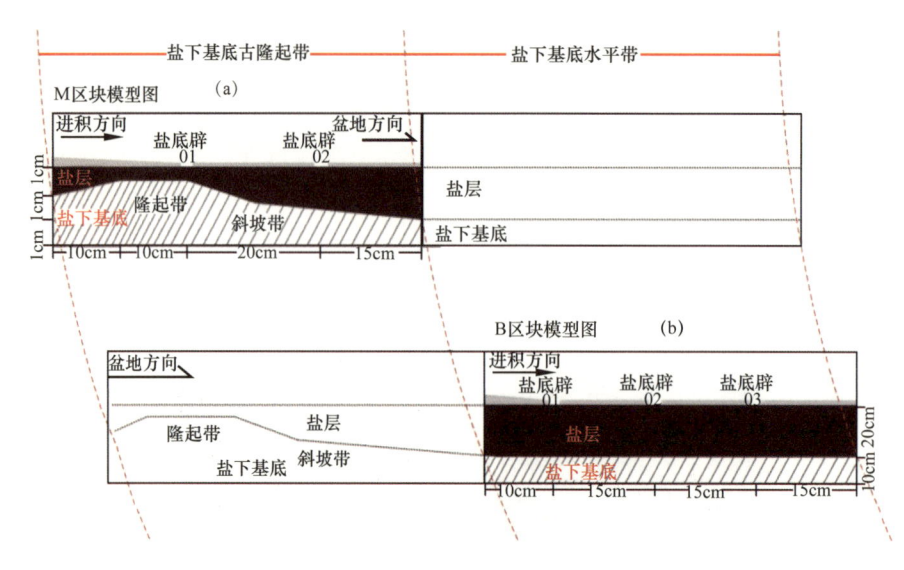

图 4-8　滨里海盆地南缘 M 区块和 B 区块模型示意图

（a）M 区块初始剖面模型，实验过程中进积方向向右；（b）B 区块初始剖面模型，实验过程中进积方向向右

实验过程中，模型前后两端的挡板固定，硅胶的变形完全依靠沉积物的加载来实现。实验过程中，沉积物自左向右手动添加，所加载的沉积物中间夹有红色标志层。沉积加载时间间隔为 4 小时，平均加载速率为 0.05cm/h。沉积地层加载形态尽量符合研究区地震剖面特征。实验采用两台相机分别对模型的顶面和侧面进行定时拍摄，记录实验的运行过程。在实验的最后，先在模型的顶面撒上一保护层，然后对模型喷水将其浸湿，最后对模型切剖面以观察其内部的形态。

2. 滨里海盆地盐构造实验结果及分析

下面以模型 2 为例，详细介绍一下实验结果。模型 2 添加了基底古隆起，其目的就是模拟并验证古隆起构造对盐底辟构造形成演化的影响。

实验运行 50 小时，模型 2 得到一系列横向切（剖）面图（每隔 2cm 获得一幅剖面形态图）。选择其中四幅进行分析和解释其盐构造特征。由模型 2 四幅剖面图（图 4-9）可以发现以下特征：（1）从左向右（从基底古隆起带到基底水平带），盐构造幅度总体呈增大的趋势。古隆起带上主要发育三角盐底辟（顶部发育正断层）和盐焊接构造，斜坡带及水平带则主要发育柱状或者蘑菇状盐底辟（脊）构造。（2）模型 2 在第一次进积范围内（古隆起带边缘两侧）盐底辟更加发育（甚至产生盐脊构造）。（3）进积次数越多，产生的重力扩展作用越明显，从而越有利于盐底辟的发育（比如盐底辟隆起幅度越大，数量越多）。（4）盐枕构造容易在拉伸过程中演变成三角盐底辟，而三角盐底辟在进一步的重力扩展作用下又容易演化形成盐脊构造。

地震解析和物理模拟实验结果表明：滨里海盆地属于独立、稳定的含盐克拉通盆地，研究区内无构造应力场的作用，盐构造也没有受到区域应力场的改造。滨里海盆地南缘 M 区块和 B 区块盐构造发育机制是重力滑移和重力扩展，其中重力扩展为主要机制。盐下基底古隆起对盐构造发育具有重要的影响。盐岩流动产生进积作用，促使盐底辟发育，同时古隆起边界发育裂隙，这些都会产生油气聚集。

(a) 实验剖面照片

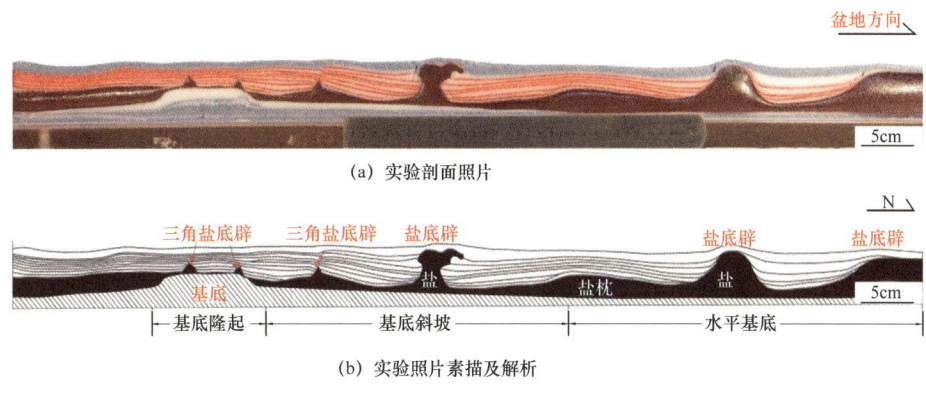

(b) 实验照片素描及解析

图 4-9 模型 2 切面图

剖面距离外侧挡板 6cm

进积作用对盐底辟的形成演化具有控制作用。进积前缘往往是盐构造优先发育的地方。另外，通过引发重力扩展，进积作用可促发盐构造的形成演化。如重力扩展作用会使盐间凹陷（两底辟之间的沉积盆地）向盆地中央方向扩张迁移，进而促发盐间凹陷内正断层发育，并伴随产生三角盐底辟，甚至盐脊。

二、膏盐层对油气成藏要素的影响

膏盐层的物理化学特点是密度低、可塑性强、易溶解，但致密性高。不仅可作为高质量的盖层，其形变过程和结果还可形成各类伴生圈闭，以及油气运移的特殊通道。另外，盐层也影响储层演化。因此，盐层对油气成藏具有重要控制作用。

1. 膏盐岩对烃源岩的影响

1）含盐盆地烃源岩分布模式

根据膏盐层与烃源岩位置关系，建立了含盐盆地三种烃源岩分布模式（图 4-10）：第一种是盐下模式，生油层为盐前沉积，主要发育在克拉通盆地中，如滨里海盆地、西伯利亚盆地、波斯湾盆地；第二种是盐间模式，生油层与盐同时沉积，主要发育在裂谷型盆地，如蒸发型盐湖、深部热卤水型柴达木盆地；第三种是盐上模式，生油层为盐后沉积，主要发育在裂陷—坳陷型盆地，如大西洋被动边缘型盆地。

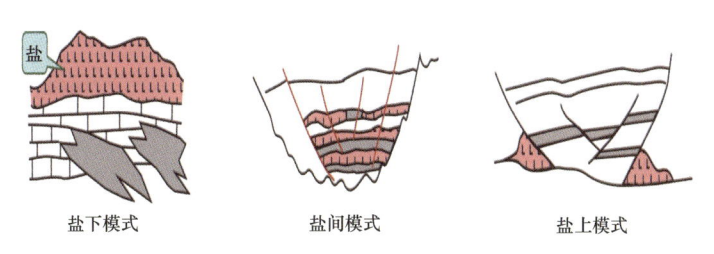

图 4-10 含盐盆地烃源岩分布模式图

2）高含盐环境利于有机质生成

膏盐层多开始发育于沉积密集段，因此与盆地烃源岩有着很好的共生—接续关系。在蒸发盐形成之前，水体盐度升高初期，生物种类虽然减少，但单个物种的产率急剧增加，有机物质大量生成与沉积。在第十届世界石油大会上，罗马尼亚学者巴尔茨对 108 块盐岩样品分析发现，每100g盐岩中的有机质含量达到15～4500mg，仅次于黏土或泥岩的600～3000mg，居第二位。

3）高盐度环境有利于有机质保存

高盐度水体容易形成还原环境，有机质易于保存，形成厚度较大的优质烃源岩。贾振远认为，在蒸发岩形成初期，由于水体盐度增加或不同盐度水体的混合，底部水体近于停滞，因此造成大量各种生物的死亡[5]。但是由于河流不断地供给生物和有机物质，因此湖泊中有大量的各种生物和有机质。当湖水盐度继续增高，进入的各种生物就会死亡，沉于湖底，湖盆底就形成弱氧化—还原环境，造成腐殖泥相。因此，在盐膏的形成和沉积环境中能够形成大量的有机质，并且在这样的环境中（弱氧化—还原环境），对有机质的有效保存和向石油转化均十分有利。

4）含盐盆地利于烃源岩演化

在滨里海盆地，盐下烃源岩热演化程度多已超过气煤阶段（图4-11），R_o大于0.7%。阿姆河盆地有机质成熟度也较高。中—下侏罗统煤系地层镜质组反射率R_o从约3000m深度的1.15%变化到4600～5500m深的2.30%～2.40%。中—下侏罗统层序只在盆地的最北部和西北部卡拉库姆隆起区处于生油窗。在古近纪期间盆地大多数区域达到生气窗，且处于热降解和热裂解气期，可提供充足的凝析气和干气。

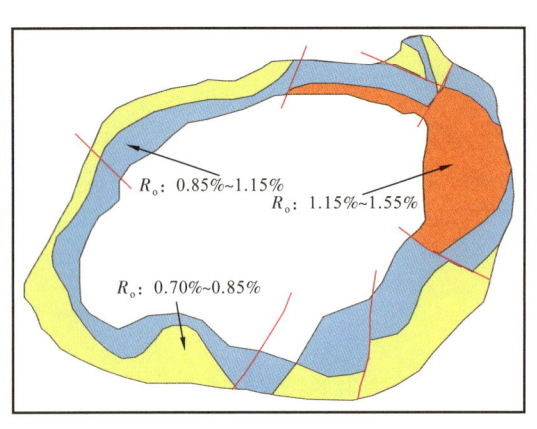

图4-11 滨里海盆地烃源岩演化程度图[6]

5）盐层对盐上—盐下烃源岩演化具有相反影响

由于盐岩的热导率是一般沉积岩的2～3倍，因此，盐岩以下的沉积地层温度会发生异常。据D'Brien和Lerche（1987）预测，厚度1000m的盐席下面温度将下降10.5℃，1500m的盐席下面温度将下降15.8℃。另外，盐的高热导率又起着"散热器"的作用，它可以提高盐层以上的地层温度，加速盐上烃源岩的成熟过程。因此，对于埋深较大的墨西哥湾主力烃源岩来讲，生烃高峰期较晚有利于油气藏的保存。

6）含盐盆地多发育盐下油气系统

滨里海盆地盐下生成的油气主要赋存于盐下上古生界碳酸盐岩和礁体中，在盐盖层薄弱部位，油气向上运移到上二叠统—中生界砂岩储层中。阿姆河盆地也发育盐下油气系统，在盐盖层被断开或无盐盖层的盆地周缘地区，油气向上运移至下白垩统砂岩中成藏。红海盆地发育盐上和盐下两套含油气系统，并均已得到证实。

2. 膏盐岩对储层的影响

盐构造对储层的影响主要表现在以下6个方面：（1）压实程度低，成岩过程慢；（2）石膏与烃反应生成有机酸；（3）超压裂缝，保持孔隙；（4）盐充填孔隙；（5）硬石膏形成孔隙空间；（6）盐丘间形成新容纳空间（图4-12）。

1）盐下压实程度低

常见的围岩地层，如白云岩、石灰岩、砂岩等，即使含有较多孔隙，其体积密度也均超过盐的密度。盐岩的密度只有2.1g/cm³，而且不随温度和压力有明显变化。因此，盐丘之下的地层其承受的压力明显减小，因而导致盐下地层压实程度弱，成岩作用减缓，从而使储层中保持较高的孔隙度。在美国路易斯安那州 False River 气田，6890m 深的白垩系砂岩孔隙度达到 26%，渗透率 200mD。

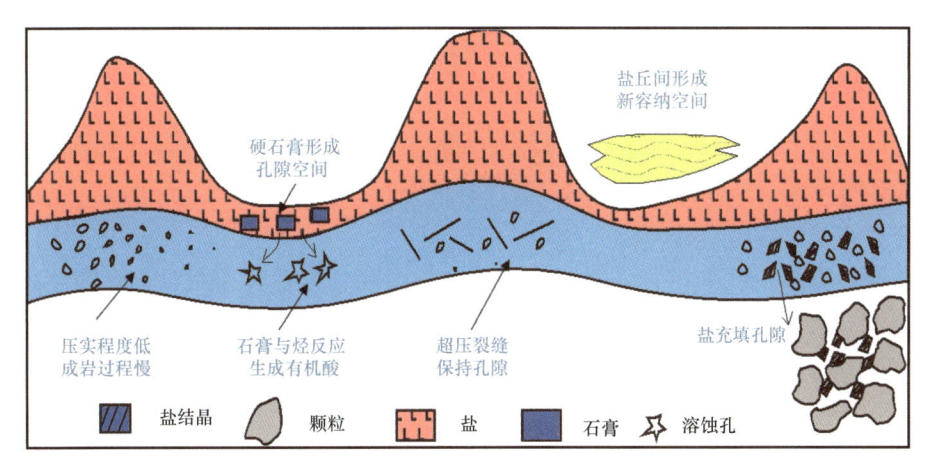

图 4-12　盐对储层影响机理模式图[7]

2）盐下成岩作用慢

盐岩是传导性最好的沉积物之一，如在 43℃时盐岩的热导率为 5.13W/（m·K），而页岩在相同温度时的热导率仅为 1.76W/（m·K）。因此盐下热量容易散失，导致盐下温度局部降低。而温度是发生各种成岩变化的基本条件之一，其大小不仅可以影响成岩作用的类型与速度，而且还影响成岩作用的方向。有机质随温度的变化衍生出不同的化学成分，而不同化学成分的有机酸对矿物的溶解则明显不同。大多数矿物的溶解度会随着温度的降低而降低，而有机酸对矿物颗粒的溶解是形成次生孔隙的重要途径之一。因此盐下地层较低的地温导致盐下地层成岩作用减缓，易保持较好物性。

3）盐下异常高压导致储层物性变化

膏盐层之下常存在异常压力系统。异常高压可以使储层的储集物性易于保存。异常高压可以支撑部分上覆岩体的荷重，减小地层的有效应力，减缓对超压层系的压实作用，并抑制压溶作用，保持较高的原生孔隙。同时，异常高压可以改善储层物性。异常高压可以促进更多微裂缝的形成，增加超压体系内的储集空间，改善储层的连通性，增强储层的渗透性能。另外，超压对有机质演化和油气生成的抑制，扩大了超压盆地中有机酸的释放空间和它对成岩作用的影响范围，促进了化学反应向有机酸生成方向进行，有利于次生孔隙的形成。

4）硫酸盐热化学还原反应（TSR）造成溶蚀孔隙

硫酸盐热化学还原反应（TSR）是指硫酸盐与有机质或烃类作用，将硫酸盐矿物还原生成硫化氢及二氧化碳的过程，即硫酸盐被还原和烃被氧化的过程。在含盐盆地中烃类若与盐岩或者碳酸盐岩中硫酸盐直接接触，一般会导致硫酸盐热化学还原反应（TSR），形成一定量的硫化氢（$CH_4+CaSO_4 \Longleftrightarrow CaCO_3+H_2S+H_2O$）。硫化氢与水结合形成酸性液体，造成碳酸盐岩溶蚀，形成溶蚀孔隙，从而可改善储集性能。

5）硬石膏具有潜在的储集能力

石膏脱水后转化成的硬石膏可形成晶间孔，若孔隙得以保存，则硬石膏可作为油气储层。尽管目前世界上还没有硬石膏作为储层发现商业油气田的相关报道，但其潜力不可忽视。吴富强认为渤南洼陷沙河街组四段硬石膏有两种成因：一种为盐湖型即蒸发型，可作盖层；另一种为热液型，可作储层[8]。根据统计，渤南洼陷钻遇膏盐层的48口探井中，10口井在3000m深的石膏中见油气显示，级别多达到油斑级。

6）盐运动影响沉积体系

还有一类有代表性的含盐盆地，同沉积期发生剧烈盐运动，在较大的容纳空间中形成众多盐丘间的局部"洼地"，为深水浊积扇等提供沉积场所，从而形成大型岩性圈闭。墨西哥湾和安哥拉等盆地发育类似圈闭，并已有重大油气发现。

3. 膏盐岩对盖层的影响

膏盐层具有极低孔渗特征，且盐岩的排替压力高、韧性大，所以具有物性和超压双重封闭机制，具有良好的封闭性能[9]。中国西南滇黔桂等地区中—下三叠统膏岩的孔隙度为0.1%～0.3%，渗透率极低，最大喉道半径小于1.8nm，岩性致密，具有较高的排替压力[10]。中国塔里木盆地克拉2井的库姆格列木群含盐膏泥岩的突破压力高于60MPa，由于其厚度很大，本身地层压力也很高，所以具有毛细管和异常高压双重封闭机制，使其成为非常优质的区域盖层[11]。

4. 膏盐岩对圈闭的影响

膏盐层的运动和变形可使围岩形成多种类型的圈闭。盐伴生圈闭可分成3类，即整合型（位于宽缓盐丘之上）、过渡型（盐枕滚动断层封闭）、刺穿型（盐墙—盐株侧向封闭和盐顶断层封闭），并可进一步细分为20种（图4-13、表4-4）。

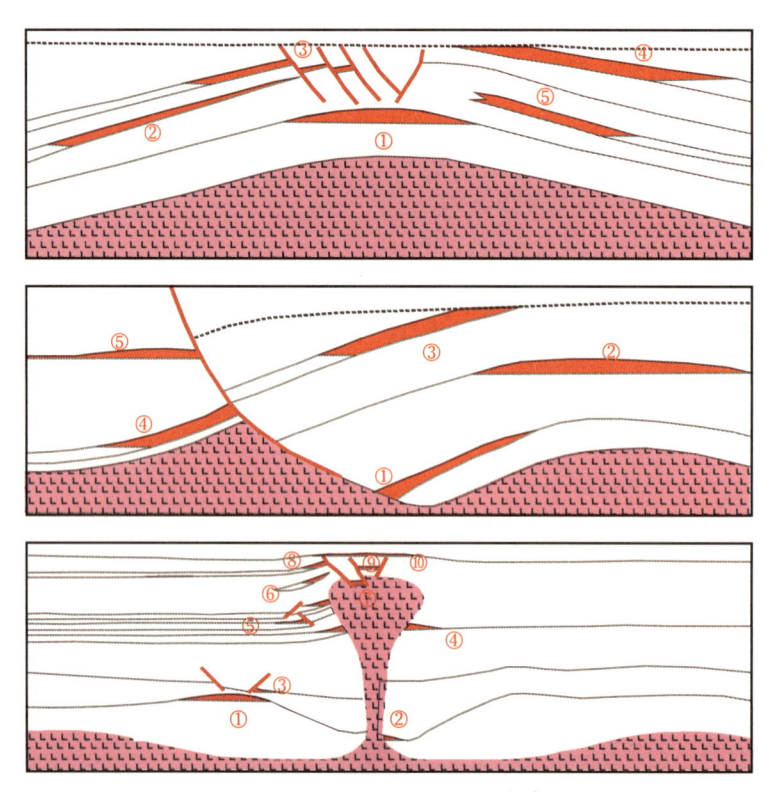

图4-13 盐伴生圈闭类型[11]

表 4-4 盐伴生圈闭分类[11]

类型	主要盐构造	主要圈闭特征
整合型	盐枕龟背构造	① 穹隆或背斜圈闭 ② 地层尖灭型圈闭 ③ 断层阻挡型圈闭 ④ 不整合型圈闭 ⑤ 岩性孔隙圈闭
过渡型	盐枕	① 铲式断层与滚动背斜之间的尖灭型圈闭 ② 滚动背斜脊部的穹隆圈闭 ③ 不整合型圈闭 ④ 盐拱、断层、不整合和岩性等综合控制的圈闭 ⑤ 断层下盘中的断层阻挡型及拖曳褶皱型圈闭
刺穿型	盐墙盐株	① 龟背斜构造圈闭 ② 原始盐枕顶部及翼部孔隙加强岩层不整合型圈闭 ③ 龟背斜构造顶部断层遮挡型圈闭 ④ 盐边侧向遮挡型圈闭 ⑤ 盐刺穿侧部断层遮挡型圈闭 ⑥ 盐刺穿侧部地层尖灭型圈闭 ⑦ 盐顶侧向遮挡型圈闭 ⑧ 盐刺穿顶部断层遮挡型圈闭 ⑨ 盐刺穿顶部地堑断裂型圈闭 ⑩ 盐刺穿构造脊部背斜型圈闭

5. 膏盐岩对油气输导体系的影响

含盐盆地的输导体系具有特殊性，除常见的断裂、储层、不整合等运移通道外，盐运动本身可形成新的输导体系：（1）盐刺穿缩颈通道；（2）盐焊接薄弱带；（3）盐溶滤残余通道；（4）硬石膏晶间孔隙（图 4-14）。含盐盆地盐构造附近存在三类流体动力系统：浅层常压系统、中部静压含盐水系统和下部高压系统。盐下的高压体系与盐上的常压体系势差巨大，盐下的油气就会在盐层的薄弱带（盐焊接薄弱带、盐溶滤残余通道和硬石膏晶间孔隙）大量上窜，上窜的油气进入常压体系，大部分逸散，少部分在适当的条件下，可以聚集成小型油气藏。而这些盐相关输导体系的数量毕竟有限，造成含盐盆地的油气储量主要集中在盐下。在滨里海盆地，盐下的主要输导体系是断裂和层序界面及储层。盐间和盐上则有新型运移通道，包括膏盐层薄弱带、盐层溶滤带等。

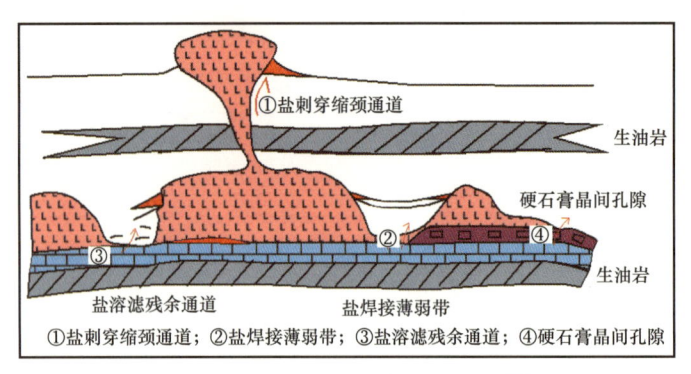

图 4-14 盐相关输导体系模式图[7]

①盐刺穿缩颈通道；②盐焊接薄弱带；③盐溶滤残余通道；④硬石膏晶间孔隙

6. 膏盐岩对油气成藏的影响

在含盐盆地中，流体的运动也受盐的影响，包括运移通道、流体动力、流体运动等方面。主要的流体类型包括盐热流体、烃类流体、富金属热流体以及同生水和大气水等。这些流体常常与盐构造有着直接或间接的联系[13]。

1）含盐盆地油气成藏数值模拟实验

含盐盆地的成藏数值模拟实验表明，在碳酸盐岩台地被埋藏之前，发生了由地热驱动的强迫型对流，水文差异对地层流体的流动形式和幅度、热传递及其相关的成岩作用有重要的影响，台地内部沉积物垂向渗透率的降低会极大地降低溶解速率（图4-15）。碳酸盐岩台地在被埋藏后，依然可以发生由地热驱动的自由型对流，可以使一些区带的储层物性得到改善。但与埋藏前的强迫型对流相比，埋藏后的流体流动速率及成岩速率要变慢。由页岩充填的盐边凹陷的发育对碳酸盐岩台地内的自由对流有明显的改变作用。盐边凹陷之下较高地温梯度主要集中于自由对流单元的上升翼，溶解作用会导致孔隙度升高。而且盐边凹陷的发育时间、规模、充填物类型、数量等会对下伏碳酸盐岩台地复杂的自由对流系统及相关的成岩孔隙度变化带来不同的影响。

2）含盐盆地油气成藏物理模拟

成藏过程实际上就是油气驱水过程，而物理模拟实验可以阐明石油在岩体中的二次

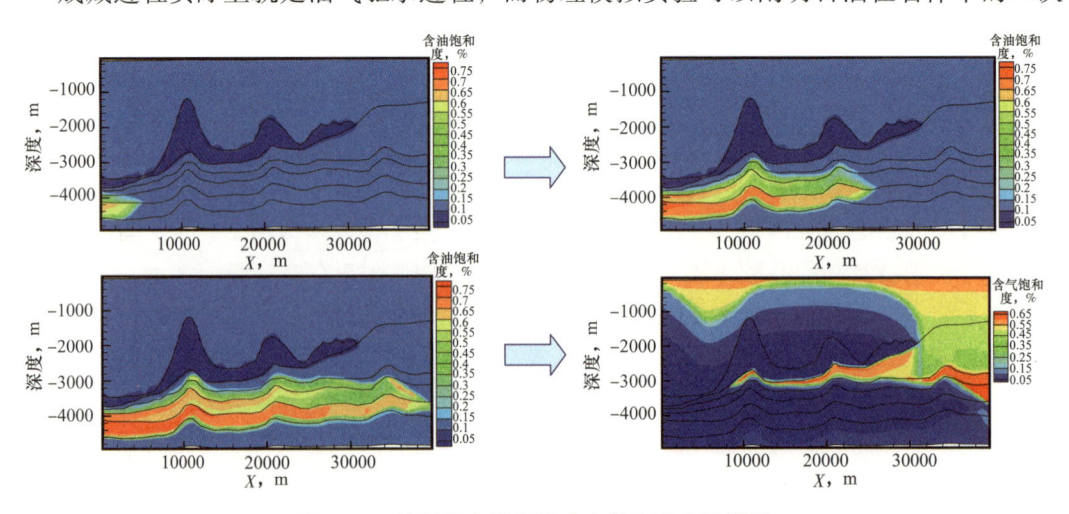

图 4-15 滨里海东缘流体动力学和运动学模拟

运移过程、机理及其在圈闭中的聚集过程。本次实验主要利用二维模拟实验装置，旨在模拟石油在盐构造相关油气藏中的运移聚集过程，建立滨里海盆地南缘研究区内油气成藏模型，指出有利的成藏位置。

滨里海盆地发育巨厚的下二叠统空谷阶盐岩层，滨里海盆地南缘 B 区块发育多种类型的盐构造，包括盐焊接、盐底辟、盐枕、盐墙等。而毗邻油源的盐焊接构造是油气成藏的重要控制因素之一，在盐底辟之间的盐焊接构造周围可形成多种类型的油气藏。本次实验旨在模拟与盐焊接构造相关的油气藏。研究与该类油气藏相关的油气运移通道、巨厚膏盐层对盐下油气的选择性封堵及盐上和盐下储层中有利的成藏位置。

以 B 区块地震剖面 11-12（图 4-16）为依据，盐下多发育高角度的逆断层，而盐上多为与盐体上拱相关的正断层，断层与盐构造相互作用、相互组合，成藏条件复杂。以此，建立了盐焊接构造相关的油气成藏模型，如图 4-17 所示。

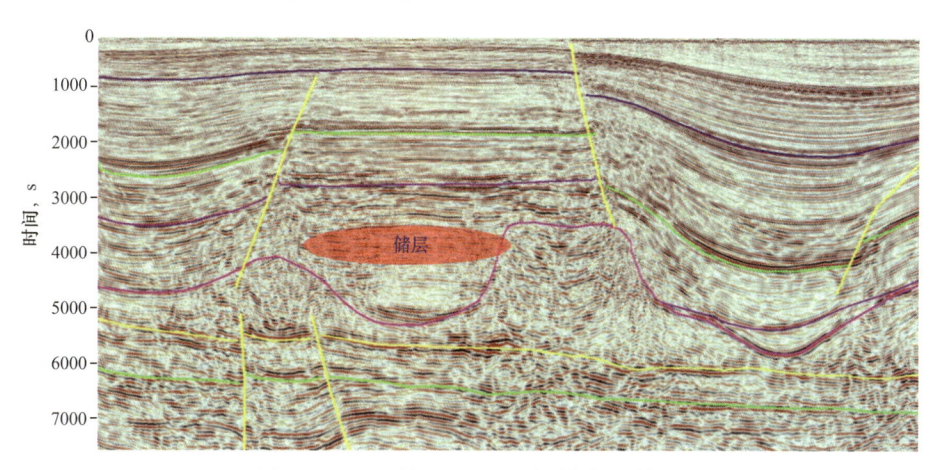

图 4-16　B 区块 11-12 地震测线解释结果

实验现象：（1）开始注油 100 分钟后在断层附近出现油气显示，由于模型充填过程较长，而断层所用玻璃珠粒度较粗，其中所含的水易受蒸发作用而变少，输导效果变差，煤油未沿断层运移；（2）煤油穿过盐窗向盐上砂层运移，由于浮力作用，首先在盐上层砂体上部聚集；（3）盐下砂体逐渐被煤油充满；（4）模型中煤油逐渐饱和，盐上砂体的下部未出现油气聚集现象。

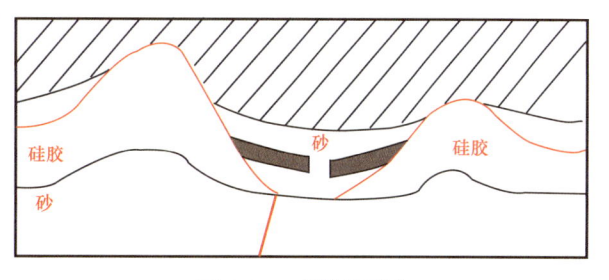

图 4-17　实验模型 I

实验结果分析：如图 4-18 所示，试验中油气易于在盐下利于成藏的构造高部位中聚集（如图 4-18 中圈闭 2 所示），巨厚的膏盐层为其提供了良好的封闭条件，而烃源岩附近盐焊接构造和断层的存在，为油气向盐上运移提供了有利的通道。油气沿着盐窗、盐边和断层向盐间、盐上地层中运移，在运移过程中如遇盐岩侧向遮挡或岩性变化等遮挡因素，可聚集成藏（如图 4-18 中圈闭 1 所示）。由于实验模型所能承受的压力限制，盐上砂层中的下部储层中并没有见到煤油。

图 4-18 第九次实验最终结果

图中红色圈代表有利的成藏位置；白色箭头代表煤油运移的路径

三、含盐盆地油气分布特征

在对全球含盐油气盆地充分研究及中国石油含盐盆地勘探实践的基础上，总结了含盐盆地的3类10种油气成藏类型（图4-19）。第一类为盐上：① 背斜型、② 断块型；第二类为盐间：③ 不整合型、④ 龟背斜型、⑤ 盐顶侧向遮挡型、⑥ 盐边侧向遮挡型；第三类为盐下：⑦ 断块型、⑧ 生物礁型、⑨ 地层—岩性型、⑩ 断背斜型。以上为含盐盆地油气成藏的基本类型，实际上，各种盐构造均可形成遮挡，形成各种成藏亚型。

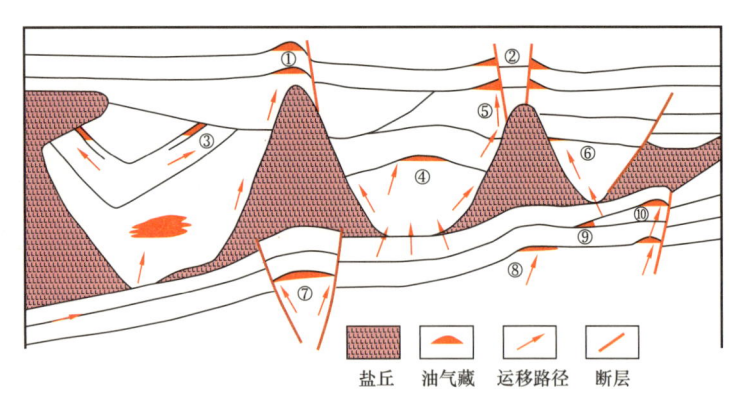

图 4-19 含盐盆地油气成藏类型模式图

含盐盆地油气成藏一般具有三个特点：(1) 含盐盆地盐下多发育烃源岩，易形成巨型油气藏；(2) 盐上油藏受控于输导体系和盐伴生圈闭；(3) 盐丘越陡，盐伴生圈闭规模越小；反之，盐顶越宽缓，顶部圈闭规模越大。

含盐盆地的共同特点是发育被动边缘或裂陷期沉积，后期被膏盐层覆盖后形成完整的生储盖组合。滨里海及伏尔加—乌拉尔盆地早二叠世盐沉积前，南部—东部与乌拉尔—古特提斯洋被恩巴—卡宾斯基等一系列海西褶皱带隔开（图4-20）；红海盆地盐沉积前为大陆裂谷（图4-20）；丰富的烃源岩和良好的盐盖层是大型油气田形成的基本条件。在多数含盐盆地中，这两个条件均具备。加上盐下多发育碳酸盐岩，从而使含盐盆地盐下易于形成巨型油气田。

来自盐下油源的盐上油气藏受控于与盐发育有关的输导体系；来自盐上油源的油气藏受控于盐上输导体系。盐上油气主要聚集于盐伴生圈闭之中。对于盐运动不剧烈的盆地则可能形成大型构造或岩性地层圈闭，从而形成大型油气田。在滨里海盆地，盐焊接薄弱带或盐丘间无盐区，若有断裂发育，油气也向上运移成藏，但规模较小。有些含盐盆地盐上本身也发育烃源岩，其输导体系发育且类型多样。盐丘越陡，盐伴生圈闭规模越小；反之，盐顶越宽缓，顶部圈闭规模越大（图 4-21）。

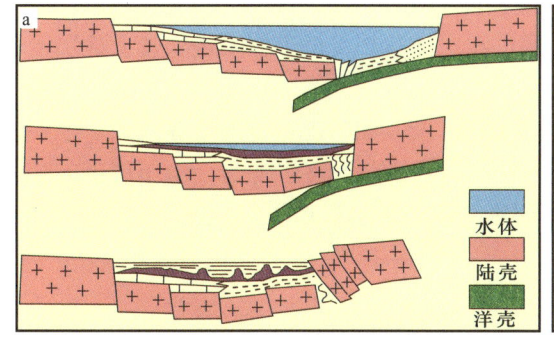

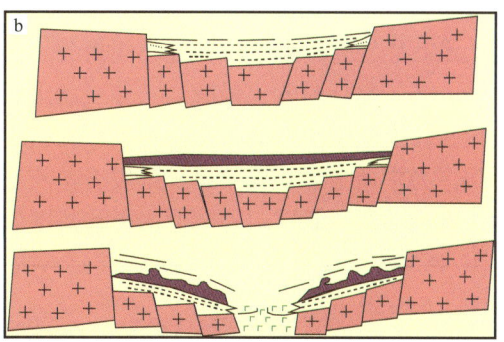

图 4-20 滨里海（a）和红海（b）盆地盐沉积前后构造演化图

紫色为盐，演化顺序由上至下

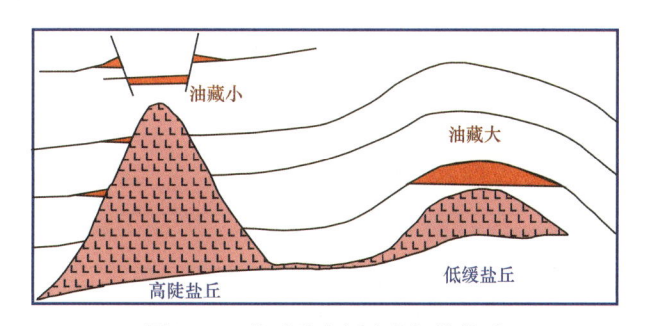

图 4-21 盐丘陡度与油藏规模关系

从含盐盆地目前已发现油气田的成藏模式来看，在成藏要素和成藏机理等方面都有一定的差别，但均与盐层有着密切的关系[14]。一般根据油气藏的发育层位与盐层的关系，简单地划分为盐上油气藏、盐间油气藏和盐下油气藏[15, 16]，没有考虑生油层、油气运移路径与盐层的配置关系。

经过对全球含盐盆地的系统研究，按照盐层与油气源—运移路径—油气藏的配置关系，将含盐盆地油气成藏模式划分为五种类型（图 4-22）。（1）盐下模式：发育在具有多层膏盐层的克拉通盆地，烃源岩、储层均位于盐层之下，由于盆地内部构造活动相对稳定，膏盐层的封盖能力未被破坏，油气只在盐下运移和聚集成藏。如东西伯利亚克拉通盆地下寒武统发育四套盐岩层，油气藏为盐下元古宙文德纪和早寒武世的岩性地层油气藏和构造油气藏，而油气通过盐下文德系和下寒武统的多个沉积间断（不整合）面进行了三次侧向运移。（2）盐上模式：多发育在早期裂谷—后期被动边缘的盆地。如大西洋两岸盆地，烃源岩、储层均位于盐上，油气只在盐上运聚，盐层的运动，一是形成盐伴生圈闭，二是盐向上运动直接形成遮挡。如墨西哥湾裂谷型盆地中侏罗世末（卡洛夫阶）发育盐岩，生储盖组合主要为盐上的盐构造伴生圈闭。（3）叠合模式：烃源岩、储层盐上和盐下均存在，油气在盐下和盐上独立运聚成藏。如北海盆地（台地—叠置裂谷型），晚二叠世形成蒸发岩，中生代裂谷形成于古生代克拉通含盐盆地之上，除形成前述盐上模式外，盐下保存了古生界含油气系统，盐下和盐上地层具有独立的生储盖组合，盐层作为盐下气藏的盖层，其构造变形还影响了盐上含油气圈闭类型。（4）跨越模式：烃源岩只位于盐下，储层盐下和盐上均有，盐下油源既供应盐下圈闭，又通过盐相关输导体系向上运移形成盐上油气藏。如滨里海盆地（克拉通型）生油层为盐下古生界石炭系、泥盆系烃源岩，盐上没有烃源岩，油气除在盐下运聚外，还通过断层、盐相关输导体系进入盐上地层运聚成藏。（5）复合模式：烃源岩、储层盐上和盐下均有，盐下油气除在盐下运聚外，还跨越盐层在盐上地层中运聚；盐上油气只在盐上地层中运聚。如塔吉克盆地（双前陆）主要沉积层序为中新生界，侏罗系顶部发育蒸发岩，盐上和盐下都存在烃源岩，由于位于前陆盆地，构造活跃，断层起到沟通盐上和盐下的作用，盐上油气藏油源来自盐上和盐下。

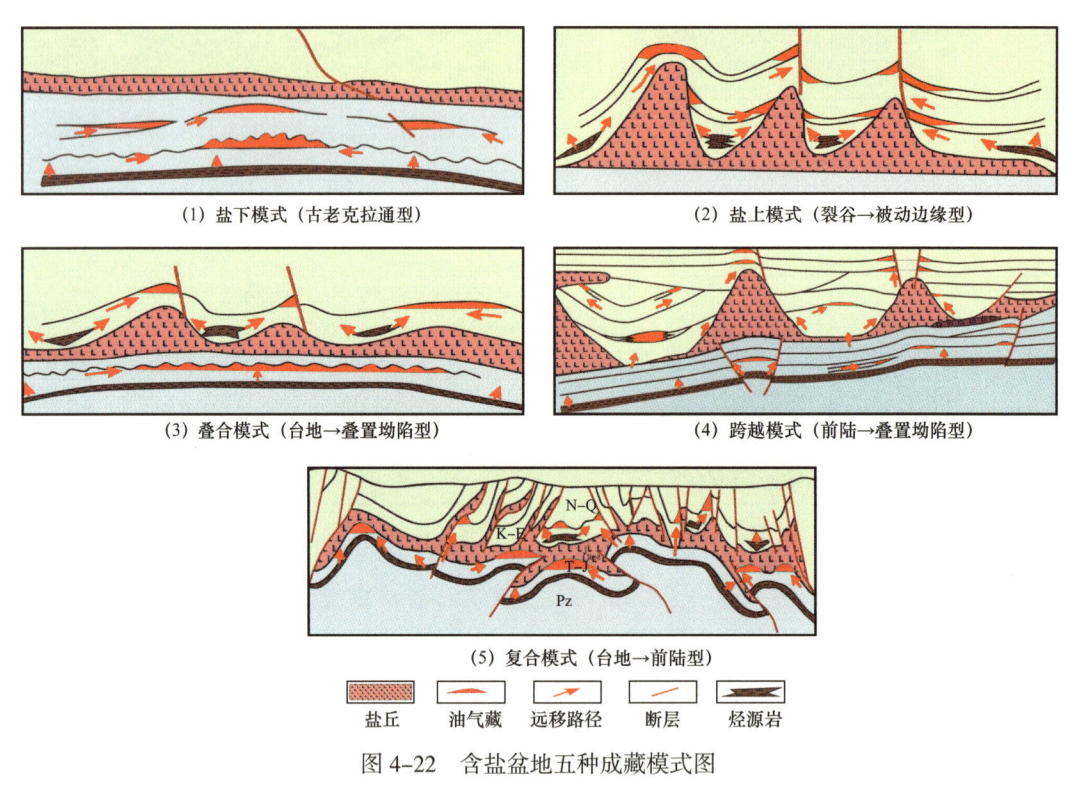

(1) 盐下模式（古老克拉通型）　　(2) 盐上模式（裂谷→被动边缘型）

(3) 叠合模式（台地→叠置坳陷型）　　(4) 跨越模式（前陆→叠置坳陷型）

(5) 复合模式（台地→前陆型）

盐丘　　油气藏　　运移路径　　断层　　烃源岩

图 4-22　含盐盆地五种成藏模式图

第三节　含盐盆地油气勘探技术及应用

含盐盆地中盐构造空间几何特征的复杂性，造成盐下构造落实难度大、盐伴生圈闭识别困难以及储层岩性的复杂性，给勘探技术带来重大挑战。依托国家油气重大专项，通过持续攻关研究，在盐丘刻画、不同方法叠前深度偏移、叠后速度建模等技术方面取得重要进展，准确识别了盐下圈闭。利用实验室分析、岩石物理分析、子波分解及地震组合反演技术，准确预测了盐下碳酸盐岩储层。依靠这些技术在滨里海、阿姆河等含盐盆地发现了大油气田,并储备了一系列勘探目标。

一、盐下构造圈闭识别技术

1. 难点与技术现状

膏盐层由于其易塑性变形的特征,常形成各类高陡盐丘,这给盐下目标的勘探带来诸多难点。一是陡翼地震波反射造成偏移处理困难,使盐下目标成像发生水平偏移;二是盐体使盐下地层普通地震勘探方法的反射能量弱,给复杂目标解释带来困难;三是高速盐体造成盐下地层反射同相轴上拉,深度归位困难。盐下圈闭准确识别,除需提高采集质量外,还要求准确的地震成像和精准的地震速度拾取,建立准确的速度模型。叠前深度偏移技术为更好地解决以上问题提供了新的手段,但速度建模方面的研究及其适用性还需不断完善。无论地震叠前还是叠后处理,速度建模是关键。

2. 复杂盐下构造圈闭识别技术

滨里海盆地下二叠统空谷阶沉积了巨厚的盐岩层,由于盐丘和围岩速度之间的差异很大,造成了下伏地层在时间剖面上存在上拉的现象,形成了一些构造假象或者构造幅度被拉大。为了准确落实盐下构造,采用多种手段进行层位标定、多种显示方法进行交互解释,深化速度研究,多种技术变速成图,构造成图精度逐渐提高,进一步完善了构造导向滤波盐丘刻画、模型正演、层位控制法变速成图等盐下圈闭识别与评价配套技术。盐下构造成图精度由"十一五"的2%提高到1.5%。

通过分析国内外盐下地层地震成像技术现状、相关研究成果及未来发展方向,根据多年盐下构造地震解释及速度建模研究,并结合巨厚盐岩区的实验室模拟,针对技术研究思路中的盐丘刻画技术、速度变异因素识别、叠后速度建模技术、叠前处理技术等几项关键技术点分别进行了深化研究。并在"十一五"基础上不断发展,形成了较完善的盐下圈闭识别技术流程(图4-23),为具有类似地质特征的地区提供一些成功的经验。盐下圈闭识别技术系列和流程包括以下四部分:构造动力学预测盐下圈闭发育区带、层位与盐丘边界刻画、速度建模与时深转换、圈闭有效性评价。每个部分包含不同的技术组合,从而形成完整的技术体系。

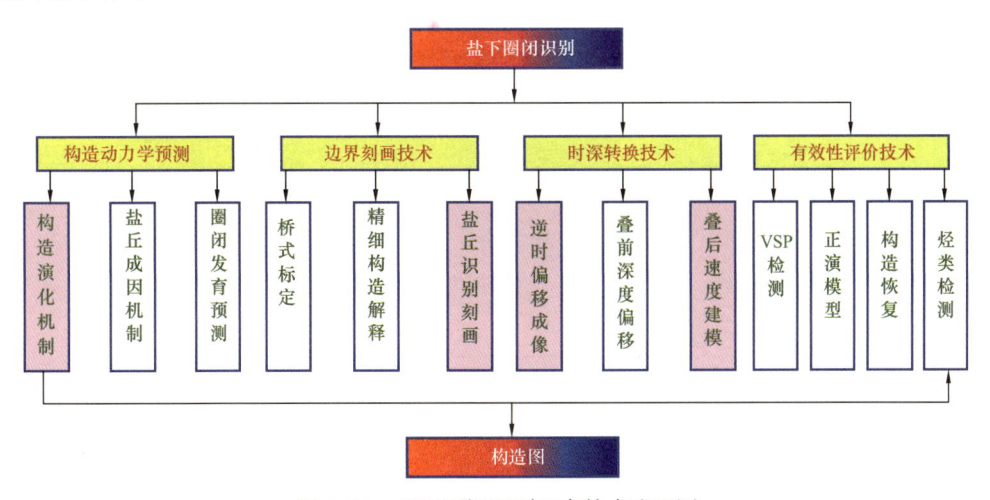

图4-23 盐下圈闭识别配套技术流程图

1）叠后速度建模技术

在海外勘探实践中，新拿到的区块往往只有叠后处理成果，因此叠后速度建模也需不断探索和完善。

建立速度模型的实质就是如何求取各反射层的准确层速度。研究区复杂的地质情况导致，从浅层到深层无法采用一个统一的层速度计算方法。经分析认为速度模型的建立分三步进行：（1）在分析钻测井资料、地震资料，以及速度谱资料的基础上，找出工区内所有类型的速度异常体，并将其划分归类；（2）通过地震相、沉积体系的研究划分，建立地质模型，在此基础上，分类型对地质异常体的发育范围及分布空间进行刻画、描述，尽量与地质模型保持一致；（3）分类型对地质异常体进行速度分析，建立准确的速度模型（图4-24）。下面进行逐步论述。

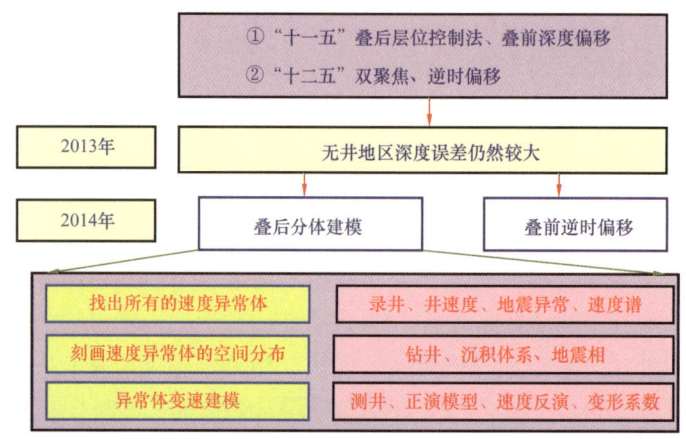

图4-24 叠后分体建模技术路线图

首先通过构造导向滤波、边缘检测、波阻抗反演、相干等物探技术识别刻画出各类速度异常体。从分析结果来看，滨里海盆地东缘主要发育以下六大速度异常体：高速盐丘体、生物礁建造、砾岩沉积区、盐丘间膏盐、碳酸盐台地、低速度泥岩（图4-25）。下面以高速盐丘体和生物礁建造为例介绍异常体速度求取方法。

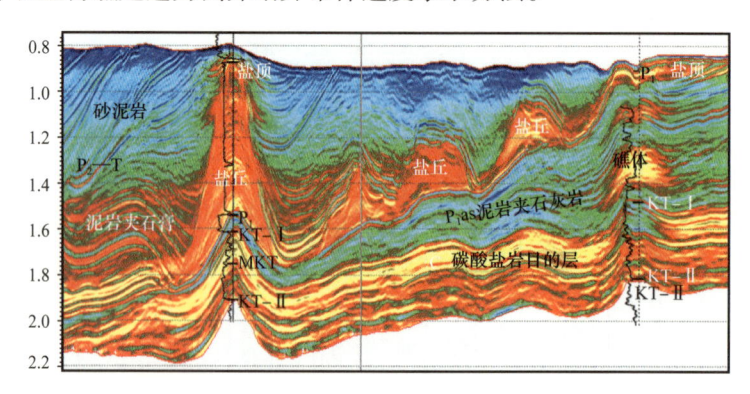

图4-25 滨里海盆地东缘速度异常体识别剖面

（1）高速盐丘体：纯盐岩段层速度计算从V_{SP}速度统计、声波时差测井速度分析、井震层速度转换等几个方面综合分析求取。V_{SP}速度统计法是在中区块和肯基亚克有20口井钻穿巨厚的盐丘部位，将中区块KUN-1井、SIN-1井、肯基亚克104井等多口井V_{SP}资料和岩性资料分析对比发现，纯盐岩段地层层速度为4400~4600m/s，且纯盐岩段岩性较纯，层速度比较稳定。由于沉积环境相似，由此统计出的纯盐岩的速度可以应用到本工区，即本工区的纯盐岩段层速度平均值应为4500m/s。

（2）生物礁建造：为解决东部隆起的生物灰岩变形，首先根据井震标定结果及多种地球物理成像方法精细解释其发育范围；为了解决异常体的影响，设定如下模型。模型中的围岩速度为层速度，T为无畸变的层段的T_0厚度，T_d为异常体发育区时间厚度，经过推导得到公式Ratio=T/($T-T_d$)，定义为异常体变形系数。其次通过已知井区的钻测井等井资料求取生物礁造成下伏地层的变形系数，推导了石灰岩速度公式。将变形系数与井速度交会，通过变形系数与速度之间的关系公式定量的计算异常体带的速度：$V_r=V_s·$Ratio。并利用地震速度谱资料推广到无井区，从而计算出生物礁发育范围的速度模型（图4-26）。其他四种速度异常体的速度求取方法与生物礁建造异常体的速度求取方法基本一致，在此不再赘述。

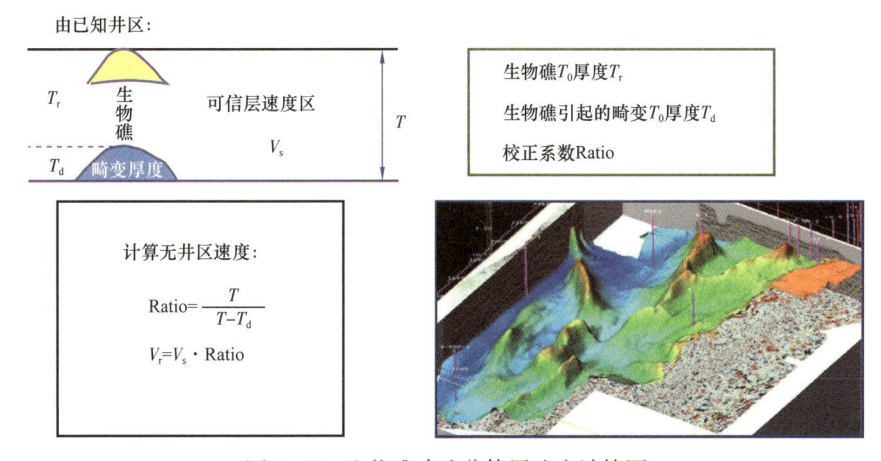

图4-26 生物礁建造分体层速度计算图

建立速度模型的实质就是如何求取各反射层的准确层速度。研究区复杂的地质情况导致，从浅层到深层无法采用一个统一的层速度计算。经分析认为将其分为三种情况进行分别研究最为适合：① 将盐上地层和盐下地层这两种不含盐地层归为一类；② 纯盐岩层，即地震剖面上表现为近似丘状空白反射的盐丘层，偶夹薄层能量较强层状反射；③ 还有一套存在于厚盐丘之间的具有较强振幅的低丘状反射层，经钻井揭示它是盐岩和碎屑岩的互层段，称为非纯盐岩层，岩性的不同导致其速度也要单独求取。

以资料处理过程中得到的叠加速度分析结果——叠加速度谱为基础速度资料，以T_0层位解释结果为基础控制层位，以钻井数据等作为井约束资料，基于"三维射线模型法"计算层速度，进行速度建场，进而完成时深转换变速成图。

异常体与围岩的速度差将影响下伏地层在时间域地震剖面的显示，例如速度差为正数时，下伏地层表现为上凸，速度差为负值时，表现为下凹，这些都不是地层的真实形态。通过分别刻画速度异常体并用不同方法建模来消除其影响。其中针对生物礁、盐丘等地质异常体速度建模的方法主要是：首先刻画生物礁体的发育范围；统计求取生物灰岩等引起的构造变形系数；通过公式计算出生物礁等地质异常体的层速度，并分体建立速度模型；最后把求得的地质异常体的层速度替换到最终的速度模型中（图4-27），建立准确的全区速度模型。

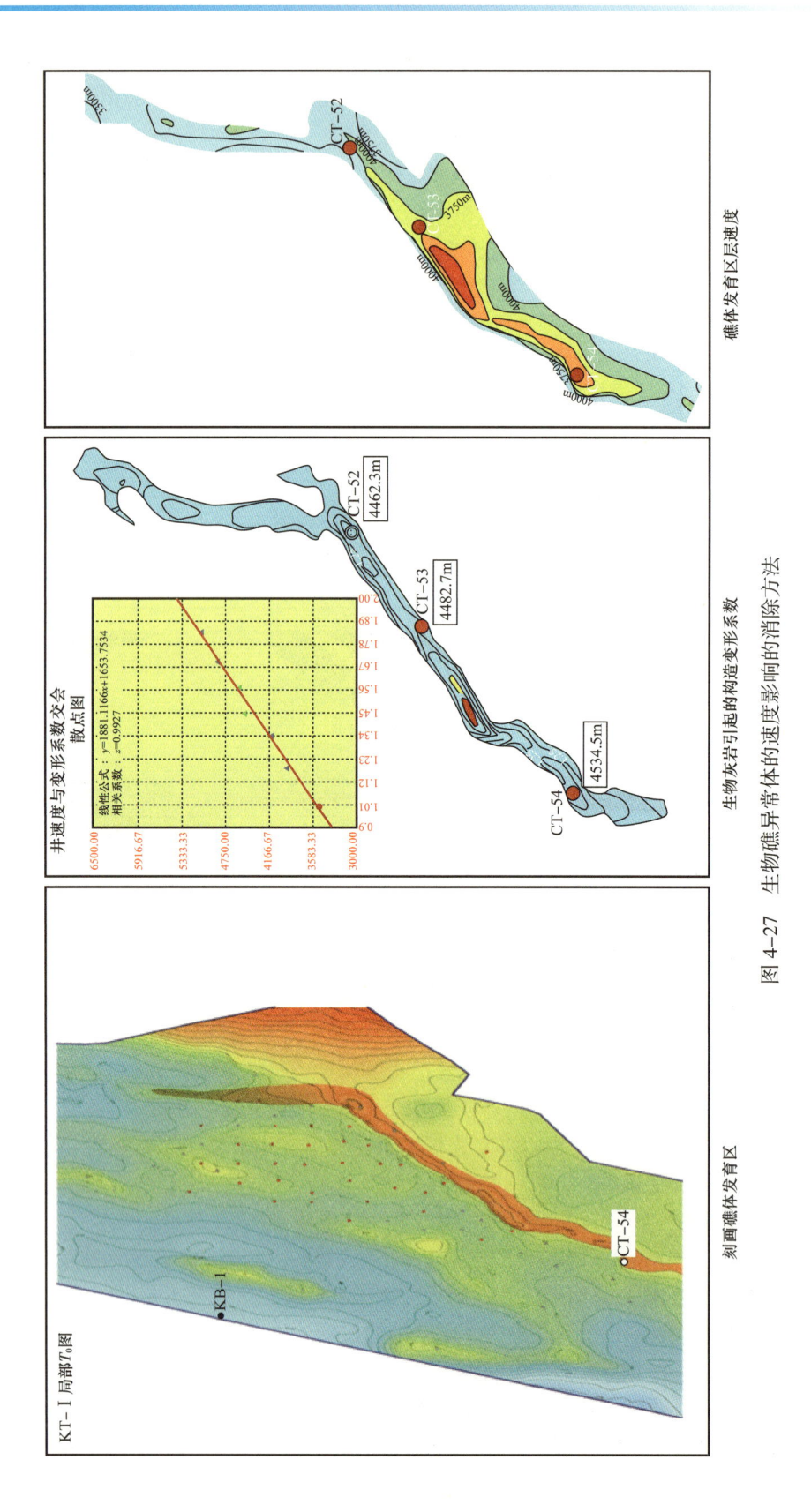

图 4-27 生物礁异常体的速度影响的消除方法

盐丘的存在不仅对盐下地层造成影响，由于速度谱解释原因，盐丘同样对岩上地层造成影响。通过多种速度建场方法对比，最终确定层位控制法建立平均速度场适合滨里海盆地的时深转换方法。层位控制法建立平均速度场，使用相对合理的替换层速度区带速度模型中的盐层层速度，对盐上、盐下地层层速度处理，消除盐丘低速异常影响，最终建立速度场更接近地下真实形态。

2）高陡盐丘叠前深度偏移技术

针对滨里海盆地研究区内盐丘的具体特点，制定了分目标、分步骤的逆时叠前深度偏移成像处理流程。对盐上沉积层、盐间沉积层、盐丘的侧翼、盐丘的底部和盐下目的层这些特征不同却存在着紧密制约的目标体，逐步建立合适的逆时偏移叠前深度偏移处理的一整套处理对策。逆时叠前深度偏移技术特点为：（1）相对于单程波波场延拓而言，逆时偏移技术运用的是双程波波场延拓，避免了上、下行波的分离处理，且不受倾角的限制；（2）解决了盐下、盐丘侧翼的成像问题，实现了对盐丘边界及盐丘侧翼的准确归位，消除了盐丘速度异常对下伏地层造成的时间域构造畸变，使盐下地层在深度域能够准确成像（图4-28）。

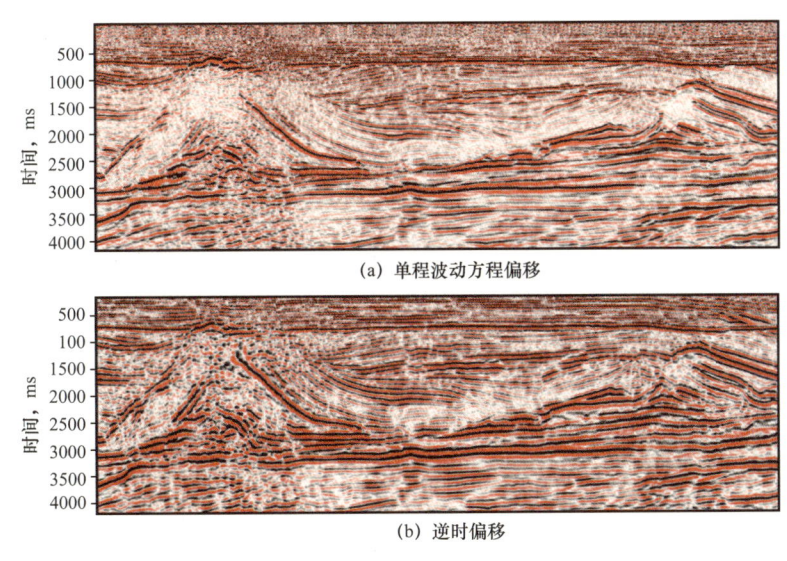

图4-28 单程波动方程偏移与逆时偏移处理剖面对比图

3）"两宽一高"地震勘探技术

所谓"两宽一高"指采集中使用宽频带激发震源，宽方位观测排列和高密度空间采集，数据处理和资料解释中采用相适应的方法和技术，获得更可靠的信息服务于储层的刻画和描述。其适用于薄互层发育区的油藏描述、各向异性发育区的裂缝预测和特殊岩性体的勘探。围绕复杂盐下碳酸盐岩目标层，开展高密度数据保真提高信噪比技术、高密度数据综合静校正处理技术、震源子波约束低频补偿技术、井约束保真高频拓展处理技术、宽方位数据分方位速度分析技术和基于COV域的宽方位处理技术，为有效开展斜坡区岩性体油层组的流体识别等储层预测工作提供高品质的基础资料（表4-5）。

表 4-5 "两宽一高"三维地震与常规三维地震观测系统对比表

观测系统类型	宽方位高密度方案	常规三维地震方案
观测系统类型	36 线 ×8 炮 ×320 道	12 线 6 炮 160 道正交
震源类型	低频震源	常规震源
激发类型	2 台 1 次	8 台 2 次
面元, m×m	12.5×12.5	25×25
覆盖次数, 次	720 (18×40)	120 (6×20)
接收线距, m	200	300
炮线距, m	100	200
排列总道数, 道	11520	1920
横纵比	0.90	0.45
炮密度, 万道/km²	400	100

首次采用 1.5Hz 的低频可控震源采集的高密度资料，低频信息比较丰富，有利于开展全波形反演研究工作。全波形反演建模方法可以分为以下三个阶段：第一阶段利用原始低频单炮数据的初至时间，建立精确地中浅层速度模型；第二阶段应用图像域的全波形反演技术，拉平偏移距道集；第三阶段试验频率域基于反射能量的全波形反演，修正最终的速度模型。从"两宽一高"三维地震与常规三维地震最终的 KT-Ⅱ 段目的层顶面构造图以及构造图对井的误差对比表可以看出，"两宽一高"三维地震技术提高了构造成图的准确性（图 4-29）。

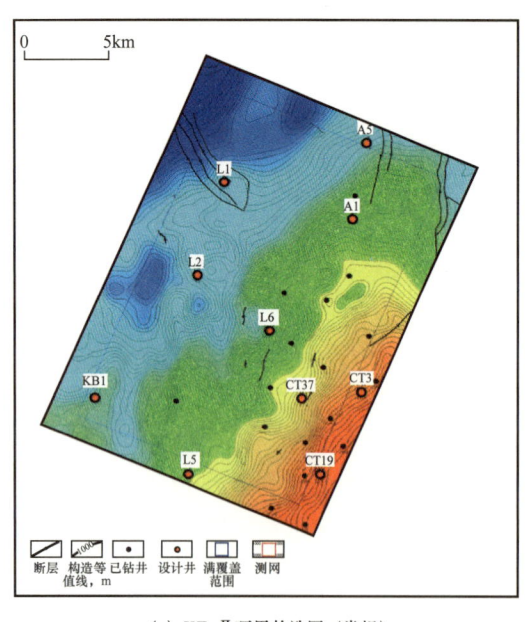

(a) KT-Ⅱ 顶界构造图（常规）　　(b) KT-Ⅱ 顶界构造图（两宽一高）

图 4-29 "两宽一高"三维地震与常规三维地震 KT-Ⅱ 段顶面构造图对比图

为了检验上述构造校正结果的精度，收集了 10 口钻井，将钻井揭示的 KT-Ⅰ、KT-Ⅱ 顶面深度与成图深度进行对比统计表，其中二维地震区平均误差精度为 1.55%，三维地震区平均误差精度为 1.30%。综合分析认为，经过"十二五"的深化完善，盐下构造成图精度由"十一五"的 2% 提高到 1.5%（表 4-6）。

表 4-6　二维、三维地震区主要目的层构造平均深度误差统计表

井号	层位	设计深度，m	实钻深度，m	误差，%	备注
VIch-2	Б3-4（ε1）	1866	1889.0	1.22	二维地震区平均误差精度为 1.55%
	В10（V）	2125	2165.8	1.88	
T-1	KT-Ⅰ	2462	2542.0	3.15	三维地震区平均误差精度为 1.30%
	KT-Ⅱ	3106	3212.0	3.30	
G-75	KT-Ⅱ	3875	4029.0	3.97	
CT-50	KT-Ⅰ	2280	2304.9	1.08	
	KT-Ⅱ	3030	3041.7	0.38	
CT-61	KT-Ⅰ	2472	2520.6	1.92	
	KT-Ⅱ	3243	3298.2	1.67	
B-1	KT-Ⅱ	3828	3770.8	1.52	
A-5	KT-Ⅰ	3097	3097.7	0.02	
	KT-Ⅱ	3451	3493.3	1.21	
DZH-1	KT-Ⅰ	2997	3002.0	0.17	
	KT-Ⅱ	3711	3864.0	3.95	
L-2	KT-Ⅰ	2755	2756.0	0.04	
	KT-Ⅱ（ε1）	3530	3551.0	0.59	
LZ-3	KT-Ⅱ	3526	3514.0	0.34	

二、盐下碳酸盐岩储层预测技术

盐下碳酸盐岩储层物性受沉积相带和后期成岩作用的控制，膏盐岩又对其具有多重影响。集成相应技术以准确预测有利储层发育带是勘探商业成功的关键之一，也是进一步寻找岩性圈闭的必要手段。

随着地震勘探技术和计算机性能的进一步提高，碳酸盐岩地震勘探技术在地震采集、处理和解释上均形成了相应的关键地震技术。包括基于子波一致性的潜水面下优选介质岩性的小药量激发技术、针对不同干扰波类型和特点的组合接收技术、复杂地表和特殊波场的观测系统设计技术、基于表层结构特点的表层调查及静校正技术等针对碳酸盐岩的地震采集技术；包括振幅处理技术、叠前噪声压制技术和叠前偏移成像技术等针对碳酸盐岩的地震处理技术；形成针对缝洞型储层和礁滩孔隙型储层及其含油气性检测技术在内的碳酸盐岩储层地震解释技术。

1. 盐下碳酸盐岩储层预测技术现状与进展

缝洞型储层和礁滩孔隙型储层国内外均有较为深入的研究，形成的针对性配套技术在塔里木盆地和四川盆地的油气勘探中发挥了重要作用。但在碳酸盐岩裂缝型储层及孔隙—

溶洞—裂缝复合型储层的预测方面，仍以单项地震技术预测为主，以定性—半定量为主，且系统性和有形化有待进一步完善。

由于地震地质条件复杂、非均质性强、成藏规律复杂，碳酸盐岩地震勘探存在问题较多，技术难度大。主要矛盾和技术问题可以概括为六个方面：（1）地表地震地质条件复杂，提高信噪比难；（2）储层埋藏深度大，提高分辨率难；（3）碳酸盐岩内幕反射弱，成像难度大；（4）喀斯特风化壳发育，偏移成像难；（5）储层非均质性强，地震预测困难；（6）油气水关系复杂，烃类检测准确性较低。

国内碳酸盐岩油气藏一般为具有低孔隙度特征的风化壳潜山型储层和礁滩型孔隙型储层，地震预测技术发展和配套较为成熟。但海外区块的碳酸盐岩储层一般具有双重—多重介质的特征，具有较高的基质孔隙度，沉积相对储层展布有明显的控制作用，有一定的岩溶现象，而裂缝发育是高产的重要保证。由于碳酸盐岩具有多种储集空间，非均质性极强，成为目前制约风险勘探成功率的重要因素之一。解决这些问题并形成相应的勘探配套技术，可为海外风险勘探项目取得商业勘探突破和获取更多高效规模储量提供技术保障。基于国家专项研究，经过多年的持续技术攻关与生产实践，在盐下碳酸盐岩储层评价方面形成了以测井评价、层序及沉积相划分、多参数地震反演以及多属性分析等技术系列和流程（图4-30），在高效油气勘探中发挥了重要作用。

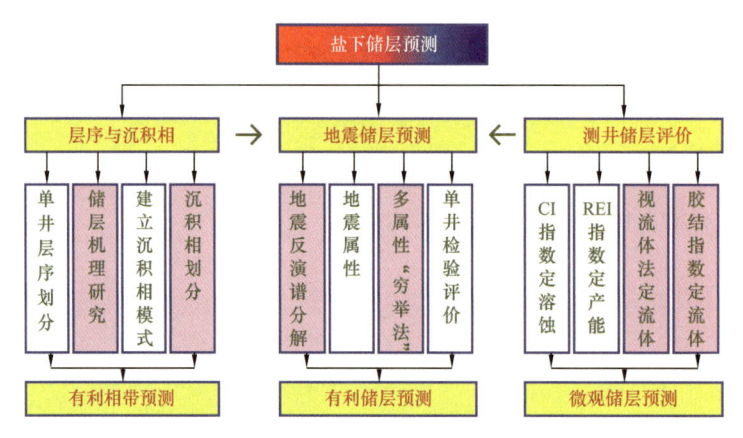

图4-30 盐下碳酸盐岩储层预测技术流程

2. 碳酸盐岩储层测井评价技术

复杂碳酸盐岩储层中，最重要和最常见的是由裂缝、孔隙构成的具双重介质结构的储层。对于复杂碳酸盐岩而言，储层非均质性极强，在纵向和平面上基质孔隙、裂缝、溶蚀孔洞发育程度极不一致，对应的测井响应特征也各不相同，且部分曲线测井响应特征不太明显，因此要综合各方面的信息，才能对复杂碳酸盐岩双重介质储层做出正确评价。

1）储层测井响应特征研究

由于碳酸盐岩储层成岩机理及孔隙演化较碎屑岩储层更为复杂，导致其储层类型更加多样，储层类型划分及其相应的测井响应特征是定量评价技术的基础。碳酸盐岩储层识别是基于侧向电阻率相对致密层段的高背景值下的低值层段。在此基础上根据各曲线组合特征划分相应储层类型：（1）孔洞缝复合型储层基质孔隙度发育，不同探测深度电阻率之间有差异，微球形聚焦曲线与深、浅侧向曲线有明显分离，且与深、浅侧向相比在形态上出现畸变；（2）微裂缝—孔隙型储层基质孔隙度发育，微球形聚焦曲线与深、浅侧向曲线略有分离，形态与深、浅侧向不一致，成像测井表征为孔隙发育，裂缝规模较小；（3）孔隙—溶孔型储层基质孔隙度较为发育，不同探测深度之间有差异，微球形聚焦曲线变化趋势与双侧向同向，形态与深、浅侧向一致；（4）裂缝型储层基质孔隙度基本不发育，深探测值低于致密层电阻率，仅在水平裂缝极为发育处呈尖峰状减小形态，微球形聚焦曲线为低值且与深探测曲线明显分离，形态与深、浅侧向不一致；（5）溶孔（洞）型储层孔隙度发育，电阻率曲线低值，微球形聚焦值与深探测曲线明显分离，成像描述为溶孔洞发育，大块暗色团状。

2）测井储层参数定量评价

储层类型的分类及裂缝参数定量评价是碳酸盐岩储层测井评价的基础。裂缝是碳酸盐岩储层的重要渗流通道和储集空间，因此其测井评价较常规的油藏描述就更加困难，定量描述裂缝大小、密度及其对储渗性能的贡献，是该类储层测井评价的关键。

以双侧向测井仪器的纵向分辨率长度为单元层厚度，将被描述的岩心分为单元岩心层段，计算出各岩心层段的裂缝体孔隙度。将各岩心层段所对应的地层定义为单元层，各岩心的裂缝体孔隙度为单元层的裂缝体孔隙度。对岩心进行归位处理，统计出每个单元层的电阻率测井响应。在此基础上进行多元一次线性回归：

$$\phi_f = 5.2109 \times 10^{-5} R_D - 1.213 \times 10^{-4} \times R_S + 0.0037 \times R_{MFL} + 0.1599 \quad (4-1)$$

式中　R_D、R_S——深、浅侧向电阻率，$\Omega \cdot m$；

　　　R_{MFL}——微球形聚焦电阻率，$\Omega \cdot m$；

　　　ϕ_f——裂缝孔隙度，%。

裂缝孔隙度计算结果与岩心分析缝隙度在同一数量级中，该模型基本反映裂缝发育程度（图 4-31 和图 4-32）。虽然该模型存在欠缺，在个别层段未有较好效果，但不失为现阶段裂缝孔隙度定量评价的较为有效手段之一。

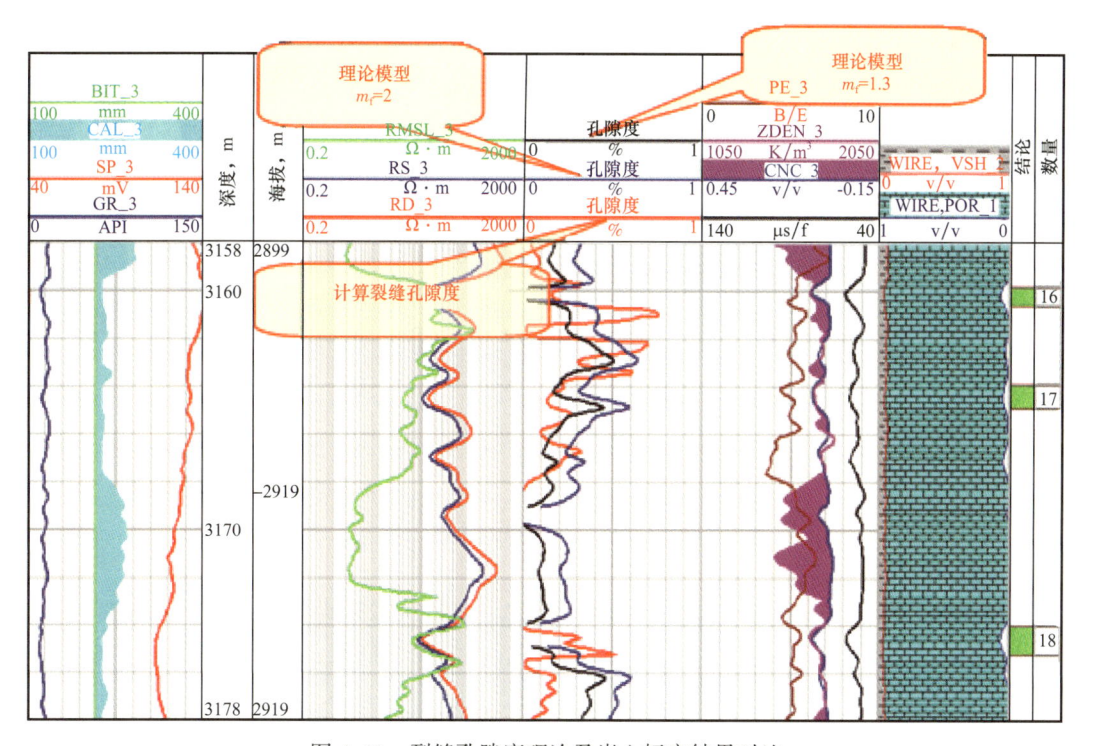

图 4-31　裂缝孔隙度理论及岩心标定结果对比

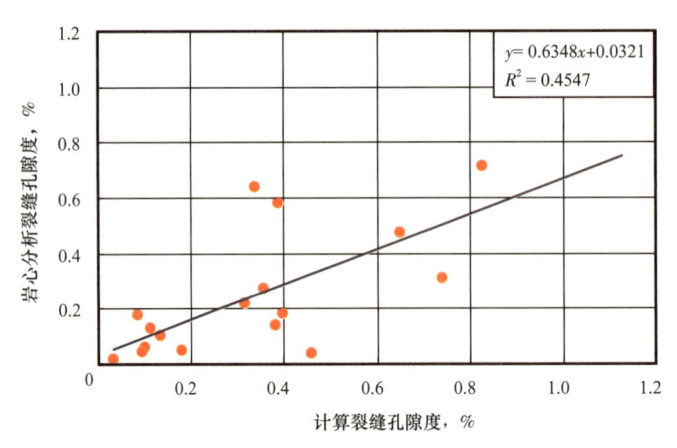

图 4-32　裂缝孔隙度计算与岩心分析结果对比

（1）建立 CI（cave index）指数：孔隙度函数，利用中子、声波时差、密度三孔隙度曲线测量机理的不同，根据三孔隙度值的组合作为溶蚀孔洞的大小指标。CI 大于 0：纯孔隙储层；CI 小于 0：含溶蚀孔洞，且越大则溶洞的孔隙度越大。根据 CI 指数，结合基质孔隙度和裂缝孔隙度，制作了盐下碳酸盐岩储层类型划分标准（表 4-7）。

表 4-7　盐下碳酸盐岩储层类型划分标准

储层类型	基质孔隙度，%	裂缝孔隙度，%	CI 指数
孔洞缝复合型	>7	>0.08	<0
微裂缝—孔隙型	>5	>0.08	>0
孔隙—溶孔型	>7	<0.08	≥0
微裂缝型	基本不发育	>0.08	
溶洞型	>7	<0.08	<0，数值越大，孔洞越发育

（2）建立溶洞评价指数：

$$CI = (\phi_{RHOB} - \phi_{DT}) / (\phi_{DT} - \phi_{NPHI}) \tag{4-2}$$

（3）建立产能评价指数：建立 REI（reservoir evaluation index）指数，对储层进行了半定量综合评价：

$$REI = \frac{(R_D - R_S) \times (R_S - R_{MFL})}{R_D} \tag{4-3}$$

式中　R_D、R_S——深、浅侧向电阻率，$\Omega \cdot m$；

　　　R_{MFL}——微球形聚焦电阻率，$\Omega \cdot m$。

根据 REI 指数，结合基质孔隙度，制作了盐下碳酸盐岩储层产能类型划分标准和图版（图 4-33）。Ⅰ类储层：孔隙度 ϕ>12%，REI>0，不经任何措施，有工业产出。Ⅱ类储层：7%<ϕ<12%，REI>10，经酸化压裂，有工业产出。Ⅲ类储层：7%<ϕ<12%，-3<REI<10，酸化压裂有少量产出。Ⅳ类储层：ϕ<9%，REI<0，经酸化压裂，无产出。

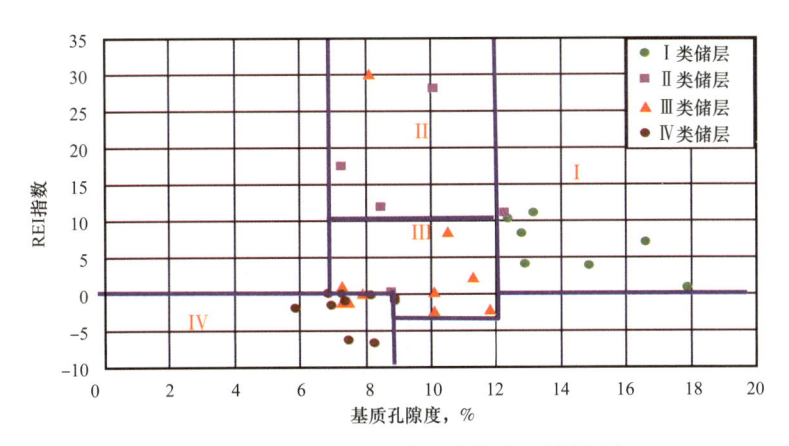

图 4-33　盐下碳酸盐岩储层产能类型划分图版

3）流体识别方法

（1）建立视流体密度法油气水判别标准（图 4-34）：地层孔隙含有轻质油气时，地层密度测井值减小，声波时差测井值增大。比较视流体参数与原始流体参数的差别，有效识别油气层。

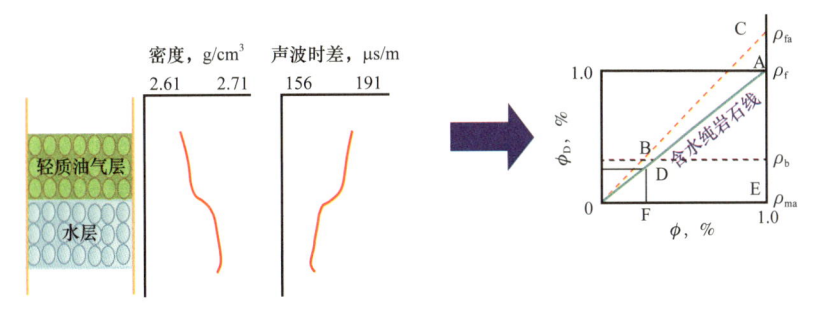

图 4-34　视流体密度法油气水判别原理图

$$\rho_{fa} = \rho_{ma} - \frac{\rho_{ma} - \rho_b}{\phi}；DT_{fa} = DT_{ma} + \frac{DT - DT_{ma}}{\phi} \qquad (4-4)$$

定义：$TX = \rho_{fa}/\rho_f$，$DX = DT_{fa}/DT_f$；$TSD = TX - DX$，$TRD = TX/DX$

式中　ρ_{fa}、DT_{fa}——分别为视流体密度，g/cm³，视流体时差，μs/m；

ρ_f、DT_f——分别为原始流体密度，g/cm³，流体时差，μs/m；

ρ_{ma}、DT_{ma}——分别为地层骨架密度，g/cm³，骨架时差，μs/m；

ρ_b、DT——分别为密度，g/cm³，时差测井值，μs/m；

ϕ——为测井计算总孔隙度，%。

通过在滨里海盆地东缘勘探区块的应用（图 4-35），建立了相应的储层流体判断标准。油层：TRD≥1.3，TSD≥0.3；水层：TRD＜1.3，TSD＜0.3；干层：TRD≤1，TSD≤0，TX≈DX 且均小于 1。

（2）建立胶结指数差值法油气水判别标准：该方法的原理是用反映岩石与流体总信息的视胶结指数减去只反映岩石信息的胶结指数得到反映流体信息的 MARD 指数（图 4-36）。通过在滨里海盆地东缘勘探区块的应用（图 4-37），建立了相应的储层流体判断标准。油层：$\phi \geq 7\%$，$S_o \geq 68\%$，MARD≥ 1.7；油水同层：$\phi \geq 7\%$，S_o为$50\%\sim68\%$，$1.4<$MARD<1.7；水层：$\phi \geq 7\%$，$S_o \leq 50\%$，MARD≤ 1.4。

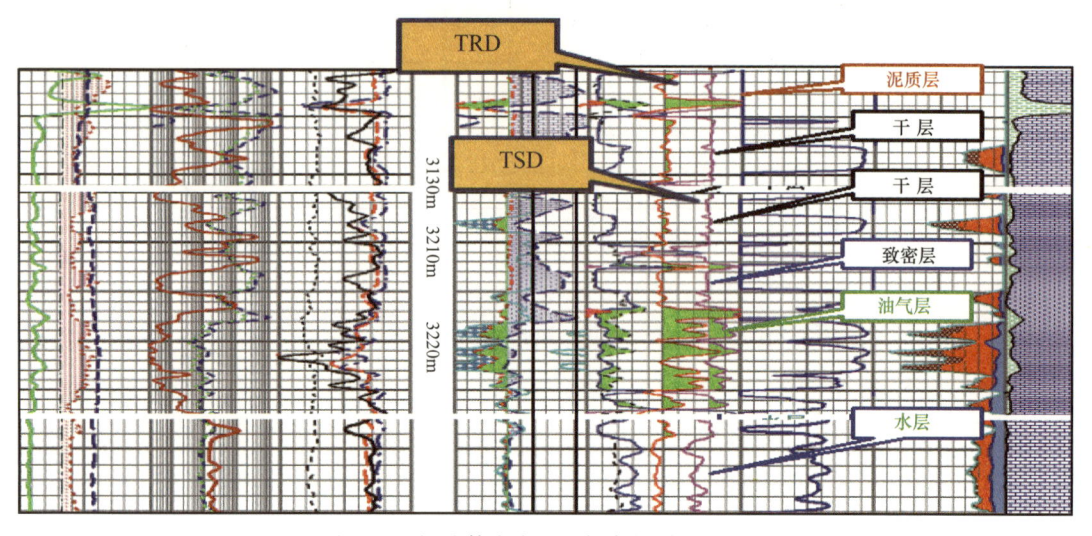

图 4-35 视流体密度法油气水判别应用实例

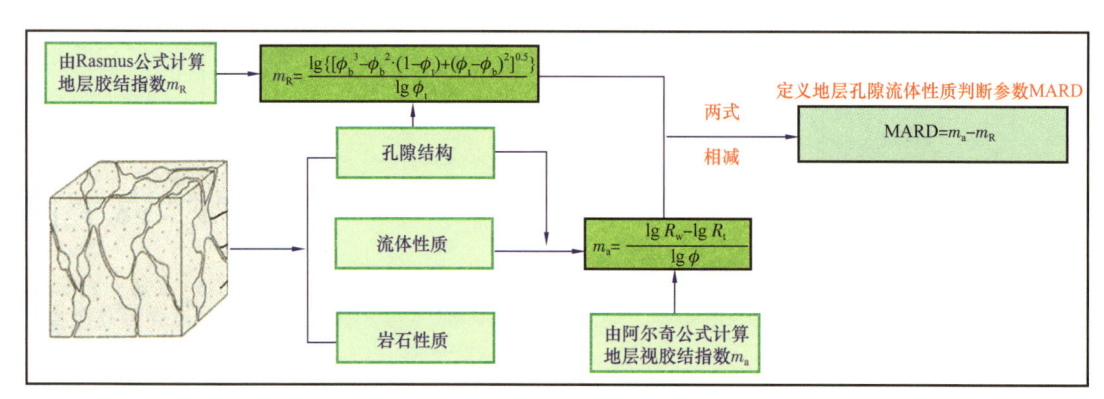

图 4-36 胶结指数差值法油气水判别原理图

m_a——地层视胶结指数；R_w——地层水电阻率，$\Omega \cdot m$；
R_t——地层深探测电阻率，$\Omega \cdot m$；ϕ——地层孔隙度

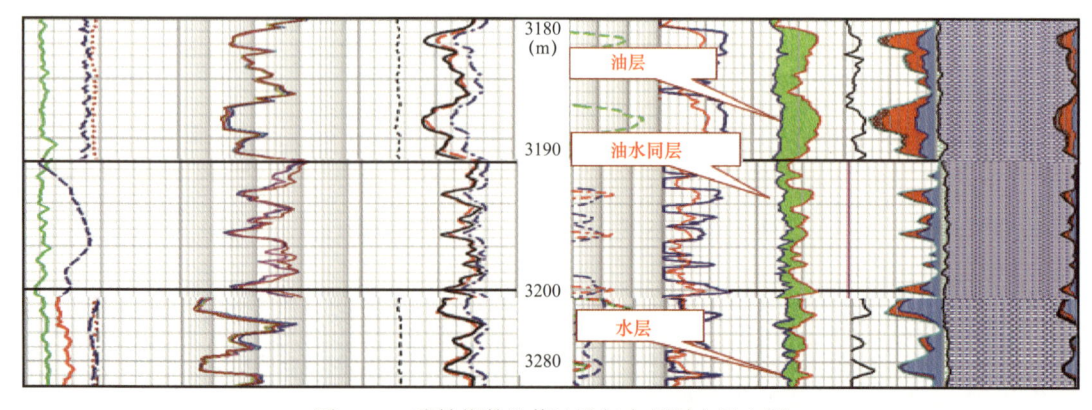

图 4-37 胶结指数差值法油气水判别应用实例

3. 沉积相分析技术

碳酸盐岩储层的发育程度既受控于早期的沉积环境，又受控于后期的成岩作用。沉积相的研究可以预测储层的原生孔隙类型、发育程度、平面展布、纵向分布，以及可能发生的成岩作用。

1）钻井高分辨率层序地层分析

以滨里海盆地石炭系的岩电标准层作为参考依据，以钻井资料的综合特征为主，结合区域构造等资料和前人的研究成果，在综合利用岩心、测井、地震等多项资料的基础上，进行识别、追踪不整合面、沉积间断面以及能够与它们连续延伸的整合面，完成对全区20口井的高分辨率层序地层分析研究。在石炭系碳酸盐岩共识别出7个三级层序（S1～S7），相应的8个三级层序界面（SB1～SB8）。在三级层序的基础上，共识别出13个四级层序，即PS1～PS13，相应的14个四级层序界面为PSB1～PSB14。

（1）三级层序界面识别。

三级层序界面主要是识别大的冲刷面及基准面旋回转换面，根据构造位置和所处发育时期判定层序的发育。SB1层序界面为石炭系的底界面。SB2层序界面为巴什基尔阶与上覆莫斯科阶的分界面，呈不整合接触。SB3层序界面为莫斯科阶下亚阶维列依层内部地层不整合界面。SB4层序界面为莫斯科阶内KT-Ⅱ段和上覆MKT段之间的不整合面。界面之下为亮晶颗粒灰岩，局部发育岩溶角砾岩，与上覆的泥岩层呈突变接触，一般孔隙度都较高，是有利的储层发育层段。SB5层序界面位于KT-Ⅰ段下部。继MKT最大海泛期泥质岩沉积后，进入高位体系域，形成了进积的碳酸盐岩沉积序列。SB6层序界面为莫斯科阶上亚阶波多利层上部一不整合面。不整合面之下泥岩含量明显增加，自然伽马值明显升高，孔隙度曲线下降幅度较大。SB7层序界面为莫斯科阶与上覆卡西莫夫阶的不整合面。界面之下为稳定的石灰岩沉积，而界面之上，发育了白云岩、膏岩沉积。SB8层序界面为石炭系顶界与二叠系之间的不整合面。界面上下岩性发生突变，界面下为碳酸盐岩沉积，之上为碎屑岩沉积。

（2）单井测井高分辨率层序地层分析。

根据钻测井资料的岩电特征和测井曲线叠加样式，对已钻井的层序界面进行识别，在石炭系内共划分出7三级层序。在KT-Ⅱ段和KT-Ⅰ段内识别出S1、S2、S3、S5、S6、S7六个三级层序；MKT段为S4三级层序。由于S4三级层序在工区内主要作为盖层和生油层，钻测井资料及录井资料相对较少，因此在研究中选取多口井，对目的层段内钻测井资料相对较全的S1、S2、S3、S5、S6、S7六个三级层序进行详细分析（图4-38）。

（3）钻井高分辨率层序地层格架建立。

等时地层格架的建立是层序地层学研究的关键。地层格架的建立包括连井地层格架的建立和地震反射界面的追踪对比。在单井层序划分及分析的基础之上，利用连井剖面做到井间层位的全区统一（图4-39）。

2）地震层序地层识别与划分

基于录井、测井、高分辨率地震反射资料和区域地质特征，对中区块斜坡区主要目的层石炭系开展层序地层划分研究。本次研究将该区石炭系划分为7个三级层序，从下向上依次为S1、S2、S3、S4、S5、S6和S7，在三级层序内部划分为上升、下降两个半旋回。

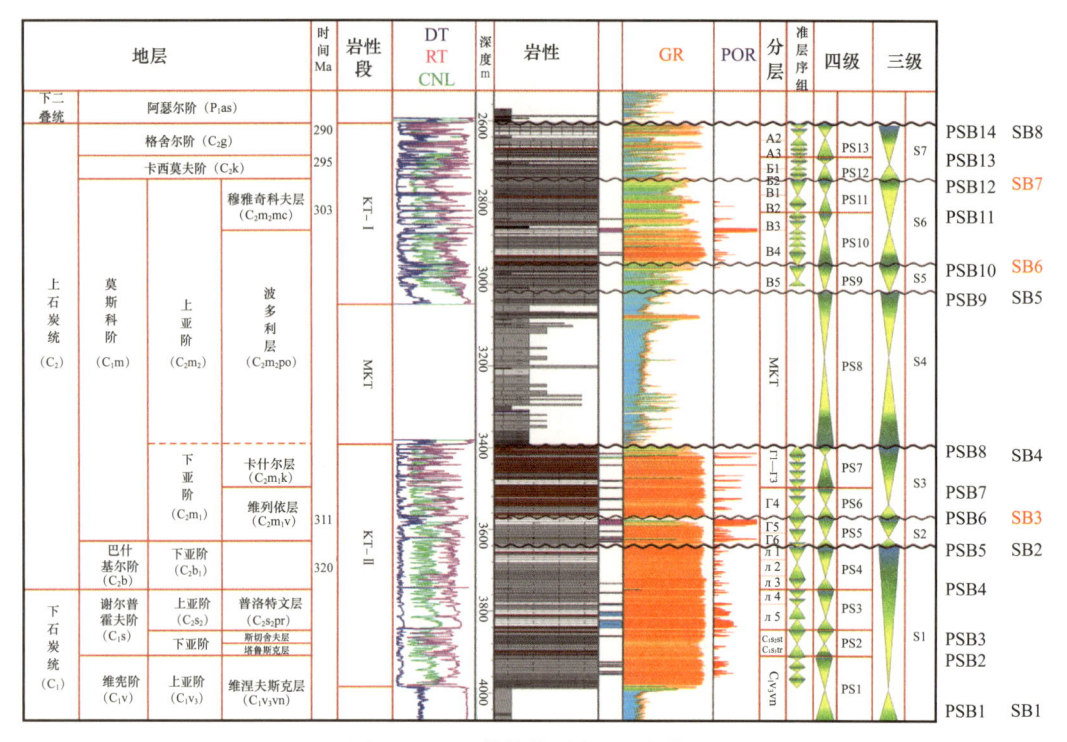

图4-38 A1井单井层序地层柱状图

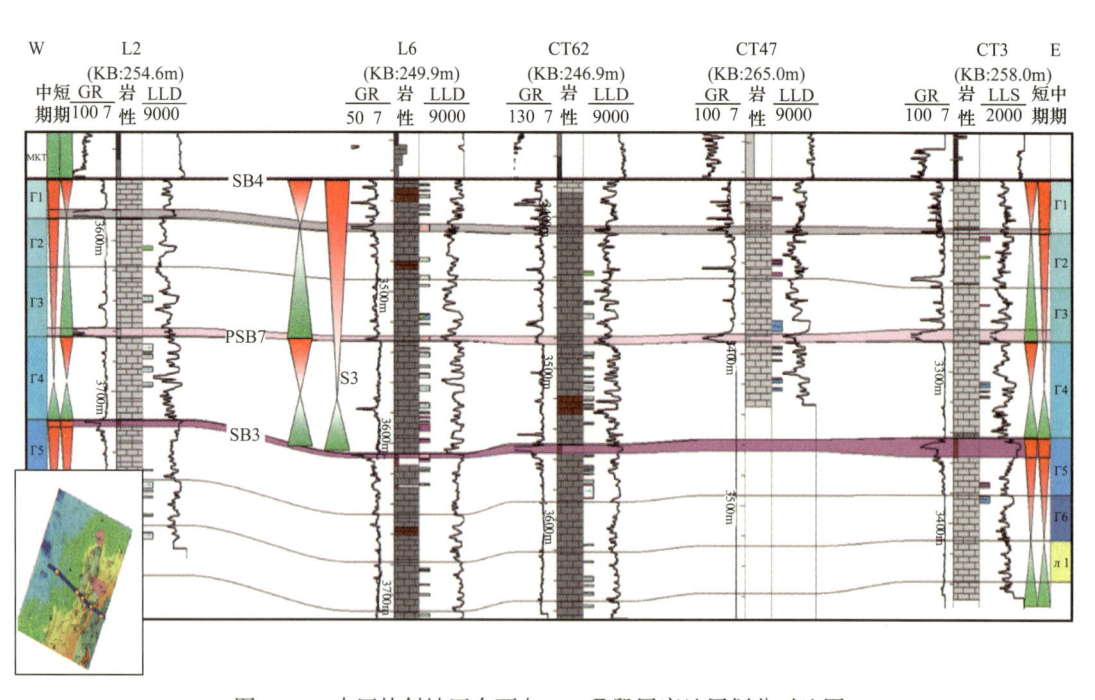

图4-39 中区块斜坡区东西向KT-Ⅱ段层序地层划分对比图

在单井层序地层划分基础上，对关键剖面井也进行了层序地层划分分析，选取典型剖面进行对比分析，全区都有较好的对应关系和可比性，在地震剖面上也能够协调一致，证明划分方案是可行的。L2井—L6井—CT62井—CT47井—CT3井连井层序标定剖面是一条近似东西向剖面,近似垂直特鲁瓦油田所处的台内礁滩体发育带,整体上位于台内复合滩的主体位置(图4-40)。台内滩主体部位各三级层序厚度变化较小,沉积时期所处的沉积环境较为相似。从地震反射特征上看,各三级层序的内部特征较为相似,层序界面上下地层接触关系在横向上协调一致,层序界面的划分较为可靠。

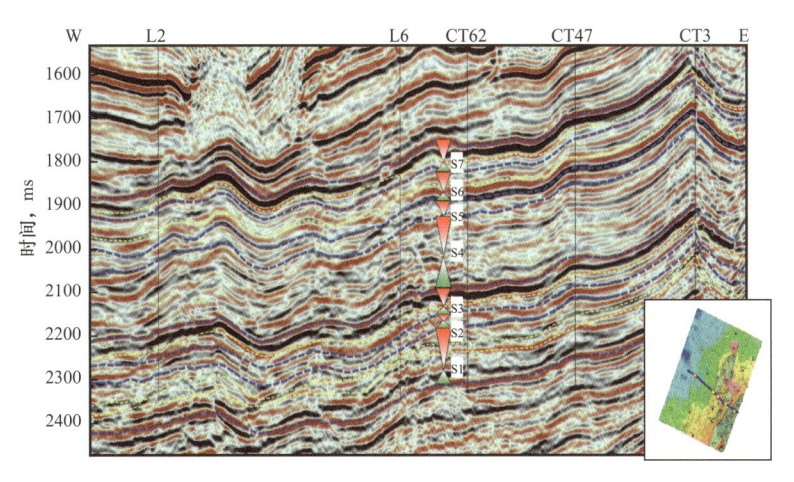

图 4-40 过 L2 井—L6 井—CT62 井—CT47 井—CT3 井连井层序对比剖面

3)沉积相划分

在研究区层序格架建立的基础上,通过薄片分析、单井相划分、井震对比、地震相划分和分析,结合地层等厚图和地震属性平面分布图分析,开展了中区块各三级层序平面沉积体系的研究,绘制了各个层序沉积相平面图。KT-Ⅱ段含油层段沉积时期,区内整体表现为水进—水退的过程,其中在水位达到最高点时的 PS5 四级层序沉积时,区内储层最为发育,之后随着水退的过程,储层发育规模也逐渐减小(图4-41)。

(a)特鲁瓦西斜坡高精度三维地震区KT-Ⅱ段
PS6四级层序沉积微相图
(相当于KT-Ⅱ段r4层)

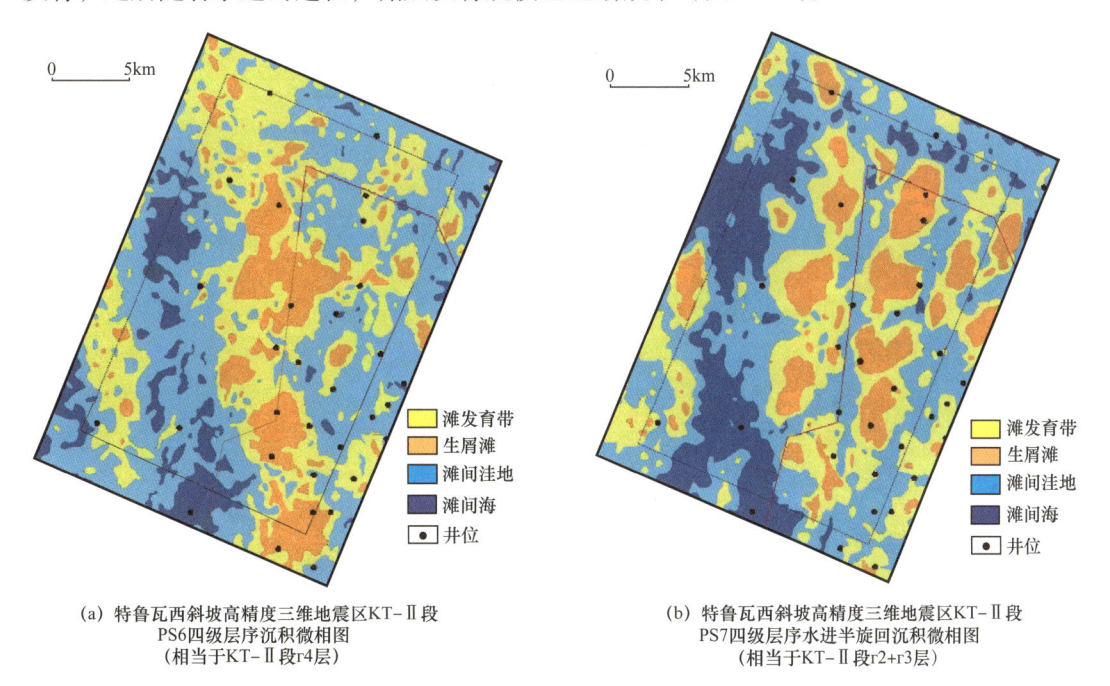

(b)特鲁瓦西斜坡高精度三维地震区KT-Ⅱ段
PS7四级层序水进半旋回沉积微相图
(相当于KT-Ⅱ段r2+r3层)

图 4-41 石炭系 KT-Ⅱ段各层序沉积微相图

4. 碳酸盐岩储层地震预测技术

滨里海东缘发现的油气藏多属于构造岩性复合型，储层的非均质性强，主要表现为岩性的多样性、储层物性和厚度快速变化。综合本区优质储层预测的实际效果，总结出盐下碳酸盐岩储层预测五项关键技术：地震多属性分析技术、叠前地质统计学反演、"穷举法"多参数地震反演技术、"两宽一高"地震勘探技术、含油气性检测技术。

1）地震多属性分析技术

地震多属性分析技术就是通过不同种类地震属性的提取和分析，并结合钻井、采油成果，寻找和筛选敏感参数，然后进行属性参数优化组合，最终应用模式识别、神经网络等综合分析技术进行预测，为含油气储层预测提供技术支持。在滨里海盆地，综合利用地震属性分析技术对石炭系KT-Ⅰ和KT-Ⅱ两套碳酸盐岩储层进行了预测，主要应用了三瞬地震属性（瞬时振幅、瞬时频率、瞬时相位）、均方根振幅、构造导向滤波、相干体属性、频谱分解技术等，取得了较好的效果。如图4-42所示，对KT-Ⅱ的主力产层段（$r_2 \sim r_5$层）进行波形聚类分析后，不同类别呈现出明显的相带分异特征，第三类（红色）为较有利区带。这一分析结果与已知钻探结果有较高吻合度。几口特高产井均位于红色相带中，而已知的低产井（或储层较差的井）均位于红色相带之外。

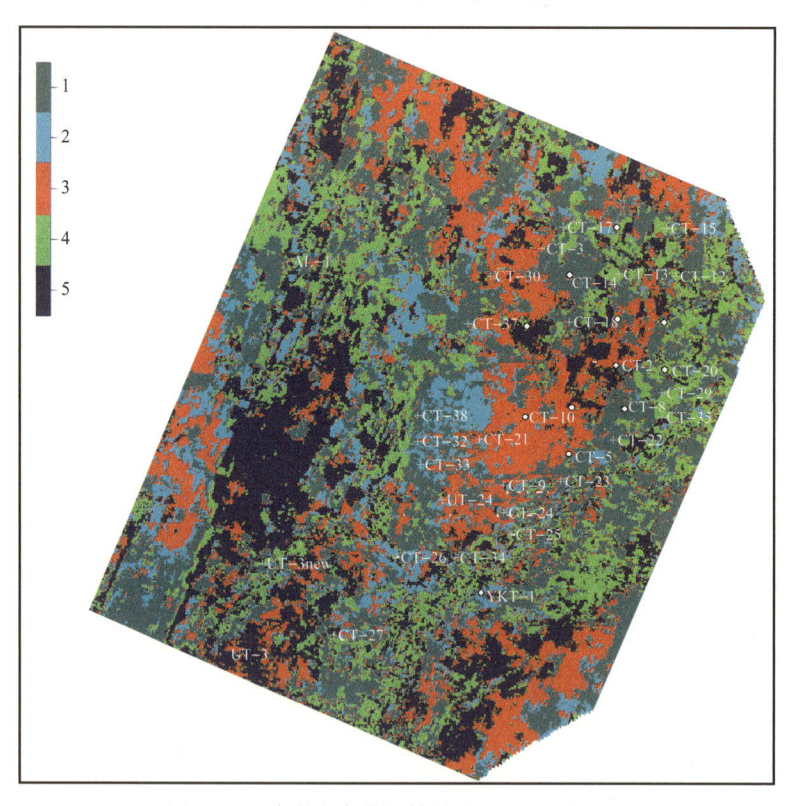

图4-42 波形聚类分析结果（KT-Ⅱ段底界）

2）地震反演技术

对滨里海东缘薄储层开展叠前反演岩石物理分析认为（图4-43），部分泥岩在阻抗及纵横波速度比参数上均与部分储层叠置，反演需要精确的层位约束以降低可能存在泥岩的影响风险；阻抗能够一定程度区分孔隙层和致密层；纵横波速度比对含油层有响应，但与含水层有较多重叠，且识别窗口较小。

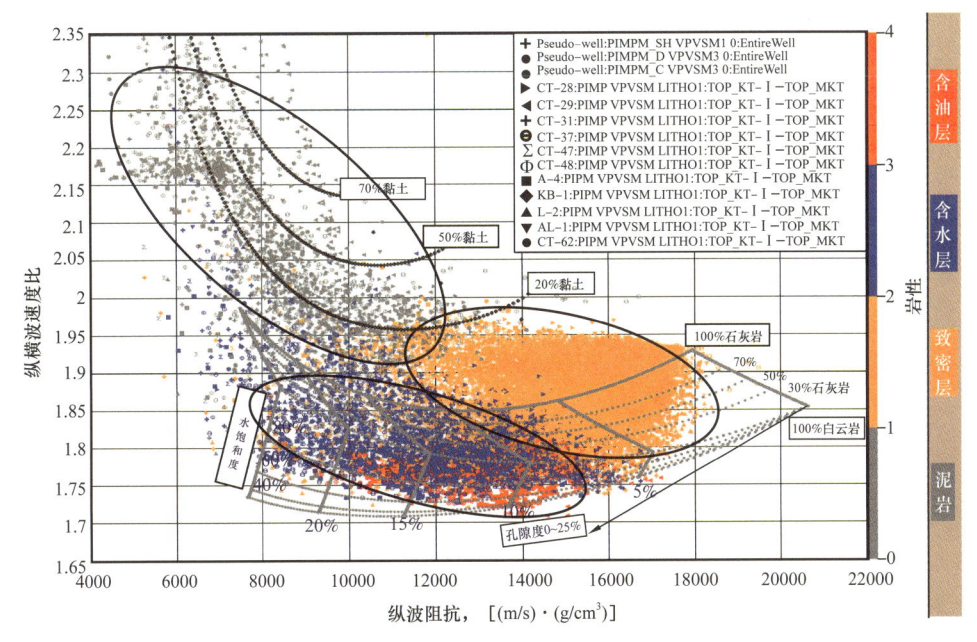

图 4-43 薄储层岩石物理分析图版

（1）叠前地质统计学反演。

叠前同时反演得到了地震分辨率下精确的岩石弹性参数体，如纵波阻抗、纵横波速度比，这些数据体符合岩石物理模型，忠实于地震的响应，但是其纵向分辨能力受到地震分辨率的限制。地质统计学反演总体研究思路是首先根据井点统计的各岩相分布情况，结合岩石物理解释模板和叠后确定性反演得到的纵波阻抗数据体进行统计获得岩性概率体，为后续结合岩性体和高分辨率纵波阻抗数据打下基础。在进行高分辨率地质统计学反演时，每一种岩相对应的岩石物理参数分布范围由井点实际测量的数值统计而来，通过应用马尔科夫链—蒙特卡洛模拟可以同时生成高分辨率的岩石弹性参数体，并通过合成地震记录来控制单个岩相实现是否符合实际的地震数据。为了减小单次反演造成的统计学涨落误差，进行了 15 次反演，得到 15 个实现的岩相体和纵波阻抗体，然后根据地质解释的需要统计了不同岩相概率体以及平均纵波阻抗体（图 4-44 和图 4-45）。

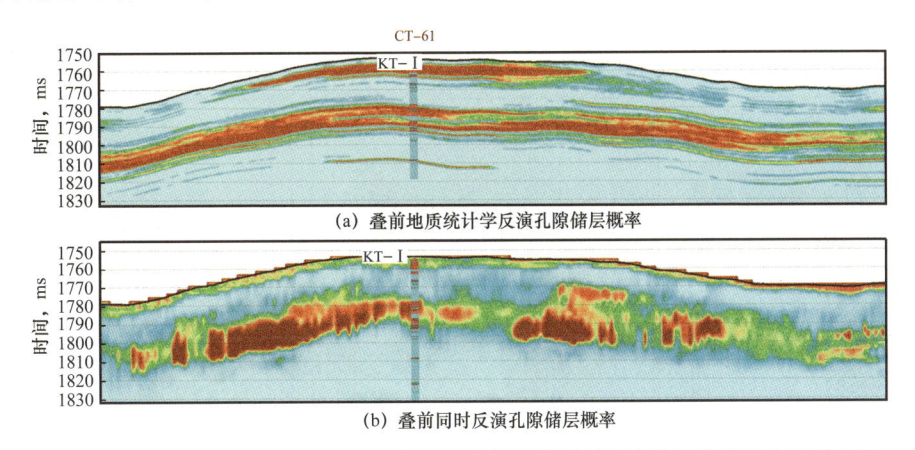

图 4-44 叠前地质统计学反演孔隙储层概率与叠前同时反演孔隙储层概率连井剖面

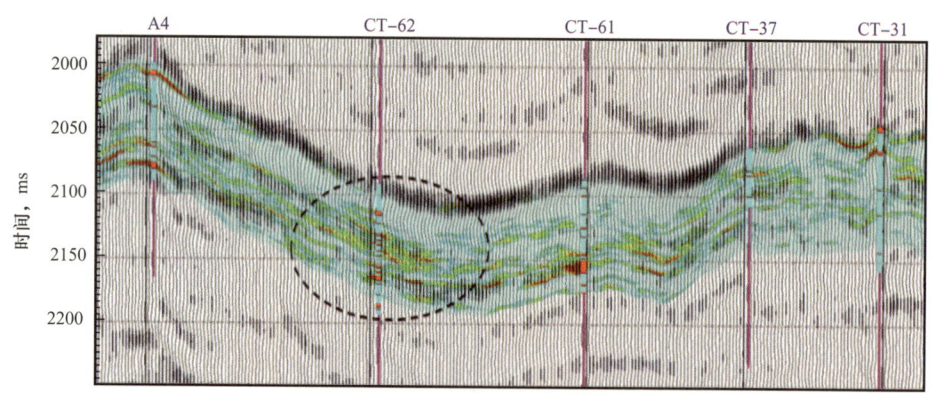

图4-45 叠前地质统计学孔隙储层概率连井剖面

（2）"穷举法"多参数地震反演技术。

"穷举法"多参数反演是以地震的运动学和动力学为基础。首先从测井系列上明确了不同测井资料是对地下地质体的不同参数的描述，如伽马测井是放射性测井，常用于检测地质体的泥质含量，电阻率测井是电性测井，常用于检测地质体的流体变化等等。另外一方面，地震记录是速度、密度、伽马、电阻等参数的综合响应，这是多参数反演预测的理论基础。

根据以上叠前反演参数，完成了三维数据体的岩性和速度反演。在反演的数据体的基础上进行储层参数的提取。由于沉积环境的不同，KT-Ⅰ段位于局限台地相和蒸发台地相，岩性比较复杂，白云岩为主要储层，测井曲线在标准化后，储层统计参数为自然伽马小于50API，速度小于6900m/s；KT-Ⅱ段位于开阔台地和台地边缘滩礁相，岩性比较简单，主要为大套致密灰岩，夹少量泥岩，储层测井参数为自然伽马小于30API。根据以上储层参数成功预测了储层厚度、孔隙度、含油气性分布，如图4-46所示。

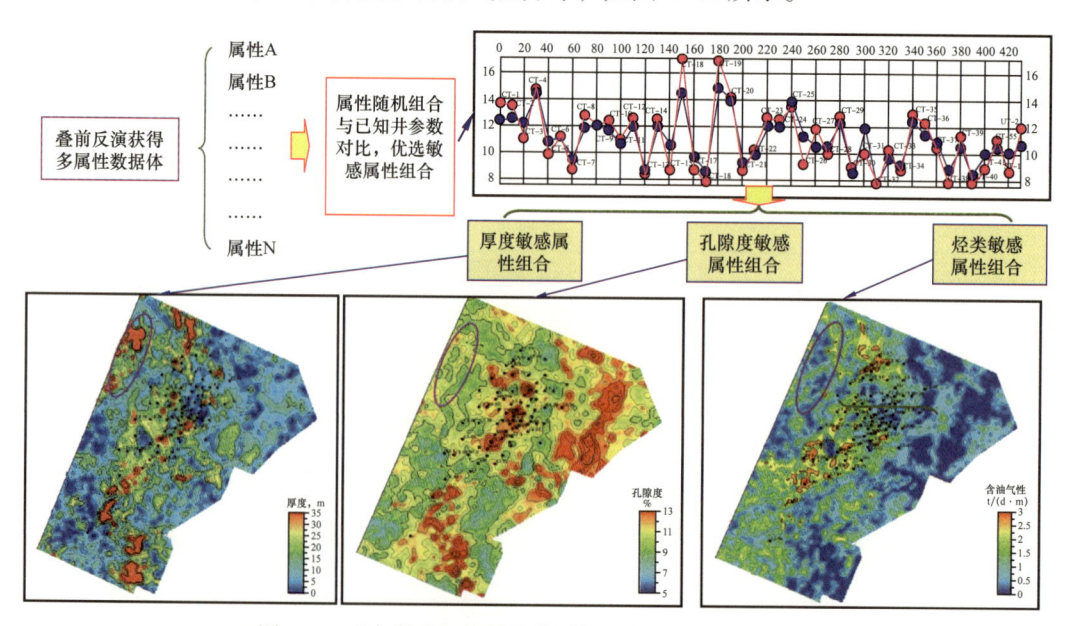

图4-46 "穷举法"地震叠前属性反演预测储层分布图

（3）宽频地震资料反演技术。

从实际采集到的"两宽一高"地震资料分析可以看出：目的层有效频带拓宽20Hz以上，含有更加丰富的频率成分（低频与高频）。尤其是低频成分更加丰富，纵横向分辨率得到显著提高，目的层的波组特征与地层接触关系清楚。有利于后续开展波阻抗反演、油气检测等研究工作。

"两宽一高"数据提供了丰富而准确的低频信息。首先，为波阻抗反演提供与地质构造相一致的低频分量模型；其次，建立层位接触关系的信息并为其他功能函数提供层位限定格架，确保井曲线和解释层位匹配、合成地震记录和地震数据匹配，通过构造模型约束条件，使井间的权重分布遵从地震数据、构造模型的变化，从而根据参数模型中的权重分布、层位、地层接触关系等产生真实的低频模型。使反演结果减少多解性，更趋于地下真实地质情况，对于构造和岩性刻画的细节更丰富。通过"两宽一高"地震资料与常规三维地震资料目的层的均方根属性对比可以看出：地下地质体分布规律更为明显（图4-47）。

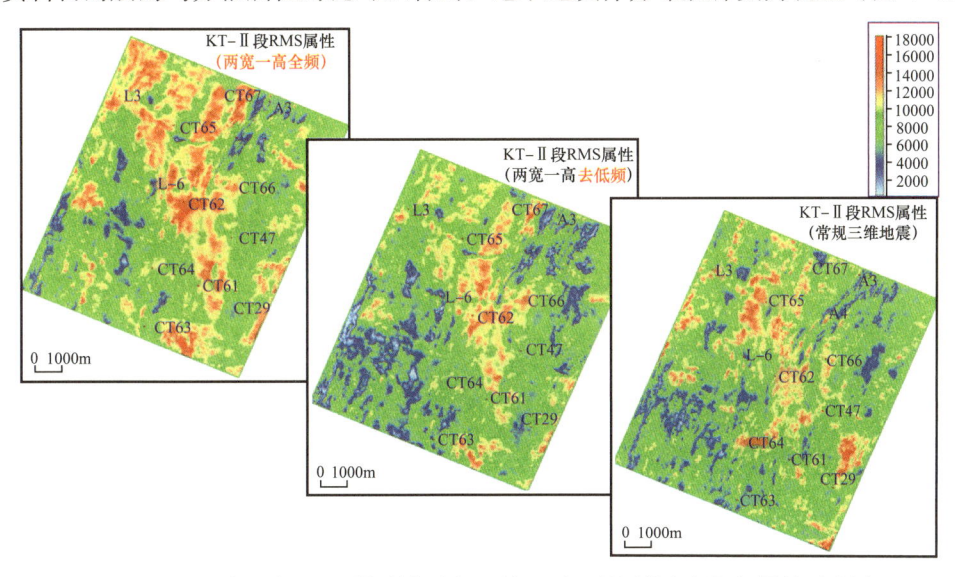

图4-47　"两宽一高"地震资料与常规三维地震目的层均方根振幅属性对比图

3）"两宽一高"地震资料油气检测技术

围绕着储层含油气引起高频衰减、低频相对增强的特征形成了一系列的流体检测方法：谱梯度、流体衰减、低频伴影、谱积分以及流体活动性等方法都在碎屑岩储层的流体检测中取得了明显的效果。

（1）低频调谐流体检测技术。

为了将含油气层的"低频增加、高频衰减"现象定量地描述出来，选取面积差值法、时频三原色法、瞬时带宽法等多种方法对地震数据进行含油气性检查。其中第一种方法是基于傅里叶变换的频谱分析，后两种方法是基于小波变换的频谱分析。

首先提取井旁地震道属性进行优选，选取对含油储层具有较好识别能力的属性进行研究（图4-48）。依据已钻井试油情况的标定，优选叠后与流体有关的地震属性，高频衰减、低频调谐异常等。以CT-37井、CT-48井为例，低频异常和衰减梯度属性对含油储层响应特征明显，最大能量、总能量属性对含油储层也具有较好的识别能力。

-181-

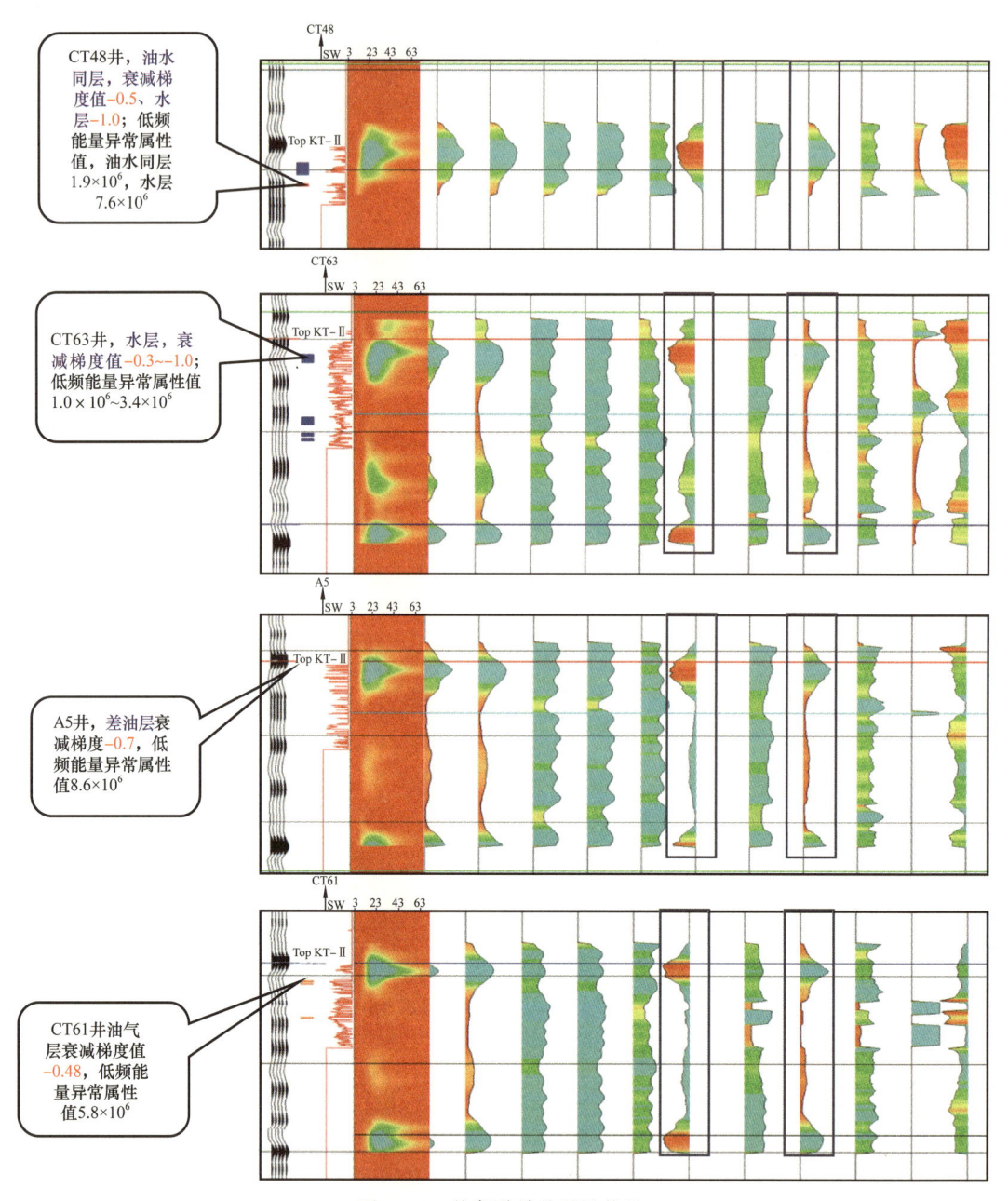

图 4-48 井旁道单井属性优选

与钻井试油情况对比分析：低频能量异常和高频衰减属性吻合率都比较高，因此可以应用这两个属性定性预测碳酸盐岩的油气分布特征（表 4-8）。

所谓低频异常调谐，就是指远离正常频率规律的异常低频能量。具体做法是用平均频谱的低频段，与每个采样点的低频进行对比，找出距离正常频谱规律最远的能量，并把这段异常能量记录下来，就得到了低频异常检测数据体。在该数据体中，含油层位的下部存在明显的低频谐振现象（有学者称为低频伴影），比如 CT-62 井 KT-Ⅱ 段 9mm 油嘴产油 50m³/d，而在其下部存在明显的低频调谐异常。通过对低频油气检测数据体主要目的层提取均方根振幅属性可以得到有利含油气层的平面分布图。

表 4-8　属性范围与井的吻合情况表

井	属性		高频衰减属性	低频能量异常属性	井	属性		高频衰减属性	低频能量异常属性
A1	油层	干层	吻合	吻合	CT37	油层		吻合	吻合
A2	油层		不吻合	吻合	CT47	油层		吻合	不吻合
A5	差油层		吻合	不吻合	CT48	含油水层	水层	吻合	不吻合
A3	干层		不吻合	吻合	CT61	油气层		不吻合	吻合
A4	干层		吻合	吻合	CT62	油层		吻合	吻合
AL1	干层		吻合	吻合	CT63	水层		吻合	不吻合
L2	油水同层		吻合	不吻合	CT64	可疑油层		吻合	吻合
CT31	差油层		吻合	吻合	CT29	测井解释油层		吻合	不吻合

衰减属性是指示地震波传播过程中衰减快慢的物理量。衰减梯度是衰减属性之一，它表示了高频段的地震波能量随频率的变化情况，它可以指示地震波在传播过程中衰减的快慢。如果存在油气等衰减因素，则衰减梯度值增大。

综上所述，通过对研究区内 6 口井的高频增加及衰减特征分析，认为这两个属性的强弱能够较好地反映储层是否含有流体；因此计算出各层段储层的高频增加及衰减梯度属性，结合地质及钻井资料分析其异常值，认为它指示的是流体的分布情况，红色或黄色异常区为储层流体的有利分布区。通过单井井旁道分析和过井剖面与试油结果对比可知，高频增加及衰减梯度属性能够定性预测流体的平面分布规律。因此提取各小层段的高频增加及衰减梯度平面，预测储层中流体的发育情况（图 4-49）。

（2）质心频率及其相关属性。

质心频率及相关属性技术是通过系统自动识别叠前道集资料的频谱的最大频率（f_{max}）和最小频率（f_{min}），来计算对比频谱的横向变化，进一步达到预测有利储层发育范围的目的。质心频率指示参数计算如下：

$$\Delta f_1 = \frac{f_{mean} - f_{mc}}{f_{max} - f_{min}} \qquad (4-5)$$

式中　f_{max}——最大频率，Hz；

f_{min}——最小频率，Hz；

f_{mean}——中值频率，Hz，$f_{mean}=(f_{max}-f_{min})/2+f_{min}$；

f_{mc}——半能量频率，有效频带内频谱半能量对应的频率，Hz。

具体含义如图 4-50 所示。

因此，在提取的分方位质心频率的基础上，应用多维解释技术又分别提取了分方位最大质心频率和分方位最小质心频率（图 4-51）。从分方位最大质心频率和分方位最小质心频率平面图对比可以看出，由于储层各向异性的存在，不同方位提取的质心频率属性差别较大。通过对比分析预测结果与该区块的储层沉积特征以及完钻井的实际资料，可以得出叠前分方位最小质心频率的预测效果更好。

(a) CT62井地震道时频谱分析

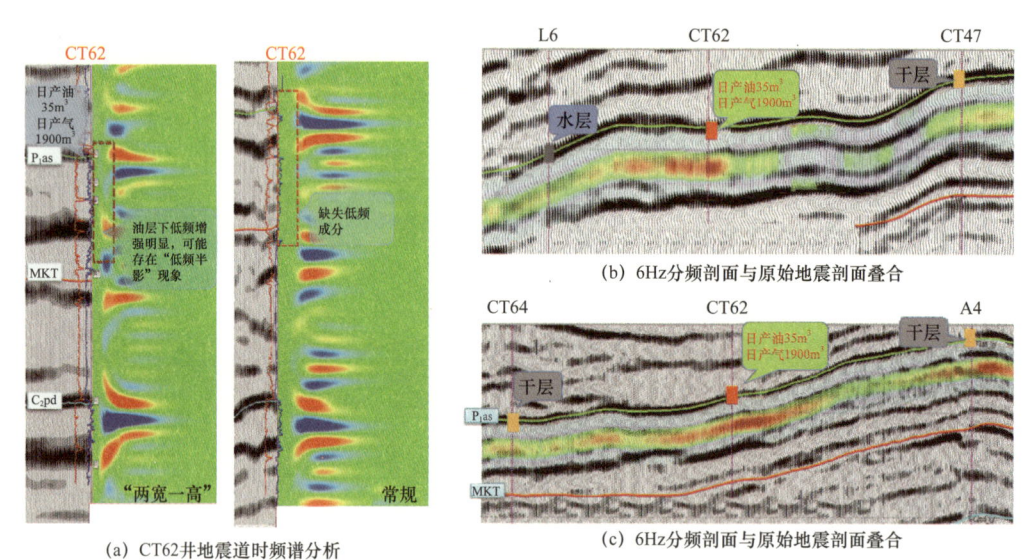

(b) 6Hz分频剖面与原始地震剖面叠合

(c) 6Hz分频剖面与原始地震剖面叠合

(d) 中区块特鲁瓦西斜坡"两宽一高"三维地震区A2层烃类检测构造叠合图

图4-49 "两宽一高"宽频地震资料油气检测剖面及平面图

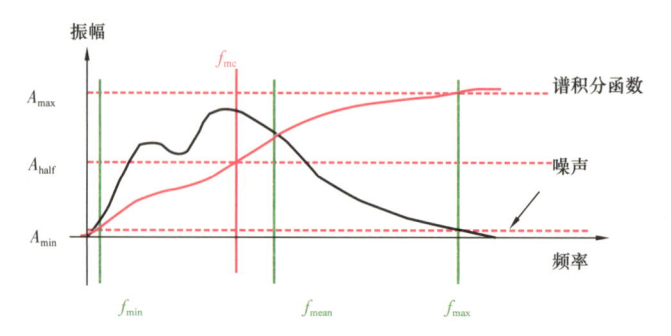

图4-50 质心频率及相关属性技术示意图

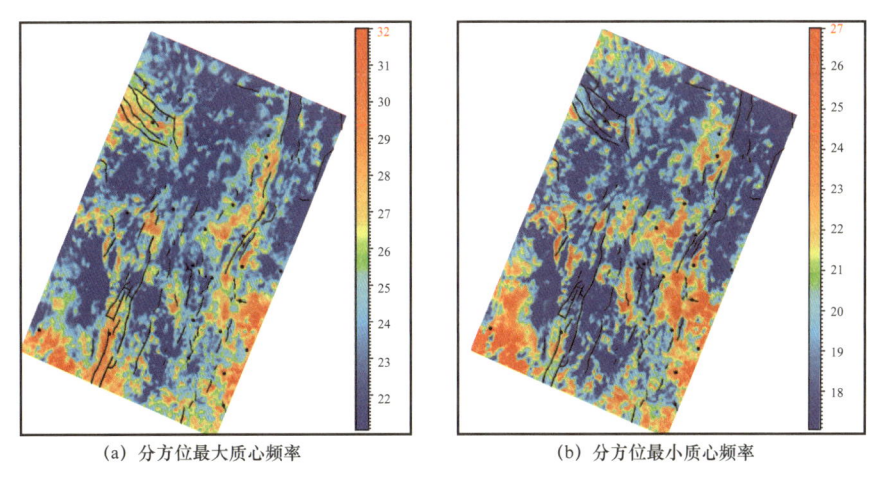

图 4-51　分方位最大质心频率与分方位最小质心频率平面图

(a) 分方位最大质心频率　　(b) 分方位最小质心频率

4）叠前裂缝预测技术

道集属性随方位角强弱变化反应各向异性在这个方向上的相对强弱，基于此用玫瑰图表征各向异性强弱方向性。利用不同方位角的部分叠加数据开展 KT-Ⅱ中段 r2 储层裂缝预测研究，准确刻画裂缝密度、裂缝方向（图4-52）。

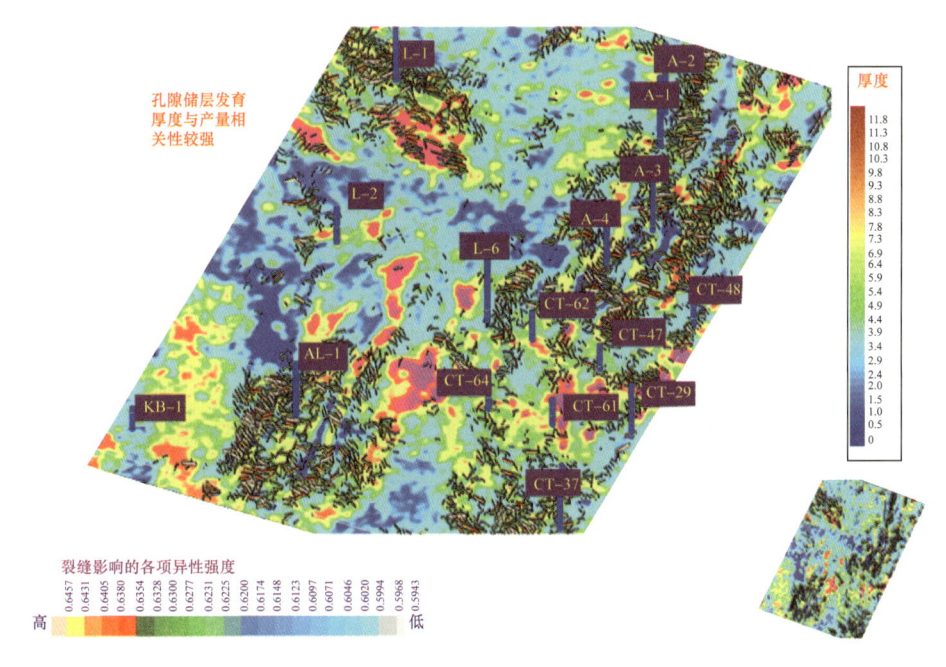

图 4-52　KT-Ⅱ中段 r2 储层厚度图与预测裂缝分布叠合图

三、盐伴生圈闭勘探评价技术

盐伴生圈闭具有圈闭类型多、隐蔽性强、成藏机理复杂的特点。盐伴生圈闭评价技术以盐相关圈闭的 4 类输导体系模式和 5 种成藏模式理论为指导，攻关应用了叠前深度偏移处理技术实现高陡盐丘边界准确成像，形成了物理模拟、叠前深度偏移处理、地震属性分析等盐伴生圈闭识别与刻画配套技术（图4-53）。

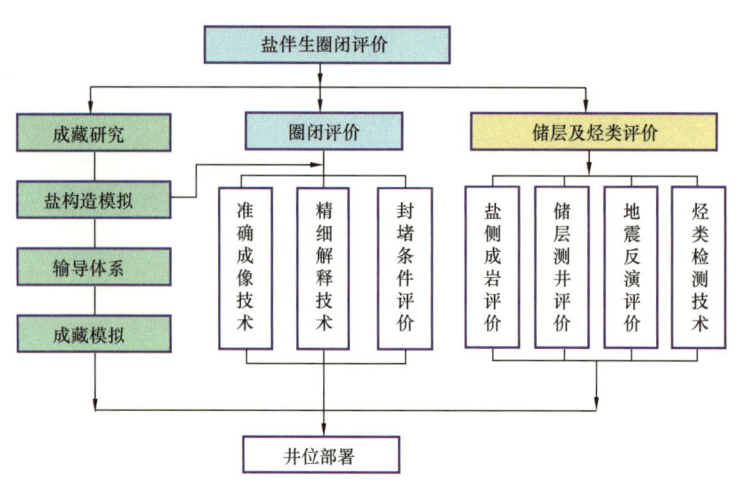

图 4-53　盐伴生圈闭勘探评价技术流程图

1. 盐伴生圈闭物理模拟

通过盐构造物理模拟及含盐盆地成藏模拟，发现多种盐侧、盐上、盐间伴生圈闭。盐窗为盐下油气向上运移的优势通道，盐伴生圈闭为油气成藏的有利场所。具体的模拟过程、方法及结果分析见前面的章节，在此不再赘述。

2. 盐丘边界的识别

盐伴生圈闭的识别首先涉及盐丘边界的识别。应用构造导向滤波等地球物理技术进行盐丘的识别和刻画，然后再刻画盐伴生圈闭。

构造导向滤波的目的是沿着地震反射界面的倾角和方位角，利用滤波方法去除噪声的同时，加强横向不连续特征。在地震勘探中，几何类属性主要通过对地震资料进行构造导向滤波处理之后，提取时间（或沿层）切片、相干属性、曲率属性等，用于刻画地质边界，识别断层、裂缝，帮助进行构造特征分析等。对于盐丘陡倾角边界，可以尝试用倾角属性进行描述。在低频数据地震剖面上，盐丘的边界非常清晰。图 4-54 是通过大倾角扫描得到的两套数据的主测线倾角属性切片，低频数据的倾角属性清晰地刻画了盐丘的边界，左边界按上倾计算，倾角为负值，切片上显示红色；右边界按下倾计算，倾角值为正值，切片上显示蓝色。

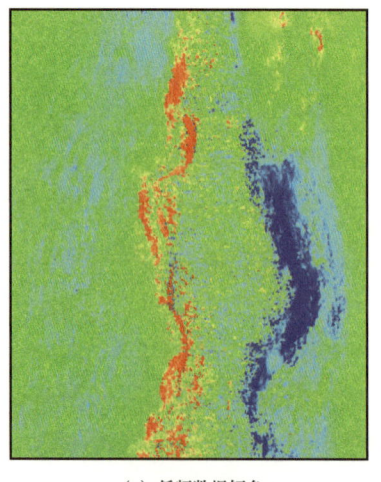

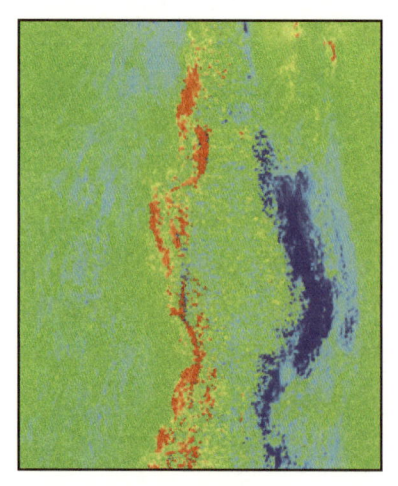

(a) 低频数据倾角　　　　　(b) 去低频数据倾角

图 4-54　倾角属性时间切片

3. 盐伴生构造解释

滨里海盆地盐上层系发育齐全，为上二叠统—第四系，岩性主要是碎屑岩，厚5～9km。可以划分出大型的隆起区和坳陷区，由于含盐层系的上隆而在盐上层系形成许多正向构造。盐伴生圈闭大多与巨厚盐层的上隆有关，类型多样，有与断层有关的断块圈闭和断背斜圈闭，有盐层遮挡的披挂式圈闭等。盐上地层的继承性特征明显，构造格局呈凸凹相间的趋势。断层大多发育在盐丘上部，以正断层为主，基本上为北东向和北西向，圈闭发育在盐丘上部，圈闭类型为背斜、断块圈闭和断背斜圈闭。

通过精细井震联合标定，运用构造导向滤波、曲率体分析等技术，完成了盐丘边界的刻画，以及侏罗系底、盐顶、盐底、三叠系底、中二叠统内幕5层目的层的构造解释。在精细构造解释的基础上，识别刻画各种类型的盐伴生圈闭，准确落实圈闭的发育范围及其规模。其中滨里海盆地主要发育盐上、盐间、盐内、盐下11种类型的圈闭（图4-55）：

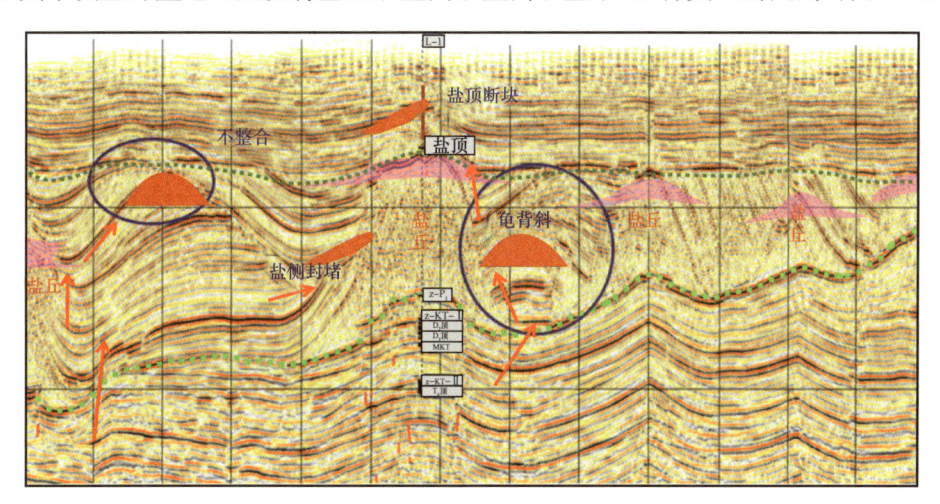

图4-55 滨里海盆地盐伴生圈闭剖面图

盐上圈闭：背斜圈闭、断块圈闭；盐间圈闭：不整合遮挡圈闭、龟背斜圈闭及盐顶、盐边侧向遮挡圈闭；盐内圈闭：盐内包裹岩性圈闭、碎屑岩与盐岩互层岩性圈闭；盐下圈闭：断块圈闭、生物礁、地层—岩性圈闭、断背斜圈闭。盐内圈闭类型靠近烃源岩，断层沟通，为可能成藏的盐伴生圈闭研究类型。

4. 盐伴生构造评价

首先对发育的盐内、盐上、盐间圈闭类型进行研究，通过对圈闭的包络面进行识别追踪，开展精细的构造解释和构造成图，落实圈闭规模（图4-56）。

然后通过地震属性分析，运用谱分解技术、地震反演技术开展盐伴生圈闭储层预测工作，对盐伴生圈闭进行评价。

根据整个滨里海盆地盐上钻井资料统计，地层从上二叠统—三叠系到侏罗系—新近系均以陆源碎屑沉积为主。主力含油气层中侏罗统和下白垩统的孔隙度一般为17%～39%，渗透率则变化较大，最小低于1mD，最大可达3000mD，总体表现为中—高孔隙度、中—高渗透率型。但盐上中生代烃源岩生烃潜力不大，盐上地层中发现的烃类主要来自深层盐下古生界烃源岩，在盐层较薄地区，盐下油气资源可以通过盐窗和盐焊接部位向上运移，在滨里海盆地已经发现了大量盐上油气田，如肯基亚克、库尔萨雷、塔日加利、马卡特、莫尔图克等。

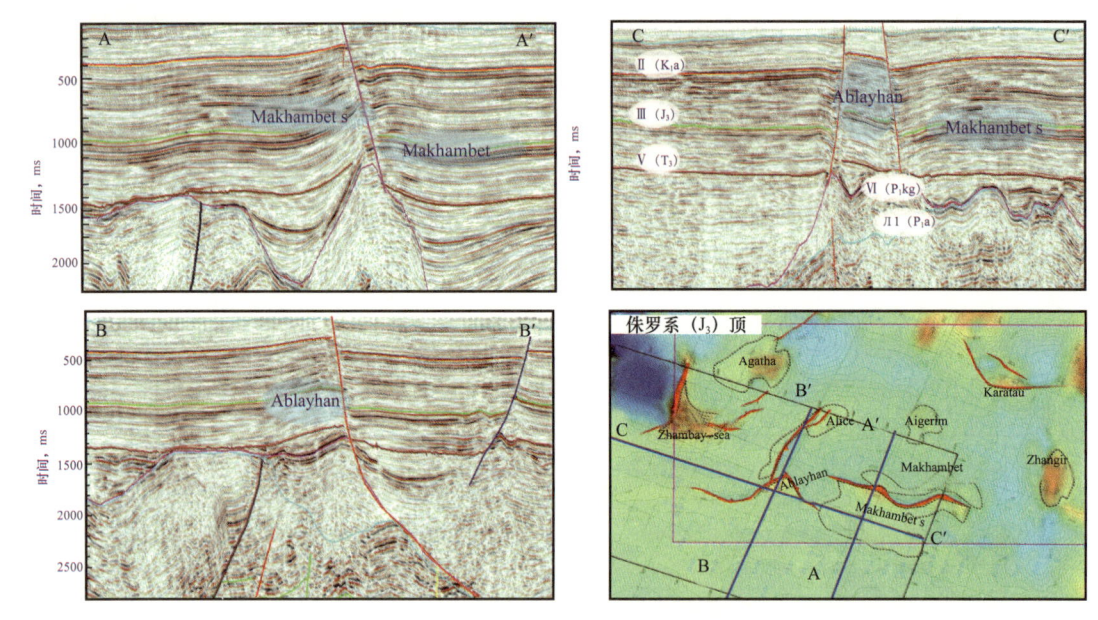

图 4-56　盐伴生构造落实及成图

通过盐上、盐间等盐伴生圈闭的研究，继续深化认识，总结盐伴生圈闭识别及盐伴生圈闭地震精细刻画技术，落实盐上、盐间圈闭规模。盆地东缘刻画出 27 个圈闭（表4-9）。建议选择合适的位置对侏罗系进行录井。在滨里海盆地南缘发现 15 个盐伴生圈闭。面积大于 50km² 的圈闭有 8 个，总资源量 2×10^8t（图 4-57）。

表 4-9　滨里海盆地东缘盐伴生圈闭表

圈闭类型	圈闭数量，个	圈闭面积，km²
龟背斜圈闭	3	194.00
不整合—盐岩遮挡圈闭	8	771.30
断层遮挡圈闭	2	31.63
断块圈闭	14	311.00
合计	27	1307.93

四、盐下礁滩体识别与评价技术

阿姆河盆地盐下广泛发育礁滩体。这些礁滩体主要发育在大型堤礁向盆地方向的缓坡区，由于古地貌等的影响，其规模和厚度大小不一，预测难度大。

在膏盐岩与碳酸盐岩叠置模式建立的基础上，以礁滩体形成的古地貌背景为基础，以礁滩体厚度异常及内部反射特征为核心，以膏盐岩与碳酸盐岩叠置模式中的碳酸盐岩顶界面反射及上覆膏盐岩特征为线索，充分利用连片高精度三维地震资料，形成了包括古地貌

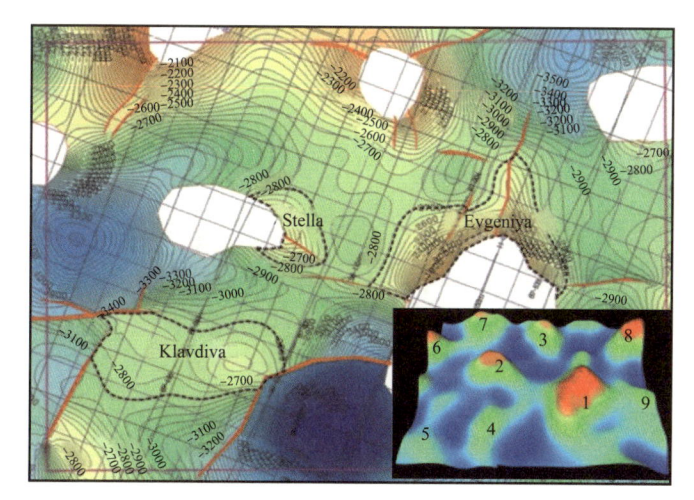

图 4-57 滨里海盆地南缘盐伴生圈闭分布图

恢复、正演模型辅助解释、地震多属性、波阻抗反演、厚度镜像反射、地震波组特征、测井响应模式、等时地层切片、厚度镜相法等技术在内的膏盐岩下伏斜坡礁滩体识别配套技术。利用正演模拟、多属性分析与礁滩体成因分析有效开展了勘探目标优选，流程如图4-58 所示。

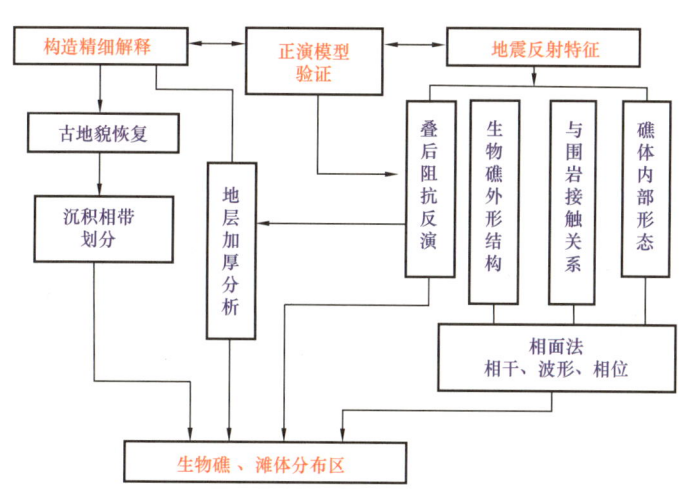

图 4-58 礁滩体识别流程图

1. 礁滩体地震响应特征

为了研究礁滩体的地震响应特征，首先根据地震剖面、测井数据及 VSP 资料，建立与实际资料吻合的速度模型，并利用波动方程有限差分法进行模型正演，获得地震剖面，与实际地震资料进行对比，分析礁滩体在叠后地震资料上的响应特征，为礁滩体的地震预测提供理论支持。

1）模型正演分析礁滩体的地震特征

图 4-59 是阿姆河右岸地区过 Chashgui-21 井主线 Inline3260 的叠前偏移剖面及正演剖面，图中标识了 T_{12}、T_{14} 和 T_{16} 三个层位。Chashgui-21 井钻遇生物礁，其位于 T_{14} 层位的

下方。根据地震、测井等数据建立了如图4-60所示的Inline3260的速度模型，其中生物礁的顶界发育一套薄的伽马泥岩盖层（GAP层），储层发育于生物礁的上部，其速度设定为5300m/s。

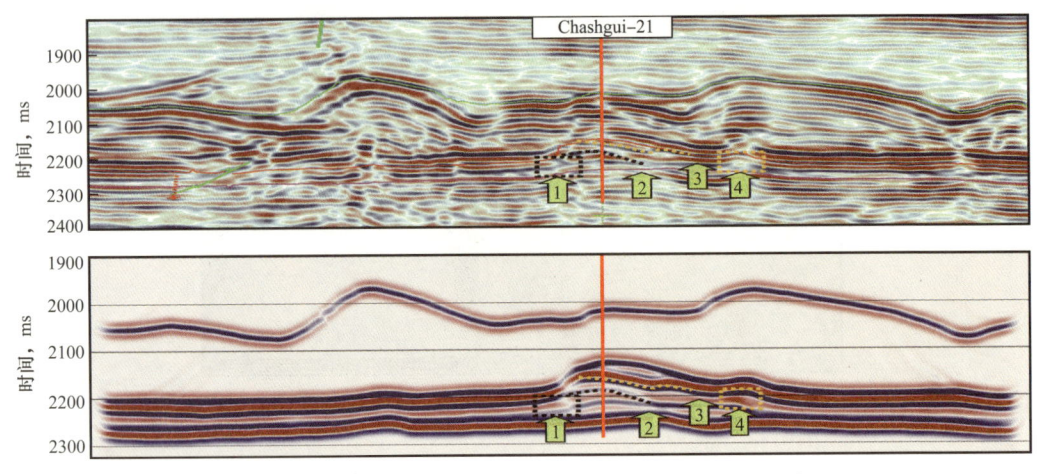

图4-59 波动方程的数值模拟对比分析图（Inline3260）

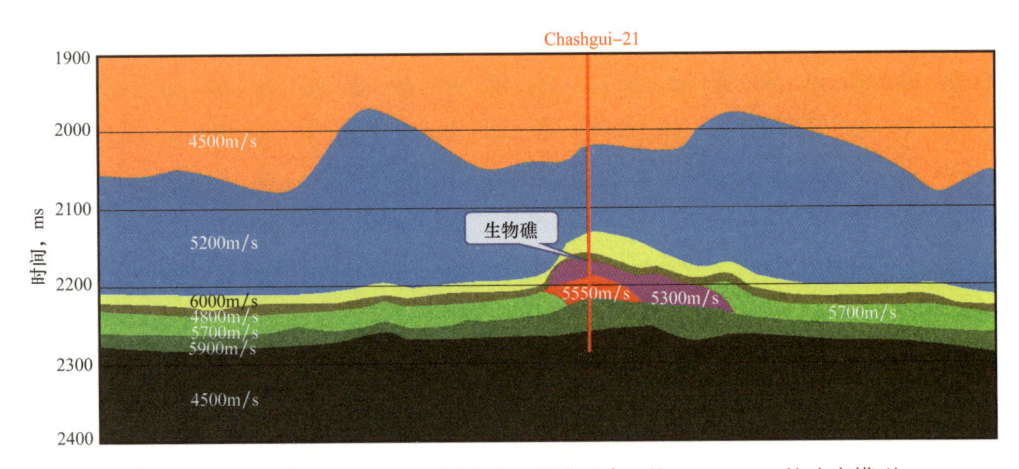

图4-60 基于测井资料、地震剖面和反演结果建立的Inline3260的速度模型

对比分析了模拟记录与实际地震剖面的一致性，该图的上部为Inline3260的地震剖面，下部为模拟记录，清晰地模拟了生物礁的丘状隆起、内部弱成层性、边界调谐等现象。图4-59中标识了生物礁的4个主要反射特征点1、2、3、4：1是生物礁左边界的调谐点；2是生物礁内部的层状反射；3是生物礁顶的隆起反射；4是生物礁右边界的调谐点。模拟记录的这些主要反射特征与实际地震剖面基本一致。

通过典型生物礁模型的正演模拟剖面与实际地震剖面的对比分析，有效地模拟了生物礁储层与非储层的地震响应特征，为在地震剖面上识别生物礁提供了依据。研究区生物礁具有以下地震反射特征：（1）生物礁外形呈丘状隆起，两侧有调谐点；（2）生物礁顶部为中弱反射，内部由于岩性（或储层）物性差异，存在弱成层性；（3）位于生物礁上部的储层含气后速度降低，与上部泥岩盖层速度接近，所以储层顶界表现为中弱反射，下部生物礁灰岩存在物性差异，形成了生物礁内部的层状反射。

2）地震反射波形结构特征分析

生物礁是在特定的海洋地质环境中发育生长的,是造架生物从海底直立向上增殖而形成一个直立坚固的抗浪骨架,是其厚度在横向受限但很坚固的碳酸盐岩地质体。因此,生物礁体与其他正常沉积（体）具有明显区别的地质特征：（1）生物礁体由造礁生物组成,其内部结构具有一定的特殊性和杂乱性；（2）造礁生物具有原地生长堆积的特征,生物礁的发育对古地理环境要求较高,生长发育的范围有限,台缘斜坡是生物礁发育的有利场所；（3）生物礁体结构具有抗浪格架,外形上呈凸透镜、丘状或塔状,并突出于四周同期沉积物。生物礁独特的地貌、结构、构造和岩石学特征决定了来自生物礁的反射波振幅、频率、连续性等与围岩不同,因此,可以通过对生物礁外形特征、礁体内部结构以及与围岩的接触关系的分析来识别生物礁（图 4-61）。

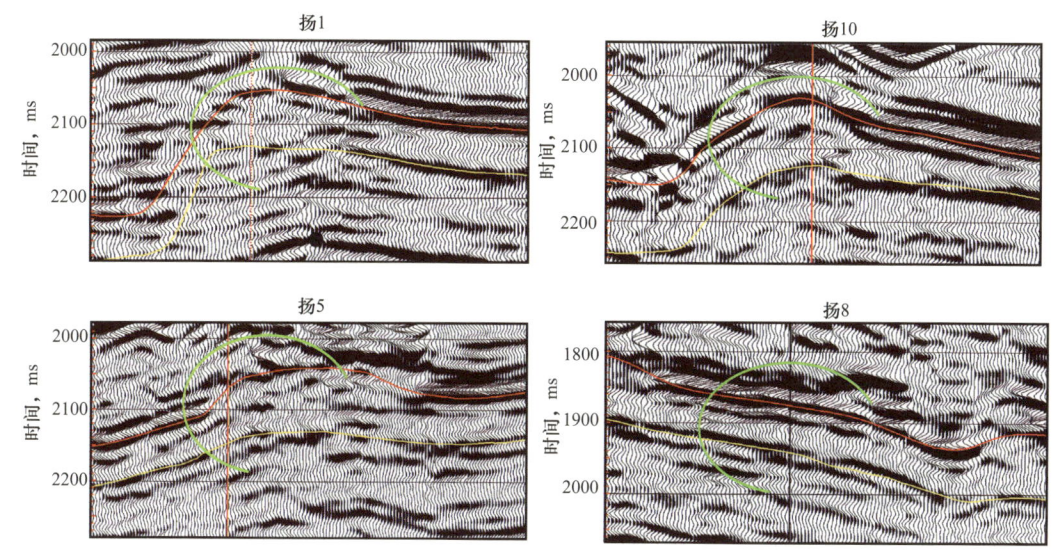

图 4-61 B 区中部扬古伊区块生物礁中的异常体的地震响应特征

扬 1—丘状反射外形,顶底部能量较弱,礁体内部断续杂乱反射；
扬 10—丘状反射外形,顶部能量弱,礁体内部弱反射,两翼非对称,有上超现象；
扬 5—丘状反射外形,顶部能量较弱,礁体内部断续杂乱反射,有超覆现象；
扬 8—平行反射外形,顶部能量较强,无礁体

生物礁所表现出的这些特殊的地震相反射结构特征,成为利用地震反射结构分析方法进行生物礁地震识别和预测的基础。阿姆河盆地 B 区中部主要位于桑迪克雷隆起构造带,卡洛夫阶—牛津阶发育斜坡相生物礁滩体。礁滩体发育区碳酸盐岩顶面地震反射横向连续性差,反射能量弱,顶面呈丘形或透镜状,内部为杂乱或断续弱反射,周边向礁体方向有上超现象,底面为中弱振幅、中等—断续反射特征,礁滩储层发育区底面较难识别。非生物礁滩发育区（礁间）为强反射、连续性好。整体碳酸盐岩地层厚度变化大,生物礁滩发育区地层厚度明显增加,如图 4-62 所示。

3）礁滩体与周缘膏盐岩叠置关系

对阿姆河右岸钻井的碳酸盐岩厚度和下石膏厚度的统计表明：中部地区下石膏厚度存

在异常，礁体之上下石膏厚大，而礁间下石膏厚度薄。过别列克特利—皮尔古伊滩体的地震剖面经 Ber-21 井下石膏厚度明显增厚（图 4-63），与平面上该滩体上下石膏厚度异常特征一致。石膏与碳酸盐岩沉积特征相似，在地貌相对较高的部位，沉积厚度也较大，形成礁滩体上方发育的"石膏帽"。

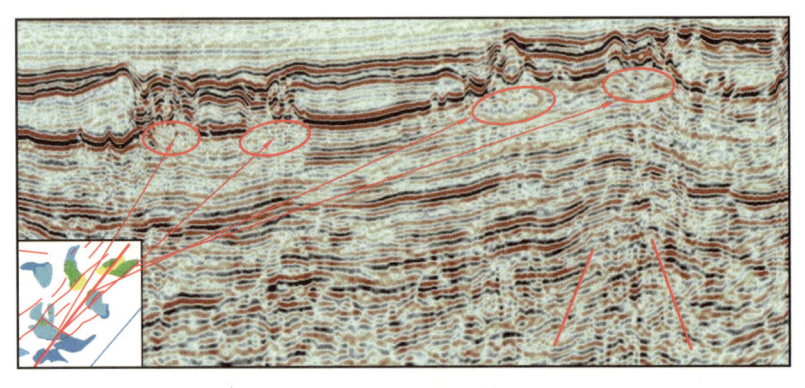

图 4-62　阿姆河盆地过 B 区中部点礁或滩相任意线剖面（斜坡相）

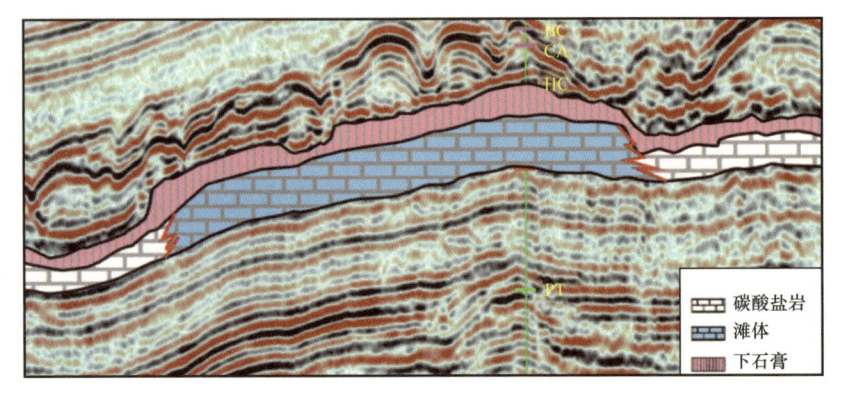

图 4-63　别皮礁滩体上覆下石膏厚度明显增大

2. 礁滩体地质地震综合识别

1）古地貌恢复和地层厚度识别法

生物礁滩体的发育往往与古地貌形态密不可分。一方面，相对深水区古地貌高部位常常是礁滩体发育优先选择生长的有利位置；另一方面，礁滩体的发育在地貌上又形成一个相对高的隆起，形成的地貌高往往代表着礁滩体发育的主体部位（图 4-64）。因此研究地层或地质构造的发育历史，恢复古地貌和古地理环境有助于识别生物礁的位置和分布范围。

从 B 区中部下盐地震反射时间厚度与礁体叠合分布图看（图 4-65），礁体侧翼下盐厚度大的一侧能形成礁体的侧向封堵和遮挡，这样的礁体一般是高产井。从下石膏地震时间厚度与礁体叠合分布图看（图 4-66）：一般礁体处于高部位，其上面易于沉积下石膏，下石膏在地震反射特征上也是杂乱反射，这样给礁体的识别带来一定的困难，往往礁体发育的高部位下石膏也比较厚。

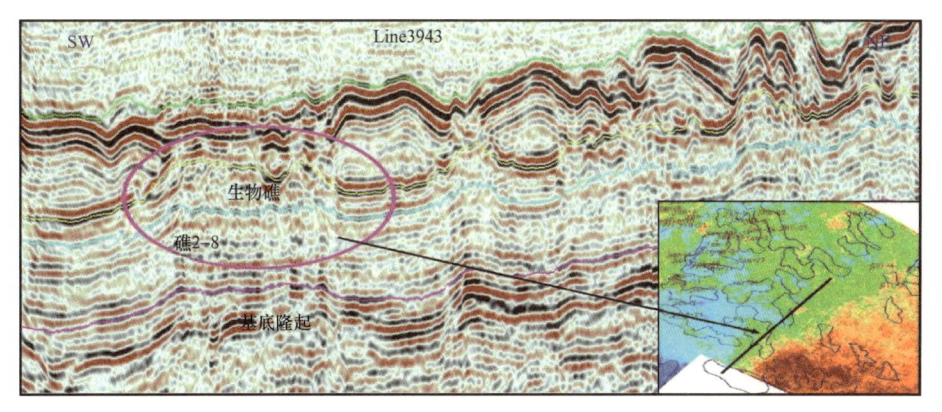

图 4-64 B 区中部杨东斜坡 Line3943 剖面古地貌高上发育的生物礁

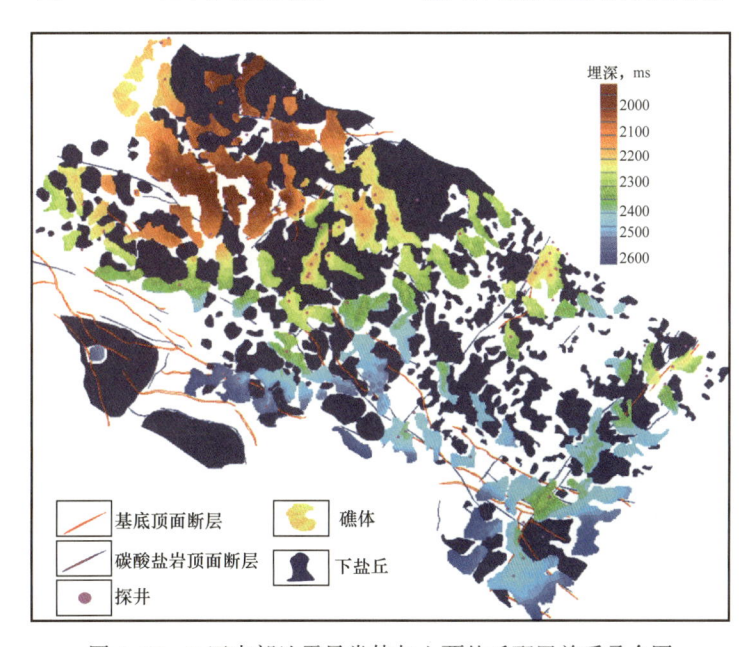

图 4-65 B 区中部地震异常体与上覆盐丘配置关系叠合图

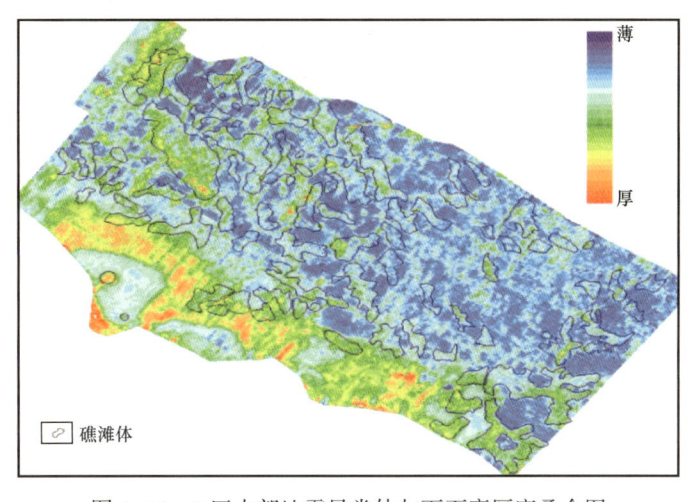

图 4-66 B 区中部地震异常体与下石膏厚度叠合图

2）非连续性地震属性识别技术

地震属性能够比较直观地反映地质特征，从大量的地震属性中优选反映生物礁滩等地质异常体的地震属性，可以从横向上定性的分析礁滩体分布，确定礁滩体边界。

以阿姆河右岸区块碳酸盐岩层顶即卡洛夫阶—牛津阶顶界（T_{14}）为参考层，结合钻井地层厚度，对属性进行提取。通过属性敏感度分析，并结合钻井情况，主要选取了能够指示岩性变化的均方根振幅属性，显示地震相分布的波形聚类属性和反映礁体与围岩关系的相干体属性进行分析，以期预测本区礁滩体的展布情况。

（1）波形分类属性。

由于生物礁滩体特殊的地震反射结构，其地震波形特征不同于周边围岩的地震反射。通过研究地震波形变化信息，可以有效进行礁滩体的预测。

图 4-67 为阿姆河右岸 B 区块的波形分类属性图。结合地震剖面和已钻井情况的分析，图中黑色与绿色为背景，为岩层致密区域，而黄色与红色则为可能的礁滩发育区域。对黄色与红色展示的区域，大致可分为两种类型。一种是条带状；另一种则是团块状或是扇形。条带状分布的礁滩发育带主要集中在 B 区中部的坦格古伊—鲍塔—别列克特利—皮尔古伊—扬古伊—恰什古伊—基尔桑—霍贾姆巴兹北部，其地震相特征相似；团块状或是分枝状的礁滩发育带主要集中于 B 区中部奥贾尔雷到别希尔—霍贾姆马兹南部，其地震相特征相似。这两者应该属于不同类型的沉积环境。

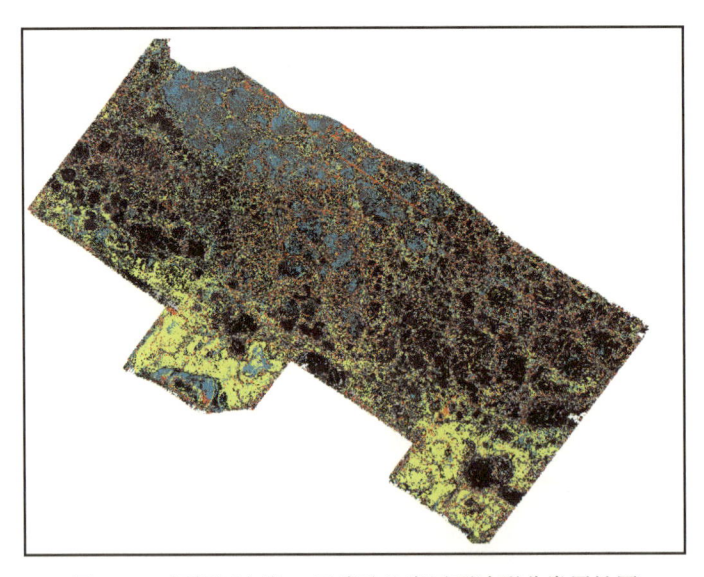

图 4-67 阿姆河右岸 B 区碳酸盐岩层顶波形分类属性图

（2）均方根振幅属性

图 4-68 为阿姆河右岸 B 区块碳酸盐岩层顶均方根振幅属性图，图中绿黄红颜色为低振幅的表示，背景为深蓝色，表示较高振幅。阿姆河右岸 B 区的储层主要为礁滩沉积，储层发育的区域，振幅显示为低异常。如图 4-69 中红颜色为低振幅，代表礁核；黄绿色为中等振幅，代表礁翼；深蓝色为高振幅，代表礁间沉积。

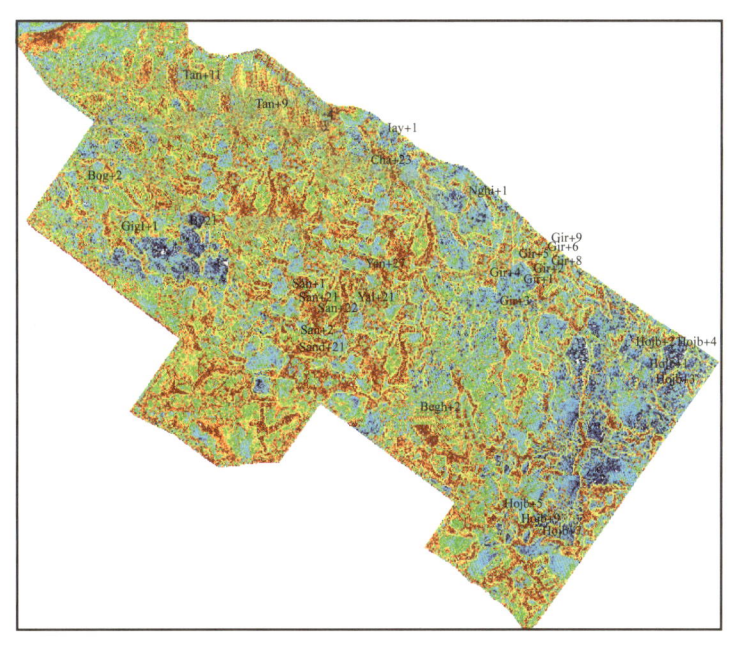

图 4-68　阿姆河右岸 B 区中部碳酸盐岩层顶均方根振幅属性图

（3）相干体属性

从相干沿层切片上分析（图 4-70），礁滩体发育区均分布在相干性较弱的地方，不发育礁滩体且储层不好区域分布在高相干的区域。

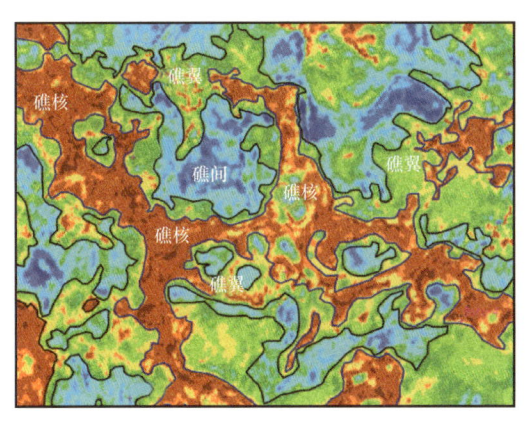

图 4-69　杨古伊—恰什古伊地区碳酸
盐岩层均方根振幅属性图

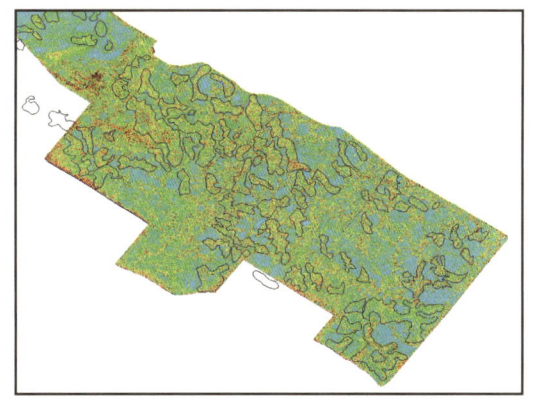

图 4-70　阿姆河右岸中部碳酸
盐岩顶相干属性图

在构造解释和生物礁滩储层地震响应特征分析的基础上，综合叠后波阻抗反演、属性分析、地震相分析、古地貌恢复、地层厚度及上覆膏盐层变形特点，对阿姆河右岸 B 区中部总共解释 73 个地震地质异常体，面积 1229km^2。

3）礁滩体评价技术

以礁滩体成因分析为基础，结合沉积相、沉积微相以及断裂分布评价储层类型与质量，从礁滩圈闭演化和侧向封堵条件评价有效性，利用构造高点在礁滩体所处位置评价其产能大小。以阿姆河右岸为例，该技术有效指导探井、开发井部署。

（1）礁滩体地质成因与分布。

阿姆河右岸发育潮流改造隐伏古隆起上的生屑滩体、潮流改造的沉积坡折带礁滩复合体、隐伏地垒断块上的礁滩体和隐伏掀斜式断块上的礁滩体四种成因台缘斜坡礁滩体（图4-71），合理解释了阿姆河右岸中部垂直于沉积相带的条带状储集体是潮流改造而形成。结合沉积相展布对礁滩储层进行初步评价，指出上斜坡②类储层最优，下斜坡⑤类储层最差（图4-72）。

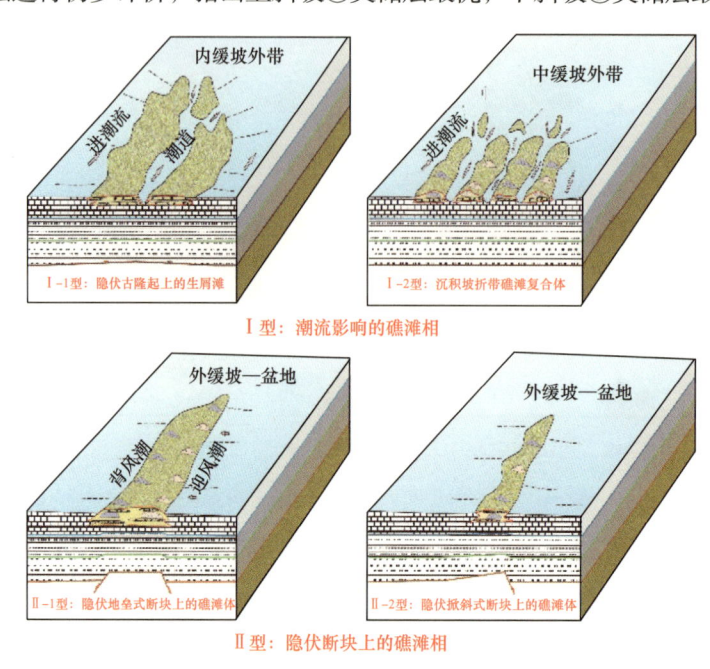

图4-71 阿姆河右岸礁滩成因类型

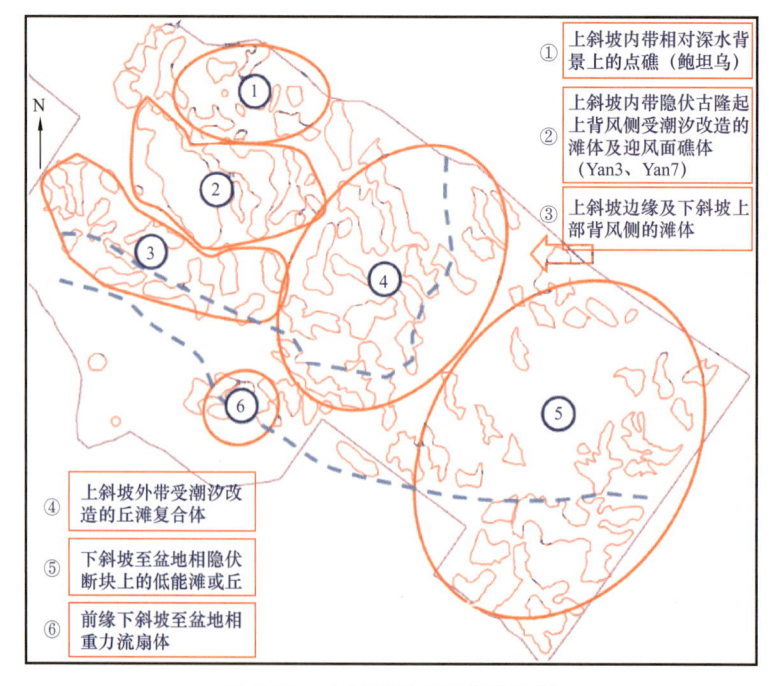

图4-72 中部不同成因礁滩分布

（2）圈闭有效性。

在构造演化分析基础上，利用礁滩体分布、碳酸盐岩顶面构造、气源断层分布、下盐"盐坑"分布叠合图进行圈闭有效性评价。

以阿姆河右岸为例，中部扬古伊断裂以西发育大面积的缓坡礁滩群，储层平面非均质性、圈闭形成及气藏分布主要受缓坡礁滩体控制，继承性发育构造—岩性圈闭更加有利于天然气聚集，围斜部位下盐盐丘有效遮挡是圈闭形成必要条件。

（3）产能评价。

缝洞型礁滩储层产能高，连通基底断层含气性强，充注不足低部位为水井，礁滩间多为干井或低产井。

阿姆河右岸气井分布受礁滩体控制：在礁滩体上多为气井或者气水井，礁间多为低产井或者干井。例如别列克特利—皮尔古伊气田主滩体 Pir-21 井、Ber-21 井和 Ber-22 井测试均获得高产，Pir-22 井和 Pir-23 井由于处于构造低部位，测试产气在 100m³/d 以上，Pir-4 井和 Pir-5 井处于礁间，测试产气小于 10×10^4m³/d；鲍坦乌气田区发育较为典型的单体生物礁，现今构造为隐伏构造高与礁体厚度异常的叠加效应，气藏主要分布于构造高部位的礁体发育区，位于礁间的 Tan-1 井、Tan-7 井、Tan-10 井和 Bota-2 井为干井；Ila-21 井未钻遇礁滩体，12.7mm 油嘴测试 10.6×10^4m³/d。

高产井多分布于逆冲断层和礁滩体叠合区：10 口测试产量高于 100×10^4m³/d 的井中有 7 口井临近逆冲构造主控断层。断层断至基底，断距大，碳酸盐岩侧向与膏盐岩封堵，沿逆冲断层不仅发育构造裂缝，而且深部流体和 TSR 反应酸性流体对礁滩储层进一步改造，形成缝洞型的储层。例如 Yan-21 井、Yan-22 井、Tel-21 井、Gir-22 井和 SHojb-21 井等。

第四节　滨里海含盐盆地勘探实践与成效

哈萨克斯坦共和国油气资源丰富，是中亚国家主要的石油生产国，该国紧邻中国，是中国最直接、最现实的油气能源保障，已经建成了中亚天然气、中哈原油、中哈天然气等重要的战略能源通道，有效地保障了中国国内能源安全。哈萨克斯坦油气资源主要分布在滨里海盆地，目前已经发现了 200 多个油气田，探明原油可采储量超过 40×10^8t，天然气 5.1×10^{12}m³。

埃克森美孚公司、英国石油公司、荷兰皇家壳牌公司、道达尔公司、埃尼国家石油公司、雪佛龙公司等国际石油公司均在滨里海盆地开展油气合作。中国石油于 1997 年在哈萨克斯坦才开始第一个油气合作项目——阿克纠宾油气股份公司，油气资产位于滨里海盆地东缘（图 4-73），油气藏类型复杂，多家外国石油公司勘探未获得商业发现而退出。中国石油获得该区块时，只有二维地震资料，由于国内当时也缺乏成熟的技术可以借鉴，因而难度极大。

2002 年中国石油与哈萨克斯坦政府签订"滨里海盆地东缘中区块风险勘探"合同，这也是中国石油在中亚俄罗斯地区签订的第一个风险勘探合同。合同区总面积 3262km²，该区块二叠系发育盐丘，盐丘厚度 100～2600m，勘探目的层为盐下的碳酸盐岩储层。中国石油接手时，多家外国石油公司经过近百年多轮勘探，打了 18 口干井，未获得勘探发现，均认为该区域没有规模勘探的潜力，因此纷纷退出。

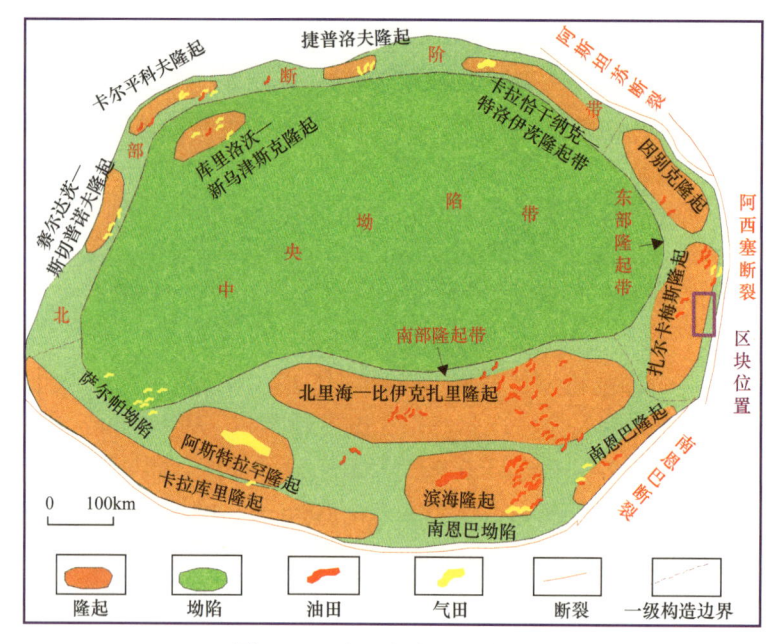

图 4-73 滨里海盆地区域构造

中国石油的海外团队没有被困难吓倒,而是通过精心的研究、科学的论证,大胆突破前人的固有观点,找准了"速度变异"这个瓶颈问题,坚定了寻找盐下大构造的信心。通过多轮攻关,基本解决了盐丘速度变异问题,在区块东缘两个盐丘之间发现了北特鲁瓦,部署的第一口井即获得高产工业油流。从而发现了 3P 储量达 $2.4×10^8$ t 的北特鲁瓦整装大油田,探明可采储量发现成本仅为 1.02 美元/bbl。该油田是哈萨克斯坦独立近 20 年来陆上最大的油气发现,极大提升了中国石油的声誉和国际竞争力,也为中哈原油管线稳定运行提供了后备资源。

一、勘探策略与部署

1. 勘探策略

中国石油方进入中区块之前,该区已完成二维地震约 4000km(但有数据体的测线仅有 2000km),测网密度 0.5km×0.5km~3km×3km。

近百年的勘探实践表明,滨里海盆地是一个油气富集的古生代克拉通边缘断陷和中生代整体坳陷的复合盆地。通过对研究区内已有的二维地震资料和已钻的 18 口井资料进行初步评价,认为区块的勘探机遇与挑战并存,其机遇大于挑战。

经过综合评价研究,认为区块的勘探前景主要表现在以下几个方面。

(1)烃源岩明确。本区存在三套烃源岩,即石炭系巴什基尔阶、莫斯科阶和二叠系阿瑟尔阶底部。

(2)主要目的层清楚。本区存在四套目的层系,即下二叠统砂岩或(和)碳酸盐岩、上石炭统 KT-Ⅰ段和下石炭统 KT-Ⅱ段的碳酸盐岩以及下石炭统维宪阶砂岩。

(3)储层主要分布在滨浅海环境下的局限台地、开阔台地相的生物碎屑灰岩中,储层的储集空间主要为各类溶蚀孔隙、孔洞。

（4）盖层条件优越。KT-Ⅰ段之上有巨厚的下二叠统泥岩和盐岩层可以成为盐下油气藏的有效盖层，且分布稳定。

（5）该区块长期处于油气优势运移路径之上。区域研究结果表明，该区隆起部位存在三个区域性假整合—不整合，即巴什基尔阶与莫斯科阶之间、莫斯科阶与卡西莫夫阶之间、格舍尔阶和下二叠统阿瑟尔阶之间，为盆地内油气的运移提供重要通道。

（6）该区主要为构造油气藏以及构造控制下的岩性油气藏。而岩性油藏内幕包括了以下诸多油气藏类型：① 岩溶—假整合—风化壳破碎带油气藏；② 透镜状岩性油气藏；③ 淋滤蚀变的岩性油气藏；④ 白云岩油气藏；⑤ 岩溶（包括海滩岩）油气藏。初步识别出18个盐下圈闭，从已知让纳若尔油田地质条件类比评价区块资源量，预测圈闭资源量约 3.3×10^8 t。

尽管有上述有利条件，但勘探面临如下严峻挑战：盐丘多、规模大，盐间和盐上存在大倾角高速层，盐下成像差，圈闭识别难；中区块不发育礁相碳酸盐岩储层，以原生孔和裂缝为主，预测难度大；前作业者累计钻探了18口井均未获得工业油气流，成藏条件不清。

2. 勘探决策及部署

针对中区块油气勘探的上述有利条件和技术难题，在决策和部署前，开展了先前综合油气地质、成藏条件和勘探技术研究，为决策部署提供了重要的理论和技术支持。

1）主要地质研究与认识

勘探区块位于盆地东缘隆起带。研究认为该区块地质风险主要来自两方面：盐下构造落实程度及储层预测。

中国石油进入后，经区域到区带含油气系统研究认为：第一，油源存在，除已证实的盆内成熟烃源岩外，古乌拉尔洋被动边缘也可能发育烃源岩；第二，礁体虽不发育，但台地相碳酸盐岩也可能作为储层，盆地西南部阿斯特拉罕巨型气田即为该类储层；第三，即使不发育大型构造，构造—岩性复合型圈闭在碳酸盐岩地层中也已在其他地区被证实。在近10年的勘探研究中主要开展了盆地区域研究、区块构造识别和构造演化研究、沉积体系研究、储层预测、烃源岩研究、成藏组合研究、区带划分与评价和勘探部署八个方面的研究。从区域板块运动到局部圈闭的形成，从宏观的地层展布到微观的孔渗分析，在石油地质理论指导下，科学、系统、深入地综合研究为该区油气勘探的发现奠定了坚实的基础。

中区块盐下古生界碳酸盐岩勘探的各个环节中应用的较成功的关键技术与成果总结如下，供今后类似地区油气勘探借鉴。

（1）区域研究和已发现油气田石油地质条件的分析。

滨里海盆地下二叠统空谷阶普遍发育一套盐岩层，该套地层是盆地内良好的区域性盖层，同时也把盆地分为盐上和盐下两大复合成藏组合。在滨里海盆地东部地区，盐上共发现8个油田，探明石油可采储量 7240.9×10^4 吨；盐下发现了11个油田，探明石油可采储量为 3.311×10^8 吨，是盐上已探明石油可采储量的 $4 \sim 5$ 倍。说明盐下下二叠统—石炭系是本区的主要勘探开发目标，目前在滨里海盆地发现的油气储量中90%来自盐下组合。根据勘探经验和油气地质研究结果，建立了"坚持勘探盐下寻找规模油气藏"的勘探思路。

（2）盐下碳酸盐岩储层研究。

盐下碳酸盐岩储层受沉积、成岩、构造等影响，纵向、横向储层发育非均质性严重，准确预测优质储层的分布是需要攻克的一个技术难点。以下的储层分析和预测技术在中区块的储层评价预测中取得了良好的效果。

① 首先开展碳酸盐岩层序地层分析。根据有关层序地层学的基本原理，在地层、沉积相研究及构造综合分析的基础上，重点通过岩性剖面、测井和地震资料的综合研究，把石炭系主要目的层进行了层序划分。通过对每个小层的解剖，从而确定生、储、盖的变化规律。储层主要发育于三级层序高位体系域的中上部，少数在高位体系域下部。横向上储层连通性比较差，呈透镜状分布。

② 其次开展古沉积环境分析。从中区块石炭系储层的实际情况出发，精细的地质描述、测井处理解释、先进的测试技术和大量实验室分析化验资料相结合，建立了适合于该区的沉积相模式，详细划分了主要目的层的沉积微相，预测优质储层可能的分布范围。将中区块石炭系划分了4个相带、11种亚相和24个微相。最有利的储集相带为白云坪和台内浅滩亚相。沉积相平面展布的刻画，有效预测了优质储层可能发育的范围，为储层地球物理预测和井位部署提供了依据。

③ 应用储层微观分析技术有效地进行储集空间类型识别与成因判断、成岩作用识别和储集性能受控因素分析及分布规律研究。通过这些技术揭示了六大类储集空间和储层发育的三个主控因素，对勘探部署和储层评价具有指导作用。

（3）时深转换和叠前深度偏移等八项技术的配套使用基本消除了盐丘的影响，较真实地反映盐下的构造形态，钻井成功率有了很大提高。

滨里海盆地东缘中区块下二叠统空谷期发育大量高速盐丘（4500m/s），造成下伏地层在时间剖面上产生不同程度上拉现象，时深转换技术难度大，盐下构造落实困难。针对该技术难点，制定攻关流程和具体方法。通过精细地震部署，优化地震施工参数，使得地震资料品质不断提高。通过模型正演技术、叠前深度偏移技术、射线追踪法+模型迭代垂向比例时深转换等技术的综合应用，总结了一套适合复杂盐丘地区的圈闭识别方法，使盐下构造的落实程度大大提高。

（4）应用并集成了一套碳酸盐岩储层综合预测技术，在勘探中取得了良好应用效果。针对不同类型的储层采用了模型正演技术、地震属性分析技术、裂缝识别技术、多属性分析技术、地震切片技术、地震数据的稀疏脉冲反演技术、随机模拟和反演技术、储层敏感参数反演技术等，效果较好，成功地预测了储层分布范围和厚度变化，满足了生产要求。

（5）通过储层、盖层、圈闭条件等综合，首次把本区划分为三个成藏带，即西部剥蚀带、中部斜坡带和东部异常体带，并详细评价了各个区带的主要成藏组合和潜在成藏组合，确定了中部生物灰岩带为重点勘探区带，东部下二叠统地震异常体和西部深层为该区勘探的新领域，为下步勘探部署提供了重要依据。

（6）通过对周边已发现油气藏的解剖分析，首次明确了本区新发现的北特鲁瓦油气藏类型：KT-Ⅰ和KT-Ⅱ分别为受构造和岩性双重控制下的复合油藏。在此认识的指导下，本区坚持构造圈闭勘探与岩性圈闭勘探相结合。

通过地质综合研究，确定中部斜坡带为重点勘探区带，并优选了系列钻探目标，在2号构造、北特鲁瓦构造均获得高产油气流。尤其是亿吨级大型北特鲁瓦含油构造的发现，使中区块勘探获得历史性突破，取得了良好的勘探效果和经济效益，充分展示综合地质研究工作成果对项目立项和勘探部署具有至关重要的指导作用。

2）勘探决策及部署

由于海外合同区块勘探期较短，为了早日实现勘探的突破，2002年接手之后首先利用老资料进行快速解释与评价，就地震测网较稀的地区和重点目标进行补充加密地震部署，然后利用先进的处理技术对新、老资料统一处理及参数重新处理。勘探初期部署思路均围绕合同规定的义务工作量进行钻井和地震部署，后期根据勘探发现的进程和经济效益，及时调整或加大勘探力度。在勘探获得突破之后采取三维地震部署详探含油面积、加快评价井的钻探落实储量规模、深入石油地质研究总结油气成藏规律、对落实的构造加快甩开勘探扩大勘探成果等措施。

滨里海盆地东缘中区块勘探项目自接手以来，突出"合理规划、科学部署、大胆探索、及时调整"的勘探思路，全面完成了油气勘探地质任务和各项指标，取得重要勘探突破，发现大型油气田，取得了良好的勘探效果和经济效益。

二、理论及技术突破助推勘探发现

滨里海盆地东缘盐下勘探主要面临三个方面的挑战：（1）油气成藏控制因素复杂；（2）地层存在六类速度异常体，给盐下圈闭刻画带来难度；（3）由于巨厚盐丘的"屏蔽"效应，盐下地震资料分辨率低，加上碳酸盐岩储层非均质性强，盐下储层预测非常困难。针对以上难题，总结了滨里海盆地东缘阶梯式成藏规律，有效地指导油气勘探突破。同时建立了盐下圈闭识别及碳酸盐岩储层预测集成配套技术。

1. 建立含盐盆地阶梯式成藏模式

在综合多年对中亚俄罗斯地区含盐盆地研究、国内外主要含盐盆地调研、盐构造变形及成藏模拟的基础上，分析了含盐盆地盐构造与烃源岩、储层、盐相关输导体系、盐相关圈闭和油气成藏规律的关系。认为滨里海盆地东缘油气输导体系除常见的断裂、储层、不整合等运移通道外，还存在盐刺穿缩颈通道、盐焊接薄弱带、盐溶滤残余通道和硬石膏晶间孔隙四类盐相关输导体系；储层成岩作用研究得出了盐对储层影响的6种机理，即硬石膏形成孔隙空间、盐丘间形成新

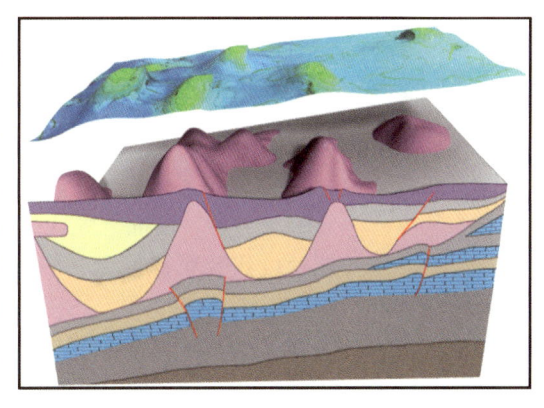

图4-74 滨里海盆地东缘阶梯式成藏模式图

容纳空间、盐下压实程度低和成岩作用慢、石膏与烃反应生成有机酸、超压裂缝保持孔隙、盐充填孔隙。通过总结含盐盆地已发现油气藏分布规律，认为从盆地中心到边缘具有阶梯式成藏规律，且石炭系从斜坡到高部位具有从薄层岩性到构造的油气聚集序列，浅部预测发育二叠系礁滩体。这一认识指导了勘探思路转变及勘探目标优选：滨里海盆地东缘勘探目标由构造油气藏逐渐转变为斜坡部位岩性油气藏及浅层礁滩体（图4-74）。

2. 提升盐下圈闭识别技术精度

一是陡翼地震波反射造成偏移处理困难，使盐下目标成像发生水平偏移；二是盐体使盐下地层普通地震勘探方法的反射能量弱，给复杂目标解释带来困难；三是高速盐体造成

盐下地层反射同相轴上拉，深度归位困难。为了准确识别与刻画盐下圈闭，首次攻关使用了叠前双聚焦逆时偏移处理+叠后分体建模技术，实现盐下地震资料准确成像，并完善了物理模拟、构造导向滤波等盐下圈闭识别配套技术。

通过以上技术的应用，盐下地层圈闭形态得到了有效恢复，盐下构造成图精度由2%提高到1.5%，发现2个新构造油藏。

3. 提高盐下碳酸盐岩储层预测符合率

针对中亚含盐盆地盐下地震资料分辨率低，碳酸盐岩储层非均质性强，油气成藏控制因素复杂的特点，发展完善了叠前反演多属性"穷举法"、谱分解、地质统计学反演等盐下碳酸盐岩储层和流体预测配套技术。

叠前反演多属性"穷举法"是将叠前反演获得的多属性数据体随机组合，再与已知井的参数进行对比，优选敏感属性组合对储层进行预测。"穷举法"地震叠前属性反演能够实现物性和烃类综合预测；谱分解技术是将地震资料从时间域转换到频率域，利用不同频率数据体反映各种地质异常体敏感程度的差异，定量表征地层厚度变化、刻画地质异常体的不连续性。该技术在该区碳酸盐岩储层预测和岩性油气勘探中起到重要作用。同时采用"两宽一高"地震低频及宽方位角信息进行裂缝及薄层预测，充分利用方位和低频信息，优选方位和频率信息进行储层预测。

通过攻关盐下碳酸盐岩储层配套技术的应用，发现了希望油田西部斜坡岩性油气藏和二叠系礁、砂体油藏，储层厚度预测的符合率达到80%。

三、勘探效果

中国石油在该区经过了十几年的勘探工作，获得了重大勘探发现，取得了良好的勘探效果和经济效益。

首先摆脱前人结论的束缚，突破前人认识，转变勘探思路。不断加强盐下碳酸盐岩成藏机制研究，在勘探进程中，及时转变勘探领域和技术思路。

（1）确定了"坚持盐下勘探寻找规模油气藏"的勘探思路和方向；突破40年禁锢，发现3个构造油气田及1个岩性油气藏。

（2）由于初期速度研究精确度低，因此首先勘探盐丘间的盐下构造，在勘探失利后，及时转变方向，开展盐丘正下方圈闭识别研究，从而突破了出油关。2005年在2号构造上部署的第一口探井（A-1井）首获工业油流，实现了该区勘探的重要突破，将该构造命名为乌米特油田。

（3）认识到还有其他速度异常体后，尤其是发现区块东缘二叠系泥岩相变为高速的碳酸盐岩礁滩体后，认识到其速度上拉可能"屏蔽"了其下的构造。因此确定了由盆地向边缘的勘探思路，同时加强盆地边缘速度建模攻关，从而在远离盆地中心的地带发现了大油田——北特鲁瓦油田。

（4）发现大油田后，又返回盆地方向勘探，但由于当时储层预测技术精度不高，导致钻探目标构造与优质储层区不配套，部署的探井均未获得工业油流。经过这一低谷期，又再次把目标转向盆地边缘，即斜坡区的盐下岩性地层圈闭，北特鲁瓦构造西斜坡发现多个岩性油藏（3P地质储量约3000×10^4t），从而为区块开辟了广阔的新领域。

（5）在区块即将到期之时，中国石油并未放弃远端的"半构造"（许可证区域内为鼻状构造，许可区外无资料）。充分利用区域资料，开展乌拉尔造山带演化及前隆区构造恢复，坚信区块东南端发育构造或岩性—构造复合圈闭。结果部署的T-1井获得工业油流，从而发现塔克尔新构造油田，不仅保住了区块，还使得中区块继续向南扩大许可区。

参 考 文 献

[1] 余一欣，郑俊章，汤良杰，等.滨里海盆地东缘中段盐构造变形特征[J].世界地质，2011，30（3）：368-374.

[2] 马新华，华爱刚，李景明，等.含盐油气盆地[M].北京：石油工业出版社，2000.

[3] Warren J K.Evaporites：sediments，resources and hydrocarbons[M].Berlin Heidelberg：Springer，2006：1-1035.

[4] Hubert M K. Theory of scale models as applied to the study of geologic structures[J]. Geological Society of America Bulletin，1937，48（10）：1459-1519.

[5] 贾振远.中国东部陆相含蒸发岩盆地形成特点与油气、蒸发岩与油气[M].北京：石油工业出版社，1985.

[6] 刘洛夫，朱毅秀.滨里海盆地及中亚地区油气地质特征[M].北京：中国石化出版社：2007.

[7] 郑俊章，薛良清，王震，等.含盐盆地石油地质理论研究新进展[J]//童晓光.跨过油气勘探开发研究论文集.北京：石油工业出版社，2015.

[8] 吴富强，鲜学福.胜利油区渤南洼陷热液型硬石膏的存在[J].华南地质与矿产，2004，2（4）：52-55.

[9] 彭文绪，王应斌，吴奎，等.盐构造的识别、分类及与油气的关系[J].石油地球物理勘探，2008，43（6）：689-698.

[10] 杨传忠．张先普．油气盖层力学性与封闭性关系[J]．西南石油学院学报，1991．16（3）：7-1.

[11] 周兴熙.库车坳陷第三系盐膏质盖层特征及其对油气成藏的控制作用[J].古地理学报．2000，2（4）：51-57.

[12] 戈红星，Jackson M P A.盐构造与油气圈闭及其综合利用[J].南京大学学报（自然科学版），1996，32（4）：640-649.

[13] 刘晓峰，解习农．与盐构造相关的流体流动和油气运聚[J]．地学前缘，2001，8（4）：343-349.

[14] 姜敏，丁文龙.中国含油气盆地盐构造特征及其与油气聚集的关系[J].新疆石油天然气，2008，4（1）：34-38.

[15] 苏传国，姜振学，郭新峰，等.苏丹红海中部地区盐构造特征及油气勘探潜力分析[J].大庆石油学院学报，2011，35（4）：1-7.

[16] 余一欣，汤良杰，王清华，等.库车坳陷盐构造与相关成藏模式[J].煤田地质与勘探，2005，33（6）：5-9.

第五章　海外前陆盆地石油地质理论与勘探技术

前陆盆地是指位于造山带前缘及相邻克拉通之间平行于造山带展布的沉积盆地。它是世界上油气资源最丰富、发现大油气田最多的一种沉积盆地类型，是世界上重要的油气勘探领域。根据IHS（2014）统计的全球438个大油气田中，150个大油气田位于前陆盆地，占总数的31%，南美次安第斯（Sub-Andeans）前陆盆地群是全球最重要的油气富集带之一。尽管大多数的南美前陆盆地经历了较长的油气勘探历程，但仍有一些盆地的勘探程度较低，而对于一些勘探程度较高的盆地，如厄瓜多尔境内的奥连特盆地，还存在一些勘探空白区或盲区，剩余的油气资源依然相当丰富。

"十二五"期间中国石油加强对海外前陆盆地石油地质科技攻关，重点研究南美前陆盆地斜坡带低幅度构造识别、特殊油层测井解释、前陆盆地斜坡带成藏规律、低幅度圈闭群评价等关键领域，形成卓有成效的一套勘探评价技术。具体技术发展可以分为三个阶段：第一个阶段，低幅度构造高分辨率地震资料采集方法和地震处理技术形成阶段（2006—2010年），针对前陆盆地斜坡带构造幅度低、面积小的特点，形成了一套独具特色的高分辨率地震资料采集方法（包括小道距、小组合基距、小偏移距、小采样率、高覆盖次数、精细表层调查等）和一套特色的低幅度构造处理技术（包括高精度静校正技术、高保真振幅处理及高精度偏移成像技术）；第二个阶段，低幅度构造地震解释技术形成阶段（2010—2012年），整合创新了包括多子波地震道分解与重构、多频段匹配追踪井震小层标定、倾角测井资料校正低幅度构造、孔隙砂岩顶面精细解释技术、剩余构造分析、基于地震属性分析的储层预测技术等，实现了低幅度构造的精细解释；第三个阶段，海绿石砂岩测井评价技术形成阶段（2012—2014年），针对海绿石砂岩"两高一低"特征，从实际生产需要出发，通过实验分析，建立了基于海绿石砂岩为岩石骨架的解释模型，实现了海绿石砂岩特殊油层的有效识别。这些技术与油田生产实践紧密结合，源于油田生产面临的实际问题，又回归油田生产，有效指导了油田新区的勘探部署，并取得了很好的勘探成效。

第一节　南美前陆盆地概况

一、前陆盆地的类型及分布

1. 前陆盆地类型

根据盆地所处的大地构造背景和板块地壳会聚方式，前陆盆地可分为周缘前陆盆地和弧后前陆盆地两种类型。

1）周缘前陆盆地

周缘前陆盆地位于A型俯冲带的俯冲板块之上，紧靠大陆与大陆碰撞形成的造山带外侧，在向下挠曲的陆壳之上形成沉积盆地，平行于造山带延伸。这类盆地的典型实例有阿巴拉契亚盆地、阿尔卑斯山麓的磨拉石盆地、扎格罗斯山前的波斯湾盆地和喜马拉雅山南麓的锡瓦利克盆地。

2）弧后前陆盆地

弧后前陆盆地位于B型俯冲带的仰冲板块之上，岛弧或陆缘山弧后面紧邻大陆板块的地带，又称后退弧盆地。如南美安第斯山弧后前陆盆地，北美的落基山盆地等（图5-1）。

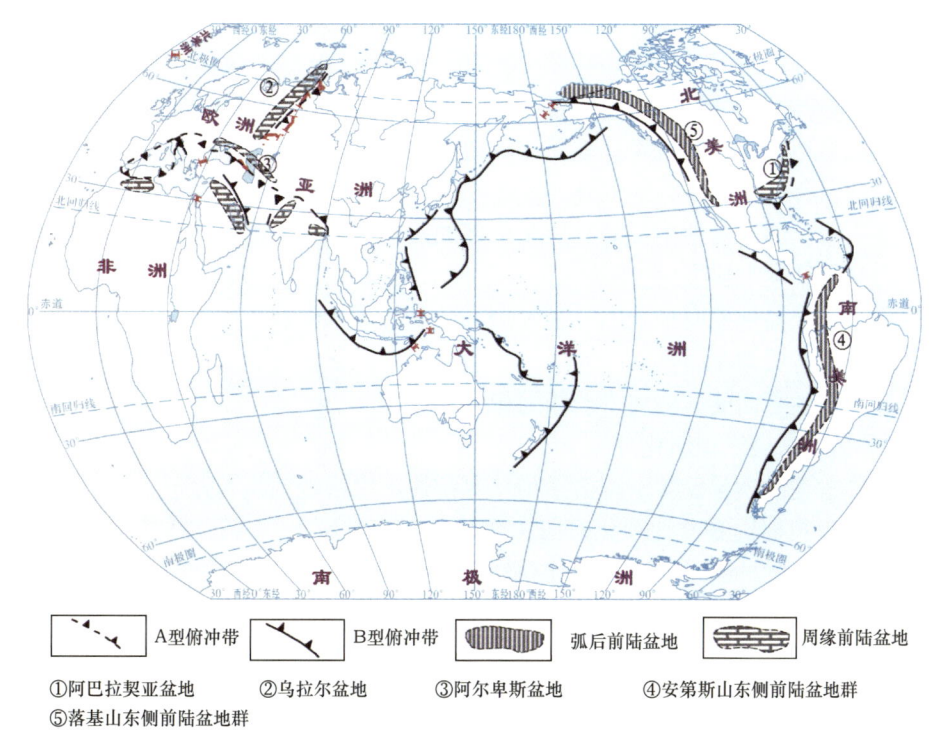

图5-1 全球A型、B型俯冲带与前陆盆地分布[1-3]

①阿巴拉契亚盆地 ②乌拉尔盆地 ③阿尔卑斯盆地 ④安第斯山东侧前陆盆地群
⑤落基山东侧前陆盆地群

2. 前陆盆地基本特征

1）分布位置和地壳性质

前陆盆地是形成于造山带前缘与相邻克拉通之间的沉积盆地，主体坐落在与克拉通相关的陆壳上，靠造山带一侧发育蛇绿岩套和火山弧。

2）动力学机制与发育时限

前陆盆地的形成主要与收缩造山带及相关俯冲体系的地球动力学过程有关。盆地的发育时限与此造山过程大致同步，挤压构造负荷引起的挠曲沉降是盆地形成的主因。前陆盆地通常叠加在前期不同类型的盆地之上。

3）平面展布

盆地平行于造山带呈狭长带状延展，其纵向范围大致与相邻造山带前缘的冲断—褶皱带的长度相当（图5-1）。

3. 南美前陆盆地分布

南美前陆盆地是典型的与B型俯冲相关的前陆盆地，主体位于安第斯山向陆一侧，呈平行于安第斯山的狭长带状延展，称为次安第斯山前陆盆地区[4-9]，包括14个主要前陆盆地[5]，宽数十千米至400km，长约8000km，总勘探面积$245×10^4km^2$。

二、南美前陆盆地的基本特征

1. 构造演化特征

南美前陆盆地纵向上是一系列多期发育的叠合盆地。总体上可概括为从克拉通边缘盆地到裂谷盆地，再到前陆盆地三个演化阶段：晚古生代克拉通边缘盆地阶段，三叠纪—白垩纪裂谷盆地阶段，晚白垩世至今前陆盆地阶段。

2. 沉积演化特征

1）南美前陆盆地地层发育特征

南美前陆盆地是发育在古生代被动大陆边缘盆地基础上的前陆盆地，经历了复杂的演化过程，地层发育有古生界、中生界、新生界。

古生界：南美前陆盆地中，只有位于中部的前陆盆地发育古生界，位于北部和南部的前陆盆地古生界基本上缺失[5]。

中生界：前陆盆地发育最全的一套地层，几乎覆盖从南到北所有的前陆盆地，发育盆地最重要的烃源岩层和储层。

新生界：新生界前陆盆地均以陆相沉积为主。

2）南美前陆盆地沉积演化阶段

南美前陆盆地的演化总体上可概括为从克拉通边缘盆地到裂谷盆地，再到前陆盆地三个演化阶段：克拉通边缘盆地演化阶段（寒武纪—二叠纪）、裂谷盆地演化阶段（晚三叠世—白垩纪）、前陆盆地演化阶段（晚白垩世末期至今）。

3）南美前陆盆地沉积体系和沉积模式

南美前陆盆地一般存在两套或三套由细变粗的反旋回沉积。由于后期变形作用强烈，不同盆地以及同一盆地局部地层旋回具有不完整性。盆地早、中、晚期层序间常为不整合面，前缘隆起、冲断带上的不整合较为发育。沉积物来源一般是单向的，在发育早期，冲断体位于海平面之下，物源来自克拉通方向；在盆地发育后期，由于冲断体向前陆推进露出海平面之上，来自冲断体的削蚀组分占主要地位。

3. 油气地质特征

前陆盆地通常发育有"前陆盆地形成前的烃源岩层"和"前陆盆地沉积时期烃源岩层"这两套烃源岩层。

1）烃源岩发育特征

纵向上可以将盆地发育的烃源岩划分为被动大陆边缘盆地时期烃源岩、裂谷盆地时期烃源岩和前陆盆地时期烃源岩。平面上，不同地区前陆盆地其发育的主力烃源岩层有差异：北部盆地群（马拉农以北盆地）和南部盆地群（库约以南盆地区）主要发育裂谷盆地时期烃源岩层，而中部盆地群（包括乌卡亚利盆地、穆格莱德迪奥斯盆地、贝尼盆地和查考盆地）主要发育被动边缘盆地时期烃源岩层[4,10]。

2）南美前陆盆地储层发育特征

储层类型相对比较简单，主要以砂岩为主，部分盆地中发育有碳酸盐岩储层。砂岩储层多为河流沉积、三角洲沉积和滨浅海与三角洲环境沉积。砂岩主要为石英砂岩，少见长石砂岩，分选磨圆较好，表明沉积物质经历过长距离的运移。

3）南美前陆盆地盖层发育特征

南美洲前陆盆地纵向上盖层发育层位多、时间跨度大，基本上从古生界到中生界和新生界都有盖层发育。盖层主要为泥页岩区域性盖层和储层中间的泥岩、煤层夹层等局部盖层。

4）南美前陆盆地成藏组合划分

整体上南美洲前陆盆地可以划分出四套大的成藏组合：新生界古近系成藏组合、中生界上部白垩系成藏组合、中生界下部侏罗系—三叠系成藏组合和古生界成藏组合。

新生界古近系成藏组合主要发育于北部前陆盆地，烃源岩主要为盆地白垩系海相泥页岩，储层主要为古近系浊积砂岩，盖层是古近系层间泥页岩隔夹层，属于下生上储型成藏组合。

中生界上部白垩系成藏组合是南美洲前陆盆地发育最为广泛的一种成藏组合类型，该套成藏组合以上白垩统的浊积砂岩和部分碳酸盐岩储层为核心，以下白垩统的湖相泥页岩为油气来源，盖层主要为古近系的泥页岩层。属于自生自储型成藏组合。

中生界下部侏罗系—三叠系成藏组合主要发育在南美洲中部前陆盆地，由于中部前陆盆地发育古生界和中生界烃源岩层，侏罗系—三叠系发育的砂岩储层为该套成藏组合的核心，盖层为层间泥页岩隔夹层。

古生界成藏组合以古生界内部的砂岩储层为核心，以古生界内部湖相泥页岩层为烃源岩层，以层间泥页岩层为盖层，形成自生自储自盖型成藏组合，主要发育在南美中部盆地。

三、南美前陆盆地勘探概况及资源潜力

1. 勘探概况

南美前陆盆地的油气勘探活动起步较晚，其工业性油气勘探活动始于20世纪初期，以地面地质调查为主，利用油气苗资料进行浅井钻探。1914年，在委内瑞拉的马拉开波盆地发现了前陆盆地的第一个油田。

20世纪40年代至50年代间，随着地震勘探技术的广泛应用，委内瑞拉、阿根廷、哥伦比亚、厄瓜多尔等国在前陆盆地的斜坡带相继取得了一大批重要的发现，带动整个南美的石油工业快速发展。

20世纪60年代至70年代间，随着先进的地质理论和地球物理技术的应用，南美前陆盆地达到勘探高峰，如东委内瑞拉盆地逐步探明了大奥菲西纳等5大油区；奥连特盆地、亚诺斯盆地在此期间也获得多个可采储量在 $7.4 \times 10^8 t$ 的大油气田。

截至2016年底，南美前陆盆地群共采集2D地震测线 $87 \times 10^4 km$，3D地震 $22.4 \times 10^4 km^2$，钻探井 14.5×10^4 口，前陆盆地群均有油气发现，累计探明油气可采储量 $416 \times 10^8 t$，是南美地区油气勘探最重要的战场之一[5-11]。

2. 资源潜力

预测南美28个含油气盆地的待发现可采资源量为 $318 \times 10^8 t$ 油当量（其中油 $255.5 \times 10^8 t$ 油当量，气 $62.4 \times 10^8 t$ 油当量，油气比4:1）[12]。其中被动大陆边缘盆地占61%，前陆盆地占38%。前陆盆地中东委内瑞拉盆地总待发现可采资源量最多，为 $42.8 \times 10^8 t$ 油当量；其次为马拉开波盆地，总待发现可采资源量为 $35.5 \times 10^8 t$ 油当量；排第三的为查考盆地，总待发现可采资源量为 $10 \times 10^8 t$ 油当量；内乌肯盆地排第四，总待发现可采资源量为 $7.3 \times 10^8 t$ 油当量；第五为巴里纳斯—阿普尔盆地，总待发现可采资源

量为 5.3×10⁸t 油当量；马拉农盆地排第六，总待发现可采资源量为 4.3×10⁸t 油当量；随后依次为麦哲伦盆地、普图马约—奥连特盆地、亚诺斯盆地，总待发现可采资源量依次为 3.9×10⁸t 油当量、3.3×10⁸t 油当量和 3.2×10⁸t 油当量（图 5-2）。

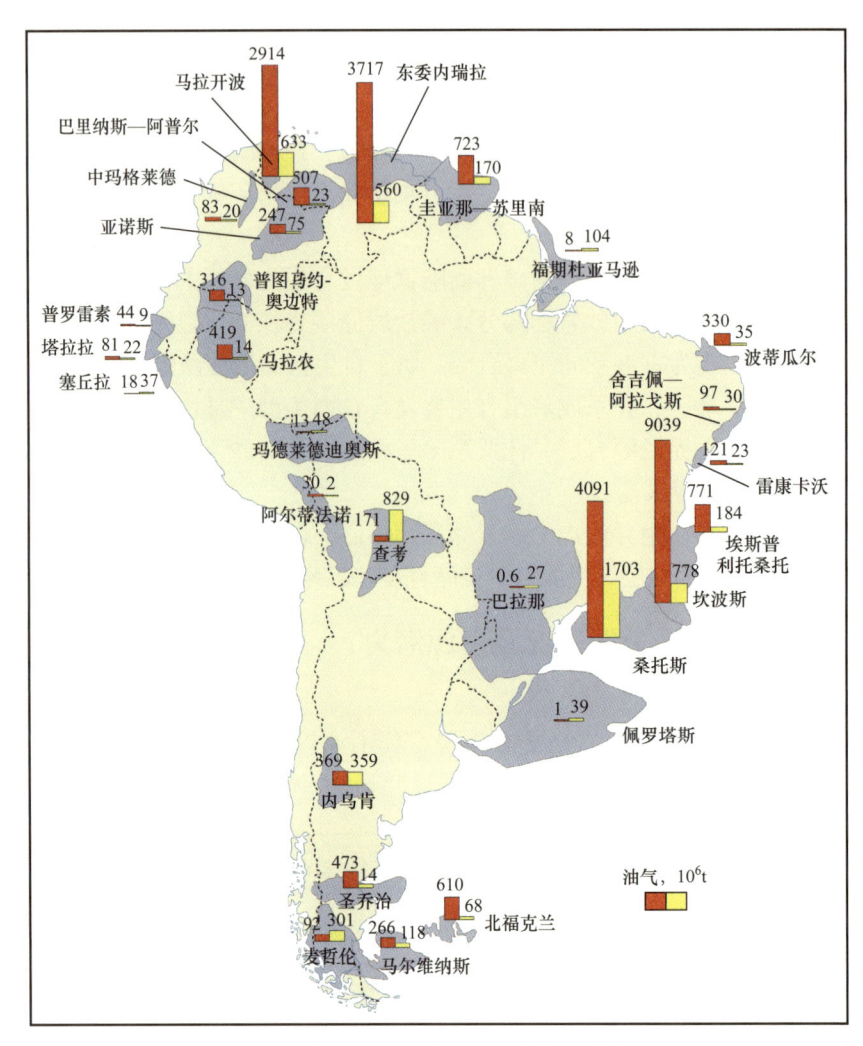

图 5-2 南美洲预测待发现油气资源分布图

第二节 奥连特盆地石油地质特征

奥连特盆地是南美众多次安第斯前陆盆地之一，是厄瓜多尔的主要产油气盆地[3-6, 8-11]。盆地面积约 10×10⁴km²，其北界是 Vaupes—Macarena 隆起，南界是 Shionayacu 走滑断层，西界是安第斯山前缘，东界是冈瓦纳地盾（图 5-3）。

一、构造和沉积演化特征

1. 构造特征

奥连特盆地轴向近南北向，沿安第斯山前延伸并且平行于该山系，沉降中心位于安第斯山前，盆地构造形态整体上为不对称向斜特征（图 5-4）。地层西陡东缓，沉积层序向东逐渐变薄并且超覆在冈瓦纳地盾上，整体呈一个西厚东薄的楔形，沉积中心位于盆地西南部。盆地东西分带，自西向东依次为冲断带、前渊带和斜坡带。

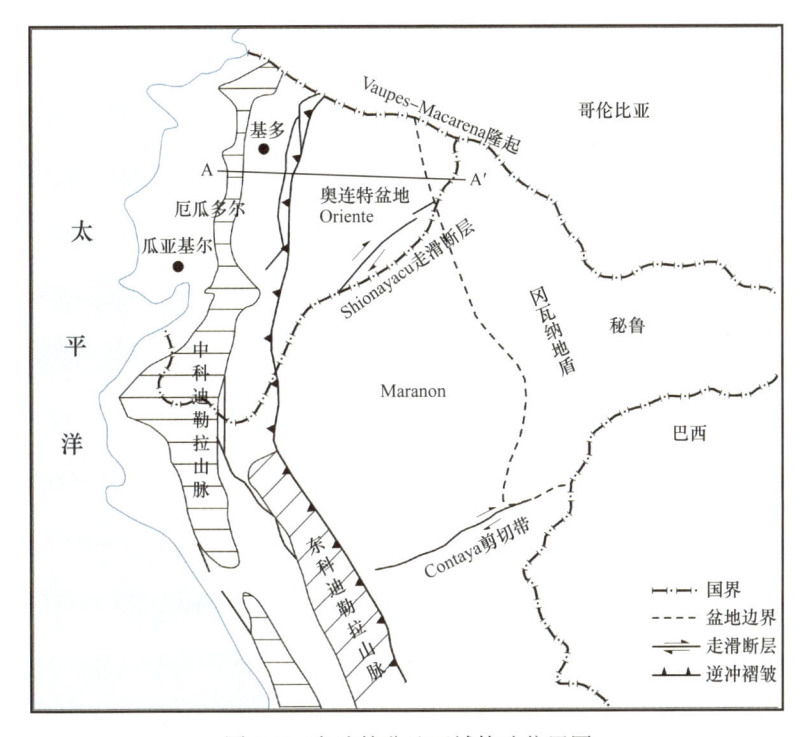

图 5-3 奥连特盆地区域构造位置图

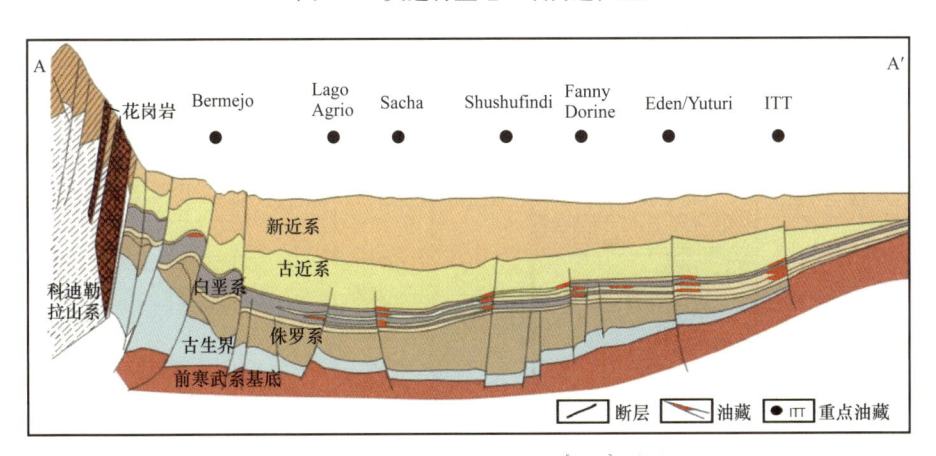

图 5-4 奥连特盆地构造区带划分剖面图[5, 12]（剖面位置见图 5-3）

奥连特盆地是一个自古生代开始阶段性发育的叠合盆地。从原型盆地类型的角度来说，奥连特盆地自古生代以来的构造演化经历了三个主要的原型盆地发育过程，即晚古生代的克拉通边缘盆地，晚三叠世—早白垩世的裂陷—坳陷盆地，晚白垩世末至今的前陆盆地[11]。

斜坡带发育大量走滑断层，呈共轭挤压—走滑断裂系统。断裂带内的主断层有两组，分别为北北东和北北西走向，呈共轭或偏共轭分布，大部分具右行走滑特征。伴生构造比较发育，包括伴生走滑正断层和伴生挤压背斜，其中伴生挤压背斜以北北东向的一组较为发育。

2. 沉积层序特征

奥连特盆地前寒武系基底是圭亚那地盾的火成岩和变质岩（图5-5）。古生代为克拉通边缘的一部分，沉积物以海相沉积为主，后期剥蚀破坏严重。中生代盆地演化成裂谷盆地，沉积物为海相—陆相交互沉积，作为后期前陆盆地的基底，其沉积物分布和构造变形对其上部含油气地层的发育起着至关重要的作用。中生代经历了一个海进—海退的沉积旋回，主要为浅海沉积环境，其中早白垩世的海侵范围最广，晚白垩世至新生代整个盆地为陆相沉积。

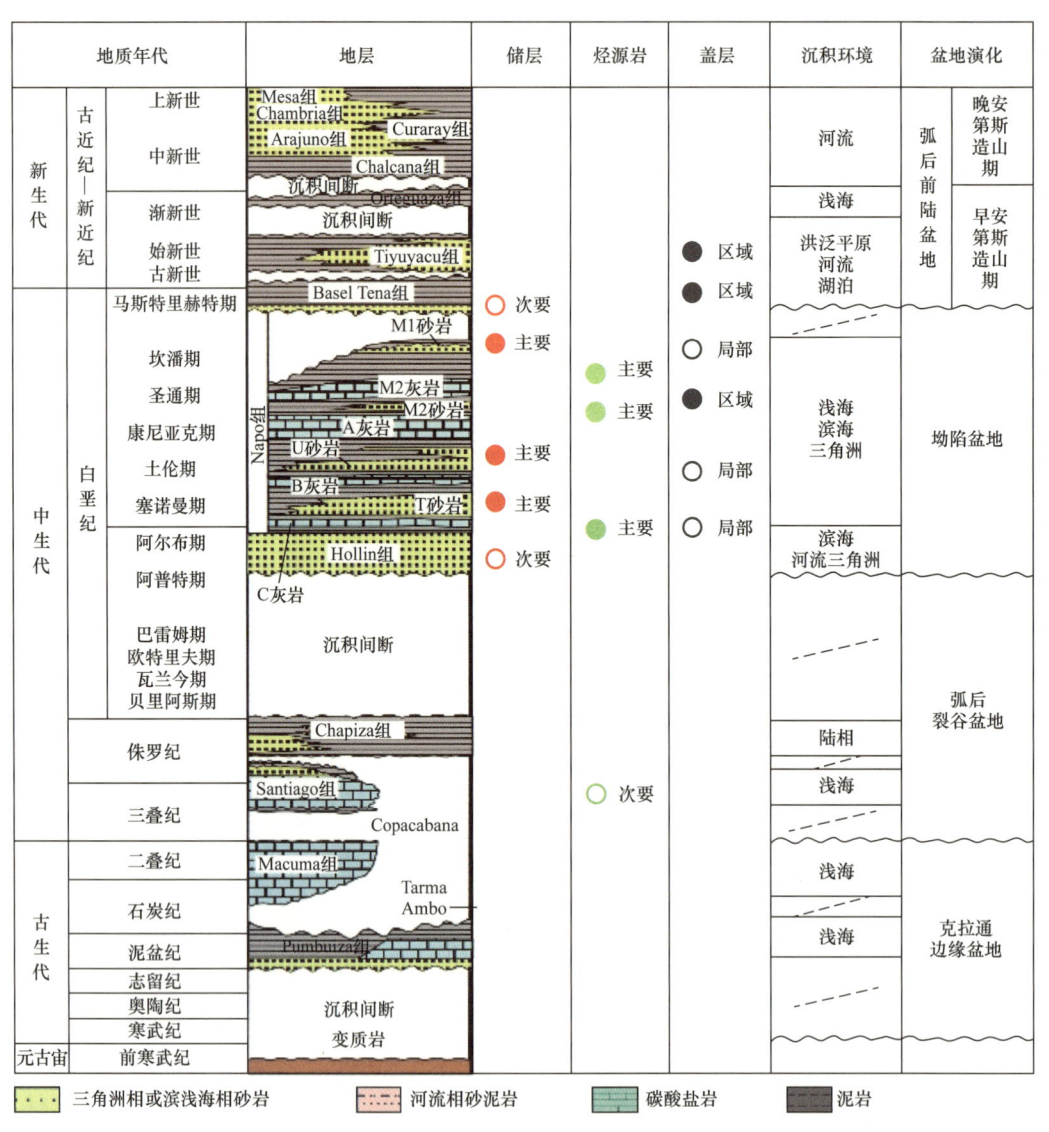

图5-5 奥连特盆地综合柱状图

白垩系砂岩为奥连特盆地主要储层，沉积厚度1500m以上，与下伏地层呈角度不整合接触。白垩系包括下部Hollin组，中部Napo组和上部Tena组的一部分[6, 11]。

奥连特盆地白垩系可划分为 1 个二级层序，6 个三级层序，16 个体系域和 34 个准层序（图 5-6）。在 M 区块白垩系共识别出了 5 种沉积相类型，即潮坪相、浪控三角洲相、潮控三角洲相、浅海陆棚相和潟湖相，进而可细分为 7 种沉积亚相和 14 种沉积微相。盆地主要发育三大类圈闭类型，即构造圈闭、岩性圈闭、构造—岩性复合圈闭，又细分为 9 种亚类，各类圈闭发育的沉积相、层序中的位置及在研究区的发育位置存在差异。

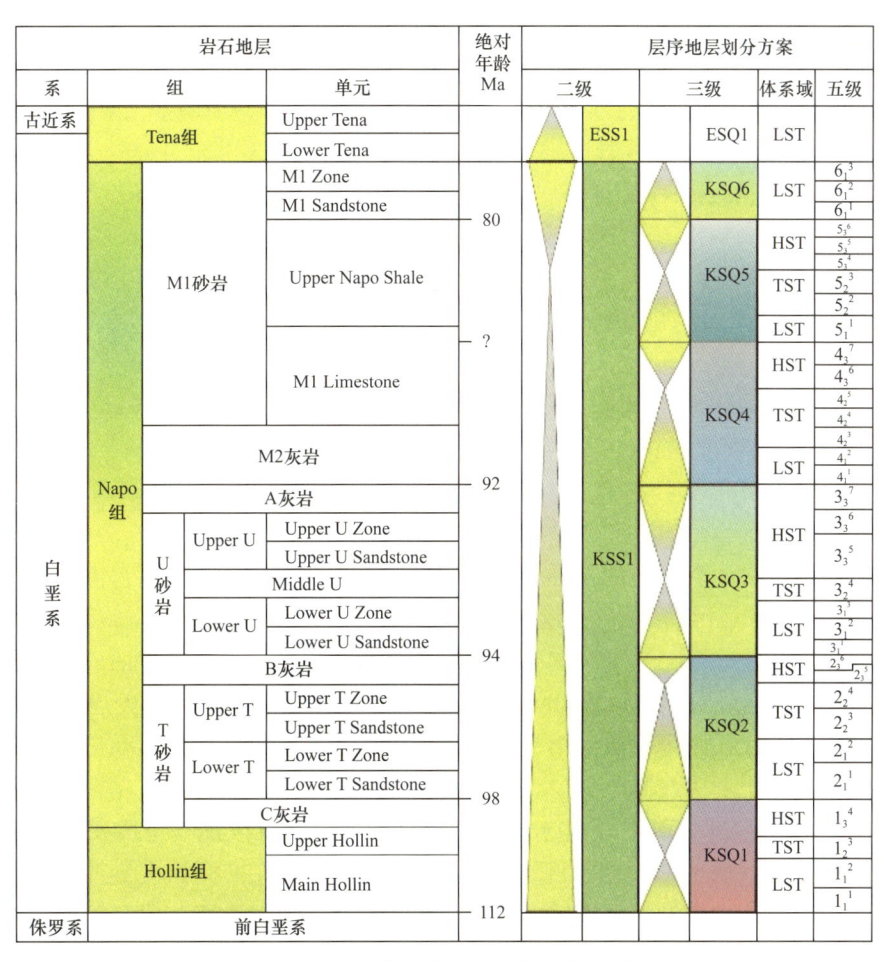

岩石地层			绝对年龄 Ma	层序地层划分方案			
系	组	单元		二级	三级	体系域	五级
古近系	Tena组	Upper Tena			ESS1	ESQ1	LST	
^	^	Lower Tena			^	^	^	
白垩系	Napo组	M1砂岩	M1 Zone	80	KSS1	KSQ6	LST	6_1^3 / 6_1^2 / 6_1^1
^	^	^	M1 Sandstone	^	^	^	^	^
^	^	^	Upper Napo Shale	^	^	KSQ5	HST	5_1^6 / 5_1^5 / 5_1^4
^	^	^	^	?	^	^	TST	5_1^3 / 5_1^2
^	^	^	^	^	^	^	LST	5_1^1
^	^	^	M1 Limestone	^	^	KSQ4	HST	4_3^7 / 4_3^6
^	^	^	^	^	^	^	TST	4_2^5 / 4_2^4 / 4_2^3
^	^	^	^	^	^	^	LST	4_1^2 / 4_1^1
^	^	M2灰岩		92	^	^	^	^
^	^	A灰岩		^	^	KSQ3	HST	3_3^7 / 3_3^6 / 3_3^5
^	^	U砂岩	Upper U	Upper U Zone	^	^	^	^
^	^	^	^	Upper U Sandstone	^	^	^	^
^	^	^	^	Middle U	^	^	TST	3_2^4
^	^	^	Lower U	Lower U Zone	^	^	LST	3_1^2 / 3_1^1
^	^	^	^	Lower U Sandstone	94	^	^	^
^	^	B灰岩		^	^	KSQ2	HST	2_3^6 / 2_3^5
^	^	T砂岩	Upper T	Upper T Zone	^	^	TST	2_2^4 / 2_2^3
^	^	^	^	Upper T Sandstone	^	^	^	2_2^2
^	^	^	Lower T	Lower T Zone	^	^	LST	2_1^2
^	^	^	^	Lower T Sandstone	98	^	^	2_1^1
^	^	C灰岩		^	^	KSQ1	HST	1_3^4
^	Hollin组	Upper Hollin		^	^	^	TST	1_2^3
^	^	Main Hollin		^	^	^	LST	1_1^2 / 1_1^1
侏罗系		前白垩系		112				

图 5-6 奥连特盆地岩石地层与层序地层对比

二、石油地质特征

奥连特盆地主要烃源岩是白垩系 Napo 组海相黑色页岩、碳酸盐岩，主要储层为 Napo 组砂岩，发育海相与海陆过渡相环境的砂岩—泥岩或碳酸盐岩互层状的优越储盖组合。

1. 烃源岩

烃源岩评价是研究区基础石油地质研究相对薄弱的环节[13]。阳孝法等（2016）在前人研究基础上，增加了新样品测试，重新编制了 Napo 组烃源岩总有机碳含量与成熟度平面分布图[13-15]。Tarapoa 区块、14 区块和 17 区块最新的有机地球化学分析结果表明，这些研究区的生烃母质类型有两类，一类为 II_1 腐泥型，主要发育于灰泥岩段，另一类为 II_2—III 腐泥—腐殖型[14]。

- 211 -

奥连特盆地 Napo 组泥岩的 TOC 为 1%～10%，平均 TOC 在东部小于 1%，在西部则超过 4%，局部可达 10%[8, 13, 16]。生烃潜量（S_1+S_2）为 1～10mg/g 岩石，烃源岩评价为差—好；氢指数为 100～350mg/g TOC 之间，属于较好烃源岩[13]。

盆地中西部 Napo 组下部有机质基本都达到生油门限（$R_o>0.6\%$）[13]。奥连特盆地原油饱和烃较低，富含芳香烃和沥青质，大部分原油遭受过一定程度的生物降解，并且每个油藏中均存在不同品质的原油。

2. 储层

奥连特盆地有商业意义的油气发现仅限于白垩系[11, 17]，所有重要的石油生产均来自河流相、三角洲相和海相砂岩地层。盆地的主要储集体是白垩系 Hollin 组和 Napo 组砂岩。古近系 Tena 组和 Tiyuyacu 组碎屑岩也有储集层发育。Hollin 组、Napo 组和 Basal Tena 组为主要储集单元。Napo 组裂缝性灰岩为盆地某些地区的次要储层。Napo 组砂岩有 4 个砂岩段，分别是 M1、M2、U、T 砂岩段；Hollin 组可以划分为 Main Hollin 组砂岩和 Upper Hollin 组砂岩。

3. 盖层

奥连特盆地白垩系和古近系储层以层间页岩和致密碳酸盐岩为盖层，包括 Napo 组页岩和石灰岩、古新统 Tena 组泥岩（区域性盖层）、渐新统 Orteguaza 组泥岩（区域性盖层）。

4. 油气生成和运移

奥连特盆地具有两套主要的含油气系统。第一套为白垩系—古近系含油气系统，即白垩系 Napo—Hollin/Napo 组含油气系统，其烃源岩为 Napo 组，储层为 Napo 组和 Hollin 组，盖层为 Tena 组和 Napo 组；另一个次要含油气系统为侏罗系—白垩系含油气系统，其烃源岩为侏罗系，储层为 Napo 组和 Hollin 组，盖层为 Tena 组和 Napo 组。奥连特盆地油气生成（针对白垩系）存在两个阶段。第一阶段油气生成是在安第斯构造运动早期，白垩系底部烃源岩在渐新世末期（30Ma）进入生油窗，主要生排烃发生在 15Ma 左右，主力烃源岩在奥连特盆地造山带的中部以及奥连特盆地西北端。第二阶段油气生成发生在新近纪晚期，随构造抬升，盆底深凹埋藏深度增大，烃源岩在 10Ma 左右开始大量排烃至今。相比较而言，新近纪晚期生成的油气更成熟、更轻质，早期生成的油气与第二阶段生成的油气混合运移造成了不同质量原油的物性特征。

5. 成藏模式

盆地的主要目的层是白垩系的砂岩，主要盖层是白垩系和古近系的泥岩。在盆地的冲断带，断层是油气成藏的关键因素。盆地斜坡带，受近东西向挤压应力的影响，早期正断层发生活化较弱，形成了共轭的逆—走滑断裂系统。含油气圈闭主要是断层上盘形成的压性背斜和受南北向走滑断层影响产生的伴生背斜圈闭，并且岩性和地层因素对构造圈闭的形成起着重要作用，同时岩性和地层圈闭也是重要的油气聚集目标。在斜坡背景下，在构造上倾方向发育泥岩封堵，形成岩性遮挡（图 5-7）。油气借助断层进入储层，聚集成藏[11, 14]。

6. 成藏组合

由于成藏组合是以相同层位、相似岩性和岩相的储层为划分核心，因此以成藏组合为核心的资源潜力评价对盆地内有利勘探层系和有利勘探区带的优选具有极强的指导意义[18]。由于奥连特盆地、北部的普图马约盆地和南部的马拉农盆地是地质意义上的一个盆地，因此从研究角度出发，将奥连特盆地、北部的普图马约盆地和南部的马拉农盆地作为一个整体进行评价更复合客观实际，三个盆地简称为POM盆地[18]。

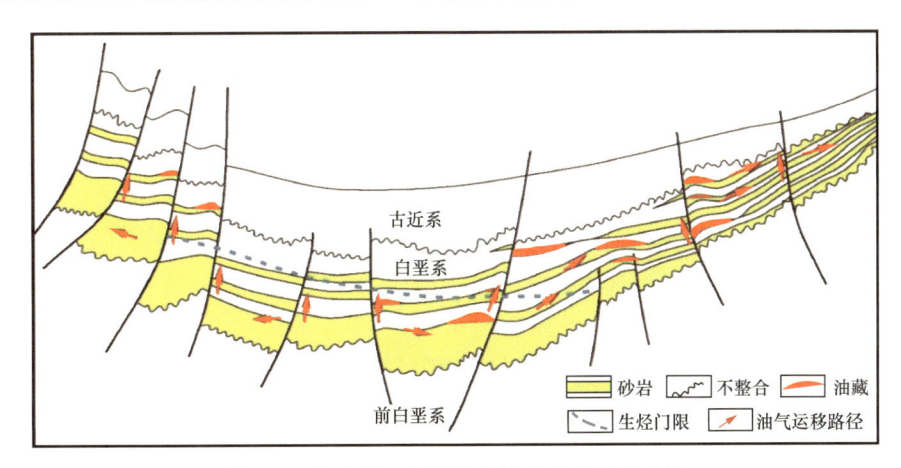

图 5-7 奥连特—马拉农盆地油气成藏模式图

奥连特盆地纵向上发育志留系—泥盆系砂岩储层、侏罗系砂岩储层、白垩系砂岩储层、古近系砂岩储层等含油气层系，其中绝大部分油田以白垩系砂岩为主要储层。主要发育志留系—泥盆系泥岩盖层、侏罗系泥岩盖层、白垩系层内泥岩盖层、古近系Tena组泥岩盖层等。依据成藏组合划分原则及方法，将奥连特盆地纵向上划分为9套成藏组合，从下到上依次为Pumbuiza组砂岩成藏组合、Santiago组砂岩成藏组合、Hollin组砂岩成藏组合、Napo组T段砂岩成藏组合、Napo组U段砂岩成藏组合、Napo组M2段砂岩成藏组合、Napo组M1段砂岩成藏组合、Basel Tena组砂岩成藏组合、Tiyuyacu组砂岩成藏组合[18, 19]。

三、油气勘探历程

奥连特盆地早期的油气勘探工作均是由西方的石油公司开展的。20世纪20年代起，奥连特盆地开展了大规模的地质调查和石油勘探工作，发现了一系列不同规模的油气田，获得了巨大的经济效益[20-26]。从勘探区域上讲，主要经历了从盆地西部前陆冲断褶皱带的山前、盆地斜坡带东部边缘再到盆地主体斜坡带的勘探历程。盆地斜坡带又经历了从北部勘探到南部勘探，再回到北部勘探的曲折历程。从勘探层位上讲，经历了从整个沉积层段勘探到锁定白垩系砂岩勘探历程。根据奥连特盆地的油气勘探特点，大致可划分为以下几个阶段。

1. 萌芽发展阶段

20世纪60年代以前为盆地油气勘探的萌芽发展阶段。1858年，首次在Hollin河发现了沥青。1921年开始，加拿大伦纳德勘探公司获得盆地最南部的勘探权。1937年，盎格鲁—撒克逊石油公司获得了奥连特全盆地的勘探权。1943—1949年，壳牌公司实施了二维地震采集。1944年起，壳牌公司在盆地西南部钻了5口探井，见到了油气显示。

2. 重点突破阶段

20世纪60—70年代，奥连特盆地进入勘探大发现时期，发现了一系列大油气田。20世纪60年代，厄瓜多尔公司与多个国际公司陆续获得盆地不同部位的租界，期间有所转让。1966—1972年是奥连特盆地油气发现的重点突破时期，主要为构造型大油气田的发现阶段。1978年11月6日，厄瓜多尔石油活动受《碳氢化合物法》管辖。

3. 平稳发展阶段

20世纪80年代至90年代初，CEPE、Occidental、Esso、BP、Conoco和Elf等公司陆续实施了地震采集工作。1980年在安第斯山前Napo隆起发现超重油。1985—1993年，在山前和东部斜坡带发现一些中小型油气田。在盆地南部区块并未获得重要突破。

4. 缓慢发展阶段

1995年至今，是奥连特盆地小型油气田发现阶段，勘探发现主要集中在已发现大油田的周边或已发现油田的滚动扩边区，陆续出现岩性—构造复合圈闭和上倾方向泥岩墙遮挡的岩性圈闭。

第三节　奥连特盆地斜坡带低幅度构造地震资料采集与处理技术

本书以奥连特盆地中国石油区块勘探为例，系统论述适用于低幅度构造的地震勘探技术，包括地震资料采集、处理及综合解释技术等，本节将集中讨论斜坡带低幅度构造地震资料采集与处理技术。

一、低幅度构造地震资料采集技术

针对低幅度构造幅度低、面积小的特点，需要尽可能提高地震资料的纵横向分辨率。高分辨率地震资料采集是提高低幅度构造地震资料分辨率的基础[27-29]，现阶段已初步形成了一套独具特色的高分辨率地震资料采集方法，主要措施包括小道距、小组合基距、小偏移距、小采样率、高覆盖次数、精细表层调查、潜水面以下激发、优化激发岩性、适度炸药量、宽频接收、三级风以下施工等[28,29]。这些都已取得了明显的效果。

1. 野外静校正技术

静校正是影响地震资料品质的重要因素[30-34]。它不仅直接影响到水平叠加剖面上的成像效果，还是影响反射波构造形态的重要因素。由于低幅度构造的幅度只有几米到十几米，静校正问题对构造幅度和构造形态的影响尤为突出[35]。

1）表层调查排列长度

表层调查排列长度大小与表层结构有关。M区块表层为层状介质，有较薄的低速层（0~5m）、较厚的降速层（大约60m）、高速层三层结构，低降速层总厚度65m左右。根据M区表层结构特点，对表层调查的长度进行了模型正演，认为该区小折射调查采用48道，长度在340m左右。

2）静校正方法

由近地表异常引起的长波长静校正问题影响着叠加剖面上构造形态的变化。长波长静校正问题解决的好坏很大程度上影响着构造形态的可靠程度和幅度大小[36,37]。对于低幅度构造来说，较小的静校正异常就可能导致剖面上出现和地下真实构造相似的假的小构造。如何识别和判断哪些低幅度构造是由近地表异常引起的，哪些构造是地下地质情况的真实反映，如何才能够解决由近地表异常引起的长波长静校正问题，将变得尤为重要。

对于近地表异常导致的长波长静校正问题，有效的识别方法是限偏移距叠加。通过远、近炮检距叠加剖面的构造差异判断中、长波长静校正问题。近地表异常导致的反射波时移与地面位置有关，这时用不同炮检距的数据叠加其构造形态不同；而地下异常导致的反射波时移只与 CMP 点位置有关，故与叠加中使用的炮检距范围无关。因此，在不同炮检距的叠加剖面上出现不同的视构造，就意味着存在中、长波长静校正问题。通过在部分地区的测试，模型约束初至反演静校正能较好地解决该低幅度构造地区的长波长静校正问题。

2. 噪声压制技术

地震资料的噪声并非全部来自采集，在资料处理过程中，如去噪、反褶积、偏移都会产生噪声[38-40]，且这些噪声与所采用的观测系统有很大的关系。因此，在观测系统优选过程中，对各候选观测系统进行叠加响应、PSTM 响应分析与评价是非常必要的。因此，首先应该测试各候选观测系统对各种噪声的压制响应，如源生线性噪声、反向散射噪声、多次波等等。然后，计算目标体 PSTM 响应，测试最佳成像效果（偏移响应）。最终选取的观测系统应当有最佳的噪声压制效果、对称和聚焦的 PSTM 响应。

1）叠加响应分析

叠加响应分析是通过分析观测系统在资料处理时对噪声压制能力的分析[41]。其分析方法是利用每个面元所构建的数据进行叠加，结果作为该面元对应的一个输出地震道，从而形成 3D 工区的叠加输出数据体。由于每一个 CMP 叠加面元中包含着一定数量具有不同炮检距和方位角的记录道，这些道经过预处理后进行叠加，会大大加强相干信号而削弱不相干噪声，如源致噪声和多次波等。理想的炮检距分布应该是自近到远均匀分布。炮检距分布不均会引起倾斜信号、震源噪声甚至一次波发生混叠，严重时会使速度分析失败。不同观测系统参数会造成满覆盖区面元内炮检距分布也不相同。因为不同的炮检距数据道所携带的有效波能量不同，如果相邻面元炮检距数据道道数不同或具有相同炮检距数据道数但炮检距分布不一致，有效波叠加效果就会存在差异。另外，CMP 面元中不同的炮检距组合具有不同的组合特性，所以，如果相邻面元炮检距数或炮检距分布不同，压制噪声的能力不同。不同的三维观测系统具有不同的覆盖次数、不同的炮检距分布，也就具有不同的叠加响应，表现出对噪声压制效果也不尽相同。叠加响应分析是将每个面元所构建的数据进行叠加，结果作为该面元对应的一个输出地震道，从而形成 3D 工区的叠加输出数据体。因为每个 CMP 道集形成的叠加道是从同一个参考炮检距道集数据合成的，所以该数据体不包含地质结构和其他地质信息，只与观测系统属性有关。

2）DMO 脉冲响应（DMOI）

当地层具有倾角时，CMP 叠加不能形成真正的零偏移距叠加。当具有不同叠加速度、不同倾角的地层存在时，叠后偏移处理不会得到较好的剖面成像效果。而 DMO 算法就是把一个非零偏移距的地震道转换为多个零偏移距的地震道，形成 DMO 算子，DMO 算子的形态取决于 DMO 速度场和 DMO 叠加所选取的倾角参数，此外还与地震道的偏移距及地震波双程旅行时有关[42-45]。倾角越大，偏移距越大，波的反射时间越小，算子的振幅随着椭圆面的倾角变陡而变小。在三维地震处理中，DMO 叠加的这种特性从 DMO 算子可以看出来，DMO 算子沿着它的脉冲响应轨迹进行偏移算子振幅映射。如 DMO 脉冲响应的几何形状顶部太宽，说明不能很好地处理陡倾角。DMO 覆盖次数分析则是针对每个炮点/接收对，从中心点沿着炮点/接收点轴到下一个邻近的面元计算覆盖长度，然后计算针对选择的目的层（时间、速度、主频，便于菲涅尔带计算）DMO 后的加权覆盖。采用 DMO 后的每个面元的加权覆盖次数，能够很好地反映 DMO 响应。

3）偏移噪声分析（PSTM）

在输入炮检距数据道上来自地下某点绕射脉冲旅行时由炮点到绕射点、绕射点到接收点的传播路径所决定，在进行叠前时间偏移时，该能量脉冲被认为是可以来自通过该绕射点并聚焦于激发点和接收点的PSTM椭球上任何一点，因此，叠前时间偏移形成的数据道就是对所有通过给定输出点的PSTM椭球求和的结果。所以3D观测系统炮检点的布设将直接影响PSTM的输出。理论上，一个理想的PSTM响应将是一个能量很强的对称子波，没有旁瓣。实际上，所有三维观测系统（除全三维观测以外）由于空间采样率的限制，PSTM脉冲响应是一个带有旁瓣的不对称子波。因为不同的观测系统具有不同的空间采样和炮检距、方位角分布，PSTM脉冲响应旁瓣能量的大小和子波不对称的程度将不同。因此，在观测系统面设计时尽量保持面元内炮检距与方位角均匀，以减少偏移噪声[46-48]。

综上所述，从有利于研究低幅度构造勘探角度出发，应当采用小面元、较宽方位的观测系统，面元小于15m×15m的观测系统可满足低幅度勘探精度的要求。

3. 观测系统优化研究

1）道密度分析

在地震成像走向叠前偏移时，衡量地震剖面成像质量好坏的标准不应该是覆盖次数，而应该是道密度。道密度可定义为式（5-1）：

$$道密度 = （排列片有用面积 \times 10^6） / （S_L \times R_L \times S_i \times R_i） \qquad (5-1)$$

式中　S_L——炮线间距；
　　　R_L——接收线间距；
　　　S_i——炮点间隔；
　　　R_i——接收点间隔。

该公式表示每平方千米内在给定切除函数（X_{max}）的情况下用于目标体成像的道数。道密度设计时道密度越高越利于复杂地质目标成像质量。但道密度也不能无限高，还应考虑能够完成地质任务及勘探成本要求。

在地震勘探中，道密度设计时应考虑噪声分析、去噪、高频保护、地震波场的连续性、减少叠前偏移处理时产生的随机噪声等，以提高地震资料的信噪比和分辨率。因此，道密度在设计时应在普通三维设计的基础上进一步提高，不应只考虑最陡预期倾角的Nyquist采样，还要考虑整个地震波场的采样效果，包括噪声和绕射能量。确定道密度时应考虑从浅到深多个目的层的要求，这对于埋藏浅、频率高的低速反射层尤其重要，以用于绘制等时线和等厚线，或那些为偏移而建立的速度模型所必需的东西。另外，在地震勘探中为了照顾深层而引入更大偏移距时，深层的道密度会显著地改善速度场的准确性，并在偏移后数据上见到明显益处，有利于得到更准确的速度和更佳的成像[49]。

为了满足精细勘探的需要，应进一步增加道密度。从国内外近年来低幅度构造来看，目的层有效道密度至少达到120000道/km²以上，一般在200000道/km²左右。

2）空间采样间距选取分析

在低幅度构造勘探中，为了提高分辨率需要充分保护有效信号，野外采用小组合压制高频随机噪声，对于规则干扰波一般在室内处理时根据有效波和干扰波的具体特征对干扰波进行压制，以达到保护有效信号的目的，避免野外采用大组合在压制线性干扰的同时高频有效信号也受到影响的缺点，从而降低了资料的分辨率。因此，为了保证室内处理能够有效地去除源生线性干扰波，野外采集设计时不仅要考虑对地震有效信号采样不出现空间假频，而且还要考虑对线性干扰波的折叠噪声不污染地震波的有效信号。

3) 对称均匀且波场连续的空间采样技术

对称采样是指利用炮点检波点互换原理得到的共检波点道集的波场特性和共炮集波场特性相同，这样在两个域里波场特征没有大的变化。而连续采样可以反映地震波时间和空间变化是连续的，这种连续性能反映炮点和检波点位置小的移动都能在波场中反映出来。因此，对称均匀采样与波场连续对于地震资料正确成像是非常必要的。对称采样一般要求接收点距与激发点距、接收线距与炮线距相等以便能在不同方向观测到的地震波是均匀的，避免采样不均匀带来对地震波波场特征不正确的认识。波场连续的空间采样要求观测系统具有较宽的方位，较宽方位采集有利于各个方向断面绕射波信息接收，有利于偏移归位时断层的落实。从不同方位大小的振幅特性来看，宽方位观测系统在岩性变化时能识别到岩性变化引起的振幅变化。总体来讲，较宽方位三维采集到地震波在空间上变化是连续的，能有效识别地下地质体差异带来的地震波属性变化，给解释人员进行地震资料解释提供丰富地震信息，指导复杂区油气勘探。因此，为提高复杂区油气藏勘探精度，低幅度勘探宜采用宽方位观测系统。

另外，接收线距变化也能反映波场连续的空间采样变化，接收线距过大会产生较为严重的地震波间属性变化，因此要减少地震波间属性变化应尽量采用较小的接收线距。

4) 激发技术

对于研究区而言，在激发方面激发井深是影响低幅度勘探精度的主要因素。激发井深应选择在高速层以下激发效果最好，在高速层以下激发应考虑虚反射的影响。虚反射是指震源在高速顶下激发时，高速顶对地震波产生的向上传播的一次反射，虚反射对地震资料频率有很强的滤波效应[50]。所以最理想的激发深度是激发点位于高速层以下 $\lambda/4$ 位置。关于 λ 值的选择和需要保护的频率以及高速层的速度有着直接的关系：

$$\lambda = v/F \tag{5-2}$$

最佳激发井深的确定可以根据如下公式进行计算：

$$H_3 = H_1 + H_2 \tag{5-3}$$

$$H_2 = v/4F \tag{5-4}$$

式中 H_1——低降速带厚度；

H_2——激发点进入高速层的深度；

H_3——设计井深；

F——保护的频率；

v——高速层速度。

5) 接收技术

在野外进行地震勘探时，影响最大的是震源激发时由于折射面上的岩性不均一产生的各种干扰，其次是风吹草动产生的环境噪声，影响最小的是面波、折射波和地面干扰等规则干扰。总之，这些噪声的存在严重降低了地震资料的信噪比和分辨率。为提高地震资料的信噪比，需要对噪声进行有效地压制。具体而言，震源激发产生的干扰和环境噪声尽量采用组合检波进行压制。在检波器组合方式选择方面，适宜采用小组合基距的组合方式，有助于减弱环境噪声和随机干扰，同时小组合对静校正与动校正的影响较小，也利于高频保护，提高分辨率。

所以在检波器组合方式选择方面，采用小组合基距的组合方式有助于减弱环境噪声和随机干扰，同时小组合对静校正与动校正的影响较小，也利于高频保护，提高分辨率。

4. 采集参数建议

根据上述研究结果及获得的认识，对奥连特盆地斜坡带下步地震勘探提出以下施工建议。

1）二维观测系统

道距：30m；

接收道数：280道；

炮点距：60m；

覆盖次数：70次；

观测系统：4185-15-30-15-4185。

2）三维观测系统

观测系统类型：12线8炮192道正交线束状观测系统；

道距：30m；

炮点距：30m；

接收线距：240m；

炮线距：240m；

CMP面元：15m×15m；

覆盖次数：12（纵）×6（横）次；

最小非纵距：15m；

最大非纵距：1425m；

最大炮检距：3200m；

纵横比：0.5；

道密度：320000道/km^2。

3）激发参数

1口×2~6kg×潜水面以下3~5m。

4）表层调查及静校正技术

表层调查方法：340m小折射调查排列长度；

静校正方法：模型约束初至反演静校正。

南美奥连特盆地施工方法有以下特点：

同以往观测系统相比，缩小面元尺寸、提高道密度、采用空间波长连续采样观测系统设计技术，有利于叠前去噪、叠前偏移处理和低幅度构造分辨率的提高。

采用的静校正方法有利于消除区内长波长静校正问题，确保下一步勘探构造精度的落实。

选择的激发参数有利于降低虚反射的影响，同时在接收上也有利于高频信息的保护，确保低幅度构造勘探有较高信噪比，同时也有利于分辨率的提高。

总之，上述采集参数及静校正方法是目前低幅度构造勘探的主要技术方法，基本能解决该区低幅度构造问题。形成的针对研究区低幅度地震采集技术将在未来研究区低幅度地震勘探中起到积极的作用，并在地震勘探实践中进一步完善。

二、低幅度构造地震资料处理技术

奥连特盆地斜坡带的低幅度构造勘探需要解决三个方面的地质问题：一是保证低幅度构造的准确性；二是提高薄层砂体的分辨能力；三是真实反映岩性油藏的地震、地质特征。针对这三个方面的地质要求，采用了三套技术措施：一是以折射静校正与迭代分频剩余静校正为代表的高精度静校正技术；二是以地表一致性振幅补偿、分频去噪、多域去噪、高保真叠前偏移成像为主的高保真振幅处理及高精度的偏移成像技术；三是以串联多道预测反褶积、优势频率约束反褶积为代表的针对低幅度构造的高分辨率处理。这些措施不仅确保低幅度构造的真实可靠，在保持振幅属性的同时，提高了薄层砂体的分辨率和低幅度构造的成像精度，有利于开展准确的构造研究和储层预测[51]。这套技术流程和措施不仅对南美地区的勘探实践有一定的指导作用，对其他地区的低幅度构造勘探也有一定的借鉴作用。

1. 低幅度构造的静校正技术

静校正是实现 CMP 同相叠加的一项最主要的基础工作，它直接影响叠加效果，决定叠加剖面的信噪比和剖面的垂向分辨率，同时又影响叠加速度分析的质量。先通过统一的野外静校正处理，然后进行剩余静校正处理是目前普遍采用的解决静校正的方法。针对南美前陆盆地低幅度构造的特点，采用的静校正方法包括四个步骤：一是利用折射静校正来解决野外静校正问题，确保构造的真实可靠；二是利用迭代分频剩余静校正提高同相轴的同向叠加，提高信噪比；三是与解释结合，利用提取的储层属性平面图与野外静校正进行对比分析，对属性进行去伪存真；四是通过地震资料与井标定，如果目的层的起伏与地表降速带的厚度没有关联，这说明目的层的低幅度构造排除了由于地表引起的误差。实践表明，应用了折射静校正及分频迭代剩余静校正，较好地解决了南美地区前陆盆地低幅度构造的问题。

2. 低幅度构造的高分辨率处理技术

分辨率包括垂向分辨率和横向分辨率[52]。利用地表一致性反褶积来解决横向频率的一致性；利用迭代分频剩余静校正在提高信噪比的同时，提高分辨率；在高信噪比的道集上，串联多道预测反褶积及优势频带约束反褶积进一步提高分辨率；在最终成果上，利用井资料提取匹配因子，使最终成果零相位化，从而使分辨率达到最佳。

1）串联反褶积

反褶积主要是用于压缩子波，拓宽频带，消除短周期多次波，稳定波形，提高分辨率[53]。由于表层条件的变化，对地震波的影响不仅造成到达时间上的延迟，而且对波的振幅特性和相位特性均有影响，如果不消除这种影响，将不利于后续的三维处理。地表一致性反褶积从其方法原理来讲，不仅具有校正剩余静校正时差的功能，而且还具有波形一致性校正的作用，这对后续的岩性分析是非常有利的。在地表一致性反褶积的基础上，在分频迭代剩余静校正后串联多道预测反褶积，进一步拓宽频带。

2）优势频率约束高分辨率处理技术

要在保证信噪比的前提下，尽可能提高主要目的层的分辨率，而且在高分辨率的情况下，保持地震反射波组特征不变，这是处理当中的一大难题。因为分辨率和资料的信噪比是相互矛盾的，越到高频成分其信噪比越低，提频后其信噪比会变得更低，无法保持好的波组特征。因此，分频信号增强，已成为高分辨率处理流程中的一个手段[54]。其把地震数据分解成多个频带，分别进行增强，再进行重构，能有效地扩展优势信噪比频带的宽度。

地下地层的倾角和倾向是唯一确定的，它不应该随着频段的改变而改变。在优势频带信号范围内通过扫描确定的同相轴走向，能较好地对应地下地层的倾角和倾向，对于其他频段，可以直接应用这个走向进行中值滤波来提高信噪比，然后再把各个频段的信号均衡到同一水平上，达到提高分辨率的目的。优势频带范围内提取的地下地层倾角的信息，对其他频段的压噪起着约束和控制的作用。

3.低幅度构造—岩性油藏的高保真处理技术

岩性圈闭发育是南美地区低幅度构造的特点，为了确保后续叠前时间偏移道集能量均匀，真实反映岩性的变化，高保真处理就显得非常重要[55]，高保真处理技术包括高保真静校正、高保真振幅处理、高保真叠前去噪、高保真偏移成像等，这里重点谈谈在南美低幅度构造勘探中比较有特色的几项高保真处理技术。

1）高保真振幅处理

为了保证叠前偏移道集能量的一致性，除用球面扩散及吸收补偿外，还分别在反褶积前后采用地表一致性振幅补偿技术，解决因地表地质条件或激发条件不同而引起的炮间或道间能量不均衡性，这是实现能量一致性的有效手段，确保后续叠前时间偏移处理的质量。要做好这项补偿工作，首先必须正确计算地表一致性振幅补偿因子，也就是说在计算地表一致性振幅补偿因子时必须排除非地表的影响，如必须排除野外记录中的野值、面波等强能量干扰因素影响。所以在计算地表一致性振幅补偿因子前必须认真做好记录净化和叠前去噪等处理工作。

2）高保真叠前去噪

（1）分频去噪对强能量噪声压制。

强能量噪声是在野外施工中由于机械及人为振动产生的干扰。叠加时对有效信号有较强的压制作用，产生假振幅，造成同相轴扭曲，在进行叠前偏移处理时会出现画弧现象，不能使构造正确归位，且能产生假构造。后续的地表一致性振幅补偿和地表一致性反褶积均为多道处理，所以必须对强能量噪声进行压制。

这类干扰往往能量强，而且频带很窄。采用的噪声自动识别和压制的方法是通过小波变换进行分频，通常的分频信号处理是带通滤波，但由于傅里叶分析其理论本身的局限性，它不具有"变焦"特性，因此需要借助于一个近年来研究非常活跃的数学方法——小波变换，将地震记录按不同尺度分解为频带不同的信号。强能量噪声通常只分布在某一频带的记录上，对每个分频记录通过希尔伯特变换计算地震道包络。有效信号的地震道包络是平稳的，强能量脉冲噪声包络横向突变，根据加权中值的方法可以很好地识别出噪声进行压制。然后通过小波反变换，进行波场重构。能够最大限度地保护有效波的成分，是一种比较理想的叠前强能量噪声压制方法。

（2）多域去噪对随机干扰的压制。

三维随机噪声衰减是一种减少地震资料非相干噪声的技术，包括三种方法：

① 共偏移距法。

首先将初步加工过的道集，以其不同的偏移距段分成几组或十几组同偏移距范围的数据体，而将每一偏移距范围的道集进行叠加，将这些叠加数据体按以上原理分别进行三维RNA处理，处理后再返回到道集中。

② 炮域法。

利用炮顺序的叠前数据重构三维叠加数据体，具体作法是：将加工的道集返回到炮域，而将按顺序排列的单炮作为纵轴，将每炮中的地震道作为横轴，形成两个方向的平面，每炮中的地震道与按顺序排列的地震炮形成三维"叠加"数据体，实现叠前三维RNA处理，其方法和原理与叠后三维RNA处理相同。

③ 道集域方法。

利用对三维网格的修改，将三维叠前经过动校正后的CMP道集作为一个"三维"数据体，然后将每一道的CMP道头字修改成叠加道头字，以每条线的CMP轴作为纵轴，而以偏移距大小排列的CMP道集中的单道作为横轴，形成两个方向的平面并与时间（T）构成"三维叠加"数据体。在进行三维RNA处理后，再将网格和道头字修改回原始的网格和道头字。

静校正问题是影响该方法应用效果的重要因素，因此必须与地表一致性剩余静校正相结合，才能达到最佳效果，并且保真性好。

3）高保真偏移成像

对于具有不同叠加速度的不同倾角反射成像问题，严格的解决方法是叠前时间偏移。目前，叠前时间偏移以其特有的技术优势在国内外油气勘探、生产中受到了高度重视，正发展成为地震偏移成像的主导技术，在精细构造解释与岩性—地层油气藏勘探中发挥了重要作用。

为选择适应于南美低幅度构造特点的偏移成像技术，做了多种方法的对比与尝试，最后确定两种方法并在实践中得到了应用：Kirchhoff（克希霍夫）叠前时间偏移与WEFOX高精度叠前成像技术。

（1）Kirchhoff叠前时间偏移。

克希霍夫求和法是目前普遍使用的叠前时间偏移方法，其特点包括：回转射线算法可以使90°倾角地层归位；直射线、曲射线及各向异性等多种方法；对所有倾角均具有抗假频特性；可以从不规则的浮动基准面开始偏移。通过对偏移孔径、反假频参数等关键参数的实验，最后确定其最终叠前时间偏移参数如下：

孔径：Inline方向4000m，Crossline方向4000m。

反假频算法：Triangular法，Strength = 4。

拉伸滤波：Stretch = 2。

输入炮检距：Inline方向8086m，Crossline方向7696m。

输入炮检距：100～6000m，增量100m。

旅行时计算方法：曲射线。

（2）WEFOX 高精度叠前成像技术。

该叠前时间偏移是在 Berkhout（1997）教授提出的基于共聚焦点道集的叠前偏移基础上发展而来的。是基于射线理论、波动理论和等时原理，将一步偏移分成两步聚焦来完成偏移。使得有效波能量更加聚焦，有利于高陡构造和小断层的成像，是一种进一步提高成像精度的方法。它的技术特点包括：① 建立在等时原理的基础上，在地震波的有效频带范围内计算具有最大能量的地震波旅行时和振幅。通过对聚焦算子的计算使在共聚焦点 CFP 的成像能量最大化，优点是能克服低信噪比地震资料；② 将射线理论和波动理论有机地结合在一起，克服了波动方程偏移对速度敏感的问题和射线理论的积分法偏移精度不够等问题。

通过在厄瓜多尔 M 区块的实验与应用，认为 WEFOX 高精度叠前成像技术计算速度快，成像精度高（图 5-8）。

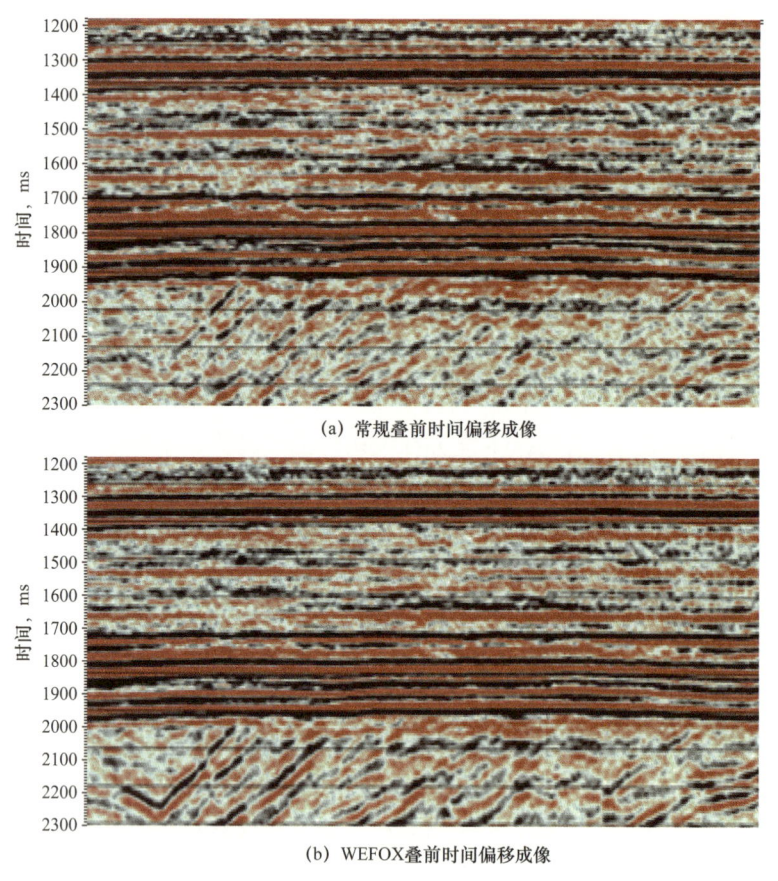

(a) 常规叠前时间偏移成像

(b) WEFOX 叠前时间偏移成像

图 5-8　常规及高精度叠前时间偏移的纯波剖面对比

4. 处理流程优化及认识

通过对南美奥连特盆地低幅度构造的研究，总结出一套适合该区低幅度构造特征的资料处理流程，这些处理方法与合适的采集方法相结合可以更好地解决研究区的低幅度构造问题（图 5-9）。

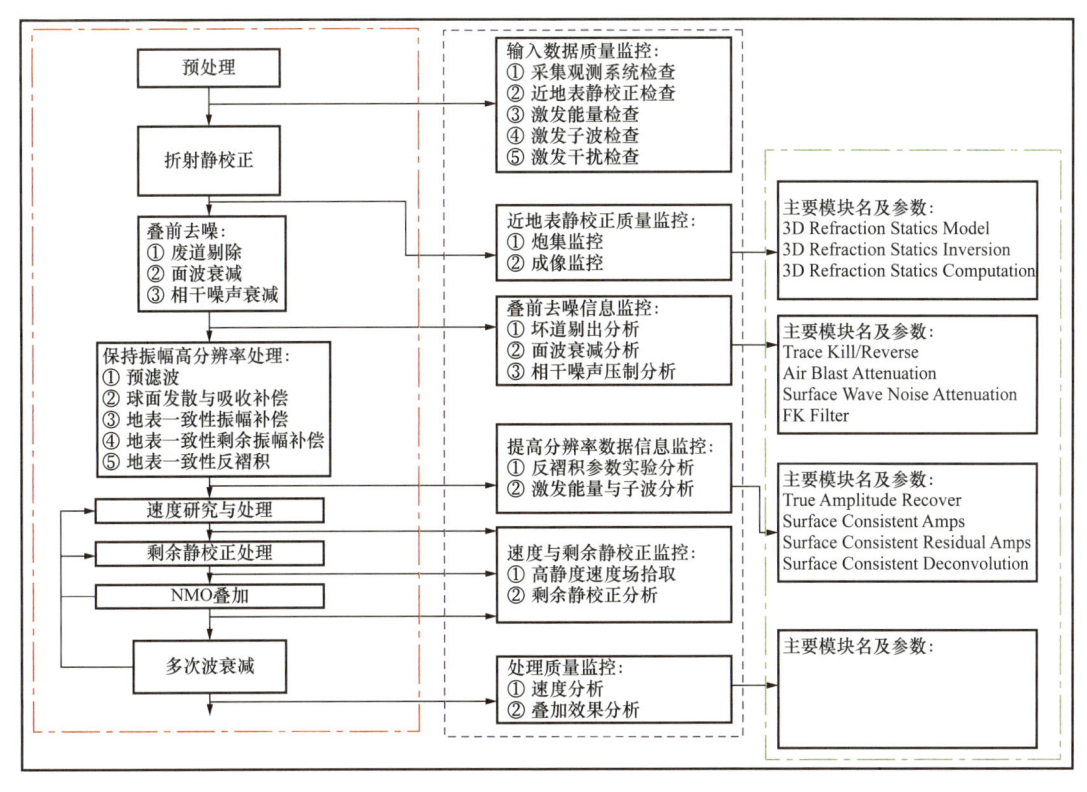

图 5-9　奥连特盆地地震资料处理流程图

第四节　奥连特盆地斜坡带低幅度构造地球物理解释技术

一、低幅度构造地震资料解释技术

1. 多子波地震道分解与重构技术

1）地震道褶积模型特点

地震资料常规处理和解释中有关地震道的基本模型是褶积模型，即一个地震道可以表示为一个地震子波与地层反射系数序列的褶积：

$$S(t)=W(t)\times R(t)+N(t) \tag{5-5}$$

式中　$R(t)$——反射系数序列函数；

$W(t)$——地震子波；

$N(t)$——噪声项。

因此，影响地震道波形特征的主要因素取决于地层反射系数组合及子波波形特征[56]。当地层物性特征横向发生变化时，反射系数组合随之发生变化，输出的地震道波形也同样发生变化。但是，由于子波的褶积作用，这种变化是复杂的，表现出三个特点：首先是叠合效应，即计算点的子波波长时窗内，以加权累加的结果输出组成地震道，这样的加权累加说明反射系数的变化对地震道特征变化的复杂性，从精确解的角度，由地震道去求解反射系数这样的反函数是很困难的,甚至可以说是无解;其次是短时窗特点,即一个子波的波长范围之内,超出计算点的子波波长之外,不会影响计算点的结果,这正是波形匹配技术的优势所在,因为,波形匹配技术正是以一个子波的短时窗信号去进行计算,而频率域分解需要长时窗的数据参与运算;最后是线性特征,即不同深度的反射系数对地震道的贡献是线性的,因此是可分解和叠加的,这也是波形匹配技术的应用基础。

2)波形匹配技术对地震道的分解与重构

由于地震道是一种带限信号,对于不同的反射系数组合具有调谐的作用,即对于特定的地层组合,选择特定波形的地震道可以更明显的进行识别。波形匹配技术的主要特点是根据不同波形特征的子波对地震道进行匹配分解,得到一系列特定波形特征的地震道,然后根据地层的变化规律,有选择性地提取相应分解后的地震道系列进行组合重构,便于对特定地层组合的识别。

关于地震子波的选取,许多商业化软件都提供了不同的方法,而这些方法都基于富氏变换,也都要求一定的数据长度,因此得出的子波也是某种意义下的平均。一般情况下,雷克子波所提供的储层及含气性预测方法是比较有效的。实际的应用计算分做两步:第一是对叠后数据的分解处理,将地震数据中目标层段分解成不同主频的雷克子波的序列或集合。第二是重构分析,用所有子波重构就可以得到原始的地震道或数据体。在重构的数据体中最大限度地保留地震子波的波形特征,可在新重构的数据体上做进一步的储层及含气性预测。

3)子波波形匹配与频率滤波

雷克子波的波形特征在储层及含气性预测方法中是非常有效的。子波波形匹配与频率滤波有着根本的区别。频率滤波是压制信号中某个频率段的频率成分,不管是干扰信息还是有效信息,该频率段的能量都受到压制。子波波形匹配是在重构时从原地震道中删除某些主频的子波,而另外一个子波的能量和形状则不会发生改变。图5-10左侧显示的合成地震图和其子波的位置,图中间是主频为16~29Hz子波的重构,在此范围内只有主频为20Hz和主频为25Hz的两个子波。图右侧是频带为11Hz、16Hz、29Hz、34Hz带通滤波的结果,带通滤波使所有子波的能量都受到压制,形状发生改变,带通滤波还可能迎入假信号。

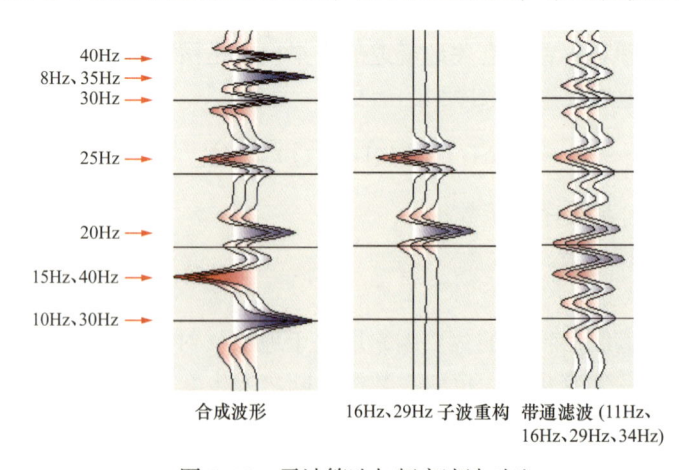

图5-10 子波筛选与频率滤波对比

4）地震道重构

在重构中可根据已知钻井的储层资料，选取与储层变化相关的子波，去掉与储层变化和分布没有直接关系的子波，合成新的地震数据体。新合成的地震数据体将最大限度地反映储层的横向变化。在 T 区块原始剖面上，薄层 LU 表现为复合波谷和空白反射特征，难以进行准确解释，在子波重构剖面，LU 层段地震分辨率得到了提高，表现出可连续追踪的同相轴特征（图 5-11）。因此，重构的地震数据体可用于构造精细解释和储层研究，提高了薄储层的解释精度。

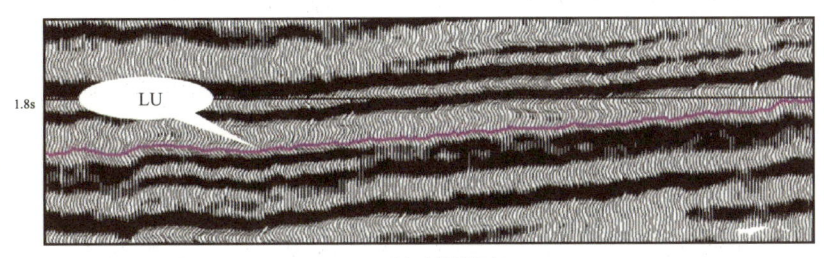

(a) 原始剖面

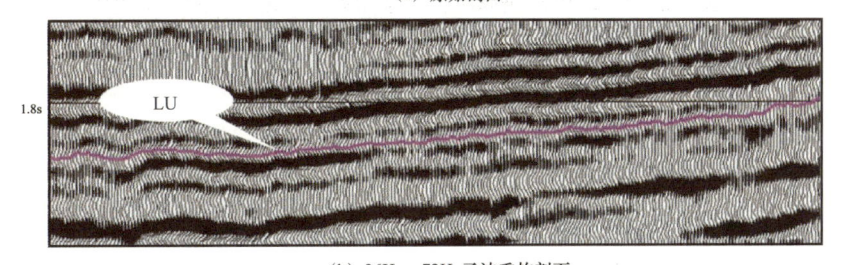

(b) 26Hz、72Hz 子波重构剖面

图 5-11 T 区块子波重构剖面

2. 多频段匹配追踪井震小层标定技术

由于地质分层、钻井和测井等资料是深度域的数据，地震资料是时间域的信息，沟通时间和深度关系的精细标定是地震资料解释的第一重要环节。目前，在地震资料解释中地震层位的地质标定通常有三种方法：综合时—深关系方法、垂直地震剖面（VSP）方法及合成地震记录方法等。一种新的多频段匹配追踪井震小层标定技术，在奥连特盆地 T 区块薄层标定中获得较好的效果。

由于实测资料存在噪声、周波跳跃等干扰，研究过程中，拟对测井曲线进行中值滤波与约束方波化分层，进而得到相对稀疏的反射系数序列；小波基中 Marr 小波为实数小波，具有良好的局部性能，且计算简单、速度快，因此，可采用 Marr 小波模拟雷克子波对井旁道地震记录进行分频处理；在匹配追踪的框架下从子波原子库中选择最佳地震子波，与测井反射系数序列褶积得到地震响应，分别与不同频段的地震数据进行匹配；通过融合多频段信息的匹配结果，实现精确的小层井震标定。

图 5-12 为 A 油田 AW1 井普通合成记录标定结果（a）与使用多频段匹配追踪后标定（b）对比图，很明显使用多频段匹配追踪井震小层标定技术后，小层的井震吻合效果较好。

3. 倾角测井资料校正低幅度构造

多种成因形成的低幅度构造（地层倾角 1°～3°），在圈闭面积小、构造幅度低（小于 10m）的情况下，常规地震资料难以准确识别和获得较精确的低幅度构造图。在长相关地层倾角处理成果图上,通过精细地层划分,从区域倾斜中分离出局部圈闭的地层倾斜,经过海拔校正和井校正后,可以精细勾绘构造图[57]。

(a) 多频段匹配追踪前　　　　　(b) 多频段匹配追踪后

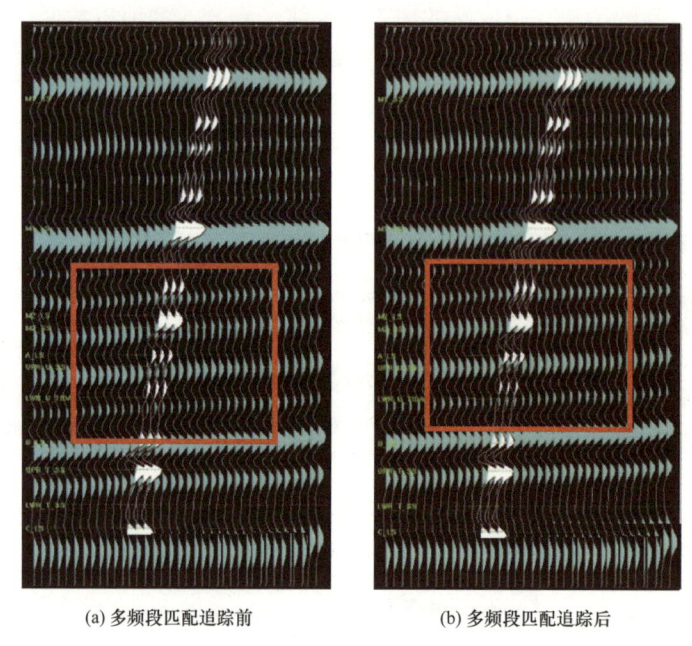

图 5-12　AW1 井使用多频段匹配追踪前后标定对比图

对于两口相邻但地层倾向、倾角不同的已知钻井,可利用其倾角资料推断两井间地层埋藏最低点,即两个高点间鞍部的埋深。如图 5-13 所示,A、B 分别表示两相邻井点,L 为两井间的水平距离,α、φ 分别为两井点处目的层倾角。

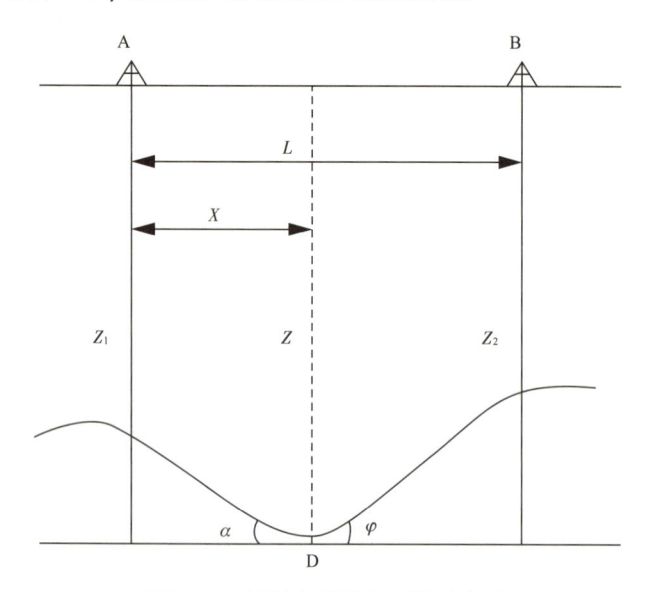

图 5-13　计算相邻井间埋深示意图

假设对埋深差别不太大的两个低幅度构造高点间的鞍部地层近似于线性变化,X 为两高点间鞍部埋深最低点 D 距 A 点的水平距离;Z 为两高点鞍部最低点 D 的埋藏深度,那

么有

$$Z - Z_1 = X \cdot \mathrm{tg}\alpha \tag{5-6}$$

$$Z - Z_2 = (L - X) \cdot \mathrm{tg}\varphi \tag{5-7}$$

据此可导出

$$Z = \frac{Z_1 \cdot \mathrm{tg}\varphi + Z_2 \cdot \mathrm{tg}\alpha + L \cdot \mathrm{tg}\alpha \cdot \mathrm{tg}\varphi}{\mathrm{tg}\alpha + \mathrm{tg}\varphi} \tag{5-8}$$

$$X = \frac{Z_2 - Z_1 + L \cdot \mathrm{tg}\varphi}{\mathrm{tg}\alpha + \mathrm{tg}\varphi} \tag{5-9}$$

这样就可在平面图上确定鞍部的大致位置及等值线的勾绘间距。

图 5-14 为 C 油田油藏剖面图，其中 A 剖面为南北向，B 剖面为东西向。A 剖面上的 CAR-1508D 和 CAR-1502D 井的地层倾角资料显示其井点处的构造倾向分别为 98.8° 和 303.3°，倾角大小分别为 4.5° 和 2.7°。而原始构造图上这两口井的构造倾向分别是 130.5° 和 218°，倾角分别为 2.4° 和 1.0°。据此分析该处的实际构造变化比地震资料解释构造更剧烈，且高点位于 CAR-1508D 井的西边和 CAR-1502D 井的东南部。进而根据这两口井的倾角数据并结合油水界面分析结果对构造做了修正，结果如图 4-14a 中红线所示。B 剖面上 CAR-1509D 井的地层倾角资料显示其倾向为 276.9°，倾角为 3.3°，而原始构造图上地层倾向为 209°，倾角只有 1.1°，据倾角资料对构造图做了修正，修正后的构造与岩性共同作用形成东西两个油藏之间的遮挡，从而形成不同的油水界面。

在修改构造图的过程中，对于没有倾角资料控制的区域，在参考构造趋势的基础上，重点考虑了油水关系分析结果，并与有倾角资料的区域进行类比。修正前后的构造图对比如图 5-15 和图 5-16 所示。

4. 孔隙砂岩顶面精细构造解释技术

整个斜坡带主要目的层地震反射特征清晰，主要的解释难点在于孔隙砂岩顶面的精细追踪。利用积分地震道数据、常规地震数据交互追踪，并参考储层反演数据体进行修正，形成一套成熟的孔隙砂岩顶面精细构造解释技术。

1）积分地震道处理

积分地震道在目前的地震解释过程中得到广泛的应用[58]，主要有两个因素：首先，积分地震道具有相对波阻抗的特征，而常规地震道主要反映的是反射系数的特征，因此，积分地震道更能直观反映地层变化特征，尤其是地层界面对应于波形特征的零值点，更有利于储层顶面精确层位解释；其次，积分地震道处理方便易行，目前几乎所有地震行业软件都能处理。

积分地震道处理是利用叠后地震资料计算地层相对波阻抗（速度）的直接反演方法。因为它是在地层波阻抗随深度连续可微条件下推导出来的，因而又称连续反演。道积分就是对经过高分辨率处理的地震记录，从上到下作积分，并消除其直流成分，最后得到一个积分地震道。众所周知，反射系数的表达式为

$$R = (\rho_2 \cdot v_2 - \rho_1 \cdot v_1) / (\rho_2 \cdot v_2 + \rho_1 \cdot v_1) \tag{5-10}$$

图 5-14 C 油田油藏剖面图

当波阻抗反差不大时，ρv 可近似为 $(\rho_2 \cdot v_2 + \rho_1 \cdot v_2)/2$。

式中 R——反射系数；

ρ——岩石密度；

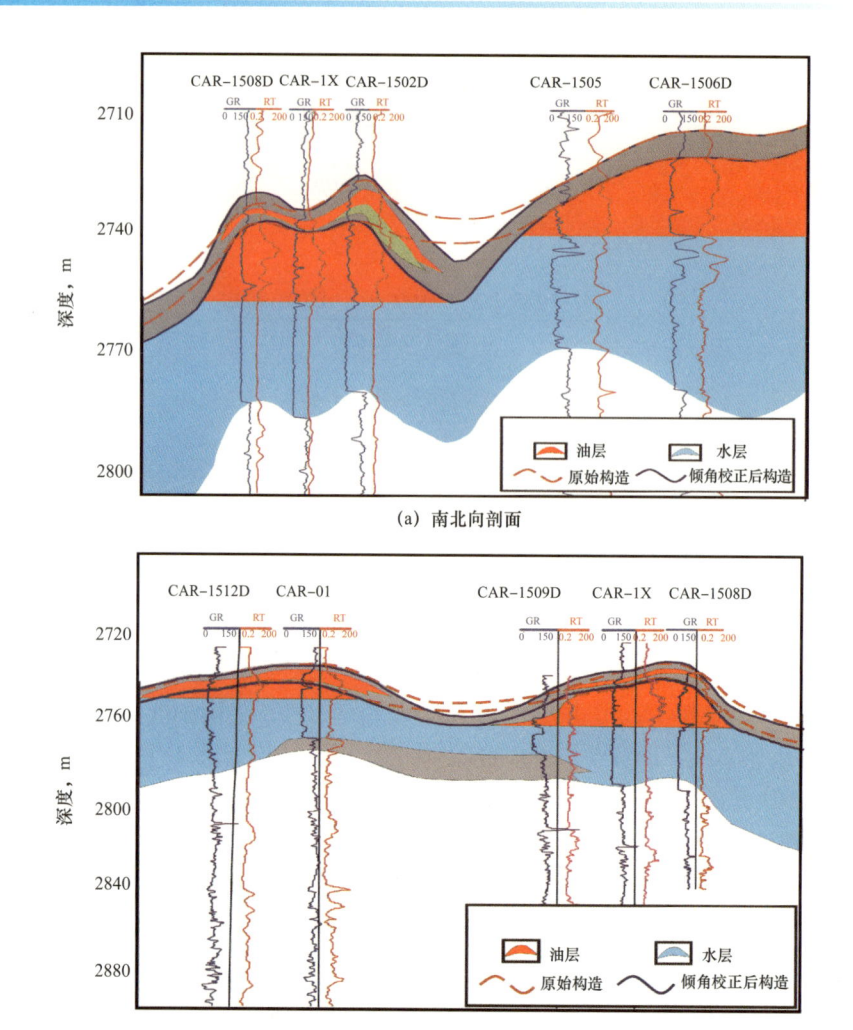

v——岩石波速。

所以反射系数的积分正比于波阻抗 ρv 的自然对数，这是一种简单的相对波阻抗概念。当然，有条件做绝对波阻抗更好，但相对来说，要花费更多的时间和精力。

与绝对波阻抗反演相比，道积分反演方法的优点是[59]：（1）递推时累计误差小；（2）计算简单，不需要反射系数的标定；（3）无须钻井控制，在勘探初期即可推广使用。缺点是：（1）由于这种方法受地震固有频宽的限制，分辨率低，无法适应薄层解释的需要；（2）要求地震记录经过子波零相位化处理；（3）无法求得地层的绝对波阻抗和绝对速度，不能用于定量计算储层参数；（4）这种方法在处理过程中不能用地质或测井资料对其进行约束控制，因而其结果比较粗略。

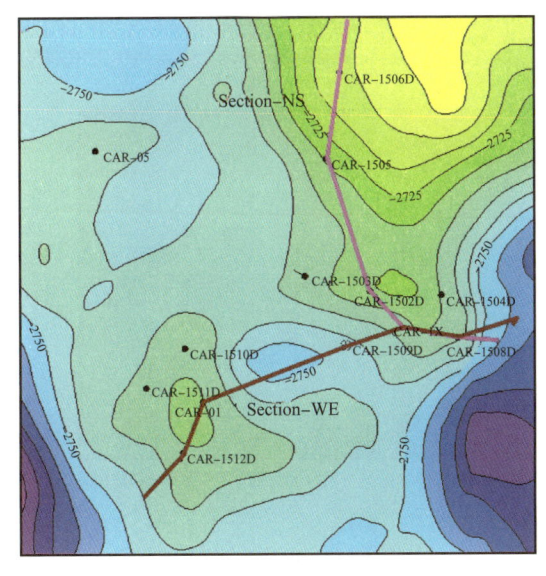

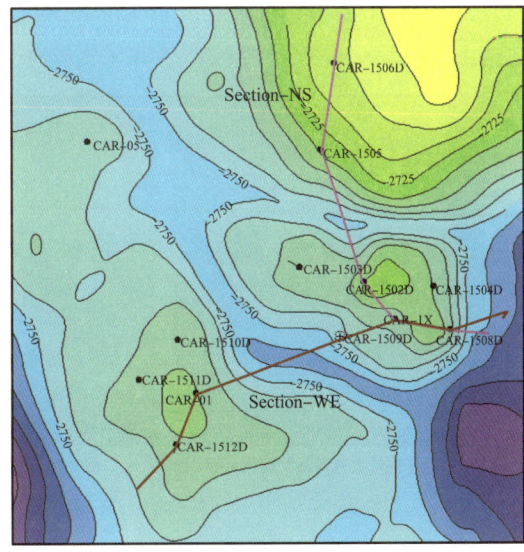

图 5-15　地震解释构造图　　　　　图 5-16　利用地层倾角资料修正的构造图

图中 Section-NS 代表图 5-14a 剖面位置；Section-WE 代表图 5-14b 剖面位置

2）孔隙砂岩顶面交互解释

常规地震资料同相轴反映地层等时界面，道积分剖面可直观反映岩性界面，反演剖面更精确反映储层顶面的构造形态，三套数据的交互使用，实现储层顶界的精细追踪（图 5-17）。

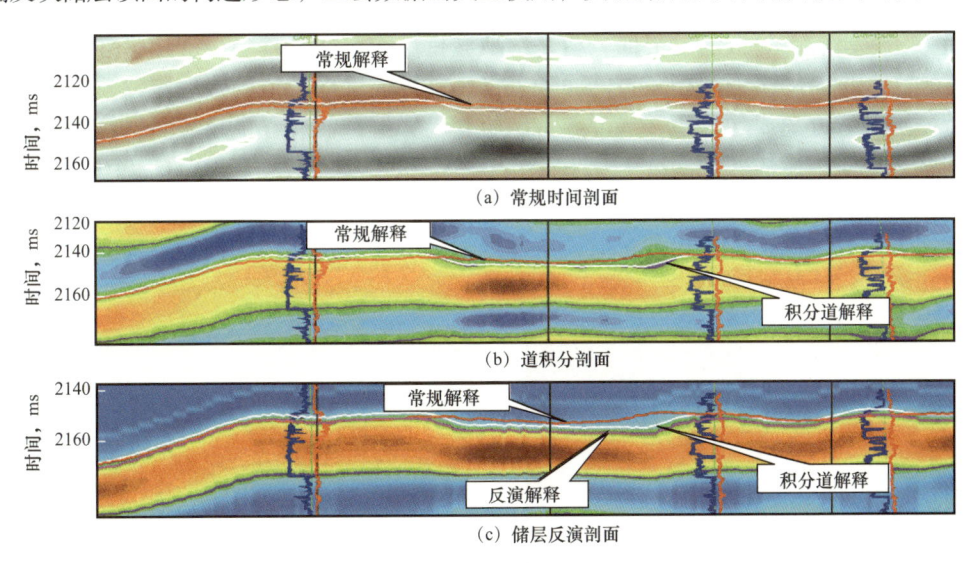

(a) 常规时间剖面

(b) 道积分剖面

(c) 储层反演剖面

图 5-17　孔隙砂岩顶面精细构造解释

通过三套数据体上的精细追踪与成图，利用波阻抗反演体得到的构造图鞍部特征明显，圈闭幅度增加，与实际钻探的油柱高度一致，较真实反映了低幅度构造形态和幅度（图 5-18）。

5. 剩余构造分析技术

由于低幅构造经常发育于斜坡背景，而局部异常幅值远小于背景构造埋深的数值，因此，通过层面的滤波计算出趋势面，然后消除趋势面的影响得到剩余构造异常，可清楚突出异常高点位置，帮助快速发现低幅度构造目标[60]，以便开展针对性的低幅度圈闭精细描述工作。

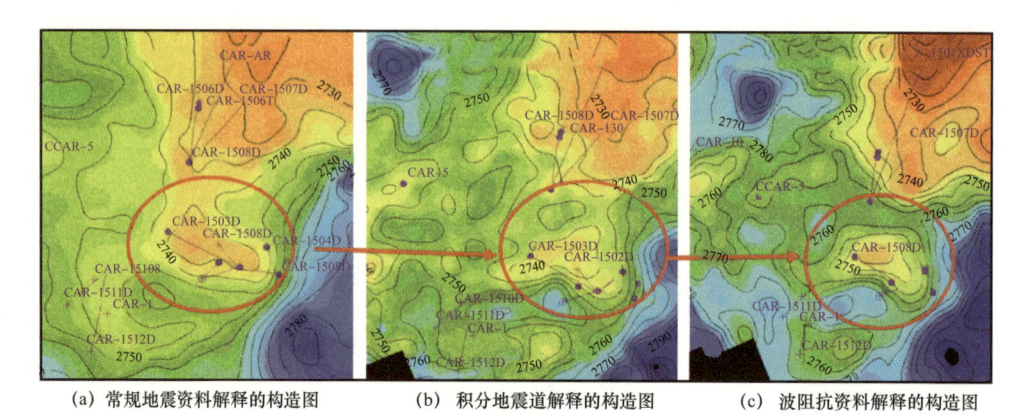

(a) 常规地震资料解释的构造图　　(b) 积分地震道解释的构造图　　(c) 波阻抗资料解释的构造图

图 5-18　不同数据解释方案的构造图对比

1）构建趋势面

构造趋势面是一个区域性地层界面，通常某一构造层数据包括三部分信息：（1）反映区域性变化的，数据中反应总体的规律性变化部分，由地质区域构造因素所决定；（2）反映局部性变化的，反映局部范围的构造变化特征；（3）反映随机性变化的，它是由随机性因素造成的误差。

趋势面分析就是要对地震数据中所包含的信息进行分析，排除随机干扰，找出区域性变化趋势，突出局部异常。趋势面分析是对地质特征的空间分布趋势进行研究、分析和预测的方法，一种应用多项回归分析的原理，采用函数逼近来近似刻画地质特征，将地质变量（特征）关系分离成趋势值和局部异常。所有趋势值点构成一个趋势面，趋势面上的局部扰动就是地质构造的异常部分。

2）剩余构造异常分析

构造剩余异常图上正值代表正向构造幅度，负值代表负向构造幅度，其中正向构造正是要寻找的目标（图 5-19）。

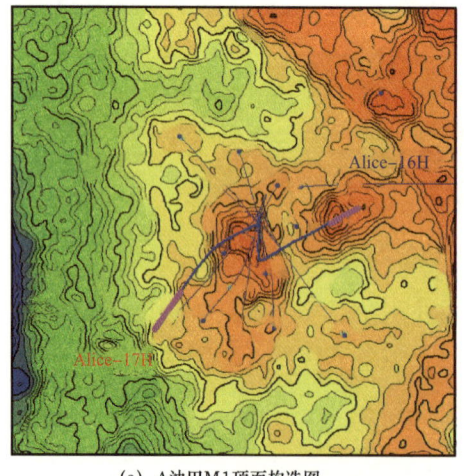

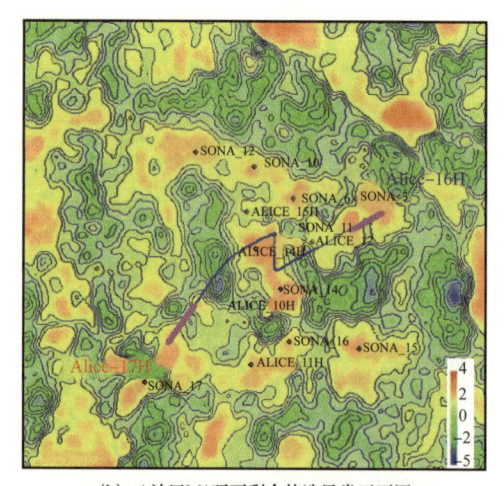

(a) A 油田 M1 顶面构造图　　(b) A 油田 M1 顶面剩余构造异常平面图

图 5-19　A 油田 M1 顶面构造图与剩余构造异常平面图

6. 基于地震属性分析的储层预测技术

1）单属性分析技术

（1）地震振幅属性快速识别储层发育边界。

地震属性体或沿层地震属性，具有快速识别储层形态的技术优势。不同的地区，能够反映储层变化的地震属性各不相同，需要深入地分析。

在厄瓜多尔 T 区块，均方根振幅属性就能够较好地反映该地区 M1 砂体的特征（图 5-20）。均方根振幅属性具有明显的特征，实钻结果证实，弱振幅区储层不发育，如 FB70 井钻遇该弱振幅区而没有发现 M1 砂岩油层，这说明 T 区块的油藏受低幅度构造和岩性控制明显，地震属性分析对该区下一步的井位部署有积极地指导作用。

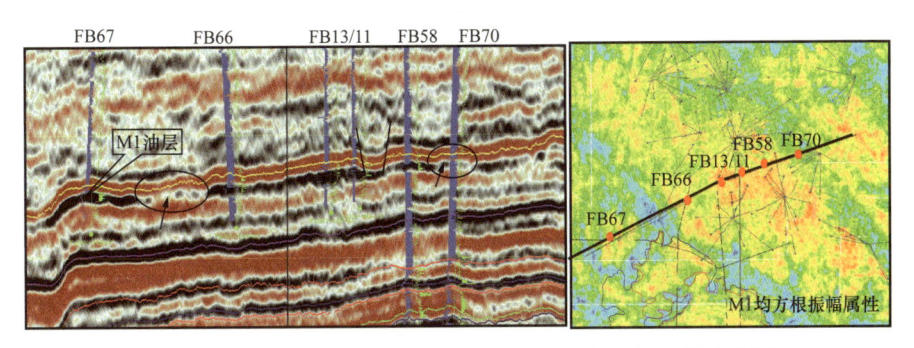

图 5-20　过井地震剖面和 M1 砂岩沿层地震均方根属性分布图

（2）体曲率技术识别低幅度圈闭的横向展布形态。

体曲率是建立在形态而非属性计算的基础上。与其他属性相比，体曲率能够反映地震分辨率无法分辨的精细断层和微小的裂缝特征，而在很多情况下，断层和裂缝对油气藏以及非常规资源都有很重要的影响。可以使用体曲率精确解释地下地质细节，而使用常规手段解释复杂地质体往往是困难和不切实际的。体曲率不需要预先解释层位，避免了解释偏差和偶然误差。体曲率增强和完善了相干体和其他体属性来揭示地质意义，最好在高质量和经过滤波的噪声小的数据基础上计算。

在曲率计算完以后，要连续进行空间滤波和中值滤波，最后进行平均滤波。这样可以去除噪声和散射特征，这些都可能生成次级曲率特征，中值滤波的计算时窗应该和曲率的计算时窗一致。

（3）频谱分解分析低幅度圈闭的形态和特征。

频谱成像技术利用更稳健的振幅谱分析方法来检测薄层。频谱成像技术背后的概念是薄层反射在频率域有其特定的表述，该表述是其时间厚度的指示。该技术特别适合于河道砂岩等横向快速变化的薄储层的预测。该方法可获得地震道每个样点的频谱图像，从频谱图像的时间和空间的变化来研究储层的变化规律。通过对特定的地质体进行频谱成像分析，从而高效快速对目标地层进行地质分析。通过利用短时窗快速傅里叶变换、连续小波变换、时频域连续小波变换和 S 变换等四种变换方法对地震体和地层体进行频谱分析，提高了频谱计算的效率，对各频率段地震属性可以进行更细致的分析，从而为薄储层的预测提供更加有利的工具。

频谱分解方法将地震数据处理成频率切片，而非时间或深度切片。从本质上说，将频谱分解算法（如傅里叶变换）应用到地震反射数据后，地震信息就转换为频率信息。这有助于解释人员浏览特定频率的数据，识别出全带宽显示中可能忽略的地层和构造特征。

在 C 油田，应用了四种频谱分解方法来预测储层分布形态，包括离散傅里叶变换（DFT）频谱分解法、连续小波变换（CWT）频谱分解法、时频域连续小波变换（TFCWT）频谱分解法及 S 变换频谱分解法，通过对四种方法的分析结果进行对比，时频域连续小波变换（TFCWT）和 S 变换方法更准确地反映砂体平面展布特点，与井的吻合程度高（图 5-21）。

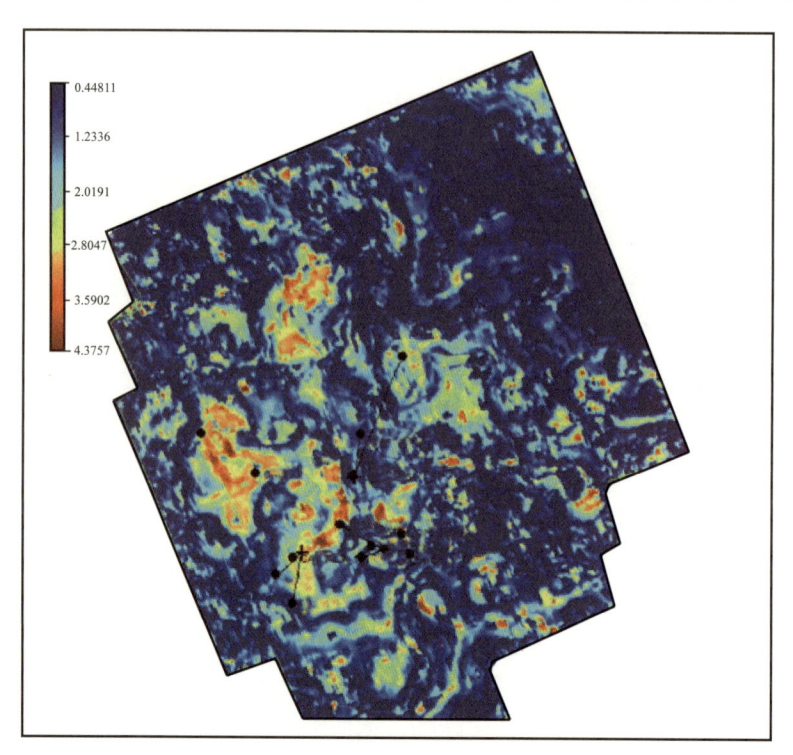

图 5-21　C 油田 S 变换频谱分解图

（4）地震波形分类技术。

地震相代表了产生其反射的沉积物的一定岩性组合、层理和沉积特征。地震相单元的主要参数包括单元内部反射结构、单元外部几何形态、反射振幅、反射频率、反射连续性和地层速度。地震波形分类的思路就是根据地震资料，在一定时窗范围内统计地震波的几何形状、频率、能量变化快慢及各种地震属性，从而在剖面上或平面上划分各种地震属性特征总和相近的区域，然后结合地质资料在此基础上得出有关的地质认识。

（5）体检测技术。

储层在地震剖面上特征明显，多表现为强振幅—变振幅、透镜状的 1～2 个波峰—波谷组合的反射特征，在空间上该反射特征呈现连续的有规律的变化，从平面上其地震属性异常呈条带状分布。了解到河道的剖面特征后，利用三维可视化技术对古河道的展布从三维空间上进行雕刻。这种方法的优点是可以将地震异常体的特征以空间的立体形式进行展现。

（6）利用水平切片发现异常沉积体

在三角洲的前缘带，砂、泥沉积受河流、波浪和潮汐的共同作用，表现为交互叠置沉积，由于砂、泥沉积物的差异压实作用，沉积物在成岩后，砂质沉积厚度大的地区，沉积物厚度减薄不多,而泥质沉积物厚度大的地区,沉积物厚度明显减薄,致使沉积物的原始几何形态发生明显的改变,泥岩发育区向下凹,砂岩发育区向上凸,这就造成了低幅度圈闭的发育。

由于等时沉积物发生了不等厚度的形变,这就造成了地震记录上同一时间段的穿时现象,表现为:(1)同相轴中断和错动;(2)振幅发生突变,平面上表现为同相轴宽度的突然变化;(3)同相轴的异常形变;(4)相临同相轴在走向上的不一致。

地震水平切片显示了同一时刻不同层的振幅响应在水平方向的变化。在常规垂直剖面上可以识别1/2相位的同相轴变化,而水平切片可以识别1/4相位的同相轴变化,识别的精度得到了明显的提高。其原因是同一地震同相轴从纵向剖面转为水平切片时,同相轴的宽度得到了放大,在宽度放大的同时,同相轴的异常形变也得到了放大,从而水平切片对于地质异常体更加敏感;地质异常体在水平切片的平面表现为几组相互平行且包容的"圆",在连续的几张等时水平切片上,地质异常体表现为逐渐扩大或缩小的"圆",这反应了异常体的空间演化过程。因此可以利用水平切片的等时效应来分析异常沉积体的演化规律,落实微构造。

2)多属性分析技术

(1)体融合技术发现和描述低幅度圈闭。

单一属性在描述地质体的形态时,受到算法本身的制约和客观条件的影响,所得到的结果往往存在多解性,而多个属性的交融可以大大减低多解性,为准确描述事物的客观形态提供有效的手段。

交会图是用来观察两个或多个地震属性之间关系的工具,它基于单一属性不能很好地刻画储层。通过多个地震属性的交会,可以很容易实现属性间隐含关系的可视化并可用来识别储层中的油气显示。

鉴于对 C 油田 Vivian-b 地层计算体曲率和做 S 变换频谱分解都得到了较好的结果,对二者进行交互分析。通过两个属性体的交会分析,得到属性融合体,从平面图中可以看出(图 5-22),该属性融合体刻画的低幅度圈闭的几何形态和边界特征更加清晰,比原来的构造图更能反映低幅度圈闭的真实形态,可以有效降低多解性。通过该技术可以有效寻找无井控制的低幅度圈闭存在的位置,为下一步的工作指明方向。

(2)多属性交叉互验开展储层物性及含油气性预测。

将通过叠前和叠后反演所得到的属性与钻井的结果进行相关性分析,采用交叉检验误差分析的方法,优选了一组适合的属性参数(图 5-23),并且通过线性预测和自然领域插值法预测进行含油气检测[61,62]。

具体预测步骤主要包括:

(1)沿层提取包括 AVO 信息在内的多种地震属性参数。

(2)统计计算已知井目标层段上的层速度。

(3)假定层速度与地震属性参数为线性关系,以交叉检验误差最小和系统参数均方值最小为准则,确定所用的地震参数种类和个数。

(4)在所选地震参数空间内,利用 BP、PNN 等神经网络和自然邻域插值等算法,并考虑空间距离因素最终得出预测结果。

具体预测结果包括地层含砂率、储层厚度、储层物性及含油气预测(图 5-24)。

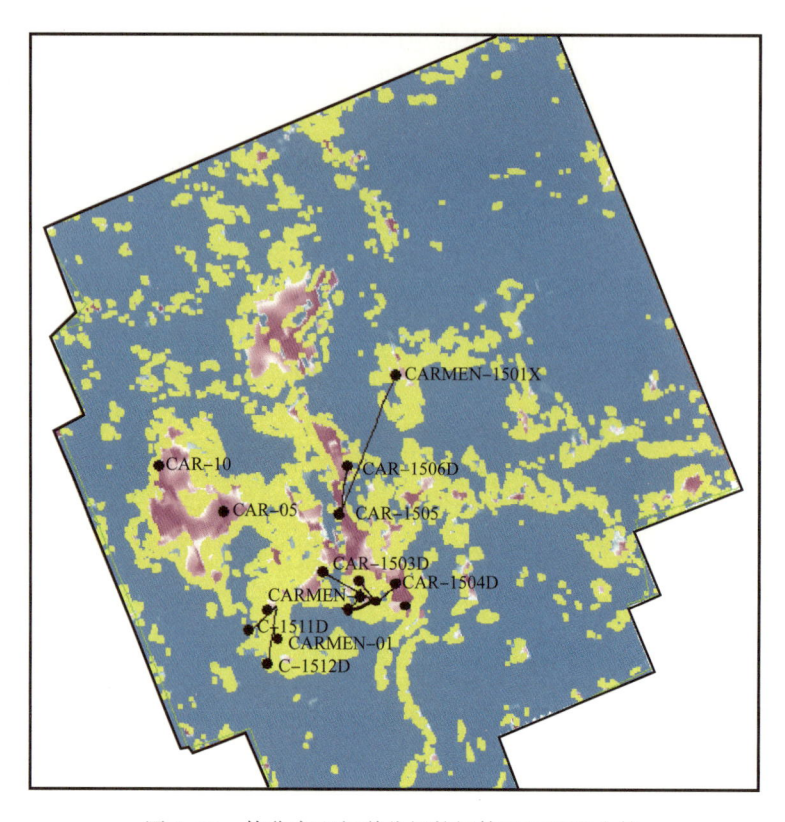

图 5-22 体曲率和频谱分解数据体的属性融合体

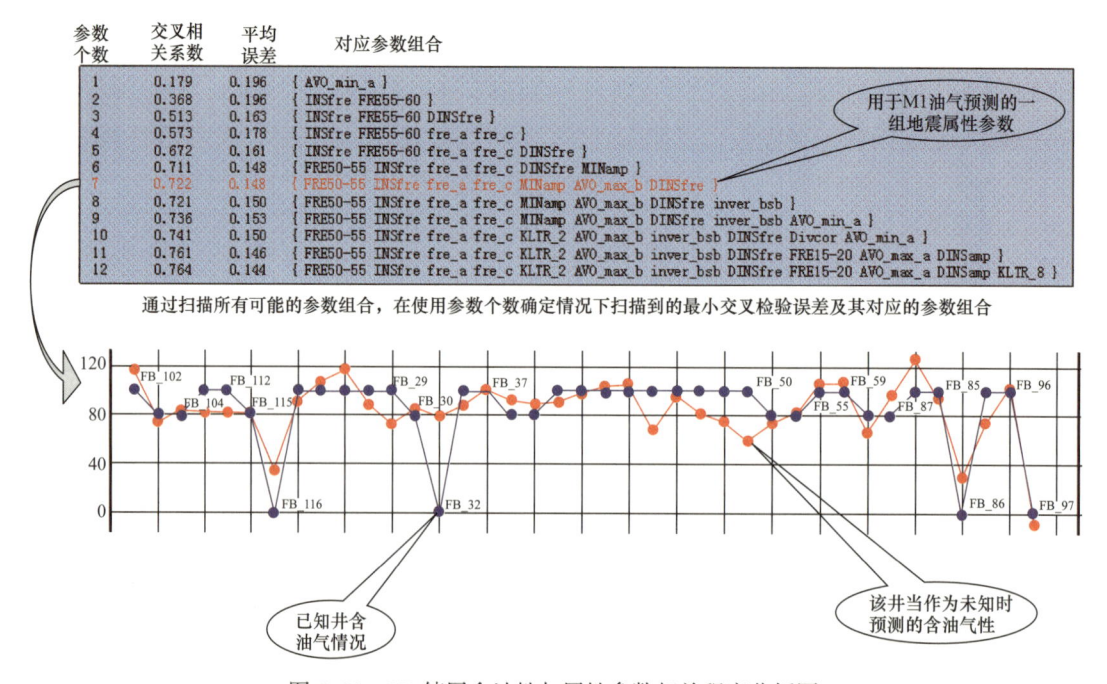

通过扫描所有可能的参数组合，在使用参数个数确定情况下扫描到的最小交叉检验误差及其对应的参数组合

图 5-23 M1 储层含油性与属性参数相关程度分析图

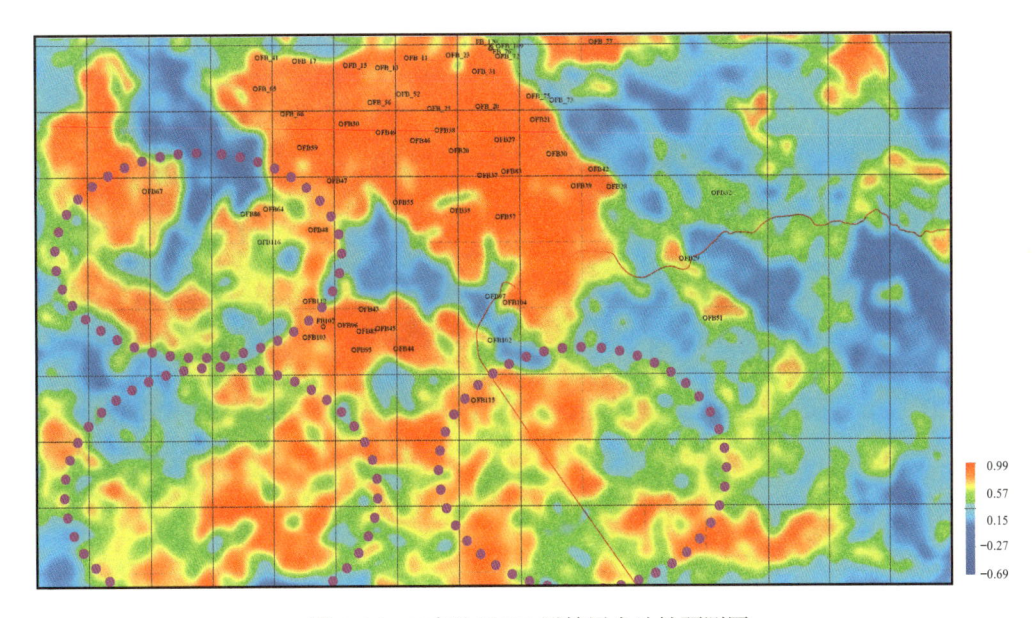

图 5-24　F 南油田 M1 层储层含油性预测图

二、海绿石砂岩特殊油层测井综合解释技术

厄瓜多尔安第斯项目 Tarapoa 区块白垩系 Napo 组 UPPER-T 层段海绿石砂岩含油新层系的发现为安第斯项目的增储、稳产提供了一个新的契机。安第斯项目 Tarapoa 区块海绿石砂岩油层表现为"两高一低"的测井响应特征，即高伽马、高密度和低电阻率特征，常规测井评价方法一般解释为非渗透层或水层，是油气勘探开发过程中极易忽略的隐蔽性含油新层系。针对 Tarapoa 区块海绿石砂岩油层测井响应特征不明显的成因机理缺乏系统地研究，对于如何有效识别海绿石砂岩储层和评价低阻油层，目前还没有成型的技术与方法，如何合理地识别和定量解释这套海绿石砂岩低阻油层是研究区勘探的一个难点和重点。

1. 海绿石砂岩油层特征

1）岩石学特征

海绿石砂岩呈灰绿色，颗粒组分主要为石英和海绿石（图 5-25），以颗粒支撑结构为特征，分选性较好；填隙物含量较少，以胶结物为主。石英颗粒呈次圆状，绝大部分由于次生加大而呈现为次棱角、棱角状，粒径范围为 0.1~0.5mm。海绿石颗粒一般呈圆状或粪球粒状，其粒径范围为 0.05~0.25mm，其含量范围为 5%~50%。填隙物含量极少[14, 63]。

2）储层特征

海绿石砂岩储层孔隙类型主要是粒间孔，因碎屑颗粒经历压实变形、石英次生加大及发育自生矿物，而以剩余粒间孔为特征，孔隙半径一般 0.05~0.15mm，喉道的连通性相对较差（图 5-26）。海绿石砂岩储层的孔隙度范围主体为 5%~20%，渗透率主体范围为 0.1~100mD。海绿石砂岩储层核磁结果显示其孔隙度具有典型的双峰分布形态特征，指示束缚水饱和度较高。按照石油天然气行业标准（SY/T 6285—1997），根据碎屑岩的岩石物性分级，海绿石砂岩储层以中—低孔隙度、中—低渗透率储层类型为主，属于常规和非常规混合型储层。

图 5-25　海绿石砂岩储层扫描电镜（SEM）下颗粒空间排列与孔隙特征[63]

Qz—石英；Gl—海绿石

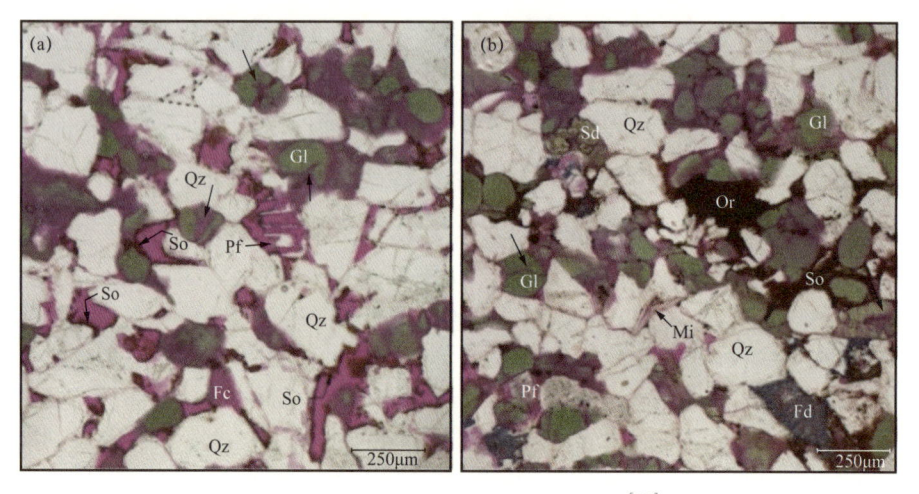

图 5-26　海绿石砂岩储层微观特征[63]

（a）单偏光照片，发育粒间孔，胶结物为铁方解石，斜长石（Pf）普遍发生溶蚀，蓝色箭头指示海绿石粒内溶蚀孔，虚线指示石英次生加大边；（b）单偏光照片，铁白云石（Fd）局部胶结（染色后为蓝色）；So—油迹或残余油，Mi—云母，Or—有机质；Qz—石英；Gl—海绿石

3）油藏特征

研究区已发现的油藏具有以下特征[14]：（1）位于前陆盆地东翼平缓的大型斜坡带上，烃源岩和海绿石砂岩储层大面积的面状接触式发育，岩性—地层性油藏表现为三明治式层状分布，具有良好的源储配置关系。（2）海绿石砂岩油藏属于中—低孔隙度、中—低渗透率储层类型的中质油油藏，是由常规和非常规油气资源构成的混合型油气资源。（3）没有明显圈闭界限，没有统一油水界面，含油饱和度高且差异大。（4）研究区海绿石砂岩油藏的储量丰度约 $74 \times 10^4 \text{t/km}^2$，属于低丰度储量。

储层总体上连续大型化发育，其内部的储集空间与物性在横向上发生变化，因而在层状分布背景上形成了一系列相对好的储渗单元，单个储渗单元的规模不大，但储集体群仍然可以规模成藏。

2. 海绿石砂岩油层解释难点

海绿石砂岩油层测井响应特征不明显，具有很大的隐蔽性；缺乏低阻成因机理研究，没有成型地海绿石砂岩油层测井评价方法；成藏主控因素不清，资源潜力不明，尚未开展系统地勘探潜力评价。

3. 海绿石砂岩油层测井综合解释技术

1）海绿石砂岩测井响应特征及识别方法

根据岩心和录井资料的分析，研究区目的层钻遇5种岩性，分别为石灰岩、海绿石砂岩、泥岩、含重矿物泥岩、纯砂岩。研究重点在于区分海绿石砂岩和纯砂岩，相对于纯砂岩储层，海绿石砂岩储层具有"四高一低"的特点，即高 GR、PEF、RHOB 和 NPHI，低 Rt；另外海绿石砂岩储层的 DT 与纯砂岩储层没有明显的差别。

通过对海绿石砂岩和纯砂岩测井响应特征的分析，结合录井岩性，总结出3类海绿石砂岩的识别方法，包括测井响应特征法、曲线重叠法、交会图法。

2）海绿石砂岩储层参数确定

考虑 UPPER-T 层海绿石的特殊性，需要建立该类储层的参数解释模型。为此，本书考虑到多矿物模型中的参数多解性，提出了一种新的利用混合骨架体积物理模型评价海绿石砂岩储层的方法。混合骨架体积物理模型详见图 5-27，海绿石可以作为骨架的一部分，即解释模型中岩石骨架由海绿石矿物和石英矿物共同组成。

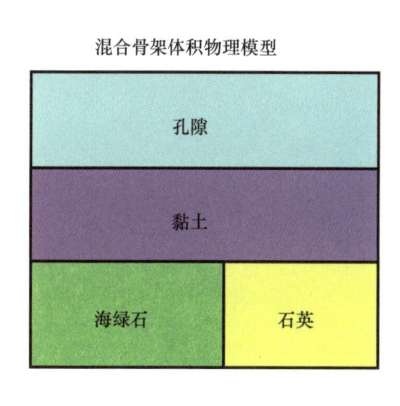

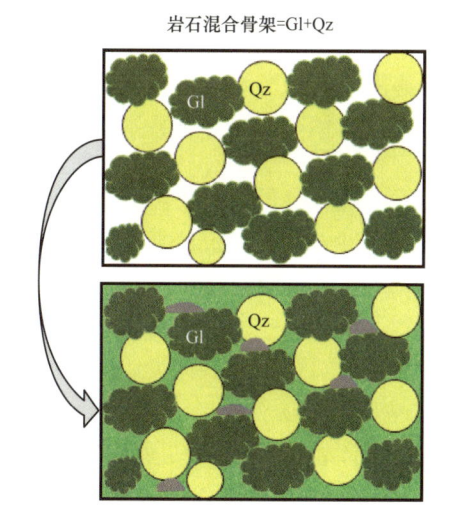

图 5-27 海绿石砂岩的体积模型图

（1）解释模型及海绿石质量百分比估算。

利用岩心分析数据和测井值进行理论推导可以计算出海绿石质量百分比。通过岩心和测井特征分析，海绿石质量百分比越高，密度与中子孔隙度测井曲线重叠区越大，设定为识别因子。根据该特征建立利用密度与中子孔隙度测井值估算海绿石质量百分比。

（2）混合骨架密度。

根据计算的海绿石质量百分比与岩心的混合骨架密度建立经验关系：

$$\text{RHOM} = f(V_{\text{Gl}}) \tag{5-11}$$

式中　RHOM——混合骨架密度，g/cm^3；
　　　V_{Gl}——海绿石质量百分比，无量纲。

（3）孔隙度。

利用密度曲线计算储层的孔隙度，计算公式为：

$$PHIT = f(RHOB, RHOM, RHOB_f, V_{Gl}) \tag{5-12}$$

式中　PHIT——总孔隙度，无量纲；
　　　RHOB——密度测井值，g/cm^3；
　　　RHOM——混合骨架密度，g/cm^3；
　　　$RHOB_f$——流体密度，g/cm^3。

（4）含水饱和度（S_w）。

由于没有海绿石砂岩储层的岩电参数，采用岩心和测井资料建立的饱和度经验模型计算饱和度。M9井岩心分析的饱和度没有进行取心过程中压力和温度降低导致的损失校正，因此在建立含油饱和度 S_o 与孔隙度和测井电阻率经验关系之前首先对岩心的饱和度进行校正。根据校正后的岩心分析饱和度与岩心孔隙度、电阻率测井值按照上式经多元回归得出饱和度经验模型：

$$S_w = f(RESD, PHIT) \tag{5-13}$$

（5）渗透率。

考虑含有海绿石的影响，根据岩心资料建立的渗透率—孔隙度关系模型，计算渗透率与岩心测试的渗透率有较好对应关系：

$$PERM = 10^{(-1.816 - 4.184 V_{Gl} + 24.973 PHIT)} \tag{5-14}$$

（6）海绿石砂岩储层 Cutoff 值。

储层的 Cutoff 值是指通过取心获得的储层岩性、物性和含油性以及试油、生产资料确定的储层有效孔隙度、空气渗透率和含油饱和度的下限。有效孔隙度 Cutoff 值为 10% 时，孔隙度累计频率显示孔隙体积损失约为 10%。根据海绿石砂岩储层特征及油品性质，渗透率取理论 Cutoff 值 1mD。

（7）海绿石砂岩储层流体识别。

通常以试油资料为基础结合测井资料建立合理的交会图（如 RESD—RHOB、RESD—DT 等）来制定油水层的识别标准，从中可以优选出反映流体的敏感曲线。但是 M 和 M4A 井区仅根据电阻率的大小不能有效识别储层的流体性质，主要归因于海绿石砂岩的电阻率不仅受含油性影响，更受海绿石质量百分比影响，呈低电阻率特征。因此，需要借助于其他参数进行流体性质的有效识别。

图 5-28 显示出 $10 \cdot \Delta GR \cdot RESD$ 与 RHOB、NPHI、DT 和 PHIT 关系图，可以看出油层和水层具有明显不同的 $10 \cdot \Delta GR \cdot RESD$ 值。油层 $10 \cdot \Delta GR \cdot RESD > 15$；水层 $10 \cdot \Delta GR \cdot RESD < 15$。

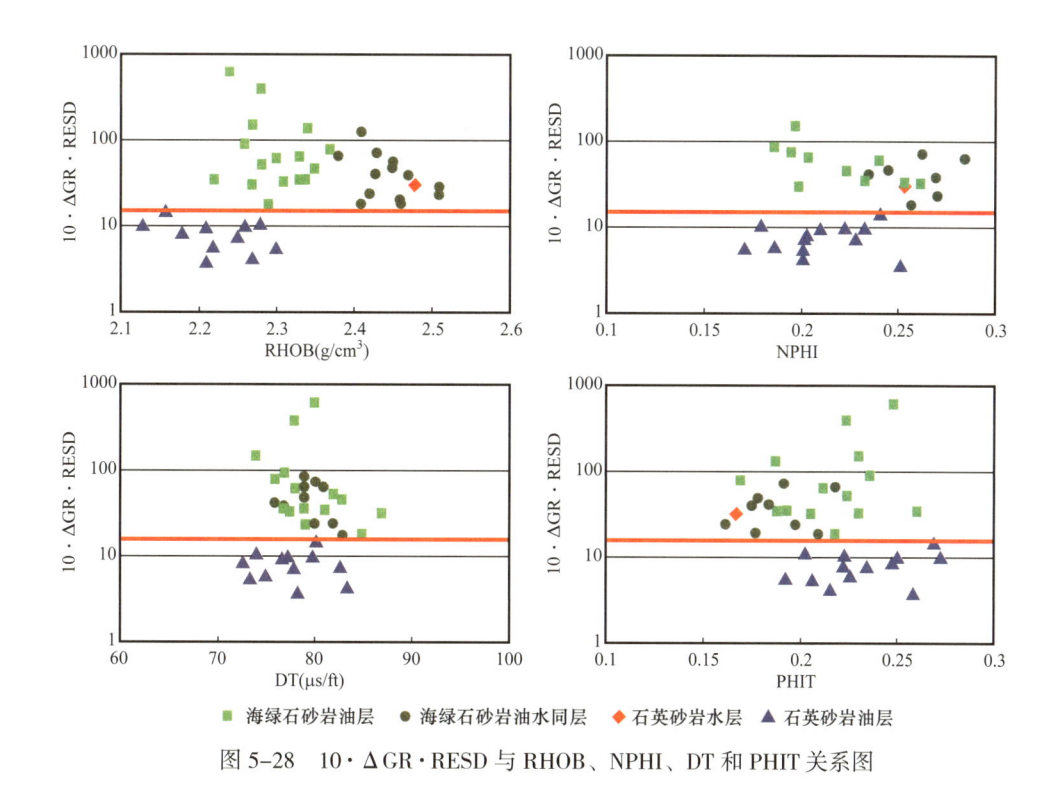

图 5-28　$10 \cdot \Delta GR \cdot RESD$ 与 RHOB、NPHI、DT 和 PHIT 关系图

第五节　奥连特盆地斜坡带油气勘探评价方法

一、前陆盆地斜坡带有利区优选方法

1. 前陆盆地斜坡带油气藏类型与展布

1）油气藏类型

奥连特盆地中蕴藏着丰富的油气资源，主要发育构造油气藏、岩性油气藏和构造—岩性复合型油气藏等[64]，其中构造油气藏以各种背斜油气藏和断层油气藏为主，岩性油气藏包括砂岩透镜体和砂岩上倾尖灭油藏，构造—岩性油气藏以构造背景下储层上倾尖灭形成的油气藏为主。

（1）背斜油气藏。

背斜圈闭是前陆冲断带常见的圈闭类型，背斜油气藏也是主要的油气藏类型[65]。由于断层发育，通常完整的背斜圈闭并不多见，背斜多与断层相伴并被断层所切割，形成断背斜油气藏。背斜或断背斜两翼一般不对称，造山带一侧平缓，而向前隆一侧比较陡，有时甚至为平卧褶皱。

① 实例 1：Johanna01 井区 M1ss 油藏。

Johanna01 井区 M1ss 油藏位于奥连特盆地斜坡带 Tarapoa 区块西北部。该目标在 M1、Lower U 和 Lower T 等三套主力目的层构造图上均显示为完整、独立背斜构造，M1ss 层构造图上圈闭面积为 6.4km²，圈闭闭合幅度为 17m，圈闭溢出点为 -2237m（TVDSS）。Johanna01 井在 M1ss 层钻遇 4.6m 油层，遇油水界面为 -2226m（TVDSS），未超过该圈闭溢出点，综合分析认为该井为典型的背斜构造油藏（图 5-29）。

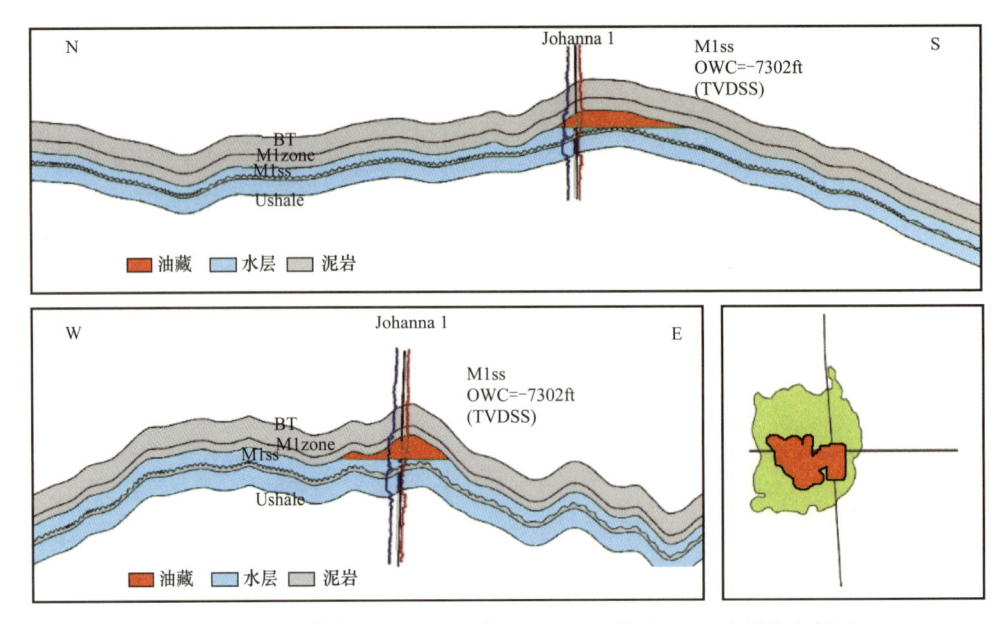

图5-29 奥连特盆地Tarapoa区块Johanna 1井区M1ss油藏十字剖面

②实例2：Esperanza井区M1ss油藏。

该油藏位于奥连特盆地东部斜坡带Tarapoa区块北部，目的层为白垩系Napo组M1ss段砂岩。M1ss顶面构造图上，油田位置处为一个背斜构造。过井十字剖面显示，南北向和东西向剖面上均存在明显的构造圈闭，圈闭幅度明显。Esperanza01井钻探后钻遇储层42.7m，钻遇油层16.3m，钻遇油水界面−2142m（TVDSS），油藏埋深为−2124m（TVDSS）。根据地震均方根振幅属性（RMS），M1ss层横向延展较为稳定，综合分析该油藏为厚层底水砂岩背斜油藏，顶部夹层分布相对局限，下部发育隔层（图5-30）。

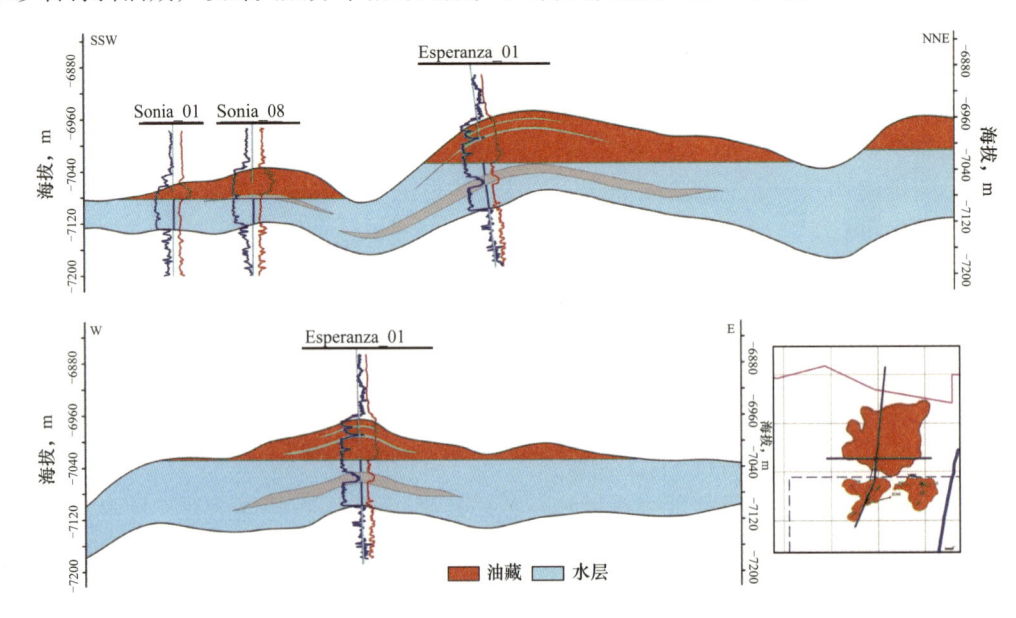

图5-30 奥连特盆地Tarapoa区块Esperanza 01井区M1ss油藏十字剖面

（2）断层型油气藏。

该型油气藏以断层复杂化的背斜型油藏为代表，其特点是断层切割背斜圈闭，奥连特盆地以 Shushufindi 油藏、Auca 油藏为代表。

奥连特盆地斜坡带 M21 井区 M1 油藏也是一个断背斜油藏，目的层为 M1ss，在 M1ss 层构造图上，该油藏处发育一个背斜圈闭，同时构造西南方向发育一条北西—南东走向断层，将背斜构造复杂化，提供了上倾方向的封堵条件，将 M21 井区与 M17 井区分隔开来。两个油藏具有不同的油水界面，M21 井区油水界面为 –1937.5m，M17 井区油水界面为 –1942m[64]。

（3）构造—岩性复合油藏。

构造—岩性复合油藏受构造和岩性双重因素控制。一方面，油藏发育位置存在明显的构造圈闭；另一方面，储层横向上分布不稳定，上倾方向通常尖灭为非渗透岩体，非渗透性岩层为油藏提供上倾方向上的遮挡条件，而在其他位置，油藏受构造控制，构造和岩性联合作用形成一个典型的构造—岩性油藏。

①实例1：奥连特盆地 Tarapoa 区块 Dorine&Fanny 油田 M1ss 油藏。

Dorine&Fanny 油田 M1ss 油藏是一个典型的构造—岩性复合型油藏。油藏目的层为 M1ss 砂岩。横切油藏的东西向地震剖面上 M1ss 表现为一套地震强反射同向轴，但同时目的层横向展布不稳定，在局部地区发生砂岩尖灭，在地震剖面上由 M1ss 砂岩发育区到砂岩尖灭区表现为强同向轴减弱、横向连续性减弱，直至变为不连续。平面上，油藏上倾方向上由砂岩储层的尖灭（"泥岩条带"）提供遮挡条件，砂岩上倾方向岩性尖灭形成"泥岩条带"遮挡（图5–31）。

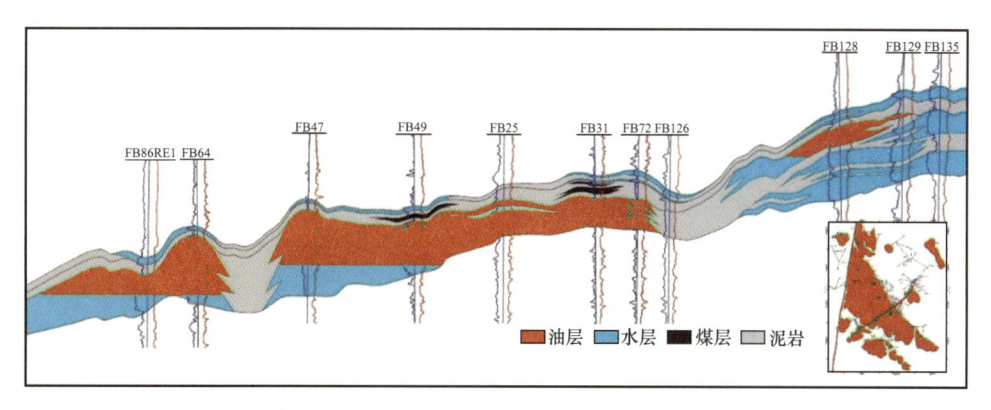

图 5–31　奥连特盆地 Tarapoa 区块 Dorine–Fanny 油田 M1ss 油藏东西向剖面

②实例2：Johanna Este 油田 M1ss 油藏。

Johanna Este 油田位于盆地东部斜坡带 Tarapoa 区块。截至 2016 年 10 月 30 日，油田内共有钻井 12 口，包括 Johanna Este 02 井、Johanna Este 03 井、Johanna Este 04H 井、Johanna Este 05H 井、Johanna Este 06 井、Johanna Este 07H 井、Johanna Este 08RE 井、Johanna Este 09H 井、Johanna Este 10H 井、Johanna Este 11st 井、Johanna Este 14 井、Johanna Este 15 井，发现井为 Johanna Este 02 井和 Johanna Este 03 井。12 口井均在 M1 层钻遇油层。

Johanna Este 02 井位于 Johanna Este 油田东南部，使用 TNW3 平台钻探，水平位移达 1800m。该井于 2015 年 7 月 20 日开钻，2015 年 8 月 03 日完钻，完钻井深 3402m

（TVDSS），完钻层位 UPR Hollin；测井解释 M1 油层厚度 14.2m，未钻遇油水界面（图 5–32）。Johanna Este 02 井射孔 1 段共 4.6m，自 2015 年 9 月 19 日起测试，测试初产 105 t/d，含水 0.1%，原油 API 度为 19.1°，展示了 Johanna Este 油田 M1ss 层油藏巨大的储量潜力。

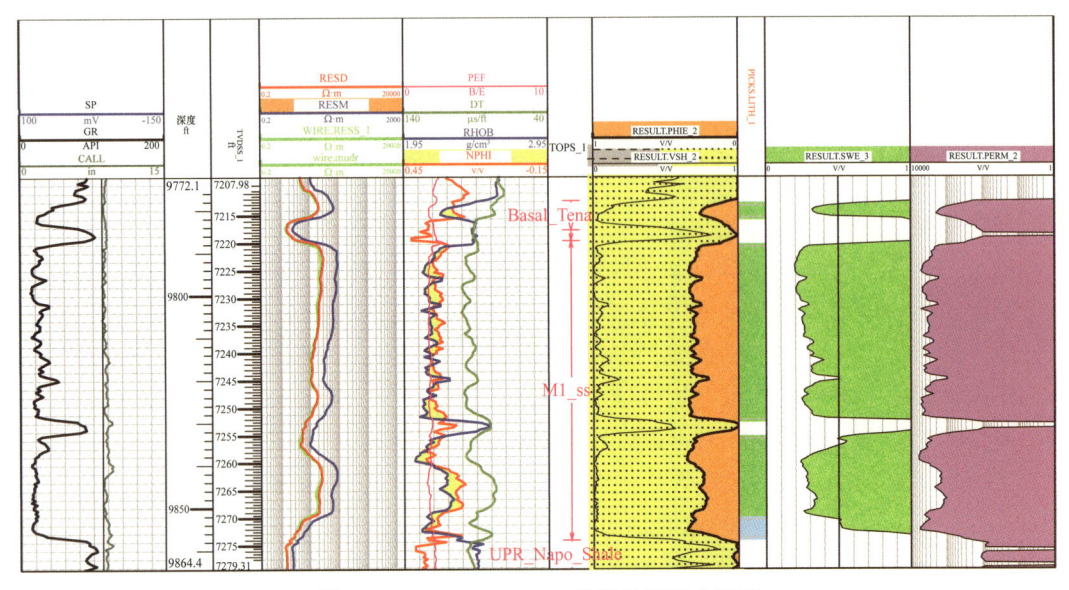

图 5–32　Johanna Este 02 井测井解释成果图

M1ss 层构造图上 Johanna Este 油藏为一个带有局部凸起的鼻状构造（图 5–33），但 Johanna Este 02 井油底深度超过局部背斜溢出点，同时鼻状构造上倾方向上构造不收敛。地震属性提取结果表明（图 5–34），油藏主体部位 M1ss 层砂体较为发育，向西南下倾方向上砂体延展范围较大，但在东北上倾方向上 M1ss 厚层砂体迅速减薄直至尖灭，为油藏提供上倾方向上的封堵条件。综合分析，认为该油藏为构造—岩性复合型油藏（图 5–35）。

2）油气藏展布

奥连特盆地可以划分为三大构造单元：冲断带、前渊带和斜坡带，由于盆地不同构造单元在盆地形成过程中的动力学机制和沉积序列不一样，导致不同构造带上油气富集的层位和油气藏的类型有所差异[12]。

奥连特盆地主要发育三类油气圈闭：一是与逆冲断层相关的褶皱构造，主要展布在冲断带上；二是与正断层相关的断块构造，主要分布在冲断带和前渊带上；三是分布在斜坡带上的地层及岩性圈闭。

2. 前陆盆地斜坡带油气成藏主控因素

1）断层控藏

断层是油气运移的三大主力通道之一，是油气进行垂向运移的重要通道。在奥连特盆地，古近纪—新近纪挤压和基底断层的活化对圈闭的形成产生了重要影响。在大型区域性走滑断层周围，都发现了重要的油田。显然，断层对油气的运移起着重要的控制作用，为油气的运移提供了良好的通道，油田沿断层分布的现象十分明显。勘探表明，那些远离断层的圈闭油气充满度明显偏低，勘探风险增大[64]。在区域性走滑断层周围尤其是断层的上升盘，发育大量圈闭，这些圈闭均形成了重要的油田。

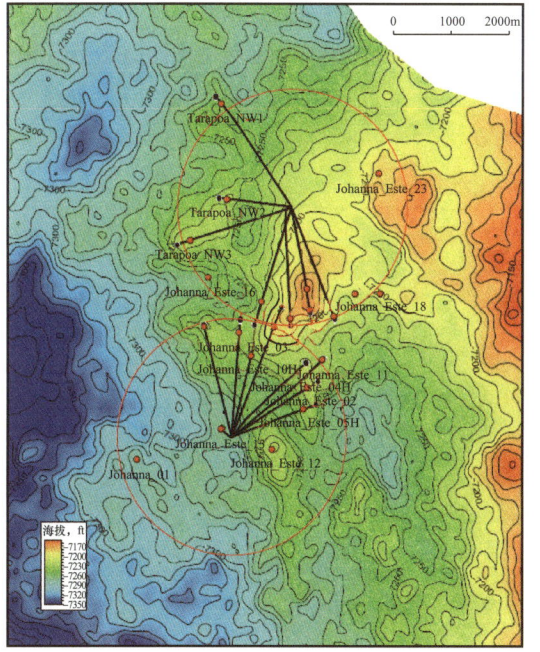

图 5-33　Johanna Este 油藏 M1ss 层顶面构造图

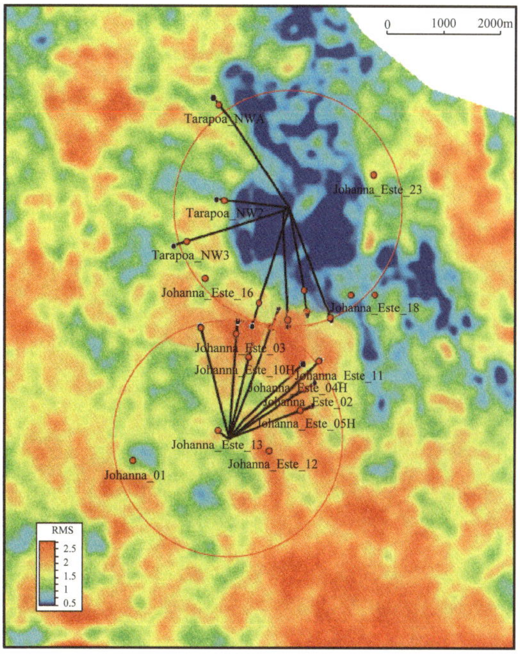

图 5-34　Johanna Este 油藏 M1ss 均方根属性图

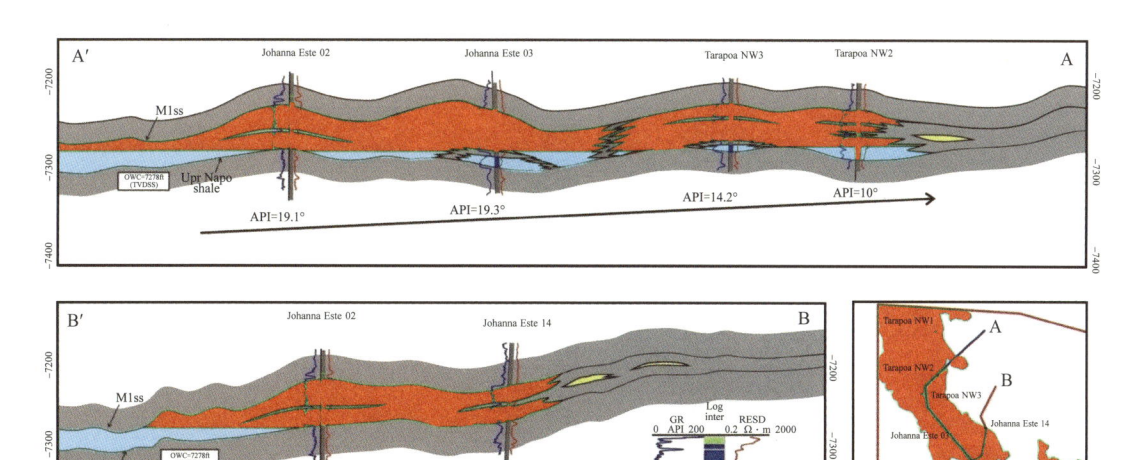

图 5-35　Johanna Este 油田 M1ss 油藏剖面图

2）构造背景控藏

圈闭是油气聚集的场所，因此可以说圈闭的展布位置直接决定了油气藏的位置。从前文对区域内油气藏解剖可以看出，通过对区域油气分布规律和油气藏解剖发现，基本上区域内在三套主力储层顶面构造图上识别出的低幅度构造圈闭都是含油的，并且圈闭油气充满度都比较高。可以看出低幅度圈闭的发育对于油气成藏具有很大的控制作用。

3）岩性遮挡辅助成藏

前期的勘探成果表明，砂岩上倾尖灭圈闭和断层—岩性复合圈闭主要分布在白垩系顶部 Napo 组 M1ss 砂层中，这两种类型在上倾方向依靠岩性的变化形成封闭[64]。

4）构造脊控藏

Mariann 区块存在两条近南北向的构造脊，走向基本与 Mariann 断层一致，目前绝大部分油井都位于紧邻断层的第一构造脊上（共有 40 口井钻在第一构造带上，其中 33 口油井），而远离断层的第二构造脊上钻探的 M4A06 井和 M16 井均为水井（成功率为 0），可以看出断层对油气分布的控制作用。

3. 前陆盆地斜坡带有利勘探区优选方法

1）有利成藏组合优选

采用资源—地质风险概率双因素法[18]进行有利勘探区优选，该方法主要考虑待发现油气资源量和地质风险概率两个因素，建立双因素法"高风险—高资源潜力""中风险—高资源潜力""低风险—高资源潜力"等 9 个等级评价分类。最终，优选 Hollin 组砂岩成藏组合、Napo 组 T 砂岩成藏组合、U 砂岩成藏组合、M1 砂岩成藏组合等 4 个成藏组合为 Ⅰ 类成藏组合（低风险—高资源潜力），优先进行勘探；Basel Tena 组砂岩等 3 个成藏组合为 Ⅱ 类成藏组合（中风险—中、低资源潜力），可兼探；Pumbuiza 组砂岩成藏组合等 3 个成藏组合为 Ⅲ 类成藏组合（高风险—中、低资源潜力），不宜进行勘探或可兼探。

2）有利区优选

应用成藏组合范围叠合法优选平面有利区。参考成藏组合优选结果，对平面不同区"有利指数"进行计算。将盆地划分为四个区，其中盆地中部地区"有利指数"大于 4，最为有利，是下步盆地重点勘探的领域，紧邻该区域的外围区是 Ⅱ 级有利区（图 5-36）。

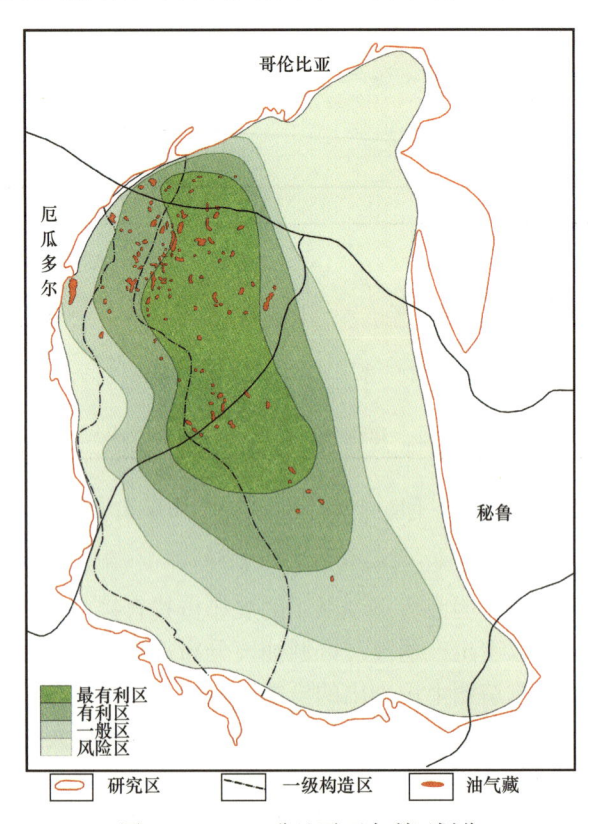

图 5-36 POM 盆地平面有利区划分

二、前陆盆地斜坡带低幅度圈闭群评价方法

针对丛式平台钻井的特点，提出"以丛式平台控制圈闭为单元的圈闭勘探评价新方法"[66]。

1. 圈闭的地质风险分析

生、储、盖、圈、运、保是圈闭成藏的6大关键要素，其中每一个因素对圈闭成藏都起到决定性的作用，因此圈闭成藏概率就等于每一个要素单独发生时概率的乘积。用公式表示为：

$$P = \prod_{i=1}^{6} P_i \tag{5-15}$$

式中　P_i——各圈闭6项油气成藏关键要素单独发生时的概率值。

2. 风险后圈闭资源量计算

采用体积法计算圈闭资源量[66]。

$$N = \frac{0.01 \cdot A \cdot h \cdot \phi \cdot S_{oi} \cdot \rho}{B_{oi}} \tag{5-16}$$

式中　N——圈闭资源量，10^8t；
　　　A——含油面积，km^2；
　　　h——油层厚度，m；
　　　ϕ——有效孔隙度，%；
　　　S_{oi}——含油饱和度，%；
　　　B_{oi}——原油体积系数；
　　　ρ——原油密度，g/cm^2。

最后，圈闭资源量与圈闭成藏概率乘积获得风险后圈闭资源量。

3. 钻井平台及钻探目标优选

1）钻井平台优选

通常钻井平台位置要能够涵盖尽可能多的、好的钻探目标。在不考虑最小经济回报的前提下，钻井平台优选要遵循以下两个原则：

（1）单一钻井平台控制的总的风险后圈闭资源量大的优先；

（2）单一钻井平台控制的平均风险后圈闭资源量大的优先；

根据上述优选原则，建立平台优选方法：（1）给目标区已发现圈闭编号 i（i 为自然数）；（2）根据圈闭位置及平台半径设计尽可能多的平台，为每个平台编号 P_n（n 为自然数，平台内圈闭组合相同的平台记为一个平台）；（3）根据对圈闭评价的结果，统计每一个平台控制的总的风险后圈闭资源量、平均风险后圈闭资源量、最大三个圈闭风险后总圈闭资源量。（4）根据统计的数据对平台进行排序。最后得到区块平台建设顺序及平台控制可钻圈闭。

2）钻探目标优选

平台优选完之后，根据以下原则优选钻探目标：（1）位于排序靠前平台内的圈闭优先钻探；（2）同一个平台内，风险后圈闭资源量大的优先；（3）如果两个或多个平台同时部

署，则这几个平台控制的所有圈闭按风险后圈闭资源量大小进行排序。

4. 基于丛式平台的圈闭群综合评价方法应用

X区块位于厄瓜多尔奥连特盆地东部斜坡带上，勘探面积100km²，3D地震覆盖，没有钻井，勘探程度低。其南为T区块，勘探成熟度高，全区3D地震覆盖，发现多个低幅度构造圈闭油藏，主要通过丛式钻井平台钻探大斜度井和水平井进行勘探开发。X区块主力目的层M1、LU和LT已经识别出多个低幅度背斜圈闭，以M1层为例，对圈闭评价新方法进行应用。根据钻井平台优选方法和原则，结合计算的区块未钻圈闭风险后资源量设计钻井平台，进行最优钻井平台优选，共优选6个平台（图5-37），钻探顺序为P_1、P_2、P_3、P_4、P_5和P_6（表5-1），单一平台内未钻圈闭钻探顺序按照圈闭风险后资源量排序[66]。

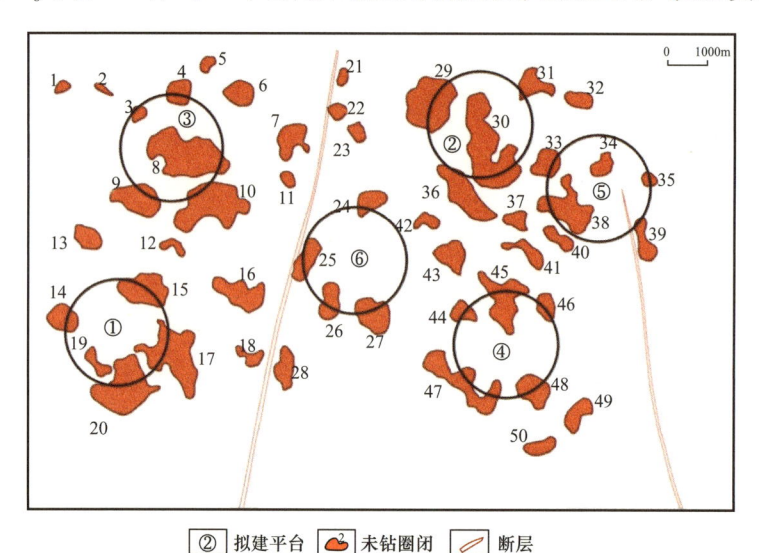

图5-37 优选平台平面分布[66]

表5-1 平台优选结果及圈闭钻探顺序[66]

平台优选排序编号	平台内未钻圈闭编号及钻探顺序（排前先钻）	钻井平台控制的总的风险后资源量 10^4t	钻井平台控制的平均圈闭风险后资源量 10^4t	钻井平台控制的风险后资源量最大三个圈闭总的风险后资源量 10^4t
P_1	20、17、15、14、19	351	70	329
P_2	30、29、36、31	207	52	190
P_3	10、8、9、4、3	203	41	201
P_4	47、45、48、44、46	119	24	109
P_5	38、33、39、34、35	74	15	70
P_6	27、26、25、24	69	17	66

第六节　奥连特盆地斜坡带勘探实践与成效

一、勘探历程

中国石油于 2006 年收购了加拿大 ENCANA 公司在奥连特盆地东部热带雨林区的安第斯项目。2011 年，项目扩区，合同区面积扩展到 7950km²，新增了 Dorine 北、Tarapoa 西和 Mariann 南等三个低勘探程度区，极大地拓展了勘探空间，通过深化研究与加大勘探投入，先后发现多个油藏，取得了较好的勘探成效。勘探历程可以划分为三个阶段：2006—2010 年，勘探停滞阶段，基本没有勘探投入，也没有勘探发现；2011—2014 年，勘探快速发展阶段，基于深化的地质认识，转化勘探思路，先后发现多个油藏，先后发现 Esperanza-Colibri 油田、DorineN 油藏、MariannN 油藏、Chorongo 油藏、Tapir 油田、MariannSur 油田、Dana 油田和 DorineG 油田、TarapoaNW 油田、Johanna 油田、AliceWest 油田、Orquidea 油田；2015—2017 年，稳定发展阶段，随着勘探的深入，以及国际油价的剧烈变化，勘探进入稳定发展阶段，虽然每年发现的油藏数量较高峰期有所减少，但基本每年都能有新的油藏发现，先后发现 JohannaEste 油田、JohannaEste 北油田、Gaby 油田。自 2011 年以来，安第斯项目连续 7 年实现储量替换率大于 1，在新区、新层系勘探累计新增地质储量近亿吨。实现了"小土豆"型低幅度构造勘探也能形成亿吨级油田群。

1. 勘探思路的转变与勘探突破

安第斯项目老油田的产层比较单一，在西部主要是白垩系 M1 层，在东部主要是白垩系 LU 层。但是由于剩余未钻圈闭越来越小，可供钻探的目标越来越少，勘探工作陷入瓶颈，几乎停滞。自 2006 年项目接管到 2010 年间没有打 1 口探井。老油田的滚动扩边已经走到了尽头，必须要跳出现有油田，另开辟一片天地。2010 年，安第斯项目合同转制成功，项目合同期延长至 2025 年。项目的勘探工作迎来了新的发展契机。要想跳出老油田，必须要解放思想，跳出原有的条条框框。

前期研究对奥连特盆地斜坡带油气成藏的认识主要包括[64]：（1）油气成藏主要受断层控制，油气主要分布在断层的上盘；（2）单一目的层成藏；（3）M1 层发育的"泥岩墙"阻挡油气向东运移。因此认为油气主要分布在断层的上盘和泥岩墙之间。经过大量系统的研究，特别是对"断层—构造背景—岩性遮挡"三个主控要素的研究，提出油气沿"构造脊运移"多层系连片成藏的模式[64]。在该模式的指导下，打破三大禁区。在断层下盘"泥岩墙"以东，以及多套层系获得发现，打开了项目的勘探局面，初步形成亿吨级的资源前景。

勘探经验也表明，采集三维地震资料后，区块发现圈闭的位置、数量、面积规模与二维地震资料解释的结果完全不同，不仅圈闭的位置发生了变化，圈闭的数量、面积成倍增加，圈闭的资源量也成倍增加，因此低幅度圈闭勘探必须遵循"先上三维地震，整体评价后再部署探井"这一勘探模式。

勘探思路的转变，跳出原有认识的局限，在多个勘探禁区获得突破，先后发现 1 个 $5000×10^4 t$（T 西大型构造—岩性油田）和 1 个 $3000×10^4 t$ 级油田（Mariann 区块 UT 层海绿石砂岩油田），以及多个 $1000×10^4 t$ 级油田（Gaby 油田、Esperanza 油田、Mariann 南油田）。

（1）断层下盘获得重要勘探突破，打破了断层下盘不易成藏的禁区：2011年10月，Esperanza1井完钻。该井钻遇16.3m，经测试初产371 t/d，含水仅0.6%。在F断层的下盘获得重要突破，打破了断层下盘不易成藏的禁区，发现了一个千万吨级油田。

（2）泥岩墙东面获得新突破，打破了泥岩墙阻挡油气向东运移，东面不成藏的禁区：2011年11月，部署FB141井、FB142井相继在泥岩墙东面获得成功。打破了泥岩墙阻挡油气向东运移，东面不易成藏的禁区。

（3）首次在5套目的层均获得油气发现，打破了单一目的层成藏的认识：研究认为区块内F断层输导能力较强和M断层的输导能力较弱，因此M断层上盘很有可能多层系成藏。随即部署实施了Mariann S1井，钻遇油层5层33.8m，LT层射孔3m，测试初产87t/d，取得重大勘探突破。评价井Mariann S2井同样钻遇5层25m油层。打破了单一目的层成藏的认识，显示出区块中东部具有更广阔的勘探前景，发现一个千万吨级油田——Mariann南油田。

（4）Dorine N1和Dorine G1井，证实了区块多层系连片成藏：在F断层和M断层的中间，部署了Dorine N1井，在BT层和M1层钻遇17m油层，LU层钻遇4.3m油层，UT层钻遇8.5m油层，首次在F断层和M断层之间远离断层的位置获得突破。随后部署实施的Dorine N2井、Esperaza N1井等也相继获得成功。至此，奥连特盆地斜坡带北部油气沿着"构造脊"运移，多层系连片成藏的模式被证实。

（5）Alice w1井发现大型岩性油藏，打开T西大场面：Dorine-Fanny油藏是靠一条NW—SE走向的泥岩条带（西北侧砂岩储层向东南上倾尖灭）提供上倾方向封堵条件形成。2013年，在新采集的3D地震数据体上，通过地震属性识别，明确了T西北部发育NW—SE走向砂岩上倾尖灭条带，其下倾NW方向存在多个局部构造高点，构成多个构造—岩性圈闭。部署探井钻探后，先后发现TNW油藏、Alice West油藏、Alice South油藏、Johanna油藏和Johanna Este油藏，该区带已经发现5000×10⁴t地质储量，新发现的油藏迅速投入开发，目前新发现油藏产量1930 t/d，占T区块日产1/3，形成50×10⁴t/a产能，达到高效勘探效果（图5-38）。

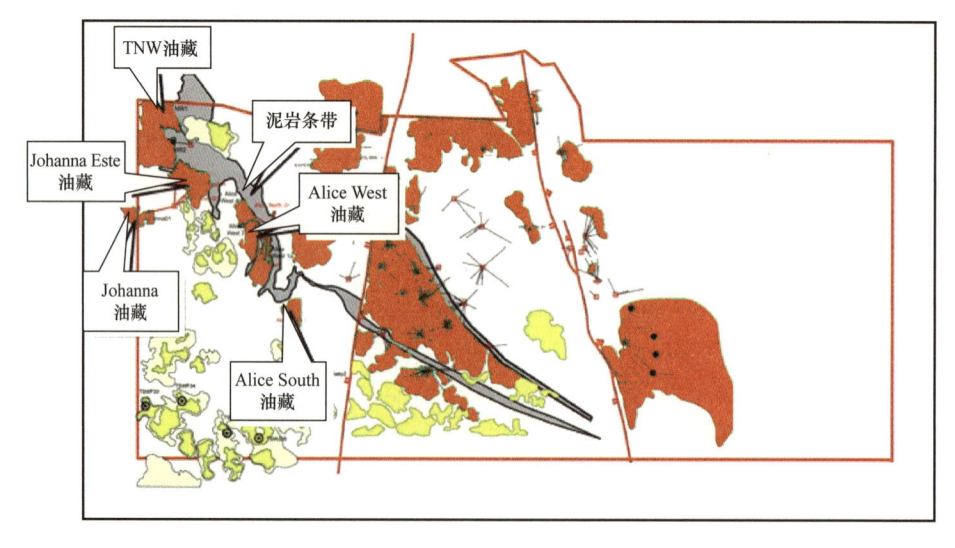

图5-38　T西泥岩墙展布特征及围绕泥岩墙发现的油气藏

（6）新技术助力新层系突破——UT层海绿石砂岩油层的发现：奥连特盆地东北部白垩系 Napo 组 UT 段发育海绿石砂岩。研究发现研究区海绿石矿物不是海绿石砂岩的胶结物而是岩石骨架的一部分，由此建立了由海绿石颗粒和碎屑石英颗粒构成岩石骨架的混合骨架体积物理模型，基于混合骨架模型的测井评价方法实现了海绿石砂岩储层骨架密度、孔隙度和渗透率的定量评价，可以有效评价研究区的海绿石砂岩储层。应用该方法在 Marainn 区块优选探井进行试油，试油 42 口全部获得成功，平均产量约 45 t/d，在 Mariann 区块发现 3000×10^4 t，UT 层成为新的储量增长点。

2. 勘探突破的意义与启示

奥连特盆地 T 区块 Mariann 南多层系勘探、Fanny 断层上下盘的勘探突破，新发现了地质储量 1×10^8 t 的油田，这是迄今为止安第斯项目通过自主勘探发现的最大的油气田。勘探实践成功证明多层系立体勘探思路的正确，丰富了南美前陆盆地斜坡带油气理论的认识，为安第斯项目勘探规模发展提供了依据。

与此同时，在 T 区块的发现和探明的过程中形成的低幅度构造地震采集、处理与解释技术，热带雨林区平台丛式大位移水平井钻井技术等，对南美其他国家前陆盆地的油气勘探开发具有重要的指导意义。

勘探工作的启示：（1）坚定信心，不懈探索是多层系立体勘探突破的基石；（2）技术的创新与发展是低幅度构造勘探的基础；（3）地质认识的升华是多层系立体勘探突破的关键。

参考文献

[1] 安作相，马宗晋，马纪，等. 全球石油系统概貌[J]. 地学前缘，2003，10（特刊）：51-57.

[2] 邱中建. 关于前陆盆地油气勘探的几点建议[J]//中国石油勘探与生产分公司. 中国中西部前陆盆地冲断带油气勘探论文集. 北京：石油工业出版社，2002.12-14.

[3] 谢寅符，赵明章，杨福忠，等. 拉丁美洲主要沉积盆地类型及典型含油气盆地石油地质特征[J]. 中国石油勘探，2009，14（1）：65-73.

[4] 马中振，谢寅符，李嘉，等. 南美西缘前陆盆地油气差异聚集及控制因素分析[J]. 石油实验地质，2014，36（5）：597-604.

[5] Debra K H. The Putumayo-Oriente-Maranon Province of Colombia, Ecuador, and Peru Mesozoic-Cenozoic and Paleozoic Petroleum Systems [R]. Geological Survey, 2001: 1-31.

[6] 谢寅符，季汉成，苏永地，等. Oriente-Maranon 盆地石油地质特征及勘探潜力[J]. 石油勘探与开发，2010，37（1）：51-56.

[7] 王青，张映红，赵新军，等. 秘鲁 Maranon 盆地油气地质特征及勘探潜力分析[J]. 石油勘探与开发，2006，33（5）：643-647.

[8] Dashwood M F, Abbotts I L. Aspects of the petroleum geology of the Oriente Basin, Ecuador, Brooks, J., ed., Classic petroleum provinces [J]. Geologic Society Special Publication, 1990, 50: 89-117.

[9] Valasek D, Aleman A M, Antenor M, et al. Cretaceous sequence stratigraphy of the Maranon-Oriente-Putumayo Basins, northeastern Peru, eastern Ecuador, and Southeastern Colombia [J]. AAPG Bulletin, 1996, 80（8）: 1341-1342.

[10] 谢寅符，马中振，刘亚明，等. 南美洲油气地质特征及资源评价[J]. 地质科技情报，2012，31（4）：

61-66.

[11] 谢寅符, 刘亚明, 马中振, 等. 南美洲前陆盆地油气地质与勘探 [M]. 北京: 石油工业出版社, 2012.

[12] Mathalone J M P, Montoya M. Petroleum geology of the sub-Andean basins of Peru // Tankard A, Suárez Soruco R, Welsink H J, eds, Petroleum Basins of South America [M]. AAPG Memoir 62, 1995, 423-444.

[13] Yang X F, Xie Y F, Zhang Z W, et al. Hydrocarbon Generation Potential and Depositional Environment of Shales in the Cretaceous Napo Formation, Eastern Oriente Basin, Ecuador [J]. Journal of Petroleum Geology, 2017, 40 (2): 173-193.

[14] 阳孝法, 谢寅符, 张志伟, 等. 南美Oriente盆地北部海绿石砂岩油藏特征及成藏规律 [J]. 地质科学, 2016, 42 (10): 189-203.

[15] Yang X F, Xie Y F, Ma Z Z, et al. Source Rocks Variation and its links to Sequence Stratigraphy in the Upper Cretaceous of the Oriente Basin, Ecuador [C] // Japan: Goldschmidt Conference Abstracts. 2016.

[16] Baby P, Rivadeneira M, Barragan R and Christophoul F. Thick-skinned Tectonics in the Oriente Foreland Basin of Ecuador [M] // Geological Society, London, Special Publications, 2013.377 (1): 59-76.

[17] Marocco R, Lavenu A, Baudino R. Intermontane Late Paleogene Neogene Basins of the Andes of Ecuador and Peru, sedimentologic and tectonic characteristics [M] // Petroleum basins of South America. AAPG Memoir 62, 1995. 597-613.

[18] 马中振, 陈和平, 谢寅符, 等. 南美Putomayo-Oriente-Maranon盆地成藏组合划分与资源潜力评价 [J]. 石油勘探与开发, 2017, 44 (2): 225-234.

[19] 谢寅符, 马中振, 刘亚明, 等. 以成藏组合为核心的油气资源评价方法及应用 [J]. 地质科技情报, 2012, 32 (2): 45-49.

[20] IHS Energy. Field & reserves data [DB/OL]. (2014-06-13) [2014-07-03]. http://www.ihs.com/.

[21] IHS Energy. Maranon Basin [DB/OL]. (2014-06-13) [2015-04-10]. http://www.ihs.com/.

[22] IHS Energy. Putumayo Basin [DB/OL]. (2014-06-13) [2015-04-10]. http://www.ihs.com/.

[23] Feininger T. Origin of Petroleum in the Oriente of Ecuador [J]. AAPG Bulletin, 1975, 59 (7): 1166-1175.

[24] Valasek D, Alem an A M, Antenor M, et a1. Cretaceous sequence stratigraphy of the Maranon-Oriente-Putumayo Basins, northeastern Peru, eastern Ecuador and Southeastern Colombia [J]. AAPG Bulletin, 1996, 80 (8): 1341-1342.

[25] Tschopp T J, Oil explorations in the Oriente of Ecuador 1938-1950 [J]. AAPG Bulletin, 1953, 68: 31-49.

[26] U. S. Geological Survey. An Estimate of Undiscovered Conventional Oil and Gas Resources of the World, 2012 [EB/OL] (2012-03) [2015-02-30]. http://pubs.usgs.gov/fs/2012/3042/fs2012-3042.pdf.

[27] 朱洪昌, 朱莉, 玄长虹, 等. 运用高分辨率地震资料处理技术识别薄储层及微幅构造 [J]. 石油地球物理勘探, 2010, 45 (增刊 I): 90-93

[28] 赵殿栋, 郑泽继, 吕公河, 等. 高分辨率地震勘探采集技术 [J]. 石油地球物理勘探, 2001, 36 (3): 263-271

[29] 马朋善, 王向阳, 黄照文. 高分辨率三维地震资料采集仪器及采集技术 [J]. 物探装备, 2001, 11

（4）：243-246.

[30] 张亚斌. 复杂地表条件下二维地震资料拼接处理技术[J]. 吐哈油气, 2009（2）：101-103.

[31] 潘树林, 高磊, 陈辉, 等. 复杂地区拟合差分配静校正方法研究[J]. 物探化探计算技术, 2010, 32（3）：241-246.

[32] 张永峰, 王鹏, 张亚兵, 等. 基于变差函数的高精度静校正融合技术及其应用[J]. 岩性油气藏, 2015, 27（3）：108-114.

[33] 刘秋良, 冯会元, 汪清辉, 等. 几种静校正方法在苏里格气田的应用[J]. 石油天然气学报, 2012, 34（6）：72-76.

[34] 王克斌, 赵灵芝, 张旭民. 折射静校正在苏里格气田三维处理中的应用[J]. 石油物探, 2003, 42（2）：248-251.

[35] 陈广军, 宋国奇. 低幅度构造地震解释探讨[J]. 石油物探, 2003, 42（3）：395-398.

[36] 王志刚, 刘志伟, 王彦春, 等. 复杂近地表区综合长波长静校正方法[J]. 石油地球物理勘探, 2014, 49（3）：480-485.

[37] 祖云飞, 冯泽元, 李振华. 长波长静校正问题的探讨和实例分析[J]. 天然气工业, 2007（s1）：201-204.

[38] 胡玉双, 徐春梅, 蒋波, 等. 基于正交子集的叠前噪音压制技术[J]. 科学技术与工程, 2010, 10（16）：3832-3836.

[39] 吴亚东, 赵文智, 邹才能, 等. 基于视速度的波场变换的叠前强相干噪音压制技术[J]. 吉林大学学报, 2006, 36（3）：462-467.

[40] 吕景贵, 刘振彪, 管叶君, 等. 压制叠前相干噪音的速度变换域滤波方法[J]. 石油物探, 2001, 40（4）：94-99.

[41] 周锡元, 董娣, 苏幼坡. 非正交阻尼线性振动系统的复振型地震响应叠加分析方法[J]. 土木工程学报, 2003, 36（5）：30-36.

[42] 耿建华, 马在田. 在f-k域实现转换波（P-SV, SV-P）DMO[J]. 石油地球物理勘探, 1995, 30（1）：62-65.

[43] 孙沛勇, 李承楚. 利用倾角分解法实现转换波DMO[J]. 石油地球物理勘探, 1998, 33（2）：265-271.

[44] 马在田. P-SV反射转换波的倾角时差校正（DMO）方法研究[J]. 地球物理学报, 1996, 39（2）：243-250.

[45] 周青春, 刘怀山, Kondrashkov, 等. 双参数展开CRP叠加和速度分析方法研究[J]. 地球物理学报, 2009, 52（7）：1881-1890.

[46] 陈可洋, 吴清岭, 范兴才, 等. 地震波逆时偏移中不同域共成像点道集偏移噪声分析[J]. 岩性油气藏, 2014, 26（2）：118-124.

[47] 李伟波, 李培明, 王薇, 等. 观测系统对偏移振幅和偏移噪声的影响分析[J]. 石油地球物理勘探, 2013, 48（5）：682-687.

[48] 张丽艳, 刘洋, 陈小宏. 几种相对振幅保持的叠前偏移方法对比分析[J]. 地球物理学进展, 2008, 23（3）：852-858.

[49] 姚刚, 刘学伟. 基于Rayleigh积分的聚焦束估算层状介质的三维地震观测系统分辨率[J]. 地球物理学进展, 2010, 25（2）：432-438.

[50] 刘绍新, 王建民, 金昌赫, 等. 大庆长垣油田主城区高精度三维地震激发技术[J]. 石油地球物理勘探, 2010 (a01): 30-34.

[51] 郭勇, 王元波. 高分辨率地震资料处理技术[J]. 大庆石油地质与开发, 2002, 21 (5): 58-59.

[52] 凌云研究组. 地震分辨率极限问题的研究[J]. 石油地球物理勘探, 2004, 39 (4): 435-442.

[53] 黄绪德. 反褶积与地震道反演[M]. 北京: 石油工业出版社, 1992.

[54] 陈必远, 马在田. 优势频率约束下的递推 f-x 去噪和谱均衡方法[J]. 石油地球物理勘探, 1997, 32 (4): 575-581.

[55] 刘企英. 高信噪比、高分辨率和高保真度技术的综合研究[J]. 石油地球物理勘探, 1994, 29 (5): 610-622.

[56] 李曙光, 徐天吉, 唐建明, 等. 基于频率域小波的地震信号多子波分解及重构[J]. 石油地球物理勘探, 2009, 44 (6): 675-679.

[57] 王曰才. 地层倾角测井[M]. 北京: 石油工业出版社, 1987.

[58] 黄斌, 张宏兵, 王强, 等. 广义 S 变换与短时窗傅里叶变换在地震时频分析中的对比研究[J]. 中国煤炭地质, 2017, 29 (1): 59-63.

[59] 杨培杰, 印兴耀, 张广智, 等. 希尔伯特—黄变换地震信号时频分析与属性提取[J]. 地球物理学进展, 2007, 22 (5): 1585-1590.

[60] 侯光汉, 李公时. 用趋势面分析法探讨海南石碌铁矿地质构造演变及其与铁矿体的分布关系[J]. 中南大学学报 (自然科学版), 1979, (3): 134-139.

[61] 王家映. 地球物理反演理论[M]. 北京: 高等教育出版社, 2002.

[62] Huang H, Yuan S, Zhang Y, et al. Use of nonlinear chaos inversion in predicting deep thin lithologic hydrocarbon reservoirs: A case study from the Tazhong oil field of the Tarim Basin, China[J]. Geophysics, 2016, 81 (6): B221-B234.

[63] 阳孝法, 谢寅符, 张志伟, 等. 奥连特盆地白垩系海绿石成因类型及沉积地质意义[J]. 地球科学, 2016, 42 (10): 1696-1708.

[64] 马中振, 谢寅符, 陈和平, 等. 南美典型前陆盆地斜坡带油气成藏特征与勘探方向选择——以厄瓜多尔 Oriente 盆地 M 区块为例[J]. 天然气地球科学, 2014, 25 (3): 379-387.

[65] 邹才能, 张光亚, 陶士振, 等. 全球油气勘探领域地质特征、重大发现及非常规石油地质[J]. 石油勘探与开发, 2010, 37 (2): 129-145.

[66] 马中振, 谢寅符, 张志伟, 等. 丛式平台控制圈闭群勘探评价方法——以厄瓜多尔奥连特盆地 X 区块为例[J]. 石油勘探与开发, 2014, 41 (2): 182-188.

第六章 海外砂岩油田高速开发理论与技术

海外五大油气合作区 26 个油气合作项目共有 55 个砂岩油（气）田，主要分布在穆格莱德、南图尔盖、曼格斯拉克等 10 余个含油气盆地中。至"十二五"末，中国石油海外常规砂岩油田地质储量占海外公司总储量的 39%，而砂岩油田作业产量比例高达 70%，累计产量比例达到 85%，对海外油气业务的规模持续高效发展发挥了重要作用。

经过二十余年海外油田开发实践和科技攻关，特别在"十二五"期间，基于海外项目砂岩油田油藏地质特征、流体特征及不同合同模式约束下，通过开展集团公司重大专项科技攻关、大型油田开发方案编制及实施、专项技术研究等，海外砂岩油田实现了高速、高效开发，其高速开发理论和技术得到长足发展，集成创新形成了海外砂岩油田高速开发理论和技术。

第一节 海外砂岩油田分布及地质特征

一、砂岩油田分布特征

海外砂岩油田主要分布于裂谷盆地和前陆盆地中，其中裂谷盆地包含 71 个油田，储量占 29.7%，中亚—俄罗斯、非洲和亚太油气合作区砂岩油田均为裂谷盆地；前陆盆地包含 20 个油田，储量占 70.3%，中东和美洲油气合作区砂岩油田均为前陆盆地。

海外砂岩油田主力生产层位有中生界（三叠系、侏罗系和白垩系）、新生界（古近系和新近系）和古生界（二叠系），储量比例分别为 61.9%、37.5% 和 0.6%，剩余可采储量比例分别为 59.6%、39.2% 和 1.2%。截至 2015 年底，海外已开发砂岩油田 2P 原油地质储量近 $160×10^8t$，主要分布在美洲、中东、中亚和非洲，分别占 35.4%、33.8%、14.9% 和 13.6%；亚太最少，仅占 2.3%。剩余可采储量主要分布在中东、亚洲、非洲和中亚，分别占 35%、32.6%、16% 和 15.7%；亚太仅占 0.7%。表 6-1 为五大油气合作区主力砂岩油田地质储量占该地区砂岩油田储量比例统计表。

中亚油气合作区砂岩油田主要分布于哈萨克斯坦的四个裂谷盆地：南图尔盖盆地、滨里海盆地、北乌斯丘尔特盆地和曼格什拉克盆地。主力生产层位为中生界侏罗系和白垩系。超过亿吨级的砂岩油田主要有 MMG 项目的卡拉姆卡斯油田、热得拜油田，北布扎奇项目的北布扎奇油田、PK 项目的库姆科尔油田和阿克沙布拉克油田。

非洲油气合作区砂岩油田主要分布于四个裂谷盆地：苏丹、南苏丹的穆格莱德盆地、迈卢特盆地，尼日尔的 Termit 盆地和乍得的 Bongor 盆地。生产层位为中生界白垩系，占该地区砂岩油田储量的 52.4%；其次为新生界古近系，占该地区砂岩油田储量的 42.8%；再次为古生界二叠系，占该地区砂岩油田储量的 4.8%。南北苏丹 1/2/4 区、6 区和 3/7 区分别占非洲地区砂岩油田储量的 32%、40.1% 和 14.4%，1/2/4 区亿吨级主力油田主要为郁里提油田和黑格里格油田，3/7 区亿吨级主力油田主要为法鲁奇油田和毛里塔油田，6 区 $5000×10^4t$ 级主力油田主要为扶拉油田和莫噶油田。

表 6-1 各大区主力砂岩油田储量分布统计表

大区	中国石油合同区所属国家	所属项目	主力油田	地质储量占该地区砂岩油田储量比例
中亚—俄罗斯	哈萨克斯坦	MMG	卡拉姆卡斯	28.6%
			热得拜	15.6%
		北布扎奇	北布扎奇	11.1%
		PK	库姆科尔	7.1%
			阿克沙布拉克	4.7%
非洲	南苏丹	1/2/4 区	郁里提	7.8%
	苏丹	1/2/4 区	黑格里格	6.7%
	南苏丹	3/7 区	法鲁奇	23.7%
	南苏丹	3/7 区	毛里塔	6.2%
	苏丹	6 区	扶拉	4.8%
	苏丹	6 区	莫噶	3.2%
中东	伊拉克	鲁迈拉	MainPay	72.3%
			UShale	16.3%
			Nahr Umr	2.3%
		哈法亚	Upper Kirkuk	3.9%
		西古尔纳	Zubair	3.1%
美洲	委内瑞拉	MPE3	MPE3	51.7%
		苏马诺	ZUMANO	20.5%
		陆湖	湖上	5.7%
			陆上	2.1%
	厄瓜多尔	安第斯	Tarapoa 区块	3.3%
	秘鲁	10 区	10 区	14.2%
		6/7 区	6 区	3.7%
			7 区	3.0%
		1-AB8	8 区	2%
亚太	中国	SPC	渤海	90.2%

中东油气合作区砂岩油田主要分布于伊拉克的美索不达米亚盆地，包括鲁迈拉、哈法亚和西古尔纳项目。主力生产层位为中生界白垩系。亿吨级的砂岩油田主要有鲁迈拉项目的 MainPay 油田、UShale 油田和 Nahr Umr 油田，哈法亚项目的 Upper Kirkuk 油田和西古尔纳项目的 Zubair 油田。

美洲油气合作区砂岩油田的主要分布于五个前陆盆地：委内瑞拉的东委内瑞拉盆地、

马拉开波盆地，厄瓜多尔的 Oriente 盆地、秘鲁的马拉农（Maranon）盆地和塔拉拉盆地。主力生产层位为中生界白垩系和新生界古近系，分别占该地区砂岩油田储量的 20.3% 和 79.7%。亿吨级砂岩油田 9 个，分别是委内瑞拉的 MPE3、陆湖（包括湖上和陆上油田）和苏马诺项目，厄瓜多尔的安第斯项目（Tarapoa 区块），秘鲁的 1-AB/8、6 区、7 区和 10 区。

亚太油气合作区砂岩油田主要分布于中国的渤海湾裂谷盆地和印尼的南苏门答腊裂谷盆地。主力生产层位为新生界新近系，亿吨级砂岩油田 1 个，为 SPC 项目的中国渤海湾的渤海油田。

二、砂岩油田储层特征

1. 沉积相及砂体类型

海外砂岩油田储层形成于陆地、湖（海）陆过渡及湖泊等环境中，发育有河流—（辫状河）三角洲—湖泊（海洋）、扇三角洲—湖泊等沉积体系，沉积相包括河流、扇三角洲、辫状河三角洲、三角洲、湖底扇和滨浅湖等多种类型。

1）河流相

海外砂岩油田河流相沉积储层以辫状河沉积为主，其次为曲流河，如南图尔盖盆地库姆科尔油田的白垩系（M-Ⅰ层为曲流河沉积，M-Ⅱ层为辫状河沉积）、南苏丹法鲁奇油田主力储层古近系 Yabus 组。

辫状河主要沉积的是心滩坝（图 6-1），是垂向加积的产物。由于每一次洪泛事件水动力能量不同，所携碎屑物粒度也不同，由多次洪泛事件垂向加积的心滩坝，其垂向上粒度和沉积构造变化无一定规律，因而其层内渗透率非均质变化呈无规律的变化[1]。

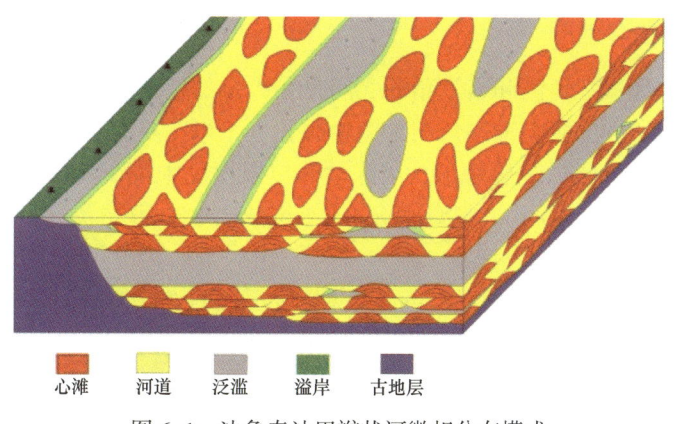

心滩　河道　泛滥　溢岸　古地层

图 6-1　法鲁奇油田辫状河微相分布模式

曲流河包括高弯度和低弯度两类，沉积五种不同微相砂体：点坝砂体、废弃河道砂体、串沟砂体、决口扇和天然堤砂体，以点坝砂体为主[1]。点坝砂体由侧向加积形成，砂体底部为含有最粗颗粒的沉积，向上逐渐变细，最后为最细的溢岸沉积，导致了点沙坝内部渗透率呈正韵律特征，底部最大的渗透率与顶部最小的渗透率形成很大的极差。点沙坝的另一重要特征是其上部在侧积体间发育侧向披覆的泥质薄层，这是两次洪泛事件的沉积物。这些泥质侧积层对储层内流体流动有强烈的影响。

2）海（湖）陆过渡相

过渡相是海外砂岩储层的重要沉积环境之一，包括叶状体—鸟足状三角洲、扇三角洲和过渡型三角洲等沉积相类型[2]。

叶状体—鸟足状三角洲距离物源百千米以上，具有广阔的冲积平原，坡降从小于0.5m/km到3m/km，冲积平原各种相带发育完全，三角洲前缘砂体呈鸟足状，前缘砂体单层厚度薄，3～5m，河口坝垂直岸线，向湖前积很远，大于10km，典型油田如MMG项目的卡拉姆卡斯油田和热得拜油田（图6-2）。

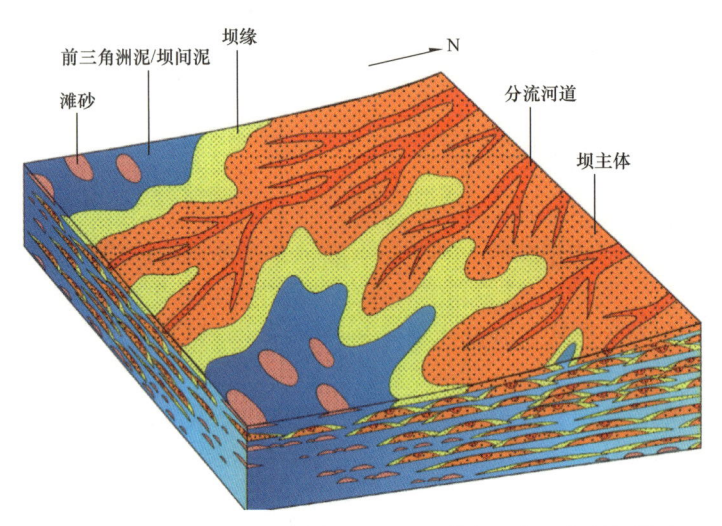

图6-2 热得拜油田J8层缓坡进积型河控鸟足状三角洲相模式

扇三角洲紧邻物源（数千米），几乎无冲积平原，三角洲前缘砂体呈扇形，前缘砂体单层厚度较厚，数十米，河口沙坝平行沉积走向，岩性变化小，典型油田如阿克沙布拉克油田J-Ⅲ层。

在鸟足状—叶状体三角洲和扇三角洲之间存在大量的过渡类型三角洲，即短流程河流入湖而形成的三角洲。过渡类型三角洲距离物源数十千米，具有较窄的冲积平原，辫状河直接入湖，三角洲前缘砂体呈唇边形，前缘砂体单层厚度中等，10～20m，河口坝垂直岸线，向湖前积不远，小于10km，典型油田如北布扎奇油田白垩系。

3）湖相

印度尼西亚Jabung区块新近系Lumut段和Simpang段发育湖相沉积，可划分为滨湖、浅湖和半深湖三个亚相。滨湖又可进一步分为泥坪、沙泥混合坪、沙坪微相；浅湖可进一步分为浅湖沙坝和浅湖泥微相类型。当浅湖局部被三角洲前缘相隔而孤立时，可形成湖湾沉积，它与浅湖水体流通性较差，为较闭塞的还原环境。

4）湖底相

湖底扇是湖盆中以重力流搬运沉积建造于浪基面以下深湖环境的碎屑岩体。湖底扇砂体侧向连续性差，其几何形态以水道式条带状为主，不发育连续系较好的叶状体砂体。储层岩性以鲍马序列为特征，多次浊流事件的叠加切割方式，导致渗透率非均质性严重。此外，因矿物成熟度低，微观非均质性也相对强，常具双模态孔隙结构[3]。

印度尼西亚Jabung区块湖底扇主要发育于NEB油气田新近系的L.Lumut段和M.Lumut段。NEB油气田L.Lumut段和M.Lumut段沉积时期滑塌湖底浊积扇形成的主要原因是该油气田东北部的辫状河三角洲前缘带尚未完全固结的沉积物，因受构造因素的影响,沉积物发生破裂、滑动并与水混合形成密度流,在重力作用下沿斜坡液化、滑塌后形成浊流进入湖泊的深水区再快速堆积而成湖底扇。所以,平面上湖底扇位于辫状河三角洲体系的外侧,按盆地形态结构可看出,由物源方向至盆地的较深水处,发育着从辫状河或扇三角洲直接过渡为湖底浊积扇的沉积演化特征。

按砂体厚度及其延伸方向,湖底扇沉积体系可划分为内扇、中扇和外扇三个亚相,内扇以发育碎屑流(水下泥石流)、颗粒流和浊流的 A 段沉积为主;中扇以发育浊流的 A—B 段沉积为主,此二亚相都为有利储层发育的相带;而外扇以发育远源浊积的 C—D—E 段和 D—E 段(泥岩、粉砂岩)为主,一般不利于储层发育。

2. 储层物性特征

海外砂岩储层以中—高孔、中—高渗为主,高—特高渗油田占 28.7%,高渗油田储量占 38.1%,中渗油田储量占 24.8%,低渗油田储量仅占 8.4%。剩余可采储量以高渗—特高渗油田为主,高—特高渗油田占 43.6%,高渗油田占 35.2%,中渗油田占 18.8%,低渗油田占 2.4%。表 6-2 为海外主力砂岩油田储层物性统计表。

表 6-2 海外主力砂岩油田储层物性统计表

项目	油田/区块	层位	平均孔隙度 %	平均渗透率 mD	储层类型
苏丹 1/2/4 区	黑格里格油田	白垩系 Bentiu 组	20.0~28.0	1000~2000 及以上	中—高孔、高渗
南苏丹 3/7 区	法鲁奇油田	古近系 Yabus 组	20.0~30.0	500~1000 及以上	中—高孔、高渗
PK	库姆科尔南油田	白垩系	25.2~26.4	338~1930	高孔、中—高渗
		侏罗系	22.6~25	171~816	中孔、中—高渗
	阿克沙布拉克油田	侏罗系 J-Ⅲ	25.8	1320	高孔、高渗
MMG	卡拉姆卡斯油田	侏罗系 J1C	26.3~27.2	278.3~345.8	中—高孔、中渗
	热得拜	侏罗系	16.7~19.2	45.1~247.6	中孔、中渗
北布扎奇	北布扎奇油田	白垩系	25.0~30.6	102.9	中—高孔、中渗
		侏罗系	29.0~31.7	1036	特高孔、高渗
阿克纠宾	肯基亚克盐上	白垩系	36.0	1640	特高孔、高渗
		中侏罗统	36.1	1875	特高孔、高渗
MPE3	MPE3	新近系	30~36	5000	特高孔、特高渗
胡宁 4	胡宁 4	古近系 Oficina 组	34.0	5381	特高孔、特高渗
鲁迈拉	鲁迈拉油田(北)	白垩系	12~24	100~1100	中—低孔、中—高渗
	鲁迈拉油田(南)	白垩系	15~23	180~3800	中孔、中—特高渗

— 257 —

高—特高渗油田主要包括非洲油气合作区苏丹黑格里格油田白垩系 Bentiu 组（孔隙度主要分布于 23%~30% 之间，渗透率主要分布于 1000~6000mD 之间）和南苏丹法鲁奇油田古近系 Yabus 组，美洲油气合作区胡宁 4 区块古近系（最大孔隙度为 39.8%，最小孔隙度为 24.6%，平均孔隙度为 34.0%；最大渗透率为 27000mD，最小渗透率为 73mD，平均渗透率为 5381mD）。

高渗油田包括中亚俄罗斯油气合作区南图尔盖盆地库姆科尔南油田白垩系（平均孔隙度为 25.2%~26.4%、平均渗透率为 338~1930mD），北布扎奇油田侏罗系（孔隙度为 29.0%~31.7%、渗透率为 1036mD），阿克沙布拉克油田侏罗系 J-Ⅲ 层（平均孔隙度为 25.8%、平均渗透率为 1320mD）及肯基亚克盐上油藏（白垩系孔隙度 36%、渗透率 1640mD，中侏罗统孔隙度 36.1%、渗透率 1675mD）及中东油气合作区南鲁迈拉油田白垩系（平均孔隙度为 15%~23%，平均渗透率为 180~3800mD）等。

中渗油田各大区均有分布，典型油田如中亚俄罗斯油气合作区卡拉姆卡斯油田侏罗系 J1c 层（各单砂层平均孔隙度为 26.3%~27.2%，平均渗透率为 278.3~345.8mD），热得拜油田侏罗系（平均孔隙度为 16.7%~19.1%，平均渗透率为 45.1~247.6mD），北布扎奇油田白垩系（平均孔隙度为 25.0%~30.6%，渗透率为 27~322mD，平均渗透率为 102.9mD）及中东油气合作区鲁迈拉油田 Main Pay 油藏白垩系等。

中—低孔、低渗油田较少，如 PK 项目的迈伊布拉克油田（平均孔隙度为 16.3%~19.7%，平均渗透率为 17~28.7mD）、北努拉雷油田（平均孔隙度为 11.1%，平均渗透率为 14.1mD）、阿克塞伊油田（平均孔隙度为 11%，平均渗透率为 21.5~28.9mD），MMG 项目的卫星油田，苏丹 6 区的 Bara 油田以及秘鲁 6 区、7 区、10 区等油田，其储量约 13×10^8 t，仅占海外砂岩油田总储量的 8.4%。

3. 储层非均质性

储层的非均质性受控于沉积环境和成岩作用[2]，湖盆碎屑岩沉积具有相带窄、平面上相变快的基本特点，再加上高频的湖进湖退，以致各种环境、不同相带的砂体在平面上频繁交错、叠合分布，造成陆相湖盆储层往往具有多砂层，层间非均质性比较严重（表 6-3）。

海外砂岩油气田储层多形成于河流、三角洲环境中，储层非均质一般较强。

表 6-3 陆相湖盆典型微相砂体的层内非均质性（据吴胜和等，1998）

砂体微相	沉积方式	粒度韵律	渗透率韵律	渗透率非均质程度	夹层
曲流河点坝	侧积	正韵律	正韵律	强	泥质侧积层
辫状河心滩坝	垂积	均质韵律	均质韵律	中	少
分流河道	填积	正韵律	正韵律	强	泥质薄层分布于中—上部
河口沙坝	前积	反韵律	反韵律	中—弱	泥质薄层分布于中—下部
滩坝	进积	反韵律	反韵律	弱	少
浊积岩	浊积	正韵律	正韵律	中—强	泥质薄层分布于中—上部

1）河流相砂体非均质性

以苏丹黑格里格油田古近系 Bentiu 组辫状河沉积来说明河流相砂体的非均质性。

第六章 海外砂岩油田高速开发理论与技术

黑格里格油田古近系 Bentiu 组砂岩从上至下分成多个砂层组，依次编号 1、2、3、4 等，每个砂组厚 70～100m，由多套辫状河沉积砂体叠加组成（图 6-3）。每个砂层组由 2～4 个小层组成，小层间发育局部稳定的泥岩隔/夹层，这些小隔/夹层进一步将砂层组细分为 A、B、C、D 小层，小层厚 6～30m。

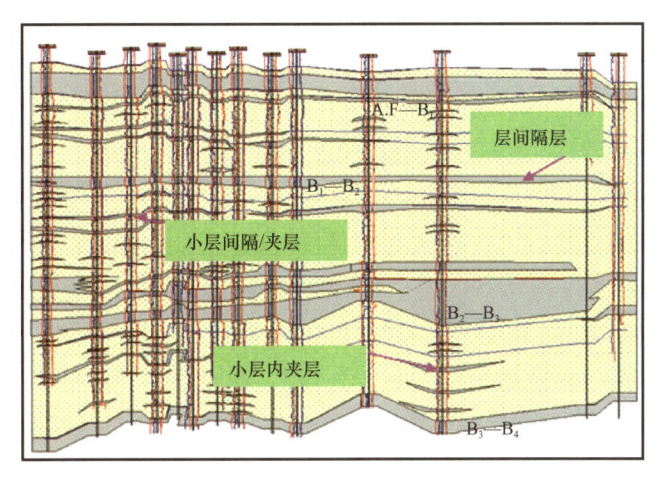

图 6-3 黑格里格油田隔夹层纵向分布剖面图

Bentiu 储层各个小层是由多期辫状河道和心滩砂体叠置而成，各小层砂体内部发育的不连续非渗透隔层或极低渗透率的夹层对流体流动可起到遮挡作用，因而对驱油过程影响极大。砂体内存在的隔夹层主要有三类：其一为心滩坝中的泥质落淤层，厚度较薄，但分布范围广；其二为河道顶部的泥质薄层，分布范围小，限制在河道内；其三为砂体内的泥质纹层，厚度极小，以毫米计，在层系中常呈韵律性反复出现。上述三类隔夹层均为垂向加积成因，平行砂层分布，因此主要构成流体的垂向渗流屏障。

三大主力油田 Bentiu1 层、Bentiu2 层和 Bentiu3 层的储层在平面上连通性好，平均孔隙度变化范围为 18.8%～26.5%，平均渗透率变化范围为 74～3999mD；井间渗透率非均质变异系数为 0.19～1.17，突进系数为 1.87～6.87，级差为 6.3～114。

2）三角洲砂体非均质性

以 MMG 项目卡拉姆卡斯油田 J1C 层三角洲前缘沉积来说明三角洲砂体的非均质性。

陆相湖盆中大多数沉积体系的流程短、相带窄、相变快，因而层间非均质性一般都比较突出。层间非均质性主要受沉积相的控制，尤其三角洲相砂体相带窄、相变快，层间非均质性显得更为突出。

卡拉姆卡斯油田由顶部到底部各单砂层的层内平均孔隙度和平均渗透率变化不大，平均砂岩厚度为 1.7～2.1m，也变化不大，说明研究区储层非均质性较弱。总体上卡拉姆卡斯油田 J1C 层各单砂层之间层间非均质性中等—较弱（图 6-4），各单砂层间平均渗透率变异系数为 0.49，平均渗透率突进系数为 1.69，平均渗透率级差为 5.30。

卡拉姆卡斯油田 J1C 层各单砂层层内平均渗透率非均质参数变化不大，渗透率变异系数主要分布在 0.538～0.580 之间，平均为 0.565，平均渗透率突进系数为 2.072，平均渗透率级差为 20.06。总体上层内非均质性中等。各层内渗透率变异系数主要分布区间为 0.2～1，渗透率突进系数主要分布区间为 1～3.5，渗透率级差分布区间为 2～30，表明层内非均质以中等和弱为主。

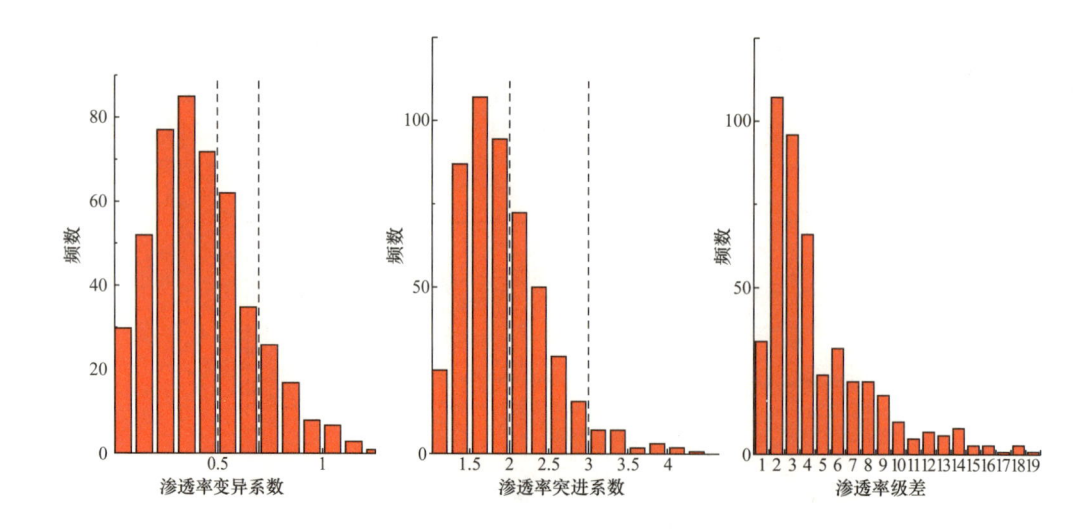

图6-4 卡拉姆卡斯油田J1C层间渗透率非均质参数统计直方图

储层的平面非均质性是指储层砂体的几何形态、规模、连续性以及砂体内储层各属性参数的平面变化引起的非均质性。研究规模为砂体规模，侧重于砂体的横向变化，储层参数的变化。平面非均质性对于井网布置、注入水的平面波及效率及剩余油的平面分布有很大的影响。以研究区J1C-1t1-1小层为例说明其平面非均质特征。

J1C-1t1-1层砂体极为发育，砂岩百分含量较高，砂体平面上呈网状展布，砂体间较多拼接和切叠，工区中部砂体较厚。储层物性高值区主要位于河道和河口坝等有利相带，孔隙度平均值为26.3%。渗透率高值分布范围相对较小，主要分布在砂体较厚的中部位置（图6-5），平均渗透率在278mD左右。

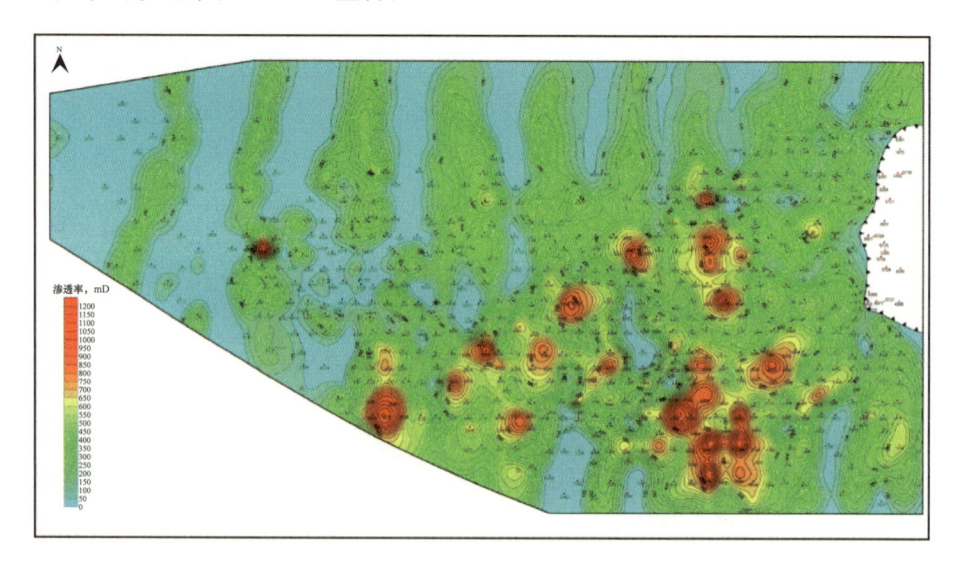

图6-5 卡拉姆卡斯油田J1C-1t1-1渗透率分布图

三、油藏和流体特征

海外砂岩油田油藏类型多样，难以一概而论。流体性质也各有不同，低黏度、中黏度、高黏度、稠油等均有分布。海外项目优先采用快速上产、高速开发、快速回收成本的开发政策，主力建产油田一般具有储量规模大、储层物性好、原油品质好、地层能量较充足的特点。本书以法鲁奇、黑格里格、南库姆科尔、阿克沙布拉克等海外典型砂岩油田为例介绍油藏类型。

1. 油藏类型

油藏类型在一定程度上决定了油田开发的难易程度，油藏类型不同在开发过程中采用的开发方式、开发技术政策和最终的开发效果也有所差异。油藏在利用天然边底水能量或人工注水开发过程中实现高速开发，需要较强且持续的供液能力，一般来说较大的储量丰度、较好的储层及流体物性是油藏高速开发的基础。海外砂岩油藏主要为两大类：层状边底水油藏和块状底水构造油藏。

1）层状边底水构造油藏

该类油藏是海外最为常见的砂岩油藏类型，油层一般为中—厚层，油层间有明显的泥质隔层，纵向上具有多个油水系统，部分油层带气顶，边底水能量弱—中等。

中亚俄罗斯油气合作区和中东油气合作区以层状边底水构造油藏为主。中亚俄罗斯油气合作区的库姆科尔油田为层状边底水构造油田（图6-6），纵向上包括6个主力产层，下白垩统的M-Ⅰ（曲流河沉积）、M-Ⅱ（辫状河沉积），上侏罗统（三角洲平原）的J-Ⅰ、J-Ⅱ、J-Ⅲ和J-Ⅳ，为中孔中—高渗砂岩储层。白垩系为构造型边底水未饱和油藏，埋深为1083m，地层压力为11.1MPa，饱和压力为4.9MPa，气油比为11.8m³/t，侏罗系为带气顶岩性—构造边水饱和油藏，埋深为1258m，地层压力为13.7MPa，气油比为133m³/t，边水天然能量不足。

2）块状底水构造油藏

该类油藏主要分布在非洲油气区，以苏丹1/2/4区油田最为典型。该类油藏油层一般为厚层状，油层间和油藏内部隔夹层均不发育，油水界面统一，整体表现为块状特征，一般具有较强的底水能量。非洲油气合作区的黑格里格油田位于苏丹Muglad盆地东南部，为苏丹1/2/4区最大的油田，埋深为1600~2000m，主力层Bentiu油藏为辫状河沉积，以块状底水油藏为主（图6-7），天然能量充足；油层物性好，中—高孔渗，孔隙度为21%~30%，渗透率为50~6000mD；正常的温度压力系统，油藏温度为72~90℃，地温梯度为3℃/100m；原始地层压力为20MPa，饱和压力为0.32MPa，地层压力系数为1.00~1.03。

2. 流体特征

海外砂岩油藏按照低黏度（$\mu \leqslant 5mPa \cdot s$）、中黏度（$5mPa \cdot s < \mu \leqslant 20mPa \cdot s$）、高黏度（$20mPa \cdot s < \mu \leqslant 50mPa \cdot s$）、稠油（$\mu > 50mPa \cdot s$）进行分类。

低黏油藏42个，以中亚俄罗斯合作区的PK项目、MMG项目的热得拜油田、KK项目和中东油气合作区鲁迈拉项目的MainPay油藏、哈法亚项目的Nahr Umr油藏和西古尔纳项目为主。PK项目库姆科尔南油田为轻质稀油，原油重度为40.2~42.1°API、中—低含蜡（8.9%~12.8%），地层原油为低黏度（1.15~2.98mPa·s），地层水为$CaCl_2$型。

海外高速开发砂岩油田主要油藏和流体特征参数见表6-4。

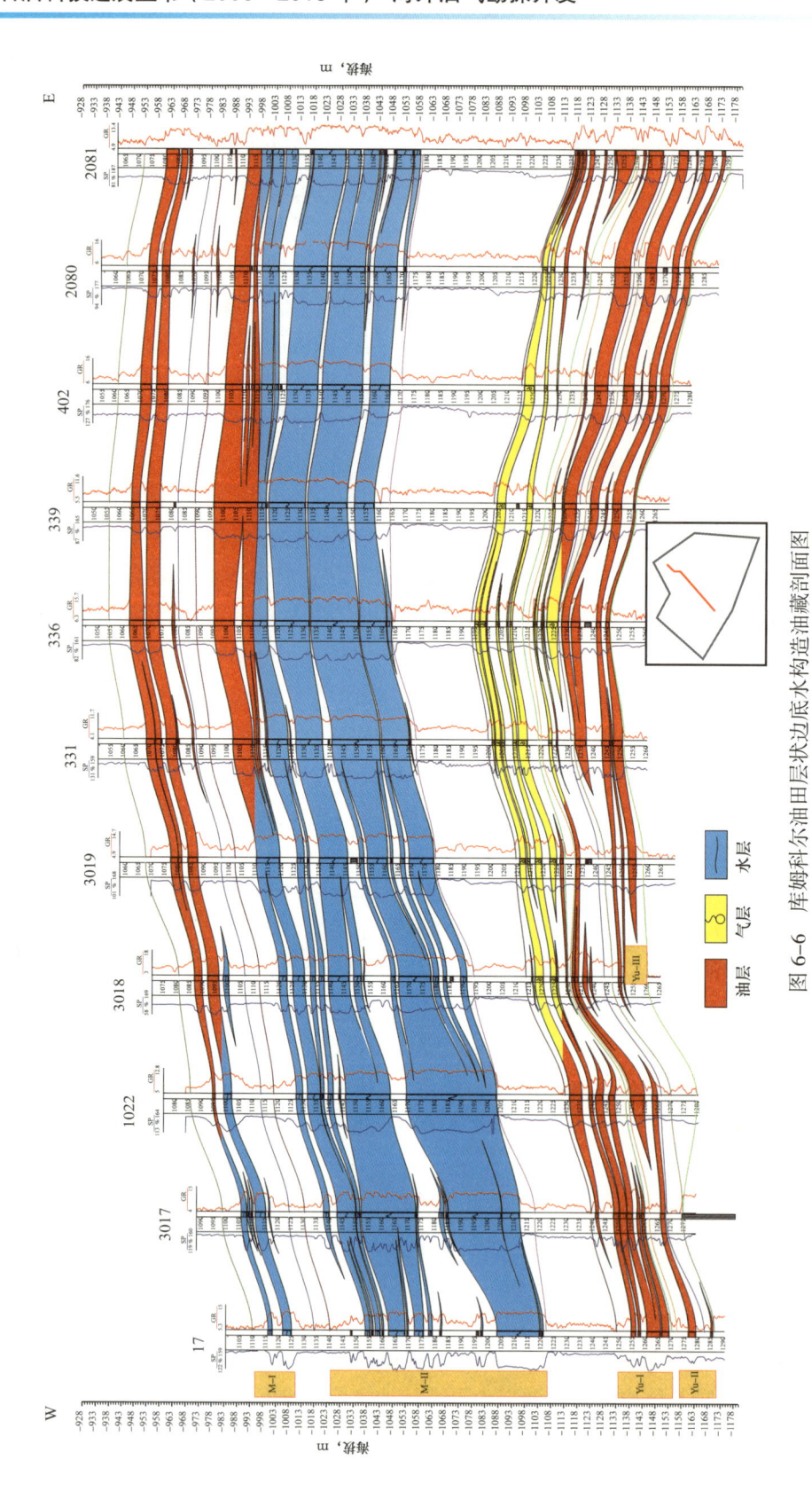

图 6-6 库姆科尔油田层状边底水构造油藏剖面图

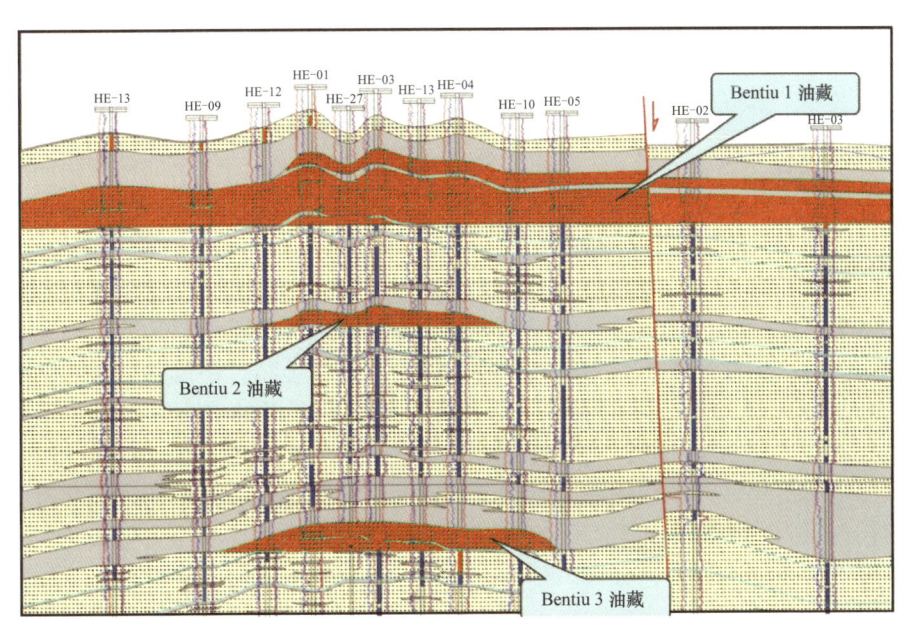

图 6-7　黑格里格油田 Bentiu 层块状底水构造油藏剖面图

表 6-4　海外主力砂岩典型油藏流体特征表

地层原油类型	项目	典型油田	地层原油黏度 mPa·s	原油重度 °API	凝固点 ℃	含蜡量 %	地层水类型
低黏度	PK	库姆科尔	1.15~2.98	40.2~42.1		8.8~12.8	$CaCl_2$
		阿克沙布拉克	0.46	39	9~14.67	9.1~12.5	$CaCl_2$
	MMG	热得拜	2.2	39	30.8	20.7	$CaCl_2$
	鲁迈拉	MainPay	0.64	31.1			
中黏度	苏丹 1/2/4 区	黑格里格	4.8~25.7	28~35			$NaHCO_3$
	鲁迈拉	Nahr Umr	6.7	24			
	哈法亚	Upper Kirkuk	5.1	20.7			
高黏度	MMG	卡拉姆卡斯	20.5	25.7		2.6~3.8	$CaCl_2$
稠油	北布扎奇	北布扎奇	152~659	17.7~21.2	−25	3.48	$CaCl_2$
	南苏丹 3/7 区	法鲁奇	173.2	15.5~29.9	36~42	17.8	$NaHCO_3$

中黏度油藏 29 个，主要分布于非洲油气合作区，如苏丹 1/2/4 区、3/7 区和 6 区大部分油田，中东油气合作区鲁迈拉项目的 Nahr Umr 油田、哈法亚项目的 Upper Kirkuk 油田，美洲油气合作区安第斯项目的 Tarapoa 区块和秘鲁 1-AB8 区块。苏丹 1/2/4 区黑格里格油田主区块原油性质中等，属中—高黏度稀油。原油重度 28~35°API，凝固点 13~40℃，原油地下黏度 4.8~25.7mPa·s，原始气油比 0~1.37，原油体积系数 1.04~1.094。黑格里格油田 Bentiu 组地层水矿化度较低，矿化度 1000~5000mg/L，水型为 $NaHCO_3$ 型。

高黏度油藏 6 个，典型油田如中亚俄罗斯油气合作区 MMG 项目的卡拉姆卡斯油田，美洲油气合作区的陆湖项目和苏马诺项目。卡拉姆卡斯油田地层原油为中质、高黏度

− 263 −

油。地层条件下平均原油相对密度为 0.86g/cm³, 地层原油黏度为 14.1~31mPa·s, 平均为 20.5mPa·s。

稠油油藏 14 个, 典型油田如中亚俄罗斯油气合作区盐上油田、KMK 项目、北布扎奇项目, 非洲油气合作区南苏丹 3/7 区的法鲁奇油田、苏丹 6 区的扶拉油田, 美洲油气合作区的 MPE3 项目。北布扎奇油田原油为普通稠油, 白垩系地层原油黏度为 414mPa·s, 侏罗系地层原油黏度为 316~417mPa·s。

3. 天然能量

油藏的天然能量即为油藏具备的原始能量, 常见的天然能量包括边底水能量、溶解气能量、气顶能量、弹性能量、重力驱能量等, 其中边底水能量、溶解气能量、气顶能量是最常见的可以规模化利用的天然能量[4]。对于一个实际开发的油藏, 往往包含两种或者多种天然能量。

天然能量评价包括对油藏主要能量类型的判断、对原始能量大小的评估和投产后天然能量的消耗与压力保持水平的跟踪评价, 摸清天然能量存耗规律与压力分布非均质性, 确定人工补充能量时机与规模, 分块、分层、分区差异化部署, 最大限度地充分利用天然能量。对于边底水油藏而言, 水体大小、供给能力、层间及平面压力非均质性刻画, 是天然能量跟踪评价的重点。

油藏天然水体能量强度评价方法包括:(1)静态法(定性法), 即沉积微相、油藏类型、砂体发育程度、储层物性及连通性与水体的强度的关系;(2)天然能量评价模板法(定量与定性);(3)单位采出程度压降法(定量与定性);(4)油藏自然递减预测法(定量与定性);(5)数值模拟(定量)[5]。

统计中国石油海外合作区高速开发主力砂岩油田(表 6-5), 除非洲合作区主力油田天然能量较强以外, 其他区域大部分砂岩油田天然能量普遍不足, 需要注水开发。生命周期内全部采用天然能量高速的油田储量占总储量的 15%~30%。

表 6-5 中国石油海外高速开发砂岩油田天然能量状况

油田	储层形态	天然驱动能量	开发方式	注水井数, 口 总数	注水井数, 口 开井数	月注采比	累计注采比	地层压力保持水平, %	天然能量特征
黑格里格	块状	底水	天然能量	1	1			75	很强
托马南	块状	底水	天然能量					69	很强
伊拉拉	块状	底水	天然能量					80	很强
伊拉哈	块状	底水	天然能量					80	很强
伊拉士	块状	底水	天然能量					80	很强
郁里提	层状	边水	注水	44	0	0	0.56	40	很弱
法鲁奇	层状	边水	注水	14	14	0.44	0.25	50—98	弱—中等
库姆科尔南	层状	边水	注水	92	88	1.31	1.04	51	很弱
库姆科尔北	层状	边水	注水	247	197	0.97	0.92	62	弱
南库姆科尔	层状	边水	注水	12	11	0.57	0.42	50.5	中—强
阿克沙布拉克	层状	边水	注水	21	17	0.58	0.64	79	中—强

第二节　砂岩油田高速开发机理及适应条件

油田开发速度受多种因素控制，主要取决于油藏自身条件及能量，如储层物性、原油性质、储量丰度、构造复杂性、裂缝发育程度、驱动能量大小等。总体来说，储层物性好、原油黏度小、储量丰度大、构造简单、储层连通性好、驱动能量强的油藏较易实现高速开发。裂缝发育油藏也较易实现高速开发，但由于裂缝造成的注入水或者地层水快速突进，以及裂缝闭合引起产量快速递减，油藏开发效果往往较差。同时开发速度还受油田自然环境和开发投资环境的影响，海上油田和国际经营开采油田，由于前期投资高，投资风险大，受合同模式限制和资源国政治经济影响，油田投入开发后一般采用高速开发，以实现快速收回投资，降低投资风险。但最终决定油田能否实现高速开发的还是油藏自身的先天条件。

一、高速开发定义及含义

根据中华人民共和国石油天然气行业标准《陆上油气探明经济可采储量评价细则》（SY/T 5838—2011），地质储量采油速度可以划分为特低速、低速、中速、高速和特高速五个等级（表6-6），其中地质储量采油速度高于1.5%的情况一般统称为"高速开发"。

表6-6　地质储量采油速度划分标准

级别	特低速	低速	中速	高速	特高速
划分标准	<0.5%	0.5%~1.0%	1.0%~1.5%	1.5%~2.5%	>2.5%

海外砂岩油田为实现快速收回投资，普遍采用"快速上产、快速回收投资"的高速开发策略。统计11个高速开发油田（表6-7），具有以下特征：

（1）高速采油期阶段采出程度高。南库姆科尔油田、库姆科尔南油田和库姆科尔北油田地质储量采油速度大于1.5%以上阶段采出程度分别达到49.1%、43.3%和41.1%。

（2）高速开发时间长。库姆科尔南油田、库姆科尔北油田、南库姆科尔油田和阿克沙布拉克油田等超过10年以上。

（3）高速开发阶段内平均采油速度高。南库姆科尔油田达到3.8%，其次为托马南油田3.1%。

（4）8个油田采油速度达到特高级别。高速开发阶段内平均采油超过2.5%的油田有南库姆科尔油田等，采油速度达到5%以上开发时间达到4年。

油田高速开发并不意味高效开发。稀井高产构成的油田高采油速度在一定开发阶段内可视为高效开发，密井网低单井产量形成的油田高采油速度经济效益很难达到最佳。在此描述的高速是以高效开发为前提的，即要求油井有较高的单井产能。

二、高速开发适应条件

油田开发速度既受油藏自身条件的影响，又受外在因素的制约。国内油田开发和海外合作油田开发存在很大的差异，国内油田开发速度更多取决于油田本身的条件，海外合作开发油田受合同模式、合同期限、资源政治经济条件、国际油价等多重限制。

表 6-7 海外高速开发砂岩油田采油速度与稳产时间、阶段采出程度的关系

年	法鲁奇	伊拉拉	伊拉哈	伊拉土	郁里提	黑格里格	托马南	阿克沙布拉克	南库姆科尔	库姆科尔北	库姆科尔南
1	1.8	6.7	2.3	2.8	2.4	1.9	3.4	2.3	1.7	1.5	1.5
2	1.9	4.6	4.7	3.1	2.1	3.1	3.6	3.5	3.0	1.7	1.7
3	1.8	3.5	3.9	3.2	2.0	2.9	3.5	3.6	3.1	2.5	2.2
4	1.9	3.1	2.3	2.6	3.0	2.7	3.8	3.4	5.4	3.3	2.4
5	1.7	2.8	4.9	1.7	3.1	2.3	4.3	3.4	7.0	3.9	2.4
6		2	2.1	3.2	2.0	1.9	4.1	3.2	5.6	3.5	2.6
7		1.8	1.6	2.1	1.9	1.8	3.2	2.6	5.0	4.0	2.4
8			1.6	1.6	1.8	2.9	2.8	4.0	3.9	2.4
9						1.5	2.2	2.8	3.6	3.6	2.9
10							1.9	2.5	3.1	3.5	3.6
11							1.6	2.5	2.9	3.2	3.7
12								2.5	3.1	2.5	4.1
13									1.7	2.2	3.6
14										1.8	2.8
15											1.6
16											1.8
17											1.6
稳产时间, 年	5	7	7	8	8	9	11	12	13	14	17
阶段产出程度, %	9.0	24.5	21.8	20.3	18.1	19.8	34.5	35.0	49.1	41.1	43.4
平均采油速度, %	1.8	3.5	3.1	2.5	2.3	2.2	3.1	2.9	3.8	2.9	2.6

1. 高速开发影响因素

中国石油海外五大合作区典型高速开发砂岩油田主要有强边底水油藏和弱边底水油藏，因此分天然能量高速开发油田和注水开发油田进行阐述。

1) 天然边底水能量高速开发影响因素

对于天然边底水能量较充足、地层流体流动性好，同时具有一定地饱压差的油藏，可利用天然能量高速开发。天然水体大小、原油流动能力、地饱压差、储层有效厚度、开发技术政策等是决定油藏利用天然能量高速开发可行性及影响其开发效果的主要因素[6]。一般情况下天然水体倍数达到10～20倍以上，开发早—中期可利用天然能量高速开发。

海外实现天然水驱阶段高速高效开发的油田，一般具有较大的饱压差（南苏丹、苏丹油田主力油田地饱压差可达 18MPa），可基本保障地层压力大幅下降的过程中，近井低压区地层压力仍高于原油饱和压力，避免因原油脱气增加渗流阻，降低后期注水水驱效果。

2）注水油田高速开发影响因素

注水开发油田速度受多种因素控制，地层原油黏度、储层渗透率和储量丰度是三个重要的油藏特征参数，其中地层原油黏度和储层渗透率直接决定了地层原油流动的难易程度，影响在开发过程中注入水和地层水的波及程度和突进速度，从而影响油田开发特征与开发规律，它是油田能否采用高速开发的重要条件[7]。一般来说，地层原油黏度低、渗透率高的油田油水流度比低，注入水或者地层水指进不明显，含水上升慢，越容易获得较高的采油速度。最为典型的是俄罗斯西西伯利亚、伏尔加—乌拉尔、蒂曼—伯绍拉等地区一些大型、特大型的砂岩油田，原油黏度一般小于 5mPa·s，渗透率多大于 200mD，这些砂岩油田大多实现了高速开发，高峰采油速度一般为 3%~6%，最高可以达到 12%，如亚里诺—卡缅诺洛日油田的亚斯亚纳波利亚层油藏，为一长 40km，宽 6km 的长轴背斜构造，油田断层不发育，构造东翼较平缓且有较强的边水能量，为石炭系砂岩储层，孔隙度为 15.8%~18%，渗透率为 194~208mD，地层原油黏度为 0.95~0.97mPa·s，油田实现高峰采油速度 4.8%，并且进入递减前油田采油速度一直保持在 3.5% 以上。

2. 国内外高速开发模式

统计国内外高速开发油田采油速度[8]随可采储量采出程度变化规律，可以总结出四种高速开发油田采油速度变化模式：强采模式、递减模式、渐进模式、稳产模式。

（1）强采模式：油田投产即进行高速开发，数年内油田可采储量采出程度达到 50% 以上，随后采油速度保持较低的水平。

（2）递减模式：油田投产后采油速度快速达到峰值，随后采油速度逐年下降，进入递减期。

（3）稳产模式：油田开发初期采用较高的采油速度开发，保持高采油速度稳产一段时间，稳产期末可采储量采出程度达到 60% 左右，随后采油速度逐年下降，进入递减期。

（4）渐近模式：油田开发初期采用中—低采油速度开发，随后采油速度逐渐提高，达到高峰采油速度时，可采储量采出程度 60% 左右，随后产量逐渐下降。

三、砂岩油田高速开发机理

1. 中—高渗透率油藏高速开发渗流机理

1）注水对储层物性变化的影响规律

注水开发打破了油藏流体和储层在漫长地质岁月中建立的动态平衡状态，流体和储层明显的相对运动加速了流体对储层的影响。可采用实验手段研究注水开发后储层物性变化、孔隙结构变化的规律。

南苏丹 3/7 区法鲁奇油田 PP-29 井岩心储层岩心水驱实验发现，随注入孔隙体积倍数（PV 数）增加，渗透率的变化呈三种形式：（1）逐渐上升型，以注水对地层的冲刷作用为主；（2）上升—下降型，主要特征是 0~10PV 内上升，后期下降；（3）缓慢下降型，随着注入水冲刷，岩石内发生黏土矿物、微粒运移，堵塞孔隙喉道，渗透率下降。

实验发现，渗透率是多元函数，$K=f(x_1, x_2, x_3 \cdots x_n)$，其变化规律复杂，长期注水过程中，渗透率是变化的。把孔隙介质的渗透率看作是不变的实际是一种假设。渗透率上升、下降这种变化，既矛盾又统一。看似相反，其实质是一致的，都是微粒的运移及运动。上升是因为颗粒运移，孔隙疏通；下降是因为颗粒运移，喉道堵塞。另外，实验得到的渗透率变化，与现场相符。有的区域渗透率变大，形成大孔道；有的区域或层位变小。

2）注水孔隙结构变化对渗流特征的影响

疏松砂岩在注水过程中，容易造成地层微粒运移，进而形成大孔道，造成注水沿大孔道快速窜到生产井，油井含水率快速上升，对油藏开发产生不利影响，可采用大孔道演化实验的进行研究。

在定压差 0.045MPa 下进行长期水驱实验，流量总体呈现出逐渐增大的趋势，这是因为，随着孔涌的进行，越来越多的砂流出模型，增加了模型的渗透率，在定压差驱替过程中，流速增加。渗透率总体呈现出先增大后减小的趋势，这是由于随着注水时间的增加，出口端的砂首先产出，渗透率增大，单位时间内越来越多的砂产出，但是当主流线上逐渐形成大孔道以后，储层中的砂子就越来越少，因此出砂速率又开始下降。

3）衰竭开发后规模注水渗流特征影响因素

衰竭开发后人工注水时地层压力保持水平越低，注水后油藏压力恢复越快，含水率上升速度就越快（图6-8）。水驱开始时油藏压力保持水平越高，人工水驱阶段采出程度就越高，含水率上升越平缓。含水率上升分为两个阶段，从含水率为零上升到高含水期这个阶段含水率上升的速度较快，原油也是在这一阶段大量产出。

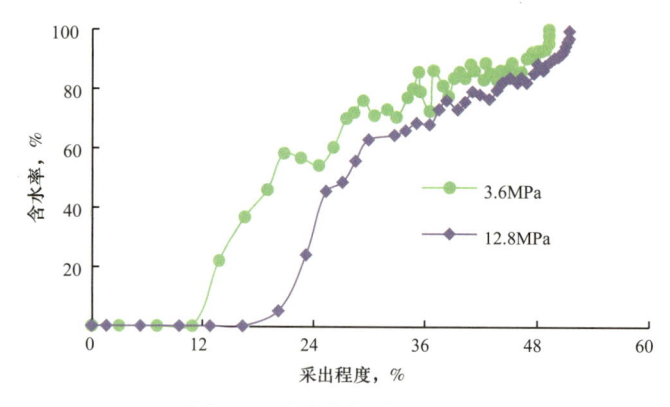

图 6-8 含水率与采出程度关系

4）储层纵向上非均质性对剩余油分布规律的影响

根据层内非均质模型水驱前后含油饱和度分布（图6-9）可知，注入水优先进入特高渗层，较高渗层仅注入井附近区域受效，较低渗层则基本未启动。水驱结束后，渗透率最高的储层含水饱和度高，残余油饱和度低。较高渗透层模型整体注水波及程度和驱油程度相对较高，部分物性较差的区域水洗程度较低，残余油局部富集。较低渗透层注入水波及程度低，残余油饱和度高，是油田后期调整开发措施的主要潜力区。

2. 天然能量与人工注水协同高速开发机理

1）能量协同机理及模板

油气田开发中的能量协同开发，就是指协调天然能量、人工补充能量及开发需求等不同个体，使其共同配合、充分作用获得最大经济效益的过程或能力。协同开发的机理以油藏物质平衡方程为理论基础，以地质因素和动态指标为约束条件揭示油藏水体能量、压力保持水平、采出程度、累计采出量与能量补充等的协同关系。综合考虑水体能量、地质储量、采油速度和注入能量等因素的影响，建立单因素及多因素的协同开发技术政策综合图版，明确天然水驱和人工注水协同开发的技术界线，以达到油田天然能量利用最大化和原油采收率最大化的目的[9]。

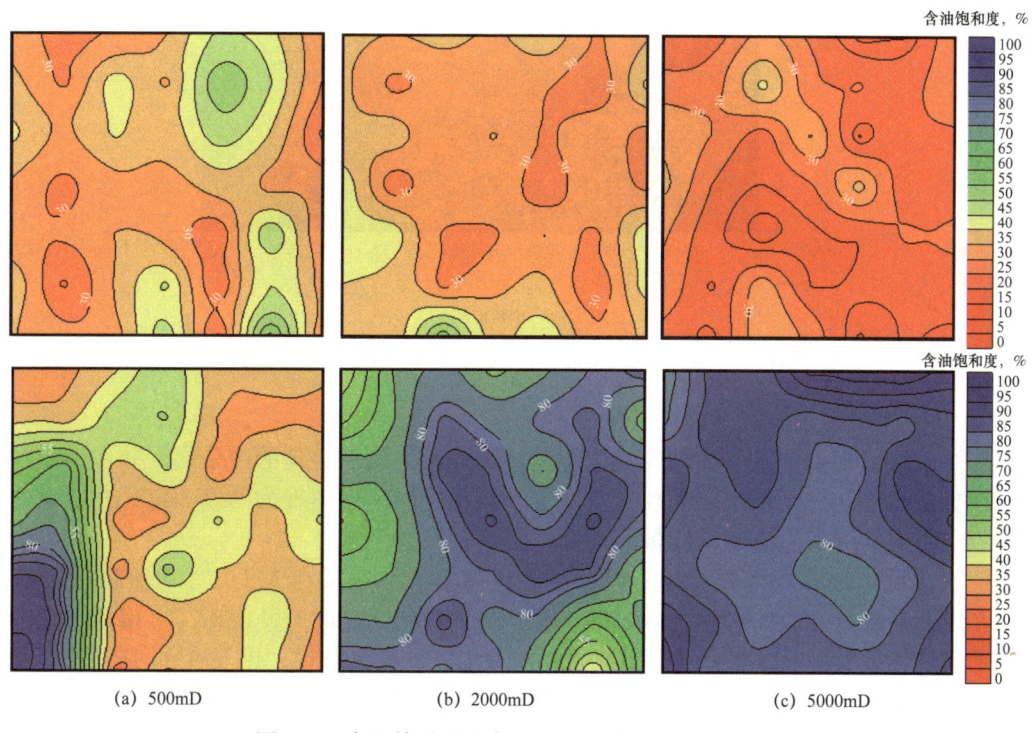

(a) 500mD　　　　　　　(b) 2000mD　　　　　　　(c) 5000mD

图 6-9　水驱前后（注水 1.13PV）含油饱和度分布

依据协同开发原理，结合法鲁奇油田开发规律，采用物质平衡、数值方法研究不同水体条件下协同开发压力保持水平（可采储量采出程度）、累计注采比与无量纲水体强度的关系，形成协同关键指标评价模板，为类似油田提供参考（图 6-10）。该模板考虑不同天然能量与注水达到最高协同，使油田在一定期限内达到较高采出程度；同时假设油藏为高地饱压差油藏，不考虑溶解气驱，且天然水体与油藏连通性好。因不同油藏条件和开发需求存在差异，各油藏采油速度存在差异，模板注水时机采用可采储量采出程度表示。

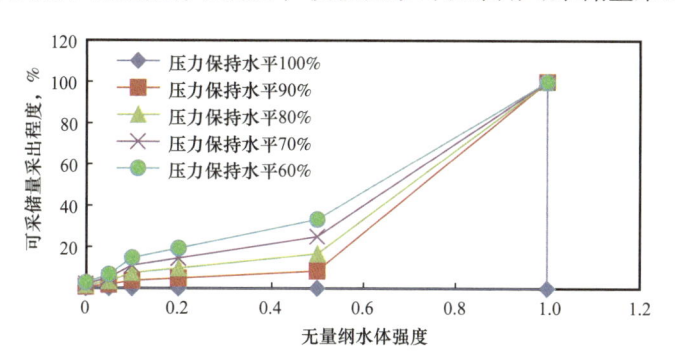

图 6-10　协同开发可采储量采出程度（注水时机）

不同水体倍数油藏天然能量、人工补充能量协同关系如图6-11所示。无水体或水体倍数小于5倍的油藏，需要实施早期注水开发；水体倍数在5～10倍之间的油藏建议达到稳产期后立即开始注水；水体倍数大于10倍的油藏注意跟踪评价油藏压力水平，选择合适的时机注水。例如，法鲁奇油田主力块水体倍数在5～10倍之间，在稳产后期开始规模注水，预计注水产量比例占合同期总产量的20%左右。

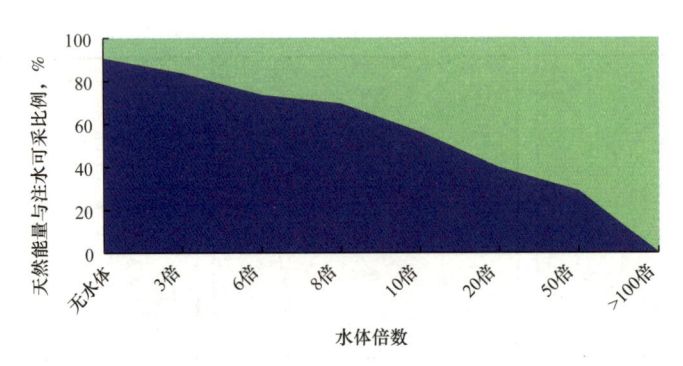

图6-11 天然能量、人工补充能量与水体体积的协同关系

2）不同采油速度下能量协同关系

注水阶段应根据油藏具体情况优化能量协同关系，确定合理的注采比，并在不同开发阶段调整注水量。在天然水驱后注水开发中，能量协同关系体现为油藏一定开发期限内不同能量贡献累计产量占总累计产量的比例。

应用边底水油藏理论模型得到不同采油速度下天然能量与人工注水补充能量理想协同关系图版（图6-12）。采用 $y = y_0 + Ae^{-x/t}$ 函数对曲线进行拟合（表6-8），可得到不同采油速度下天然能量与人工注水产量贡献比例和油藏水体倍数关系式，相关系数均在0.99以上。根据回归出来的关系式可以求取任一水体倍数下的天然能量与人工注水产量贡献比例。

表6-8 不同采油速度下天然能量与人工注水贡献产量比例和油藏水体倍数关系式

采油速度，%	天然能量贡献产量（y）与水体大小（x）关系式	人工注水贡献产量（y）与水体大小（x）关系式
1	$y = 102.68 - 87.72e^{-x/25.87}$	$y = -2.68 + 87.72e^{-x/25.87}$
2	$y = 103.87 - 87.32e^{-x/31.664}$	$y = -3.87 + 87.32e^{-x/31.664}$
3	$y = 105.65 - 89.83e^{-x/36.87}$	$y = -5.65 + 89.83e^{-x/36.87}$
4	$y = 105.89 - 90.58e^{-x/38.50}$	$y = -5.89 + 90.58e^{-x/38.50}$

3）采油速度与成本及效益的协同关系

经济效益最大化和持续稳定增长，是石油企业追求的生产经营重要目标，它能够促使经营管理者注重长期效益，避免短期行为，促进企业长期稳定发展。

采油速度与成本的关系为：开发过程中存在一个经济上合理的采油速度，在此速度下既可得到较高的原油产量和采收率，又可得到相对较低的原油开发成本。对于已开发油田，提高原油开采速度往往是通过打加密调整井或提高各种措施工作量等方式进行的。如果采取改善油水关系、提高储量动用程度的增补新井和措施，在提高采油速度的同时往往也提高了原油采收率，有时甚至还会降低原油含水率，一般不会明显增加原油开采成本。但若采取过度的强注强采等方式来提高原油开采速度，则会在一定程度上破坏地下油水关系，造成边水、底水突进或油层水淹等现象，使原油含水急剧上升，产量递减速度加快，同时含水率升高必然使油田注水费、动力费、污水处理费、材料费、井下作业费等操作成本相应增加，导致原油开采成本迅速上升。

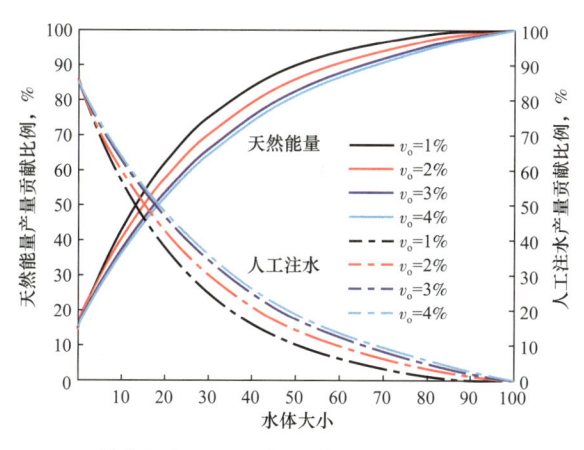

图 6-12 天然能量与人工注水及采油速度的理想协同关系图版

采油速度与效益的关系为：在进行油田开发生产时，对于不同采油速度的开发生产方式，采用的原则一般是在一定的稳产期或保持稳产期采出程度前提下，以较高的采油生产速度来满足国家或市场的需要。但油田投产初期，如果采油速度定得过高，在稳产期后原油生产的递减速度可能会大大加快，项目的利润水平递减也就更加显著，反而会造成总体经济效益减少。

3. 低黏度油藏人工注水高速开发机理

（1）毛管数。吕平等进行了驱油效率影响因素研究[10]，通过室内实验得到毛细管数与驱油效率和残余油饱和度的关系图版，如图 6-13 所示，随着毛管数的增加，残余油饱和度减小，驱油效率增加。故增加驱替速度可以增加毛细管数，从而降低残余油饱和度，提高驱油效率；随着注入倍数的增加，驱油效率也会有一定程度的增大，这说明高速开发条件下能够增大驱替毛细管数，采油速度提高 4 倍，毛细管数增大 4 倍。同时，在一定时间内增大了油藏的注入倍数或冲刷程度，从而提高了驱油效率。

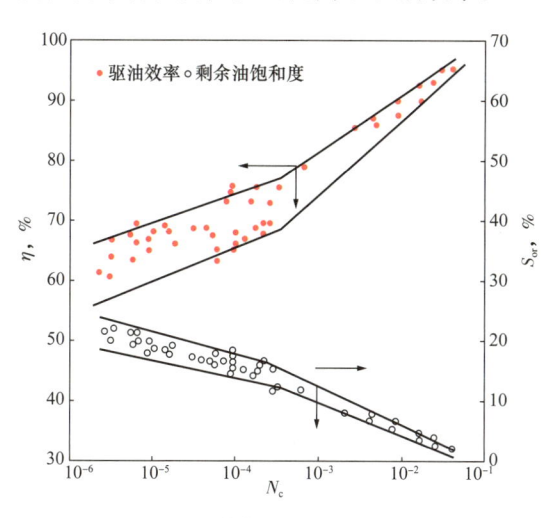

图 6-13 毛细管数与驱油效率关系图版

（2）残余油启动压力梯度。根据库姆科尔南油田岩心实验，高含水后提液后，高速驱替下可开采出低速驱替下的一部分残余油，从而使得高速驱替效果优于低速开发。同时，在微观孔喉水驱油状态下，残余油以柱状、膜状、盲端和孤岛状等形式存在，如图6-14所示，在较大驱替速度下，岩心中同时存在较大的驱替压差，各类残余油所受的驱替作用力增大，相对于低流速下的残余油被重新启动，残余油饱和度减小。

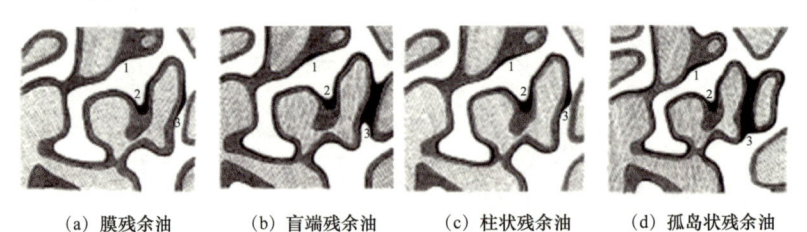

(a) 膜残余油　　(b) 盲端残余油　　(c) 柱状残余油　　(d) 孤岛状残余油

图6-14　水驱油状态下不同残余油形态

（3）储层岩石润湿性变化。相同时间，高速驱替下注入水驱替倍数较大，地下岩石与注入水接触时间较长，导致岩心润湿性改变。同时，驱替速度越大，储层岩石表面上剪切力变大，岩石表面的热物理平衡条件被破坏，岩石表面附着的极性物质越容易剥蚀，因此，储层岩石润湿性也随之改变。极性物质的减少，使岩石向亲水方向改变，驱油效率增高。

（4）微观驱油效率。从长期水驱实验中可以看到，在相同驱替倍数下，高速驱替下的驱油效率要比低速驱替低。这往往是岩心的不均质性造成的。当岩心中孔喉结构分布不均匀，或存在大孔道等结构时，高速驱替下，注入水往往更易进入渗流阻力小的孔喉，即大孔道。当驱替速度较大时，注入水往往沿着大孔道方向窜流，岩心见水后，小孔道的原油未被动用，形成残余油，造成未波及区域内开发效果较差。因此，注水高速驱替过程中，要对吸水剖面进行及时监测并适时封堵高渗通道，提高波及范围。

（5）流体性质。由于油水黏度差异，水驱油过程中在外来压差的作用下，大孔道断面大、阻力小，水必然优先进入大孔道，同时由于水的黏度较小，故使得大孔道的阻力越来越小，在大孔道中的水窜就会越来越快，从而会产生黏性指进现象，影响驱油效率，微观平面波及系数随水油流度比的增大而减小。

四、砂岩油田高速开发水驱规律

1. 边底水油藏天然能量高速开发水驱规律

目前针对水驱特征曲线的研究与应用主要集中于注水开发油田[11-21]，成果不完全适用于利用天然能量高速开发海外砂岩油田。法鲁奇油田水驱特征曲线显示油田综合含水40%后出现明显直线段，与国内常规注水开发油田水驱特征曲线对比（流体性质接近油藏），直线段出现时含水偏低，如图6-15所示。采用该水驱特征曲线拟合累计采油量误差达到15%以上，有时可达30%，与其他方法对比，预测误差更大。

研究表明，天然水驱油藏水驱特征曲线与水体能量密切相关：水体越小，直线段出现时含水率越低；水体越大，直线段出现时含水率越高；水驱特征曲线与实际开发特征符合率越高，越接近人工水驱特征。

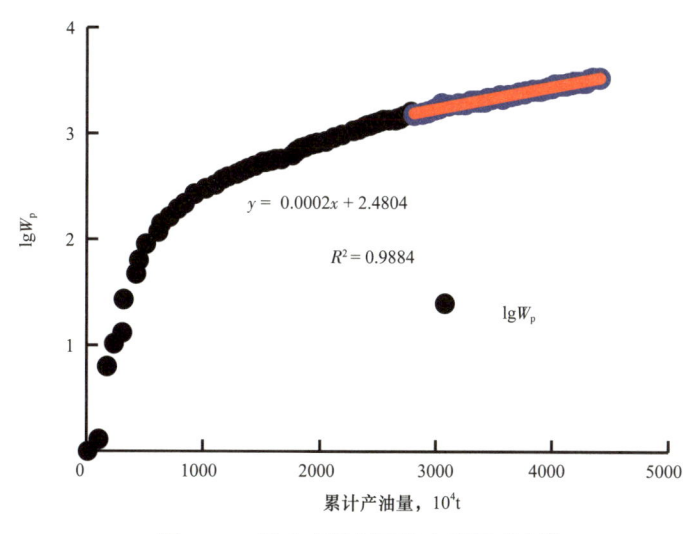

图 6-15　法鲁奇油田天然水驱甲型曲线

天然边底水驱油藏具有"三低一高"特点：无水期采出程度低，低含水期采出程度低，天然水驱效率低，含水上升率高。不同区块因水体能量、储层流体性质存在差异，含水率上升速度不同，采出程度也存在一定差异。其中，帕尔块天然边水能量较充足，采油速度相对较高，天然水驱阶段获得较高的采出程度，含水率上升速度相对较快（图6-16）。

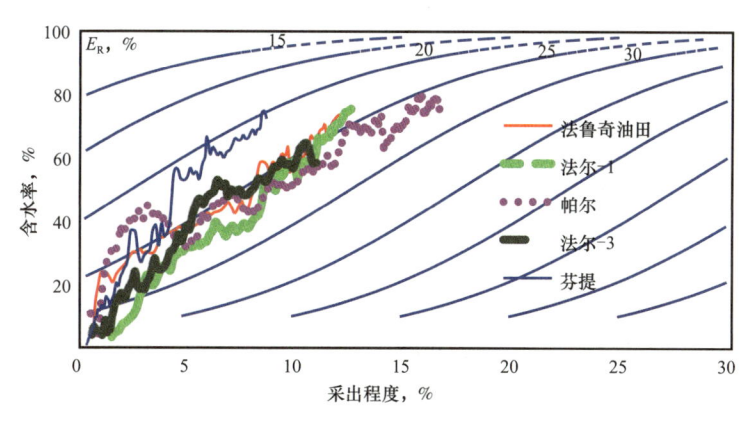

图 6-16　法鲁奇油田采出程度与含水关系

2. 低黏度油藏人工注水开发水驱规律

以哈萨克斯坦库姆科尔南油田开发实践为例，阐述低黏度油藏人工注水高速水驱规律。

由库姆科尔南油田及主力开发层系含水—采出程度关系曲线（图6-17）可知，人工注水水驱低黏度油藏具有如下特点：无水期采出程度低，但低含水期采出程度高达23%、水驱效率高，中—后期含水上升率高。同时由于不同层位储层物性、边底水能量、注水方式、井网完善程度不同，含水上升率和采出程度也存在一定差异。其中开发层系 Object-1 储层物性好、注水及时补充地层能量，其采油速度和采出程度较高，含水率上升速度较快。

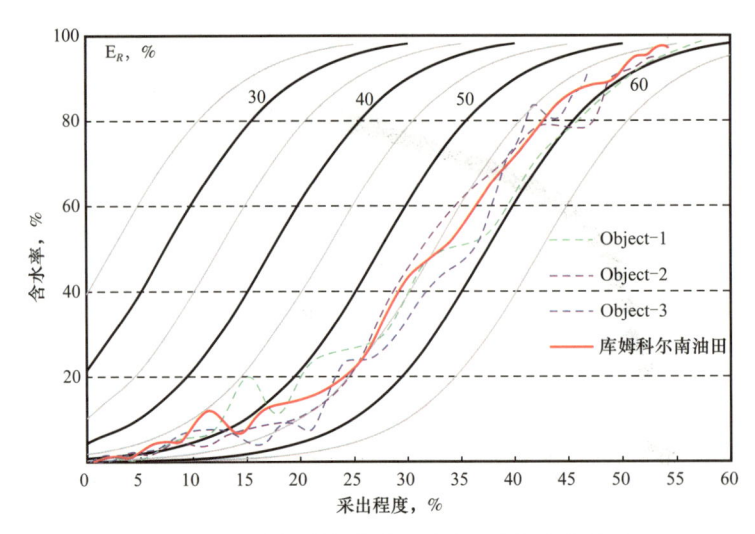

图 6-17 库姆科尔南油田采出程度与含水关系

第三节 砂岩油田高速开发技术政策

海外油田开发受到各合作伙伴国家投资政策、国际油价、资源国政策和安全形势等多种因素影响。制定合理的开发策略，尽快回收投资，使投资方利益最大化的同时保护资源国利益等，是油田高速开发需要优先考虑的问题。

一、开发层系划分

合层开发导致层间压力保持水平及采出程度差异大，天然能量较弱的上部储层采出程度低、压力保持水平低。协同注水开发过程中，充分考虑海外油田难以真正意义上实现细分层系开发，调整中应根据具体情况调整开发层系、局部差异化调整注水强度等方法，达到层间协同的目的。

1. 以强底水块状油藏为主的油田开发层系划分

此处层系划分原则只适合纵向上包括多个底水油藏或既有层状油藏和块状油藏复合的砂岩油田[22]，在开发层系划分中应当注意：

（1）在油田开发初期的中—低含水阶段，应首先动用主力油藏（油层厚度百分数较大的油藏），对于同一开发层系内零星分布的底水油层，应分类有序动用。

（2）一般层状油藏与底水油藏不应同时射开动用，但如果层状油藏比较薄，无法形成单独的开发层系，开发早期可与底水油藏合层开发，以提高储量的动用程度。

（3）在以底水油藏为主的开发层系内，如果无明显的夹层，射开厚度应小于总厚度的30%；如果夹层发育，开发早期只射开夹层以上油层。

块状强底水砂岩油藏合理开发层系举例：依据黑格里格油田主块 HE-1 块纵向上包括弱边水层状油藏 Aradeiba，强底水油藏 Bentiu 1、Bentiu 2 和 Bentiu 3。油藏数值模拟计算结果，由于储层物性、流体性质以及供液能力等存在差异，合采的开发效果不如分层开采（表 6-9）。因此黑格里格主力块状强底水稀油砂岩油田适宜分 Aradeiba main、Aradeiba

EF+Bentiu 1、Bentiu 2+Bentiu 3 三套层系进行开发。

表 6-9 黑格里格油田 HE-1 块合采与分采计算结果对比

方案	生产层位	累计采油，10⁶bbl 合采	累计采油，10⁶bbl 分采	差值 10⁶bbl
1	Aradeiba		1.1	
2	Bentiu 1		20.5	
3	Bentiu 2		2.1	
4	Bentiu 3		16.0	
5	Aradeiba+Bentiu 1	21.0	21.5	0.5
6	Bentiu1+Bentiu 2	21.4	22.6	1.1
7	Bentiu1+Bentiu 3	27.3	36.5	9.2
8	Bentiu1+Bentiu2+Bentiu 3	27.9	38.6	10.7

2. 以强边水层状油藏为主的油田开发层系划分

对于层状油藏而言，须着重考虑油藏层间非均质特征，包括纵向上油藏跨度、储层物性、流体性质、压力系统、各层油水关系、各层天然能量驱动方式的差别。同时，层状油藏层系划分及其他技术政策制定时，应兼顾层间协同性，避免层间压力、动用水平差距过大[23-27]。

对于某些特殊原油性质的油藏，如高凝油油藏，地层或井筒可能发生冷伤害，采用合理的开发方式可以有效避免地层受到冷伤害，而井筒冷伤害主要受温度、流速等因素影响，层系划分时应考虑同一开发层系有足够的厚度，保证单井有足够的产能，避免因单井产能低，流体在流经井筒过程中温度下降快，从而造成井筒析蜡，堵塞地层。为获得较高的单井产能，可使用对流体有加热作用的电潜泵采油，一定程度上有效防止井筒流体温度过低而析蜡[28]。因此，在天然能量较充足的高凝油油藏开发早—中期开发层系划分可粗一些（控制在储层和流体性质非均质性允许范围内），可有效避免井筒冷伤害；中—后期含水上升，单井产液量高，可适当分层开发。

3. 弱边水层状油藏开发层系划分

弱边水层状油藏天然水体能量偏小，储层及流体的非均质性在开发层系划分过程中的角色就尤为重要。同一层系内各油层的性质应相近，以保证各油层对注水方式和井网具有共同的适应性，减少开采过程中的层间矛盾。对于这类油藏在开发初期一般根据储层发育程度和储层物性的差异来划分开发层系，实施分层系开发。在开发中—后期根据剩余油分布状况，进行层系调整。

库姆科尔油田油层主要位于白垩系的 M-Ⅰ层与 M-Ⅱ层、侏罗系的 J-Ⅰ至 J-Ⅳ层。不同含油层沉积环境、储层发育程度、储层物性、流体性质均有所不同，决定了分层系开发的必要性（表 6-10）。综合储层发育、储层物性、流体性质、油水系统等特点，开发初期就将该油田开发层系划分为四套：Object-1 包括白垩系 M-Ⅰ层、M-Ⅱ层，Object-2 由上侏罗统 J-Ⅰ层和 J-Ⅱ层组成，Object-3 为 J-Ⅲ层，J-Ⅳ被划分为第四套开发层系（Object-4）。

表 6-10 库姆科尔北油田不同层系物性统计表

层系	小层	孔隙度，%			渗透率，mD		
		最小值	最大值	平均值	最小值	最大值	平均值
1	M-Ⅰ	19.6	41	28.8	10.4	15406	1821.0
	M-Ⅱ	22.0	40	29.9	49.0	15409	2744.0
2	J-Ⅰ	16.0	38	23.7	3.0	1893	280.9
	J-Ⅱ	16.0	36	24.0	3.0	3061	398.0
3	J-Ⅲ	16.0	34	23.5	3.0	3061	311.9
4	J-Ⅳ	16.0	32	23.0	3.0	3061	351.0

二、合理采油速度及地层压力保持水平

采油速度对海外油田开发项目经济效益影响很大，项目设置一定开发期限，合同者希望在尽可能短时间内获得较高的累计油量，即采出程度。因此油田开发既要求高产，又要求有一定的稳产期，这样能优化投资利用率，产生最大的经济效益，但合理采油速度必须综合油藏地质条件和生产需求而定。

1. 油藏合理采油速度

对于强边底水油藏而言，采油速度是决定天然水驱阶段能量利用效率的重要因素，不但直接影响阶段内油水运动规律、采出程度，且对阶段末地层能量分布、剩余油分布特征有较大影响，是油藏开发中—后期实现天然能量与人工补充能量协同互补的基础。

采油速度受到油藏水体能量及储层物性条件等因素的制约，采油速度过高会引起含水上升快以及暴性水淹等现象，因此采油速度需要控制在合理的范围内，既可以充分发挥天然能量的作用，又能较好地抑制边底水侵，有利于油藏长期稳产高产。目前确定合理油藏采油速度的方法主要有油藏数值模拟法、类比法、线性回归法和多元逐步回归分析法等[7]。

为保证油田在生命周期内高效开发，避免油田因天然能量过度衰竭造成最终采收率损失，具有一定边底水能量的油藏天然水驱阶段持续时间有限，当地层压力下降至一定水平时需要进行人工补充能量开发。不同水体倍数油藏存在不同的合理采油速度区间。

例如，某10倍水体油藏天然水驱阶段最优采油速度为2.0%左右，在该采油速度下油藏阶段采出程度为18.5%，天然能量利用效率高，且不会引起油井水淹过快、地层压力下降过快等问题。当天然水驱阶段采油速度低于2.0%时，随着采油速度减小，阶段采出程度急剧减少，说明天然能量利用效率低；当采油速度高于2.0%时，阶段采出程度随采油速度增大而提高的幅度变小，例如采油速度3.0%时，阶段采出程度仅为19.0%左右，仅比采油速度2.0%情况下提高0.5%，但高速导致油井含水突破加快、地层压力保持水平下降速度加快、能量非均质程度增大，增加了后期注水开发调整难度。

2. 油藏压力保持水平

法鲁奇油田地层原油饱和压力低，地饱压差大，理论和实验研究表明，合理的注水时机为地层压力下降至饱和压力附近（3.4～4.8MPa）（图6-18）后开始注水，但实际油田开

发过程中，要保障油田开发具有较高的采油速度，需要油井保持较高的产液量。法鲁奇油田单井液量保持在286~714t/d比较合理，需要的生产压差为1.4~2.7MPa，因此实际开发实践需要综合考虑注水压力恢复速度等因素，压力下降到原始压力50%左右（6.2MPa）应开始规模注水。考虑下泵深度、饱和压力等因素，中—低含水期压力保持水平应为7.6~8.3MPa，即原始压力的60%左右为宜，中—高或特高含水期压力保持水平应大于70%，以保障足够生产压差提液生产。

天然边底水驱后油藏平面和纵向上采出程度、地层压力分布、剩余油分布非均质性往往较强，因此在开发技术政策制定中不可一概而论，需要跟踪评价各层、各区地层压力情况，制定差异化的技术指标参数。

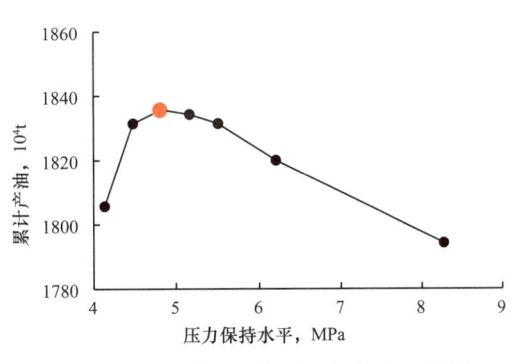

图6-18 法尔-1块YⅥ油藏不同地层压力保持水平开发效果对比

弱边水层状油藏开发过程中，地层压力的高低代表地层能量的高低，必须有足够的能量将原油驱动到井底，才能保证一定的产量。为避免油层脱气，影响油井产能，地层压力应高于饱和压力。而地层压力保持水平下限受裂缝压缩变形和饱和压力的影响，主要是在压力下降过程中，裂缝会发生压裂变形（甚至闭合），压力下降越大，变形越多，对油井产能影响越大。

弱边水油藏库姆科尔北分三套开发层系Object-1、Object-2、Object-3开发，根据历年所测的压力资料回归分析，该油藏及不同层位油藏压力与采出程度关系均为多项式。该油田及不同层系地层压力均随采出程度的增加呈下降趋势，说明注采比例不平衡，注采系统不完善，因此目前三套开发层系应根据各层系实际情况。结合国内外开发经验，完善注采系统，扭转地层压力持续下降局势，确保该油田在开发后期继续以较高速度开发，降低油田递减速度。目前油田各层系地层压力保持水平在55%左右，低于合理压力2~3MPa，并且依然呈下降趋势，油田递减居高不下，需要进一步完善注采结构，加强注水，恢复地层压力至70%以上。

油田开发实践表明，油藏开发最低压力应大于饱和压力，为了保持较高速度开发，在经济条件许可下，应保持较高压力水平。

综上所述，无论什么类型的油藏，采油速度与油藏压力保持水平关系密切，采油速度越高，对应的油藏压力保持水平也高，保障油井有足够大的生产压差，特别是高含水阶段，高压力保持水平对油田稳产极其重要。

三、井网井距优化

高速开发油田开发井网需要满足以下要求：（1）保障油田达到一定的采油速度，有利于全油田建成一定的生产规模和保持一定的稳产期。保证油井能受到良好的注水效果，在开采过程中能有效地保持油层压力；保证油井具有较高的生产能力，使绝大部分油层能得到较好的动用。选择的注采井网具有较高水驱波及效率，以获得较高的采收率。（2）开井网必须满足中—后期调整的需要。油藏的开发过程就是一个不断认识油藏、分阶段调整开发对策的过程，随着油藏开发生产的进程和不同开发阶段油藏开发调整的要求，油藏的注采井网需要不断变化。因此，井网部署要有长远考虑，要求选用的注采井网要为开采过程中注采系统调整和井网加密留有余地。

1. 强底水块状油藏开发井网井距

强底水块状油藏在要求较高采油速度情况下，井网密度对开发指标，特别是含水、采出程度、剩余分布规律等之间的关系影响非常大。井距小，单井产量低，采油强度小，可以有效控制底水锥进速度，但为了达到较高的采油速度需要的开发井多，前期投资大；井距大，单井产量高，底水锥进速度快，低含水期采出程度低。

以黑格里格油田数据为例，假设井距分别为200m、400m和600m，即每平方千米井网密度分别为25口、6.3口和2.8口三种情况，当含水率达到90%时，含油饱和度分布存在巨大差异：井距越小，水驱效果越好，反之越差。图6-19显示不同井距下含水率与采出程度的关系，当含水率达到90%时，井距为200m时采出程度为23%，井距为400m时采出程度为18%；井距为600m时采出程度为13%。

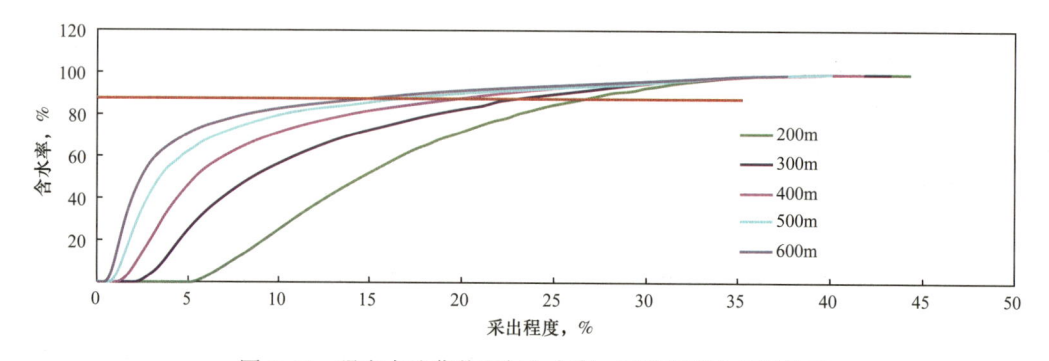

图6-19 强底水油藏井距与含水率、采出程度之间的关系

对于强底水油藏，在经济条件和油藏条件许可的情况下，尽量采用较小井距开发，特别是原油地下黏度较高的普通重油油藏。在油田采油速度许可范围内降低单井采油量，避免采油强度过高，底水锥进严重，天然水驱波及体积系数低的现象发生。在油藏条件和配套技术适合的条件下，尽量采用水平井开发底水油藏，增加泄油面积、降低生产压差、提高单井产量、避免底水锥进，提高水驱波及体积和合同期内采出程度。

2. 强边水层状油藏开发井网井距

对于具有一定边底水能量的多层状油藏，早—中期采用天然能量开发，中—后期采用注水开发，注采井网应结合压力分布、剩余油分布规律，部署面积井网或不规则井网。同时，不同地质、流体特点的油藏，注水开发过程中油水运动的特点也不一样，这就需要有不同的注水方式与其相适应。

注水方式及井网选择的原则，除满足上述的各项技术条件外，更重要的还要满足经济效益的要求，投入产出比达到一定的目标，所选择的注水方式和井网达到经济上合理，能使油藏开发获得较好的经济效益，尽量减少早期投资，因此多采用便于中—后期逐步调整灵活的规则井网。

阿克沙布拉克油田为受断裂控制的层状边水背斜油藏，主要发育五套含有层系，自下而上为上侏罗统的J-Ⅲ、J-Ⅱ、J-Ⅰ、J-0和下白垩统的M-Ⅱ，其中J-Ⅲ为主力开发层系。

2011年根据阿克沙布拉克油田的地质油藏特征及生产现状，制定了油田的开发调整方案。根据生产层位厚度、油水界面位置、储层及其饱和流体的物理性质等因素的影响，开发调整方案将阿克沙布拉克油田划分为三个开发层系：

（1）开发层系Ⅰ井网井距：M-Ⅱ层分为南部和北部两个区域，其中北部区域采用800m×800m正方形井网，南部区域采用600m×600m正方形井网，单井控制面积为64～36hm²/井。

（2）开发层系Ⅱ井网井距：J-0-1、J-0-2、J-Ⅰ层位的河床地层采用500～600m排状井网，其单井控制面积为35.9hm²/井。

（3）开发层系Ⅲ井网井距：即J-Ⅲ和J-Ⅲa层位采用1000m×1000m正方形井网，其单井控制面积为100hm²/井。

3. 弱边水层状油藏开发井网井距

油田开发实践表明，一个油田初期井网不一定是最佳井网，一般需要根据油藏的特性和开发特点，经过再次乃至多次调整才能达到合理[4]。鉴于初期方案设计考虑到调整的灵活性，根据油田的储层特点，弱边水层状油藏库姆科尔北油田开发层系Object-1、Object-2、Object-3采用正方形500m×500m反九点面积注水开发，Object-4进行过短期注水后一直靠天然能量开发。Object-1、Object-2、Object-3三套开发层系经过注水开发取得了一定的开发效果，但是目前部分井区已采用250m井距点状注水开发，而且大部分井区注采系统不完善、注采比例失调。

为了保障注采井网调整顺利，运用多种方法对该油藏的合理井网井距进行了论证，包括：井网密度与采收率关系法、单井控制合理可采储量法、注采平衡法及李道品经济分析法，利用不同方法所得合理井距见表6-11。

表6-11 库姆科尔北油田合理井距研究

| 油田 | 层系 | 方法 | 合理 ||||| 极限 |
			方法1	方法2	方法3	方法4	平均	方法2
库姆科尔北	Object-1	井网密度，井/km²	6.6	12.6	2.7	8.8	7.7	42.7
		折算井距，m	257.4	281	603.9	337.0	369.9	153.1
	Object-2	井网密度，井/km²	7.2	11.4	5.7	9.7	8.5	42.7
		折算井距，m	269.0	296.7	418.6	321.8	326.5	153.1
	Object-3	井网密度，井/km²	7.1	26.5	7.4	10.6	12.9	42.7
		折算井距，m	265.8	194.4	368.5	307.6	284.1	153.1
	Object-4	井网密度，井/km²	7.1	8.2	3.6	8.1	6.8	29.9
		折算井距，m	265.6	348.4	525.7	351.5	372.8	182.8

综上所述，井距越密，注采对应关系越好，水驱效率越高，一定期限内采出程度越高，因此合理的开发井距必须受经济效益约束。

四、注水开发技术政策

中国石油海外合作区绝大多数油田适合水驱开发，在天然水体能量不足的情况下必须采用人工注水方式对油藏进行能量补充。注水油田开发关键技术指标除满足各项技术条件外，更重要的还要满足经济效益的要求，投入产出比达到一定的目标，所选择的注水时机、注采比及井网等技术政策必须满足经济合理，同时保障与油藏天然水体能量实现协同开发，使油藏开发获得较好的经济效益。

1. 不同类型油藏注水时机

1）边底水油藏天然能量与合理注水时机

油藏能量是否充足是保证油田能否高效开发的关键，而合理的注水时机是实现天然能量与人工补充能量协同开发的关键。

以典型多层状边底水法鲁奇油田帕尔块为研究对象，采用数值模拟方法优化不同水体倍数条件下的油藏注水时机。该块纵向跨度200m左右，包括6个储层，储层为中—高孔渗。设定油田开发期限为20年，高峰期采油速度2.5%，压力保持水平70%左右。对比不同水体倍数油藏依靠天然能量开发与注水开发产量剖面可知，水体倍数是影响油藏注水时机的重要因素，无水体、3倍、6倍、8倍、10倍、20倍、50倍、无限大水体条件下，合理注水时机分别为0.5年、1.0年、4.0年、4.5年、5.5年、6.0年、7.0年、8.0年（表6-12）。

表6-12 不同水体倍数油藏数值模拟注水时机优化结果

水体倍数	0	3	6	8	10	20	50	100
注水时机，年	0.5	1.0	4.0	4.5	5.5	6.0	7.0	8.0
压力保持水平，%	79.5	78.1	69.8	68.3	68.9	70.0	70.5	73.1
天然水驱阶段采出程度，%	0.6	1.4	7.2	8.5	11.0	12.2	13.4	17.0

综合国内外典型边底水油藏开发实践及数值模拟结果，总结不同水体倍数油藏合理注水时机：

（1）边底水能量较小的油藏（水体倍数<5）投产后地层压力下降较快，天然水驱阶段采出程度低（<4%），需要在1年内尽快实现注水。

（2）水体倍数为5~20倍的边底水油藏可充分利用天然能量进行开发，天然水驱阶段采出程度6%~12%；一般投产3~6年后注水，注水时地层压力整体保持水平为65%~75%，但油藏内存在低压区，压力保持水平低至30%~50%，因此应根据实际情况差异化进行水驱结构调整，分块、分层、分区优化注水时机。

（3）实际油藏开发过程中，由于受断层遮挡、储层连续性、储层及流体非均质性等因素的影响，超过一定水体倍数的油藏其天然水驱阶段开发效果受水体倍数的影响已较小，而更加受制于油藏的能量传导能力。当水体倍数大于50时，开发一定年限后油藏存在明显低压层、低压区，需注水补充能量。

2）弱边水油藏注水时机

以库姆科尔南油田为研究对象，采用数值模拟方法优化弱边水油藏合理注水时机。

首先，井组按照天然能量开发和反九点注水开发两种开发方式模拟计算，计算结果表明（图6-20），衰竭式开发时，压力下降速度快，油藏压力迅速降低至饱和压力之下，气油比上升速度快，采油速度逐年迅速下降，开发12年后油藏压力降至废弃压力，采出程度仅19%，而注水开发则可采出程度达到54%。

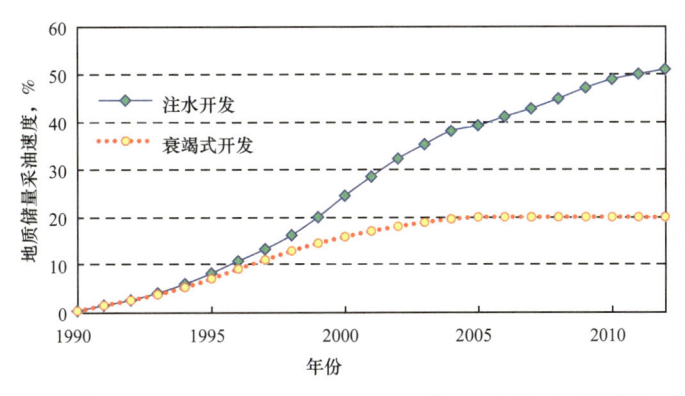

图6-20 库姆科尔南油田Object-2层2053井组不同方式开发指标对比

同时设计三套500m井距反九点注水方案：方案1，地层压力保持水平100%时开始注水；方案2，地层压力保持水平90%时开始注水；方案3，地层压力保持水平70%时开始注水。数模计算结果显示（图6-21），方案1、方案2和方案3采出程度分别为57.5%、56%和51%。综合分析认为地层压力下降至原始地层压力90%时进行注水补充地层能量是合理的。

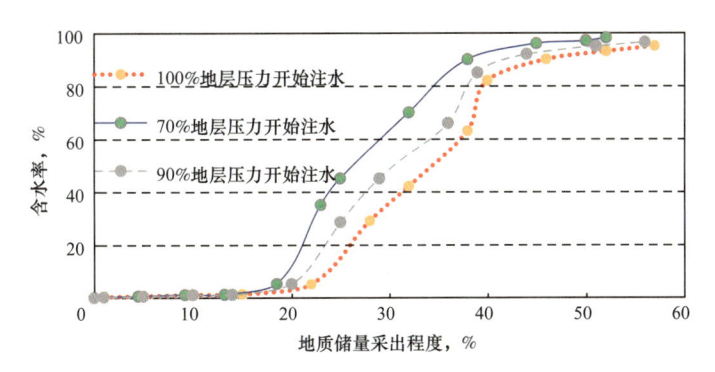

图6-21 库姆科尔南油田Object-2层2053井组不同注水时机开发指标对比

2. 不同开发阶段注水方式

1）强边底水油藏协同注水方式

对于具有一定边底水能量的油藏，早—中期采用天然能量开发，跟踪评价油藏压力保持水平、不同区域压力分布特征、剩余油分布规律等，充分利用天然能量，选择天然能量与人工注水协同方式补充地层能量，即采用协同注水开发方式使中—后期油田持续高速开发。

块状底水油藏一般采用底部注水，通过优化注采指标等手段，尽量保证底水均匀向上托进；多层状高渗透率油藏大多采用面积+不规则井网注水。

例如，帕尔-1块边缘注水与不规则面积注水开发效果及剩余油分布规律表明，不规则面积注水更适合天然边底水油藏的开发，而边缘注水不利于构造高部位地层能量的补充及剩余油的驱替，导致稳产期短、采出程度低。因此帕尔-1块优选的注水开发方式为反九点面积注采井网（表6-13）。

表6-13 帕尔-1块边缘注水与面积井网井数及预测阶段累计产油对比

井网类型	井数			累计产油量 10^8t
	注入井	生产井	总数	
边外注水	11	85	96	0.230
反九点+不规则	19	77	96	0.234

2）弱边水油藏不同开发阶段注水方式

库姆科尔南油田Object-2油藏500m井距下反九点注采井网开发曲线表明，油藏开发初期地层能量充足，早期注水能较好地维持地层能量，采油速度高，井组按2.8%的采油速度可以稳产9年左右，采出程度达到25.2%，综合含水24%。

井组数值模拟开发技术政策结果表明，对于低黏度、低地饱压差弱边水油藏，选用反九点500m井距部署井网，同时投产早（初）期注水保持地层能量，在达到一定的采出程度和含水率后，要维持较高的采油速度需要加密调整为350m反九点井距；井网调整后能维持一段时间的高采油速度，但含水持续上升导致采油速度降低，此时可在剩余油富集区域继续调整井网形成250m反九点井网，同时整体提液稳油，使得合同期内采出程度最大化。

3. 不同开发阶段注采比

1）边底水油藏协同注水阶段合理注采比

合理注采比是注水阶段实现能量协同互补的重要指标。注采比是表征油田注水开发过程中注采平衡状况，反映产液量、注水量与地层压力之间联系的一个综合性指标，是规划和设计油田注水量的重要依据。

主要有两种方法计算具有一定边底水能量油藏注水阶段的合理注采比，分别为物质平衡方法和Gompert模型预测法，要满足以下两个条件：（1）油田或区块全面注水开发，并处于中—高含水开采阶段后；（2）油田或区块未做重大调整，例如注入流体性质、注入方式未发生改变。实际油田开发过程中，合理累计注采比与天然能量强度关系密切。

以南苏丹法鲁奇油田注水试验井组为例，开发早—中期采用天然能量开发，之后人工注水补充能量，注采比应大于1，逐步恢复油藏压力到合理水平之后，保持注采平衡，注采比达到1为最佳。天然水体越大，累计注采比越小。

2）弱边水油藏不同开发阶段注采比

库姆科尔油田采用反九点法井网开发，按照500m、350m、250m井距分别计算其合理注采比，分别为1.1~1.2、1~1.1和1.0。对于储层物性好、原油黏度较低的Object-2油藏五点井网250m井距，合理注采比为1.0时开发效果最好，合同期末采出最高，为66.3%，开发效果优于500m和300m井距开发，分别提高采出程度4.42%、2.4%。

第四节　砂岩油田高速开发后剩余油分布及挖潜技术及应用

油藏类型及开发技术政策与剩余油分布关系密切，海外砂岩油藏在跨国经营模式下高速开发，不同时期的剩余油分布规律及挖潜技术具有其独特性，有别于国内中—低速开发模式。

一、高速开发后剩余油分布规律

砂岩油田在注水开发中，不论是低速开发还是高速开发，注入水对油层的作用结果是油层受到不同程度的水淹，最终决定了剩余油的分布。相比低速开发，高速开发条件下，注入水对油层的冲刷作用更强，因此，砂岩油田高速开发后，剩余油分布具有不同于低速开发后的典型特征。以 PK 项目低黏度油藏库姆科尔油田高速开发为例，基于 367 口井的水淹层解释结果数据，以单砂体为单元，定性及定量评价不同类型砂体水淹特征，分析砂体构型、水体能量和原油黏度对剩余油分布的影响。

1. 不同类型砂体水淹特征

（1）曲流河砂体。曲流河砂体中由于侧积层的存在，点坝砂被若干个倾斜的泥质侧积层分割成底部连通、上部不连通或者弱连通的侧积体，单砂体呈正韵律，砂体底部渗透率较高。由于在砂体顶部受到侧积层的遮挡作用，注入水难以波及或者波及范围小，主要沿下部高渗段波及，从而造成底强水淹，而上部多为弱水淹或者未水淹，顶部动用程度低。溢岸砂为由细砂—粉砂岩构成的薄层砂，单砂体物性差，与河漫滩泥互层发育，砂体平面延伸较窄，横向变化快，连通性差，注入水波及程度受不同砂体之间的连通性影响大，水淹程度低，整体动用程度低。各单砂体不同级别水淹层含水特征分析表明，由于溢岸砂物性差，非均质性较强，ΔS_w（目前含水饱和度与原始含水饱和度之差）均值较小，而点坝砂的非均值性相对较弱，ΔS_w 值较大。曲流河单砂体不同水淹级别油层的厚度统计结果表明：点坝砂未水淹层和弱水淹层的厚度比例为 39.6%，强水淹层占 40.6%，由于点坝砂分布面积广，有很大的潜力；溢岸砂未水淹层和弱水淹层的厚度比例高达 56.9%，强水淹层仅占 20.8%，动用程度低，但是该砂体仅在点坝靠近河漫滩边部小范围发育，地质储量所占比例低，开发潜力小（图 6-22）。

（2）辫状河砂体。由于砂体内部发育近水平的落淤层，辫状河砂体表现为层状的构型特征，并且不同砂体间的不渗透或者低渗透遮挡层不发育，砂岩内部非均质较弱。由于近水平落淤层的存在，减缓了注水推进过程中受重力影响造成的底部突进现象，注入水波及范围大，水淹均匀，一旦水体渗入，就形成了高渗通道，水驱动用程度高。辫状河单砂体不同水淹级别油层的厚度统计结果表明：辫状河道强水淹层厚度比例占 81.7%，心滩由于非均质性相对较强，底部突进现象明显些，强水淹层厚度比例占 51.8%（图 6-23）。

（3）三角洲前缘砂体。三角洲砂体叠置结构与构型特征相对比较复杂，一方面，不同砂体间相互叠置，存在着不渗透或者低渗透边界；另一方面在分流河道及河口坝砂体内部发育泥质夹层。因此注入水在推进过程中同时受这两方面的影响，注入水主要沿某些优势界面或者通道推进，整体波及范围小，强水淹层厚度比例相对较小。水下分流河道砂体具正韵律沉积特征，一般中—下部强水淹或中水淹，上部弱水淹或未水淹，但由于单砂体内部泥质夹层的存在，也见中—下部未水淹或弱水淹；河口坝由于物性特征呈现反韵律，底部水淹相对较弱；席状砂多为薄层、横向变化快，水淹波及程度低，以弱水淹为主。三角洲前缘单砂体不同水淹级别油层的厚度统计结果表明：水下分流河道未水淹油层厚度比例占47.4%，河口坝砂未水淹油层厚度比例占64.7%，席状砂未水淹油层厚度比例占62.8%（图6-24）。

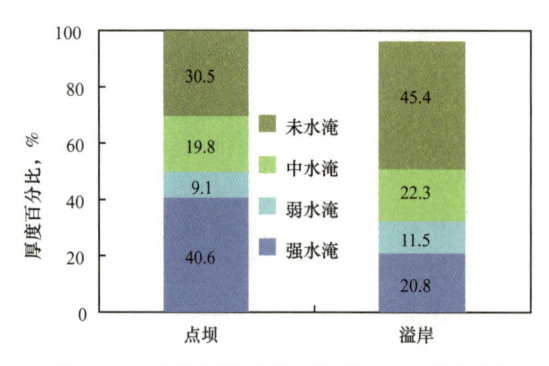

图6-22 曲流河单砂体水淹厚度比例统计图

图6-23 辫状河单砂体水淹厚度比例统计图

2. 砂体构型特征对剩余油分布的影响

（1）曲流河砂体。单砂体内部非均质特征表明，点坝砂被若干个倾斜的泥质侧积层分割成底部连通、顶部弱连通或不连通的侧积体，底部砂体物性好，一旦见水就强烈水淹，形成明显的优势通道，而顶部由于侧积层的遮挡，注入水较难波及，是剩余油的富集区域；废弃（末期）下部为点坝砂，内部为细粒泥质沉积，阻挡注入水的推进，而下部点坝砂在靠近废弃河道泥质充填区物性变差，水淹作用弱；溢岸砂为由细砂—粉砂岩构成的薄层砂，单砂体物性差，与河漫滩泥互层发育，砂体平面延伸较窄，横向变化快，连通性差，注入水波及程度受不同砂体之间的连通性影响大，水淹程度低（图6-25）。空间上，曲流河砂体以点坝砂为主，溢岸砂只分布在河道的边部，而废弃河道砂发育面积最小。整体上，曲流河砂体在点坝内侧积层、废弃河道细粒泥质沉积物、河漫滩泥岩发育的情况下，形成了以点坝砂水淹为主、溢岸砂弱水淹的水淹模式。

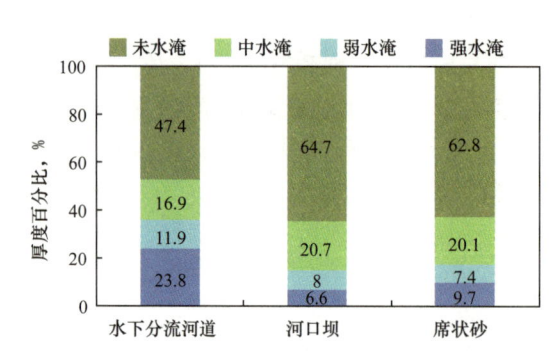

图6-24 三角洲前缘单砂体水淹厚度统计图

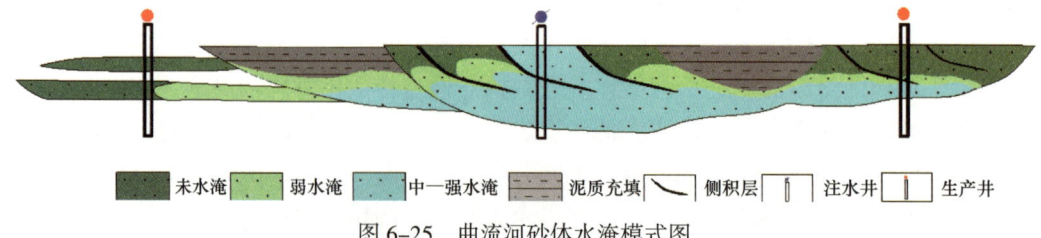

图6-25 曲流河砂体水淹模式图

侧钻井砂体水淹层解释结果较好地验证了砂体内部构型特征对水淹特征的控制作用。油田 2117 井 M-Ⅰ-1 层和 M-Ⅰ-2 层的两套砂分别为点坝砂和溢岸砂，2000 年为原始油层。2009 年在距离 2117 井 18m 处侧钻了 2117ST 井，M-Ⅰ-1 层点坝砂中—下部为强水淹层，顶部有 2m 厚的中水淹油层；但从测井曲线特征来看，该点坝砂具反韵律特征，顶部砂体的物性好于下部，之所以出现下部强水淹、上部中水淹的原因是在中水淹油层的底部发育 0.2m 的泥质侧积层，遮挡了水体的流动。M-Ⅰ-2 层溢岸砂为弱水淹层，反映了其物性较差的构型特征（图 6-26）。

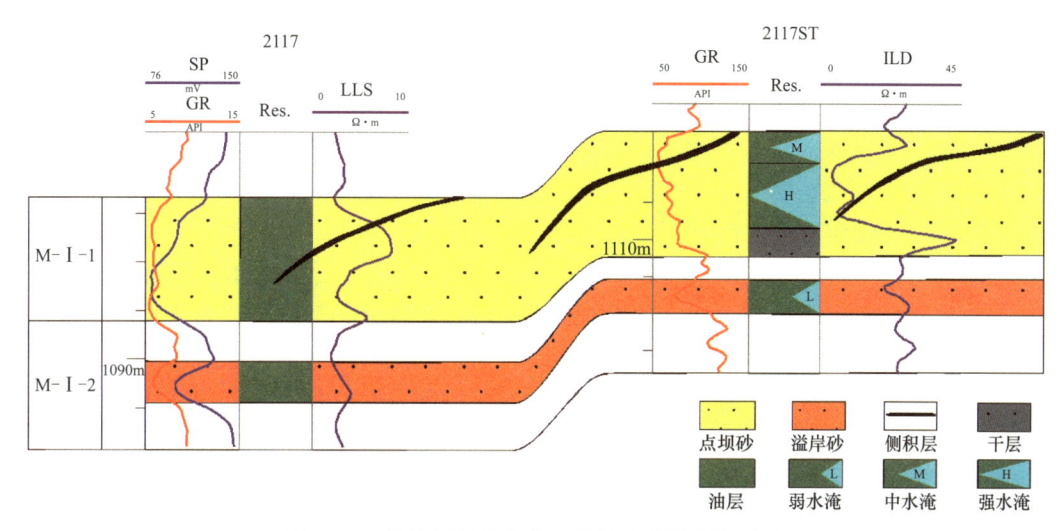

图 6-26　曲流河砂体老井和侧钻井水淹状况对比

高速开采条件下，砂体构型特征同样决定着砂体内注入水的流动和剩余油的分布。点坝单砂体内发育倾斜的侧积层，导致注入水在点坝砂体底部形成优势通道，底部水淹严重，剩余油集中分布在砂体顶部。

（2）辫状河砂体。辫状河砂体构型简单，仅在心滩砂体内发育落淤层。心滩单砂体和辫状河道单砂体物性较好，内部非均质性弱，单砂体之间连通性好。当注入水进入时，波及迅速，砂体会强烈水淹，仅在心滩砂体内被落淤层遮挡的层段或者辫状河道上部有弱水淹区或未水淹区，整体上潜力很小（图 6-27）。

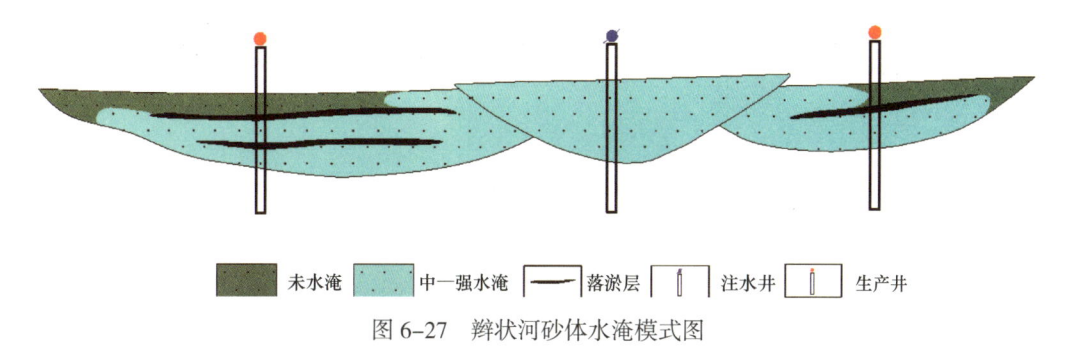

图 6-27　辫状河砂体水淹模式图

侧钻井砂体水淹层解释结果较好地验证了砂体内部构型特征对水淹特征的控制作用。油田 2113 井 M-Ⅱ-2 层发育心滩砂，1997 年为原始油层。2009 年侧钻了 2113ST 井，

M-Ⅱ-2层心滩砂中—下部为强水淹层，顶部有2m厚的中水淹油层；从心滩砂体的内被构型来看，当水体进入后，会均匀推进，大部分层段会被强水淹。之所以出现顶部有水淹程度相对较弱的油层，一方面是因为受重力作用和沉积韵律特征影响，水体优先流向底部优势段；另一方面是由于心滩单砂体内发育落淤层，将砂体分割成了几个相对独立的单元，并且占主导因素。高速开采条件下，砂体构型特征同样决定着砂体内注入水的流动和剩余油的分布。辫状河砂体构型简单，心滩砂体内部发育近水平落淤层，有利于减缓注水受重力影响造成的底部突进，注水纵向波及范围大；剩余油分布在砂体顶部及落淤层遮挡层段。

（3）三角洲砂体。相对于曲流河砂体和辫状河砂体，三角洲前缘砂体构型特征复杂，这种复杂性不仅体现在单砂体内部，也体现在各单砂体之间。水下分流河道砂体与河口坝砂体内部均发育泥质夹层，夹层的产状跟砂体一致。水体进入后，会先沿着高渗区波及。由于泥质夹层的遮挡作用，有些高渗层段反而无法被有效地波及，因此在水下分流河道砂体和河口坝砂体中泥质夹层的上部或下部有局部剩余油的富集。从砂体的沉积特征方面来分析，水下分流河道砂为正韵律沉积储层，底部物性好，注入水优先波及底部层段，在上部形成弱水淹或未水淹层段，砂体顶部是剩余油的富集区域；河口坝砂体为反韵律沉积储层，顶部物性好，注入水优先波及底部层段，在下部形成弱水淹或未水淹层段，下部差物性段是剩余油的富集区域。侧缘席状砂是薄层砂，内部不发育构型界面，砂体的构型特征主要是由砂体岩石组分和物性来体现。侧缘席状砂形成于水体能量相对较弱的沉积环境中，主要由泥质粉砂岩、粉砂岩和细砂岩组成，孔隙性和渗透性差，以弱水淹和未水淹为主。由于平面上连续性好，发育面积大，该类砂体是后期精细开发的主要目标。

空间上，各单砂体之间接触关系复杂，不同单砂体之间连通程度多样，主要呈连通、弱连通或未连通等方式。注入水的流动一方面受各类砂体之间的接触边界影响，另外受单砂体之间泥岩隔层的影响，水淹情况复杂，潜力较大（图6-28）。

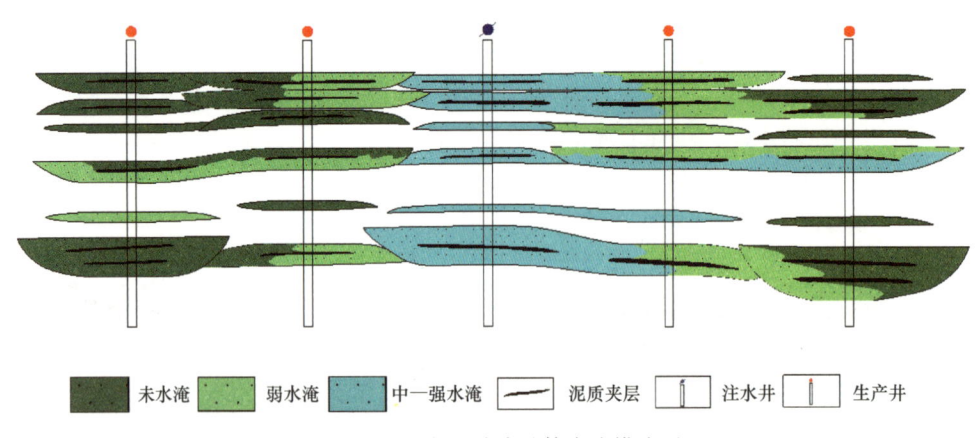

图6-28 三角洲前缘砂体水淹模式图

侧钻井砂体水淹层解释结果较好地验证了砂体内部构型特征对水淹特征的控制作用。油田3178井J-Ⅲ-1层和J-Ⅲ-2层发育河道砂，2004年为原始油层。2009年侧钻了3178ST井，J-Ⅲ-1层河道砂从顶部依次发育弱水淹层、中水淹层、未水淹层和弱水淹层，J-Ⅲ-1层河道砂从顶部依次发育干层、强水淹层、中水淹层和干层，充分说明河道砂体内泥质夹层对水体的遮挡作用。高速开采条件下，砂体构型特征同样决定着砂体内注入水的流动和剩余油的分布。三角洲前缘砂体构型复杂，不同类型砂体间发育低渗边界，河道及河口坝内部发育泥质夹层，影响注水波及；河道内部注水纵向波及范围大，水驱效率高；剩余油主要分布在砂体中—上部及泥质夹层遮挡层段。

3. 水体能量大小对剩余油分布的影响

一般情况下，天然能量较充足的油藏早—中期采用天然边底水驱，天然能量不足的油藏采用注水开发。两者剩余油分布特征都受断层封堵性、储层非均质性、隔夹层、垂向韵律及平面相变等地质因素及井网、层系、采油速度等开发因素的影响，但主控因素、形成原因、分布形态、分类构成有所不同。前者主要受制于边底水能量向油藏内部传导的能力，剩余油以"远离边底水"型为主；后者主要受制于井网部署、层系划分、注采对应关系、注采强度等技术政策的合理性，剩余油以"层系井网不完善"型为主。在此重点讨论天然水驱下剩余油分布特征与分类构成，并与注水开发剩余油分布特征进行对比。

1）边水油藏天然水侵模式及剩余油富集规律

影响剩余油分布的因素很多而且也很复杂，但主要有地质因素和开发因素两种类型，前者是内因，后者是外因，它们的综合作用形成了各种类型的剩余油分布。随着油藏含水率的不断升高，地层原油水关系不断演变，剩余油分布也趋于复杂。

为了节约前期投资，一般采用稀井高产，因此有一定天然能量的油藏开发早—中期层系划分较粗，油层存在边水入侵、高渗透层突进、断层导水等水淹模式。剩余油主控因素包括边水入侵强度、断层封堵性、储层非均质性、隔夹层、垂向韵律及平面相变等地质因素，以及井网、层系、采油速度等开发因素。

剩余油分布受边水能量因素影响显著，低压区剩余油较丰富，整体上剩余油呈连片分布，主要集中在水驱能量较弱的储层、构造高部位、储层连续性较差及断层遮挡处。

天然水驱高速开发后油藏水淹特征与面积注水水淹特征存在较大差异（图6-29）：油藏达到高含水期，强水淹储量小于1%，而面积注水油藏达到12.2%；前者弱水淹储量占80%，后者占58%。天然水驱不均衡，相比面积注水低水淹程度储量分布更为集中，主要位于远离天然水体的构造高部位、井网稀疏及断层遮挡处。

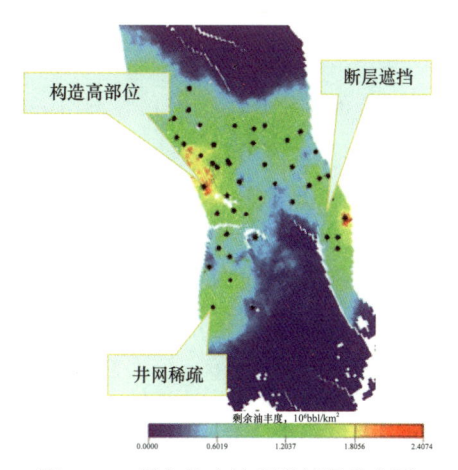

图6-29 帕尔块水淹程度储量分布图

2）底水油藏天然水侵模式及剩余油富集规律

一般情况下强底水油藏在高含水阶段仍分布有大量剩余油，因此研究剩余油分布规律是加密调整的关键。机理研究表明，底水驱油藏剩余油分布与储层物性关系密切。相同含水情况下，正韵律油藏剩余油富集井间及储层顶层，是高含水及特高含水阶段主要潜力。

根据加密钻井结果和油藏数值模拟相结合，分析底水油藏剩余油分布特征，存在五种剩余油分布类型：（1）井间剩余油分布模式，剩余油主要分布于井与井之间泄油半径未达到的区域；（2）油藏边部剩余油分布模式，油藏边部井网有待于完善或者有进一步滚动扩边的潜力;(3)隔夹层遮挡的剩余油分布模式,由于层内有厚度不同且不连续的泥岩隔夹层,对含水的上升具有一定的隔挡作用;(4)微构造高部位剩余油分布模式,断层及油藏边界附近,微构造的高点以及厚砂层的顶部区域为剩余油富集区;(5)"优势通道"外剩余油分布模式,层状特征的块状底水油藏,各小层平面非均质性造成在"优势通道"区域内,储层水洗较强,在优势通道以外的区域形成剩余油的相对富集区域,即边水沿小层呈"指状"推进。

3)天然水驱后剩余油分类定量分布特征

天然水驱后油藏剩余油可分为远离边底水剩余油、层系井网不完善剩余油、断层遮挡剩余油。剩余油分类构成特点与天然水体大小、断层发育程度、井网控制程度等因素密切相关,其中水体大小是最主要因素,它决定了能量向油藏传递的能力。天然水体大小不同,剩余油储量差别大,远离边底水型剩余油储量变化尤为明显。

剩余油定量分类为各类剩余油挖潜潜力提供了依据,如南苏丹法鲁奇油田(表6-14)主块水体倍数为5~10倍,剩余油主要位于远离天然能量的油藏内部及构造高部位,通过挖潜这部分剩余油,预计可提高采出程度10%~15%。

表6-14 法鲁奇油田天然水驱后主力区块剩余油分类构成

剩余油类型	形成机制	占剩余油总量比例
远边底水剩余油	边底水能量不足以传导至构造高部位、油藏内部	40%~60%
层系井网不完善剩余油	井网不完善、储层非均质性强、笼统开发	30%~45%
断层遮挡剩余油	断层发育,断层封堵	3%~8%

4)天然水驱与注水开发剩余油分布规律对比

结合注水开发剩余油分布特征,对比天然水驱、面积注水剩余油分布规律可知。

(1)剩余油分布特征:天然水驱油藏剩余油连片分布,主要集中在水驱能量较弱的储层、构造高部位、储层连续性较差及断层遮挡处,主要以"远边底水剩余油"型为主;规模注水油藏剩余油分散、局部集中,主要以井间剩余油形式存在,类型主要为"层系井网不完善剩余油"型。

(2)剩余油分布主控因素:天然水驱剩余油主控因素包括边底水入侵强度、断层封堵性、储层非均质性、隔夹层、垂向韵律、平面相变等地质因素,以及井网、层系、采油速度等开发因素;规模注水剩余油主控因素包括井网部署、层系组合、注采对应、注采强度等因素,同时受地质因素及水动力因素的影响。

(3)剩余油类型:规模注水油藏以井间剩余油为主(70%以上),天然水驱油藏以远边底水剩余油为主,占剩余油总量比例的40%~60%。

4. 原油黏度对剩余油分布特征的影响

不同原油黏度原油在不同驱替速度下的驱替规律是有所不同的,原油黏度、驱替速度既影响水驱平面和纵向波及特征,同时也影响含水上升规律。

原油黏度是影响水驱波及特征的主要因素,低黏度原油油水黏度比相当,均质油藏水驱油过程为活塞驱油,驱油效率相对较高,波及比较均匀,波及范围内水驱效果好,剩余油饱和度低。而高黏度原油油水黏度比高,水驱油指进现象明显,水驱前缘推进速度快,在波及范围内波及不完全，剩余油饱和度高。因此高黏度原油油藏注水波及范围明显低于低黏度油藏，并且含水上升更快，无水采出程度明显低于低黏度原油油藏。

其次，不同黏度原油在不同驱替速度下波及特征和含水上升规律变化也有所不同。低黏度原油在一定范围内随驱替速度的增加，水驱波及前缘受重力的影响相对变小，纵向上水驱波及更均匀，在相同注水量情况下，注水波及范围更大，在采出程度与含水关系上表现为含水上升更慢，无水采出程度高；而高黏度原油油藏随驱替速度的增加，由于高油水黏度比造成的注入水指进现象更明显，注入水突进更快，油井含水上升更快，无水采出程度反而变低。

在相同储层条件下，中—高黏度原油油水黏度比大，油井见水前两相渗流区（水驱前缘）宽，水驱波及范围内，含水饱和度越小，剩余油饱和度较大，剩余油在波及范围内广泛分布。低黏度原油油水黏度比低，在相同的水驱时间内，其油水两相渗流区窄，水驱波及范围内，驱油效率高，含水饱和度高，剩余油饱和度低。剩余油主要分布在注水未波及区域。

同时，通过对比不同黏度油藏剩余油分布特点也可发现，与中—高黏度油藏对比，低黏度油藏平面上剩余油整体分散，但局部更为富集。不同的剩余油分布模式决定了其后期的开发调整模式。

二、高速开发后剩余油挖潜技术

1. 强底水块状油藏剩余油挖潜技术

以苏丹 1/2/4 区 Bentiu 层强底水块状油藏为例，其剩余油挖潜的主要思路是充分动用现有储量资源，解决好油藏开采过程中的层间矛盾、平面矛盾，挖掘潜力，提高可采储量。

1）块状强底水砂岩油藏精细描述技术

苏丹 1/2/4 区在块状强底水砂岩油藏的开发调整过程中形成了隔夹层类型及其电测响应表征、沉积机制与成因、夹层分布预测，大规模角点网格技术下的相控整体建模等特色静态描述技术。

（1）隔夹层类型及其电测响应特征。

由于沉积、成岩等地质作用不同，也相应地形成不同的隔夹层。不同隔夹层的成因、特点和分布有较大差异，它们对油水运动控制也有不同。苏丹 1/2/4 区 Bentiu 储层为辫状河沉积的巨厚砂体，是块状底水油藏的主体，主要发育岩性夹层和物性夹层。具体说一类是泥质夹层，主要指泥质、细砂—粉砂质岩类，测井响应上表现为自然电位曲线接近于泥岩基线，电阻率曲线呈相对低值。另一类是物性夹层，主要是成岩过程中产生的各种钙质、硅质胶结条带，厚度薄、分布连续性差，在微球曲线上可见明显的尖峰，自然电位曲线接近于基线，声波时差为低值。

（2）夹层的沉积机制与成因分析。

根据高分辨率层序地层学对比研究和地质统计学分析认为，苏丹 1/2/4 区 Bentiu 储层砂体内部发育的夹层，可分为层间隔层、小层间隔/夹层和小层内夹层三种。层间隔层岩性一般为纯泥岩，部分地区 Bentiu 层顶部存在少量钙质致密层；沉积成因上属于河流沉积中相对稳定的长期泛滥沉积。沉积厚度范围为 10~30m，平面上区域规模大、分布稳定，对油藏起隔挡作用或盖层作用。小层间的隔/夹层岩性一般为泥岩，有时可能从泥岩过渡到粉砂质泥岩或泥质粉砂岩，成因上属于相对短暂的泛滥沉积。沉积厚度为3~10m，平面上具有一定规模和稳定性，在局部区域分布连续，分布范围可达1~3个井距甚至更广。较大范围的此类隔夹层对油藏可以起到局部隔层的作用，相对小规模的夹层对边底水的突进或锥进可以起到抑制作用。小层内夹层为小层砂体内部发育的不连续非渗透层或极低渗透层，一般分布1~3个夹层，成因上属于废弃辫状水道充填或心滩顶部落淤层，其规模大小与水道宽度和心滩规模有关，同时受后期冲刷改造影响。沉积厚度0.5~3m，平面上规模较小、分布不稳定，对油藏不起隔挡作用，并且会造成层内纵向上的非均质性，从而改变砂体内部的流体运动规律，影响底水锥进。

苏丹1/2/4区Bentiu组砂岩从上至下分成3~4个砂层组，每个砂组厚70~100m，由多套辫状河沉积砂体叠加组成，砂层组间发育横向分布稳定的相对较厚泥岩隔层。每个砂层组由2~4个小层组成，小层间发育局部稳定的泥岩隔/夹层，每个小层厚6~30m。每个小层内部由1~4个单砂体叠置组成，单砂体横向延伸500~1000m，宽厚比80~100；小层砂体内部发育不连续的薄层泥质—粉砂质夹层。

（3）表征储层夹层分布的预测方法。

隔夹层的预测主要采用了以下五种方法：沉积机制与成因的夹层预测方法预测层间隔层和小层间隔/夹层；利用三维地震反演方法描述预测小层间隔/夹层；根据井资料和生产动态分析预测小层间隔/夹层；根据井资料，采用地质统计方法预测小层内部的小夹层；建立夹层分布模型，利用生产动态和数值模拟方法进行夹层预测和描述。

通过综合分析各类方法的优缺点及特点，针对苏丹1/2/4区Bentiu层强底水砂岩，选择不同的表征方法，对不同级次规模的隔夹层进行了预测和描述，并最终体现在数值地质模型和油藏模型中。图6-30为黑格里格油田主块体现隔夹层分布特征的地质模型。

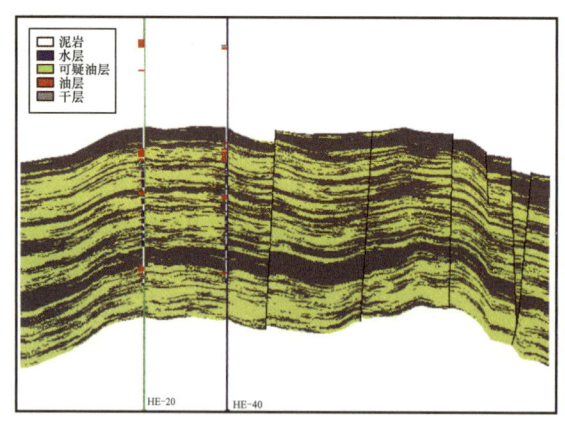

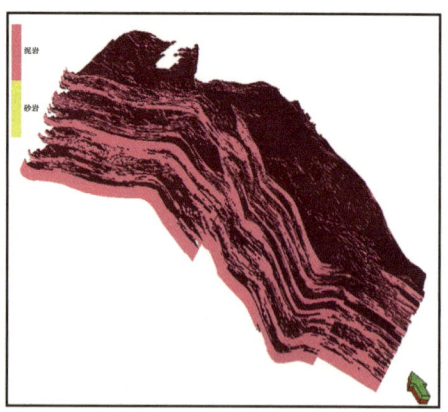

图6-30 黑格里格油田主块隔夹层地质模型

（4）低矿化度储层测井精细解释与评价。

苏丹1/2/4区油田储层岩性复杂，地层水矿化度低，常规的测井解释技术难于识别油水层和致密干层；有些高产储层岩石疏松，取样岩心代表性有限；隔夹层分布复杂，其分布特征对强底水油藏底水锥进、多层状油藏边水突进乃至油田开发效果有着极其重大的影响。

对块状强边底水油藏主力黑格里格油田进行了二次测井解释与分析后通过研究，有如下认识：

① 利用新取心井的岩心分析结果对储层参数的解释模型进行了检验，使所建立的模型更加适用于目标油田的储层参数研究，尤其是利用 J 函数和岩心分析的含油饱和度对饱和度模型进行了标定。通过验证，测井解释的孔隙度、渗透率和含水饱和度分别与岩心分析结果非常接近。

② 通过岩心资料、录井资料、测井资料以及试油资料分析，建立了油层、水层和干层的标准（表6-15），以及储层的物性下限，即泥质含量小于40%，孔隙度大于12.5%。

表6-15 黑格里格油田油层、水层、干层划分标准

类型	含油饱和度，%	渗透率，mD	孔隙度，%	电阻率，$\Omega \cdot m$
油层	>35	>10	>12.5	>30
水层	<35	>10	>12.5	<30
干层	<35	<10	<12.5	>30

③ 在建立渗透率模型时，利用动态资料对岩心资料进行约束，使利用所建渗透率模型计算的渗透率能反映储层的动态情况。

④ 在 Aradeiba 储层中新解释一定数量的油层，单井有效厚度为 2.1~30.5m，平均单井有效厚度为 7.5m，这些油层可作为今后挖潜的对象。

（5）大规模角点网格技术下的相控整体建模。

苏丹 1/2/4 区油田三维地质建模主要采用随机预测建模技术，即应用测井解释提供的单井物性资料及细分层对比提供的夹层资料，在相控条件下建立尽可能准确的三维储层模型，为精细油藏数值模拟提供属性参数场。

相比于普通的地质建模，本项工作主要有两个特点，一是建模地质体是块状底水油藏；二是建模服务的对象是大节点的精细数模。这两个特点决定了建模思想上必须体现如下两点：①考虑到建模地质体是背斜、断背斜、断鼻和断块构造油藏，非均质性主要集中在垂向上。为此需要充分合理地应用前期地质研究提供的细分层对比及微相划分，特别是有关夹层的研究成果。因此，地质模型在垂向上尽可能细分层，对比出的每个夹层均作为一个独立层对待；②考虑到精细数模计算起来耗时较长，为了减少盲目性及提高效率，数模工作分两步走，即先进行几万网格的常规数模，分析研究油藏，积累历史拟合及调参的经验，在此基础上进行精细数模。

2）剩余油挖潜方法

（1）采用水平井挖潜剩余油。利用水平井开采底水薄油层、低产油层具有明显的优势。对于底水油藏来说，一方面由于水平井钻穿油层的长度长，井筒与产层之间的接触面积大，提高了平面波及系数；另一方面由于水平井轨迹可横穿油层顶部，提高了单井控制储量，增大了底水上升波及体积。在相同生产压差下，水平井产量高于直井，水平井开采底水薄油藏有利于延长无水采油期和提高原油采收率。

黑格里格油田强底水 Bentiu 油藏 6 口水平井投产初期日产油 188t，含水 42.5%，周围老井日产油 105t，含水 83.3%。目前累计采油 $40 \times 10^4 t$，平均单井采油 $6.6 \times 10^4 t$，2007 年

12月平均日产油64t，含水79.8%。HE-31井是苏丹1/2/4项目的第一口水平井，主要目的是想改善Bentiu1油组顶部物性较差的薄油层开发效果，水平段长度213m，钻遇油层段75.5m，2004年3月投产，日产油量达到86t，低含水采油期达21个月，产量一直稳定在70t/d以上，目前日产油水平34t，含水64.9%，比区块综合含水值低25%，已经累计产油9.0×10^4t（图6-31），反映出利用水平井技术开采薄油层含水上升慢、产量递减小、稳产期长。根据计算，利用直井开采，日产油量只有目前该水平井产量的1/3～1/2，说明水平井增产显著，是开发Bentiu1油组顶部和Aradeiba组薄油层的有效方法。

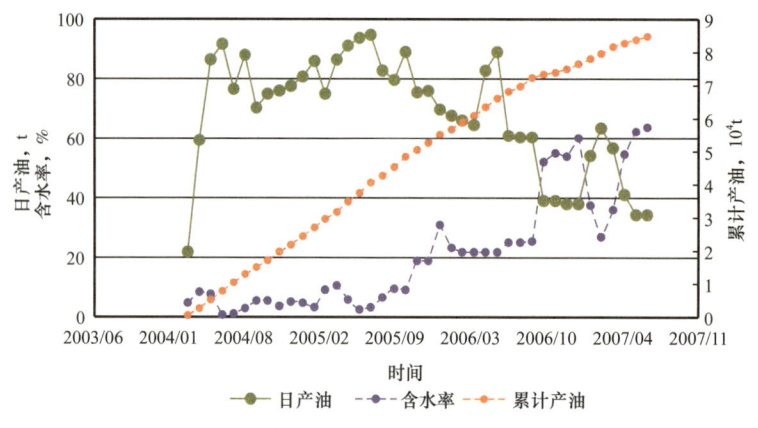

图6-31 黑格里格油田HE-31水平井生产情况

（2）井网加密。苏丹1/2/4项目块状强底水油藏投入开发以来经历了完善基础井网（1999年6月至2003年12月）和一次加密调整（2004年1月至2007年12月）两个阶段，井距从初期的1000m加密到400～500m，单井产量140～430t/d，平均240 t/d，新井初期产能是老井产能的1.2～2倍。其中，2007投产新井50口，平均单井初期日产油能力151t，日产液208t，含水27.5%。

2004—2007年，黑格里格、托马南和班布三个主力油田通过加密调整，增加可采储量1617×10^4t，相当于提高合同期内原油采收率6.7%。其中2006—2007年，黑格里格、托马南和班布三个主力油田通过加密调整，增加可采储量958×10^4t。

（3）细分层系开采。苏丹1/2/4区各油田纵向上大多分布2～3个底水油藏，开发早、中期进行合采，高含水期剩余油富集，采用分层开发挖潜剩余油可以大幅度提高合同期内采出程度。从2005年开始，新投产的油井主要采用分层开采方式。如黑格里格油田和托马南油田Bentiu组储层为强底水油藏，分三套层系开发Bentiu1、Bentiu2和Bentiu3底水油藏。表6-16是2007年底黑格里格油田和托马南油田的分层开发数据。

（4）优化射孔。Bentiu组储层为块状强底水油藏，油层厚度大、物性好、油层产能高，每米厚度采油指数为11.0～16.4t/(MPa·d·m)。通过试采和换层开采，进一步了解层间差异和油水运动规律，丰富和完善底水油藏射孔政策：①无夹层情况下，保障单井达到较高产量，留有一定的避射高度，储层射孔程度30%～50%，避射高度原则上大于10m；②如果储层夹层发育，一般只射开夹层以上储层。在力求均衡各生产层间采油速度、压降速度、含水上升速度的基础上，强化主力油层的开采，为中、后期"自下而上"的卡堵水、补孔创造条件。

表 6-16　苏丹 1/2/4 区分层开发数据表（2007 年 12 月）

油田	油组	生产井口	采油速度 %	采出程度 %	综合含水率 %	采 1% 地质储量含水上升率，%	油藏类型
黑格里格	Aradeiba	27	1.9	5.1	30.9	6.0	层状油藏
	Bentiu 1	74	2.2	23.3	90.2	3.9	底水油藏
	Bentiu 2	1	0.2	1.8	93.2	51.6	底水油藏
	Bentiu 3	11	0.5	14.5	95.6	6.6	底水油藏
托马南	Aradeiba	4	6.5	8.3	48.8	5.9	层状油藏
	Bentiu 1	21	3.8	39.5	78.5	2.0	边底水油藏
	Bentiu 2	1	0.4	2.5	94.2	37.3	底水油藏

苏丹 1/2/4 区块状强底水砂岩油藏从 2003 年 6 月进入高含水开采期，此时地质储量采出程度仅 7.3%。为了弥补因含水上升而出现的产量递减，保持各层的高速高效开发，一方面进行加密调整或者钻水平井，完善主力层井网，增加出油井点；另一方面采用补孔的方法增加各层生产井点或互换生产层位。这样既有利于提高储量动用程度，又开采老井之间的剩余油，并因新井投产而弥补老井递减的产量。加密井射孔政策为"自下而上，先好后差"，补孔政策为"自下而上，适当避射"。实施这样的政策，各主力层的生产井点几乎都增加了 1~2 倍。

（5）提液、卡堵水、换层补孔。苏丹 1/2/4 区油藏类型丰富，以底水油藏和边水油藏为主，地质储量占 68%。这些油藏储层条件好，属高孔隙度、高渗透率层；油源充足，油井泄油半径大（井距 700~1000m）；天然能量充足，1996—2000 年投产的大部分井自喷生产。这些有利条件为油井下电泵提液高速开采提供了保证。从 2000 年下半年开始，大部分老井陆续转为电潜泵生产，新井则直接下电泵投产。电泵提液措施大大提高了主力油田的产能，弥补了因含水上升而递减的产量。如黑格里格油田，提液前 19 口油井的日产量为 0.34×10^4t，提液后变成 0.8×10^4t，增加 0.46×10^4t，提液后的产量为提液前的 2.4 倍，而含水变化非常小，从 45.2% 上升到 49.2%。

利用强边底水能量高速开采，生产井含水上升快，一般采用经济有效的水泥挤封和机械方式卡堵高含水层位，稳油控水。据历年统计（表 6-17），卡堵水措施 65 井次，占措施井次的 48.4%，有效率 73.8%，平均有效期 191 天，平均单井初增油 155t/d，平均含水下降 27.7%，有效地降低了无效产液量，进一步改善了经济效益。

为了提高油层储量动用程度，底水油藏实施选择性油层合采，即通过补孔、上返换层开采等增加开采井点。至 2007 年底，共补孔 70 井次，增加初产能力 0.62×10^4t/d，占总措施产能的 19.1%。如黑格里格油田开采 Bentiu 3 的 5 口油井在含水接近 90% 时上返开采 Bentiu 1，开采 Bentiu 1 的 4 口油井补开 Bentiu 3 进行合采，部分区域平均井距从 700m 变为 500m，有效地降低了含水上升速度和实现了采油最大化，到 2007 年底 9 口井增加采油量 291×10^4t，提高采出程度 3.9%。

（6）老井侧钻。为了挖掘剩余油潜力，采用低效井侧钻大斜度井技术，取得了较好的增产效果。例如黑格里格油田薄层高渗透的Kanga块高部位侧钻了一口斜井，初期日产油增加410t，使采油速度从0.8%上升到4.2%；厚层低渗透的Hamra块往高部位侧钻了一口斜井，日产油增加114t，使采油速度从1%上升到1.4%。

表6-17 苏丹1/2/4区补孔换层措施效果统计

时间年	作业井次	有效井次	有效率%	措施前生产情况			措施后生产情况			平均单井初增油t/d	措施效果统计	
				日产油t	日产液t	含水率%	日产油t	日产液t	含水率%		当年有效期d	当年增油量10⁴t
2001	4	4	100	238	258	7.5	470	491	4.4	231	159	15
2002	15	8	53.3	141	343	58.9	361	520	30.5	220	129	23
2003	11	8	72.7	109	641	83	238	456	47.8	129	129	13
2004	11	9	81.8	114	427	73.4	224	414	45.9	110	163	16
2005	8	7	87.5	117	346	66.3	220	368	40.2	103	160	12
2006	5	3	60	55	211	73.7	99	201	50.6	44	180	2
2007	11	9	81.8	40	146	72.6	110	323	66	70	201	15
合计	65	48	73.8	133	428	68.9	288	489	41.2	155	191	96

2. 强边水层状油藏合层开发剩余油挖潜技术

由于层状边水油藏水驱能量非均质性、储层物性及流体性质非均质性，油田形成其特殊的剩余油分布特征：整体上剩余油在边底水能量不活跃的区域较富集，平面上储层连续性好的区域剩余油呈连片分布，局部受平面相变、韵律特征、断层遮挡、井网控制程度等因素影响。纵向上层间储层动用差异大，同一储层其上部动用程度低，剩余油相对富集。

1）层系井网差异化调整

（1）分块差异化部署：天然能量充足的小断块继续利用天然能量开发，优化层系井网及射开程度、采液速度等参数；主块细分层系，低压层采用注水或注水辅助天然能量开发。对于主力块部分储层天然能量不足的情况，需要实施注水、细分层系、措施等综合调整；其他断块能量较充足，实施加密、细分层系、措施等综合调整。

（2）分层差异化部署：上部储层（YⅡ、YⅢ）充分掌握平面相变规律，剩余油局部富集区域加密新井形成有效注采关系、加强井网控制程度，同时充分利用老井补孔上返挖潜剩余油；中部层位（YⅣ—YⅥ）根据剩余油物质基础及压力保持水平部署分层系开发，面积井网与不规则井网相结合部署注水井、加密生产井；下部层位继续利用天然能量开发，根据油品性质特点加强水平井应用。

（3）分区差异化部署：储层连通性分析与天然水驱规律相结合，摸清天然水驱未水淹、弱水淹储量分布；近边底水区域着重控水稳油、控制水窜及舌进现象；中部区域判断天然水驱方向及强度，补充部署注水井，采油井天然水驱、人工水驱双受效；远边底水区域部署面积注水井网，提高注水控制程度。

总之，能量是否充足是对油田进行差异化调整部署的主要依据。对于天然能量充足的块、层、区域，继续利用天然能量开发，综合调整重点为优化开发层系、部署加密调整井提高储量动用程度和水驱控制程度，对高含水井实施堵水、换层等措施；对于天然能量不足的块、层、区域，应实施天然水驱与人工注水协同开发，调整重点为层系井网调整、水驱结构调整、能量补充方式调整。

2）水平井挖潜

法鲁奇油田开发早—中期通过大规模应用水平井（图6-32），实现各块各层储量均匀动用，降低层状边水油藏含水，提高块状底水稠油油藏动用程度，使油田保持高产稳产。

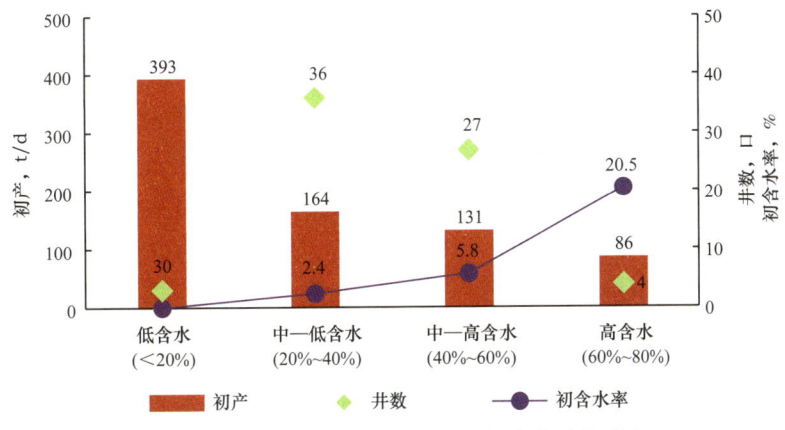

图6-32 法鲁奇油田各含水阶段投产水平井对比

含水上升问题为限制水平井开发效果的主要因素，中—低含水期投产水平井初产高、含水低、稳产时间长，开发效果较好；中—低含水期水平井相比直井有明显的产量优势，但见水后产量递减快，递减速度是直井的2~3倍。随着油田含水上升，新投水平井效果逐渐变差。因此，高含水期新投水平井需加强井位优选及水淹规律研究，尽量延长其无水采油期及低含水期，使水平井产量优势能够最大限度地发挥。

3）协同注水开发

科学评价天然水驱油藏开发效果可指导油藏天然水驱阶段、水驱结构调整阶段、规模注水阶段开发技术政策的制定，为实现天然能量与人工注水协同奠定基础。天然水驱油藏开发效果评价方法包括：（1）生产气油比变化规律；（2）单位压降采出程度；（3）采出程度与压力保持水平；（4）油藏不同部位压力保持水平；（5）油藏及单井递减规律；（6）水驱特征曲线出现直线段时间；（7）累计油水比与综合含水、采出程度的关系；（8）水侵速度与采油速度。

强边水油藏剩余油分布多样，针对不同剩余油类型的挖潜汇总见表6-18，法鲁奇油田天然水驱后主要剩余油类型为远边底水型剩余油，其形成机制为边底水能量不足以传导至构造高部位、油藏内部，导致剩余油富集、地层压力保持水平较低（40%~60%），占总剩余油储量的40%~60%。通过细分层系、水平井及协同注水等方法挖潜剩余油，合同期内可提高采出程度10%~15%。

表 6-18 法鲁奇油田天然水驱后主力区块剩余油挖潜潜力

剩余油类型	占剩余油总量比例	提高采出程度	挖潜策略
远边底水剩余油	40%~60%	10%~15%	部署规模注水，补充人工能量，提高地层压力保持水平
层系井网不完善剩余油	30%~45%	5%~12%	分层系加密井网，保障各层系井网控制程度
断层遮挡剩余油	3%~8%	1%~2%	不规则加密井网，形成1对1或1对2有效注采关系

3. 强边水层状油藏单层开发剩余油挖潜技术

以哈萨克斯坦阿克沙布拉克油田高速开发生产实践为例，介绍强边水单油层油藏的剩余油挖潜技术。

1) 优化南北井组配注量，实现边外注水水线均匀推进

通过分析南北井组地层亏空及水驱前缘的分布特征，可以看出各个井组的注水量不均衡是造成水线推进不均匀的主控因素。通过数值模拟方法，优化配置单井注水量，以达到水线均匀推进、提高采收率的效果。在现有注水井注水量不变基础上，对单个注水井的配注量进行分析，北部井组能量充足，可以适当减少部分井的注水量（图6-33）。南部井组配注量在现有注水井注水量不变的基础上，对单个注水井的配注量进行优化，分别调整6口注水井单井的配注量。

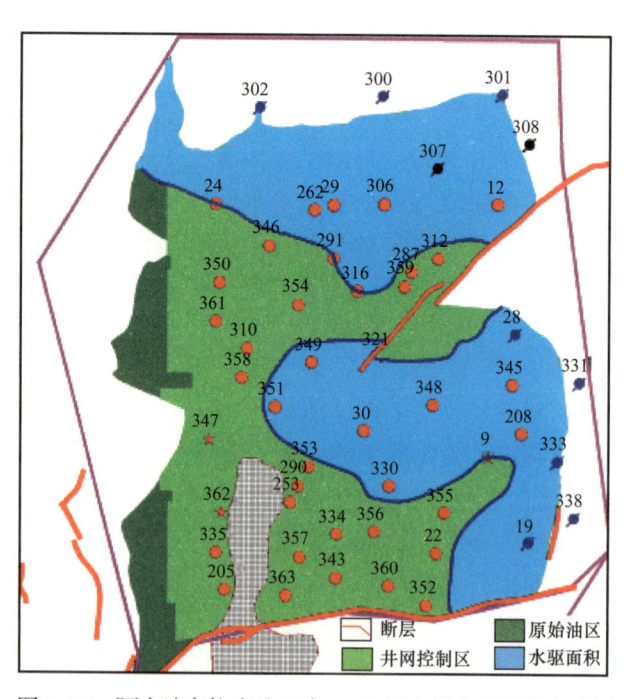

图 6-33 阿克沙布拉克油田中 J-Ⅲ层中部水驱控制程度图

2) 明确合理开采参数，提高合同期内采出程度

阿克沙布拉克油田中J-Ⅲ层一直保持较高采油速度开发，目前面临的主要问题是部分井区边水突进快，油井见水后迅速关井，若采用低采油速度开发，是否能得到更高的采

收率，我们分别论证了 1%、2%、2.5%、3%、4% 采油速度下中 J–Ⅲ 油藏的开发效果，并预测其采收率。

通过论证得到结果，若采用 1%、2%、2.5%、3% 和 4% 的采油速度开发，油藏采收率基本相似，都可以达到 71.5%。但是合同期内采出程度不同，4% 采油速度与 1% 采油速度相比，合同期内采出程度增加 5.8%。对比不同采油速度下的剩余油饱和度分布图，可以看出 4% 采油速度下开发，剩余油饱和度明显变少。

4. 弱边水层状油藏剩余油挖潜技术

1）液流转向技术

完善注采井网，补充地层能量，改变液流方向，提高注水波及，鉴于库姆科尔南油田 Object-2 层部分区域注采不完善，地层能量亏空大，应充分利用低产油井、停关井转注水，有效补充地层能量；同时内部井网调整后，应合理调整外部注水，强化剩余油富集方向注水、弱化强水淹方向注水，提高水驱储量控制程度。

以库姆科尔南油田 Object-2 层 327 井组为例，该井组初期无注水井，2011 年 11 月转注 KS-327 注水井，改变井组液流方向，相邻井增油效果明显，其中 KS-326 井日产油由 14.5 t 提高到 20.5t，含水率由 95% 降至 93%（图 6-34）。

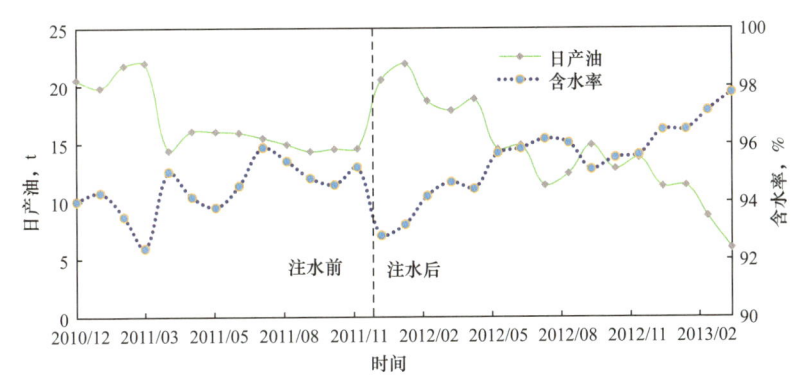

图 6-34　KS-326 井生产曲线图

2011 年底至 2016 年，库姆科尔油田 Object-2 层共实施低产油井转注水 11 井次，多为边内转注局部完善面积注水，有效缓解了油田自然递减下降趋势。

2）细分层注水技术

细分层注水，调整层间矛盾，提高水驱储量动用程度，油田目前注水均采用笼统多层注水（图 6-35），受储层物性差异、隔夹层影响，各小层注水分配不均，注水在低渗透油层注入较少，沿高渗透油层突进较快，油井见水早，含水上升快，造成油藏整体水驱储量动用程度低；故应根据各层的吸水能力，实施细分层注水，合理分配注水量，提高注水质量。

阿克沙布拉克油田的 M-Ⅱ 层为中孔中渗砂岩

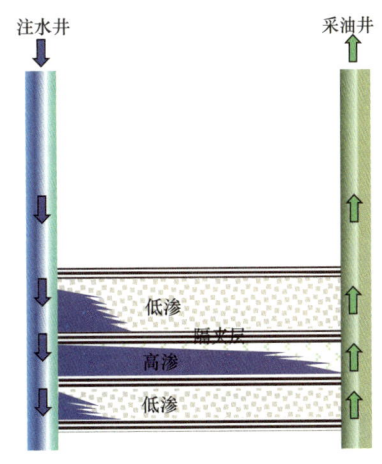

图 6-35　多层非均质油藏笼统注水示意图

油藏，边水能量较弱。油藏于 1998 年 5 月开始衰竭式开发，地层亏空逐渐加大，2011 年 9 月进入递减阶段。M-Ⅱ层于 2015 年 9 月开始实施分层注水，其中北区 2 口分注井，对应油井 6 口，4 口注水已见效，平均单井增油 11.4t/d，2 口井待观察；南区 3 口分注井，对应油井 9 口，5 口注水已见效，平均单井增油 12.2t/d，5 口井待观察。

自实施分层注水以来，M-Ⅱ层 2016 年地层压力有所回升，北区和南区地层压力分别上升 0.3MPa、0.5MPa；水驱控制程度大幅度提升，由分注前的 3.4% 上升到目前的 40.7%；分注后北区、南区水驱控制程度分别为 42.1%、39.2%。油藏综合递减率由 19.5% 下降至 7.4%，老井开发效果明显改善；5 个分层注水井组实现累计增油 $2.94×10^4$t，分注增油效果显著（图 6-36）。

图 6-36　M-Ⅱ层分层注水井组增油效果图

3）局部加密调整，井网转换技术

由井组数模可知，五点法开发效果优于反九点；但鉴于 Kumlol 油田目前井网不完善现状，宜局部完善为反九点井网开发，数值模拟分析得出注采比为 1.0 时，合同期末采出程度最高（66.3%），压力保持水平较好（53.1%），建议合理的注采比为 1.0。

根据库姆科尔南油田 Object-2 油藏目前剩余油分布情况，选取剩余油较为富集且注采井网不完善的 KS-4030-4000-1030 井组作为井网转换试验区域（图 6-37）。

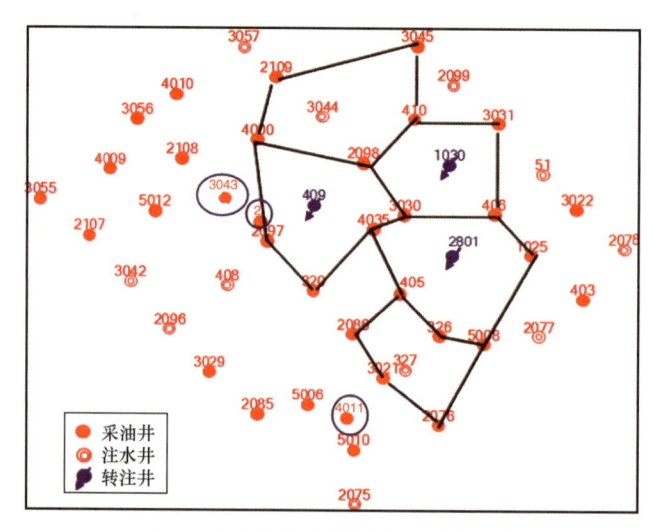

图 6-37　调整试验井区调整后注采分布图

根据低黏度油藏局部剩余油富集的研究结果，在剩余油富集区局部加密新共 58 口，新井平均初产 22t/d，其中 20 口井初产低于 10t/d，20 口井初产高于 20t/d，新井最高日产达到 84.2t。

4）大泵提液稳油技术

井组模拟反九点井网 250m，注采比为 1.0，采液速度为 30% 时，合同期内采出程度比目前油藏实际采油速度（15%）提高 3.1%；因此在完善注采井网、储层供液能力增强的基础上进行大泵（电潜泵）提液稳油具有一定潜力。

2011—2016 年库姆科尔南油田共计实施 15 口油井转注，有效补充了地层能量，提高了储层的供液能力，同时通过提高单井液量来增加单井产量，减缓高含水油田递减。油田共实施大泵提液 116 井，平均单井增油 3.6t/d（图 6-38）。

图 6-38　库姆科尔南典型单井（KS-2018）提液开发效果

第五节　海外砂岩油田高速开发模式

海外油田开发经营策略主要包括实现较长时间高产稳产，加快回收进程，实现最大经济效益。因此有一定天然能量的油田早—中期充分利用天然能量开发，适时开展注水开发延长稳产期、提高合同期内采出程度，同时充分动用未开发储量，实现较长时间高产稳产，尽快实现回收的基础上达到经济效益最大化，规避海外投资风险，已逐步形成有别于国内的海外砂岩油藏高速开发模式。本节重点介绍南苏丹 3/7 区法鲁奇，苏丹 1/2/4 区黑格里格，哈萨克斯坦 PK 项目库姆科尔南及阿克沙布拉克等油田高速开发模式。

一、强底水油田开发模式

海外块状强底水油藏开发最为典型的是苏丹 1/2/4 区黑格里格油田。油田初期采用稀井（井距 800~1000m）高产方针，快速实现上产，高速开发超过 8 年，高速开发阶段地质储量采出程度达到 20%，具有以下开发特征：

（1）单井产量高，快速达到高峰产量。黑格里格油田于 1999 年 6 月投产，29 口采油井生产 6 个月，年产量达到 104×10^4t；2001 年利用 37 口井采油井，年产量达到 287×10^4t，实现强底水油田高效开发。投产当年平均单井日产油 102t，采用螺杆泵生产，显示出动液面高，油井生产能力未得到发挥，后采用电潜泵采油，单井日产液量大幅度提升，到 2004 年达到高峰日产 836t 液（图 6-39）。充分发挥了强底水油藏天然能量充足，油藏连通性好，大井距下单井泄油面积大等特点。

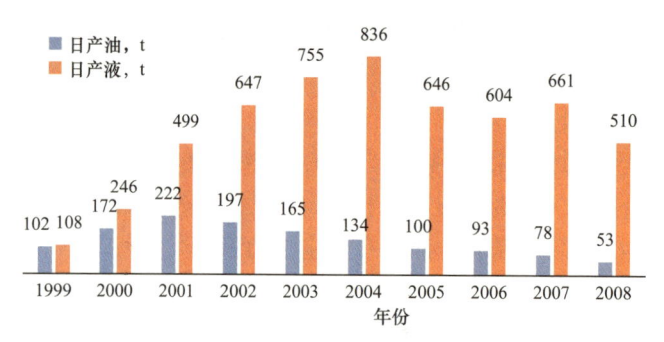

图 6-39 黑格里格油田单井平均日产油、日产液与开发时间的关系

（2）采油速度高，阶段采出程度高，稳产时间较长。黑格里格油田投产第二年地质储量采油速度达到 1.9%，第三年达到最高 3.1%，之后 1.5% 以上稳产 8 年，到 2009 年降低到 1.3%，阶段采出程度为 22.3%，开发 10 年，平均年采油速度为 2.2%，油田采油速度达到高速。

（3）含水上升快，油田无无水采油期。黑格里格油田由于构造平缓、射孔底界距离油水界面近，底水驱动以锥进式为主，油井见水早，主力油藏无水采油期短，无水期采出程度低。油田投产后半年，采出程度只有 1.1%，而综合含水已经达到 6.8%，油田基本无无水采油期，中—低含水期采出程度只有 5% 左右，开发 2 年后油田即进入高含水期，绝大部分原油将在高含水期采出。

（4）底水供给能力强，油藏压力保持水平较高。苏丹 1/2/4 区大部分油藏具有十分活跃的边底水能量。这些由断鼻、断块、断背斜构造油藏组成的具有块状油藏特征的砂岩油田，主力储层分布广泛、稳定，且与广阔水体相连，有活跃而充足的水体能量补给，足以支持油田的高速开发。根据测压资料统计，开发 6~8 年后苏丹 1/2/4 区主力油藏地层压力仍然保持在初始压力的 50% 以上，每采出 1% 地质储量压力下降值不到 0.34MPa，除重油油藏外，边底水稀油油藏的采出程度已经超过 17%，见表 6-19。

表 6-19 苏丹 1/2/4 区块状边底水砂岩油藏地层压力保持状况

油田	断块	油藏	2007 年 6 月地质储量采出程度，%	油藏压力水平，%	测压时间
黑格里格	主黑格里格	Bentiu1	17.0	78	2007 年 4 月
伊拉土	伊拉土	Bentiu1	20.0	54	2007 年 5 月
伊拉拉	伊拉拉	Bentiu1	41.1	62	2007 年 3 月
托马南	托马南	Bentiu1	36.4	74	2007 年 5 月
伊拉哈	伊拉哈	Bentiu1	30.0	52	2007 年 4 月
梦噶	主梦噶	Bentiu1	18.8	72	2007 年 1 月
	南梦噶	Bentiu1	6.0	85	2006 年 10 月
班布	班布西	Bentiu1	11.2	77	2006 年 6 月
	主班布	Bentiu1	1.7	98	2006 年 4 月

（5）单井及油田产量递减快。底水油藏流体流动系数高，天然能量充足，所以油井的初期产能很高。采用ESP泵放大生产压差提液，使油井的产能得到了充分的释放。同时也造成底水快速锥进，引起油井产量和油田产量自然递减大。黑格里格油田2001—2010年油田产量综合递减曲线表明，油田生产5年后，综合递减达到28.4%，2007年达到高峰35.9%。黑格里格油田单井日产油递减曲线表明，生产8年，单井平均日产油从高峰日产222t下降到53t，平均年递减达到20%（图6-40）。

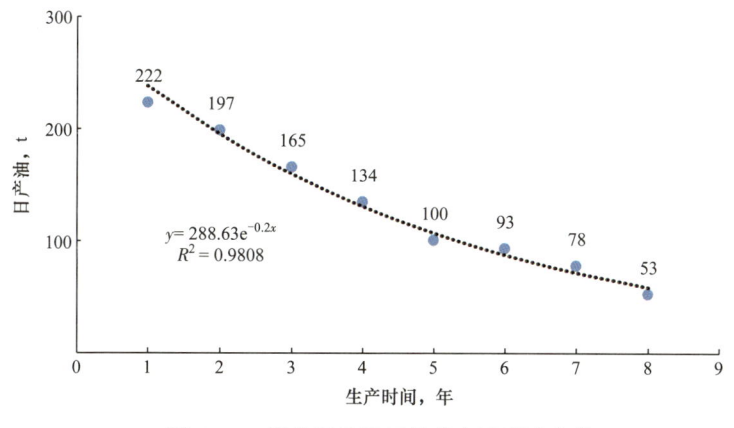

图6-40　黑格里格油田单井产油递减曲线

（6）单井开发指标与隔夹层发育程度关系密切。隔夹层太发育，油藏与底水之间的能量传导太差，底水作用不能很好发挥，油藏缺乏驱动能量，导致油井低产。隔夹层不发育，底水又上升太快，油井同样因高含水低产。根据地质研究和生产动态分析，苏丹地区Bentiu巨厚块状底水砂岩油藏，夹层比较发育，厚度1～3m的夹层对油井含水影响非常大，一般平面上分布范围为200～400m。生产动态分析表明，在含水90%时，隔夹层不发育的井平均累计采油49.2×10^4t，平均有效厚度23.2m，相当于平均每米累计采油2.1×10^4t。而隔夹层发育的井平均累计产油13.9×10^4t，平均有效厚度17.4m，相当于平均每米累计采油0.8×10^4t，前者是后者的2.65倍。

综上所述，海外强底水油藏开发模式如下。

1. 早期稀井高速开发

黑格里格油田初期采用天然能量开采，井距800～1000m，自喷/电泵采液，单井及油田产量快速上升至高峰产量，地质储量采油速度一般大于2%；中—低含水期钻加密井，ESP泵大压差提液，适当增加堵水换层等措施延长油田稳产期。

2. 中期加密调整实现稳油控水

在黑格里格油田开发中期，根据暴露的问题，不断进行调整方案研究和油藏工程研究，及时加密调整。调整技术包括：（1）精细油藏描述及地质建模，随着钻井和动态等资料的增加，油田进行了三次大规模地质模型重建工作。（2）生产动态分析和油藏工程研究，采用常规动态分析及数值模拟等油藏工程分析方法，反复认识油藏特征、剩余油分布特征及调整潜力。（3）制定开发调整技术政策，包括加密井初产及剩余可采储量经济界限、水平井及侧钻井可行性、合理划分开发层系及提液可行性研究等。

具体调整结果如下。

阶段一：2002—2004年，中—高含水阶段，实施一次调整，加密井网，大排量提液，多层合采，试验水平井，日产油稳定在 0.7×10^4 t 左右。

阶段二：2005—2007年，高含水阶段，实施二次调整，加密井减小排液量，稳油控水，合层采，日产稳定在 0.6×10^4 t 左右。

阶段三：2008年之后，接近特高含水阶段，实施第三次调整，分层系开发，动用低渗层，大力采用水平井技术。2010年后进入特高含水开采期，油田产量递减趋势明显，提液稳产难度增大，开发过程中控制产液量。

3. 后期优化措施控制递减速度

强底水油藏进入开发后期，从下到上水淹程度由高变低，剩余油主要集中在油层中部和顶部；平面上主要集中在井网稀疏区、构造高部位、断层附近以及缺少生产井控制的区域。对于强非均质性底水油藏的开发与挖潜，要充分考虑非均质性对底水造成的影响，尤其对于底水能量充足、夹层大量发育的油藏，在能量利用、井型选择、挖潜方式以及开采强度上，都要充分利用非均质性（如夹层）带来的有利影响，避免不利的影响。

（1）继续合理利用底水能量。结合隔夹层作用，充分利用底水能量，大排量提液生产，降低油藏递减速度，提高合同期内采出程度。同时充分考虑纵向隔夹层分布，首先在中—下层生产，在动用下层系的同时将底水"引"上来，补充上层能量，再采取逐层上返的射孔策略。

（2）优化布井，寻夹避水，纵向逐层驱替。阶梯利用隔夹层，转换驱替方式，形成底水绕流，避免底水与生产井的直接接触出现暴性水淹现象。

（3）提液补油，适时调控。油藏进入高含水期，油层大部分区域水淹；在夹层遮挡处，隔夹层上、下部形成"屋檐油""屋顶油"，采取打加密井或过路井进行挖潜。在无隔夹层遮挡处，低黏度油藏水驱油效率比较高，剩余油饱和度较低；高黏度油藏水驱油效率低，剩余油饱和度较高，宜采用老井提液大排量生产。油藏的开发是一个动态的过程，期间需要油田工作者根据油田实际情况，即时调整、适时调控，方能实现油田的优质高效开发。逐层上返含义为在油藏内部通过调整单井的射孔完井位置，从下向上逐渐完井，即采取逐渐上返的射孔策略。通过提液补油的措施，充分利用了高速开发的机理，分别从油田整体开发和单井调整角度入手，提高了采油速度和开发水平，有效地减缓了油田产量的递减，弥补了油田含水上升造成的产量递减，使油田进入高含水期以后仍然能够保持较稳定的产量，为同类油藏高速、科学、高效开发提供了大方向上的政策指导。

（4）完善井网，井间和构造高部位挖潜。结合数值模拟与油水运动规律分析，确定剩余油富集区域。在剩余油潜力区域进行挖潜，例如井网、井间剩余油，构造高部位剩余油等。对于油藏生产井加密，充分利用上部层位的夹层和低渗层减缓底水上侵。在部分区域，油井完井段下部没有夹层发育，导致油井过早水淹、含水过高而关井，在这种情况下，油田的挖潜可以考虑将该井侧钻到附近有夹层发育的区域，利用夹层的阻挡作用，可取到较好的开发效果。同时尽量侧钻到大范围夹层的边缘位置，充分利用次生边水能量。油井由于能量供应不足，导致低产低效。因此，对于此类油藏部位油井的开发，主要的解决办法是使油井补充足够的能量。而侧钻到大范围夹层的边缘，在油井的进一步开发中，可以形成次生边水，使油井的能量得到补充。

（5）配合底水油藏控水稳油工艺措施。在常规提液、堵水等方式未能起到良好的效果下，需要进行稳油控水技术研究，油田采用的技术有 ICD 完井技术、人工隔板技术、氮气泡沫压锥技术等。以苏丹某区块 HAE-13 井为研究对象，其生产层位为 Bentiu1A 层，射孔深度为 1713～1733m，层厚为 20m 层。该井于 2013 年 7 月 20 日开始注氮气，至 2013 年 8 月 6 日共注氮气 $51.6 \times 10^4 m^3$，注入压力 12.29MPa。焖井至 2013 年 8 月 13 日开井，2013 年 9 月 6 日下泵生产。注入氮气后，油藏压力从 13.8MPa 上升到 15.4MPa，初增油 71t，含水由 18.2% 上升到 51.7%。

二、强边水油田开发模式

哈萨克斯坦阿克沙布拉克油田强边水油藏 YIII 高速开发具有以下生产特征。

（1）在高采出程度下持续保持高速开发。自 2006 年以来，J-Ⅲ层地质储量采油速度始终保持在 3% 以上，高峰采油速度一度达到 4.53%。截至 2016 年底，主力层 J-Ⅲ层目前的地质储量采出程度达到 51.8%，可采储量采出程度为 74.6%。而其目前的地质储量采油速度为 3.2%，剩余可采储量采油速度为 15.9%。与国内外其他油田相比，J-Ⅲ层在高采出程度的情况下，依然能保持 3% 的采油速度进行高速开发（图 6-41）。

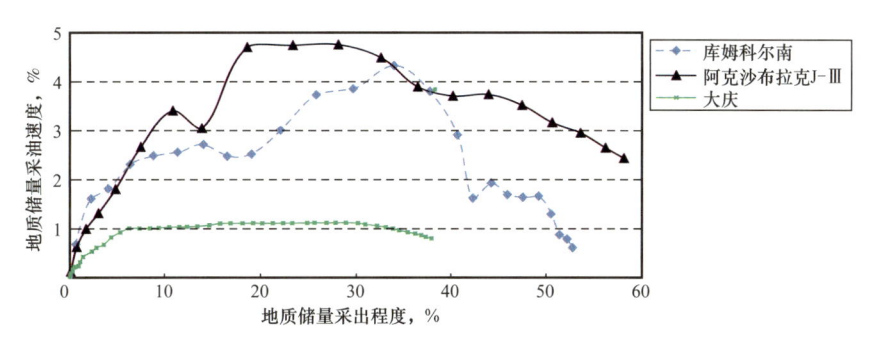

图 6-41 阿克沙布拉克 J-Ⅲ层采油速度与采出程度关系

（2）单井产量高，综合含水低。截至 2016 年底，J-Ⅲ层的单井平均日产油高达 125t，其中日产油大于 100t 的油井占总井数的 53.3%，6 口井的日产油大于 200t。J-Ⅲ层的综合含水率仅为 18%，其中含水率低于 20% 的井占总井数的 57.7%，有 4 口井不产水。

（3）边水能量强，结合边外注水补充能量，地层压力下降缓慢，人工驱动作用日益增强。J-Ⅲ层边水能量强，其水体倍数高达 30，为充分利用天然水体能量，油藏采用边外注水开发方式。J-Ⅲ层于 2002 年 11 月开始注水，目前共有注水井 11 口（开井 8 口）。注水开发后地层压力下降减缓，目前保持在 15.1MPa 左右，接近于饱和压力（14.9MPa），地层压力保持水平为 79%。随着油藏年注采比的不断增加，天然水侵驱动指数逐渐减小，溶解气+弹性驱动驱动指数亦逐渐减小，而人工注水驱动作用日益增强（图 6-42）。由此看来，边外人工注水的实施在一定程度上抑制了天然边水的入侵。2016 年 J-Ⅲ层累计水侵量为 $1211 \times 10^4 m^3$，天然水侵驱动指数为 0.21，而人工注水驱动指数为 0.72。

（4）厚层状单油层，内部夹层不发育，油井见水后，含水快速上升。J-Ⅲ层主要砂体类型为水下分流河道砂、河口坝砂和滩坝砂。垂向上，水下分流河道砂具典型的箱形特征，沉积均匀，厚度大，以粗砂岩和含砾粗砂岩为主，由于沉积水动力强且沉积迅速，水下分流河道垂向下切作用强，单砂体内不发育泥质夹层，测井曲线光滑平直；河口坝砂具反韵律特征，顶部为粗砂岩，底部为细砂岩；滩坝砂为薄层砂，为细砂岩，测井曲线表现为指状特征（图6-43）。由于J-Ⅲ层为高孔高渗储层且内部夹层不发育，油井见水后，含水快速上升。J-Ⅲ层目前有11口井因含水迅速上升而关井，从开始见水到关井，多数井都不到半年时间，油井含水期平均阶段累计产油量仅 1.3×10^4 t。其中287井与362井自开井投产至高含水关井仅仅分别过了8个月、5个月，累计产油量分别为 0.84×10^4 t 和 0.02×10^4 t。

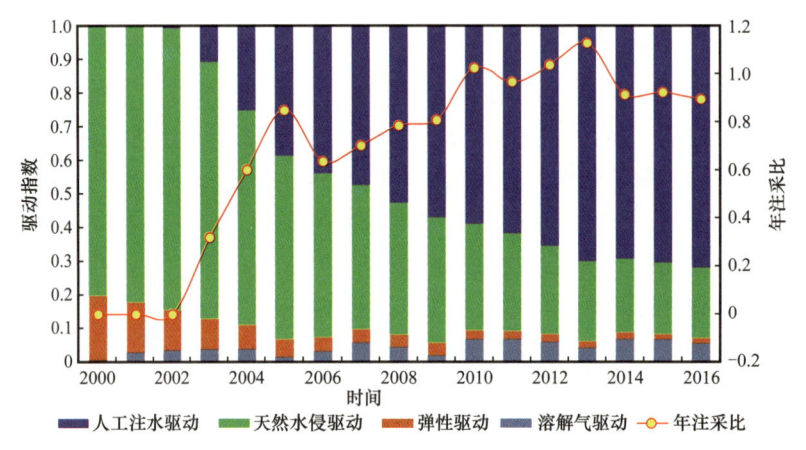

图6-42 阿克沙布拉克J-Ⅲ层历年油藏驱动指数、注采比变化

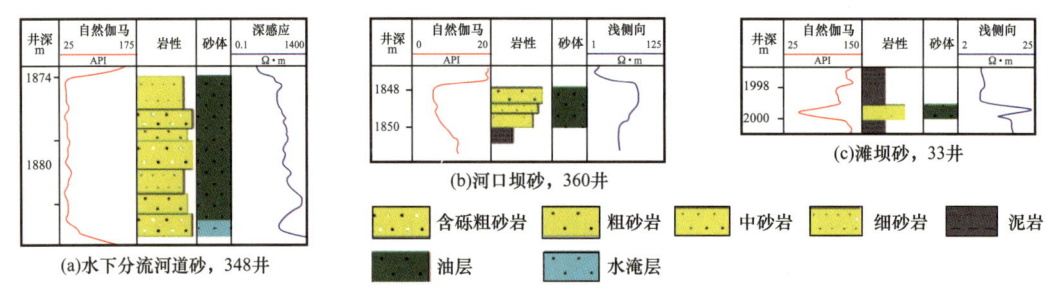

图6-43 阿克沙布拉克J-Ⅲ层砂体类型及垂向特征

（5）前期油田递减小，后期逐年增大。2009—2013年，J-Ⅲ层的综合递减和自然递减基本上维持在一个较低水平，2013年综合递减率为3.7%，自然递减率仅为9.9%。但2014年后因含水上升率加大的影响，油田递减逐年增大，2016年的自然递减率更是达到了20.3%，油田稳产形势严峻。

根据海外单层强边水油藏开发实例，形成其高速高效开发模式。

（1）开发初期：采用充足的天然能量开采，油井多为自喷采油，平均单井日产油达到 $300 m^3$。油田产量快速上产，地层压力保持水平高，地质储量采油速度一般大于1.5%。

（2）开发中期：高速开发过程中，受储层高孔渗和原油低黏度的作用，水驱前缘推进速度较快，处在水驱前缘位置的油井含水上升迅速，为保障油田的持续高速开发，及时转注高含水井补充边水能量，油藏保持较高的地层压力水平，同时由于新井的不断投产，油藏整体采油速度达到峰值，最高为4.2%。

（3）开发后期：在通过边外人工注水及时补充能量的基础上，针对边水能量薄弱区和边水能量波及不到的剩余油富集区，通过优化井网并增加注水井和水平井的方法，提高水驱储量控制程度和单井产量；同时不断优化边外注水强度，控制水线推进速度，并采取适当的挖潜措施保证油藏的高速开发。

三、天然水驱与人工水驱协同开发模式

以南苏丹 3/7 区法鲁奇油田高速开发生产实践为例，介绍具有较强边水能量的层状砂岩油藏天然水驱与人工注水协同开发生产特征。

（1）油井产量高、油田采油速度高。法鲁奇油田 2006 年投产的 93 口井，93 口井中仅有 4 口井采用螺杆泵采油，其余均采用电潜泵采油，平均单井初产高达 334t，各区块采油速度为 0.9%~4.2%（图 6-44），平均采油速度达 2%，天然能量充足的小断块地质储量高峰采油速度高达 4%，大部分断块为 2% 左右。2008—2011 年油田各断块剩余可采储量采油速度为 10% 左右。

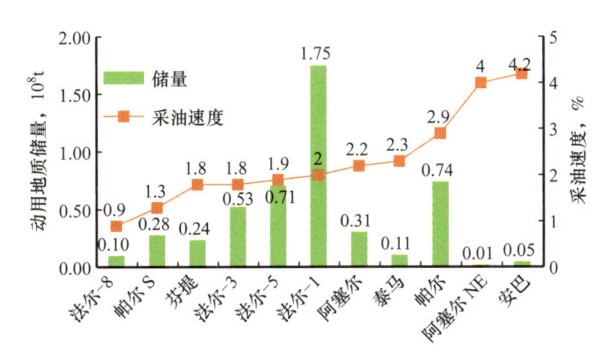

图 6-44　法鲁奇油田各断块储量及高峰采油速度

（2）水平井开发边部薄/高黏度储层效果好。2008 年初法鲁奇油田开始在油藏边部和原油黏度相对较高的油藏或区域实施水平井，取得了较好的效果。提高了油田采油速度，抑制含水上升，为油田保持高产稳产起了重要作用。至 2012 年 1 月，法鲁奇油田在各断块实施水平井 67 口，占总生产井数的 23%。水平井井段平均射开有效厚度 221.6m，平均初产 178t/d，平均初始含水 8.1%。从法鲁奇油田水平井与直井历年初产对比图（图 6-45）可知，水平井平均初产约是同期直井初产的 1.5~2.0 倍。

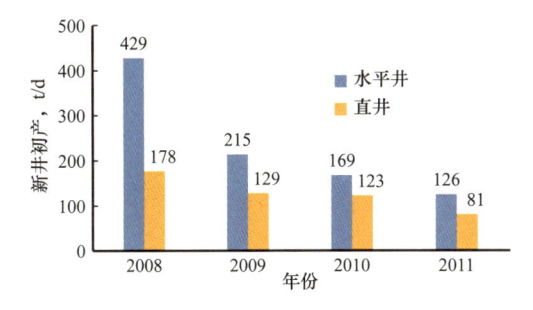

图 6-45　法鲁奇油田水平井与直井历年初产对比图

（3）油田含水上升快，自然递减大。法鲁奇油田几乎没有无水期，投产后含水很快突破，2007 年 12 月含水上升至 28.8%，含水上升率高达 8.7%，2014 年 3 月份含水上

升至70.0%，含水上升率高达10.0%。老井产量递减快，月自然递减率在2%~3%之间（年递减22%~31%）。2010—2011年因主力区块上部层系天然能量不足、边部断块油井高含水等原因，月自然递减率在2.5%以上（年递减26.2%）（图6-46）。油田含水与采出程度关系显示出"三低一高"特点：无水期采出程度低（<0.5%）、低含水期采出程度低（1%~3%）、天然水驱效率低、含水上升率高，油田开发形势严峻，需尽快进行开发调整。

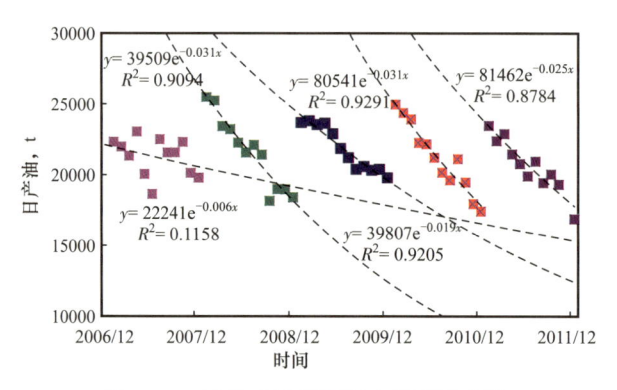

图6-46 法鲁奇油田历年自然递减曲线

（4）天然能量分布不均，主力块上部层位压力保持水平低。法鲁奇油田由10个断块组成，油水系统复杂，不同断块不同层系油水界面不同，根据98口井RFT资料分析结果可知，主力块法尔–1块、法尔–3块、帕尔块层间压力保持水平差异较大，上部层系YIV、YV地层压力保持水平较低，其中低压区压降5.2~6.6MPa，地层压力保持水平为原始地层压力的50%~55%。

（5）注水试验井组取得明显效果。法鲁奇油田储层及流体非均质性严重，为研究注水的可行性及注采井网的适应性，在主力块法尔–1块中部构造较高部位部署一口注水井FI-25，与周围油井形成反九点注水先导性试验井组。注水试验井组实施效果表明，反九点井网适合油田开发，为规模注水奠定基础，但法鲁奇油田储层与油品性质非均质性强，笼统注水导致地层吸水不均，注入水沿高渗透层突进快，造成生产井能量补充不均匀，层间矛盾大。以此为鉴，规模注水时因考虑分段注水或者分层注水。

（6）主力块层间矛盾突出。法鲁奇油田主力块法尔–1块纵向上发育多个储层，主要有YIV、YV、YVI、YVII、YVIII和Samaa六套储层，Yabus为层状边水油藏，Samaa为块状底水油藏，层间物性差异大，具有上轻下重的特点，重度由上而下逐渐减小，黏度自上而下逐渐增大，凝固点自上而下逐渐降低。开发初期采用800m井网，大段合采，快速上产，2007年9月日产达到高峰值16000t。随后层间矛盾显现，储量动用不均，上部层段压力下降快，产量开始递减，2009年3月下降到12500t/d。法尔–1块中心部位生产井FI-27产液剖面测试结果表明，该井在关井状态下出现窜流现象，由此可证实层间矛盾确实存在且较为严重。

总结法鲁奇油田高效开发实践，形成具有一定边底水能量油田天然水驱与人工注水协同开发模式如下。

1. 早期采用天然水驱大段合采、稀井高速开发

（1）大井距，多层合采，电潜泵排液，利用天然边底水能量高速开发。油田天然水驱

阶段层系划分较粗，以合层开发为主，开发井40%以上三个及以上层组合采。层系划分中考虑沉积相特征、砂体展布及物性特征，YⅣ组—YⅤ组储层以曲流河边滩为主，井距600～800m，64%的生产井与下部辫状河储层合层开发，储层差异大，细分层系及井网加密潜力大。此阶段单井平均日产油143～286t，采用电潜泵生产，油田快速达到高峰产量（接近$900×10^4$t）并稳产5年（平均地质储量采油速度1.8%），稳产期末，综合含水达到60%。

（2）水平井开发稀薄油层。为了提高储量动用，保持油田高速开发，采用水平井开发稀薄油层，共70口水平井，水平井初产是周围直井的1.2～2.4倍。

2. 中期实施天然水驱开发调整

开发中期以加强地质特征再认识为基础，抓住油田目前生产过程中暴露出的主要矛盾，以小层为调整单位采取相应的调整政策，包括：深入研究天然水驱特征及剩余油分布模式，实施井网层系调整、水驱结构调整和能量补充方式调整，提高水驱储量控制程度；天然能量不足的储层和剩余油富集的构造高位采用面积注采井网；边部和断层附近，采用不规则注采井网。构造边部水体能量充足的剩余油采用水平井挖潜；具有正韵律特征的厚层高含水井进行侧钻。具体调整内容见表6-20。

表6-20 天然水驱油田开发调整主要内容

	多层状天然水驱油藏中高含水期面临的主要问题及矛盾	调整政策
1	多油层合采导致层间矛盾严重	整体或局部细分层系
2	天然水驱不均衡造成能量分布不均，储量动用不均，水淹程度差异大	多种井网形式相结合，完善各层系注采系统，合理高效分配天然水驱储量、注水储量比例
3	井网系统不完善造成局部采油速度较低	井网加密，兼顾断层遮挡、构造边角区域的剩余油分布，提高井网控制储量，全面提高采油速度
4	平面非均质性导致低渗透区域剩余油富集	边部水体能量充足的剩余油采用水平井挖潜；高部位低渗区加密新井，避免井间干扰
5	注水井组试验暴露纵向油层吸水能力差距大、平面油井受效程度差异大	实施分层注水；注水方式对砂体分布特征适应，高效部署注水井网
6	部分储层因物性、连续性差而动用程度较差	充分利用老井上返及新井加密，挖掘难采储量
7	强边底水正韵律较厚，油层底部水淹严重	侧钻井挖掘井间剩余油
8	断层封闭性影响油藏油水运动，造成部分油井暴性水淹	充分研究断层平面、纵向封闭性，有效指导调整井网部署

3. 中—后期实施协同注水开发调整

以天然能量与人工补充能量协同开发理论为指导，应用协同技术体系，进行油田开发后期综合调整部署。海外油田开发及调整的首要原则是合同期内中方经济效益最大化。在这一原则下调整方案编制要解决的根本问题就是如何在确保经济利益情况下，合同期内多采油、采好油。

针对法尔构造目前开发特征，确定以下几条调整原则：（1）以尽可能少的投入获得较高的经济效益，努力实现中方利益最大化；（2）调整后可提高合同期内油田可采储量和最终采收率;(3)调整后可缓解油田目前开发矛盾与挑战,改善油田开发效果;(4)调整后的注采井网与原井网系统相协调。

综上所述,具有较强边水能量的层状砂岩油藏天然水驱与人工注水协同高速开发模式总结见表6-21。

表6-21 海外具有较强边底水多层状砂岩油藏注水协同开发模式表

开发阶段	关键技术需求	开发技术政策
早期 (上产阶段)	(1)渗流机理研究 (2)举升工艺与地面集输技术 (3)天然能量强度评价技术 (4)合理开发方式及开发指标预测技术	开发方式:天然能量 井网层系:合层开发与分层开发结合,直井与水平井结合,稀井高产,举升方式以电潜泵为主 主要目标:快速上产,提高无水期和低含水期采出程度
中期 (稳产阶段)	(1)天然水驱开发特征及开发效果评价方法 (2)油藏平面上和纵向上协同指标优化 (3)调整技术	开发方式:(1)稳产初期,天然能量+注水试验;(2)稳产后期,天然能量与人工注水协同 井网层系:优化开发层系、注采井型、井网 主要目标:保持高采油速度和较长稳产期,阶段末可采储量采出程度达到50%~60%
后期 (递减阶段)	(1)精细油藏描述技术 (2)剩余油定量表征技术 (3)剩余油挖潜技术 (4)开发后期调整技术	开发方式:天然能量+注水协同开发 井网层系:根据剩余油分布特征细分层系,部署高效调整井 主要目标:控水,降低递减速度,提高阶段采出程度,二次采油可采储量采出程度达到80%
末期 (提高采收率阶段)	(1)高含水及特高含水期高度分散剩余油挖潜技术 (2)水驱后经济高效的提高采收率技术	开发方式:天然能量+注水+三次采油 根据剩余油分布特征,部署高效调整井,提高水驱采出程度;部分油藏实施三次采油;形成大型多层状砂岩油藏开发后期调整技术和提高采收率技术

四、人工水驱开发模式

库姆科尔南油田为弱边水带气顶油藏,原油黏度低。以Object-2油藏高速开发生产实践为例,介绍具有弱边水能量的砂岩油藏生产特征。

(1)高速开发时间长,峰值采油速度高,后期采油速度下降快。库姆科尔南油田Object-2油藏于1990年5月投入开发,早期采用弱天然边水能量开发,1992年开始实施点状注水,初期以1%左右的采油速度生产,低速上产阶段采出程度仅为5.9%,1994年开始实施反九点面积注水,有效补充地层能量,并以采油速度大于2%高速开发10年,峰值采油速度4.5%,高速开发稳产阶段采出程度达到32%。针对高速开发后由于高含水等原因导致采油速度急剧降低的问题,在剩余油富集地区采用局部加密新井、剩余油挖潜及优化注水等方式,并在此基础上有效实施大泵提液稳油技术,在调整阶段将油藏采油速度恢复到2%左右并稳产三年,实现了该油藏持续高速开发,阶段采出程度9.6%,油藏地质储量采出程度达到48.9%,高速开发取得了良好的开发效果。油藏开发后期采油速度下降较快,目前采油速度仅为0.5%。

(2)前期含水上升慢,低含水期采出程度高。库姆科尔南油田Object-2油藏开发初期含水上升慢，低含水期含水上升率最高仅为2.1%，但采出程度高达25%；中含水期含水上升快，含水上升率最高为4.9%，平均为3.2%，阶段采出程度16.6%；高含水期和特高含水期含水上升减缓，含水上升率最高为2%，平均为1.6%，阶段采出程度低，仅为12.4%。

（3）开发初期新井初产高，初期递减快。库姆科尔南油田Object-2油藏1990—1994年投产新井74口，初期新井产量15~104t/d，平均为42t/d，但由于油藏衰竭式开发，地层能量不能得到及时补充，导致多数新井递减快，最高年递减达到90%。

（4）后期新井产能差异大，含水差异大，新井部署风险高。高速开发后期，油田处于高采出程度（>40%）特高含水（>90%）开发阶段，剩余油分布极其复杂，加密新井产量、含水差异大，2010—2014年共计投产新井19口，新井初产0.1~35.3t/d，含水率为0~97%。

（5）前期油田产量自然递减大，加强注水后递减逐年减缓。由于库姆科尔南油田Object-2油藏初期依靠天然能量衰竭开发，1992年开始点状注水，但不能及时恢复地层能量，导致早期自然递减大（34%）。1994年开始完善注采井网，采用500m井距反九点面积注水，同时边部低产油井转注，注采井数比为1：4.7，年注采比为0.94，注水加强后地层能量得到及时补充，缓解了油田的自然递减（图6-47）。同时根据开发需要该油藏不断调整注水方式，2002年开始实施屏障注水，形成了反九点面积注水、屏障注水和边缘注水相结合的开发方式，注采井数比为1：2.1，年注采比为1.12，累计注采比为0.72，到2003年平均自然递减22%。2016年油田采用不规则面积注水结合边缘注水的方式进行注水开发，注采井数比为1：2.4，注采比为1.12，累计注采比为0.93，年自然递减11%。

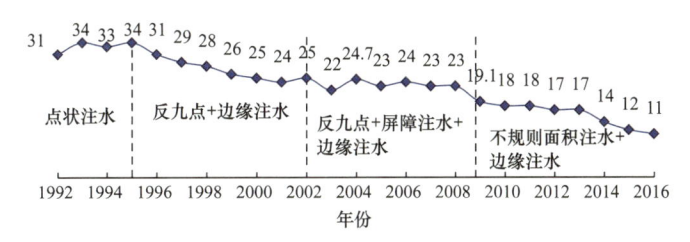

图6-47 库姆科尔南油田Object-2油藏自然递减变化图（单位：%）

（6）边缘结合面积注水，水驱储量控制程度低，地层压力保持水平低。目前Object-2油藏油水井数比为2.4：1，累计注采比为0.93，但注水存在点强面弱的特点，局部注采井网不完善，注采井组水驱储量控制程度为69.2%；层内压力分布差异，目前Object-2油藏压力保持水平仅为53%。

（7）逐步改变举升方式，优化工作制度，不断提高采液速度。Object-2油藏从1997年开始逐渐增加电潜泵和螺杆泵采油，实施提液增油，有效维持了油藏的高速开发。高速开发后期，在局部区域完善注采井网补充地层能量，在满足提液需求的基础上，适时换大泵提液稳油，水驱效果有一定改善。2006—2017年Object-2油藏18口井转注，转注井多数为不规则点状注水补充地层能量，以满足提液稳油需求。以KS-327井组为例，KS-327井2011年转注后，有效补充了地层能量，井组含水上升平稳，后期大泵提液增油效果明显。

（8）注入水突进严重，油层纵向动用程度低。笼统注水造成砂体小层间吸水差异大，注入水沿高渗透层突进，水窜严重，内部水淹不均；产吸测试显示Object-2水驱动用程度为 27.8%。

总体而言，弱边水油藏高速开发时，开发早期（采出程度 5.8%）就进行注水补充能量，低含水期含水上升较慢，气油比保持稳定，采出程度高；开发中期，大泵提液稳油保持高采液速度的同时也加剧了注入水的不均匀推进，导致含水上升速度急剧增加；开发后期的注水调整结合大泵提液稳油、剩余油挖潜保证了该油藏持续高速开发。

1. 早期利用天然能量衰竭式开发，低速稳健上产

库姆科尔南油田 Object-2 油藏投入开发后，初期采用 500m 井距部署新井，依靠天然能量衰竭式开发，同时生产井数少，开发井网控制储量低（41%），开发早期（1990—1993 年）油藏采油速度低（0.36%~1.48%），低速上产。

2. 中期新井规模投产并强化注水，高速高效开发

采用 500m 井距大规模部署新井并快速建产，同时强化注水补充地层能量并形成局部反九点面积注水和边缘注水的开发井网，同步实施大泵提液增油，油藏进入高速开发阶段，并稳产十年，高速开发阶段采出程度高。

1994—1996 年快速投产新井 68 口，占该油藏开发历程中投产新井总数的 40%；同时 1994—1996 年转注井 30 口，有效补充了地层能量。新井的大规模投产增加了开发井网储量控制程度，强化注水及时补充了地层能量、缓解了油田自然递减，同时由于油水黏度比低，水驱前缘较均匀推进也保证了油藏低含水期阶段采出程度高（25%）。在注采完善、供液充足的区域实施大泵提液增油也保障了油藏的高速开发，油藏于 2000 年达到峰值采油速度 4.5%，并保持 2% 以上的采油速度连续稳产 10 年，高速开发阶段采出程度高达 32%。

3. 后期局部加密结合井网调整，恢复高速开发

在剩余油富集区部署加密新井，部分井区井距为 250m；同时继续优化注水，调整注采井网，完善井间注采对应关系，改变液流方向，提高水驱开发效果，保证了油藏的持续三年高速开发。

受关井影响，2005 年 Object-2 油藏采油速度从 2004 年的 2.8% 降低至 1.2%，2006 年接管后采油速度恢复到 1.85%，为使油藏继续保持高速开发，一是在加强剩余油分布研究的基础上，于 2008—2010 年在剩余油富集区加密新井 35 口，新井平均初产 32t/d，是周围老井产量的 1.8 倍；二是继续优化注水，降低水淹严重区域注水量，减少无效循环注水，同时调整注采井网，增加注水井点 5 口，完善井间注采对应关系，改变液流方向，提高水驱波及系数，部分区域形成 250~350m 的注采井网（图 6-48），油藏自然递减由 2008 年的 23% 下降至 2010 年的 18%，有效地保证了油藏在 2008—2010 年以平均 2.05% 的采油速度高速开发三年。

4. 开发末期剩余油挖潜，减缓油田递减

针对油藏特高含水、高采出程度的开发现状，开展注水调整和大泵提液稳油，同时积极进行剩余油分布规律研究，以剩余油挖潜为目标，通过局部新井加密、补孔和堵水等手段延缓油藏的递减，改善弱边水油藏开发末期注水开发效果。

2011 年库姆科尔南油田 Object-2 油藏采出程度达到 50%，含水 90%，采油速度下降至 1.1%，油藏开发进入特高含水高采出程度开发末期，为减缓油田递减，开展剩余油分布规律及主要控制因素研究，对库姆科尔油田 Object-2 油藏剩余油分布规律进行了系统的分析，并总结出弱边水油藏剩余油分布模式。

（1）爬坡油。爬坡油是由边水驱为主控因素导致形成的一种剩余油分布模式。由于边水的推进，边水从砂体底部推进，导致砂体上部驱替不充分，最终剩余油在边水上部富集，形成爬坡剩余油。Object-2 油藏 J-I 和 J-II 两层的边水（边缘注水）同时在底部推进，在砂体上部易于形成爬坡型剩余油。针对此类剩余油可在剩余油富集区进行新井加密或侧钻。

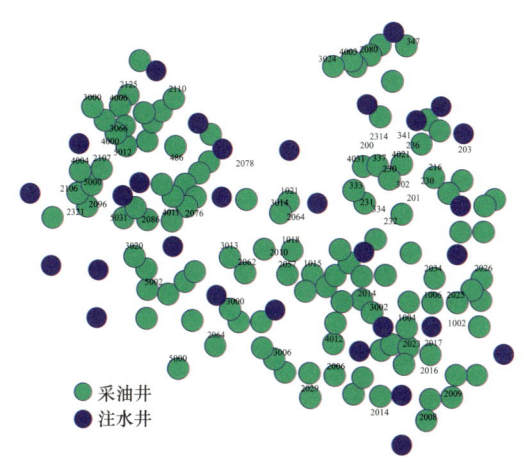

图 6-48　库姆科尔南油田 Object-2 油藏开发后期注采井网图（2010 年）

（2）屋脊油。以边底水（边缘注水）及构造为主控因素的剩余油在构造高点富集，形成屋脊油，水线易形成包络区。形成的原因主要是储层物性好，边底水及次生边底水或边部注水在底部推进比较迅速，顶部油波及相对不充分，导致油藏整体动用少，顶部剩余多。针对此类剩余油的对策为顶部加密水平井或老井侧钻。

（3）悬浮状剩余油。注水井之间没有采油井，由高等渗流力学相关知识可知，注水井之间形成死油区，注水无法波及该区域，导致剩余油在注水井之间富集，形成悬浮状剩余油。对于此类剩余油，可在注水井之间加密生产井，完善注采系统。

（4）边滩状剩余油。由沉积相为主要控制因素的剩余油，河道中部水淹，边部弱水淹，在河道边缘附近形成边滩状剩余油。最终导致剩余油富集在河道边缘附近形成边滩状剩余油针。对此类剩余油的对策制定为：局部加密或它层油井上返开发。

（5）朵状剩余油。构造与井网这两个非常重要的因素共同控制了大量剩余油，主要是构造高部位的井间剩余油——朵状剩余油。其特征为：依附但不局限于构造线，在生产井处向油藏内部凹进。形成的原因主要是边底水或注水在底部推进，井网不完善区域或局部构造部位，水线不均匀推进，导致形成朵状剩余油。针对此类剩余油的对策制定为：完善井网，过路井上返开发或补孔。

（6）孤岛状剩余油。随着油田的持续高速开发，油水边界线在平面上缩小，逐渐形成在局部微构造高点的剩余油富集，为孤岛状剩余油。孤岛状剩余油形成的原因主要是开发后期由于次生底水向上推进，同时油水密度差异导致重力分异，这些都能形成孤岛状剩余油。Object-2 油藏进入开发后期，许多朵状剩余油慢慢变成孤岛状剩余油，在局部微构造高点富集。针对此类剩余油的挖潜对策是局部加密或它层油井上返。

（7）屋檐油和屋顶油。由于夹层的遮挡作用，夹层上下部位会有剩余油富集；这是以夹层为主控因素的剩余油类型，在夹层下部形成屋檐油，在夹层上部形成屋顶油。这两种剩余油都是由于夹层的遮挡，注水及边水波及不到形成的剩余油。Object-2 油藏在夹层的上部和下部有剩余油的富集，夹层的分布特征对剩余油具有控制作用，是剩余油挖潜的重点，针对此类剩余油的挖潜对策为补孔。

针对库姆科尔南油田 Object-2 油藏不同的剩余油分布模式，形成相应的剩余油挖潜对策，如局部加密、补孔和完善注采对应等（表6-22）。2011—2016 年 Object-2 油藏共实施新井加密 15 口，转注 13 口，补孔 58 井次，其他层上返井 22 口，换泵 76 井次，油藏自然递减由 2011 年的 18% 降低至 2016 年的 11%。

表 6-22 弱边水油藏高含水开发末期剩余油挖潜对策表

剩余油模式	主控因素	理论模式	实际分布	分布范围	挖潜对策
爬坡油	边水驱（边缘注水）			储层上部（未水驱部分）	加密/侧钻
屋脊油	构造			构造高点	加密/侧钻
悬浮状油	井网			注水未波及区	注采完善
边滩状油	沉积相			河道边部	局部加密
朵状油	井网/构造			井网不完善区	注采完善
孤岛状油	构造			构造高点	加密/上返
屋顶油，屋檐油	隔夹层			夹层上下部	补孔

参 考 文 献

[1] 薛叔浩，刘雯林，薛良清，等. 湖盆沉积地质与勘探[M]. 北京：石油工业出版社，2002.
[2] 吴胜和. 储层地质学[M]. 北京：石油工业出版社，1998.
[3] 于兴河. 油气储层地质基础[M]. 北京：石油工业出版社，2009.
[4] 王乃举，等. 中国油藏开发模式总论[M]. 北京：石油工业出版社，1999.
[5] 韩大匡，等. 多层砂岩油藏开发模式[M]. 北京：石油工业出版社，1999.
[6] 刘丁曾，李伯虎，等. 大庆萨葡油层多层砂岩油藏[M]. 北京：石油工业出版社，1999.
[7] 张凤久. 南海海相砂岩油田高速高效开发理论与实践[M]. 北京：石油工业出版社，2011.
[8] 李国玉，唐养吾. 世界油田图集[M]. 北京：石油工业出版社，1997.
[9] 荆克尧，熊国明，刘会友，等. 胜利油区采油速度现状与对策研究[J]. 油气地质与采收率，2001，8（6）：75-77.
[10] 吕平. 驱油效率影响因素的试验研究[J]. 石油勘探与开发 1985，（04）：54-60.
[11] 秦同洛. 实用油藏工程方法[M]. 北京：石油工业出版社，1989.
[12] 姜汉桥，姚军，姜瑞忠. 油藏工程原理与方法[M]. 东营：中国石油大学出版社，2006.
[13] 李传亮. 油藏工程原理[M]. 北京：石油工业出版社，2005.
[14] 邹存友，于立君. 中国水驱砂岩油田含水与采出程度的量化关系[J]. 石油学报，2012，33（2）：287-292.
[15] 陈元千. 水驱曲线法的分类、对比与评价[J]. 新疆石油地质，1994，15（4）：348-356.
[16] 俞启泰. 水驱油田产量递减规律[J]. 石油勘探与开发，1993，20（4）：72-80.
[17] 张锐，俞启泰. 天然水驱砂岩油藏开发效果分析[J]. 石油勘探与开发，1991，8（3）：46-54.
[18] 杨堃. 产量递减类型综合判别技术及应用[J]. 断块油气田，1998，5（2）：32-34.
[19] 宋万超. 高含水期油田开发技术和方法[M]. 北京：地质出版社，2003.
[20] 李兴训. 水驱油田开发效果评价方法研究[D]. 成都：西南石油学院，2005.
[21] 张锐. 应用存水率曲线评价油田注水效果[J]. 石油勘探与开发，1992，19（2）：63-68.
[22] 喻高明，凌建军，蒋明煊，等. 砂岩底水油藏开采机理及开发策略[J]. 石油学报，1997，18（2）：61-65.
[23] 胡复唐，等. 砂砾岩油藏开发模式[M]. 北京：石油工业出版社，1999.
[24] 金毓荪，林志芳，甄鹏，等. 陆相油藏分层开发理论与实践[M]. 北京：石油工业出版社，2016.
[25] 王树新，等. 老君庙L层多层砂岩油藏[M]. 北京：石油工业出版社，1999.
[26] 谢鸿才，等. 王场油田潜三段多层砂岩油藏[M]. 北京：石油工业出版社，1999.
[27] 金毓荪，隋新光，等. 陆相油藏开发论[M]. 北京：石油工业出版社，2006.
[28] 穆龙新，吴向红，黄奇志，等. 高凝油油藏开发理论与技术[M]. 北京：石油工业出版社，2015.

第七章 海外碳酸盐岩油气田高效开发理论与技术

碳酸盐岩油气储层在世界油气分布中占有重要地位，其油气储量约占世界油气总储量的 50%，油气产量达世界油气总产量的 60% 以上。随着中国石油跨国油气经营合作的发展，碳酸盐岩油气藏也成为今后中国石油海外增储上产的重要领域。

经过"十二五"期间的科技攻关与实践，海外碳酸盐岩油气藏开发理论和技术取得了重要进展，包括油气藏储层表征技术、碳酸盐岩油气藏开发机理、大型生物碎屑灰岩油藏整体优化部署技术、带凝析气顶碳酸盐岩油藏油气协同开发技术、复杂碳酸盐岩气田群高效开发技术、碳酸盐岩油气藏钻采和地面工程关键技术等。这些研究成果取得了显著的生产实效，有力地支撑了中国石油海外碳酸盐岩新油气田规模建产和快速上产，老油气田开发形势明显改善。

第一节 海外碳酸盐岩油气藏地质特征

中国石油海外油气合作项目主要以三类典型碳酸盐岩油气藏为特点，一是以伊拉克地区为代表的大型生物碎屑灰岩油藏，二是以哈萨克斯坦地区为代表的带气顶碳酸盐岩油藏，三是以土库曼斯坦地区为代表的边底水碳酸盐岩气藏。这三种典型碳酸盐岩油气藏具有不同的地质特征，而且与国内缝洞型碳酸盐岩油气藏地质特征有显著差异。

一、大型生物碎屑灰岩油藏地质特征

1. 地层和构造特征

中国石油海外大型生物碎屑灰岩油藏主要分布在伊拉克，包括艾哈代布、哈法亚、鲁迈拉、西古尔纳油田，区域构造上位于美索不达米亚次盆内（图 7-1）。伊拉克地层发育齐全，厚度巨大，从始寒武系到第四系均有分布，现今残余最大厚度达 14000 余米。其中古生界（包括始寒武系）以陆相和海陆交互相沉积为主，中—新生界主要为陆棚盆地沉积[1-3]。

伊拉克艾哈代布、哈法亚、鲁迈拉、西古尔纳四大油田含油层系主要分布在白垩系，伊拉克白垩系不同区域其发育的地层及厚度均有所差别（图 7-2）。白垩系包括上白垩统、中白垩统、下白垩统。上白垩统有 Shiranish 组、Hartha 组、Sadi 组、Tanuma 组和 Khasib 组。中白垩统有 Mishrif 组、Rumaila 组、Ahamadi 组、Mauddud 组和 Nahr Umr 组。下白垩统有 Shuaiba 组、Zubair 组、Ratawi 组和 Yamama 组，其中 Mishrif 组是伊拉克东南部重要的碳酸盐岩储集单元，原油储量占中国石油四大油田白垩系储量的 40% 和伊拉克总石油储量的 30%。

伊拉克艾哈代布、哈法亚、鲁迈拉、西古尔纳油田均位于美索不达米亚前渊次盆，该次盆是在古近系—新近系陆陆碰撞、扎格罗斯造山带形成的过程中逐渐形成的。扎格罗斯推覆体由东北向西南的推覆过程中，随着传递应力减弱，褶皱变形逐渐减弱，到美索不达

米亚前渊次盆发育宽缓背斜带和潜伏背斜构造带，以大型平缓长轴背斜构造为主，圈闭面积 165~900km²，构造闭合度 60~450m，具有较好的构造继承性，且断层发育较少。

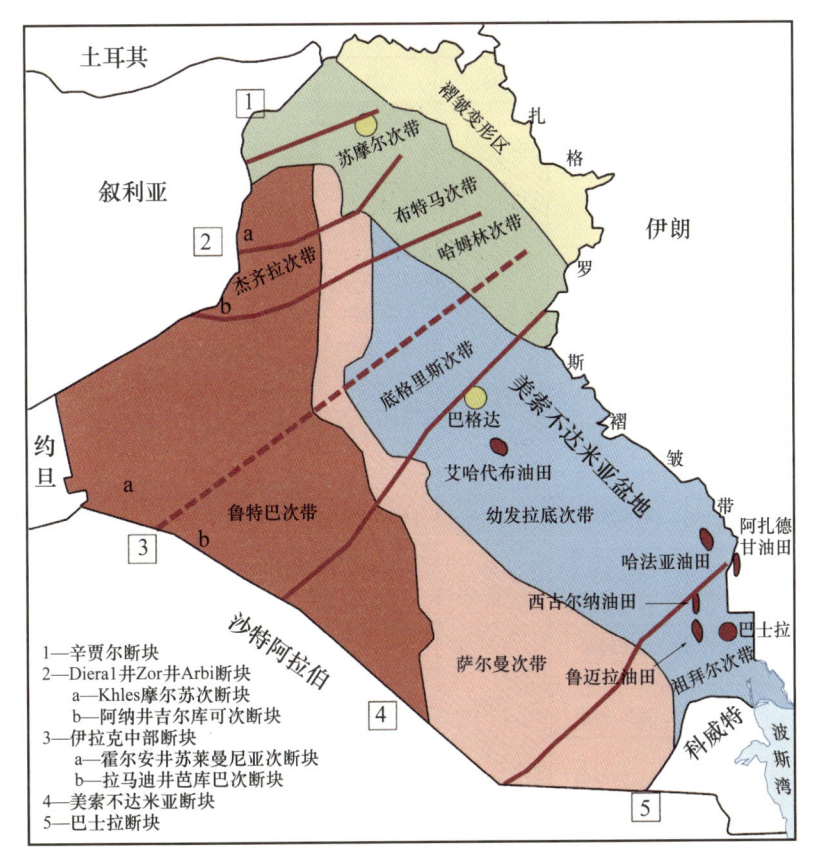

图 7-1 伊拉克四大油田所处构造及地理位置图

艾哈代布油田合同区面积 298km²，为一个北西西—南东东走向的长轴背斜，长约 29km，宽约 8km，由 AD1、AD2、AD4 三个构造高点组成，北翼地层相对较陡，倾角 2°，南翼地层较缓，倾角 0.7°~0.9°。主要目的层段为白垩系 Khasib 组—Mauddud 组，埋深 2578~3053m，自下而上背斜高点基本一致，具有继承性。主力油藏 Khasib 组顶深度为 2578~2640m，构造幅度 62m，构造面积约 165km²（图 7-3）。

哈法亚油田位于伊拉克 Missan 省南部，合同区面积 288km²。构造上处于美索不达米亚前渊平缓穹隆带，为北西—南东走向的长轴背斜，长约 35km、宽约 8.5km，两翼地层倾角 2°~3°。主要目的层段为 Jeribe 组—Yamama 组，埋深 1900~4600m。哈法亚背斜形成于新近纪末期，自下而上背斜高点基本一致，具有继承性，油田范围内古近系—新近系及白垩系断裂不发育。主力油藏 Mishrif 组顶深度为 2790~3070m，构造幅度约 280m，构造面积约 242km²（图 7-4）。

鲁迈拉油田合同区面积 1464km²，为北北西—南南东至北南向的长轴背斜构造，长约 80km，宽约 10~18km。构造形态清楚，断层不发育，两翼地层倾角 2.1°~3.5°。南北构造之间以低鞍连接，进一步划分为南鲁迈拉和北鲁迈拉两个构造高点，分别命名为南鲁迈拉油田和北鲁迈拉油田。南鲁迈拉构造长约 40km，宽 8~12km；北鲁迈拉构造近南北向，长约40km，宽10～14km。主力油藏Mishrif组顶深度为2140～2470m，构造幅度约220m，构造面积约830km² (图7-5)。

图7-2 伊拉克白垩系综合柱状图

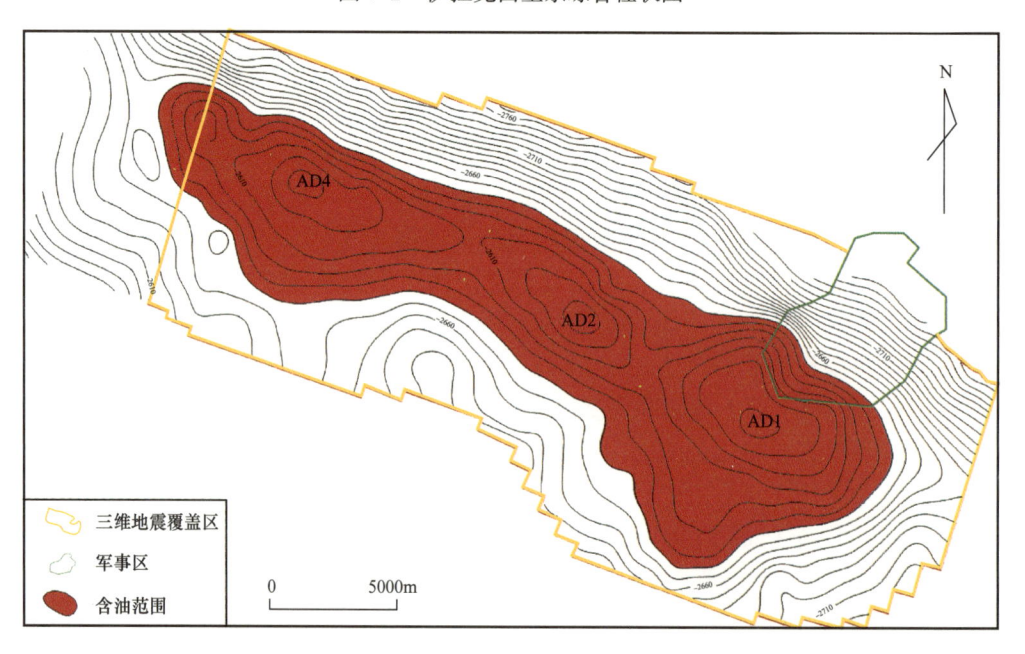

图7-3 艾哈代布油田主力油藏Khasib组顶面构造图

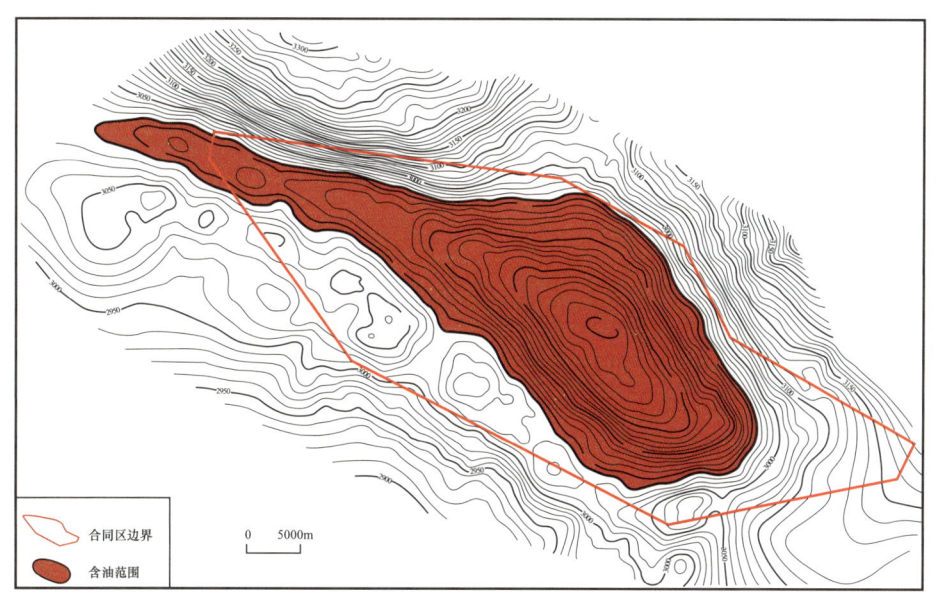

图 7-4　哈法亚油田主力油藏 Mishrif 组顶面构造图

西古尔纳油合同区面积 443km²，为近南北向的长轴背斜构造，是鲁迈拉背斜构造向北延伸的一部分，构造长约 26km、宽约 17km，两翼地层倾角 2.1°～3.2°。自下而上构造具有继承性，断层不发育。主力油藏 Mishrif 组顶深度为 2150～2520m，构造闭合幅度 276m，构造面积约 428km²（图 7-5）。

2. 沉积和储层特征

生物碎屑灰岩储层分布在白垩系，厚度较大，以层状、厚层状、块状为特征，形成于浅海生物碎屑礁滩或生物碎屑滩[4]。哈法亚油田、鲁迈拉油田、西古尔纳油田主力层 Mishrif 组主要是台地边缘礁滩复合体沉积，哈法亚油田 Sadi 组和艾哈代布油田 Khasib 组属于缓坡型台地生物碎屑滩沉积。由于沉积范围广、构造运动弱，使储层的横向连通性较好，横向变化呈非常缓慢的渐变过程，形成上百上千平方千米的生物碎屑灰岩储层。纵向上受沉积旋回控制，可建造厚度达到 200～400m 的生物碎屑灰岩储层，内部发育多个薄层状、局部较稳定分布的隔夹层。如哈法亚、鲁迈拉、西古尔纳油田 Mishrif 组厚度大于 200m，Mishrif 组内的 A、B、C 段之间发育稳定分布的非渗透性隔夹层。

生物碎屑灰岩储层物性较好，孔隙度较高，但渗透率较低，具有中高孔低渗特征，孔隙类型以原生粒间孔为主，部分次生粒间孔、粒内溶孔，一般平均孔

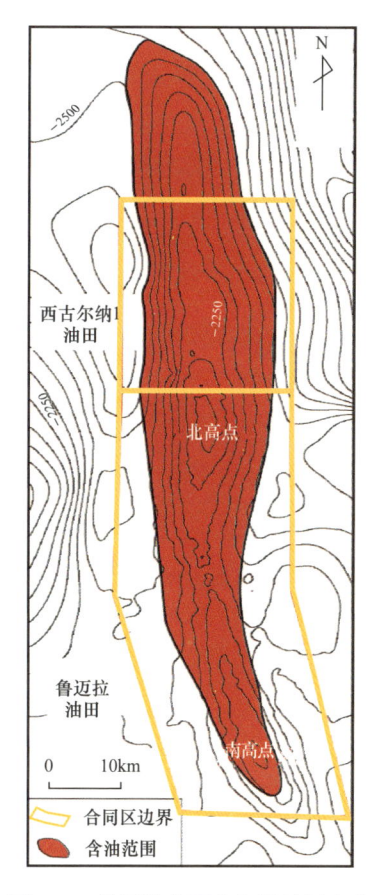

图 7-5　鲁迈拉和西古尔纳油田主力油藏 Mishrif 组顶面构造图

隙度为13%～24%，平均渗透率为10～30mD；整体上裂缝不太发育，但在受淋滤改造的局部层段发育溶蚀缝洞。生物碎屑灰岩储层物性受沉积作用和成岩作用的双重控制，在沉积埋藏过程中经历不同的成岩改造过程，造成储层的非均质性十分复杂。沉积作用是根本因素，台地边缘礁滩沉积环境控制了该区生物骨架孔和粒间孔等原生孔隙的发育，因此孔隙度与渗透率总体上具有正向相关性，但相关系数较差，即使是相同岩性相同孔隙度的储层也可能具有相差达到数量级的不同渗透率，这可能与成岩作用揭示的组构选择性溶蚀紧密相关。

3. 流体和油藏特征

伊拉克地区原油主要为常规原油，特点是黏度低、气油比高、有些油藏含硫较高。地下原油密度较高（0.89～0.92g/cm^3），地层原油黏度较低（1.5～5.2mPa·s），体积系数中等（1.2～1.36m^3/m^3），气油比中等（94～120m^3/t），原油含硫较高（2.5%～3.0%）。

油藏类型主要包括厚层块状底水油藏、层状边水油藏和岩性圈闭油藏，总体上以层状边水油藏为主，也有具有层状特征的块状底水油藏，大多为天然水体能量较弱的未饱和油藏，尽管油藏有相对较大的地饱压差，但需要及时补充能量才能实现稳定开发。伊拉克哈法亚、鲁迈拉和西古尔纳油田Mishrif组油藏主要为厚层块状油藏，油层厚度可达70～118m，具有边底水。艾哈代布油田AD1区下部油藏既有层状边水油藏（如Mishrif组4油藏、Rumaila组2a/2b油藏和Maududu组油藏），又有块状底水油藏（如Rumaila1组油藏和Rumaila组3油藏）（图7-6）。

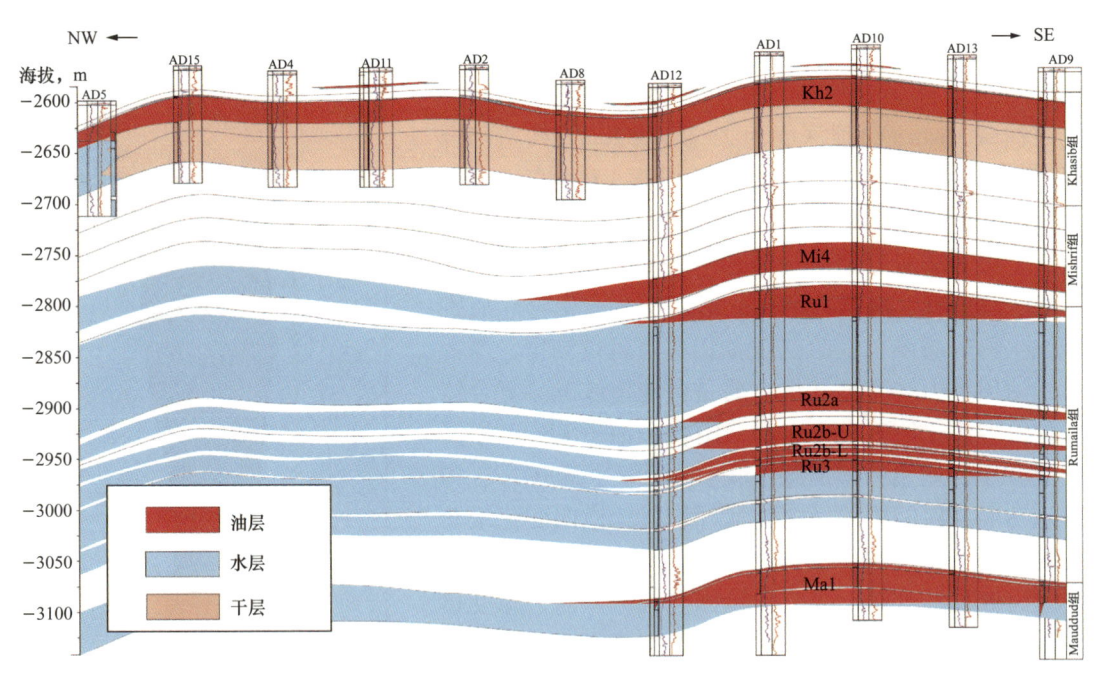

图7-6 艾哈代布油田油藏剖面示意图

二、带气顶碳酸盐岩油藏地质特征

中国石油海外带气顶碳酸盐岩油藏包括哈萨克斯坦让纳若尔油气田及北特鲁瓦油气田，以让纳若尔油气田为例介绍带气顶碳酸盐岩油藏地质特征。

1. 地层和构造特征

让纳若尔带气顶碳酸盐岩油田在构造上位于东欧地台东南部的滨里海盆地东缘扎尔卡梅斯隆起带上，西侧为滨里海盆地中部坳陷带，东侧为乌拉尔褶皱带（图7-7）。

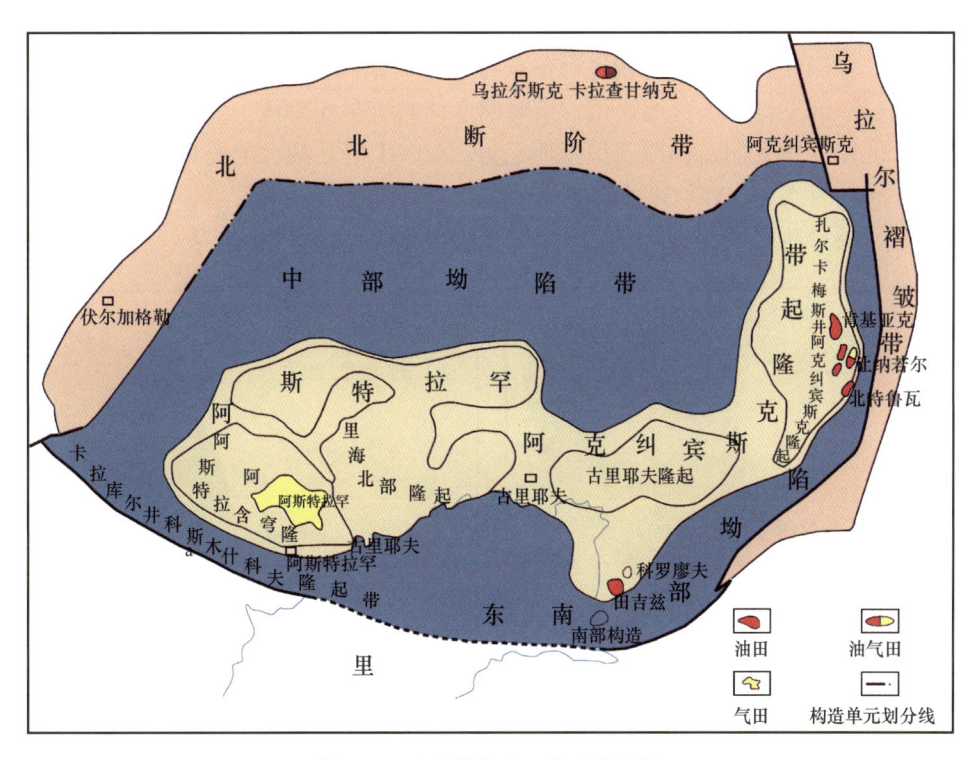

图 7-7 让纳若尔油田构造位置图

让纳若尔油田钻揭层位为第四系、白垩系、中—下侏罗统、下三叠统、二叠系和石炭系[5]。该区主要含油气层系为石炭系，包括KT-Ⅰ层和KT-Ⅱ层，其中KT-Ⅰ层包括А、Б、В三个油组，KT-Ⅱ层包括Г、Д两个油组。

让纳若尔油田构造具有一定的继承性，KT-Ⅰ和KT-Ⅱ层顶面构造形态具有相似特征，均为近南北向的长轴背斜，由南、北两个穹隆组成，中间以鞍部相连。以鞍部断层为界，KT-Ⅰ层南部穹隆顶面圈闭面积为36.96km²，闭合线深度-2510m，高点埋深-2320m，闭合幅度为190m；北部穹隆圈闭面积44.85km²，闭合点深度为-2510m，高点埋深-2270m，闭合幅度为240m。KT-Ⅱ层南部穹隆顶面圈闭面积为49.19km²，闭合线深度-3330m，高点埋深-3110m，闭合幅度为220m；北部穹隆圈闭面积46.67km²，闭合点深度为-3380m，高点埋深-3070m，闭合幅度为310m。含油气区构造范围内发育北西向、近东西向和北东向三组断层，断层面倾角大，多为近直立断层，断距10~25m，延伸1~10km不等（图7-8、图7-9）。

2. 沉积和储层特征

储层岩性由石灰岩、白云岩、灰质云岩、云质灰岩、硬石膏五大类构成。KT-Ⅰ层下部以石灰岩为主，上部岩性变化较大，石灰岩、白云岩交互出现，局部夹泥岩层；KT-Ⅱ层以亮晶颗粒灰岩为主，其中亮晶藻灰岩和亮晶有孔虫灰岩最为发育，其次为亮晶包粒灰岩和亮晶鲕粒灰岩。总体上让纳若尔油气田石炭系碳酸盐岩储层具有岩性质纯、结构粗的特点，有利于溶蚀孔洞的形成，少数泥质含量较高的薄层则形成孔洞不发育的隔夹层。

让纳若尔油田石炭系划分为开阔台地亚相、局限台地亚相和蒸发台地亚相，开阔台地亚相进一步划分为台内滩、滩间洼地、潟湖和潮汐通道四种微相，台内滩微相又划分出藻屑滩、生屑滩、包粒滩、砂屑滩和鲕粒滩五种岩相，局限台地亚相进一步划分为灰坪、白云坪和潟湖三种微相，蒸发台地相进一步划分为膏盐湖和膏岩坪微相。KT-Ⅱ层以开阔台地亚相为主，局部发育局限台地亚相，该时期水体具有早深晚浅、北深南浅的特点，自下而上，由东北往西南方向滩体厚度呈变薄趋势；KT-Ⅰ层开阔台地亚相、局限台地亚相和蒸发台地亚相均有发育，该时期水体具有早深晚浅、南深北浅的特点，自下而上，由西南往东北方向开阔台地相逐步演化为局限台地亚相和蒸发台地亚相。

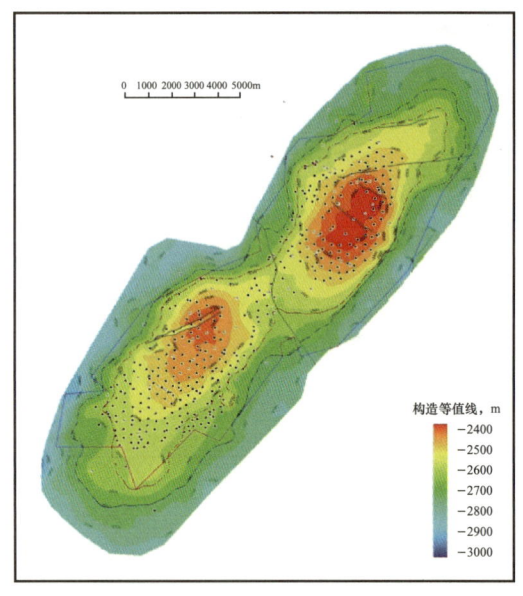

图7-8　KT-Ⅰ层顶面构造图　　　　　图7-9　KT-Ⅱ层顶面构造图

不同岩性储层物性有所差异，KT-Ⅰ层生物结构灰岩、团粒生物灰岩、次生白云岩三类岩性储层孔隙度最高，微粒灰岩、凝块灰岩和微粒白云岩储层孔隙度最低。KT-Ⅱ层生物结构灰岩、生物碎屑灰岩、凝块灰岩和微粒白云岩孔隙度最高，而碎屑灰岩、微粒灰岩、次生白云岩孔隙度最低。复杂的岩性和储集空间类型，导致让纳若尔油气田储层具有复杂的孔渗关系和极强的储层非均质性[6]。各油组储层平均孔隙度为9.0%~14.3%，油田储层孔隙度平均为11%，各油组储层平均渗透率为29.1~117.3mD，油田储层渗透率平均为51.4mD。

3. 流体和油藏特征

让纳若尔油气田地层原油为弱挥发原油，具有密度低（0.615~0.677g/cm^3）、黏度低（0.16~0.34mPa·s）、气油比高（225.7~350.8m^3/t）、体积系数高（1.468~1.744m^3/m^3）、H$_2$S含量高（2.77%~3.86%）等特点。KT-Ⅰ层气顶气原始露点压力为25.2MPa，原始凝析油含量为250g/m^3，地面凝析油密度为0.732g/cm^3。KT-Ⅱ层气顶气原始露点压力为28.82MPa，原始凝析油含量为360g/m^3，地面凝析油密度为0.748g/cm^3。

让纳若尔油气田为带凝析气顶和边底水的岩性构造油藏，储层发育程度受沉积微相

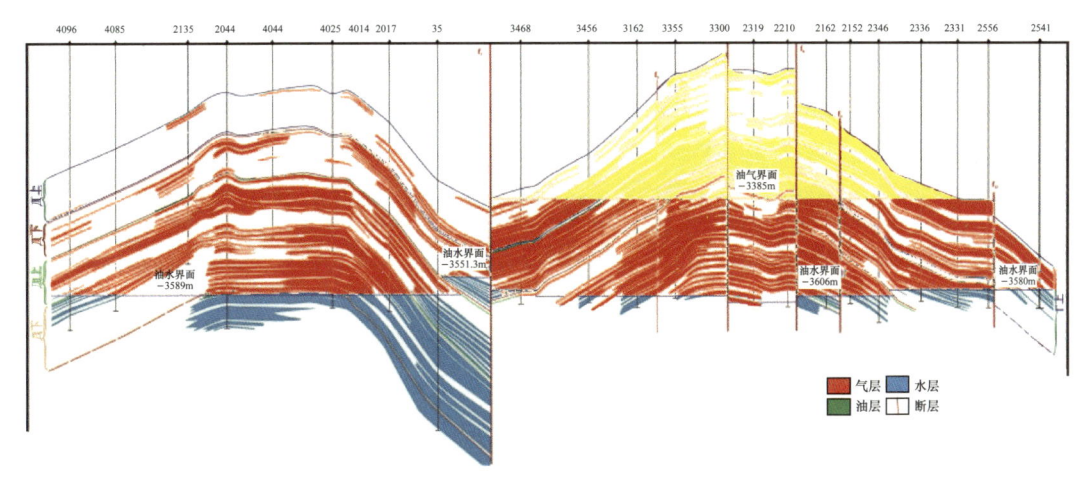

及溶蚀作用控制，纵向上呈层状特征，平面上不同层不同井区储层连续性差异较大（图7-10）。油田按照纵向油组和构造鞍部的断层划分 А 南、А 北、Б 南、Б 北、В 南、В 北、Г 南、Г 北、Д 南、Д 北 10 个油气藏，其中 А 南、А 北、Б 南、Б 北、В 南、В 北和 Г 北为带凝析气顶的油藏，Г 南、Д 南和 Д 北为油藏。带气顶的油藏气顶指数大小不一，在 0.1～3.1 之间，平面上油层多以油环的形式分布在气顶周围，不同油藏、同一油藏不同构造部位油环宽度不同，从 0.5～7.6km 不等。

图7-10　让纳若尔油田 KT-II 层南北向油藏剖面图

三、边底水碳酸盐岩气藏地质特征

1. 地层和构造特征

根据地层发育特征，阿姆河盆地自下而上包括三大构造层系，即前寒武系—古生界基底、二叠系—三叠系过渡层和中新生界沉积盖层[7-8]。阿姆河右岸B区块中部别列克特利—皮尔古伊、扬古依—恰什古伊等气田自上而下钻揭了新近系、古近系、白垩系和侏罗系，其中上侏罗统卡洛夫—牛津阶为气藏主要目的层段，自下而上划分为ⅩⅥ、ⅩⅤa2、Z、ⅩⅤa1、ⅩⅤhp和GAP层六个小层，气藏平均埋深3300m左右，其地层岩性特征见表7-1。

B 区中部二叠系—三叠系基底为潜伏古隆起，属于桑迪克雷隆起构造带，卡洛夫—牛津期的别列克特利—皮尔古伊气田表现为一短轴背斜，构造走向近东西向，主要发育走滑断层，走向为北西向和近东西向；而扬古依—恰什古伊气田表现为逆掩断裂背斜，构造走向与逆断层走向一致，为北东向（图7-11）。

2. 沉积和储层特征

阿姆河盆地中—上侏罗统卡洛夫—牛津期发育大型碳酸盐台地，油气储层本身为一套浅水碳酸盐岩台地相—较深水斜坡相的碳酸盐岩沉积组合。储层岩性包括泥—微晶灰岩、颗粒灰岩及生物礁丘灰岩三大类，B区块中部碳酸盐颗粒类型丰富，根据颗粒类型可分为砂屑灰岩、生屑灰岩和球粒灰岩，偶见鲕粒灰岩，因其位于台地边缘斜坡带，总体上水体能量较低，含有一定的灰、泥质，以泥晶、微晶砂屑生物屑灰岩为主。生物礁丘可进一步细分为障积礁丘和黏结礁丘，剖面上常见到多层障积灰岩和黏结灰岩与生屑、砂屑灰岩的频繁互层，常称为礁滩复合体。

表 7-1 B 区块中部地层层序特征表

地层时代				地层厚度 m	岩性
系	统	阶	段（层）		
新近系	中新统—全新统			0～395	砂土、砂岩、泥岩、砂质泥岩互层
古近系	渐新统			0～221	
	始新统		松扎克层	25～55	砂岩与泥岩互层，夹泥灰岩和石膏薄夹层
	古新统		布哈尔层	48～98	石灰岩
白垩系	上白垩统	圣通阶		380～541	砂岩、粉砂岩、泥岩及泥板岩互层
		土伦阶		153～316	泥岩及泥板岩互层，夹少量砂岩及石灰岩夹层
		塞诺曼阶		230～301	砂岩、粉砂岩和泥岩互层
	下白垩统	阿尔布阶		319～345	泥岩及泥板岩
		阿普特阶		85～100	上部为致密砂岩，下部为泥岩、泥板岩和石灰岩
		巴雷姆阶		39～105	砂岩与泥板岩和石灰岩交替
		欧特里夫阶		107～238	砂岩、泥岩、泥板岩、石灰岩互层
侏罗系	上侏罗统	提塘阶		30～81	泥岩、砂岩、石灰岩互层，时有硬石膏夹层
		钦莫利阶（高尔达克阶）	上石膏层 HA	10～115	块状硬石膏
			上岩盐层 HC	176～302	白色岩盐
			中石膏层 HA	24～63	块状硬石膏
			下岩盐层 HC	64～181	白色岩盐
			下石膏层 HA	4.5～16.5	层状硬石膏
		卡洛夫—牛津阶	高伽马泥灰岩 GAP	15～35	泥岩夹薄层泥晶灰岩
			礁下层 XVhp	46-102	厚层致密灰岩，含一定数量孔隙、裂缝灰岩
			块状石灰岩 XVa1	8～52	含生物礁体的块状石灰岩
			致密岩层 Z	7～30	致密灰岩
			块状石灰岩 XVa2	26～63	含生物礁体的块状石灰岩
			致密层状灰岩 XVI	50～60	厚层状致密灰岩，几乎不含渗透性石灰岩
	中、下侏罗统	巴通阶		142.5～161	以泥岩、砂质泥岩为主，夹砂岩、粉砂岩及碳质页岩薄夹层
二叠系—三叠系				>400	砾岩、砂岩、粉砂岩、凝灰岩和泥板岩组成的交互层

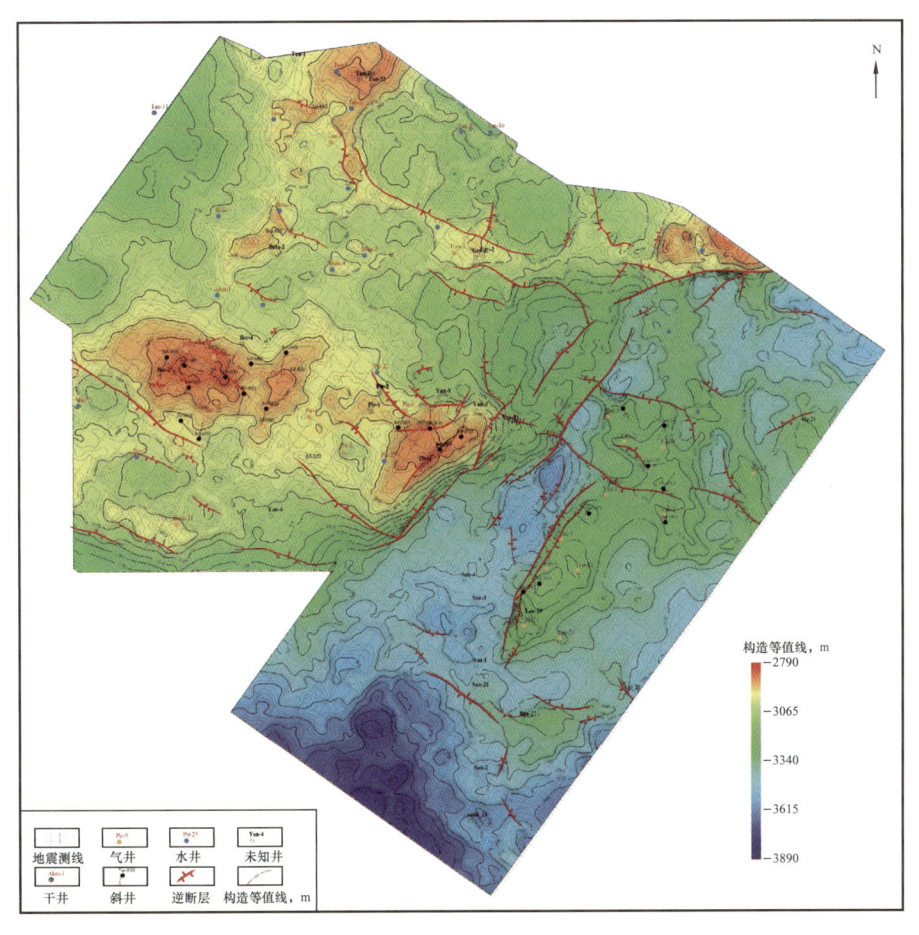

图 7-11　阿姆河右岸 B 区中部气田构造图

B 区中部碳酸盐岩储集空间类型较为丰富，包括孔、洞、缝三大类，以孔隙和裂缝为主，主要储集空间有剩余原生粒间孔、粒内孔、晶间孔、生物体腔孔、粒内溶孔、粒间溶孔、铸模孔、非组构选择性溶孔、构造缝和溶蚀缝等，B 区中部储层类型为裂缝—孔隙型。

根据岩心物性分析资料，孔隙度分布在 0.1%～27.8%，平均为 5.61%，孔隙度在 2%～8% 分布较为集中，渗透率分布在 0.000063～6557mD，几何平均为 0.07mD，大部分样品点渗透率小于 1mD，约占总数的 80%。

3. 流体和气藏特征

根据 B 区中部多口探井和评价井的组分分析资料，气藏天然气组分以 CH_4 为主，含量约为 90%，C_5^+ 以上重烃含量为 1% 左右。Pir-21 井进行了地下流体井口分离器取样，取样深度为 3083.0～3151.6m，现场地面取样分析天然气相对密度为 0.652，凝析油密度 0.8086g/cm³，在分离器条件下凝析油含量约 35g/m³。气藏原始地层条件下，天然气体积系数为 0.00306，天然气黏度为 0.0313mPa·s。

根据 Pir-21 井地下流体样品组成进行相图计算（图 7-12），气藏在初始和井口条件下始终位于单相区，不会出现反凝析现象，而分离器条件位于两相区，有凝析油的析出，表明气藏属于低含凝析油的湿气气藏。Pir-21 井 H_2S 含量 0.02%～0.37%，CO_2 含量 3.25%～4.6%，属于低含 H_2S、中含 CO_2 碳酸盐岩气藏。

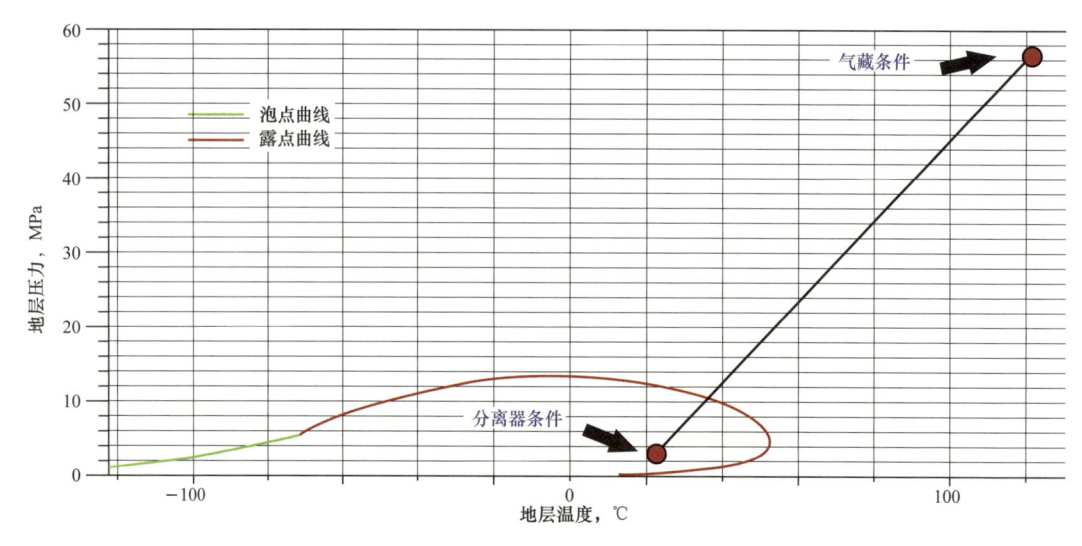

图 7-12 Pir-21 井流体相图

B 区中部构造是控制气藏的主要因素，同时由于礁滩体碳酸盐岩储层非均质性强，各单井压力数据折算到同一海拔高度存在差异，单井气水界面存在一定差异，表明气藏局部可能还受岩性控制，整体上 B 区中部以受构造控制的边底水气藏为主，局部受岩性影响（图 7-13）。

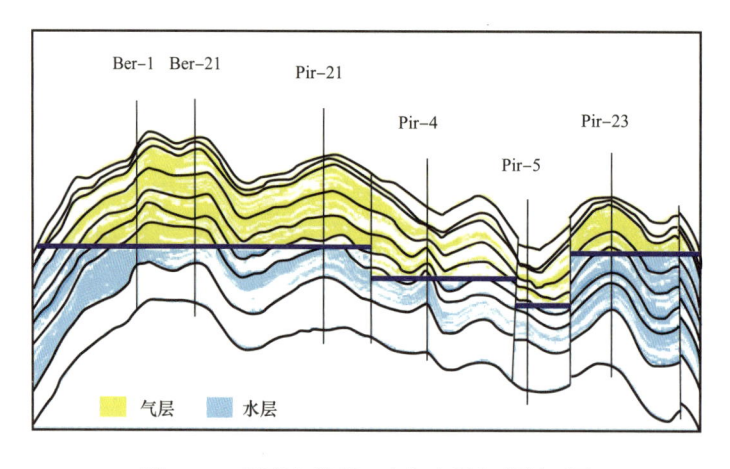

图 7-13 别列克特利—皮尔古伊气藏剖面图

第二节 碳酸盐岩储层表征技术

碳酸盐岩储层孔、缝、洞组合关系复杂，储层非均质性强，裂缝预测和储层表征难度大。针对这些挑战，以中国石油海外碳酸盐岩油气藏为例，采用地震、测井、岩心和生产动态资料相结合的方式，形成了碳酸盐岩储层表征技术，包括生物碎屑灰岩油藏多信息一体化相控建模技术、碳酸盐岩储层裂缝识别和测井评价技术、碳酸盐岩双重介质储层流动单元划分技术。

一、生物碎屑灰岩油藏多信息一体化相控建模技术

生物碎屑灰岩储层受沉积及成岩双重作用控制，呈现出较强的非均质性。这种非均质性不仅体现在储层物性空间上的变化较快，还体现在微观孔隙结构复杂。即使在相同的沉积背景下，由于岩石颗粒组分的不同而具有不同的孔喉分布特征，物性也具有一定的差异，这为碳酸盐岩储层表征带来了极大的挑战。以哈法亚油田 Mishrif 组油藏为例，综合地震、岩心、测井及毛细管压力等多种资料，建立融合宏观和微观信息的生物碎屑灰岩储层地质建模技术，达到准确表征储层非均质性的目的。

1. 沉积相建模

本文提出了随机性与确定性相建模相结合的方法来建立沉积相模型。在随机模拟中，由于作为约束条件的地震属性在表达地质信息上具有多解性，直接参与相模拟难免会出现多解性，因此依据沉积相与地震属性之间的相对概率关系，将地震数据体转换为沉积相三维趋势模型的概率体，在概率体的约束下进行沉积相建模可以有效地提高相模型精度，进而提高物性参数在空间上分布的符合率。对于特殊相带，其分布形态是确定性的，无法用随机方法来模拟其分布，在建模中采用确定性的方法来实现。在概率体中将该相带赋予最高概率即可实现确定性建模。

具体流程为：（1）根据模型的三维网格对地震数据体进行了重采样，基于沉积微相与反演数据的概率关系、测井数据及变差函数，得到纵向及横向的相概率，合并之后得到沉积相概率体。（2）在井点沉积相的基础上，井间应用相概率体进行约束，通过随机算法进行沉积相模拟，得到随机的相模型。（3）对于特殊相带，利用确定性算法进行赋值，最终得到沉积相模型。例如潮道微相，用地震属性提取这类异常体，在概率体中直接提取异常体赋值（图7-14）。

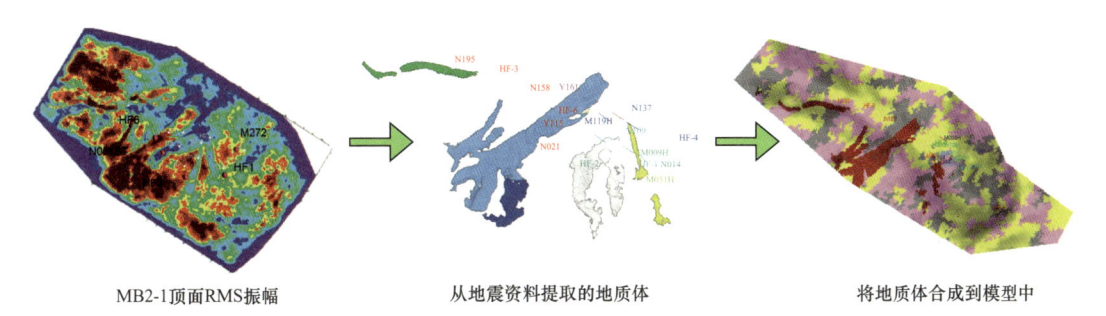

图 7-14 Mishrif 组油藏确定性建模与随机建模结合建立沉积相模型示意图

2. 岩石类型模型

1) 岩石类型识别与划分

与砂岩相比，生物碎屑灰岩储层具有更加复杂的微观孔隙结构特征，孔隙度和渗透率相关性差，这给储层的非均质性刻画带来极大的困难。目前国内外采取的通用方法是岩石分类技术。岩石类型的定义是指沉积在相似地质条件下，经历了相似的成岩过程，形成了具有统一的孔喉结构和润湿性的一类岩石。具体表现为具有统一的孔渗关系、毛细管压力分布和相对渗透率数据。

哈法亚油田 Mishrif 组岩心分析资料丰富，应用 Winland R_{35} 方法来划分岩石类型，即

根据压汞曲线进汞压力（P_d）分析孔隙类型，结合毛细管压力曲线 MICP 特征、测井响应、核磁共振 T_2 谱峰值等资料将孔隙类型转换为岩石分类。所使用的岩石分类方法流程如下：

（1）提取所有压汞曲线进汞压力 P_d、孔喉分布曲线孔喉峰值大小，并制作峰值大小频率直方图，根据孔喉半径自然正态分布划分出数个合理孔隙类型区间。（2）由于岩心渗透率由岩心最大孔喉决定，提取各岩心孔喉分布曲线孔喉峰值中的最大值，将该岩心分配到频率直方图所划分的孔隙类型区间，并参考油藏性质指数、孔渗包络线进行孔隙类型归类。（3）孔隙类型再与岩相、沉积相和核磁共振等资料相互验证，赋予实际地质意义，完成孔隙类型到岩石类型转换。（4）建立一个反映油藏综合特征的岩心综合数据库，这个数据库概括所有岩心的岩相特征，为预测未取心井的岩石类型打下基础。以工区取心井岩石分类数据库为学习样本，建立神经网络，通过学习，推广到其他未取心井。

图 7-15 是根据进汞压力绘制峰值大小频率直方图，根据正态分布原则结合实际地质情况可以将孔喉分布划分为五个孔隙类型区间。

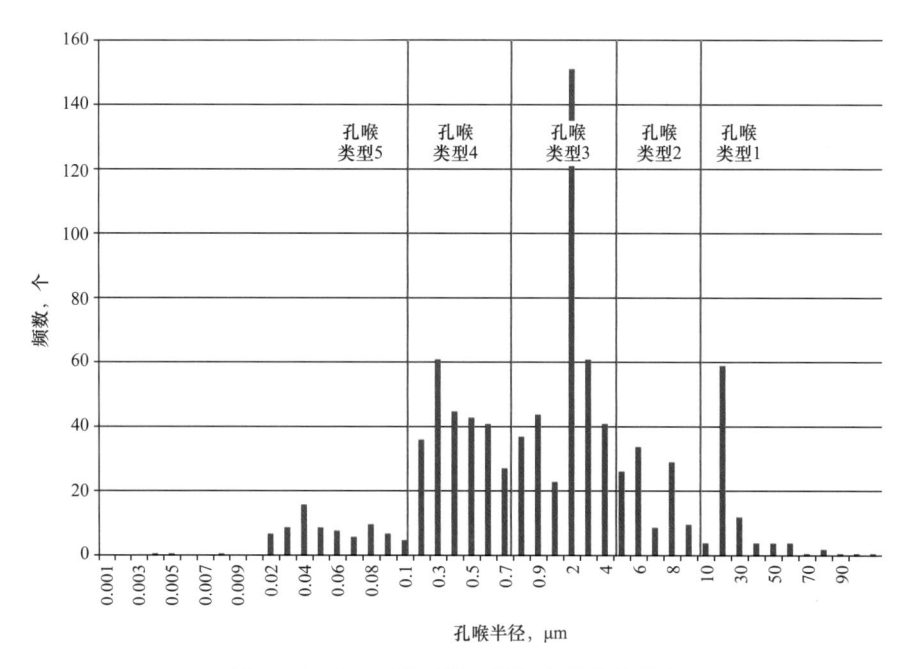

图 7-15 Mishrif 组油藏孔隙类型划分示意图

哈法亚油田 Mishrif 组储层可划分出五个岩石分类，分别命名为 RT1、RT2、RT3、RT4、RT5，这五种岩石分类使得各岩石分类在沉积微相、岩性、电性、孔喉结构、核磁测井、甚至地震响应上都有相似之处，表 7-2 汇总了各岩石分类的特征。从 RT1 到 RT5，孔隙度和渗透率依次降低；渗透率的差异较大。主要原因是孔隙结构有变化，孔喉半径由大变小，在 MICP（毛细管力曲线）和 NMR（核磁共振）上特征表现明显，RT5 类在该区主要为非储层。

2）岩石类型模型

在沉积相模型的基础上，将单井岩相曲线粗化到构造模型框架下，并与原始曲线进行对比，进行质量控制，之后用二次相控的方法建立岩相模型。图 7-16 和图 7-17 分别为

MB1-2C 小层沉积相和岩石类型模型平面分布图，可以看出沉积相沉积环境为潮道垂直通过台内滩，滩体沿高部位两侧呈细长条带状分布；以沉积相为基础模拟的岩石分类模型融入了储层微观特征的信息，储层分布细节在沉积相模型的基础上得到进一步细化，滩体的细节更加详细。

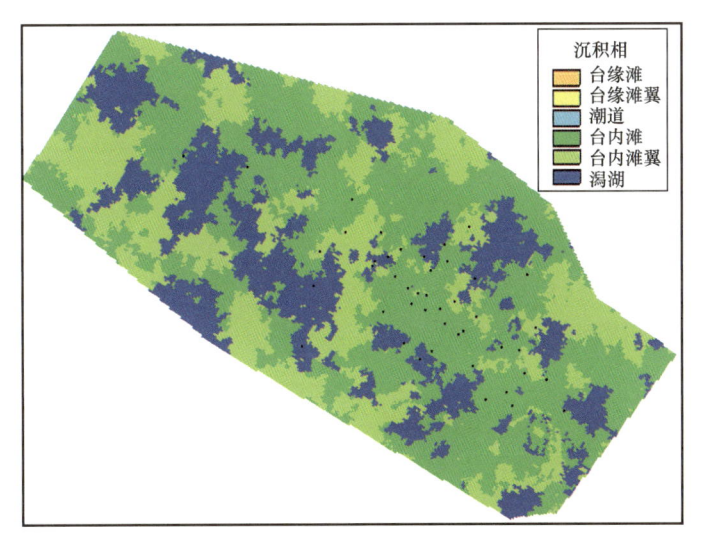

图 7-16　MB1-2C 小层沉积相模型平面图

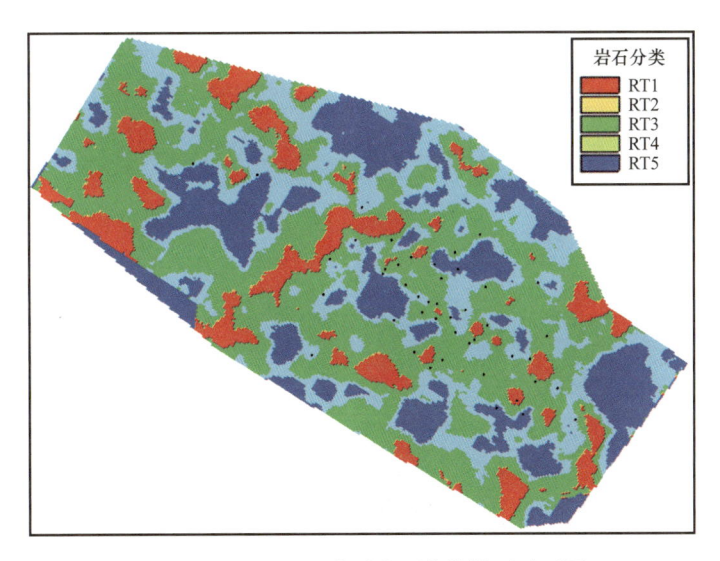

图 7-17　MB1-2C 小层岩石分类模型平面图

3. 物性模型

由于哈法亚油田 Mishrif 组油藏波阻抗与孔隙度相关性较好，因此在波阻抗体的约束下，采用序贯高斯模拟方法可得孔隙度模型（图 7-18）。渗透率模型则由各个目的层岩石类型研究所得到的孔渗关系直接得到（图 7-19、图 7-20）。建立的研究区物性模型更加符合实际地质特征，应用该模型开展油藏精细数值模拟研究，有效地提高了模拟精度，并缩短了模拟的历史拟合时间及研究周期。

表 7-2 哈法亚油田 Mishrif 组油藏岩石分类的特征表

岩石类型	沉积环境	岩性组合	典型薄片	典型岩心	测井特征	毛细管压力曲线孔径分布	核磁共振 T_2 谱	孔隙度 %	渗透率 mD	渗透率与孔隙度比值	T_2 谱峰值 ms	进汞压力 MPa
RT1	台缘滩	厚层生屑颗粒灰岩，含泥生屑灰岩为主						24	121	7.09	1024	35.4
RT2	台缘滩、台缘滩翼	灰泥质颗粒灰岩、薄层颗粒灰						22.7	34.3	3.78	256	78
RT3	台内滩、台缘滩翼	泥质灰岩为主，含灰泥质颗粒岩，可见白云化现象						19.4	10.5	2.31	128	182
RT4	台内滩缘	泥粒灰岩为主，夹薄层泥灰岩，局部白云化						13	3	1.51	64	584
RT5	潟湖、斜坡	泥灰岩、碳质泥岩，风化壳						4.6	0.3	0.85	16	1878

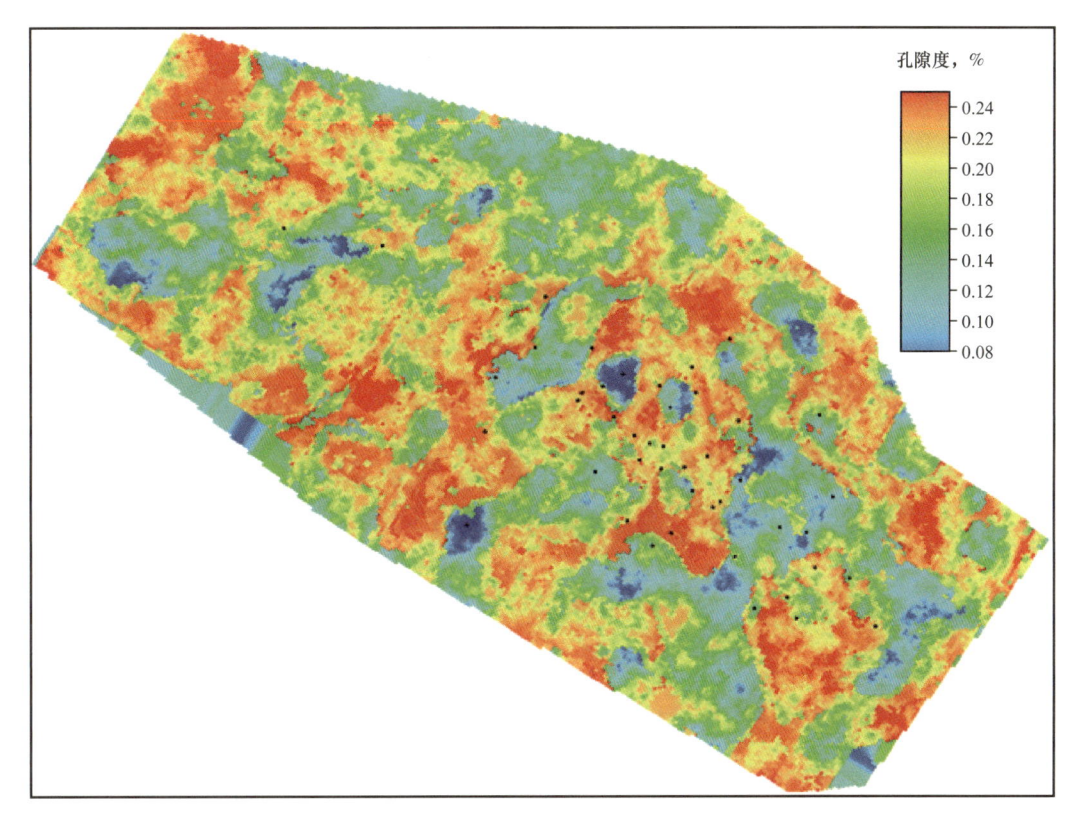

图 7-18 MB2-1 小层孔隙度模型切片（垂向 160 网格）

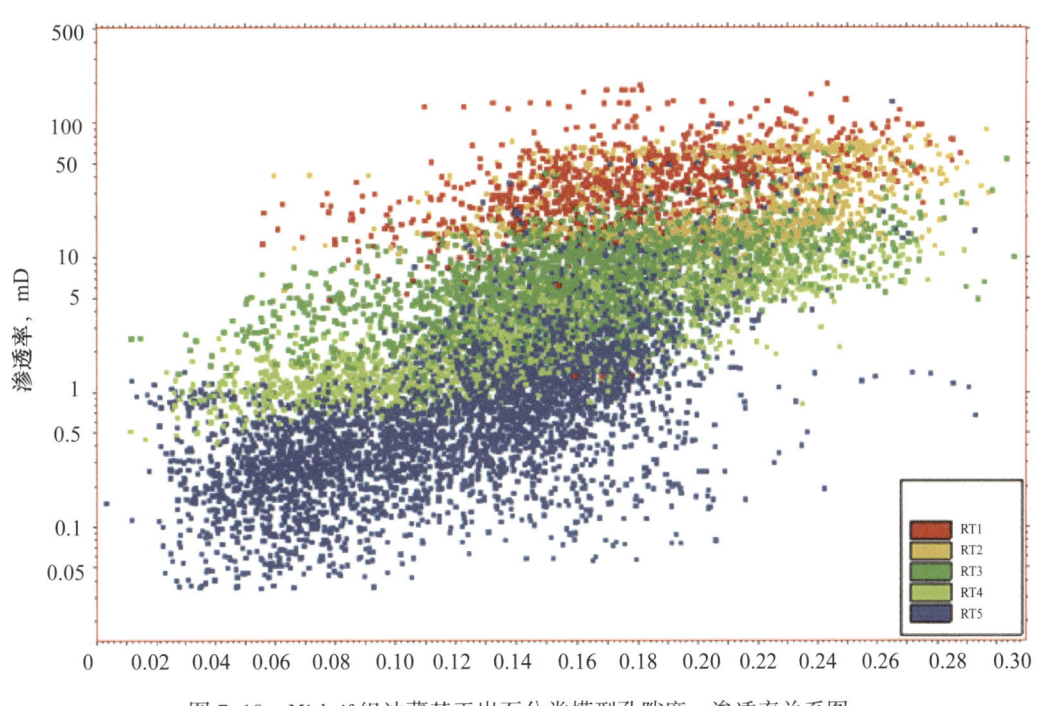

图 7-19 Mishrif 组油藏基于岩石分类模型孔隙度—渗透率关系图

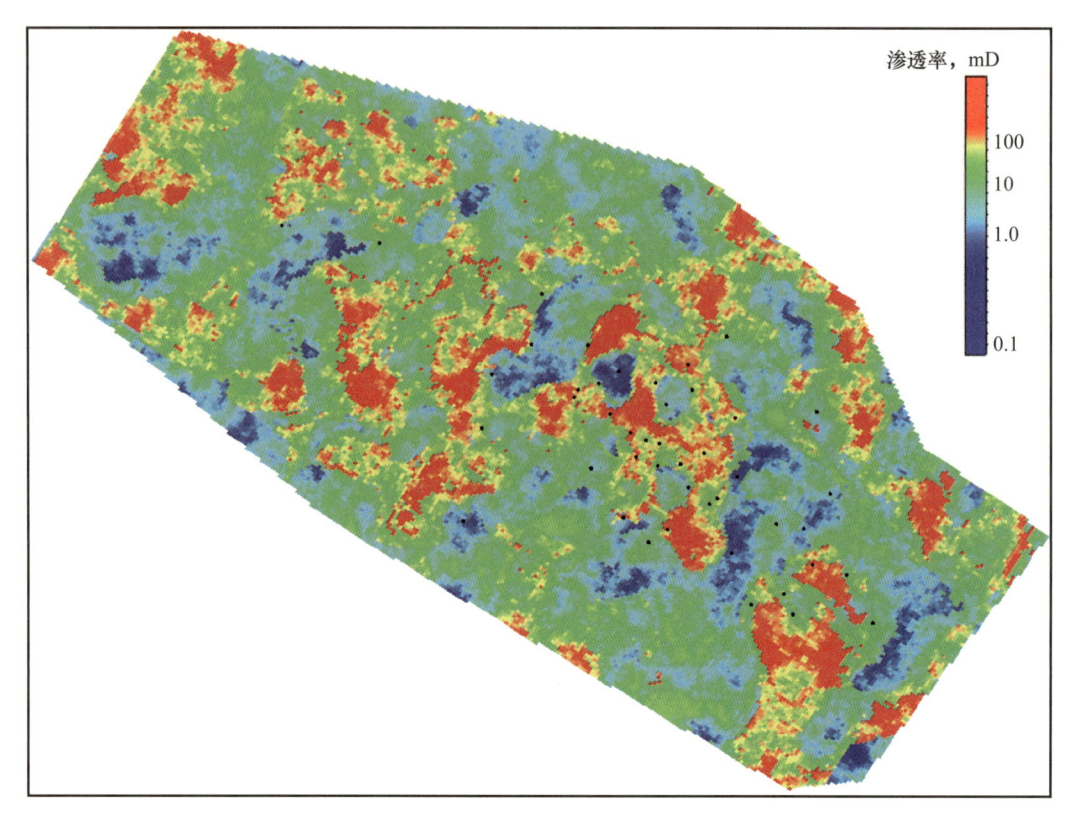

图 7-20　MB2-1 小层渗透率模型切片（垂向 160 网格）

二、碳酸盐岩储层裂缝识别和测井评价技术

滨里海盆地东缘石炭系中广泛发育着各种裂缝，宏观裂缝主要发育在致密的非储层中，由于规模小，延伸短，一般不能与孔隙发育的储层沟通，在个别地区，受构造活动的影响，可能会形成裂缝型储层，但大多数是非储层。微裂缝普遍发育在溶蚀作用强、物性较好的地层中，起到沟通孔洞的作用，可以有效地改善储层的储渗性能。以滨里海盆地东缘的让纳若尔油田和北特鲁瓦油田为例，在岩心刻度的基础上，参考成像测井资料，利用常规测井资料进行裂缝识别，建立裂缝模型，定量计算裂缝孔隙度和渗透率等参数，对宏观裂缝和微裂缝进行多参数定量表征和评价。

1. 碳酸盐岩储层裂缝识别

在滨里海盆地碳酸盐岩油气藏中，相同孔隙度和流体性质的地层，宏观裂缝发育的区域往往引起深侧向电阻率的骤降。基于这种现象，基质岩石的电阻率曲线与深侧向电阻率曲线进行重叠对比，就能准确地识别出裂缝并计算出裂缝孔隙度，可实现对裂缝从定性识别到定量评价。

声波时差可以反映基质粒间孔隙度，且受岩性、井径及流体的影响较小，特别在孔隙性石灰岩储层，声波时差与深侧向电阻率具有很好的相关性。以此为基础，利用声波时差测井曲线重构基质地层电阻率曲线，与深侧向地层电阻率曲线进行重叠对比，可识别裂缝并计算裂缝孔隙度（图 7-21、图 7-22）。

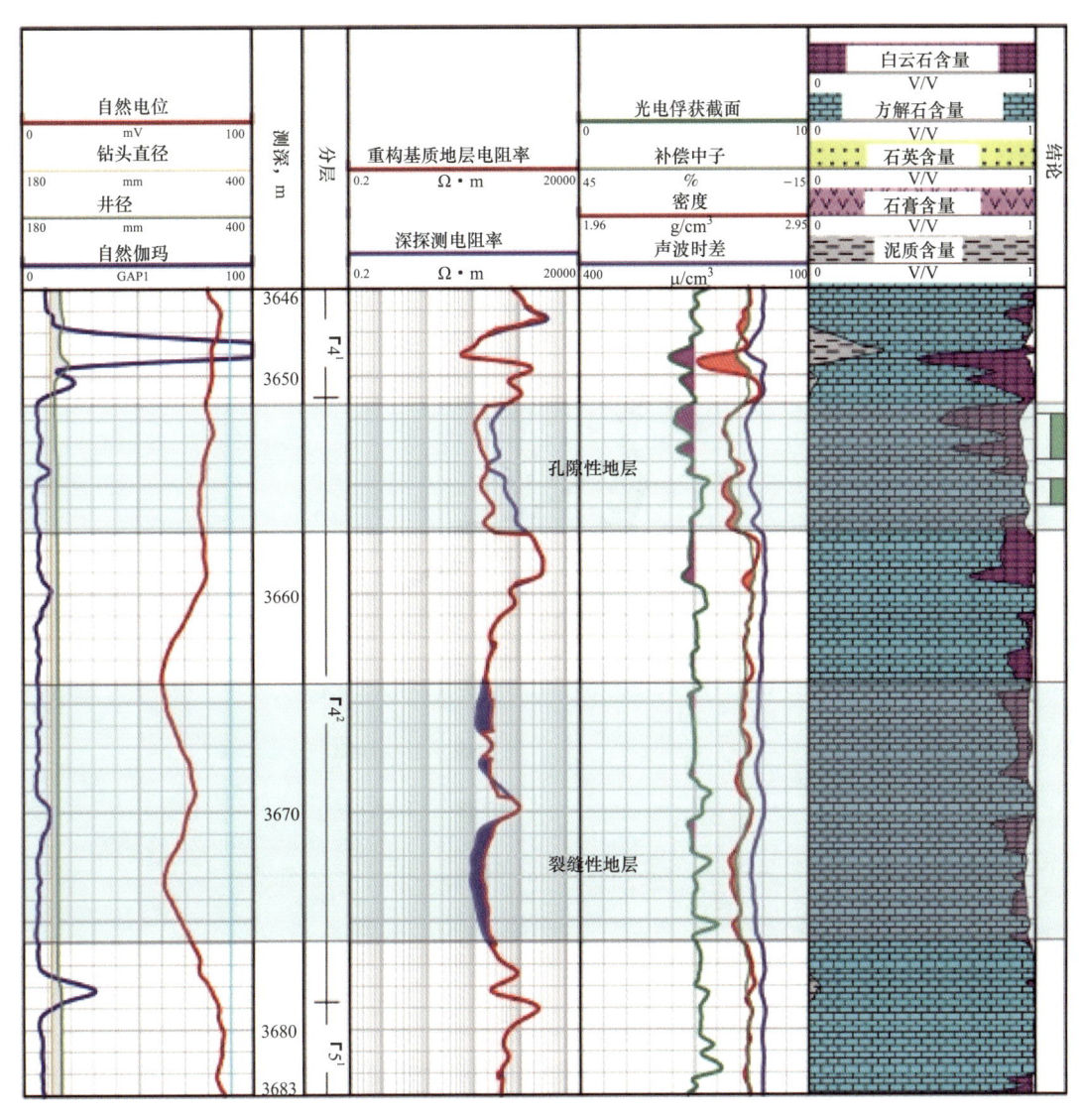

图 7-21　4086 井孔隙性与裂缝性地层测井响应特征

2. 裂缝参数测井解释

1）宏观裂缝参数测井解释

（1）基质地层电阻率 R_B 计算模型。利用北特鲁瓦油田 CT-4 井的取心资料和测井资料，分别建立了 KT-Ⅰ、KT-Ⅱ 层不同岩性及含不同流体的基质地层电阻率计算模型。图 7-23 为 KT-Ⅰ白云岩和石灰岩基质电阻率计算模型；图 7-24 为 KT-Ⅱ油气层、水层及 γ4 层油层基质电阻率计算模型。

基质电阻率 R_B 计算公式为

$$R_B = a \times DT^b \tag{7-1}$$

在公式（7-1）中，DT 为声波时差，不同模型对应的 a、b 取值不同。

（2）双电阻率重叠法裂缝孔隙度 ϕ_f 计算模型。双电阻率指地层深电阻率与重构的基

质电阻率 R_B 这两条曲线。目前国内外都趋向于用双侧向测井计算裂缝孔隙度，但让纳若尔油田和北特鲁瓦油田的储层储集空间以孔隙为主，裂缝发育程度相对较低，双侧向的差异不是裂缝唯一的电性显示特征，所以首先应该识别裂缝，再计算裂缝渗透率。为此，引入基质地层电阻率的概念，来突出电阻率对裂缝孔隙度的敏感程度，能更有效地识别裂缝，用岩心资料刻度后，定量计算裂缝孔隙度 ϕ_f。

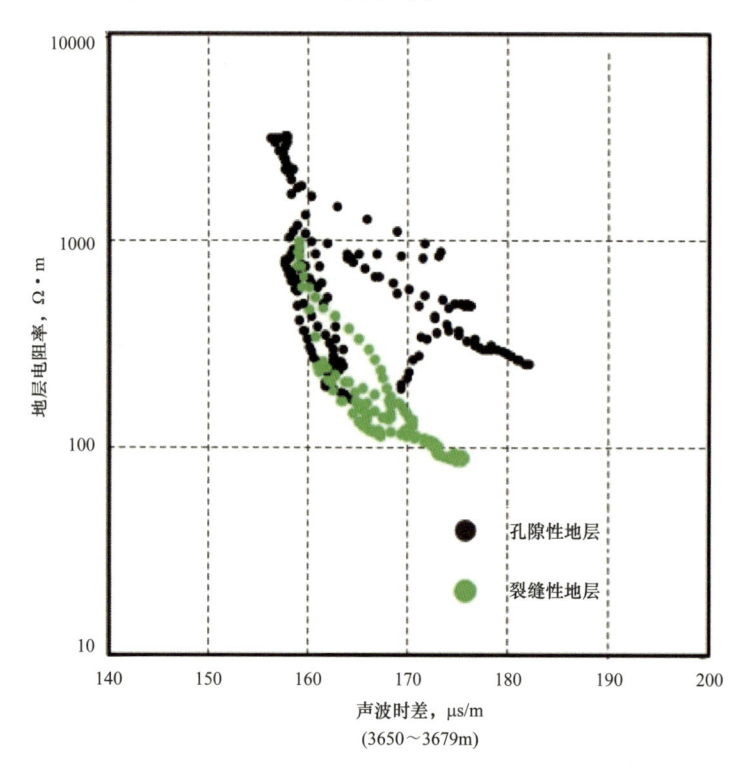

图 7-22 4086 井孔隙性与裂缝性地层电阻率和声波时差交会图

对于裂缝—孔隙型原状地层，基质和裂缝中的导电介质均为地层水，根据阿尔奇公式有

$$\frac{1}{R_D} = \frac{\phi_b^{mb}}{R_w} + \frac{\phi_f^{mf}}{R_w} \tag{7-2}$$

$$\frac{1}{R_B} = \frac{\phi_b^{mb}}{R_w} \tag{7-3}$$

式中　R_D——深侧向地层电阻率，$\Omega \cdot m$；

　　　R_B——基质地层电阻率，$\Omega \cdot m$；

　　　R_w——地层水电阻率，$\Omega \cdot m$；

　　　mb——孔隙的孔隙度指数，f；

　　　mf——裂缝的孔隙度指数，f；

　　　ϕ_b——基质孔隙度，%；

　　　ϕ_f——裂缝孔隙度，%。

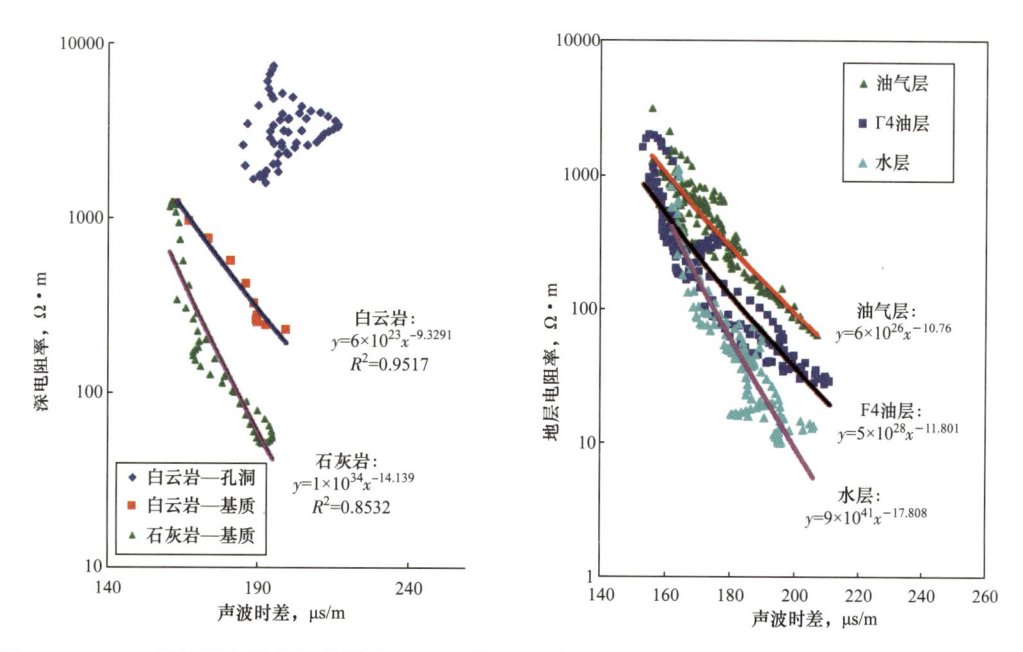

图 7-23　KT-I 层地层电阻率解释模型（CT-4 井）　　图 7-24　KT-II 层地层电阻率解释模型（CT-4 井）

根据式（7-2）和式（7-3）可得到水层裂缝孔隙度计算公式：

$$\phi_f = \sqrt[mf]{R_w\left(\frac{1}{R_D} - \frac{1}{R_B}\right)} \tag{7-4}$$

同理，对于泥浆滤液侵入地层，地层深处的裂缝中也被钻井液或钻井液滤液充满，泥浆滤液侵入地层的裂缝孔隙度计算公式为

$$\phi_f = \sqrt[mf]{R_{mf}\left(\frac{1}{R_D} - \frac{1}{R_B}\right)} \tag{7-5}$$

（3）裂缝张开度及裂缝密度。统计北特鲁瓦油田两口取心井（CT-4 和 CT-10 井）裂缝参数，包括裂缝条数、类型、倾角、张开度、长度、深度、缝密度、充填物及充填程度，利用这些数据可以精确计算岩心裂缝孔隙度，实现岩心刻度测井资料计算裂缝孔隙度。

对于裂缝张开度和裂缝密度这两个裂缝参数，利用交会图技术，得出岩心裂缝孔隙度与裂缝张开度和裂缝密度的经验公式。裂缝张开度和裂缝密度与裂缝孔隙度都具有正相关性，但是由于裂缝的复杂性，影响裂缝孔隙度的因素很多，经验公式只能反映趋势，精度还不高。

裂缝张开度经验公式：

$$\varepsilon = 0.7616 \times \phi_f^{0.3222} \tag{7-6}$$

式中　ε——裂缝张开度，mm；

　　　ϕ_f——裂缝孔隙度，%；

裂缝密度计算公式：

$$D = 35.588 \times \phi_f^{0.3591} \quad (7\text{-}7)$$

式中　D——裂缝密度，条/m；

　　　ϕ_f——裂缝孔隙度，%。

（4）基质渗透率模型。北特鲁瓦油田储层类型主要为孔隙型储层，但是裂缝对储层的影响不容忽视，同样需要分基质与裂缝分别建立渗透率模型。把岩样分为有缝样和无缝样，无缝样建立基质地层渗透率模型；有缝样建立裂缝渗透率模型。采用交会图技术，建立岩心孔隙度和岩心渗透率交会图，通过回归得到渗透率解释模型。

图7-25和图7-26分别为KT-Ⅰ和KT-Ⅱ基质渗透率模型。基质渗透率模型分储层类型建立，分别是孔洞缝型白云岩储层、孔洞型白云岩储层、孔隙型石灰岩储层。

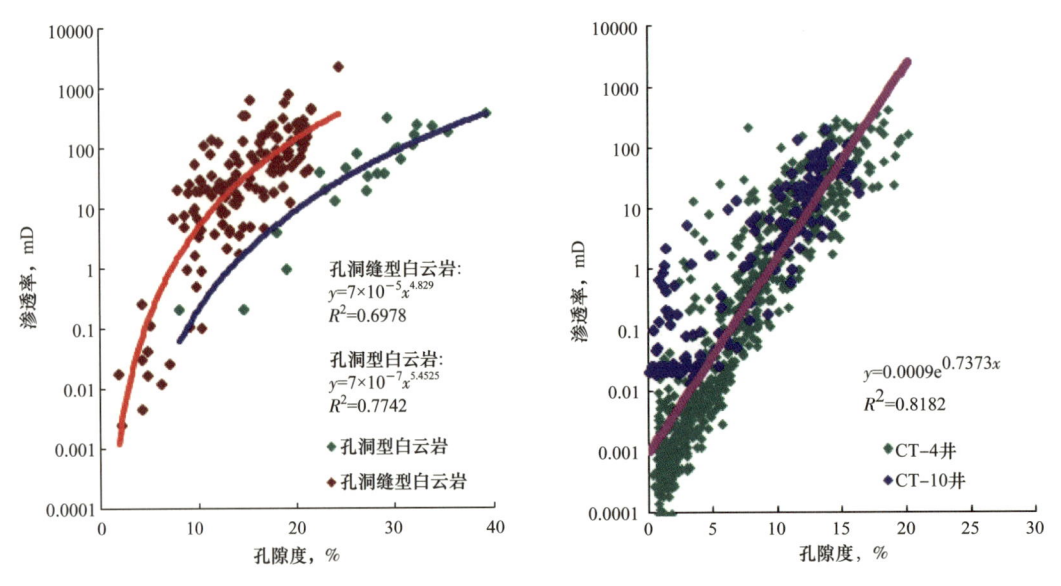

图7-25　KT-Ⅰ基质渗透率模型　　　图7-26　KT-Ⅱ石灰岩基质渗透率模型

（5）宏观裂缝渗透率模型。北特鲁瓦油田岩心表明，孔隙度越低的地层，裂缝越发育，孔隙度越大，裂缝的影响越小，裂缝渗透率与基质孔隙度之间存在一定的相关性。通过回归，建立KT-Ⅰ和KT-Ⅱ裂缝渗透率与基质孔隙度之间的相关关系式。

KT-Ⅰ层裂缝渗透率模型：

$$K_f = 0.0825 \times \phi_b^{2.5822} - K_b \quad (7\text{-}8)$$

KT-Ⅱ层裂缝渗透率模型：

$$K_f = 0.0509 \times \phi_b^{2.5644} - K_b \quad (7\text{-}9)$$

式中　K_b——基质渗透率，mD；

　　　K_f——裂缝渗透率，mD；

　　　ϕ_b——基质孔隙度，%。

图7-27为北特鲁瓦油田CT-4井KT-Ⅱ层利用改进的双电阻率重叠法识别裂缝的典型实例，在3172~3188m井段，地层电阻率与基质电阻率曲线重叠后幅度差明显，显示有裂缝发育，且考虑裂缝渗透率后计算的储层渗透率和岩心分析结果吻合良好。

2）微裂缝参数测井解释

由于深侧向探测深度较深，所测得的电阻率为原状地层电阻率（RLLD），而浅侧向探测深度比深侧向浅，主要探测侵入带地层电阻率（RLLS）。在油气层，侵入带孔隙空间中的油气部分被钻井液滤液取代，导致侵入带地层电阻率降低，在双侧向曲线上表现为正差异，即 R_{LLD} 值大于 R_{LLS} 值。微裂缝发育的储层，将会极大地提高储层渗透性，使得深、浅双侧向幅度差增大。表征双侧向幅度差与微裂缝发育程度之间的关系，实现对微裂缝的定量评价。

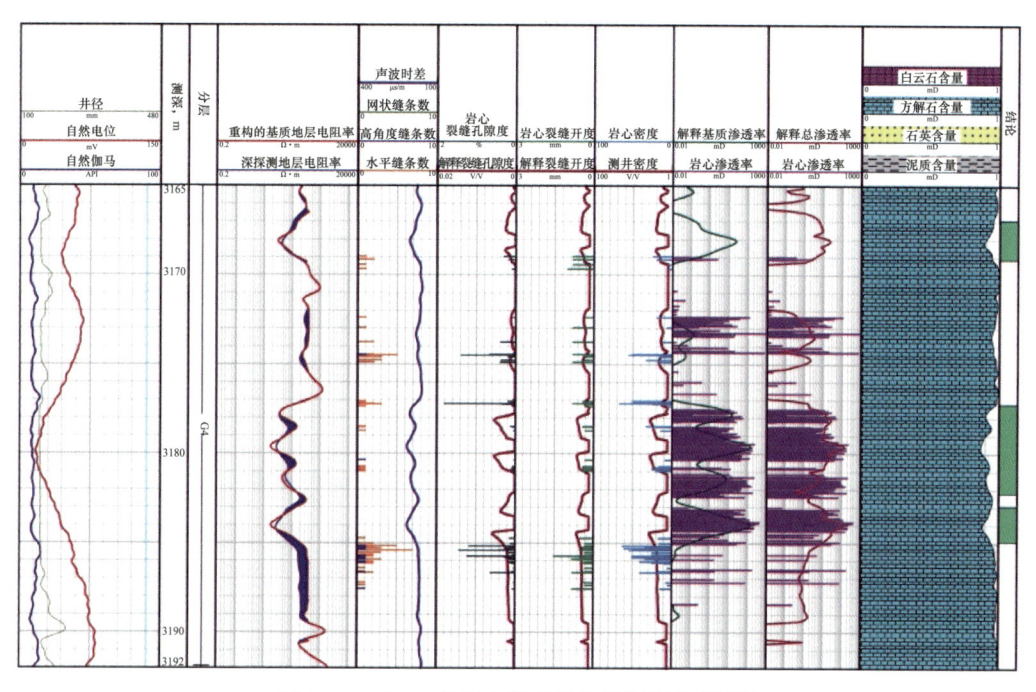

图 7-27 CT-4 井双电阻率重叠法识别宏观裂缝

（1）裂缝孔隙度解释模型。利用 2399A 井 36 个薄片分析数据点，建立双侧向幅度差与薄片分析中的裂缝孔隙度的相关关系（图 7-28），得到裂缝孔隙度 ϕ_F 的计算公式。

$$\phi_F = 1.1557 \times \text{RDD}^{1.0887} \quad (7-10)$$

式中 RDD——深、浅双侧向电阻率测量值取对数后的差值。

（2）基质和裂缝渗透率解释模型。结合对应的物性分析资料，认为无缝样代表基质地层的情况，通过回归无缝样的孔渗关系，得到基质孔隙度 ϕ_B 与渗透率 K_B 的关系（图 7-29）。基质渗透率计算公式为：

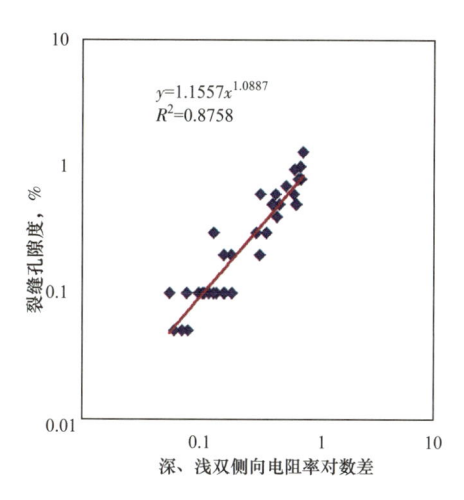

$$K_B = 0.0004 \times e^{0.615\phi_B} \quad (7-11)$$

图 7-28 微裂缝孔隙度与深、浅双侧向幅度差关系图

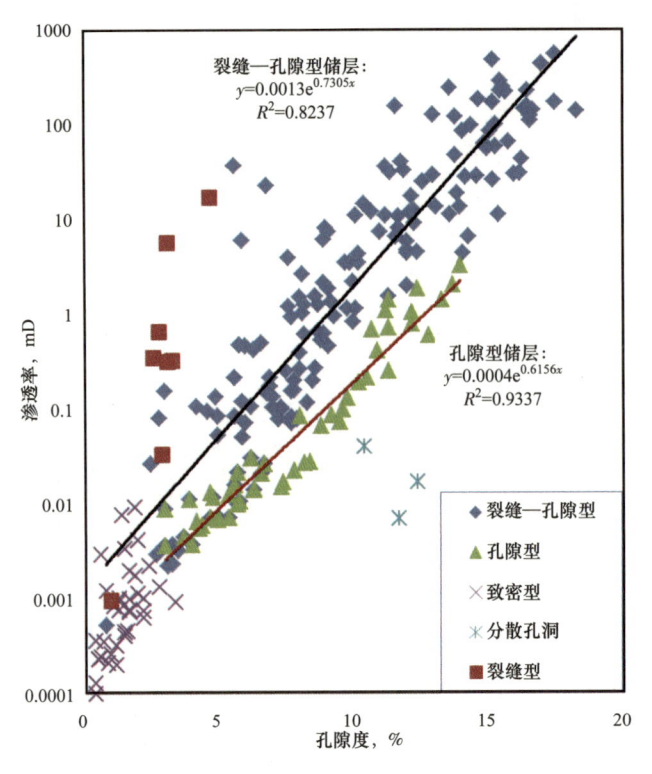

图 7-29 基质和裂缝—孔隙型储层孔隙度与渗透率图

同样的方法，可以回归出含微裂缝的有缝样的孔渗关系，得到裂缝—孔隙型储层的孔隙度与渗透率的关系。

$$K = 0.0013 \times e^{0.7306\phi} \tag{7-12}$$

（3）微裂缝渗透率解释模型。对岩心样品进行细分层，根据岩心孔隙度计算出基质渗透率，与岩心渗透率进行对比，随着样品微裂缝孔隙度 ϕ_F 的增加，统计岩心渗透率增大率 K_{BR}，应用统计结果做裂缝孔隙度与渗透率增大率 K_{BR} 的交会图（图 7-30），计算公式如下：

$$K_{BR} = 77.563 \times \phi_F^{0.9047} \tag{7-13}$$

结合前面的基质渗透率模型和裂缝渗透率增大率模型，就能得到地层总渗透率计算式和地层微裂缝渗透率计算式。

$$K_T = K_B \cdot K_{BR} \tag{7-14}$$

$$K_F = K_T - K_B \tag{7-15}$$

式中　K_F——裂缝渗透率，mD；
　　　K_B——基质渗透率，mD；
　　　K_T——总渗透率，mD；
　　　K_{BR}——渗透率增大率。

图 7-31 为应用微裂缝孔隙度和微裂缝渗透率模型计算的结果与岩心分析结果对比图，从图可以看出，计算结果与岩心分析结果吻合很好。

三、碳酸盐岩双重介质储层流动单元划分技术

碳酸盐岩双重介质储层流动单元反映了碳酸盐岩储层的岩石学和水动力学特征，具有较强的应用性。以让纳若尔油田 Γ 北碳酸盐岩储层为例，在碳酸盐岩储层类型划分研究基础上，考虑基质和裂缝因素，建立双重介质储集层流动单元划分方法，将让纳若尔油田 Γ 北裂缝孔隙性碳酸盐岩油藏划分为六类流动单元，建立流动单元三维地质模型，表征流动单元空间展布布规律。

1. 储层类型划分与识别

Γ 北油藏属于开阔台地相沉积，储层主要为浅滩微相和潮汐通道微相的颗粒灰岩。储集空间以粒间孔、体腔孔、粒内孔为主；裂缝较为发育，以微裂缝为主，偶见溶洞。储层孔隙度平均为 9.70%；水平渗透率平均为 28.45mD，垂直渗透率平均为 20.79mD。

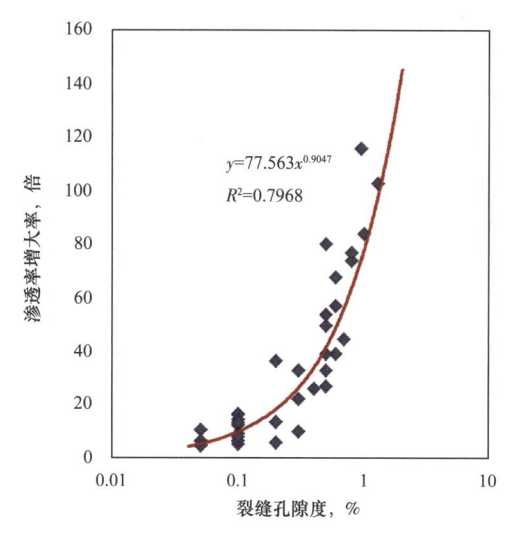

图 7-30 裂缝孔隙度与渗透率增大率关系图

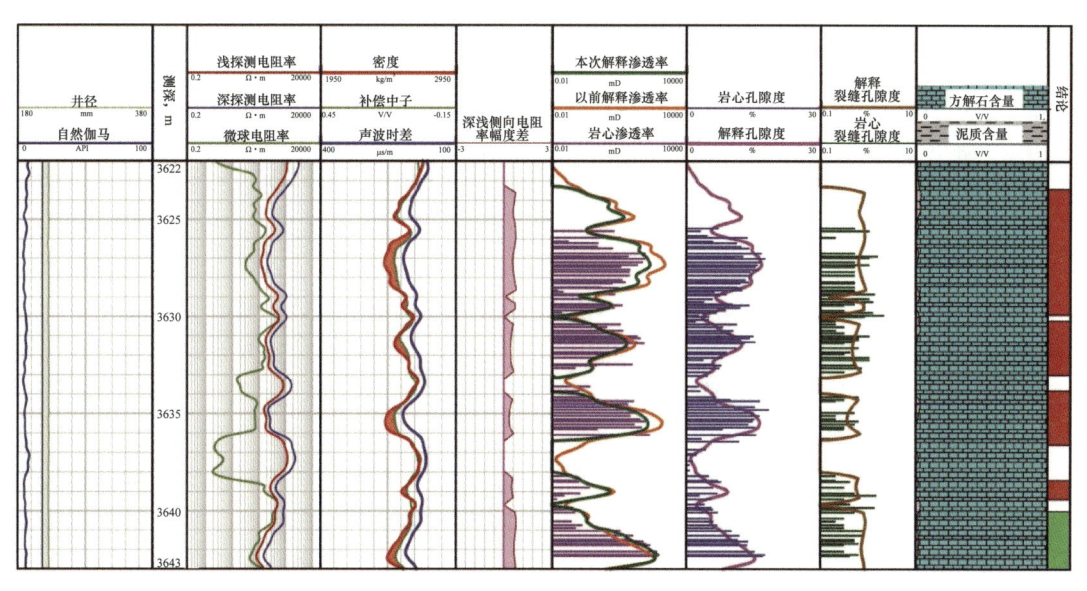

$y=77.563x^{0.9047}$
$R^2=0.7968$

图 7-31 2399A 井测井模型计算结果与岩心分析结果对比图

根据孔隙形态孔隙匹配关系和孔渗关系，将 Γ 北油藏储层划分为孔缝洞复合型、裂缝孔隙型、孔隙型和裂缝型四种储层类型，归纳总结出了 Γ 北油藏不同类型储层的测井响应特征（表 7-3），实现了储层类型的测井识别。通过对不同储层类型岩心样品毛细管力曲线参数进行统计，从有利于油气渗流的角度考虑，认为复合型储层孔隙结构最为理想，其次为裂缝孔隙型储层，再次为孔隙型储层，裂缝型储层最差（表 7-4）。

表 7-3　让纳若尔油田不同类型储层测井响应特征统计表

储层类型	自然伽马 API	深探测电阻率 Ω·m	浅探测电阻率 Ω·m	补偿中子 %	密度 g/cm³	声波时差 μs/m	孔隙度 %	光电俘获指数 B/E
孔洞缝复合型	<30	50~1000	10~100	≥10	≤2.54	≥199	12~30	±5.0
裂缝孔隙型	<30	10~500	10~500	6~15	2.61~2.46	182~212	6~15	±5.0
孔隙型	<20	30~500	30~500	6~13	2.35~2.65	182~208	6~15	5.08
裂缝型	10~70	5~200	5~201	<6	2.65~2.70	165~175	<6	3.14~5.08

表 7-4　让纳若尔油田不同类型储层岩样毛细管压力曲线参数统计表

储层类型	孔隙度 % 最小	最大	平均	渗透率 mD 最小	最大	平均	排驱压力 MPa 最小	最大	平均	最大连通孔喉半径 μm 最小	最大	平均	饱和度中值毛细管压力 MPa 最小	最大	平均	饱和度中值喉道半径 μm 最小	最大	平均
复合型	11.2	17.50	13.21	25.90	436.0	89.01	0.02	0.08	0.03	9.23	37.12	31.28	0.08	0.61	0.32	1.20	9.56	3.53
裂缝孔隙型	6.00	14.60	9.52	0.03	62.50	17.98	0.02	0.64	0.15	1.15	36.93	11.73	0.31	15.90	3.08	0.05	2.34	0.69
孔隙型	6.00	14.30	9.22	0.02	29.60	1.43	0.08	1.28	0.30	0.57	18.42	3.84	0.50	33.76	5.46	0.02	1.46	0.34
裂缝型	2.80	5.90	4.28	0.05	8.21	1.46	0.32	2.56	0.71	0.28	2.31	1.54	4.05	38.87	14.43	0.01	0.23	0.09

2. 双重介质储层流动单元划分与表征

在岩心分析资料的基础上，利用测井解释参数计算表征储层渗流特征的地质参数，以动用程度作为判别参数，筛选出对储层动用程度有重要影响的地质参数作为聚类变量，利用神经网络聚类分析技术，划分单井储层流动单元，建立碳酸盐岩储层流动单元三维地质模型，表征储层流动单元分布特征。

1）聚类变量优选

借助产液剖面计算储层产液强度表征储层动用程度；用测井参数计算得到的各种地质参数编制交会图进行储层动用程度相关性分析。裂缝孔隙型储层筛选出了四个对动用程度有显著影响的地质参数作为聚类变量：储层品质指数（RQI）、饱和度中值喉道半径（R_{50}）、裂缝渗透率（K_f）与基质渗透率（K_m）之比（K_f/K_m）及总渗透率（K_f+K_m）；孔隙型储层筛选出了三个地质参数作为聚类变量：RQI、R_{50} 和 K_m。储层品质指数 RQI 计算公式为

$$RQI = 0.0314\sqrt{K/\phi_e} \qquad (7\text{-}16)$$

式中　RQI——储层品质指数，μm；
　　　K——储层绝对渗透率，μm²；
　　　ϕ_e——储集层有效孔隙度。

参考 Winland 公式，通过回归建立岩心分析饱和度中值喉道半径与绝对渗透率和孔隙度之间的关系式，相关系数为 0.951。

$$\lg R_{50}=-0.0481+0.014\phi_e+0.3951\lg K \quad (7-17)$$

裂缝孔隙型储层的 RQI、R_{50}、K_f/K_m、K_f+K_m 与储层动用程度交会图可见（图 7-32），该类型储层的动用程度与 RQI、R_{50} 以及 K_f+K_m 呈正相关，与 K_f/K_m 也具有一定相关性。孔隙性储层的 RQI、R_{50}、K_m 与动用程度交会图上同样可见（图 7-33），该类型储层动用程度与 RQI、R_{50} 以及 K_m 呈正相关。无论是裂缝孔隙型还是孔隙型储层，不同动用程度的数据点均有部分重叠，单独利用某一种地质参数不能准确地表征储层动用程度，因此采用聚类分析技术考虑多因素影响划分储层流动单元。

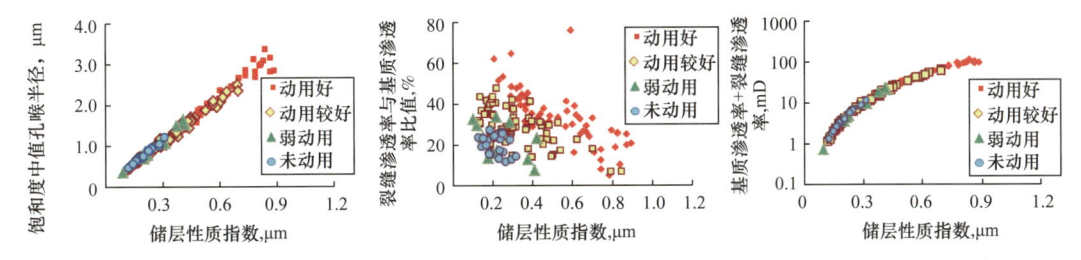

图 7-32 让纳若尔油田裂缝孔隙型储层不同地质参数与储层动用程度交会图

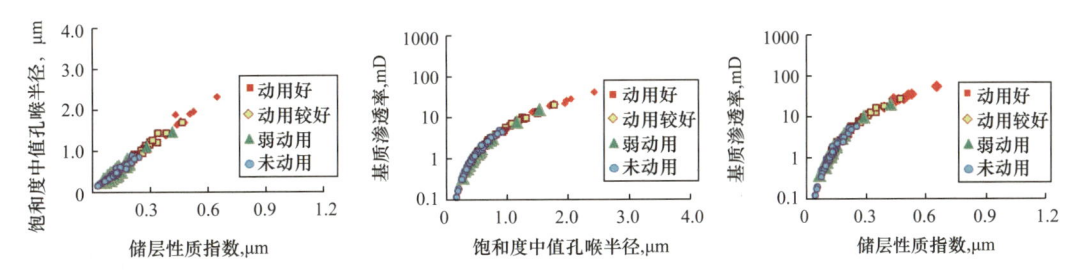

图 7-33 让纳若尔油田孔隙型储层不同地质参数与储层动用程度交会图

2）流动单元划分与表征

根据流动单元的定义，考虑各类型储层不同动用程度厚度占比以及各类型储层占总厚度比例大小，确定 T 北油藏流动单元划分原则为：动用程度高且集中的孔洞缝复合型储层和数量少的裂缝型储层各独立作为一类流动单元，分别用字母 A 和 D 表示；裂缝孔隙型储层和孔隙型储层则用 B 和 C 表示。

流动单元的划分借助神经网络聚类分析技术来完成。首先整理单井各小层储层段测井解释数据（包括基质孔隙度 ϕ_m、基质渗透率 K_m、裂缝孔隙度 ϕ_f 和裂缝渗透率 K_f），并根据相关公式计算相应的聚类参数值 R_{50}，RQI，K_f/K_m 和 K_f+K_m；然后根据不同类型储层聚类参数筛选结果，选取不同属性参数进行聚类分析，最终得到反映各数据点之间亲疏关系的聚类谱系图。在聚类分析开始时，假设每个数据点自成一类，然后将相关系数最亲近的类合并，使类的数目逐渐减少，直到所有属性相近的样品合并为一类。

复合型储层整体产液强度大，动用程度较高，裂缝、溶蚀孔洞发育，基质物性好，储渗能力强，为大孔粗喉型，储层连通性好，作为A类流动单元。对于裂缝孔隙型储层，以反映储层渗流能力的属性孔喉中值半径R_{50}、油藏性质指数RQI、反映裂缝渗流能力的属性K_f/K_m、储层总渗透率K_f+K_m为聚类参数，应用神经网络聚类分析技术划分为两类流动单元（B1、B2）。对于孔隙型储层，由于其裂缝不发育，以孔喉中值半径R_{50}、油藏性质指数RQI和基质渗透率K_m作为聚类参数，划分为两类流动单元（C1、C2）。这样将Γ北油藏四类储层划分为六类流动单元。

在裂缝孔隙型碳酸盐岩油藏等效渗透率地质建模基础上，根据单井储层流动单元划分结果，采用序贯指示模拟方法，建立了Γ北油藏储层流动单元三维地质模型，表征不同类型流动单元空间分布规律。分小层计算不同类型流动单元厚度，统计各井点小层储层流动单元厚度百分比；结合生产动态和测试资料，确定各流动单元边界，绘制小层流动单元平面分布图。平面上不同类型流动单元的分布范围和分布位置不同（图7-34）；纵向上不同类型流动单元的分布特征和分布概率不同（图7-35）。

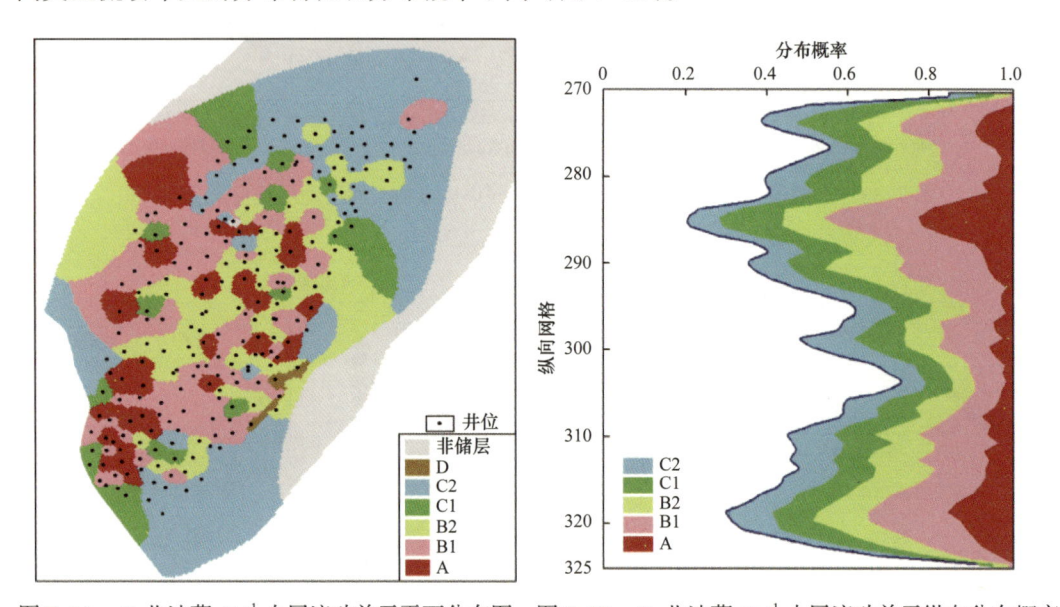

图7-34　Γ北油藏Γ4¹小层流动单元平面分布图　　图7-35　Γ北油藏Γ4¹小层流动单元纵向分布概率图

Γ北油藏A和B1类流动单元主要分布在台内滩微相。A类流动单元物性好，裂缝发育，产液能力强，动用程度高，平均孔隙度为13.34%，平均基质渗透率为6.46mD，平均裂缝渗透率为378.2mD。B1类流动单元物性较好，裂缝较发育，平均孔隙度为11.66%，平均基质渗透率为1.62mD，平均裂缝渗透率为34.1mD。B2类流动单元主要分布在台内滩和潮汐通道微相，物性中等，裂缝发育程度中等，产液能力中等，平均孔隙度为7.88%，平均基质渗透率为0.1mD，平均裂缝渗透率为3.68mD。C1类流动单元主要分布在台内滩微相，物性较好，裂缝发育程度中等，产液能力较强，平均孔隙度为10.57%，平均基质渗透率为1.03mD。C2流动单元主要分布在台内滩和潮汐通道微相，物性差，裂缝不发育，产液能力较差，平均孔隙度为7.31%，平均基质渗透率为0.06mD。D类流动单元主要分布在滩间洼地微相，岩性致密，不具备长期产液能力（表7-5）。

表 7-5 ｢北油藏不同类型流动单元特征统计表

储层类型	流动单元	聚类参数平均值			物性参数			流动单元特征	沉积微相	产液能力
		R_{50}	RQI	K_m+K_f mD	K_f/K_m	ϕ	K_m mD	K_f mD			
复合型	A	4.32	1.15	384.6	58.50	13.34	6.46	378.2	基质物性好、裂缝发育	台内滩	强
裂缝孔隙型	B1	1.80	0.46	35.72	21.00	11.66	1.62	34.10	基质物性较好、裂缝较发育	台内滩	较强
	B2	0.70	0.20	3.78	36.80	7.88	0.10	3.68	基质物性中等、裂缝发育程度中等	台内滩、潮汐通道	中等
孔隙型	C1	0.82	0.19	5.91	4.74	10.57	1.03	4.88	基质物性较好、裂缝发育程度中等	台内滩	较强
	C2	0.32	0.08	0.62	9.33	7.31	0.06	0.56	基质物性较差、裂缝不发育	台内滩、潮汐通道	较差
裂缝型	D	0.66	0.25	5.83	290.50	4.21	0.02	5.81	基质致密、裂缝发育	滩间洼地	差

第三节 碳酸盐岩油气藏开发机理

中国石油海外碳酸盐岩油气藏主要以低孔低渗透碳酸盐岩油气藏为主，国内主要为以缝洞型低孔高渗透碳酸盐岩油藏为主，受地质特征和油气藏类型影响，海外碳酸盐岩油气藏在渗流机理、开发机理等方面有显著差异。

一、生物碎屑灰岩油藏水驱油渗流机理

生物碎屑灰岩油藏水驱油的渗流特征主要取决于储层、流体和流动状况三大要素，其中储层主要是指储层的孔隙结构和物理化学性质，流体主要是指油、气、水的组成和物理化学性质，流动状况主要是指流动的环境、条件和流体—固体之间的相互作用。下面从储层孔隙结构特征、流体赋存状态及水驱油渗流机理等方面对影响生物碎屑灰岩储层水驱油开发效果的主控因素开展讨论。

1. 生物碎屑灰岩油藏孔隙结构特征及其分类

基于高压压汞实验，通过孔喉分布形态分类识别微观孔隙结构，将哈法亚油田 Mishrif 组生物碎屑灰岩储层划分为基质孔隙型（Ⅵ类）、微孔孔隙型（Ⅴ类）、溶孔孔隙型（Ⅳ类）、粗孔孔隙型（Ⅲ类）、孔洞孔隙型（Ⅱ类）、裂缝孔隙型（Ⅰ类）六种类型（图 7-36）。其中，Ⅵ类储层孔隙连通性差，有效孔隙所占比例较低，属于难动用储层，占 Mishrif 组储层 8%；Ⅴ类储层孔隙连通性不强，有效孔隙所占比例偏低，属于低渗透储层，占 Mishrif 组储层 38.2%；Ⅳ类储层孔隙连通性一般，有效孔隙占比不足 50%，属于低渗透储层，占 Mishrif 组储层 8%；Ⅲ类储层孔隙连通性好，有效孔隙占比 50% 以上，属于低渗双重介质型储层，占 Mishrif 组储层 8%；Ⅱ类储层孔隙连通性强，有效孔隙占比

80%以上，属于中渗透储层，占 Mishrif 组储层 16.4%；Ⅰ类储层孔隙连通性强，有效孔隙占比 90%以上，属于中高渗透储层，占 Mishrif 组储层 21.4%。

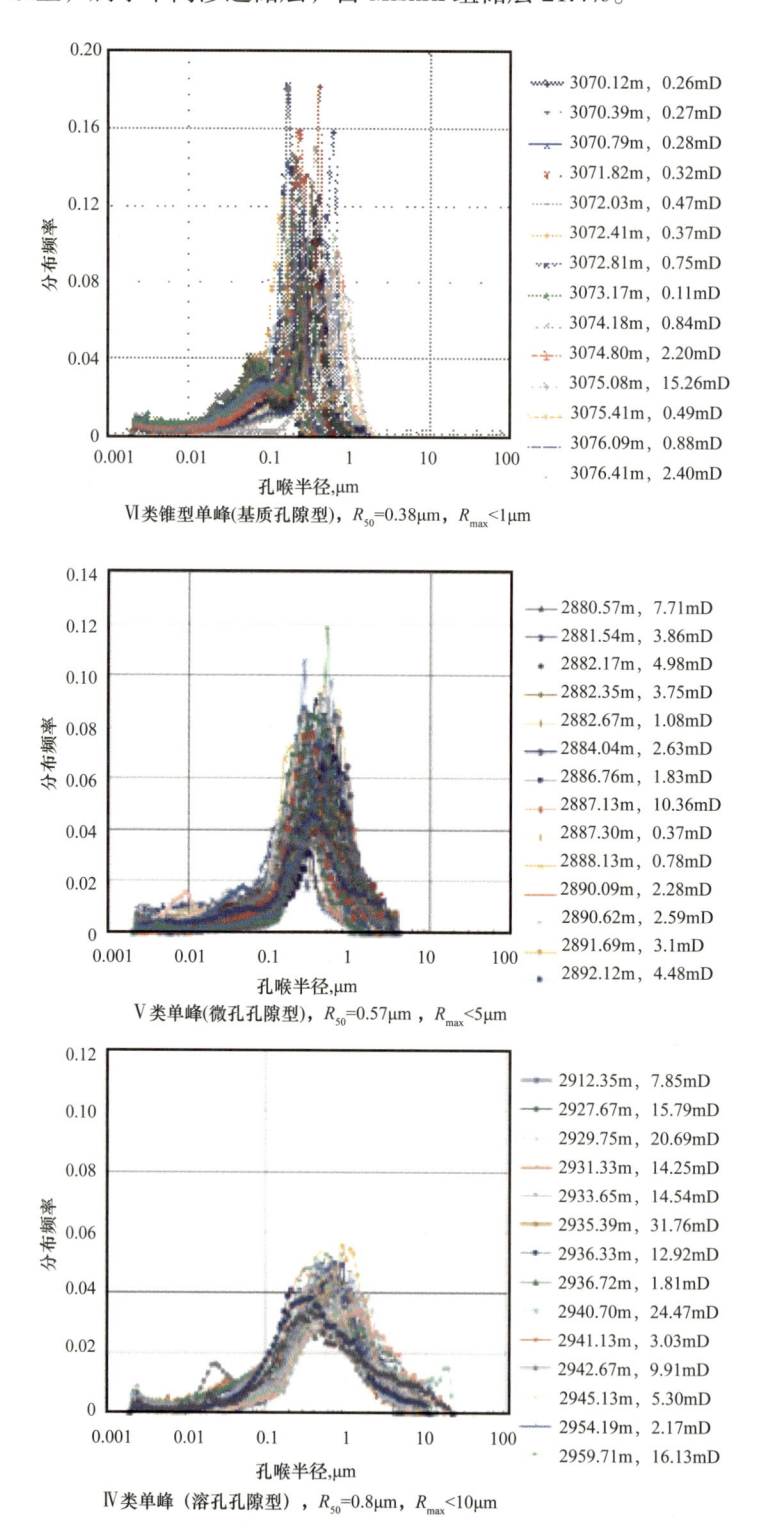

图 7-36　Mishrif 组生物碎屑灰岩油藏微观孔隙结构分类

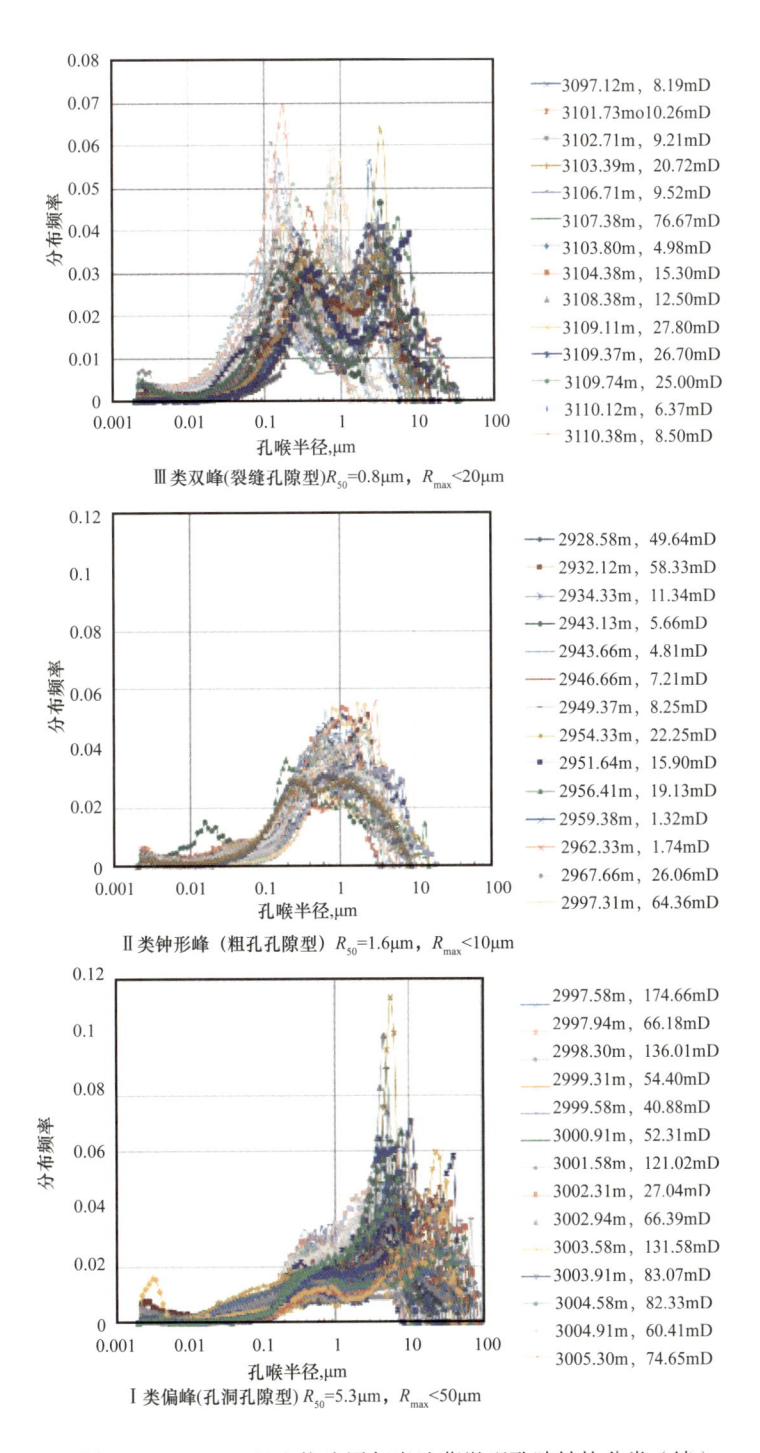

III 类双峰(裂缝孔隙型) $R_{50}=0.8\mu m$，$R_{max}<20\mu m$

II 类钟形峰（粗孔孔隙型） $R_{50}=1.6\mu m$，$R_{max}<10\mu m$

I 类偏峰(孔洞孔隙型) $R_{50}=5.3\mu m$，$R_{max}<50\mu m$

图 7-36 Mishrif 组生物碎屑灰岩油藏微观孔隙结构分类（续）

生物碎屑灰岩储层孔喉分布形态多样，结构复杂，压汞曲线呈单峰、偏峰、双峰和不规则峰分布。渗透率的大小受孔喉分布控制，渗透率较大岩心孔喉半径分布较宽，渗透率较小岩心孔喉半径分布较窄，且集中在小孔喉，此特征与砂岩相似。各岩样峰值所对应的孔喉半径的高低与渗透率间有对应关系。

2. 生物碎屑灰岩储层中的流体赋存状态

流体的赋存状态会对流体渗流过程产生影响，流体按赋存状态可划分为束缚流体、残余流体（边界流体）和可动流体（体相流体）。借助核磁共振实验技术中确定的可动流体 T_2 截止值可以划分不同岩石类型的可动流体和束缚流体，从而对储层进行评价分析。

选取了四块不同层位岩心进行离心实验，实验结果显示可动流体 T_2 截止值对应的最佳离心力为 2.76MPa、喉道半径约为 0.05μm，即喉道半径小于 0.05μm 的孔隙空间内的流体可认为是束缚水，喉道半径大于 0.05μm 的孔隙空间内的流体可认为是可动流体（图 7-37）。

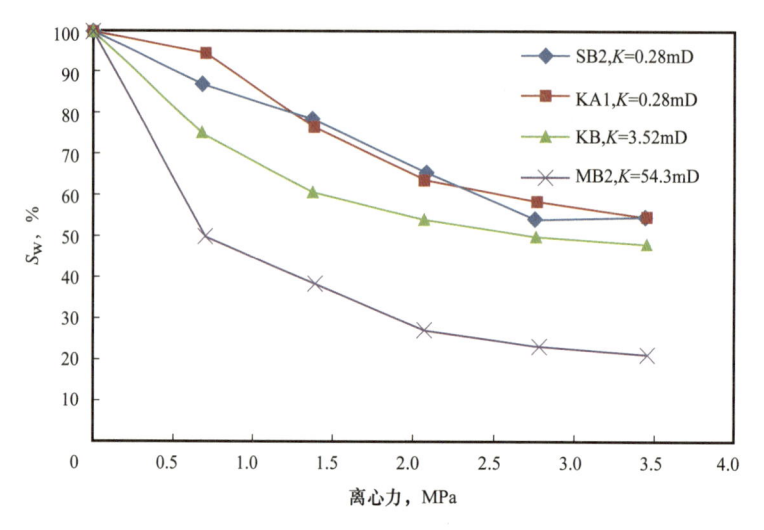

图 7-37 岩心饱和水状态及不同离心力离心后的含水饱和度对比

借助上面提供的方法，分别确定生物碎屑灰岩储层 Mishrif 组、Khasib 组，Sadi 组、Tanuma 组和砂岩 Nahr Umr 组的可动流体百分数和束缚水饱和度。从图 7-38 中可以看出，可动流体百分数与对数渗透率具有较好的对应关系，其中砂岩 Nahr Umr 组渗透率最大、可动流体百分数也最高，其次是 Mishrif 组、Khasib 组，Sadi 组和 Tanuma 组最差。

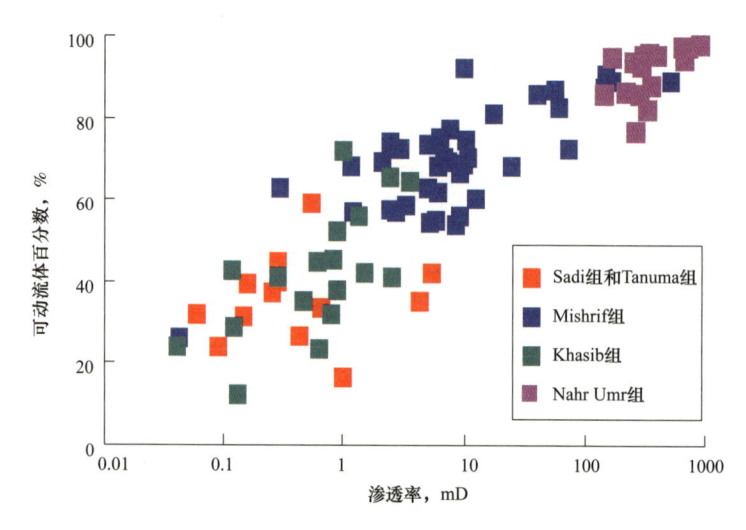

图 7-38 不同层岩样可动流体与渗透率的关系

根据束缚水及水驱油残余油数据，以 Mishrif 组油藏为例，研究束缚水、可动油、残余油等不同流体赋存的孔喉分布区间，MB2 储层孔洞孔隙型和粗孔孔隙型的流体赋存状态较为接近，束缚水（12%～29%）孔喉半径界限为小于 0.2～1.0μm，残余油（约 30%）孔喉半径界限为 1～5μm，可动油孔喉半径界限为大于 3～8μm。裂缝孔隙型受双重介质特征影响，束缚水（39%）孔喉半径界限为小于 0.1～0.5μm，残余油（约 40%）孔喉半径界限为 0.5～3.0μm，可动油孔喉半径界限为大于 3μm。

3. 生物碎屑灰岩油藏水驱油机理

在生物碎屑灰岩储层中，优势渗流通道（裂缝、孔洞）系统和孔隙系统是共存的。水驱油过程实际上是两个系统各自驱油机理相互作用、相互影响的综合结果。驱油效率的高低同时受注水水质、注采速度、重力、毛细管力、润湿性等因素的共同影响[9, 10]。

1）不同生物碎屑灰岩储层水驱油特征

Mishrif 组油藏是哈法亚油田的主力油藏，受储层非均质性较强、孔隙类型多样影响，同一层或小层的驱油效率和油水两相渗流特征也存在差异。驱油效率实验结果表明，MB1 层水驱效率平均为 57%，主要分布区间为 50%～70%，约占 85%；而 MB2 层水驱效率平均为 50.2%，水驱效率集中在两个数值段，一个是小于 45%，约占 35%，另一部分集中在 55%～65%，约占 28%。主要原因是 MB2 层储层非均质性较 MB1 更强，既有微孔孔隙，又有大量的裂缝孔隙和孔洞孔隙存在，使得水驱效率在微观非均质性强的储层数值较小（图 7-39）。

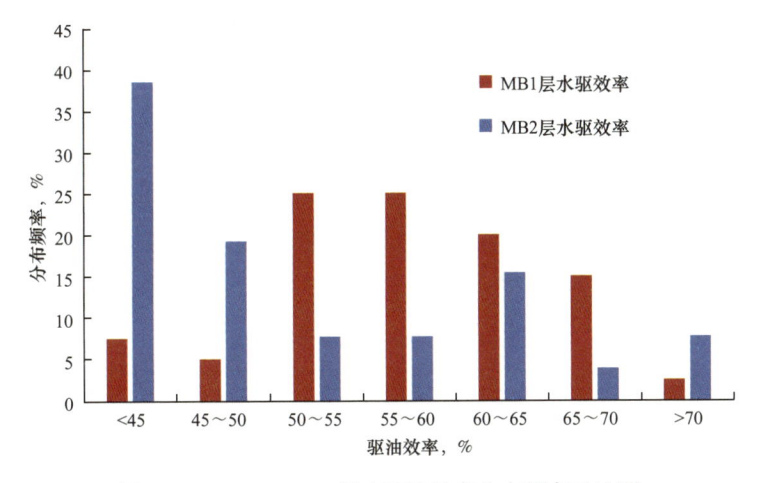

图 7-39　MB1、MB2 层水驱油效率分布频率对比图

综合分析 Mishrif 组油藏的相渗曲线，可划分三类典型的相渗曲线，其主要区别在于水相相渗曲线形态和油水相渗等渗点（图 7-40）。一类相渗曲线为水相相对渗透率曲线抬升相对较慢，油水共渗区间较宽，残余油端水相相对渗透率小于 0.5，油水相渗等渗点相渗较低且含水饱和度较高；二类相渗曲线为水相相对渗透率曲线抬升较快，油水共渗区间较窄，残余油端水相相对渗透率大于 0.5，油水相渗等渗点相渗较高且含水饱和度较低；三类相渗曲线为水相相对渗透率曲线呈直线型、抬升快，油水共渗区间最窄，有"X形"双重介质油水相渗曲线特征，残余油端水相渗透率大于 0.5，油水相渗等渗点相渗高且含水饱和度最低。

Mishrif 组油藏储层相渗特征分类与储层孔隙结构分类有很好的对应特征。基质孔隙和微孔孔隙的Ⅵ类、Ⅴ类油藏，相渗曲线以一类相渗曲线为主，无水采油期相对较长，含水上升相对缓慢；溶孔孔隙和粗孔孔隙的Ⅳ类、Ⅱ类油藏，相渗曲线以二类相渗曲线为主，无水采油期短，含水上升快；裂缝孔隙和孔洞孔隙的Ⅲ类、Ⅰ类油藏，相渗曲线以三类相渗曲线为主，无水采油期最短，含水上升最快。

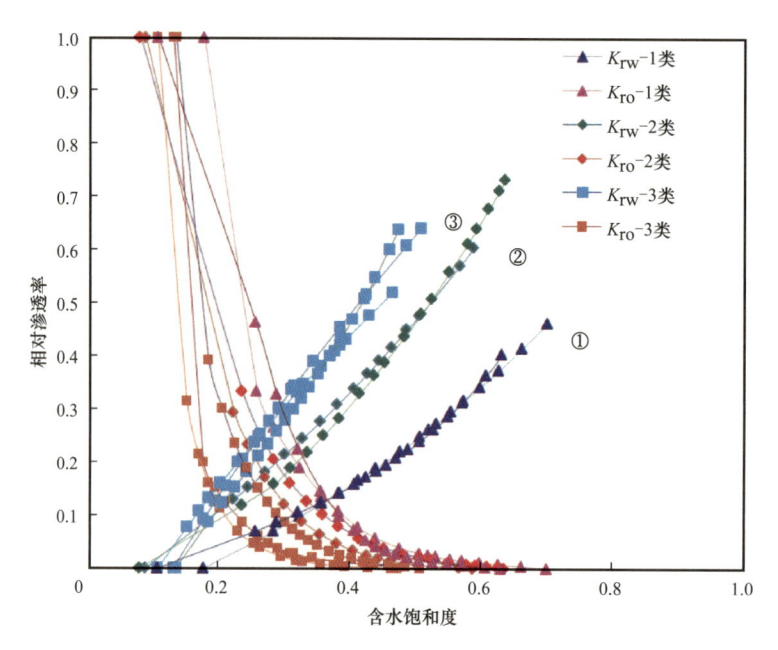

图 7-40 Mishrif 组油藏典型相渗曲线分类

2）地层水和海水驱油特征对比

由于海水与地层水差别较大，因此海水驱油特征也成为关注的问题。通过实验分析海水与地层水在两相渗流曲线、驱油效率及原始油和残余油的微观分布等差异，对比地层水和海水驱油特征。表 7-6 为模拟 Mishrif 组油藏地层水、舟山海水离子组成表。

表 7-6 实验用水离子组成表

地层	MB1	MB2+MC1	舟山海水
矿化度，mg/L	192450	166840	26700~33600
Na^+，mg/L	67257	60369	9788
Ca^{2+}，mg/L	9200	8000	384
Mg^{2+}，mg/L	2430	1944	1140
Fe^{2+}，mg/L			1870
K^+，mg/L	2081	1707	
Sr^{2+}，mg/L	1141	498	
Cl^-，mg/L	129575	114488	16500
SO_4^{2-}，mg/L	320	360	2120
HCO_3^-，mg/L	427	451	10.8

同一块岩心室内驱替实验显示模拟地层水的驱油效率为48.38%～58.93%，平均为3.23%；海水的驱油效率为52.17%～63.1%，平均为56.98%，驱油效率增加幅度为3.75%。与地层水驱油相比，海水驱相渗曲线的残余油饱和度呈减小趋势，水相相对渗透率降低，共渗点饱和度增大，亲油性减弱、亲水性增强，驱油效率提高（表7–7）。

表7–7 海水驱油相渗曲线参数表

岩心号	502A		626A		428A		538A	
层位	MB2		MC1		MB1		MB2	
渗透率，mD	1.089		1.659		3.809		6.240	
孔隙度，%	9.80		15.390		18.840		21.440	
驱替流体	地层水	海水	地层水	海水	地层水	海水	地层水	海水
束缚水饱和度，%	31.72	31.01	36.40	34.58	32.43	33.15	34.70	33.33
残余油饱和度，%	33.48	31.95	26.13	26.01	31.26	30.24	33.71	31.93
共渗点含水饱和度	0.39	0.41	0.55	0.57	0.49	0.50	0.48	0.50
无水采收率，%	10.75	10.24	37.48	32.51	30.72	32.51	25.30	23.70
驱油效率，%	50.98	53.69	58.93	60.23	53.74	54.77	48.38	52.17

地层水与海水驱替过程中原始油和残余油饱和度均存在差异（图7–41）。利用物理模拟与核磁共振相结合的方法对比注入海水后原始油与残余油微观分布与地层水的差异，从图7–42海水与地层水驱油核磁共振T_2谱上可以看出，大孔隙是主要原始油的分布空间，但由于微观孔隙结构的差异，部分小孔隙中也有原始油分布，如502A、626A两块岩心孔渗较小，储层比较均质，小孔隙中也有部分原始油；而428A、538A两块岩心孔洞比较发育，因此饱和油主要进入大孔道，小孔道中油信号量较小。从残余油图谱可以看出驱替出来的油主要来自大孔道，对于孔渗较低的岩心502A、626A，由于驱替压力高，小孔隙中也有油驱替出来。对比地层水饱和油及海水的饱和油状态，无论是大孔隙还是小孔隙，海水饱和油状态下油的信号量明显增加，说明海水驱替后，岩心的含油饱和度增加；而在残余油状态下，海水驱油的信号量比地层水要小，说明海水驱油后残余油减小。

利用核磁共振对四块岩心的润湿性进行定量评价（表7–8），随物性变好润湿性指数AI呈增大趋势，润湿性总体呈亲油性减弱，亲水性增强趋势。海水驱替有助于减弱储层亲油性，其机理主要包括注入水的含盐量对润湿性的影响、注入水中的阳离子类型对润湿性的影响、pH值对润湿性的影响等。如注入舟山海水的含盐量为30000mg/L左右，检测呈弱碱性，而地层水矿化度170000～200000mg/L，因此注入海水可以稀释地层水中的高价阳离子，SO_4^{2-}在孔隙表面吸附Ca^{2+}起到催化剂的作用，Mg^{2+}替换Ca^{2+}，改变储层离子平衡，进而改变储层润湿性，促使岩心亲油性减弱，亲水性增强。

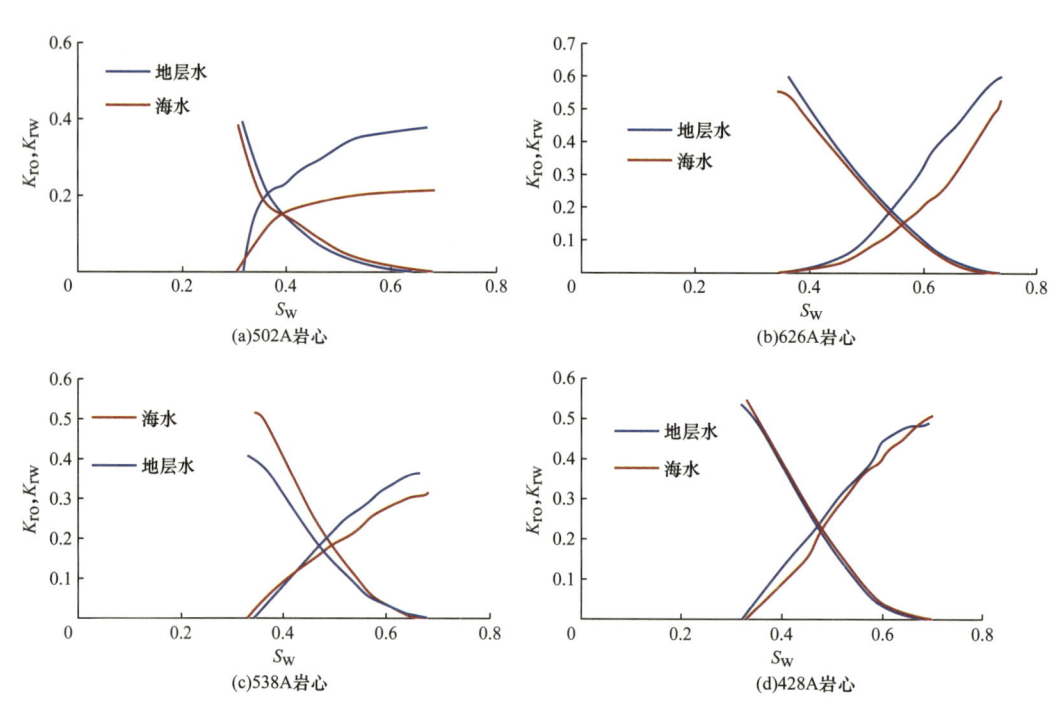

图 7-41　海水与地层驱油相渗曲线对比图

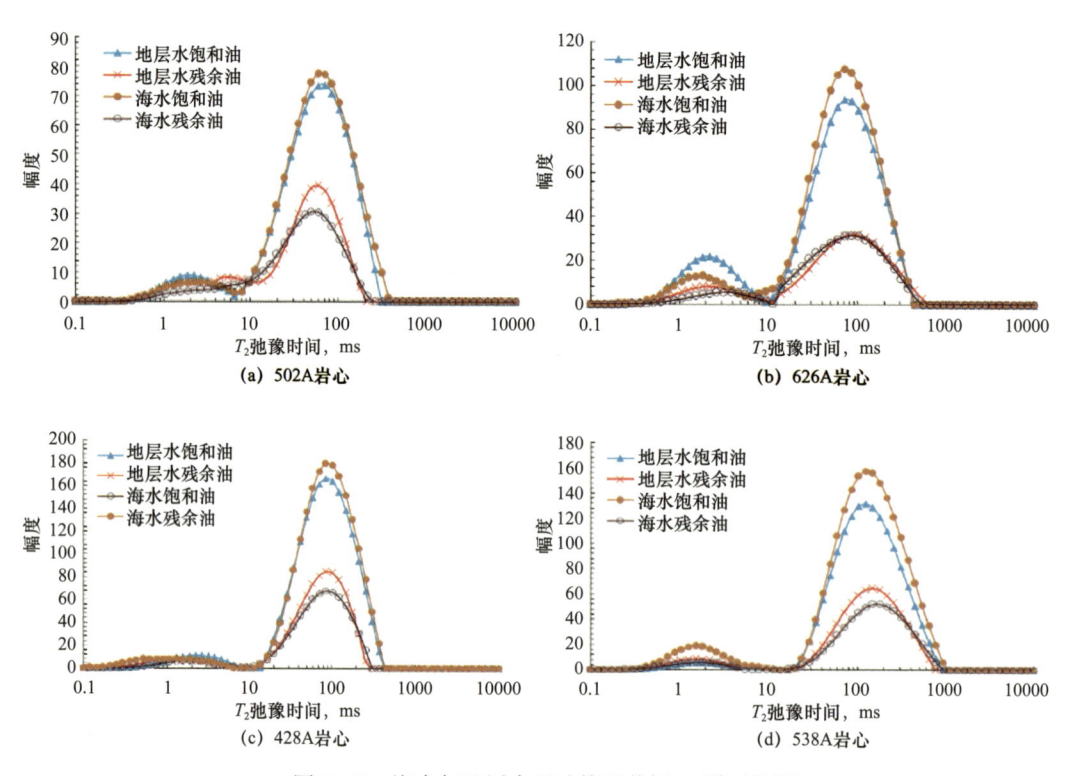

图 7-42　海水与地层水驱油核磁共振 T_2 谱对比图

表 7-8 岩样润湿性评价

岩心编号	渗透率，mD	孔隙度，%	地层水驱油润湿性指数 AI	润湿性评价	海水驱油润湿性指数 AI	润湿性评价
502A	1.089	9.80	−0.365	亲油	−0.284	亲油
626A	1.659	15.39	0.272	亲水	0.493	亲水
428A	3.809	25.20	0.014	中性	0.074	中性
538A	6.240	29.98	0.005	中性	0.067	中性

3）生物碎屑灰岩油藏微观水驱油效率主控因素

中东地区生物碎屑灰岩储层孔隙结构多样，虽然主体是类似于碎屑岩的孔隙结构，但也存在少量的溶蚀孔隙、大孔道或微裂缝（优势渗流通道）。方程（7-18）为基于考虑优势渗流通道、低渗储层非线性渗流特征共同影响建立的水驱油效率表达式，从表达式中可以得出低渗透孔隙型生物碎屑灰岩油藏驱油效率除了与流体黏度、润湿性、毛细管数、流度比等参数有关外，还与喉道分布、可动流体饱和度、驱动压力有关。

$$E_D = \frac{1}{S_{fm}}\left[S_{we} + S_{fm} - \frac{\left(1 + \delta\frac{\mu_w}{\mu_o}\right)}{\left(\frac{\partial \delta}{\partial S_w}\right)S_{we}}\right] \quad (7-18)$$

其中：

$$\delta = \frac{K_m\left[A\zeta_o(p_o)K_{ro}\right]_m + K_p\left[AS_w\right]_p}{K_m\left[A\zeta_w(p_w)K_{rw}\right]_m + K_p\left[A(1-S_w)\right]_p} \quad (7-19)$$

式中　E_D——驱油效率；

S_{fm}——可动流体饱和度；

S_{we}——出口处含水饱和度；

S_w——含水饱和度；

μ——流体黏度；

K_m——基质绝对渗透率；

A——岩层渗流横截面积；

$\zeta(p)$——非线性因子；

K_r——相对渗透率；

p——压力；

m——基质；

o——油相；

w——水相；

p——优势渗流通道。

利用哈发亚油田岩心水驱油实验对驱油效率与喉道分布、可动流体饱和度、驱动压力的相关性进行验证。平均孔喉半径与驱油效率的关系表明驱油效率随平均孔喉半径的增大而升高，当平均孔喉半径小于 2μm 时，非线性因子 $\zeta(p)$ 受小孔喉的影响，对驱油效率影响显著，驱油效率随着平均孔喉半径的增加而急剧上升；当平均孔喉半径大于 2μm 时，非线性因子 $\zeta(p)$ 接近于 1，驱油效率递增趋势减缓（图 7-43）。驱替压力梯度与驱油效率的关系表明驱油效率随压力梯度的增大而升高，但是当压力梯度增大到某一临界点后，随着压力梯度的增大，驱油效率的增幅逐渐减缓。这是因为当压力梯度较大时，非线性因子 $\zeta(p)$ 接近于 1，而使得驱油效率不再受压力梯度的影响（图 7-44）。可动流体饱和度与驱油效率的关系表明驱油效率与可动流体饱和度成正比，随可动流体饱和度的增大而升高（图 7-45）。

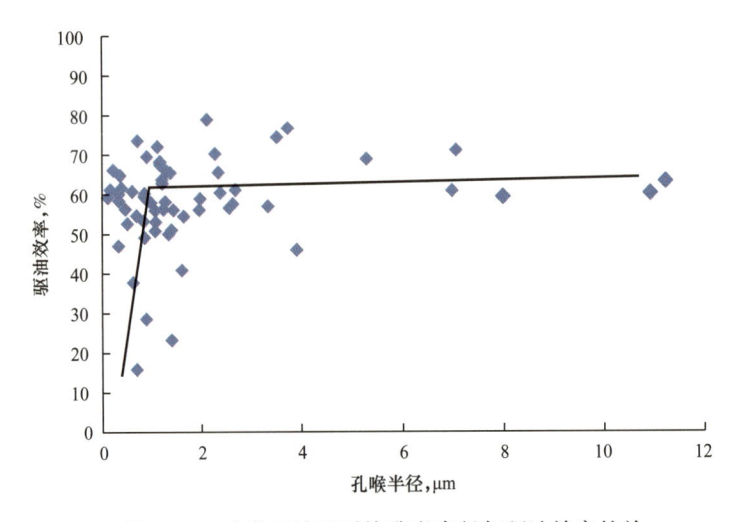

图 7-43 哈发亚油田平均孔喉半径与驱油效率的关

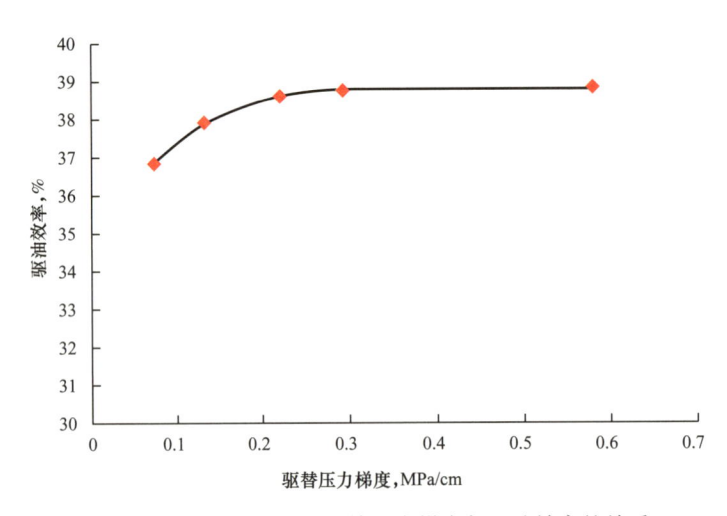

图 7-44 哈发亚油田驱替压力梯度与驱油效率的关系

二、带凝析气顶碳酸盐岩油藏油气协同开发机理

带凝析气顶油气藏气顶和油环处于同一压力系统下,任何一方的压力变化均会造成油气藏整体压力的再平衡,从而会对油气藏整体开发效果产生影响。目前国内外针对此类油气藏实施气顶油环同采的实例还比较少,相应的开发机理认识较为薄弱。为实现让纳若尔油气田气顶与油环的协同高效开采,物理模拟和油藏工程方法相结合,分别开展衰竭、屏障注水以及屏障+面积注水等气顶油环协同开发方式下的流体界面移动规律研究,建立相应的流体界面移动规律图版,揭示不同开发方式下流体界面移动规律及其主控因素,有助于保持气顶油环同采时流体界面的相对稳定,提高油气藏的整体开发效果。

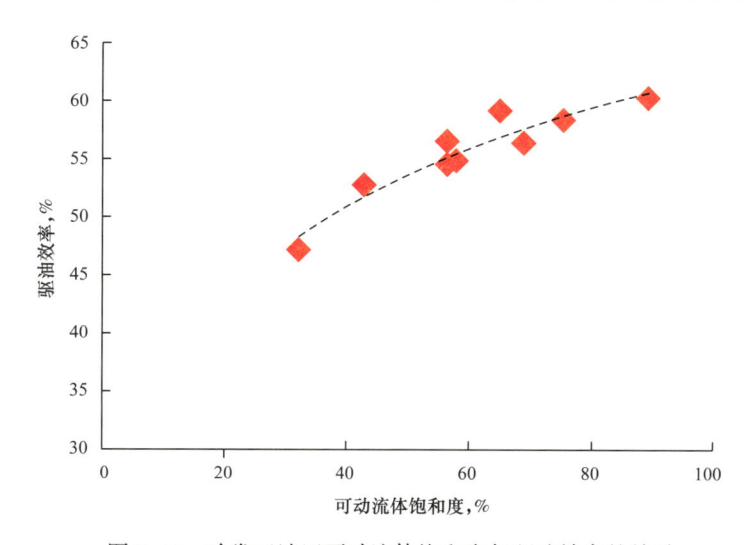

图 7-45 哈发亚油田可动流体饱和度与驱油效率的关系

1. 气顶油环同采三维可视化物理模拟装置

以让纳若尔油气田的 A 南气顶油藏为研究对象,基于三维三相渗流数学模型,推导油、气、水三相相似准则,建立符合几何相似、压力相似、物性相似、生产动态相似的三维可视化物理模拟模型(图 7-46)。以一定的采油、采气速度对气顶油藏进行开采试验,模拟不同开发方式下气顶油藏的生产历史和流体界面移动规律。

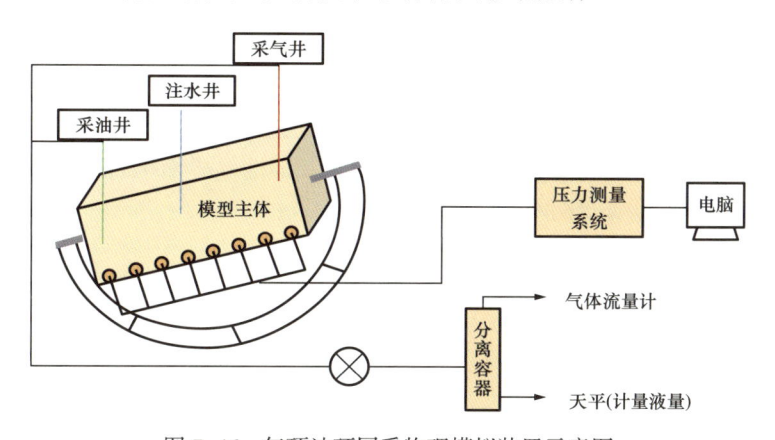

图 7-46 气顶油环同采物理模拟装置示意图

2. 油藏工程评价模型

根据物质平衡原理，地面累计产量转换到地层条件下，应等于油藏中因地层压力下降所引起流体膨胀量和注入流体量之和，建立带气顶油气藏流体界面运移速度变化规律的表征方程。

$$\left[N_p B_o + N_p\left(R_p - R_s\right)B_g + W_{Op}B_w\right] + \left(N_g B_g + W_{Gp}B_w\right) = \\ NB_{oi}\left[\frac{B_o - B_{oi} + (R_{si} - R_s)B_g}{B_{oi}} + m\left(\frac{B_g}{B_{gi}} - 1\right) + (1+m)\frac{C_w S_{wc} + C_f}{1 - S_{wc}}\Delta p\right] + \left(W_B + W_A\right)B_W \quad (7-20)$$

式中 N——油环的原始储量，m^3；

m——气顶指数；

N_p——标准状态下油环累计产油量，m^3；

N_g——标准状态下气顶累计产气量，m^3；

B_g——目前地层压力下的气体体积系数，m^3/m^3；

B_{gi}——原始条件下的气体体积系数，m^3/m^3；

B_o——目前地层压力下的原油体积系数，m^3/m^3；

B_{oi}——原始条件下的原油体积系数，m^3/m^3；

B_w——目前地层压力下水的体积系数，m^3/m^3；

R_{si}——原始条件下原油的溶解气油比，m^3/m^3；

R_s——目前地层压力下原油的溶解气油比，m^3/m^3；

C_w——地层水压缩系数，MPa^{-1}；

C_f——孔隙压缩系数，MPa^{-1}；

S_{wc}——束缚水饱和度；

W_B——屏障注水量，m^3；

W_A——面积注水量，m^3。

1）衰竭开采方式下油气界面移动速度

当采用衰竭方式开采气顶油环时，$W_A=W_B=0$，假设油气界面向油环方向移动，可以得到气顶侵入体积：

$$C_{Gd} = NB_{oi}m\left(\frac{B_g}{B_{gi}} - 1 + \frac{C_w S_{wc} + C_f}{1 - S_{wc}}\Delta p\right) - \left(N_g B_g + W_{Gp}B_w\right) \quad (7-21)$$

根据气顶侵入量，假设内、外油气界面移动速度相等，利用容积法可以计算出油气界面的移动速度。假设内、外油气界面移动速度相等，即油气界面平行下移（图7-47）。

气顶侵入量又可以表示为

$$V_{Gd} = LhW\phi\left(1 - S_{wc} - S_{or}\right) = Lx\sin\alpha W\phi\left(1 - S_{wc} - S_{or}\right) \quad (7-22)$$

式中 L——内外油气边界之间距离，m；

W——油气藏宽度，m；

α——地层倾角，（°）；

h——油气界面垂向运移距离，m。

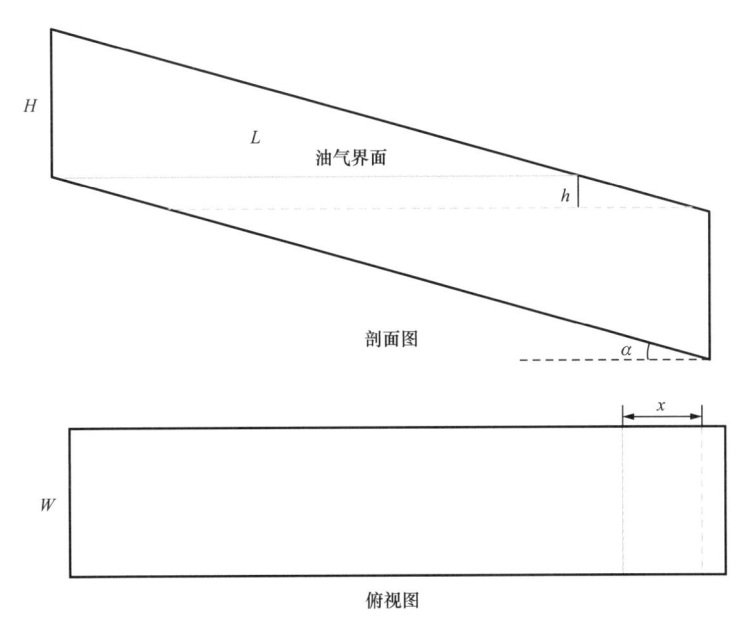

第七章 海外碳酸盐岩油气田高效开发理论与技术

图 7-47 带气顶油藏油气界面移动示意图

故油气界面移动距离为

$$x = \frac{C_{Gd}}{LW\phi(1-S_{wc}-S_{or})\sin\alpha} \quad (7-23)$$

油气界面移动速度为

$$v_{goc} = \frac{x}{t} \quad (7-24)$$

当油气界面向气顶移动时（即发生油侵），油气界面的移动速度与上述计算方法类似。

2）屏障注水及屏障+面积注水开发方式下流体界面移动速度

在实施屏障注水开发时，当屏障形成后，注入水分别向油环和气顶流动，并将气顶油藏的气顶和油环分隔开来，屏障注入水则作为能量供给源，分别向气顶和油环补充亏空体积。屏障+面积注水开发相对屏障注水增加了面积注水井，而面积注水仅为油环补充能量。与屏障注水开发相同之处是，两者均存在气水和油水两个界面的移动问题。

结合物质平衡原理，油环的亏空体积由屏障注水和面积注水共同补充，而气顶的亏空体积则只由屏障注水补充。因此，根据式（7-20），屏障注入水侵入油环的体积可以表示为

$$V_{ob} = \left[N_p B_o + N_p (R_p - R_s) B_g + W_{Op} B_w\right] - NB_{oi}\left[\frac{B_o - B_{oi} + (R_{si} - R_s)B_g}{B_{oi}} + \left(\frac{C_w S_{wc} + C_f}{1 - S_{wc}}\right)\Delta p\right] - W_A B_w$$

（7-25）

而屏障注入水侵入气顶的体积可以表示为

$$V_{Gb} = (N_g B_g + W_{Gp} B_w) - NB_{oi}\left[m\left(\frac{B_g}{B_{gi}} - 1\right) + m\frac{C_w S_{wc} + C_f}{1 - S_{wc}}\Delta p\right] \quad (7-26)$$

- 353 -

同样根据容积法可以得到屏障注水处油水界面以及气水界面的移动速度：

$$v_{owc} = \frac{V_{Ob}}{tLW\phi(1-S_{wc}-S_{or})\sin\alpha} \quad (7-27)$$

$$v_{owc} = \frac{V_{Gb}}{tLW\phi(1-S_{wc}-S_{or})\sin\alpha} \quad (7-28)$$

3. 流体界面运移规律

1）衰竭开采方式下油气界面运移规律

建立衰竭开发方式下气顶、油环同采的三维物理模拟模型［图7-48（a）］，观察该开发方式下的流体界面移动规律，油气同采条件下的油气界面运移速度小于单采油环时的油气界面运移速度，同时，利用油藏工程评价模型分析衰竭开发方式下影响流体界面稳定的主控因素。

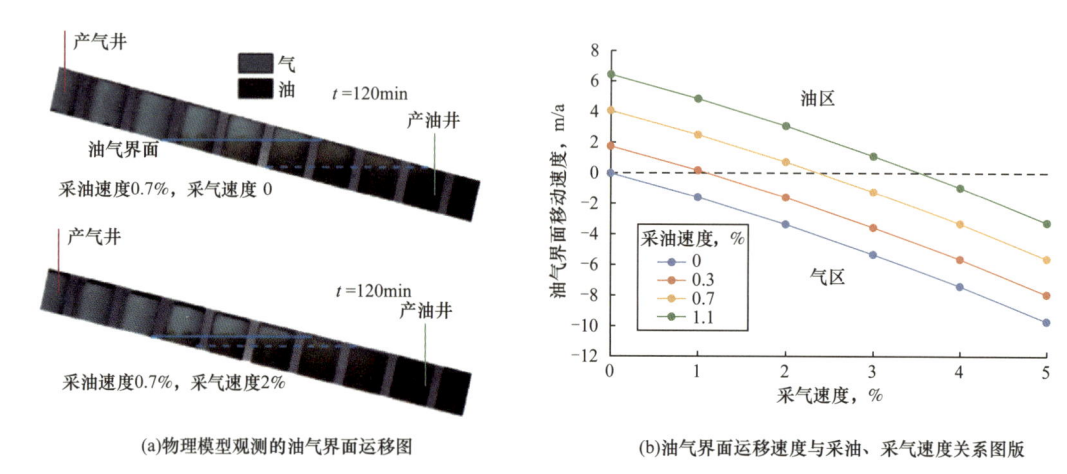

图 7-48　衰竭式开发方式下不同采气、采油速度时油气界面运移速度
（正值表示油气界面向油区移动，负值表示油气界面向气区移动）

图 7-47（b）为衰竭开采方式下采油、采气速度与油气界面移动速度关系图版。当气顶亏空大于油环亏空，油气界面向气区移动时，相同采气速度下，采油速度越大，气顶、油环间的压力差越小，油气界面移动速度越小；在相同采油速度下，采气速度越大，气顶压力下降越快，油气界面移动速度越大。当气顶亏空小于油环亏空，油气界面向油区移动时，相同采气速度下，采油速度越大，油环压力下降越快，油气界面向油区移动速度越大；在相同采油速度下，采气速度越大，气顶、油环间的压力差降低，油气界面向油区的移动速度越小。对于某一采油速度，均存在一个对应的合理采气速度，实现油气界面相对稳定和移动速度为0，可有效防止油侵或气侵现象的发生。因此，衰竭开发方式下，采油速度、采气速度是影响流体界面稳定的主控因素。

2）屏障注水开发方式下流体界面运移规律

建立屏障注水开发方式下气顶油环同采的三维物理模拟模型（图7-49），观察该开发方式下的流体界面移动规律及形态。屏障注水开发在油气界面处增加了屏障注水井，当注入水形成屏障后，地层流体被分隔为水区、油区、气区三个系统[11]。屏障注水的水障形成后,带气顶油藏就形成了气水和油水两个流体界面。通过建立屏障注水开发方式下气水、油水界面的运移速度图版,明确影响流体界面稳定的主控因素。

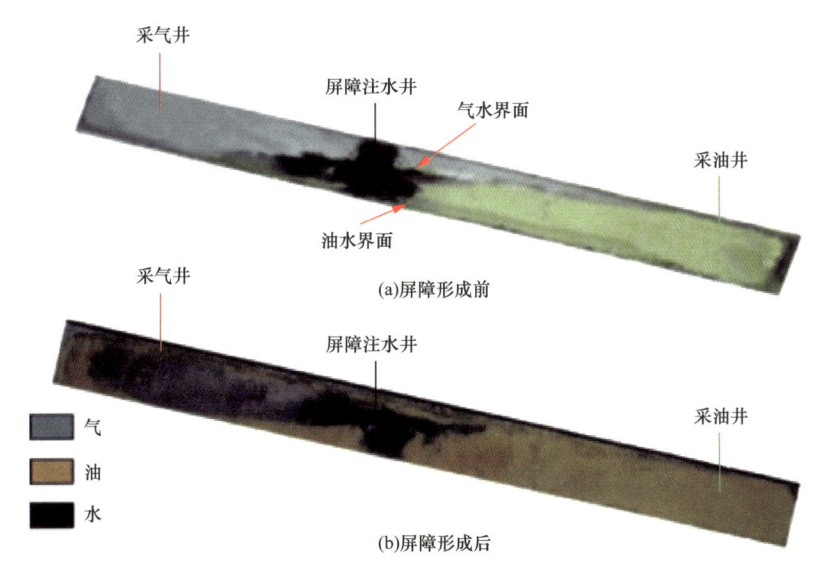

图 7-49 注入水屏障形成前后注入水运移形态

当注采比一定时,油水界面向油区的移动速度随采气速度的增大而减小,随采油速度的增大而增大;油水界面向气区的运移速度随采气速度的增大而增大,随采油速度的增大而减小。气水界面向油区和气区运移速度与油水界面运移速度的变化规律是一致的,气水界面向油区的运移速度随采气速度的增大而减小,随采油速度的增大而增大;气水界面向气区的运移速度随采气速度的增大而增大,随采油速度的增大而减小。由此可见,采气速度、采油速度均对气水、油水界面的运移速度产生较大的影响(图 7-50)。

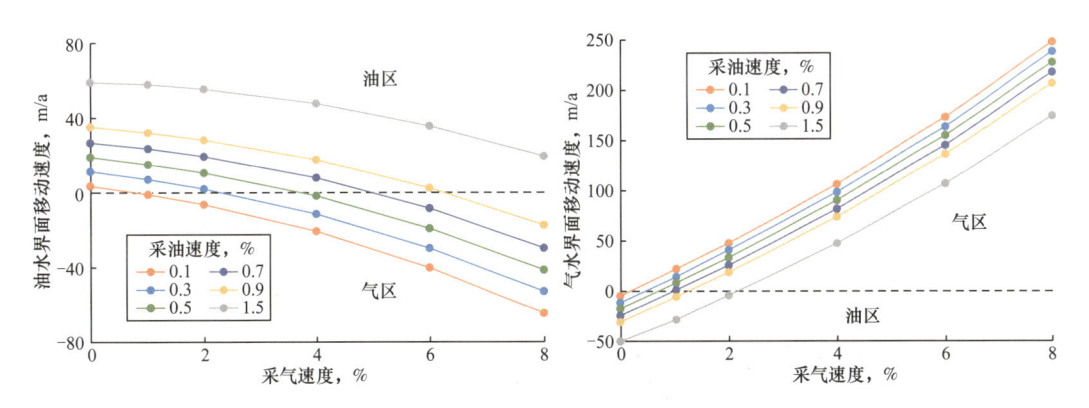

图 7-50 注采比一定时油水、气水界面运移速度与采油、采气速度关系图版

同样,采气速度一定时,油水界面运移速度随采油速度的增加而增大,随注采比的增加而加快;气水界面的运移速度随注采比的增加而增加,随采油速度的增加而降低(图 7-51)。采油速度一定时,油水界面移动速度随注采比的增加而增加,随采气速度的增加而降低;气水界面移动速度随注采比的增加而增大,随采气速度的增加而增大(图 7-52)。

综上所述，屏障注水开发方式下，采油速度、采气速度和注采比是影响流体界面稳定的主控因素。

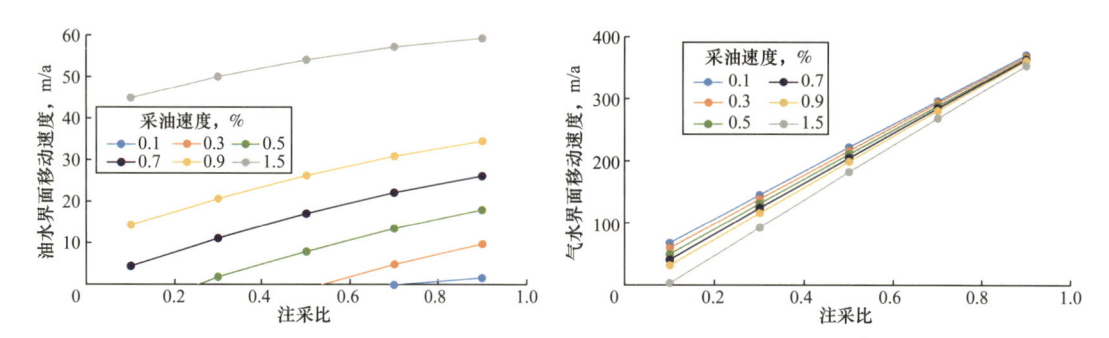

图 7-51　采气速度一定时油水、气水界面运移速度与采油速度、注采比关系图版

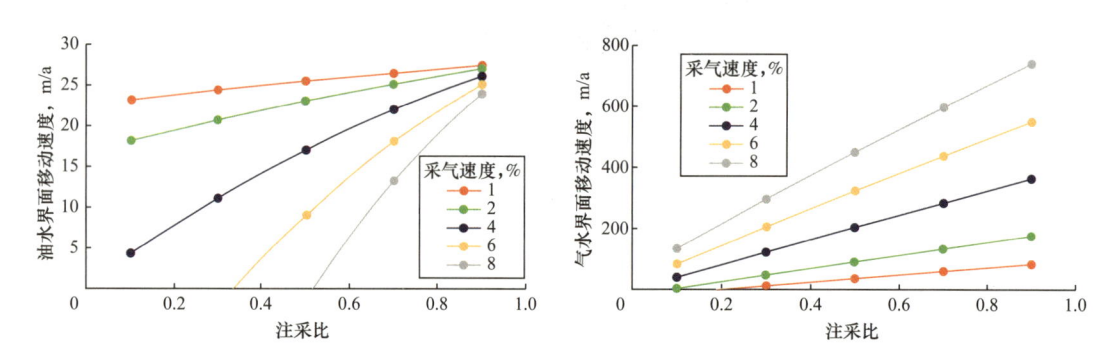

图 7-52　采油速度一定时油水、气水界面运移速度与采气速度、注采比关系图版

3）屏障+面积注水开发方式下流体界面运移规律

建立屏障+面积注水开发方式下气顶油环开采的三维物理模拟模型（图 7-53）。针对屏障注水与屏障+面积注水两种开发方式的差异，引入屏障与面积注水分配比例这个影响因素，并建立其与气水、油水界面运移速度的关系图版，分析屏障+面积注水开发方式下影响流体界面稳定的主控因素。

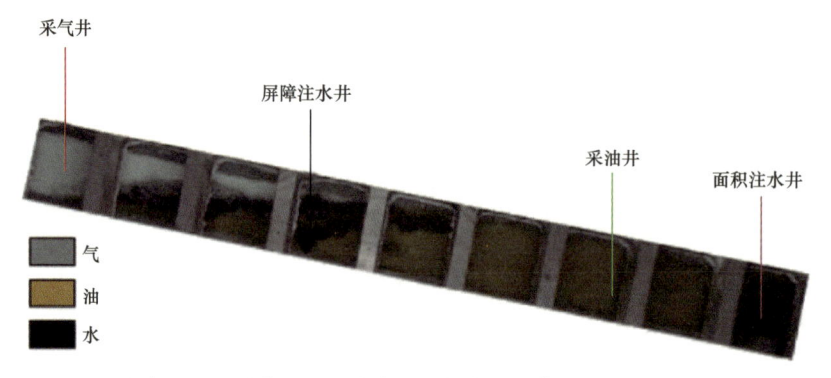

图 7-53　屏障+面积注水开发方式下流体界面运移形态

由图 7-54 可以看出，采用屏障+面积注水同时开采气顶、油环时，当采气速度、注采比一定时，油水界面运移速度与屏障面积注水分配比例呈正相关关系，且同一屏障注水

与面积注水分配比例下，油水界面向油区运移速度与采油速度呈正相关关系，油水界面向气区的运移速度与采油速度呈负相关关系；气水界面运移速度与采油速度呈负相关关系，且水障形成后受屏障和面积注水比例影响小。当采油速度、注采比一定时，油水界面移动速度与屏障与面积注水分配比例呈正相关关系，且同一屏障注水与面积注水分配比例下，油水界面向油区运移速度与采气速度呈负相关关系，油水界面向气区的运移速度与采气速度呈正相关关系；气水界面移动速度与采气速度呈正相关关系，且水障形成后受屏障与面积注水分配比例影响小。

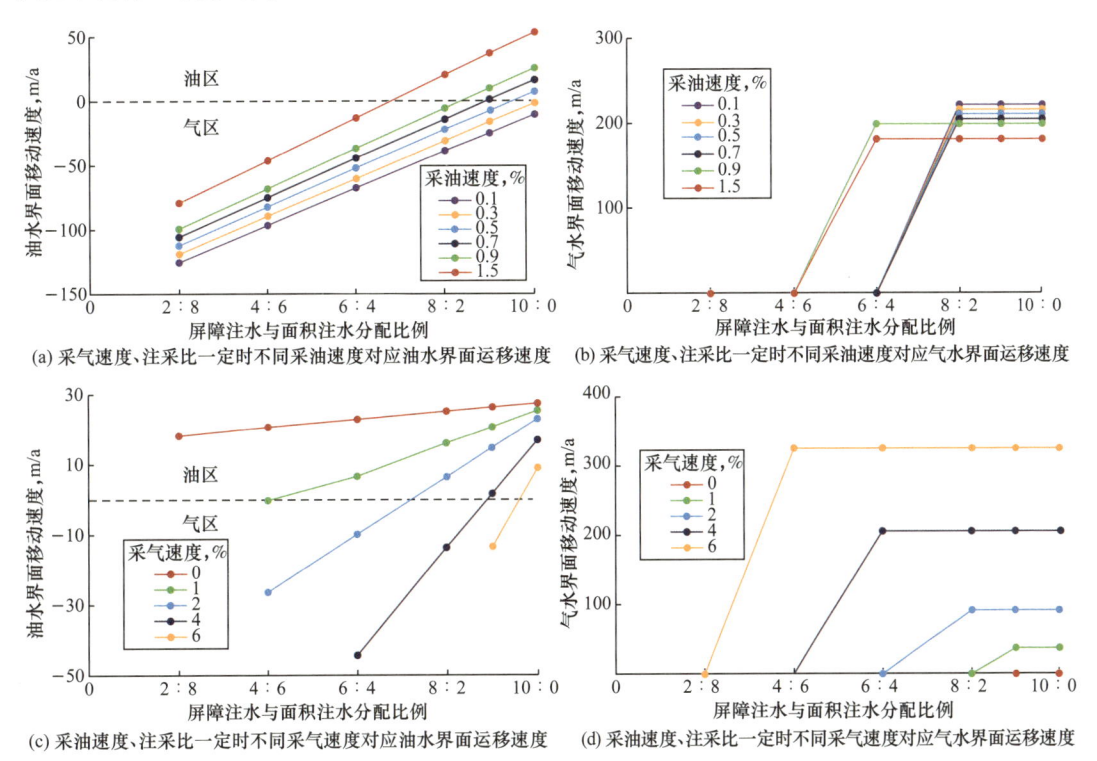

图 7-54 油水、气水界面移动速度与屏障面积注水分配比例关系图版

综上所述，在屏障+面积注水开发方式下，除了采油、采气速度和注采比外，屏障与面积注水分配比例也是影响流体界面稳定的主控因素。

第四节 大型碳酸盐岩油藏整体优化部署技术及应用

伊拉克油气合作采用技术服务合同模式，合同者需要垫付油田开发建设的全部资金，并通过桶油服务费的形式获取报酬。这种模式决定了合同者需要在短期内以最小的投资建成较高的初始产量规模，并分阶段建成高峰产量规模，以实现项目自身滚动发展，规避高风险地区大规模投资风险，最大化提升收益率。

伊拉克的大型生物碎屑灰岩油藏的开发要求在 1%～2% 采油速度下保持 10 年以上的稳产期。技术服务合同模式下单井产量高于 100t/d 才有经济效益，因此整体开发优化部署是实现伊拉克项目快速规模建产、高效开发和提高项目经济效益的关键，国内尚无开发经验可供借鉴。通过伊拉克艾哈代布油田、哈法亚油田项目的油田开发实践，解决了上述难题，中国石油在伊拉克建成了艾哈代布油田和哈法亚油田两个标志性项目，并创新形成了大型生物碎屑灰岩油藏整体优化部署技术，包括薄层生物碎屑灰岩油藏水平井注采井网模式、巨厚生物碎屑灰岩油藏大斜度水平井采油+直井注水的井网模式、纵向多套井网立体组合模式和基于技术服务合同模式的多目标组合优化技术。

一、薄层碳酸盐岩油藏水平井注采井网模式

伊拉克艾哈代布油田主力油藏为中孔隙度、低渗透率的薄层生物碎屑灰岩油藏，在论证水平井注水开发适应性的基础上，提出了该油田 Kh2 主力油藏水平井注采开发模式，即小井距（100m）、小排距（300m）、长水平段（800m）、平行正对、趾跟反向、顶采底注、流场控制的整体水平井排状注采开发技术，为艾哈代布油田的高效开发提供了理论基础和依据。

1. 注采井网选择

水平井注水技术不仅可提高注水量，增大波及效率和采出程度，还可提高油藏的压力保持水平，在特定的地质条件下，可极大地改善油田的开发效果。水平井的注水开发效果影响因素主要有油藏非均质性、油层厚度、渗透率和油水黏度比等。艾哈代布油田 Kh2 层为单一薄层的生物碎屑灰岩油藏，油藏埋深约 2600m，油层平均厚度为 17.2m，储层垂直渗透率与水平渗透率比约为 1.5 左右；同时油井测试结果表明水平井产能至少为直井产能的两倍，满足水平井开发条件。

根据油藏特征，共设计三套排状井网方式：完全正对排状井网、交错正对排状井网和完全交错排状井网（图 7-55）。从预测的开发效果对比图（图 7-56）可以看出，受采用的井距小影响，完全正对排井网和交错正对排井网的采出程度基本接近，但在同样含水率条件下，完全正对排井网采收率较高，因此推荐采用完全正对排井网方式，井距 100m。

a—排距，m；b—井距，m；L—水平段长度，m

(a)完全正对排状井网　　(b)交错正对排状井网　　(c)完全交错排状井网

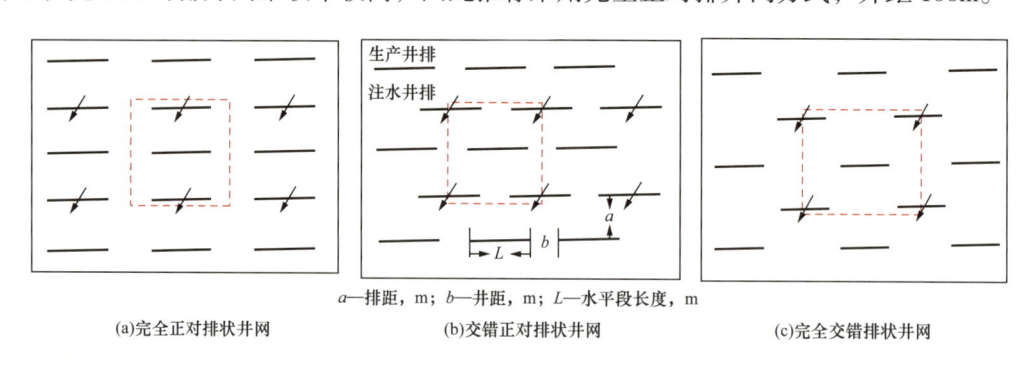

图 7-55　艾哈代布油田 Kh2 层三种可选井网方式

2. 水平井井段方向

在研究水平井之间的排距前，需要论证水平井水平段的部署方向。设计三种方向的水平井模型（图 7-57）进行见水时间、波及效率、合同期末采出程度等指标的预测，当水平段与主渗流方向从平行关系到呈 45°的区间内，开发效果最好；超过 45°之后，开发效果将逐渐变差。因此，水平井水平段与地层最大主渗流方向呈 45°为合理方向。

同时 AD-8 井和 AD-10H 井测试结果表明，水平段与最大主应力方向夹角在

30°～40°。根据岩石力学理论，最大主渗流方向通常与最大主应力方向平行，因此在实际部署中，水平井段与最大主应力合理方向为45°左右。

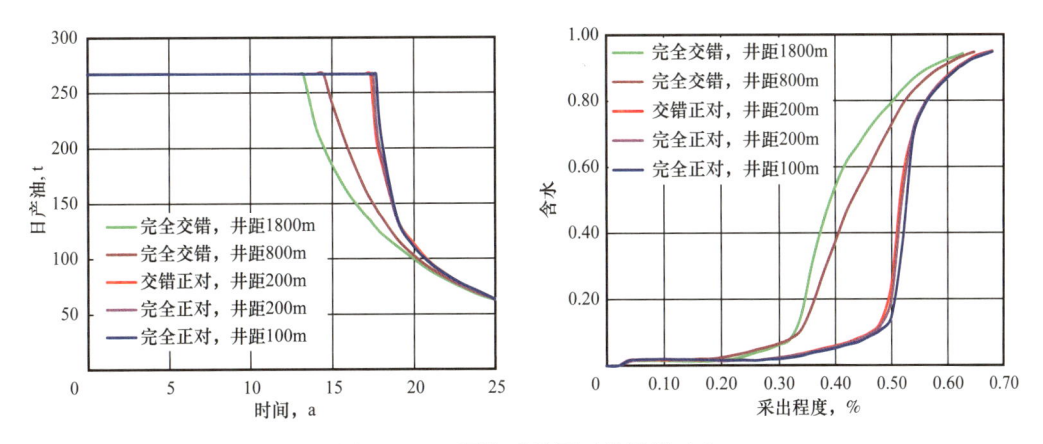

图 7-56 不同注采井网开发效果对比

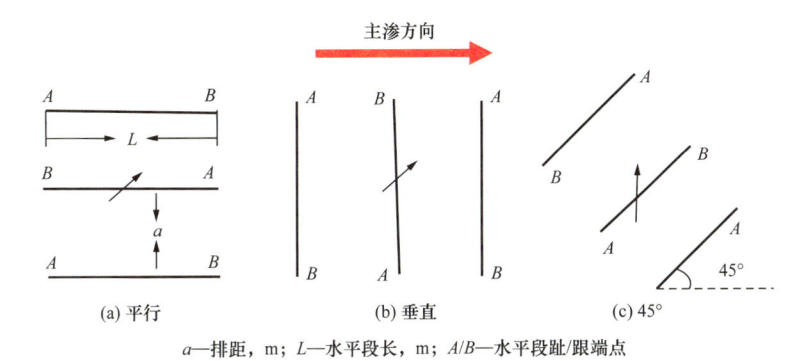

a—排距, m; L—水平段长, m; A/B—水平段趾/跟端点

图 7-57 水平井水平段与储层主渗流方向关系

3. 水平井井网排距

基于上述研究，水平井井网采用平行正对100m井距，水平井与最大主应力方向呈45°夹角，在全油藏地质模型基础上对Kh2层水平井排距开展优化研究。共设计200m、300m、400m、500m排距四套方案进行开发效果预测。对比四套方案20年内的采出程度、含水率及净现值、累计净现金流等经济效益等指标，认为300m方案的各项指标整体开发优于其他方案，同时满足合同规定的稳产年限要求，故推荐Kh2层水平井网排距为300m。

4. 水平井注水技术政策

由于资源国伊拉克政府要求在油田开发中地层原油不能脱气，即溶解气驱在开发过程中不存在，在天然能力开发的前提下驱动方式仅为弹性驱，艾哈代布油田弹性驱采收率为1.6%～3.6%，难以满足对高峰期日产油和稳产期的要求，因此及时注水补充能量成为艾哈代布油田开发的必然选择。

1）合理地层压力保持水平

对于主力油藏Kh2水平井网开发层系，对应地层压力保持水平设计了五套方案：90%、85%、80%、75%、70%。数值模拟结果表明，Kh2层合理地层压力保持水平为85%～90%，合同期采出程度与稳产期相对较高（图7-58和图7-59）。

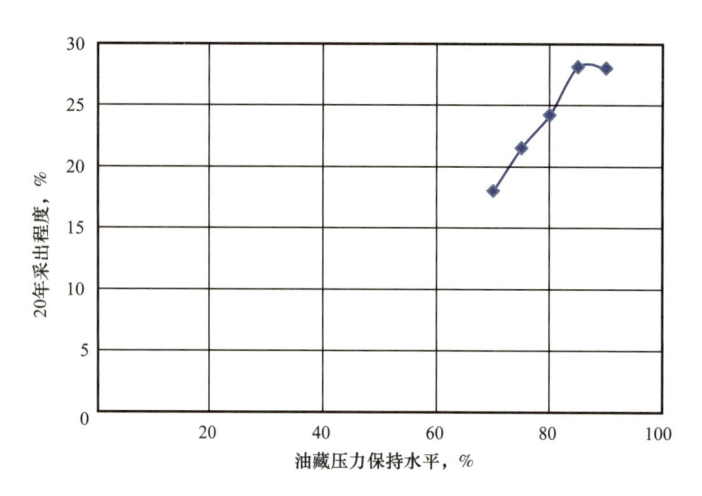

图 7-58 采出程度与油藏压力保持水平关系图

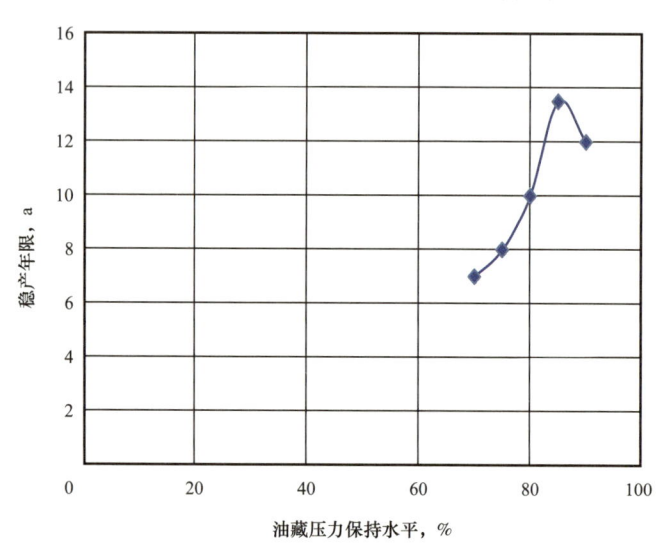

图 7-59 稳产年限与油藏压力保持水平关系图

2）注采比

合理注采比可以有效地保持油层压力，减缓油田含水上升速度，提高油井产能，及时补充地层能量。为了确定合理注采比大小，共设计了注采比分别为 0.85、1.00 和 1.15 三套不同注采比方案。预测结果表明注采比为 1.00 的方案开发效果最好；注采比为 0.85 的方案，地层压力保持水平较低，油田稳产时间缩短，开发效果变差；注采比为 1.15 的方案，由于注水强度过大，油井见水过早，油田含水率较高，导致油井较早的由于含水过高而关井，影响油田最终开发效果。因此合理注采比为 1.00，有助于将地层压力保持在合理水平（图 7-60 和图 7-61）。

3）油井合理生产压差及井底流压

合理生产压差的确定主要考虑能够合理利用地层能量，同时避免水窜并且保证较长时间的稳产要求。利用油藏工程及油井试油结果确定合理生产压差，试油过程中油井生产压差在 4～15MPa，平均为 9.65MPa，各层系井底流压设置在各层泡点压力附近，合理地层压力保持水平维持在 85%～90% 原始地层压力，因此合理生产压差为 5～8MPa。

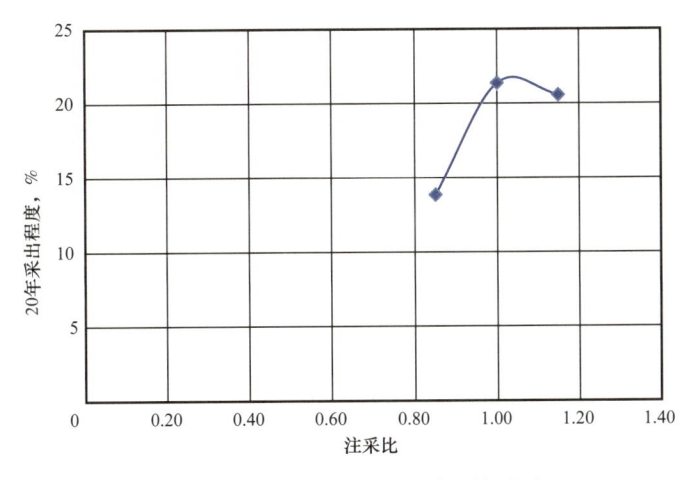

图 7-60 采出程度与注采比关系图

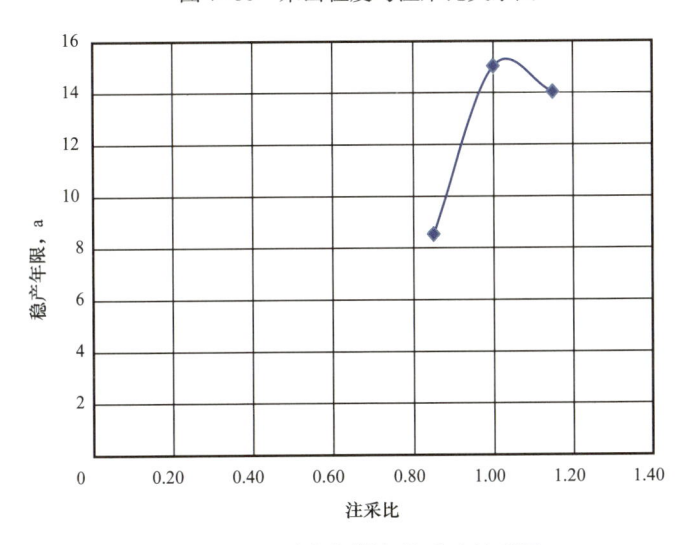

图 7-61 稳产年限与注采比关系图

二、巨厚碳酸盐岩油藏水平井采油+直井注水井网模式

哈法亚油田 Mishrif 组油藏是一背斜构造块状底水油藏，油藏埋深 2820~3080m，是哈法亚油田主力储层，纵向上油藏主要划分为 MA、MB1、MB2 及 MC 共四段，Mishrif 组油藏储层平均厚度为 150~200m，储层类型以孔隙型为主，裂缝不发育，纵向上物性变化大，层间差异明显，渗透率差异比较大，层内存在夹层。主力小层 MB1、MB2 储层发育相对较厚，平均厚度分别为 81m、45m，大部分储层连续稳定分布。MA2 和 MB1 层间发育稳定隔层，厚约 4~27m，MB1 层内发育夹层；MB1 和 MB2 层间不发育稳定隔层，MC1 和 MC2 之间发育稳定隔层，厚约 20~30m。

Mishrif 组生物碎屑灰岩储层各小层储层物性差异较大，受沉积环境控制和成岩作用改造影响。纵向上储层物性变化大，层间差异明显，渗透率差异比较大。主力油层 MB1 层物性较差，属于中孔隙度低渗透率储层，MB2、MC1 层物性较好，属于中高孔隙度中低渗透率储层。

Mishrif 组巨厚孔隙型碳酸盐岩油藏在开发部署方面存在两个挑战，一是 Mishrif 组储层厚度大，纵向上非均质性强，对于巨厚、纵向非均质的油藏采用何种井型开发需要深入研究；二是大规模注水井网没有现成的模式可以参考，需要提出适合本油藏特点的注采井网。针对以上问题，优选巨厚碳酸盐岩油藏的井型、注采井网和注水开发技术政策，提高油藏水驱波及系数及采收率，保障油田快速规模建产，为中东地区类似油藏开发提供重要技术借鉴。

1. 巨厚生物碎屑灰岩油藏大斜度水平井适应性评价

在薄层油藏中钻水平井是有效的，在厚层油藏中适合钻直井，水平井或大斜度井是否同样可行，需要通过单井产能对比、隔夹层对单井产能的影响等来判定。

基于直井产能计算公式：

$$J_V = \frac{0.543 K_h / \mu}{\ln(r_e / r_w) + S} \quad (7-29)$$

对于水平井和大斜度井，Besson 认为可以在产能公式中加入一个形状表皮因子 S_f，以此考虑水平井和大斜度井与直井形状不同对产能造成的影响：

$$J_{HS} = \frac{0.543 K_h / \mu}{\ln(r_e / r_w) + S + S_f} \quad (7-30)$$

综合考虑油藏各向异性，Besson 给出水平井形状表皮因子 S_{fH} 的计算公式为

$$S_{FH} = \ln\frac{4r_w}{L} + \frac{\alpha H}{L}\ln\frac{H}{0.543r_w}\frac{2\alpha}{1+\alpha}\frac{1}{1-(2\theta/H)} \quad (7-31)$$

斜井形状表皮因子 S_{fs} 的计算公式为

$$S_{fs} = \ln\left(\frac{4r_w}{L}\frac{1}{ar}\right) + \frac{H}{rL}\ln\left(\frac{\sqrt{LH}}{4r_w}\frac{2\alpha\sqrt{\gamma}}{1+1/\gamma}\right) \quad (7-32)$$

式中　H——油层厚度，m；

J_V、J_S、J_H——直井、斜井、水平井采油指数，m³/（d·MPa）；

K_V、K_H——垂直渗透率，水平渗透率，mD；

L——水平井长度，m；

r_e——泻油半径，m；

r_w——井筒半径，m；

S、S_f、S_{fH}、S_{fs}——分别为表皮因子、形状表皮、水平井形状表皮、斜井形状表皮；

α——各向异性系数，$\alpha = \sqrt{K_V/K_H}$，无量纲；

θ——井斜角，（°）；

γ——井的形状因子，$\gamma = \sqrt{\cos^2\theta + \frac{1}{\alpha^2}\sin 2\theta}$，无量纲；

μ——黏度，mPa·s

图7-62给出了不同厚度油藏条件下的井型选择图版，在该图版中每条线以上的区域，大斜度井的产能大于水平井的产能。对于50m以上厚度的巨厚油藏，大斜度井比水平井有更强的适应性。在 K_v/K_h 小于0.3时，无论多大长度的井眼，对于50m以上厚度的巨厚油藏，大斜度井的产能均比水平井的产能高。一般情况下，大部分油藏的 K_v/K_h 小于0.3。因此，从产能角度来说，对于巨厚生物碎屑灰岩油藏，大斜度井比水平井有更好的适应性。

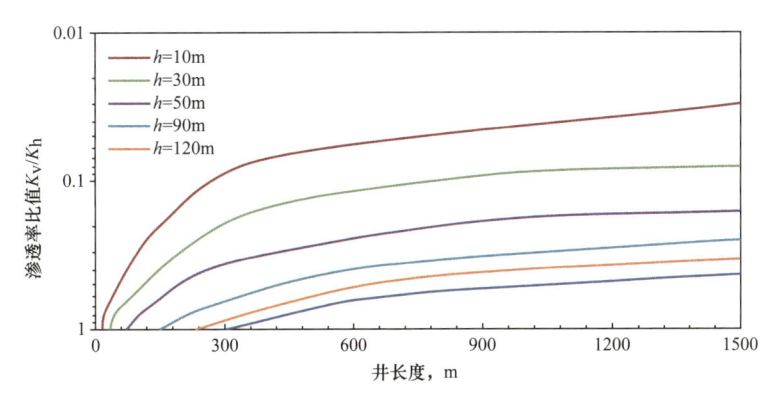

图7-62 不同厚度油藏条件下井型选择图版

对于有隔层存在的巨厚生物碎屑灰岩油藏，通过隔夹层的敏感性分析认为，大斜度井比水平井有更好的适应性。为了充分发挥Mishrif组巨厚油藏上部MB1低渗透段、下部MB2高渗透段的各自优势，采用大斜度水平井的模式，既利用上部斜度段的优势，又可发挥下部水平段的优势。

2. 巨厚油藏大斜度水平井井段长度

1）大斜度水平井长度优化

大斜度水平井的长度决定了井的泄油面积和控制的可采储量，受井网部署、钻井工艺、油层保护措施、储层特点和经济效益等因素的制约，大斜度水平井的长度并不是越长越好。

哈法亚油田Mishrif组油藏MB1相对低渗透段储量占Mishrif组油藏总储量的58.4%，MB2相对高渗透段约占总储量的22.9%。MB1层渗透率范围为1.3～82.2mD，储层厚度80m，黏度1.7mPa·S，MB2层渗透率范围为39.6～136mD，储层厚度40m，黏度3.3mPa·S。在MB1层采用斜井方式，在MB2层采用水平段方式（图7-63），当大斜度水平井长度大于800m之后，累计产油增加趋势变缓，因此大斜度水平井的合理长度为800～1200m（图7-64）。

2）大斜度井水平井井型结构优化

鉴于MB1和MB2层在储层和流体性质方面的不同，需要优化油层内的大斜度生产井段在MB1及MB2内的长度分配比例。较厚的MB1低渗透段采用大斜度段，较薄的MB2高渗透段采用水平段开发，采用井组模型设计了井总长度为800m的四个方案，方案预测结果见表7-9。

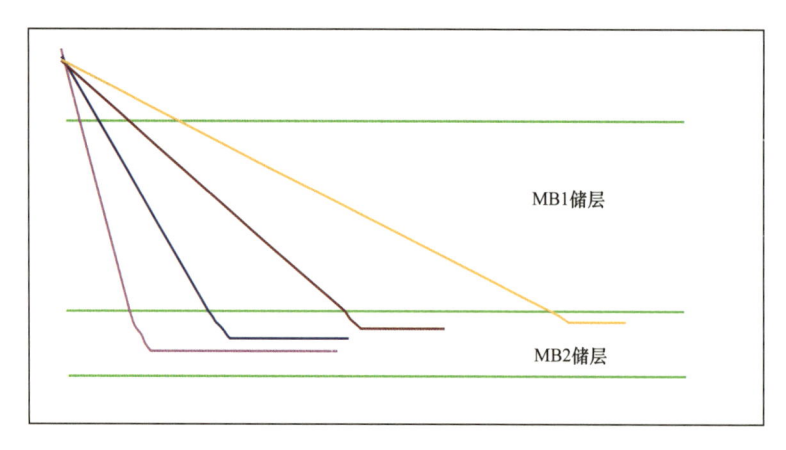

图 7-63　不同长度的大斜度水平井示意图

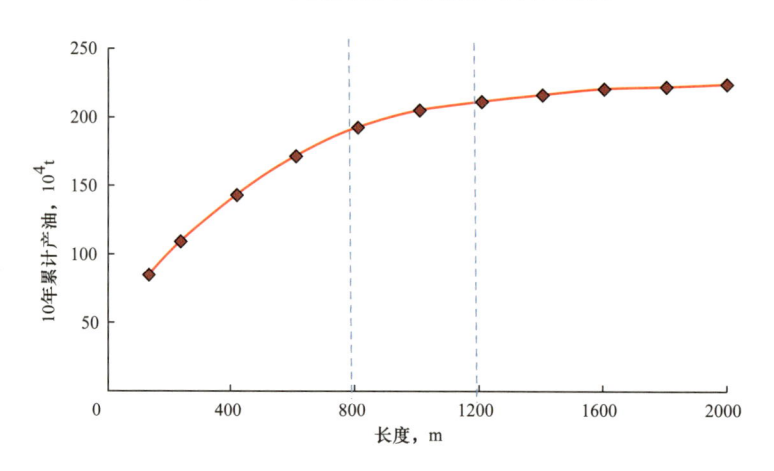

图 7-64　大斜度水平井长度与累计产油量关系

表 7-9　大斜度井水平井井型结构优化设计方案及预测结果

方案	MB1 大斜度段, m	MB2 水平段, m	20 年合同期采出程度, %	20 年合同期末含水率, %
方案 1	100	700	33.4	77.4
方案 2	300	500	34.7	73.2
方案 3	500	300	36.4	68.3
方案 4	700	100	36.9	66.5

根据 MB1 和 MB2 段不同长度的方案，对于 MB1 及 MB2 段合采的大斜度水平井，完井段在 MB1 段内长度越长，20 年内的采出程度越高，同时含水率越低。当井长度为 800m，设计的斜井段在 MB1 段的长度超过 500m 时，对采出程度的改善效果显著变小，因此，Mishrif 组油藏大斜度水平井 MB1 段大斜度段与 MB2 段水平段井的合理比值为 2∶1 时开发效果最好（图 7-65、图 7-66）。

3）大斜度水平井采油 + 直井注水的注采井网模式

对于巨厚生物碎屑灰岩油藏，直井和大斜度水平井都是适宜的开发井型。设计三个不同注采井网开发部署对比方案：方案 1 为采用直井井网模式、方案 2 大斜度水平井井网模式、方案 3 为大斜度水平井 + 直井的混合井网模式（图 7–67、图 7–68、图 7–69）。

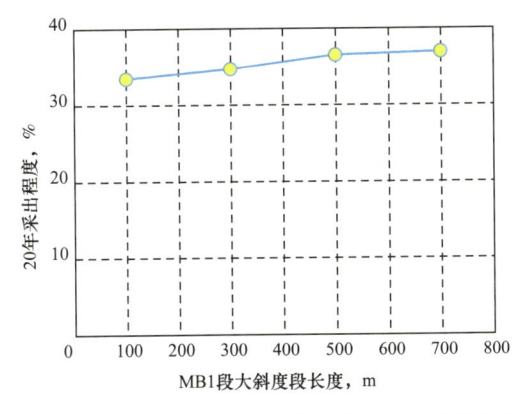

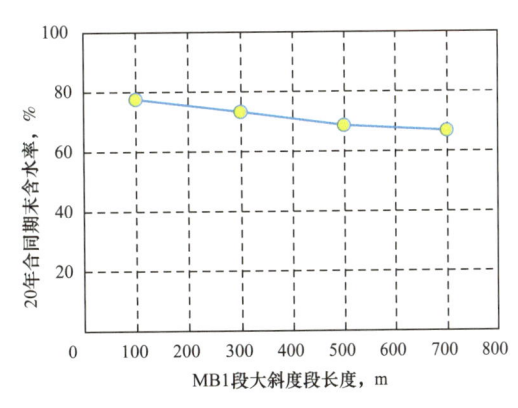

图 7–65　MB1 层大斜度段长度与采出程度关系

图 7–66　MB1 层大斜度段长度与含水率关系

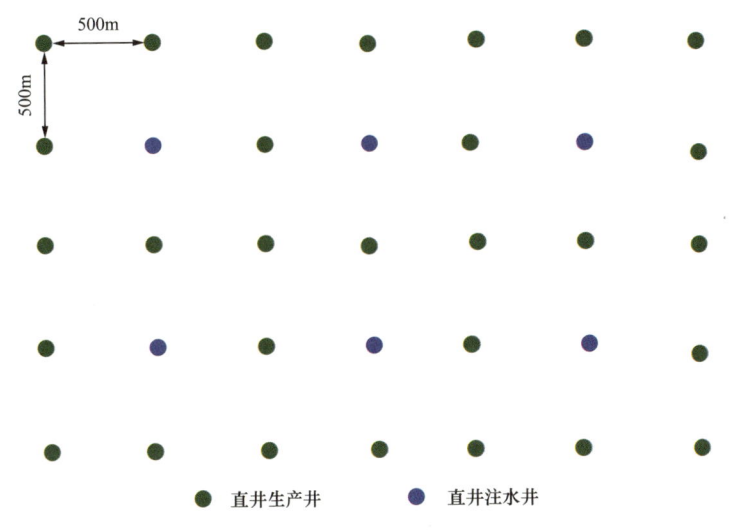

图 7–67　反九点直井注采井网模式

通过预测后开发指标对比发现，方案 1 的高峰产量稳产时间仅 8 年，不能满足合同对油田产量稳产 13 年的要求，为达到稳产要求，必须进一步加密井网。方案 2 与方案 3 的主要开发指标动态预测结果无显著差别，但方案 3 采用直井作为注水井型，与大斜度水平井注水相比，选择直井作为注水井，可以使注水井的措施作业更加灵活，包括注入层位的调整，注采关系调整等措施，更容易实现精细分层注水。因此，优选方案 3 作为 Mishrif 组油藏开发的注采井网部署方案。

在哈法亚油田，大斜度水平井获得高产，并且快速建成了年产 1000×10^4 t 产能规模。截至 2015 年底，哈法亚油田 Mishrif 组油藏共钻大斜度水平井 37 口，平均单井产量达到 792t/d，比设计 729t/d 高出 63t/d；直井投产 58 口，平均单井产量 472t/d，比设计 364t/d 高出 108t/d。大斜度水平井平均单井产量是直井的 1.7 倍，而大斜度水平井平均单井钻井费用只有直井的 1.4 倍，钻井周期只有直井的 1.3 倍。通过注采井网优化部署，哈法亚油田于2012年仅用28口井建成一期500×10⁴t/a的产能，2014年二期产能建设再用41口井建成500×10⁴t/a，实现快速规模上产1000×10⁴t年产能。

图7-68 大斜度水平井交错注采井网模式

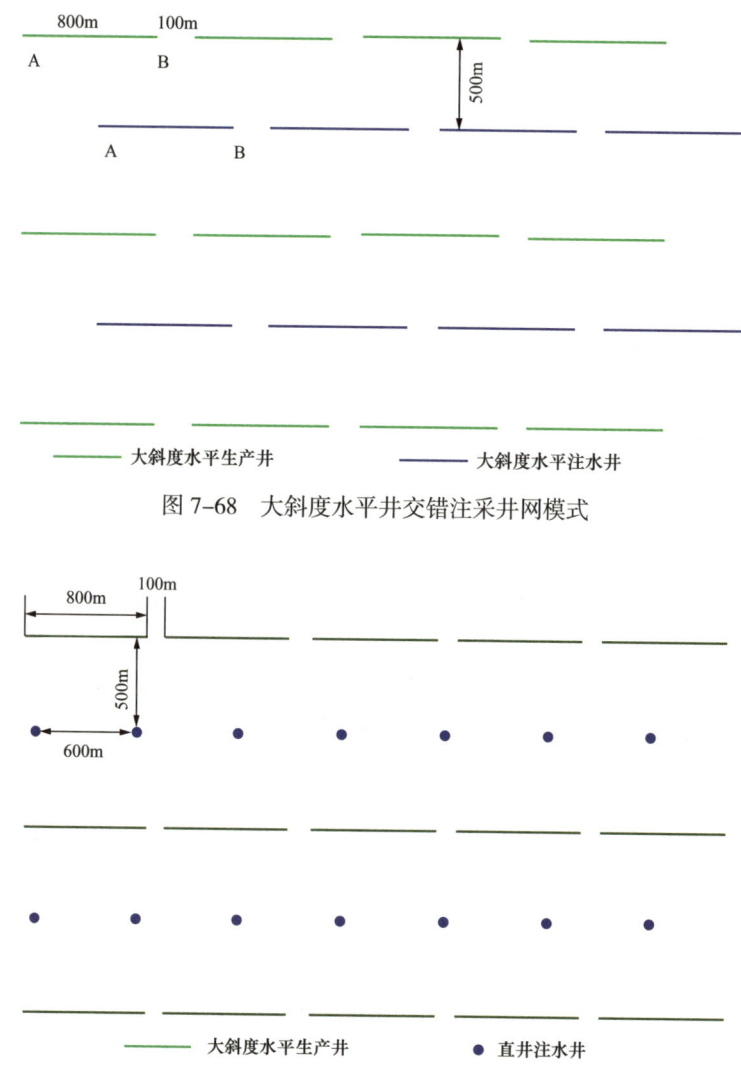

图7-69 大斜度水平井采油+直井注采井网模式

三、纵向多套井网的立体组合优化技术

伊拉克地区油田开发生产受安全局势及投资风险的影响，丛式井模式为最佳选择，因此多层系的井网优化成为必然。立体井网组合优化需要骨干井网（主力层系注采井网）和枝干井网（非主力层系井网）在空间上合理配置，减少钻井平台数，减少现场工程作业队伍，实现同一平台不同油藏间的井交错配置，以便后期老井互换层系开发，从而达到减少投资、提高效益的目标。

1. 艾哈代布油田纵向多套井网立体组合优化技术

艾哈代布油田共分布有七套（Kh2、Mi4、Ru1、Ru2a、Ru2b、Ru3、Ma1）油层，共

分为四套开发层系：Kh2、Mi4–Ru1、Ru2–Ru3 和 Ma1。Kh2 层为主要开发层系，Mishrif 组和 Rumaila 组为次要开发层系。油田纵向上多套层系，平面上多套井网，需要考虑井网在空间分布及钻井防碰等问题。

1）两套直井开发层系间的井网模式

Mi4–Ru1、Ru2–Ru3 为层状油藏，内部隔夹层发育，采用直井开发，为了优化 Mi4–Ru1、Ru2–Ru3 两套开发层系的井距，对比分析了四套井距方案：550m、600m、650m、700m。经济评价结果表明 650m 和 700m 方案内部收益率及累计净现值均低于其他两个方案，虽然 550m 方案经济指标略高于 600m 方案，但其增加新井的增量经济效益变差，同时采用 600m 井距开发有利于与上部 Kh2 层 300m 排距井网相互错开，有利于解决纵向多套井网平面布局问题。因此推荐直井采用 600m 井距开发。因此，下部两套直井井网采用相同的井网井距，均为 600m 井距，井排之间互相间隔。待后期开采到一定时间后，互相交换，即 Mi4–Ru1 开发层系井改为开采 Ru2–Ru3 油藏，Ru2–Ru3 开发层系井改为开采 Mi4–Ru1 油藏（图 7–70）。

● Mi4-Ru1 油井　▲ Mi4-Ru1 注水井　○ Ru2-Ru3 油井　□ Ru2-Ru3 注水井

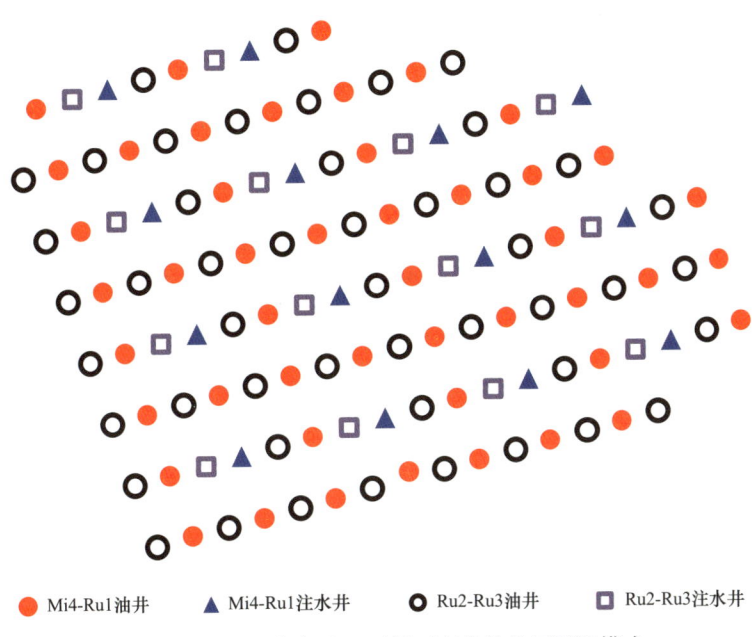

图 7–70　艾哈代布油田下部两套直井井网匹配模式

2）水平井井网与直井井网匹配模式

Kh2 的水平井的排距为 300m，直井井网的井距为 600m，水平井与直井网在同一排，但井口略微错开 200m 左右。两排直井网对应三排水平井排，在平面上以 Kh2 层井网为主干井网，下部直井井网为枝干井网，实现在空间上相容匹配（图 7–71）。

2. 哈法亚油田纵向多套井网立体组合优化技术

哈法亚油田共发现 16 套含油层，自上而下分为 9 套独立开发层系。Mishrif 组储层分布范围最广，储量占比 53.4%，为该油田主力油藏，因此 Mishrif 组油藏井网作为该油田主干井网，纵向上其他开发层系井网需要与 Mishrif 组井网进行匹配，形成枝干井网。

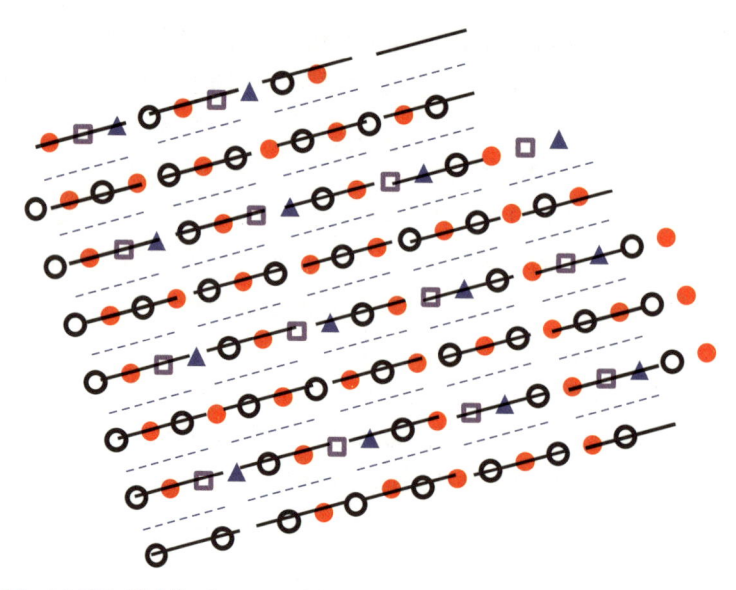

● Mi4-Ru1油井　▲ Mi4-Ru1注水井　○ Ru2-Ru3油井　□ Ru2-Ru3注水井　──── Kh2油井　------ Kh2水井

图 7-71　Kh2层水平井网与下部直井井网平面匹配关系

1）哈法亚油田多层系井型井网优化部署

基于各油藏地质特征，利用数值模拟手段，开展了哈发亚油田各开发层系井型优化研究。Jeribe/Upper Kirkuk 组、Nahr Umr 组和 Yamama 组三个油藏推荐直井井网开发，对于 Hartha 组、Sadi/Tanuma 组和 Khasib 组等油藏，为了获得较高的单井产量，推荐采用大斜度井/水平井开发。主力油藏 Mishrif 组推荐采用大斜度井和水平井作为生产井，直井/定向井作为注水井（表 7-10）。

表 7-10　哈法亚油田各油藏井型及基础井网参数优化结果表

序号	油层	岩性	渗透率 mD	油藏类型	井型	井网	井/排距，m	开发方式
1	Jeribe	白云岩	2~6	未饱和油藏	直井	边部注水	井距1000m	天然能量+注水
	Upper Kirkuk	疏松砂岩	>1000	未饱和疏松砂岩				
2	Hartha	泥粒灰岩	5~15	近饱和边水构造油藏	大斜度水平井	不规则井网	排距500m 井距1000m	Sadi/Tanuma 开发层系与下部 Kh2 层系共享注水井
3	Sadi	泥粒灰岩	0.05~5	未饱和边水构造油藏	大斜度水平井	不规则井网	排距500m 井距1000m	
	Tanuma	泥粒灰岩	0.3~5	未饱和边水构造油藏				
4	Khasib	泥粒灰岩	0.2~3	未饱和边水构造油藏	大斜度水平井	不规则井网	排距500m 井距1000m	

续表

序号	油层	岩性	渗透率 mD	油藏类型	井型	井网	井/排距，m	开发方式
5	MA2	泥粒灰岩	2~30	未饱和边水构造油藏	水平井+直井	交错线性排状	排距500m 水平井井距1000m，直井井距600m	天然能量+注水
6	MB1—MB2—MC1	粒状灰岩	2~60	未饱和底水油藏	大斜度水平井+直井	交错线性排状	排距500m 水平井井距1000m，直井井距600m	天然能量+注水
7	MC2—MC3	泥粒灰岩	2~60	未饱和底水油藏	水平井	沿轴线高部位	井距1500m	天然能量
8	Nahr Umr	砂岩	400~700	未饱和边水构造油藏	直井	边外注水	井距1000m	天然能量+注水
9	Yamama	粒泥灰岩	1~5	未饱和岩性油藏	直井	不规则井网		天然能量

2）主力层系 Mishrif 组井网部署模式

Mishrif 组井网为排式井网，即一排大斜度水平井为生产井，另一排直井作为注水井，采油井排与注水井排交错间隔。对于同为 Mishrif 组油藏的井，从同一个钻井平台上，往右一口大斜度水平井，一口直井注水井，同时往左一口直井注水井，即一个钻井平台在 Mishrif 组需要钻三口 Mishrif 组油藏井（图 7-72）。

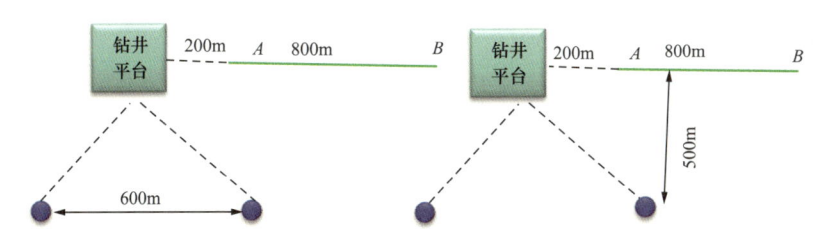

图 7-72　Mishrif 组油藏钻井平台上大斜度水平井与直井匹配模式

3）Mishrif 组与其他开发层系井之间的匹配模式

哈法亚油田主要有 Mishrif、Upper Kirkuk、Nahr Umr、sadi 和 khasib 组五套井网，其余四套开发层系的井数较少，在空间匹配上主要以这五套井网为主。Upper Kirkuk 组、Nahr Umr 组的直井井位作为钻井平台的位置，大斜度水平井平行构造线方向钻井，Mishirf 组直井可同时兼做其他层的注水井（图 7-73）。

哈法亚油田七套开发层系共部署 764 口井，经过井网的立体组合优化后，平台数由 188 个优化至 133 个，地面钻井平台大幅度减少，创造了海外百万吨产能建设投资的新低。

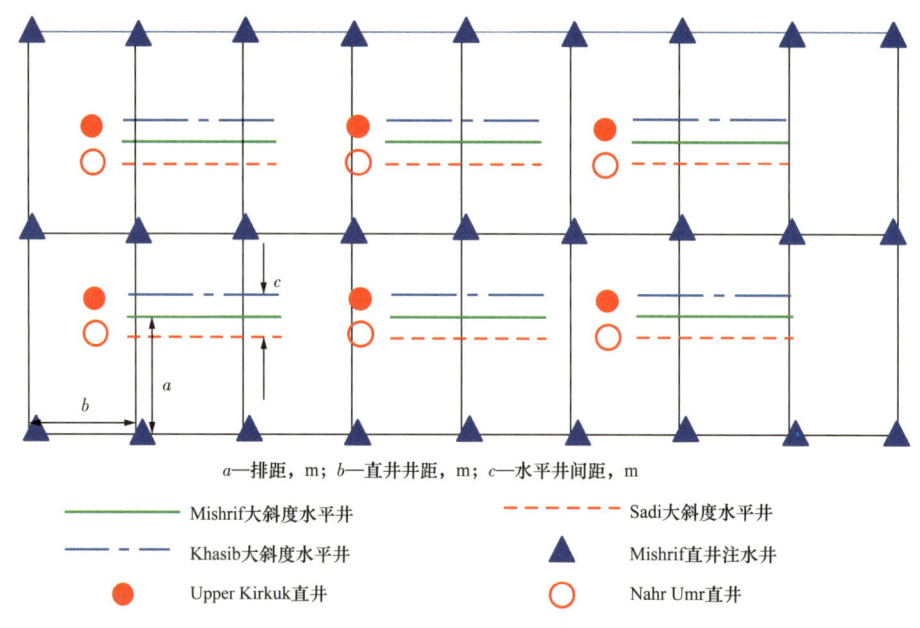

图 7-73　哈法亚油田 Mishrif 组油藏与其他开发层系井网平面匹配图

四、基于服务合同模式的多目标协同整体优化技术

在技术服务合同规定下，合同者通过作业服务，利用生产出的原油进行投资和成本费用的回收并获得一定的报酬费。年度报酬费按每桶报酬乘以年度产量计算得到，并从油田年度总收入中支付给合同者。技术服务合同的特点决定了油藏开发部署优化必须遵循"三最"原则，即在最短的时间内，以最小的投资实现最大的商业产能。

1."上产速度＋投资规模＋增量效益"多目标协调优化技术

技术服务合同模式下，伊拉克地区油田的产能建设应当按照多期次的产能建设进行安排。每一期的产能建设规模和时间安排必须合理，以保证效益的最大化。

1）初始商业投产时间的安排策略

哈法亚油田初始商业年产 500×10^4 t 投产时间对项目效益具有明显影响。商业生产越早，项目的整体经济效益越好，在合同期内，每延迟一个季度，内部收益率下降约 0.75%。因此产能建设规划要优化初始商业产能的规模和工作量，以确保尽早投产。哈法亚油田是初始商业产能投产最快的项目，用 2 年 3 个月建成了年产 500×10^4 t 初始商业产能。

2）二期产能建设安排策略

对于多期次产能建设项目而言，合同者通常期望第一期产能建设的全部投资在第二期建设期间回收，同时剩余的回收池也尽可能满足第二期产能建设的投资，因此第二期产能建设规模和时间控制异常重要。以伊拉克服务合同规定每年投资回收比例最大 50% 为例，假设吨桶换算系数认为 6.8，第一、第二期单位产能建设成本相当。

第二期投资回收总量＝第一期投资＋第二期投资，即

$$6.8\times N_1\times P\times 50\%\times Y_2=(N_1+N_2)\times V \quad (7-33)$$

式中　N_1、N_2——第一、第二期产能，10^6 t/a；

P——长期油价，美元/bbl；
Y_2——第二期产能建设周期，a；
V——百万吨产能建设成本，亿美元/10^6t。

按照长期油价 75 美元/bbl 计算，则得到第二期产能建设合理周期：

$$Y_2 = \frac{V}{255}\left(1 + \frac{N_2}{N_1}\right) \quad (7-34)$$

假设一期、二期建设产能相当，即 $Y_2=0.7843V$，则二期产能建设周期的长短就与百万吨产能建设投资相关，从伊拉克地区实际产能建设规划出发，早期的产能建设投资基本可以控制在 20~28 亿元/10^6t，而后期逐渐上升至 28~35 亿元/10^6t。结合实际产能建设规划，通常第二期产能建设周期安排为两年（表 7-11）。

表 7-11 技术服务合同二期产能建设周期优化

百万吨产能建设投资，亿元/10^6t	20	28	35
二期产能建设周期，a	2.3	3.1	3.9

3）多期次产能规模安排策略

伊拉克大型生物碎屑灰岩油藏的产能建设一般给定 7 年高峰产能建设期，考虑到初始商业生产周期一般在 2~2.5 年，二期产能建设周期一般在 2 年，因此整个高峰产能建设可以划分为三级或四级产能建设。以哈法亚油田为例，在 2000×10^4t/a 高峰产能规模方案中可实行三级建产模式，初始商业产能均可确定为 500×10^4t/a。哈法亚油田经过多轮次 21 套方案对比，采用三级台阶建产模式，分阶段建成 500×10^4t/a、1000×10^4t/a、2000×10^4t/a，实现前期投资少、快速回收投资和自身滚动发展的目标。

2. 大型生物碎屑灰岩油田平面及纵向开发部署的整体优化

1）油田平面上分区分块动用策略

对于多期次产能建设的油田，平面上应实行分区分块动用。按照每一期次产能建设的大小与高峰产能之间的比例关系，在平面上按储层物性和储量丰度划分产能建设的面积。通常初始商业产能的动用面积应当处于油田高部位区域，并尽量以中心处理站为圆点呈圆形或半圆形分布，后期产能建设逐渐向四周展开。图 7-74 中部表示哈法亚油田初始商业产能建设区域，产能规模 500×10^4t/a；图中东部表示二期产能建设区域，产能规模 500×10^4t/a；图中西部表示三期产能建设区域，产能规模 1000×10^4t/a。

2）油田纵向多层系优先动用确定方法

纵向油藏的动用，应结合油藏储层物性、单井产量、钻完井投资、工程作业风险等进行综合分析，建立纵向动用优先指数 I，确定纵向上的油藏动用顺序。油藏物性越好，渗透率越高，地饱压差越大，单井产量越高，钻完井投资越低，工程风险越小，油藏应该优先动用。

根据以上优先动用的原则，考虑到 7 年高峰建产期，建产后 2 年投资回收期的要求，纵向动用优先指数 I 可描述如下：

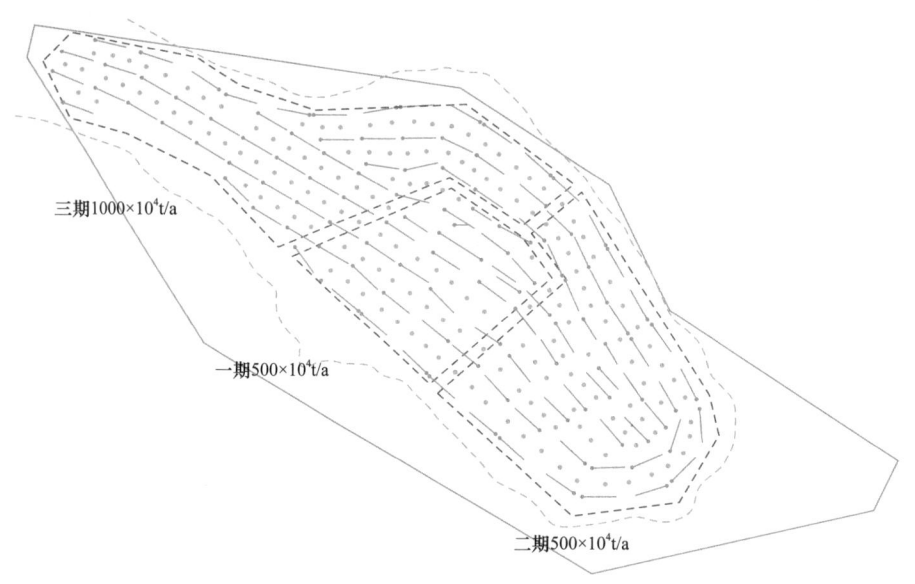

图 7-74 哈法亚油田产能建设平面部署图

$$I = K \frac{P_i - P_b}{7} \frac{Q(1-a^{24})}{1-a} \frac{1}{V} \frac{1}{F} \qquad (7-35)$$

式中 I——油藏优先动用指数；

K——油藏渗透率，mD；

P_i——地层原始压力，MPa；

P_b——地层饱和压力，MPa；

Q——单井投产初期产量，t/d；

a——2年回收期内的产量递减指数，%；

V——单井钻完井投资，万元/井；

F——钻完井风险指数，%。

哈法亚油田纵向上各油藏的动用优先指数排序见表 7-12。

表 7-12 哈法亚油田纵向动用优先指数

纵向油藏	渗透率 mD	地饱压差 MPa	单井产量 t/d	钻完井投资 10⁴ 万元/井	风险指数 %	动用指数	排序
Upper Kirkuk	1000	13.7	219	4127	10	46.0	3
Hartha	700	0.3	292	5361	1	8.0	4
Sadi	2	11.9	219	5796	1	0.6	6
Khasib	5	5.9	219	5796	1	0.7	5
Mishrif	50	15.5	729	5040	1	70.0	2
Nahr Umr	900	22.5	292	4410	10	84.0	1
Yamama	15	60.6	292	6615	80	·0.3	7

第五节　带凝析气顶碳酸盐岩油藏油气协同开发技术及应用

哈萨克斯坦让纳若尔油田带凝析气顶的 A 南与 Γ 北两个油气藏自 1983 年以来只开发了油环，气顶资源未开发动用，2014 年 9 月 A 南气顶投入了开发，而油气同采极易造成气顶和油环间的压力失衡，导致油气藏整体开发效果变差。为实现气顶与油环协同高效开采，通过深化油环基于流动单元的剩余油精细表征，优化气顶油环协同开发技术政策，助推让纳若尔油田实现"油气并举"新格局，支撑气顶年产气 $20 \times 10^8 \text{m}^3$，油环开发效果明显改善。

一、碳酸盐岩储层剩余油分布规律表征技术

1. 基于储层流动单元的油藏数模模型

不同类型流动单元具有不同储层物性和渗流特征，根据六种不同类型流动单元的相对渗透率曲线特征，归纳总结出 Γ 北油藏六类流动单元的油水和油气相对渗透率曲线（图 7-75、图 7-76），建立基于流动单元的油藏数模模型[12-13]。通过历史拟合得到油藏剩余油饱和度场，编制不同类型流动单元剩余可动储量丰度分布图，表征各小层基于流动单元的剩余油分布规律。

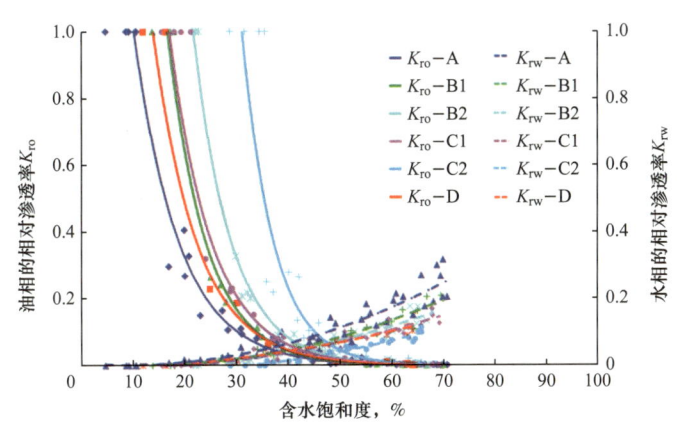

图 7-75　Γ 北油藏各类流动单元油水相对渗透率曲线

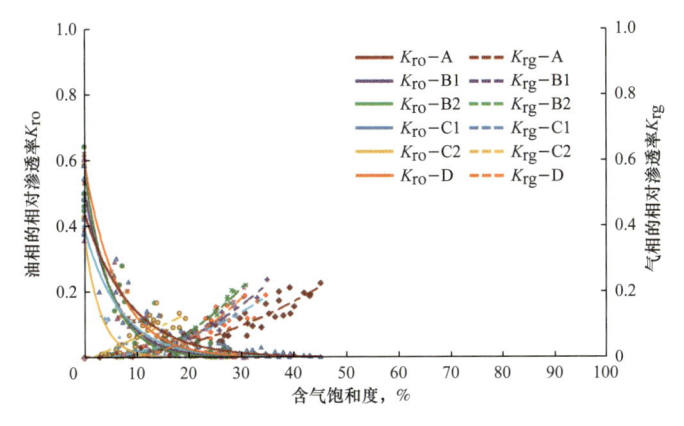

图 7-76　Γ 北油藏各类流动单元油气相渗曲线

2. 碳酸盐岩油藏剩余油分布规律

让纳若尔油田为具有层状特征的裂缝孔隙型碳酸盐岩油藏，储层平面和层间非均质性强，储层物性变化快，影响剩余油分布主控因素较多，包括地质因素和开发因素两类。地质因素主要有沉积相、储层类型、渗透率、夹层、断层、裂缝和油水井之间储层的连通状况等，开发因素包括油水井射孔对应状况、注采井网、井距、注水时机等，两种因素相互作用决定了剩余油分布的复杂性和多样性。

1）不同类型流动单元剩余油分布规律

Γ 北油藏原油地质储量为 11856×10^4t，主要分布在 B1、A、B2、C2 和 C1 类型流动单元（图 7-77），由于不同类型流动单元渗流能力不同，采出程度也不相同。A 类流动单元渗流能力最好，采出程度最高，达到 33.5%；B1 类流动单元次之，采出程度为 28%，这两类流动单元是 Γ 北油藏主力产油储层。C2 类流动单元渗流能力差，采出程度最低，仅为 18.3%，约为 A 类流动单元采出程度的一半。D 类流动单元主要为裂缝型储层，由于裂缝渗流能力强，采出程度也较高（图 7-78）。

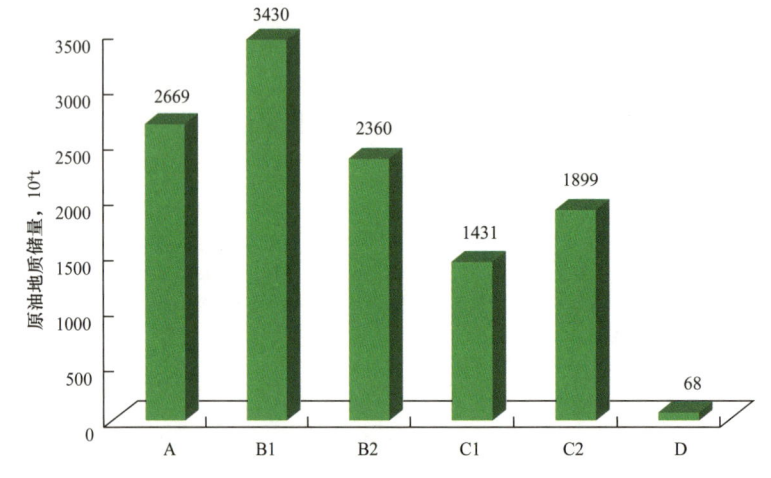

图 7-77 不同类型储层流动单元原始地质储量分布图

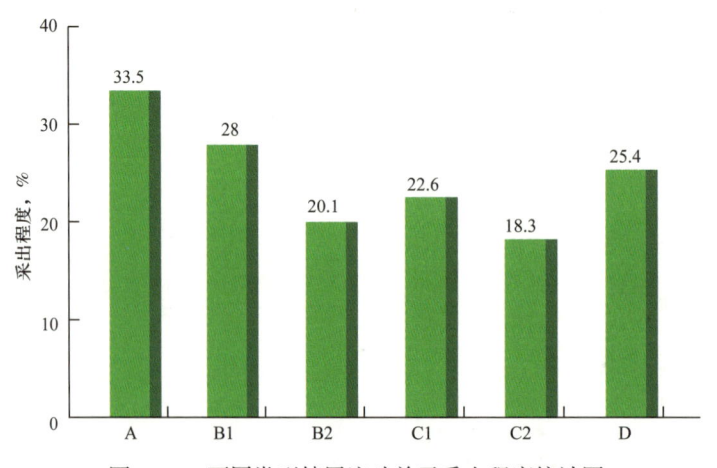

图 7-78 不同类型储层流动单元采出程度统计图

目前Γ北油藏剩余地质储量为$8840×10^4$t,剩余可动用储量$3998×10^4$t。B1类流动单元剩余地质储量和剩余可动储量最多,剩余可动储量占油藏总量的28.9%,是今后主力产油流动单元。C2和B2类流动单元剩余地质储量占同类原始地质储量最高,分别为81.7%和79.9%,是今后措施挖潜的主要对象。A类流动单元采出程度高,剩余可动储量占油藏总量的19.4%,是今后完善注水改善开发效果对象。D类流动单元储量占比非常小,不宜独立作为挖潜改造对象,不对其剩余油分布规律进行重点研究(图7-79)。

2)主力小层剩余油分布规律

碳酸盐岩储层非均质性导致各小层剩余油分布差异较大。Γ北油藏剩余可动储量主要分布在$Γ4^1$小层,占油藏总量的25%;$Γ3^2$小层次之,占油藏总量的18%;再次为$Γ4^2$和$Γ1^1$小层,分别占油藏总量的13%和10%;其他各小层占比为4%~9%不等(图7-80)。

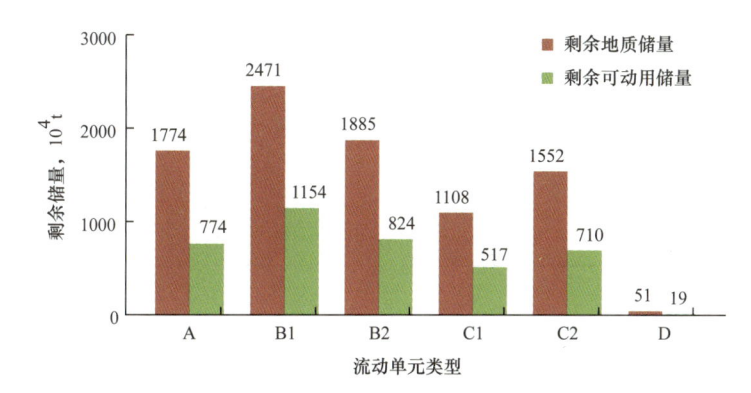

图7-79 不同类型储层流动单元剩余储量分布直方图

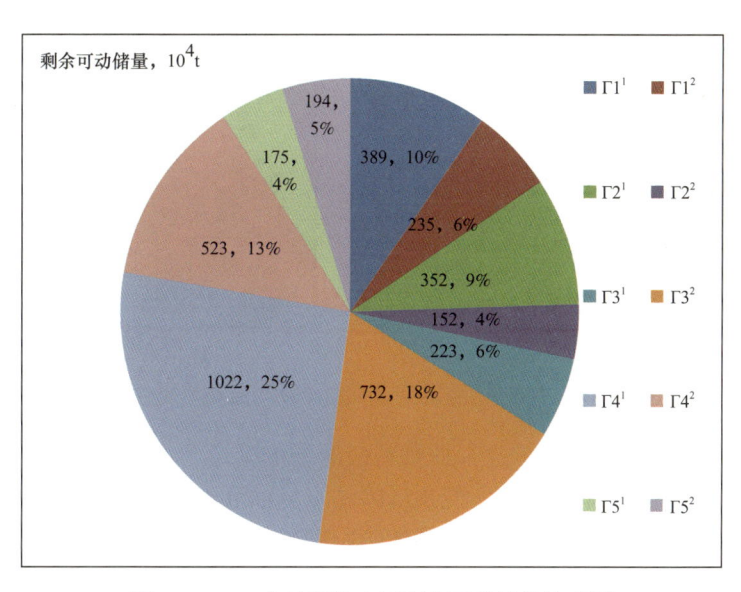

图7-80 Γ北油藏各小层剩余可动储量构成图

图7-81为Γ_1^1、Γ_3^2、Γ_4^1、Γ_4^2四个主力小层剩余可动储量丰度与流动单元叠合图，表明不同类型流动单元的剩余油分布在各小层差异大，且多为不连续分布。Γ_1^1小层剩余可动储量主要分布在油环的北部和中东部，主要分布在B1和A类流动单元，油环边部为C1类流动单元；Γ_3^2小层剩余可动储量主要分布在油环的西部和南部，主要分布在B1、B2、C1和C2类流动单元中；Γ_4^1和Γ_4^2小层剩余可动储量在油环各处均较为富集，其中西部和南部更为丰富，主要分布在C2、C1、B2和B1类流动单元中。

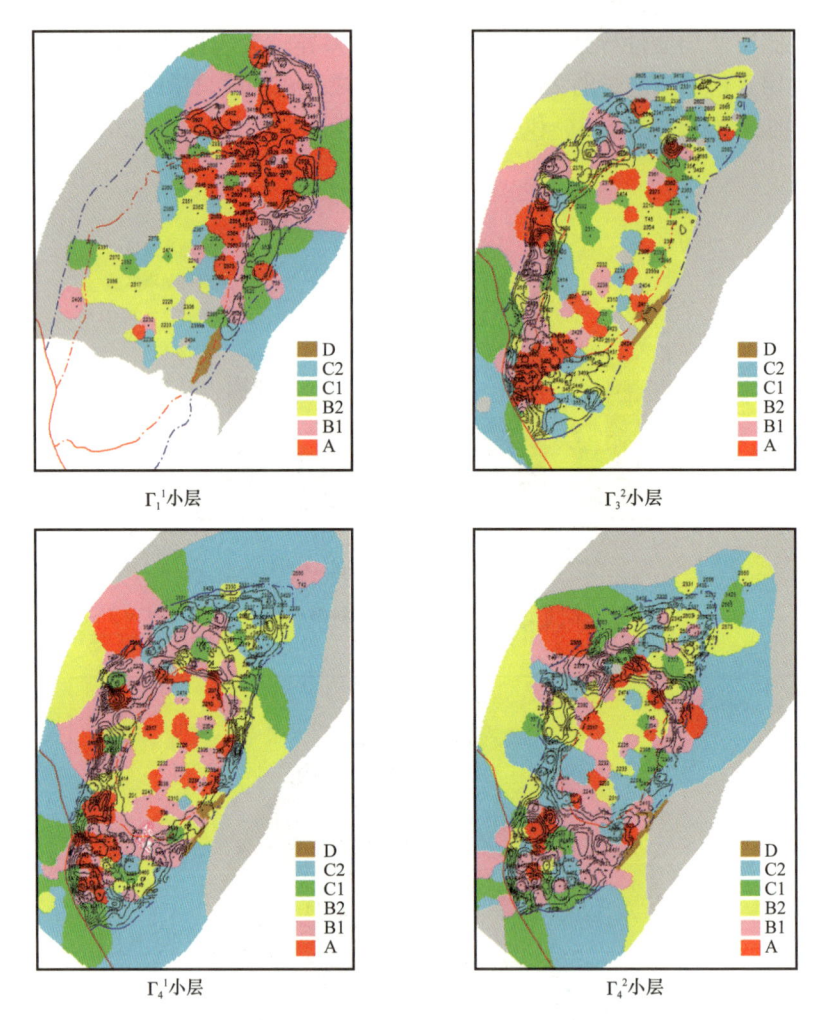

Γ_1^1小层　　　　　　　　　Γ_3^2小层

Γ_4^1小层　　　　　　　　　Γ_4^2小层

图7-81　主力小层剩余可动储量丰度与流动单元叠合图

3）带气顶裂缝—孔隙性碳酸盐岩油藏剩余油分布模式

让纳若尔油田储层的非均质性、气顶屏障注水＋油环面积注水注采井网完善程度、油水井射孔对应程度等因素决定剩余油的分布，归纳了带凝析气顶碳酸盐岩油藏开发中后期八种剩余油分布模式：（1）"边、薄、差"井区剩余油；（2）气顶下部避射油层；（3）底水上部避射油层；（4）欠水驱井区剩余油；（5）未水驱油层剩余油；（6）低级别流动单元剩余油；（7）基质孔隙"滞留油"；（8）气顶周边"滞留油"（表7-13），并对应每种剩余油模式提出了相应的挖潜对策。

第七章 海外碳酸盐岩油气田高效开发理论与技术

表 7-13 带凝析气顶碳酸盐岩油藏剩余油分布模式表

剩余油模式	主控因素	分布方式	分布区域	挖潜对策
"边、薄、差"井区剩余油	物性差，厚度小		油藏边部	水平井开发
气顶下部避射油层	致密隔夹层		气顶底部和油层间隔夹层发育区	补孔
底水上部避射油层	致密隔夹层		水层顶部和油层之间隔夹层发育处	补孔
欠水驱井区剩余油	注采井网不完善		注采不对应井段	补孔、分层注水
未水驱油层剩余油	注采关系不对应		注采井网不完善井区	完善注采井网、补孔
低级别流动单元剩余油	渗流能力差		B2、C2类流动单元发育区	酸压改造、注气开发
基质孔隙"滞留油"	裂缝孔隙双重介质渗流能力差异		A、B1类流动单元发育区	周期注水开发
气顶周边"滞留油"	气顶与油环压力不均衡导致气窜或油侵		气顶与油环交界处	优化配置屏障注水及面积注水量

3. 碳酸盐岩油藏挖潜策略及开发调整部署

针对不同的剩余油分布模式，制定三类针对性的剩余油挖潜策略[14]。

1）在储量控制程度低、剩余油较为富集的井区钻新井，提高储量动用程度

（1）在油层厚度大、纵向上储层物性差异大、流动单元级别不同、储量动用不均匀的井区，部署井网加密井，分层注水和细分层系开发相结合，提高储量动用程度。

— 377 —

（2）在油层厚度较小、物性较差、隔夹层不发育的井区，部署水平井提高钻遇储层厚度，提高单井产能。

（3）在油水边界附近，油层厚度较薄区域平行油水边界钻水平井，动用油藏边部剩余油。

（4）在下有边水，上有气顶的窄油环处沿油环展布方向钻水平井，减缓边水推进和气顶锥进，高效开发窄油环中处剩余油。

2）完善注采井网，改变液流方向，提高水驱储量控制程度

（1）在井网控制程度高、注采井网不完善的井区，按设计注采井网，加强油井转注工作，补充地层能量，逐步恢复地层压力。

（2）在油层厚度小、储层渗透性差的区域开展水平井对应注采试验，提高低渗透区难动用储量注水开发效果。

（3）在油水井射孔层位不对应井区，实施油水井完善补孔，提高油水井注采对应程度。

（4）在裂缝较为发育、综合含水较高的井区，开展周期注水试验，释放基质孔隙中被"封闭"的剩余油，提高注水开发采收率。

3）优化注采结构，提高低渗透层动用程度

（1）通过分层酸压、分层酸化改善低级别流动单元渗透性，提高弱动用或未动用低级别流动单元产油能力；

（2）实施分层注水减少高级别流动单元吸水量，增加低级别流动单元吸水量；

（3）注水井开展深度调剖，降低高级别流动单元吸水能力，优化注水结构；

（4）通过气举放大油井生产压差，释放未动用及弱动用储层产油能力。

根据井网储量控制程度和剩余油分布情况，对Γ北油藏井位和注采井网进行了优化，共部署51口新井，其中设计油井43口，注水井8口，其中扩边井以水平井为主；同时，进一步优化注采井网，优选高含水或低产油井转注水井11口。

二、带凝析气顶碳酸盐岩油藏油气协同开发技术政策

以让纳若尔油气田A南和Γ北不同气顶指数油气藏的地质油藏参数为基础，建立了衰竭、屏障注水及屏障+面积注水等不同开发方式下的数值模型，明确不同开发方式下的气顶油环协同开发技术政策。

1. 衰竭式开发方式下油气协同开发技术政策

衰竭式开发方式下，带气顶油藏气顶油环协同开发效果的主要影响因素为采油速度与采气速度（图7-82、图7-83）。

图7-82（a）表明，A南油气藏在采气速度低于2%时，不同采油速度下气顶采出程度随采气速度的增大而增大；而当采气速度大于2%时，不同采油速度、采气速度下气顶采出程度基本稳定，即气顶采出程度不受采油速度、采气速度影响。图7-82b表明，不同采油速度下，随着采气速度增加，油环原油采出程度呈现先升后降的变化趋势，即采油速度与采气速度存在合理匹配关系使得油环采出程度最大，并且合理采气速度随着采油速度的增大而增大。

由图7-83可见，在一定采油速度下，随着采气速度的增大，A南、Γ北油气藏油

气当量采出程度均呈现先升后降趋势,即在衰竭开发方式下,采油速度与采气速度存在一个最佳的匹配关系,使得油气当量采出程度达到最大。当 A 南油气藏在采油速度为 0.7%~0.9% 时,合理采气速度为 2%;Γ 北油气藏在采油速度为 0.6%~0.8% 时,合理采气速度为 2%。

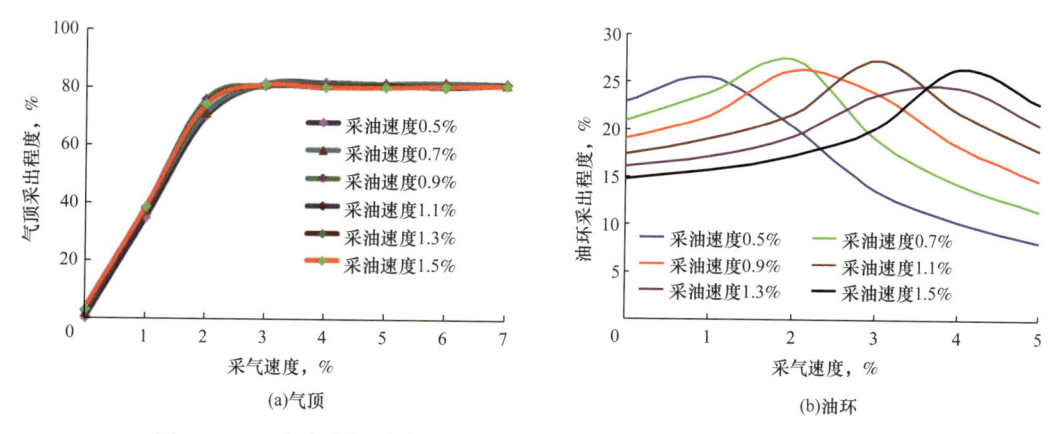

图 7-82 A 南油藏气顶采出程度、油环采出程度与采油速度、采气速度关系

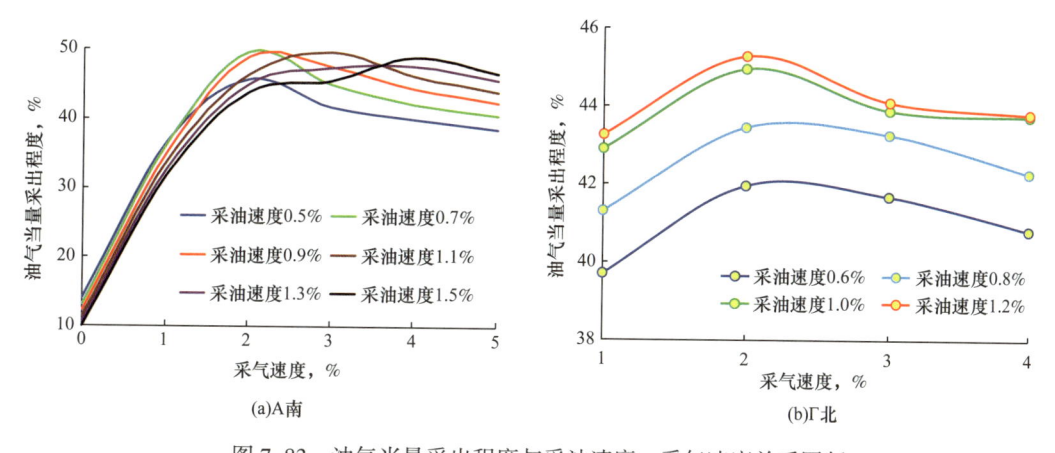

图 7-83 油气当量采出程度与采油速度、采气速度关系图版

2. 屏障注水开发方式下油气协同开发技术政策

为了能够更好地补充气顶与油环能量,同时隔断气顶与油环间的相互侵入,屏障注水开发逐渐成为带气顶油藏实施气顶油环同采的一种主要开发方式。当屏障注水井位置固定时,该开发方式下影响气顶油环协同开发效果的主要因素有采油速度、采气速度和注采比(图 7-84、图 7-85)。

由图 7-84、图 7-85 可看出,气顶指数 3.1 的 A 南油气藏在采油速度为 0.7%~0.9% 时,合理采气速度为 3%~4%,合理屏障注水注采比为 0.6;气顶指数 0.4 的 Γ 北油气藏在采油速度为 0.6%~0.8% 时,合理采气速度为 2%~3%,合理屏障注水注采比为 1.0,此时油气藏的整体开发效果最好。

3. 屏障+面积注水开发方式下油气协同开发技术政策

在屏障注水开发的基础上增加面积注水井,可以进一步补充油环的地层能量,提高油环的开发效果。屏障+面积注水开发方式下，屏障注水与面积注水的分配比例也是影响气顶油环协同开发的关键因素。

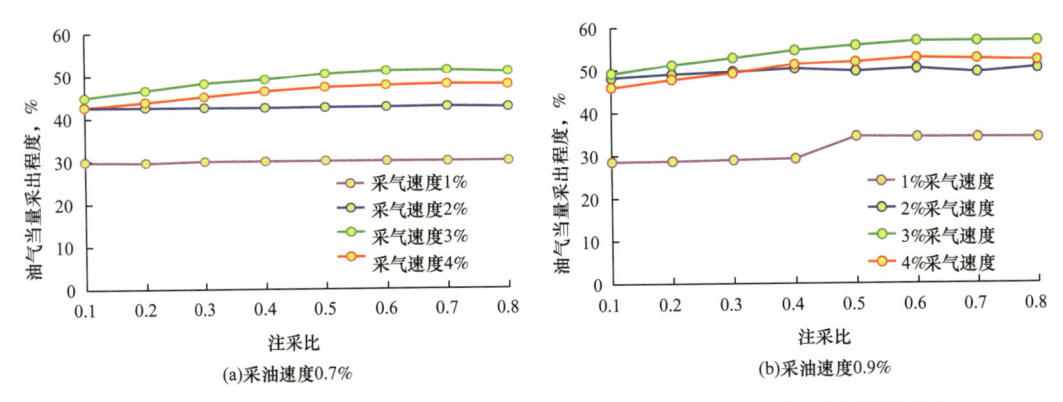

图 7-84 A 南油藏不同采气速度、采油速度及注采比条件下油气开发效果对比

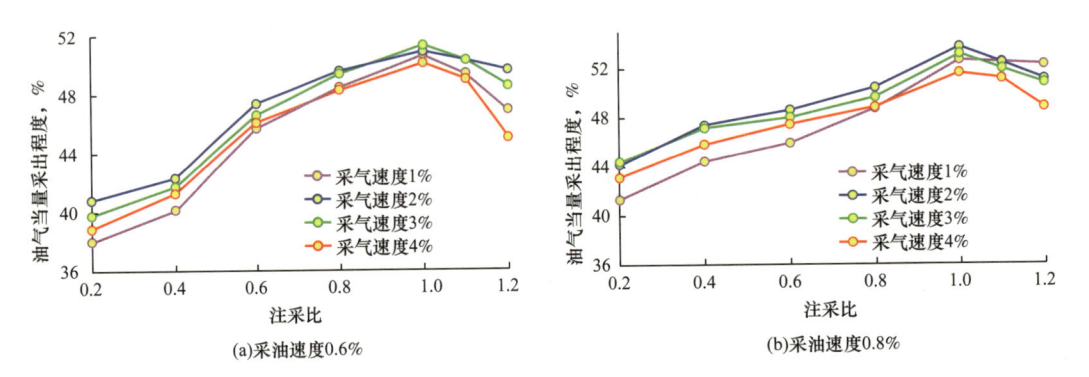

图 7-85 Γ 北油藏不同采气速度、采油速度及注采比条件下油气开发效果对比

从图 7-86 可以看出，屏障+面积注水开发方式下，当 A 南油气藏的采油速度为 0.7% 时，其合理采气速度为 3%～4%，合理注采比为 0.5～0.6，而合理的屏障注水与面积注水比例为 90∶10；当 Γ 北油气藏的采油速度为 0.8% 时，其合理采气速度为 2%，合理注采比为 1.0，而合理的屏障注水与面积注水比例为 50∶50。

三、让纳若尔油气田气顶油环一体化开发方案实施效果

1. A 南、Γ 北油气协同开发参数确定

基于不同开发方式下气顶油环协同开发技术政策研究成果，结合 A 南、Γ 北的油藏开发动态和油藏数值模型的模拟结果，制定了 A 南、Γ 北两个油气藏气顶油环协同开发技术政策（表 7-14）。在油环处于开发晚期条件下，气顶开发时机越早越好；合理开发方式为 A 南、Γ 北均采用屏障+面积注水，Γ 北气顶的凝析油含量较高（360g/m³），早期采用循环注气开发，保持气顶压力，优先回收气顶中的凝析油，A 南气顶凝析油含量中等（250g/m³），采取衰竭开发方式；A 南、Γ 北油气藏合理注采比分别为 0.55、1，屏障注水与面积注水比例分别为 9∶1 和 1∶1。

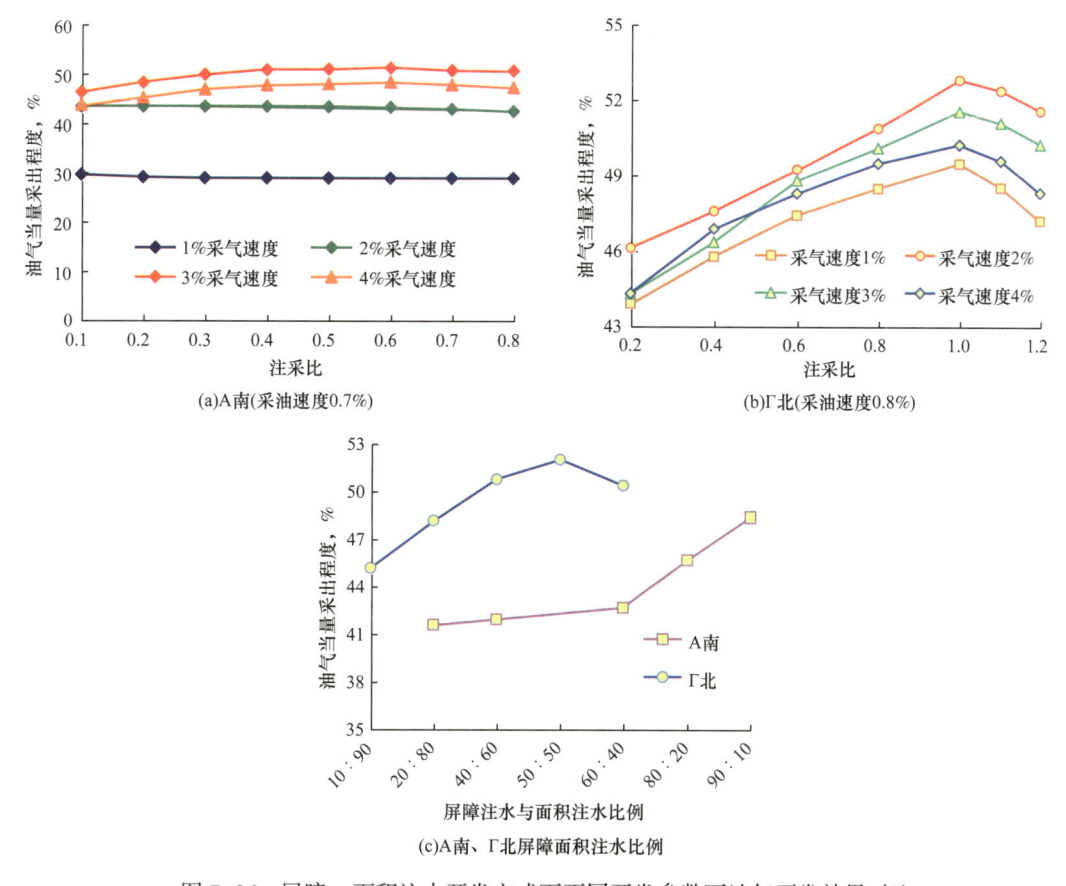

第七章 海外碳酸盐岩油气田高效开发理论与技术

图 7-86 屏障+面积注水开发方式下不同开发参数下油气开发效果对比

表 7-14 А 南和 Г 北油气藏气顶油环协同开发技术政策

序号	技术参数	А 南	Г 北
1	气顶开发时机	在油田处于开发晚期条件下，越早越好	
2	开发方式	面积注水+屏障注水，Г 北气顶早期采用循环注气开发	
3	采气速度，%	4	2
4	合理注采比	0.55	1
5	屏障注水与面积注水比例	9：1	1：1

2. 实施效果评价

让纳若尔油田 А 南油气藏气顶于 2014 年 9 月投入开发，阿克纠宾项目实现了"油气并举"新格局。通过完善 А 南油气藏的屏障+面积注采井网，其中屏障注水井由 2012 年的 8 口增加到 2014 的 19 口，屏障注水与面积注水比例由 2011 年的 53：47 提高到 2014 年的 86：14，水驱储量控制程度由 2010 年的 15% 提高到 2015 年的 35%，实现了油环开发形势明显改善，原油产量递减明显减缓，2015 年气顶年产天然气 $23 \times 10^8 m^3$、凝析油 $36 \times 10^4 t$（图 7-87 和图 7-88）。

— 381 —

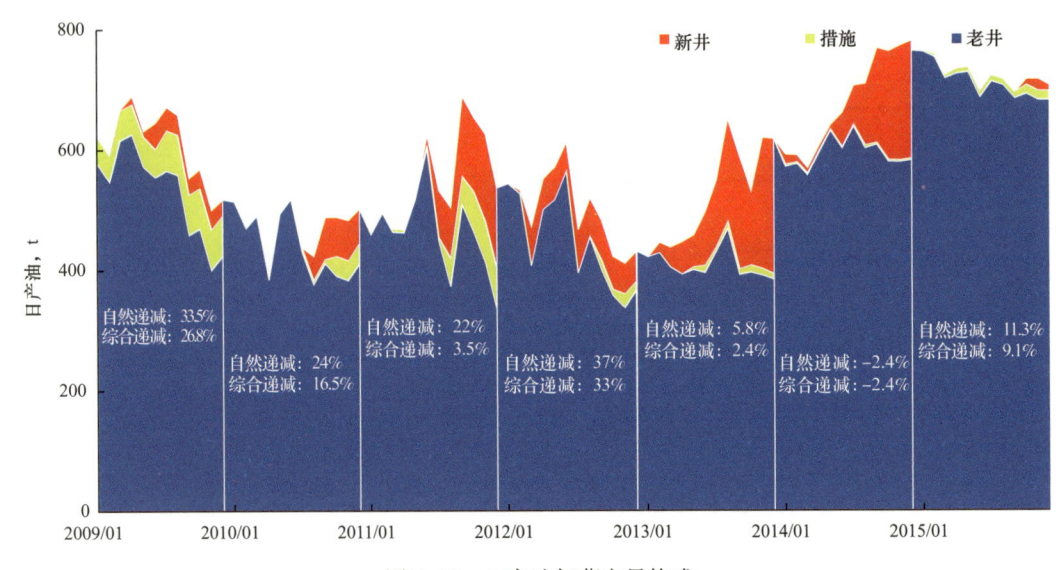

图 7-87　A 南油气藏产量构成

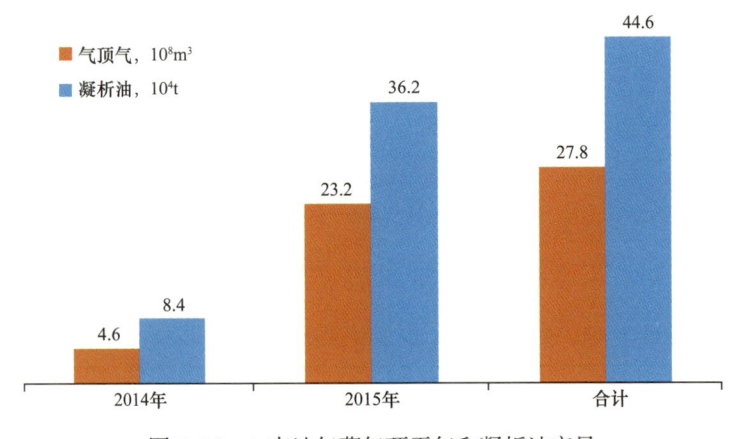

图 7-88　A 南油气藏气顶干气和凝析油产量

第六节　复杂碳酸盐岩气田群开发技术及应用

由于阿姆河右岸气田数量多、储量规模大小不一、单井产能差异大和受合同模式约束，实现整体"有序接替、稳定供气"面临很大挑战。因此需要对气田群开发进行整体优化，实现向下游用户长期稳定供气。

一、复杂碳酸盐岩气藏开发技术

阿姆河右岸受不同沉积相带和成岩作用的影响，碳酸盐岩储层包含孔隙、裂缝、溶洞等多种储集空间，具有储层类型复杂多样、非均质性强、气水关系复杂等地质特点。要实现碳酸盐岩气藏高效开发，需要解决三个技术难题：气藏储层类型识别、低渗透储层直井产能快速评价、礁滩气藏整体大斜度井网优化。

1. 碳酸盐岩储层类型静动态多信息识别技术

碳酸盐岩储层发育不同尺度孔、缝、洞且匹配关系复杂，采用单一资料难以准确识别储层类型，最终影响可动用储量计算、井型井网设计及产能综合评价，需要综合利用岩心、测井、测试、钻井显示、流体等静动态资料，形成了储层类型静动态多信息识别技术。

储层类型静态识别方法主要有岩心描述、常规测井（自然伽马法、"三孔隙度"法和双侧向电阻率法）、微电阻率成像测井等。储层类型动态识别手段主要有采气指数曲线、压力恢复曲线、试井双对数曲线、钻井记录和酸化施工曲线等。依据流体资料识别储层类型的关键是确定硫化氢含量同天然气干燥系数、凝析油潜含量等流体性质及储层类型之间的关系。

综合静动态和流体资料，建立碳酸盐岩储层类型静动态多信息识别图版（表7-15），明确阿姆河右岸包括四种主要储层类型：孔隙（洞）型、缝洞型、裂缝型和裂缝—孔隙型。

表7-15 碳酸盐岩气田储层类型静动态多信息识别图版

类型	孔隙（洞）型	缝洞型	裂缝—孔隙型	裂缝型
岩心、成像测井	物性均匀，不发育裂缝；若孔洞发育，成像可见均匀、密集小黑点	岩心可见洞穴，成像显示黑色团块；大型溶洞还可导致钻具放空	裂缝呈体系状，基质亦较为发育，成像可见均匀的正弦曲线	岩性致密，裂缝交错生长，成像上具有密集的正弦曲线
米采气指数	随生产的进行缓慢趋于稳定	数值较大，快速达到稳定，基本呈一条直线	初期短暂下掉，后期逐渐走平	初值很大，衰减极快、难以达到稳定

续表

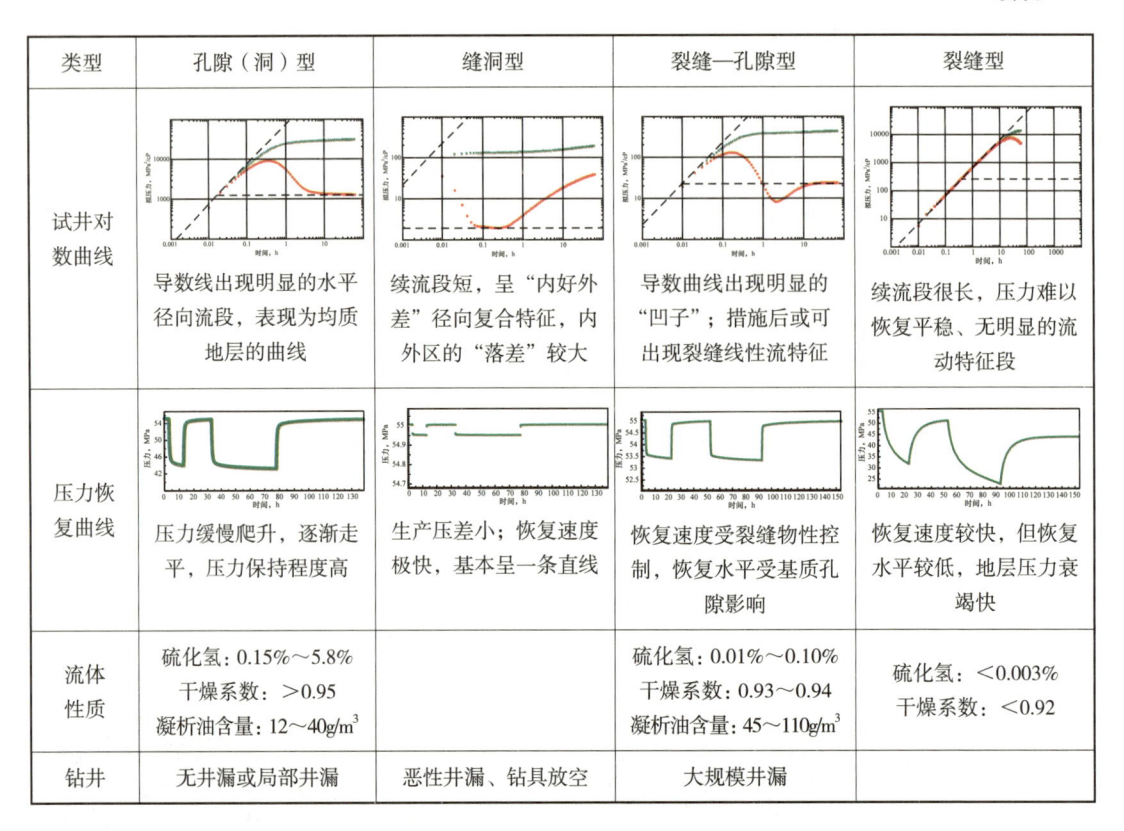

类型	孔隙（洞）型	缝洞型	裂缝—孔隙型	裂缝型
试井对数曲线	导数线出现明显的水平径向流段，表现为均质地层的曲线	续流段短，呈"内好外差"径向复合特征，内外区的"落差"较大	导数曲线出现明显的"凹子"；措施后或可出现裂缝线性流特征	续流段很长，压力难以恢复平稳、无明显的流动特征段
压力恢复曲线	压力缓慢爬升，逐渐走平，压力保持程度高	生产压差小；恢复速度极快，基本呈一条直线	恢复速度受裂缝物性控制，恢复水平受基质孔隙影响	恢复速度较快，但恢复水平较低，地层压力衰竭快
流体性质	硫化氢：0.15%～5.8% 干燥系数：>0.95 凝析油含量：12～40g/m³		硫化氢：0.01%～0.10% 干燥系数：0.93～0.94 凝析油含量：45～110g/m³	硫化氢：<0.003% 干燥系数：<0.92
钻井	无井漏或局部井漏	恶性井漏、钻具放空	大规模井漏	

2. 低渗透储层未稳定回压试井新方法及无阻流量评价

回压试井是单井产能测试经典方法，该方法要求开井测试时产量和流压均达到稳定，但阿姆河右岸B区中部为低渗透—特低渗透气藏，流压达到稳定需要时间长，实施成本高，天然气排放放空气量大。针对这一挑战，改进常规回压试井流程，将前几个工作制度改为等时开井，最后一个工作制度采用延长测试达到稳定（图7-89）。在此基础之上，在前几个未稳定工作制度之间增加几个设想的关井恢复过程并假设井底流压恢复到原始地层压力（图7-90），根据压降叠加原理，提出了"流程转换—流压校正"方法，将原有的未

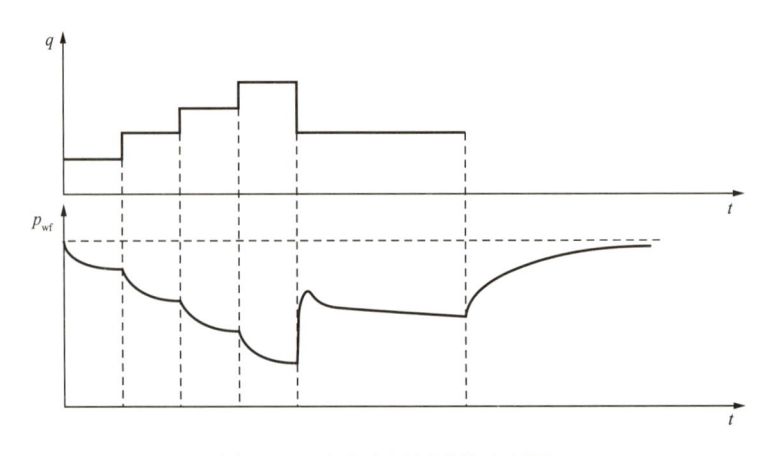

图7-89 未稳定回压试井流程图

稳定回压测试资料转化为等时试井测试资料进行分析，改进后的未稳定回压测试流程解决了产能计算和评价问题。该方法可实现低渗透储层单井产能的快速评价，为单井合理配产提供了依据。

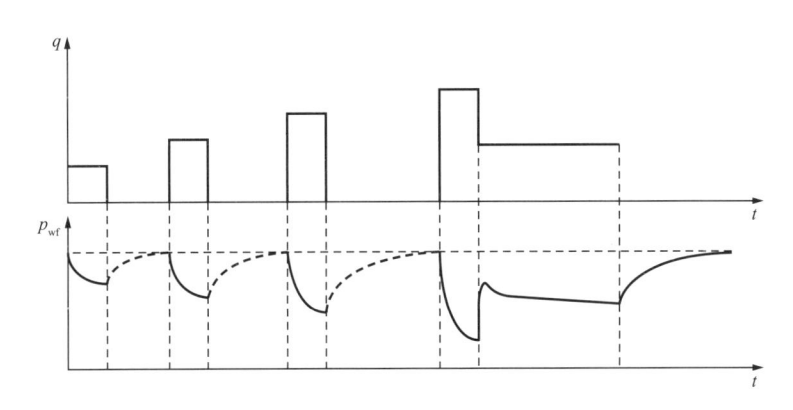

图 7-90　转换后的等时试井示意图

为验证所提出的未稳定回压试井方法的准确性，建立均质低渗透气藏的单井数值模型，分别对回压试井和未稳定回压试井流程进行模拟，为了比较未稳定回压试井方法对不同渗透率的适应性，在其他参数不变的情况下，将渗透率分别设置为 0.1mD、0.2mD 和 0.5mD 三个等级；在每个渗透率下面又模拟了 8 小时和 15 小时两种等时生产时间，以分析不同的等时生产时间对结果的影响程度（表 7-16）。对比结果表明，误差控制在 10% 以下，说明该方法可以满足气藏工程需要。并且测试时间比常规方法大幅度减少，节省了测试成本，减少了天然气放空量，提高了测试效率。

表 7-16　不同产能计算方法结果对比表

渗透率 mD	测试方法	数值模拟给定的产量 $10^4 m^3/d$	对应不同产量数值模拟得到的井底流压 MPa	气藏工程方法计算的无阻流量 $10^4 m^3/d$	相对误差 %
0.1	回压试井	30/40/50	36.1/25.0/11.3	52.33	—
0.1	未稳定回压试井（等时生产 8h）	30/40/50/30	48.2/43.1/37.9/34.7	57.02	8.97
0.1	未稳定回压试井（等时生产 15h）	30/40/50/30	45.9/39.2/33.2/33.6	53.91	3.02
0.2	回压试井	30/40/50	45.7/40.7/35.6	86.27	—
0.2	未稳定回压试井（等时生产 8h）	30/40/50/30	50.0/47.1/43.9/44.5	93.70	8.61
0.2	未稳定回压试井（等时生产 15h）	30/40/50/30	48.9/45.3/41.3/43.7	88.41	2.49
0.5	回压试井	30/40/50	48.5/45.1/41.6	110.87	—
0.5	未稳定回压试井（等时生产 8h）	30/40/50/30	51.0/48.6/46.2/47.3	118.25	7.80
0.5	未稳定回压试井（等时生产 15h）	30/40/50/30	49.9/46.9/44.1/47.1	112.83	1.77

3. 边底水气藏整体大斜度井网多参数同步优化技术

阿姆河右岸 B 区中部裂缝—孔隙型礁滩气藏基质渗透率低，直井开发难以获得高产、稳产，需采用大斜度井开发。大斜度井井网优化主要包括五个参数：入靶点位置（A 点）、斜井段走向、斜井段长度、避水高度和总井数（表 7-16）。一般而言，入靶点位置和斜井段走向这两个因素对于已知气田来说不确定性较小，根据气藏地质特征研究成果，气藏的构造形态、储层发育和裂缝走向已经确定。因此，斜井段长度、避水高度和总井数是优化的重点。

表 7-17 大斜度井井位优选及井轨迹优化影响因素

优化参数	主要影响因素
井位（入靶点位置 A 点）	构造位置、储层发育程度
斜井段走向	储层分布、构造、裂缝发育方向
斜井段长度	储层渗透率、井筒摩阻、单位进尺钻井费用、储层连续性
避水高度	水体能量、储层纵向渗透率与水平渗透率的比值、隔夹层物性
总井数	储层渗透率、天然气气价、钻井费用

以净现值 NPV 为目标函数，建立包含斜井段长度、避水高度和井数的多变量数学模型：

$$\mathrm{NPV} = \sum_{t=1}^{T} \left\{ \left[Q_t(n, L, h') P_\mathrm{gas} - (Ch + \lambda CL)_t \right] (1 + i_\mathrm{c})^{-t} \right\} \quad (7\text{-}36)$$

式中　n——总井数；

L——斜井段长度，m；

h'——斜井段避水高度，m；

Q_t——第 t 年气田年产量，是 n、L、h' 的函数，具体的定量关系可以借助数值模拟方法进行模拟，m³；

P_gas——天然气气价，USD/m³；

i_c——折现率；

C——直井段单位进尺成本，USD/m；

h——直井段长度，m；

λ——斜井段单位进尺成本为直井段 λ 倍；

T——气田开发年限，a。

对于上述数学模型，给定大斜度井相关参数、总井数，借助数值模拟方法可预测出气田整个开发周期的产量，再考虑钻井成本等因素，计算出气田的开发效益。为了减少数值模拟工作量，同时获得最优井网，采用方案正交设计方法来减少对比方案。以阿姆河右岸裂缝—孔隙型碳酸盐岩底水气藏为例，优化出合理斜井段长度为 600m 左右、大斜度井总数为 19 口、避水高度为 50~55m。与常规大斜度井优化方法相比，采用整体大斜度井同步优化技术实施后，大斜度井无阻流量高达（534~906）×10⁴m³/d，别列克特利—皮尔古伊气田产能从 25×10⁸m³/a 提高到 30×10⁸m³/a，提高了 20%；大斜度井数从 24 口减少到

19 口，减少了 16.7%；财务净现值从 10.14 亿美元增加到 11.05 亿美元，增加了 9%。采用该技术不仅节约了钻井成本，同时提高了单井产量和气田开发速度，加快投资回收，降低投资风险，取得较好的开发效果。

二、阿姆河右岸复杂碳酸盐岩气藏开发技术政策

合理开发技术政策是阿姆河右岸复杂碳酸盐岩气藏高效开发的基础，包括气藏开发方式优选、开发层系划分、井型井网优化、单井合理产量评价、气藏合理采气速度优化。

1. 气藏开发方式优选

气藏的开发方式主要分为衰竭式开发和保压式开发两类：衰竭式开发就是利用气田的天然能量进行开发；保压式开发就是用人工方法向气层内循环注气，以维持气藏一定的压力水平，从而提高气藏采收率。

气藏开发方式的选择需要考虑的因素主要包括流体相态特征、储量规模、地质条件、地饱压差等。对于凝析油含量低、储量规模小、储层连通性差、地层压力远高于饱和压力或采用保压式开发经济效益较差的气藏，适合采用衰竭式开发；反之，对于凝析油含量高、储量规模大、储层连通性好、地层压力与饱和压力相近的气藏，适合采用循环注气方式开发。在凝析油含量方面，根据国内外气藏开发经验，通常以 $250g/m^3$ 作为气藏开发方式的选择标准：即干气藏、湿气藏和凝析油含量小于 $250g/m^3$ 的凝析气藏适合采用衰竭式开发，而凝析油含量大于 $250g/m^3$ 的凝析气藏，如果具有规模储量，考虑采取循环注气方式开发。

除亚希尔杰佩气田的凝析油含量达到 $170g/m^3$ 之外，阿姆河右岸其他气田凝析油含量均较低，属于湿气藏，因此，阿姆河右岸项目所有气田均适合采用衰竭式开发方式。

2. 开发层系划分

对于多层状气藏，要达到较高的采收率和最大的经济效益等目标，避免或减少开发过程中的层间干扰，需要合理划分开发层系。气藏开发层系划分的原则是：（1）每套开发层系要具备一定的含气厚度、储量和生产能力，单独开发能满足设计的产能规模和稳产期要求；（2）气藏类型不同，储层或流体性质有明显差别时，需要划分开发层系。同一层系的储层性质、天然气性质、埋藏深度、压力系统应大体一致；（3）气层间存在稳定的隔层，且隔层具有一定的厚度、裂缝不发育，能将气藏分割为两个以上的独立压力系统；（4）流体组成差异大、需要单独净化处理（如 H_2S 和 CO_2 气体含量差异较大）的气藏单独划分一套开发层系；（5）边底水活跃的层组单独作为一套开发层系。

阿姆河右岸项目气藏具有多个产层，其中 B 区中部和东部气藏发育裂缝，无法形成稳定的隔夹层，B 区西部气藏单层较薄，储量规模较小，单独开发不具有经济效益。A 区气藏主力层为块状石灰岩，而次要层为硬石膏与石灰岩互层，储层非均质性较强、储量规模小，若单独作为一套层系开发，经济效益差。因此，阿姆河右岸气藏均适合采用多层合采开发。

3. 井型优选和井网优化

气藏开发井型主要有直井、水平井和大斜度井三种。对于气层厚度大，储层相对均质、物性较好的气藏，适合采用直井开发，因直井开发就能获得高产且钻井成本相对较低；而对于气层厚度小、边底水活跃的气藏，因直井开发难以获得高产且容易导致边底水锥进，适合采用大斜度井或水平井开发。对于第二类气藏，如果气藏隔夹层不发育和纵向

连通性较好，底水非常活跃，更适合采用水平井开发来减缓底水锥进；反之，气藏纵向连通性差、底水不太活跃，适合大斜度井或大斜度水平井开发。

气藏开发井网优化应以提高动用储量、采收率和经济效益为目标，具体原则如下：（1）不同构造形态和不同构造部位应有不同的井网系统和井网密度。（2）井网部署要考虑到全气藏的均衡开采。（3）开发井要尽可能远离边底水，力求延长气井无水采气期。（4）要尽可能在裂缝发育带和高产富集区布井[15-16]。

以阿姆河右岸萨曼杰佩气田为例，在气田靠近土乌边境区域，为应对乌兹别克斯坦强采，采用了部署加密井应对强采的开发策略。根据气藏储层空间展布特征和数值模拟研究成果，确定采用大斜度+水平井开发，大斜度段井斜为75°，水平段长度500m，实施后单井产能达到 $100 \times 10^4 m^3/d$ 以上。

4. 单井合理产量

气井合理产量是气藏开发的关键参数，以气井的无阻流量为基础，综合考虑井筒、储层、流体和气藏类型等因素来给出气井配产比（即气井合理产量和无阻流量的比值）确定气井产量[17-18]。结合阿姆河右岸储层类型及气藏边底水活跃程度，划分出六种典型气藏类型：水体不活跃的孔隙（洞）型气藏（Ⅰ类）、水体活跃的孔隙（洞）型气藏（Ⅱ类）、水体不活跃的裂缝—孔隙型气藏（Ⅲ类）、水体活跃的裂缝—孔隙型气藏（Ⅳ类）、水体不活跃的缝洞型气藏（Ⅴ类）和水体不活跃的裂缝型气藏（Ⅵ类）。综合分析各气田的单井测试、生产动态及数值模拟结果，确定六种气藏类型气井的合理配产比分别为：1∶5、1∶7、1∶8、1∶9、1∶10、1∶10。

5. 气藏合理采气速度

气藏合理采气速度受其储渗性能、气水关系、稳产年限和储量规模等多种因素的影响。对于储层渗透率高、非均质性弱、边底水不活跃的气藏，采气速度可适当提高；反之，需控制采气速度。一般来说，采气速度越高，稳产年限越短；反之，稳产年限越长[19]。为保证长期稳定供气，对不同储量规模的气藏，考虑到气藏产能建设周期不同，对其采气速度和稳产年限有不同的标准。

对于阿姆河右岸项目，确定气藏合理采气速度时还需考虑两个因素：（1）邻国开发强度。对于边境气田（如萨曼杰佩），确定产能规模时，需考虑邻国开发强度，以保持整个气田均衡开发；（2）气田群整体优化开发。阿姆河右岸项目为气田群联合开发，为提高整体开发效益，需优化各气田采气速度和投产时间，实现整个项目净现值最优。

由于乌兹别克斯坦一方强采，萨曼杰佩气田压力下降快，为保持整个气藏均衡开采，采气速度按4%~5%考虑。在4%~5%采气速度区间内，采用气田群整体优化方法确定，气田合理采气规模约为 $65 \times 10^8 m^3/a$，折算合理采气速度约4.3%。

三、基于产品分成合同模式的气田群整体协同开发优化技术

对于共用一个地面处理厂的分散性气田群，由于气田数量多、储层物性差异大、地理位置分散，不同的投产接替次序、产能规模将影响气田群整体开发效益。因此，只有实现气田群整体优化开发，才能实现阿姆河右岸整体开发效益最大化。

对于阿姆河项目，选择经济评价指标净现值（NPV）为目标函数。投资方案的净现值是指按照一定的贴现率（基准收益率），将投资项目寿命期内所有年份的净现金流量折现

到计算基准年（如投资之初）的现值然后求和。其计算公式如下：

$$\text{NPV} = \sum_{i=1}^{T}(CI-CO)_t \cdot (1+i_c)^{-t} \tag{7-37}$$

式中　NPV——净现值，万美元；

　　　$(CI-CO)_t$——第 t 年净现金流，万美元；

　　　T——合同期限；

　　　i_c——基准收益率。

在该模型中，净现值 NPV 是各气田采气速度 $q_D(i,t)$ 的函数，$q_D(i,t)$ 表示气田 i 第 t 年的采气速度。基于阿姆河右岸产品分成合同模式，计算阿姆河右岸气田群整体开发优化模型的目标函数 NPV。

根据阿姆河右岸气田群的实际情况，结合不同气藏采气速度与稳产期关系的研究成果，总结得出气田群协同开发优化模型的约束条件：

$$\begin{cases} Q_g(t) = Q & t \leqslant T_w \\ Q_g(t) = q_D(i,t) \cdot G_i & \\ q_D(i,t) = b_i'(1-R_{psp})^2 - a_i' & P_{sp} < 13.79\text{MPa} \\ q_D(i,t) = b_i \left(\dfrac{1}{1-R_{psp}} - a_i\right)^{-1} - c_i & P_{sp} \geqslant 13.79\text{MPa} \\ q_{Di\min} \leqslant q_D(i,t) \leqslant q_{Di\max} & \end{cases} \tag{7-38}$$

式中　T_w——气田群的稳产时间，a；

　　　Q——管道要求供气量，10^8m^3；

　　　b_i'、a_i'——稳产期末地层压力低于 13.79MPa 时的地层特征参数；

　　　b_i、a_i、c_i——稳产期末地层压力高于 13.79MPa 时的地层特征参数；

　　　$q_{Di\min}$、$q_{Di\max}$——气田 i 采气速度的下限和上限，%。

根据气田群协同开发优化模型，得到阿姆河右岸西部（第一处理厂）和中东部（第二处理厂）每个气田投产时间和产量规模，保障阿姆河右岸年产 $170 \times 10^8\text{m}^3/\text{a}$ 长期稳产。西部主供气田为萨曼杰佩 2009 年投产，2010 年实现年产气 $40 \times 10^8\text{m}^3/\text{a}$，2016 年实现年产气 $65 \times 10^8\text{m}^3/\text{a}$；接替气田麦捷让气田、亚希尔杰佩气田 2015—2016 年投产，确保"十三五"期间稳产 $65 \times 10^8\text{m}^3$；2020—2021 年，涅列齐姆、基什图凡＋西基什图凡、加登—北加登、伊利吉克—东伊利吉克等气田接替投产，确保西部年产量 $80 \times 10^8\text{m}^3/\text{a}$ 稳定生产。阿姆河右岸中东部主力建产气田别列克特利—皮尔古伊、扬古伊、恰什古伊、桑迪克雷、奥贾尔雷 2014 年投产，2015 年投产基尔桑、鲍坦乌、捷列克古伊、布什卢克、伊拉曼等气田，实现中东部年产气 $70 \times 10^8\text{m}^3/\text{a}$；2018—2020 年投产南霍贾姆巴兹、霍贾古尔卢克、东霍贾古尔卢克、召拉麦尔根气田，实现年产气 $90 \times 10^8\text{m}^3/\text{a}$；接替气田戈克米亚尔、阿盖雷、阿克古莫拉姆气田 2022—2032 年投产，确保中东部年产量 $90 \times 10^8\text{m}^3/\text{a}$ 稳定生产。

参 考 文 献

[1] Sharland P R, Archer R, Casey D M, et al. Arabian Plate Sequence Stratigraphy [J]. GeoArabia Special Publication, Gulf Petrolink, Bahrain, 2001, 2: 387.

[2] Sharland P R, Archer R, Casey D M, et al. Arabian Plate Sequence Stratigraphy-revisions to SP2 [J]. GeoArabia, 2004, 9: 199-214.

[3] Aqrawi A A M, Thehni G A, Sherwani G H, et al. Mid-Cretaceous rudist-bearing carbonates of the Mishrif Formation: An important reservoir sequence in the Mesopotamian Basin [J]. Journal of Petroleum Geology, 1998, 21 (1): 57-82.

[4] Alsharhan, Narin. 伊拉克油气地质与勘探潜力 [M]. 何登发, 何金有, 文竹, 等译. 北京: 石油工业出版社, 2013.

[5] 刘洛夫, 朱毅秀, 等. 滨里海盆地盐下层系的油气地质特征 [J]. 西南石油学院学报, 2002, 24 (3): 11-15.

[6] 赵伦, 李建新, 等. 复杂碳酸盐岩储集层裂缝发育特征及形成机制——以哈萨克斯坦让纳若尔油田为例 [J]. 石油勘探与开发, 2010, 37 (3): 304-309.

[7] 张兵, 郑荣才, 刘合年, 等. 土库曼斯坦萨曼杰佩气田卡洛夫——牛津阶碳酸盐岩储层特征 [J]. 地质学报, 2010, 84 (1): 117-125.

[8] 李浩武, 童晓光, 王素花, 等. 阿姆河盆地侏罗系成藏组合地质特征及勘探潜力 [J]. 天然气工业, 2011, 30 (5): 6-12.

[9] 朱光亚, 王晓冬, 刘先贵, 等. 低渗孔隙型碳酸盐岩油藏水驱油非线性渗流机理 [C] // 第十二届全国渗流力学学术会议论文集, 青岛: 石油大学出版社, 2013.

[10] 朱光亚. 中东碳酸盐岩油藏注水驱油理论与应用 [M]. 北京: 中国水利水电出版社, 2017.

[11] 范子菲. 屏障注水机理研究 [J]. 石油勘探与开发, 2001 (3): 54-56.

[12] 廉培庆, 程林松, 等. 裂缝性碳酸盐岩油藏相对渗透率曲线 [J]. 石油学报, 2011, 32 (6): 1026-1030.

[13] 张继成, 宋考平. 裂缝—孔隙型储层油水相渗实验研究 [J]. 油气藏评价与开发, 2013, 3 (3): 19-22.

[14] 荣元帅, 赵金洲, 等. 碳酸盐岩缝洞型油藏剩余油分布模式及挖潜对策 [J]. 石油学报, 2014, 35 (6): 1138-1146.

[15] 袁士义. 凝析气藏高效开发理论与实践 [M]. 北京: 石油工业出版社, 2003.

[16] 郭平. 凝析气藏提高采收率技术与实例分析 [M]. 北京: 石油工业出版社, 2015.

[17] 李晓平, 李允. 气井产能分析新方法 [J]. 天然气工业, 2004, 24 (2): 76-78.

[18] 宋军政, 郭建春. 确定气井产能不同方法的研究对比 [J]. 试采技术, 2005 (2): 10-13.

[19] 郭春秋, 李方明, 刘合年, 等. 气藏采气速度与稳产期定量关系研究 [J]. 石油学报, 2009, 30 (6): 908-911.

第八章 超重油油藏冷采开发理论与技术

超重油系指15.6℃及大气压下密度大于1.000g/cm³（API重度小于10°API），但在原始油藏条件下黏度小于10000mPa·s、具有就地流动性的原油。目前发现的超重油最大聚集带是南美洲委内瑞拉的奥里诺科（Orinoco）重油带，该重油带超重油储量和开发潜力巨大[1]。与国内稠油相比，重油带超重油具有"四高一低"（原油密度高、沥青质含量高、硫含量高、重金属含量高、原油黏度相对低）可流动的特性；冷采过程中一定条件下可就地形成泡沫油流，具有一定冷采产能。重油带超重油地层条件下的黏度范围为1000～10000mPa·s，相对低黏度指的是和国内稠油相比，在相同的原油密度条件下，重油带超重油的黏度是国内稠油黏度的10%～20%，这主要是由于前者沥青质含量较高而胶质含量相对较低造成的。

中国石油在重油带的合作开发项目包括MPE3和胡宁4项目，地质储量近100×10^8t，是中国石油非常重要的战略资源。超重油油藏与国内稠油具有截然不同的油藏地质特征，国内成熟的稠油热采开发技术并不适用于海外作业背景下的超重油的经济有效开发。自"十一五"以来，中国石油依托国家油气科技重大专项攻关和在重油带的开发生产实践，丰富和发展了中国在超重油开发方面的理论认识，并集成创新形成了超重油油藏冷采经济高效开发技术，包括超重油油藏储层表征、泡沫油物理模拟、泡沫油冷采特征评价以及整体丛式水平井开发优化设计等方面。理论与技术的进展成功指导了MPE3项目的经济高效开发，并已建成千万吨级海外最大规模的非常规油生产与供应合作区，有力提升了中国石油在非常规油气开发领域的国际竞争力。

第一节 超重油油藏地质油藏特征及储层表征

奥里诺科重油带位于南美洲委内瑞拉的奥里诺科河以北，面积为55314km²，地质储量约2200×10^8t，构造上属于东委内瑞拉盆地南缘，根据构造和沉积特征，从西至东将其划分为四大区，依次为博亚卡、胡宁、阿亚库乔和卡拉波波，其中MPE3区块位于卡拉波波大区的东端（图8-1）。重油带总体是一个北倾单斜，主要目的层是一套古近—新近系的河流—三角洲相砂岩，油藏埋深100～1500m，油层厚度为5～100m，孔隙度在32%以上，渗透率大于3000mD，含油饱和度大于82%；饱和压力为2.76～6.90MPa，地下原油黏度小于10000mPa·s。油藏具有正常的温压系统，岩石固结程度差，油藏以岩性圈闭为主，局部受断层控制。

一、奥里诺科重油带区域地质特征

委内瑞拉南半部为前寒武系的圭亚那地盾，长期处于较稳定的状态。安第斯褶皱山系经哥伦比亚从西南部进入委内瑞拉后分成两支，一支继续向北沿西部边境延伸，称佩里亚山（Perija）；另一支呈北东向，称梅里达山（Merida）。梅里达山至海岸转为东西走向，称加勒比海岸山。佩里亚山和梅里达山核部出露前寒武系，并且有岩浆岩侵入中—古生界，以断块发育为特征。加勒比海岸山主要由中—新生界组成，发育有走向滑动断层，以挤压隆起为特征。这些褶皱山脉将委内瑞拉分隔成许多盆地。

图 8-1 奥里诺科重油带四大区分布图

重油带在盆地构造上属于东委内瑞拉盆地南缘（图 8-2），奥里诺科河以北，整体呈一个西宽东窄的长条形条带。东委内瑞拉盆地为前陆盆地，从早中新世至今，加勒比板块与南美板块斜向碰撞，产生走滑和挤压双重大地构造运动，导致了前陆盆的发育，其沉积覆盖在被动大陆边缘沉积之上。盆地北部为前陆盆地的沉降凹陷带，南部为前陆盆地的斜坡带，以白垩系和新近系沉积为主，沉积厚度近 10000m，沉积地层从凹陷区向南朝地盾方向减薄而尖灭[2]。

早古生代时期，委内瑞拉为圭亚那地盾和安第斯活动带东翼之间的海盆，泥盆纪造山运动使构造发生反转，在安第斯山区形成海相盆地。古生代末以区域隆起、侵蚀结束。

在三叠—侏罗纪，广泛地接受了大陆红色碎屑堆积，只有瓜希腊半岛一带为海相沉积。白垩纪发生了大规模的海侵，海水侵入东委内瑞拉地盾区。晚白垩世时，沿现在的海岸形成火山岛弧。随着岛弧的不断隆起，东委内瑞拉出现了不对称的东西向盆地。西委内瑞拉白垩纪时稳定沉降，马拉开波盆地中部为稳定的地块，周围为深海槽，连续沉积了灰质页岩。

古近纪，马拉开波地块持续下沉，沉积了浅海砂、页岩，而马拉开波湖以东一带为深水相。晚始新世周围褶皱山系开始隆起，中新世又继续隆起，特别是在梅里达山前形成很厚的新近系山前沉积，中间地块相对下沉，构成了菱形的马拉开波盆地。新近纪造山运动使加勒比海岸山褶皱上冲，东委内瑞拉盆地轴线不断南移，并沉积了滨海和浅海碎屑岩，向北渐变为深海相页岩。中中新世造山运动结束后，海水逐渐向东退出。

由于板块碰撞，北部逆冲和隆起遭受剥蚀成为东委内瑞拉盆地的主要沉积物源；南部圭亚那地盾为奥里诺科重油带沉积储层的主要物源区，地盾上的剥蚀物由河流带入盆地而形成一系列的三角洲。在奥里诺科重油带，原有地貌控制了河流三角洲沉积的分布，起填平补缺作用，沉积厚度不均匀，其上是进积的以下三角洲平原、三角洲前缘和前三角洲相为主的砂泥岩互层沉积。在中新世的沉积旋回中，奥里诺科重油带最重要的储集岩地层 Oficina 组及 Freites 组整合地覆盖在 Merecure 群之上，后来盆地腹部又沉积 Carapita 组巨厚页岩，它是 Merecure 组、Oficina 组及 Freites 组储集岩的区域性盖层[3]（图 8-3）。

奥里诺科重油带的主要含油层系是新近系下—中中新统 Oficina 组，埋深为 609.6~1066.8m。其下部的 Morichal 段是整个奥里诺科重油带最具经济价值的油气储层。构造和断层对油气分布的控制作用远次于地层岩性变化的控制作用。

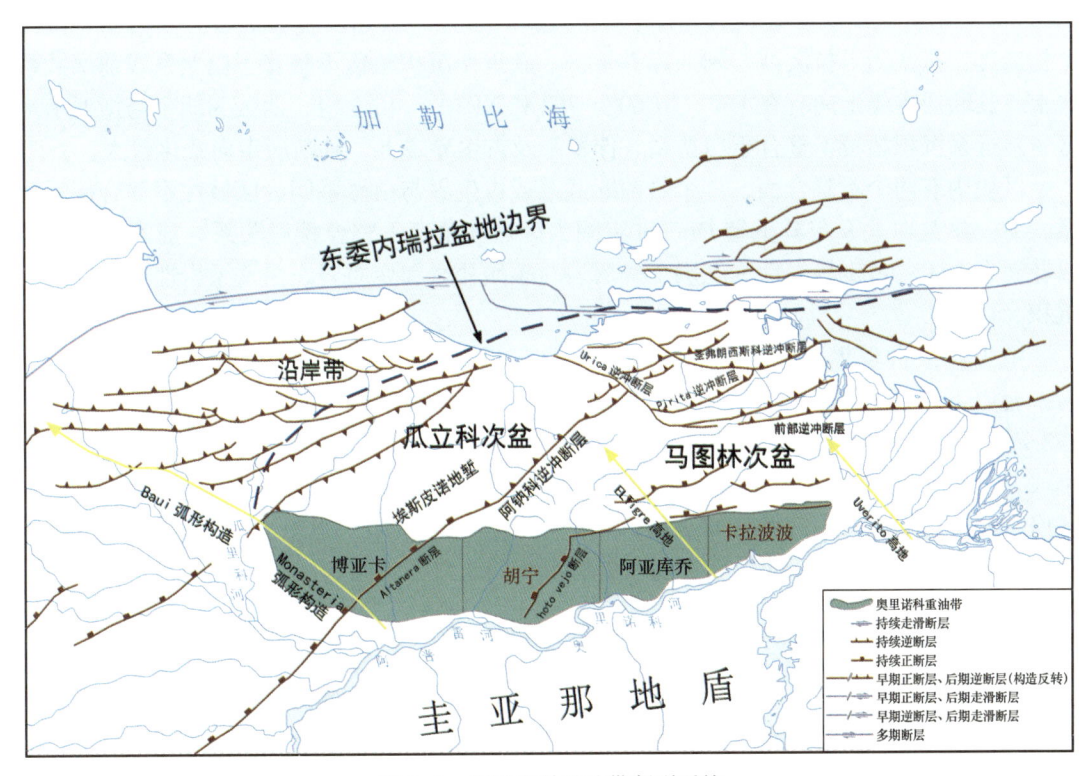

图 8-2 奥里诺科重油带断裂系统

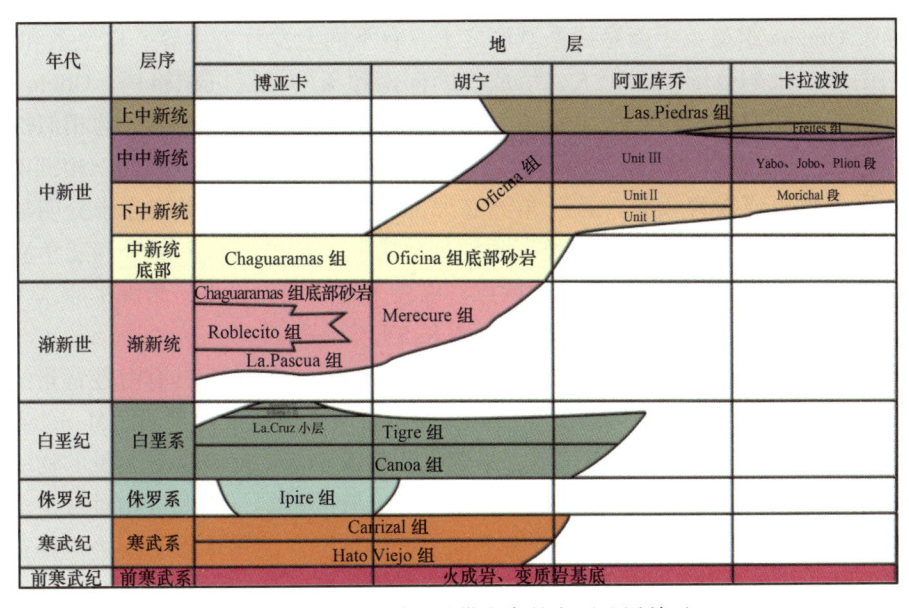

图 8-3 奥里诺科重油带发育的主要地层单元

二、构造及地层特征

在构造特征上总体为一个区域性北倾单斜构造，以张性构造为主，少褶皱，多正断层，平均断距不超过60m[4]。奥里诺科重油带断裂相对不发育，主要有Hato Viejo和Altamira两条区域断层穿过该区（图8-2）。Hato Viejo断裂系统将重油带分割为东、西两个构造区：东区为卡拉波波与阿亚库乔地区。新近系沉积超覆不整合于白垩系或前寒武系之上，其断层主要走向有在EW、NE60°~70°和NE30°~45°3组；西区为胡宁与博亚卡地区，新近系沉积超覆不整合于白垩系、侏罗系及古生界之上，其断层走向变化较大。

区块内有两个不整合面，一个是前寒武系或古生界与白垩系间为区域性不整合接触关系，另一个是白垩系与其上覆Oficina组间为区域性角度不整合接触关系。前寒武系岩性以花岗岩为主，古生界岩性为红层、碎屑岩、碳酸盐岩和变质岩，白垩系岩性为白色细粒沉积。

中生界或古生界不整合面以上覆盖的是新近系下—中中新统Oficina组，Oficina组为一套以下三角洲平原、三角洲前缘和前三角洲沉积为主的砂泥岩互层，地层顶埋深为438.9~1069.8m，地层厚度为320~411.5m，地层平均厚度为365.8m。Oficina组划分为4个段，从上至下依次为Pilon段、Jobo段、Yabo段和Morichal段。Morichal段整体上是一套厚砂岩沉积，属于下三角洲平原辫状河道沉积，与下伏中—古生界呈角度不整合接触，在大部分井中可见到3个向上变细的正旋回沉积韵律特征（图8-4）。

三、沉积特征与隔夹层成因分析

砂体的沉积环境和沉积条件控制着砂体的分布状况和内部结构特征，不同环境成因的砂体因其展布规律不同，储层性质亦不同。

1. 沉积体系与沉积微相

1）沉积背景

重油带Oficina组覆盖于前寒武系基底之上，自下而上发育古生界、白垩系和新近系，且由北向南地层沉积范围不断扩大，形成不断向南超覆的地层沉积格局。Oficina组下段和Merecure组沉积时期与现代奥里诺科三角洲在模式和形态上具有很大的相似性，它们的共同特点是：三角洲平原的面积特别大，占整合三角洲的绝大部分，而三角洲前缘和前三角洲几乎不发育或发育较差，且三角洲靠海部分受潮汐作用的影响亦十分明显。根据Coleman（1971）的划分方案，将该类三角洲划分为三角洲平原水上部分和三角洲平原水下部分。其中，又可以根据潮汐活动的特点，以最大高潮线为界将三角洲平原水上部分细分为上三角洲平原和下三角洲平原两部分（图8-5）。

奥里诺科重油带沉积体正是基于以上沉积背景下而形成的一套具有海侵背景的河流—三角洲沉积建造[5]，该套沉积体的沉积物源主要来自南部的圭亚那地盾。Morichal段整体上属于下三角洲平原上的辫状河道建造，早期沉积物源丰富，河流带着大量的物源在工区内沉积，并伴随决口扇发育。沉积中期受到海平面上升的影响，物源量相对减少也使得辫状河沉积受到一定的减弱。晚期，随着海平面上升的加剧，沉积体除了南边仍具有辫状河沉积特征以外，其他大部分沉积体均表现出水下沉积特征。

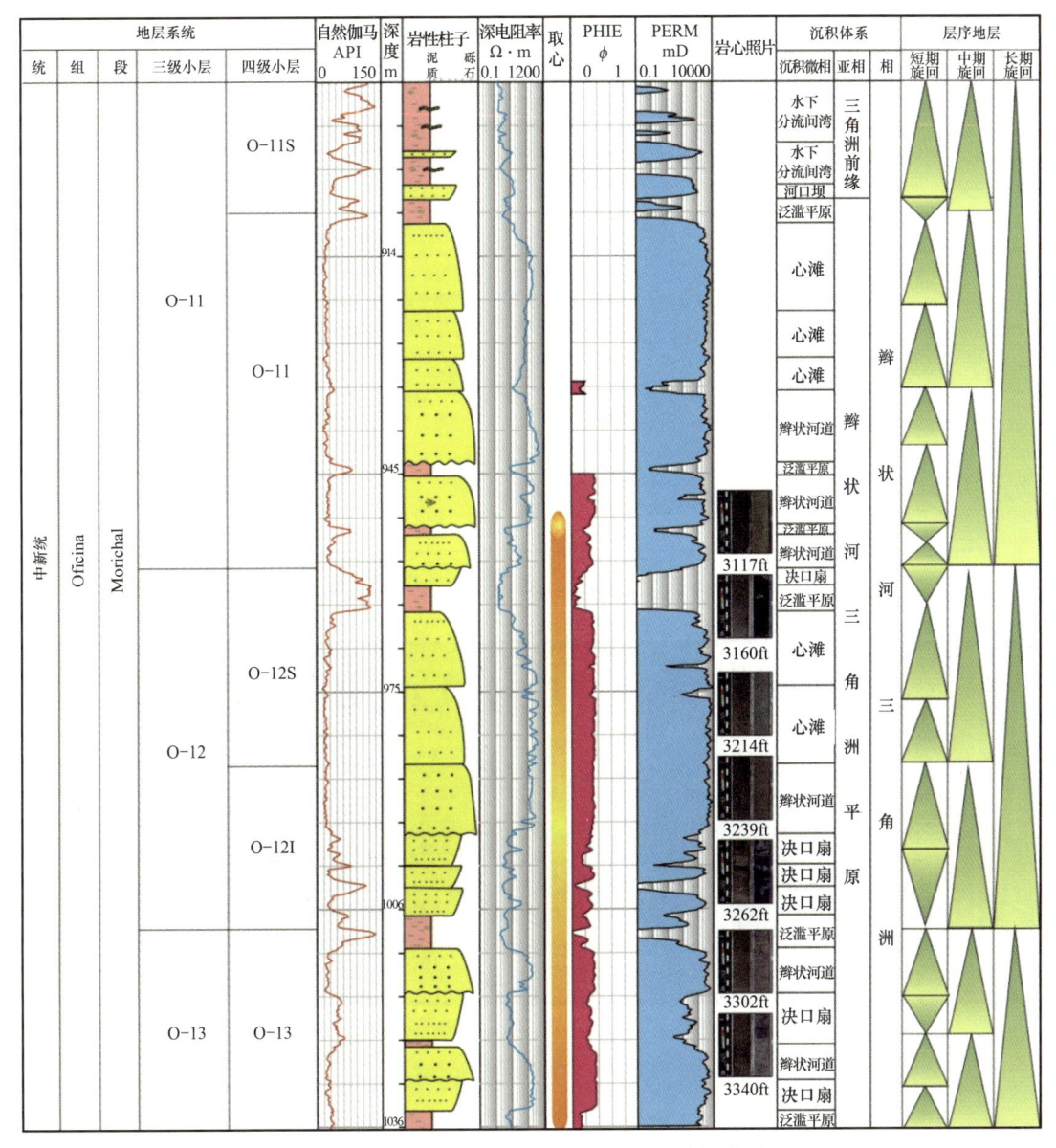

图 8-4　卡拉波波区 MPE3 区块地层综合柱状图

2）沉积构造特征

（1）块状层理。块状层理是最发育的层理，Morichal 段的河道沉积均以块状层理为主，垂向上也没有明显的向上变细特征，单层厚度普遍较大，以泥砾的出现作为单层的分界，反映河道在沉积与迁移过程中具有流速快、携载沉积物量大、沉积速度快的特点（图 8-6a），具有典型的辫状河道或顺直河道沉积的特点。

（2）槽状交错层理。该层理在目的层不发育，槽状交错层理规模较大，在岩心上只能看到局部特征，层理是由垂向颗粒的明显变化显示，槽的底部为细砾岩，向上为中—细砂岩，两种不同岩性呈现纹层并向下出现收敛趋势（图 8-6b），岩性不同，物性具有明显差异。

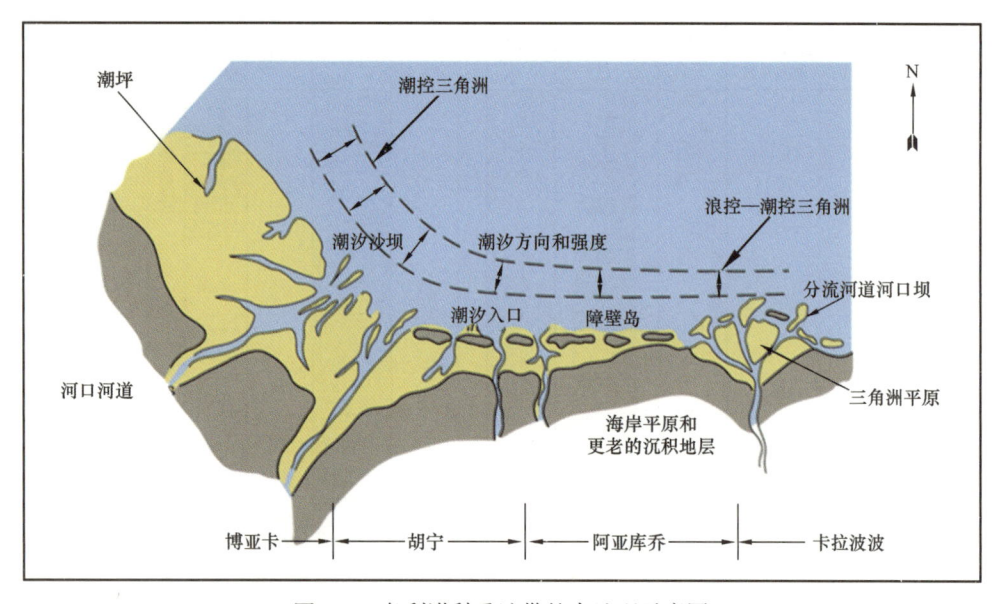

图8-5 奥利诺科重油带的古地理示意图

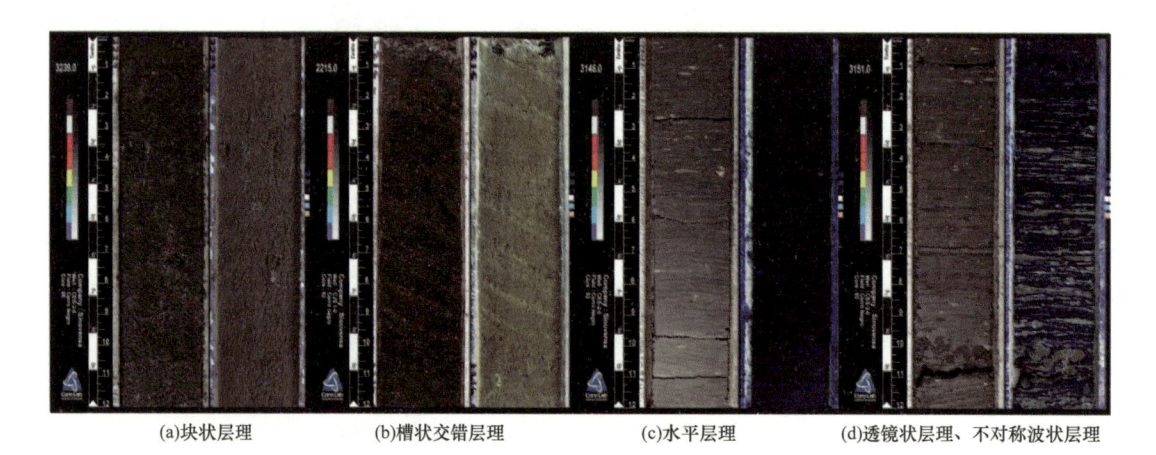

图8-6 岩心沉积构造照片
(a)块状层理　(b)槽状交错层理　(c)水平层理　(d)透镜状层理、不对称波状层理

（3）水平层理。水平层理主要发育于泛滥平原沉积，岩性以粉砂质泥岩、泥质粉砂岩、页岩为主，局部夹粉砂质条带，有时出现粉砂岩夹泥质条带，层理纹层不明显，其成因可能与季节性沉积或洪水泛滥有关。泛滥平原中的水平层理如图8-6c所示。

（4）透镜状层理和包卷层理。透镜状层理广泛发育于有利于泥质沉积的较动荡水动力环境下，表现为砂质沉积物呈透镜体包含在泥质沉积物之中，这些砂质透镜体空间上呈断续分布，通常出现在泛滥平原洪水期、决口扇/溢岸等相关环境，如图8-6d所示。

包卷层理与透镜状层理共生，当水动力作用较强时，部分细粉砂质沉积被冲进泛滥平原中形成包卷状，应该与决口/溢岸作用有关，但被划为泛滥平原沉积的一部分。

（5）不对称波状层理。波状层理常在砂泥供应稳定、沉积和保存都较为有利的强弱水动力条件交替的情况下形成，在波状层理中砂和泥呈交替的波状连续层，主要发育在粉砂岩、泥质粉砂岩和泥岩、粉砂质泥岩互层的地层中。不对称波状层理，其波峰波谷两翼不对称，指示单向流水特征，如图8-6（d）所示。

3）生物化石遗迹及特殊矿物

Oficina组生物化石不太发育，生物主要在水上环境中出现，一般来看，泥岩中和粉砂质泥岩中局部可见炭屑，植物叶片及植物根系化石外未见其他化石及生物遗迹。

特殊矿物可以分为铁质矿物和钙质矿物两类，从矿物出现的形式来说，铁质矿物多以结核或晶体出现，钙质多以钙质胶结出现。岩心样品中出现的铁质矿物主要是黄铁矿等矿物，其含量极低，反映弱还原—弱氧化的沉积环境，属于三角洲平原沉积环境。

4）典型电测曲线特征

测井曲线的形状（包括单层或组合形状）及取值范围是测井相研究中的最重要内容，常分为钟形、箱形、漏斗形及由上述形状组合而成的复合形状。箱形反映水体能量相对稳定的沉积过程，并有持续稳定的沉积物供给；钟形和漏斗形则分别表示沉积过程具有由强变弱和由弱变强的水体能量。

（1）箱形和钟形电测曲线特征。测井曲线呈明显箱形，微齿化，GR曲线幅度较低，电阻率曲线幅度较高，孔隙度曲线值大于0.3；在辫状河道较为发育井区，此种形态测井曲线在纵向上多期叠置；如图8-7所示，测井曲线上下由于微相不同而呈突变接触，反映一期河道的迅速形成与结束。

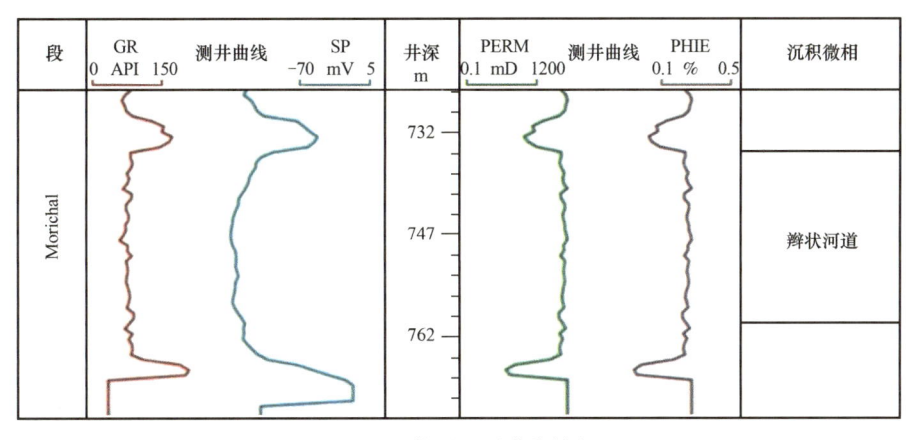

图8-7 箱形电测曲线特征

（2）齿状高GR电测曲线特征。测井曲线呈光滑、微齿化或中等齿化的柱状，纵向上测井曲线平直延伸。GR曲线明显高于38API，部分地区达到150API，电阻率曲线值向低值明显偏移，渗透率极低，甚至几乎为0，孔隙度曲线值不高于0.25（图8-8）。

（3）漏斗形电测曲线特征。决口扇沉积体粒度下细上粗，测井曲线形态为漏斗形或倒钟形，GR曲线下部值较高，上部值较低，孔隙度曲线值下部小于0.25，接近0.28，渗透率曲线同孔隙度曲线形态一致（图8-9）。

5）微相划分

卡拉波波区MPE3区块可划分为三角洲平原相和三角洲前缘两个亚相。其中，三角洲平原亚相又可划分为辫状河道、泛滥平原、决口扇和落淤层4个沉积微相（表8-1）。

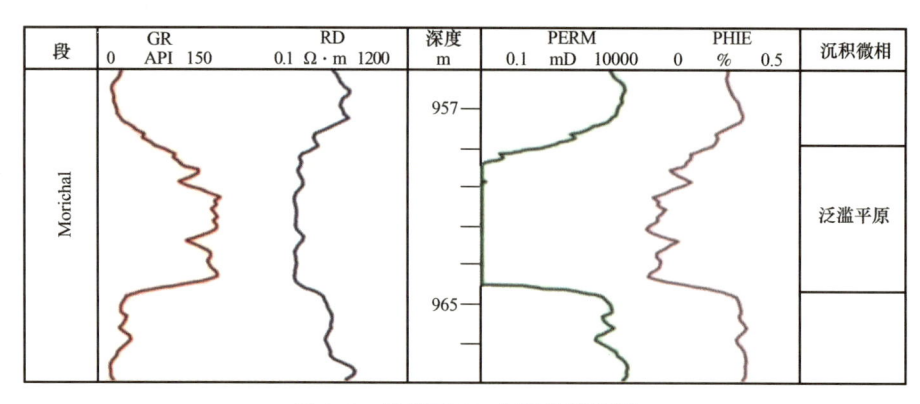

图 8-8　齿状高 GR 电测曲线特征

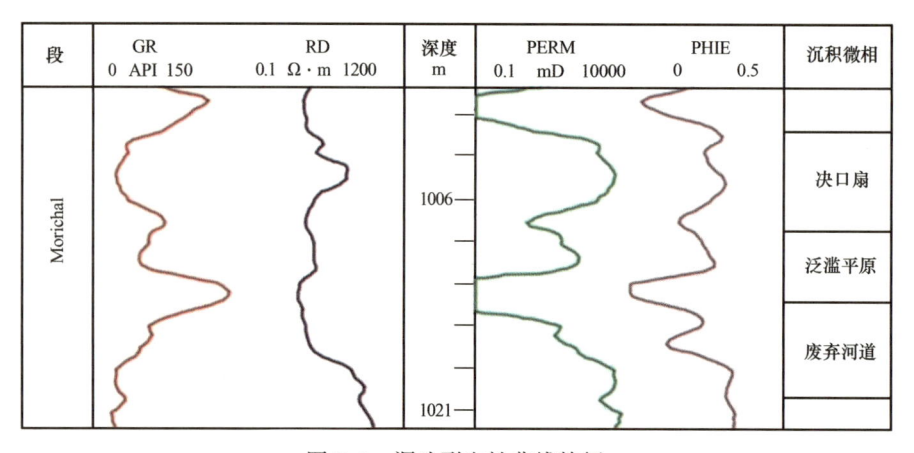

图 8-9　漏斗形电性曲线特征

表 8-1　MPE3 区块 Morichal 段油层组主要沉积微相一览表

相	亚相	微相	颜色	电测曲线	岩性剖面
三角洲	三角洲平原	辫状河道	灰黄色、黄色	箱形、钟形（少见）	底部偶见冲刷面，多为中—细砂岩
		决口扇/溢岸		漏斗形、钟倒形、齿状	下部多为泥质粉砂岩、粉砂质泥岩，上部多为细砂岩
		泛滥平原		线性低幅齿状、微齿化瓶颈状	多为泥岩、泥质粉砂岩、粉砂质泥岩
		落淤层		突变式尖峰状	

6）沉积相模式

MPE3 区块 Morichal 段沉积演化具有以下特征：

（1）辫状河道形成早期主河道方向以北西方向为主，在工区南部沉积较少。

（2）辫状河道中见大量河道滞留粗粒物质及河道砂体的垂向和侧向叠置。

（3）辫状河道形成中晚期，主河道逐渐向北东方向迁移。

（4）辫状河道形成晚期，随着海平面上升，MPE3 区块 Morichal 段沉积以辫状河三角洲平原沉积为主，其中河道为主力储层（图 8-10）。

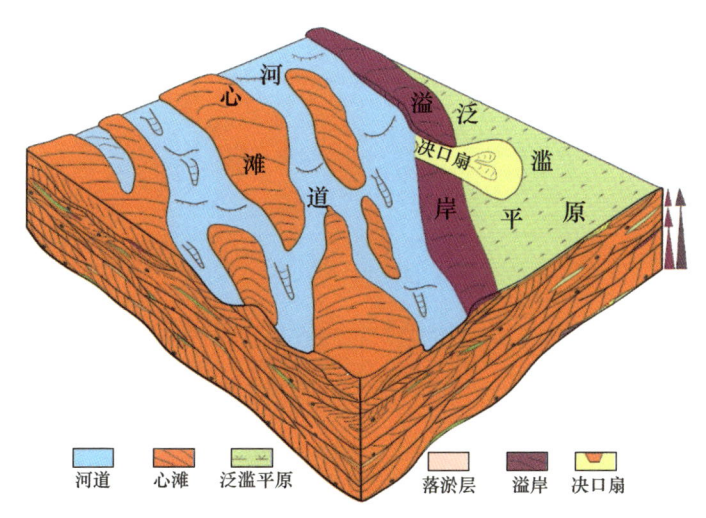

图 8-10 卡拉波波区 MPE3 区块 Morichal 段沉积微相模式图

2. 储层岩性特征

1）岩性特征

碎屑岩的成分、结构和构造可作为沉积环境的标志，同时也是影响储层的直接因素。MPE3 区块以中粒石英砂岩为主，其次为细砂岩。目的层岩性疏松，主要由较为纯净的疏松砂岩组成，中间夹杂薄层粉砂岩和泥岩段。储油物性好，为高孔隙度、高渗透率砂岩。Morichal 段岩性主要为中砂岩、细砂岩、粉砂岩和泥岩，砂体主要由厚块状或层状含粉砂质砂岩组成，缺少植物化石。Yabo 段岩性为相对较纯的泥岩。Jobo 段岩性主要为各种粒径的砂岩、粉砂岩和黏土岩，含碳质、钙质泥岩，层内发育泥质条带、钙质条带及各种生物扰动构造。

岩石颗粒细到中等；分选中等—好，部分较差；圆度为次棱角—次圆，成分成熟度中等，反映了辫状河沉积的特点，物源相对较近，但亦有一定的搬运距离（表 8-2）。

表 8-2 取心井岩心描述

深度 m	层组	岩性	颗粒大小	分类	形状	沉积构造	颗粒接触关系	岩石类型
950.2	Morichal	石英砂岩	细砂、粉砂	差	次棱角—圆状	断线状—生物扰动	T>L	泥质砂岩
952.7	Morichal	含岩屑石英砂岩	细—粉砂	非常差	次棱角—圆状	断线状—生物扰动	T>L	泥质砂岩
954.1	Morichal	含岩屑石英砂岩	细—粉砂	差	次棱角—次圆状	断线状—生物扰动	T>L	泥质砂岩

续表

深度 m	层组	岩性	颗粒大小	分类	形状	沉积构造	颗粒接触关系	岩石类型
956.9	Morichal	石英砂岩	细—粉砂	差	次棱角—次圆状	层状—断线状	T>L	砂岩
965.1	Morichal	石英砂岩	细砂、细—粉砂	中等偏好	次棱角—圆状	层状—断线状	T>L	砂岩
981.0	Morichal	石英砂岩	中细砂	中等偏好	次棱角—圆状	块状	T>L	砂岩
992.3	Morichal	石英砂岩	中砂	中等偏好	次棱角—次圆状	块状	T>L	砂岩
999.6	Morichal	石英砂岩	细—粉砂	差	次棱角—次圆状	块状	T>L	砂岩
1000.4	Morichal	石英砂岩	粉细砂	中等	次棱角—次圆状	生物扰动	T>L	砂岩
1000.8	Morichal	含岩屑石英砂岩	细砂	好	棱角—次圆状	层状	T>L	砂岩
1004.2	Morichal	石英砂岩	细—粉砂	差	次棱角—次圆状	断线状—生物扰动	T>L	砂岩
1007.3	Morichal	含岩屑石英砂岩	极细—粉砂	好	棱角—次圆状	层状—生物扰动	T>L	泥质砂岩
1009.3	Morichal	玄武质石英砂岩	细砂	差	次棱角—次圆状	生物扰动	T>L	泥质砂岩
1015.7	Morichal	石英砂岩	细—粉砂	中等偏差	次棱角—次圆状	块状	T	砂岩
1017.9	Morichal	含岩屑石英砂岩	粉细砂	好	次棱角—次圆状	生物扰动	T>L	泥质砂岩
1021.2	Morichal	玄武质石英砂岩	细—粉砂	中等偏好	次棱角—次圆状	层状—生物扰动	T>L	泥质砂岩

注：T—点接触；L—线接触。

2）砂岩成分特征

Morichal 段和 Jobo 段砂岩成分中颗粒占 64%，基质占 12%，胶结物占 3.9%，孔隙度占 12%。砂岩岩矿组分中石英占 76.5%，岩屑占 0.4%，斜长石占 0.1%，黄铁矿占 1.0%，泥质占 13.3%，碳质占 1.9%，白云母少量，其他占 6.7%。颗粒以石英为主，占 99.4%，岩屑占 0.5%，斜长石占 0.1%（图 8-11）。根据 X 射线衍射分析结果统计，Morichal 段石英占 90.8%，碱长石占 0.6%，方解石占 0.7%，黄铁矿占 0.4%，伊蒙混层占 1.8%，高岭石占 5.6%，白云石、菱铁矿、硬石膏少量。Morichal 段和 Jobo 段基质组分中伊利石占 18.1%，伊蒙混层占 11.2%，蒙皂石占 8.3%，高岭石占 62.4%。岩矿分析资料显示，矿物成分以石英为主，平均石英含量在 90% 以上。黏土矿物以高岭石为主，其含量占黏土矿物总含量的 70% 以上。

图 8-11　岩石薄片分析图（O-11）

3）粒度特征

Morichal 段和 Jobo 段平均粒度中值为 0.24mm，泥质含量为 5.75%，分选系数为 1.44。砂岩颗粒磨圆度为次圆状—圆状，分选中等到好，生物扰动现象常见，整体结构成熟度较高，砂岩为颗粒支撑，具层状结构。砂岩颗粒大小为 0.05~0.6mm，峰值在 0.3mm 左右。

粒度概率曲线主要由跳跃和滚动两个次总体组成（图 8-12），悬浮总体含量较少，粒度比河流沉积的砂体粗，表明该地区为近物源沉积，以河道砂、海滩砂沉积为主，也是该地区主要的储层。

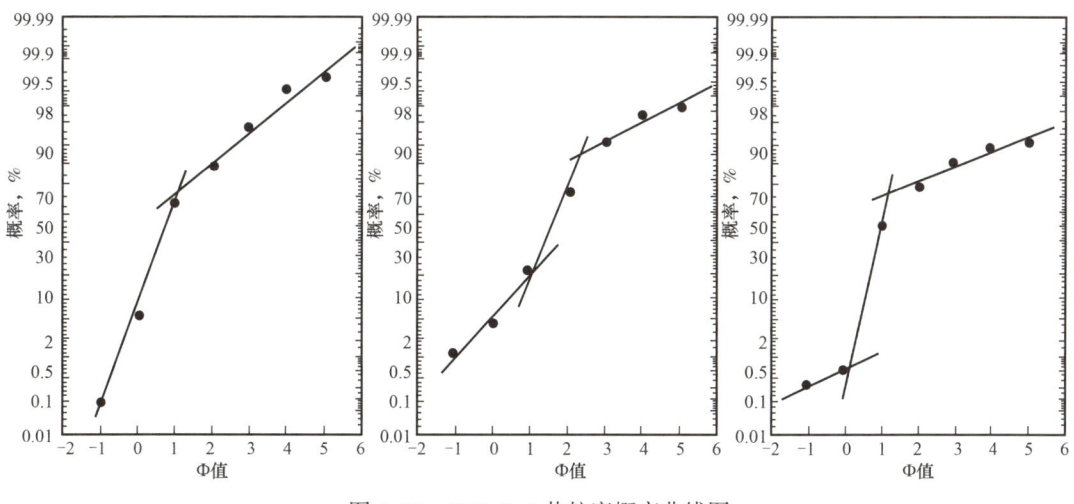

图 8-12　CES-2-0 井粒度概率曲线图

4）物性特征

Morichal 段物性分布范围大，低于 25% 的孔隙度分布概率小，而储层的孔隙度、渗透率分布范围集中，孔隙度大部分分布在 30% 左右。主力储层段孔隙度主要分布在

25%~37%之间，平均值为25%~37%，储层渗透率分布在1500~7500mD之间，各层渗透率与孔隙度分布一致，为高孔隙度、高渗透率储层。

3. 隔夹层类型及成因

1）隔夹层类型

（1）按照隔夹层的范围大小分为隔层与夹层。

将分布相对广泛、发育在中期旋回顶部的泛滥平原泥质沉积确定为隔层。发育在短期旋回顶部的落淤层、废弃河道和溢岸/决口扇等分布范围小，确定为夹层。

（2）以成因分类，将隔夹层分为岩性隔夹层和物性隔夹层。

卡拉波波区MPE3区块以泥质为主的隔夹层不发育，主要为物性隔夹层。从沉积微相看，隔夹层为泛滥平原、落淤层和废弃河道及溢岸/决口扇，即使这些微相中粉细砂岩具有较高的孔隙度和渗透率，也只是差油层或水层或干层，储层为辫状河道微相。夹层类型主要为泥质夹层，岩性包括粉砂质泥岩、泥岩，分布于单砂体内部，平均厚度为0~1.1m；电性上，在浅电阻率曲线上表现为低值，自然伽马曲线有低幅度回返，泥质含量在30%以上，电阻率较相邻油层明显降低。

2）隔夹层成因

（1）隔层成因。

隔层的发育主要受控于基准面升降规模和不同级别构型界面的约束，分为小层间和砂体间两类隔层。小层间隔层受中短期基准面旋回和五、六级构型界面控制，代表一期区域性洪泛沉积；砂体间隔层受超短期基准面旋回和四级构型界面约束，代表一期稍次一级洪泛沉积或心滩内的落淤层沉积。

岩性隔层：岩性隔层形成与中期旋回沉积基准面的快速上升、河流作用退缩、泛滥平原发育有关，分布范围广，分布的规律性强，主要为泥质隔层（图8-13a）。因此，隔层一般表现为厚度大（大于1.5m），平面上分布稳定，主要为泛滥平原泥岩，位于砂岩尖灭线以外。岩性隔层主要岩性为泥岩、粉砂质泥岩，黏土矿物、碎屑矿物含量少。测井电性特征为：自然电位曲线光滑、平直，深侧向电阻率低，自然伽马为平稳高值。

物性隔层：物性隔层主要是孔隙度与渗透率较低的泥质粉砂岩、粉砂质泥岩，且含砂量较岩性夹层要高。主要形成于中期旋回沉积基准面上升时期，与河流退缩、决口/溢岸、废弃河道充填及泛滥平原沉积有关，此类形成的物性隔层在全区比较少见，主要以岩性隔层共生构成区域性隔层（图8-13b）。

（2）夹层成因。

砂体内夹层形成于单一旋回沉积的内部，主要类型包括曲流河边滩内部侧积层、心滩坝内部落淤层、河道底部滞留泥砾隔挡层、洪泛事件间歇期形成的坝间泥岩、坝顶露出水面形成的"串沟"充填。砂体内夹层由于受各种水动力扰动较大，往往不稳定，厚度和延伸范围有限，横向可对比性差。一般只起局部渗透性遮挡作用，对宏观油水运动影响不大。

岩性夹层：该类夹层不稳定，岩性以粉砂质泥岩与泥质细、粉砂为主，有比较低的孔隙度和渗透率。厚度较薄，通常小于1.5m。从成因上讲，属于当水流与河床底部的剪切作用减弱时，砂粒与粉砂、泥混杂堆积而形成。河流相中的夹层常常产生于层理构造形成过程中，储层韵律层的内部、河流相储层单元之间、心滩上部的落淤层沉积以及在各级旋回交界的部位，会形成若干砂泥交互的组合，形成沉积旋回成因的砂泥互层模式，从而产生砂泥互层的泥质夹层。此类夹层在纵向上出现的频率相对较高，泥质夹层在测井曲线上主要反映为自然电位低，幅度明显下降；深侧向电阻率下降为邻层的50%以上；声波时差高值一般在400ms/m以上；井径曲线明显显示为扩径（图8-13c）。

物性夹层：物性夹层的形成与辫状河道侧向迁移时残余的溢岸、落淤层、废弃河道充填及泛滥平原沉积有关，以物性夹层为主，具有分布范围小、随机性强等特点。Oficina组物性隔夹层以细砂、粉砂岩为主，具一定孔隙度和渗透率。在测井曲线上，主要表现为微电极曲线介于泥岩和砂岩之间，有一定的幅度差，自然电位幅度低。一般位于多期河道的叠置交接处或河道滞留沉积物中，其形成主要与当时的沉积环境和沉积作用有关。后期河道切割前期的心滩或河道，在切割作用不太强的部位，大部分细粒物质被带走，但还残存了部分孔渗差的较细粒物质，即物性夹层。在单个正韵律层的中下部，水动力局部的突然减弱，可使粗砂、中砂与细粒物质混杂堆积形成物性夹层（图8-13d）。

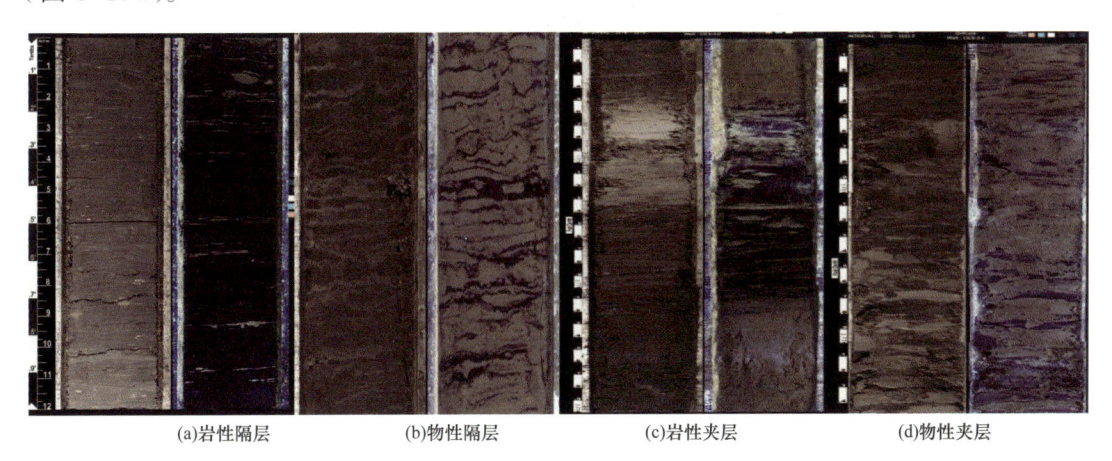

(a)岩性隔层　　(b)物性隔层　　(c)岩性夹层　　(d)物性夹层

图8-13　CES-2-0井O-12层隔夹层岩心照片（图片内数字单位为英寸）

四、油藏三维地质建模

1. 多信息约束建模思路

油藏地质模型是以多学科信息为基础，采用一定的数学算法进行井间模拟和井外预测，从而实现对地质体的三维描述。因此，多学科数据的准确性及有机融合在很大程度上决定了地质模型的精度。

目前较为常用的建模方法有确定性建模方法和随机建模方法。确定性建模方法是从已知确定性资料出发，推测出井间未知区确定性的唯一的预测结果。随机建模方法是以变差函数为工具来研究空间上既有随机性，又有相关性的变量（即区域化变量）分布，可充分忠实于硬数据，同时可参考地震、测井、动态等多学科信息以达到对地质体的三维描述。针对MPE3区块密井网特点，采用确定性建模和随机建模相结合的方法，结合测井、地震、动态等资料，对储层分布、物性及含油性分布规律进行模拟，实现多信息综合的地质建模。

2. 构造精细建模

1）断层模型

初始断层格架基于地震解释的断层线和断层多边形，挑选断距较大、控制含油范围以及断层之间存在组合关系断层进行了三维建模（图8-14），多数断层走向为北东东向，个别为北西西向，且以南倾为主。

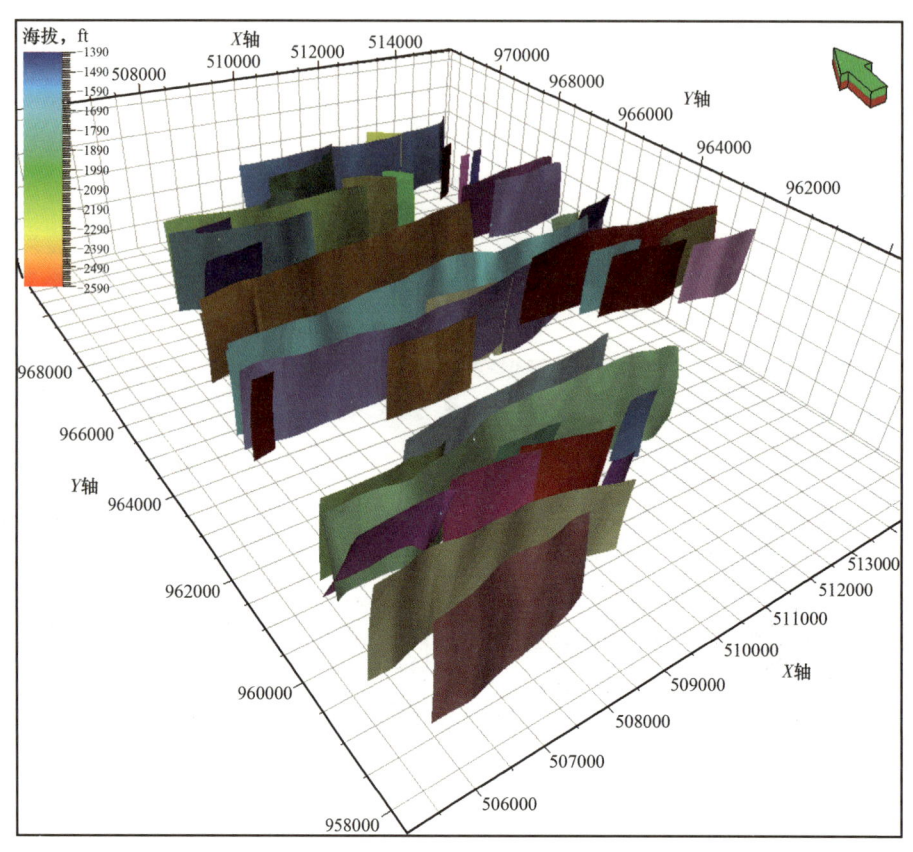

图8-14 断层模型

2）层面模型

构造层面模型是整个地质模型的地层格架，是后续相模型及属性模型的基础。在断层模型的基础上，应用地震解释提供的层面数据约束各小层的构造形态，以井点分层数据加以校正，建地震解释层面模型。地震解释层面以及井点分层数据是层面模拟的重要依据和条件。应用各小层地层等厚图及邻近的地震解释层面，建立其他小层顶面的层面模型，并对各小层垂向网格进行了细分。

3）沉积相建模

沉积相建模是通过描述不同相类型在三维空间的分布，来定量表征不同类型砂体的规模、几何形态等，为储层属性模拟奠定基础。

（1）反演体约束岩相模型。

MPE3区块目的层系为一套辫状河三角洲平原、三角洲前缘沉积，河道快速侧向迁移导致砂体横向变化快，井间砂体的变化需借助地震反演资料的横向预测作用。如图8-15

所示，地震反演资料的波阻抗可较好地区分岩相，分别建立砂岩相与泥岩相的概率曲线，并将其作为序贯指示模拟的约束条件进行模拟。岩相模拟结果在井点处忠实于井点的岩性数据，在空间上受地震反演体的约束，同时遵从于井统计的岩性变差函数的规律。

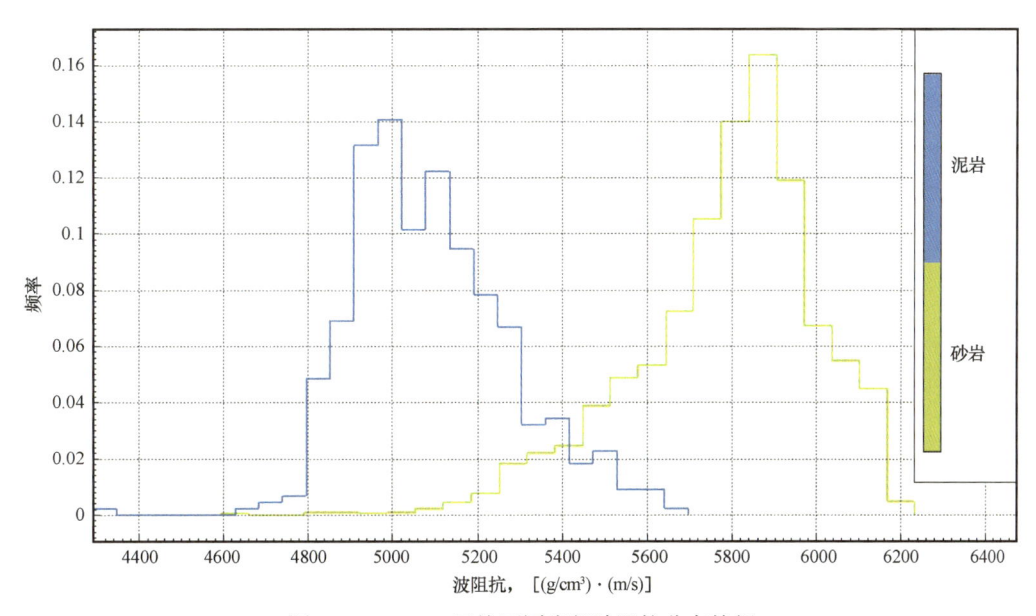

图 8-15　MPE3 区块不同岩相波阻抗分布特征

采用地震反演体约束建立的岩相模型不仅较好地反映了地层岩相的横向变化规律，还在井资料的控制下精细刻画了井间隔夹层的形态（图 8-16）。

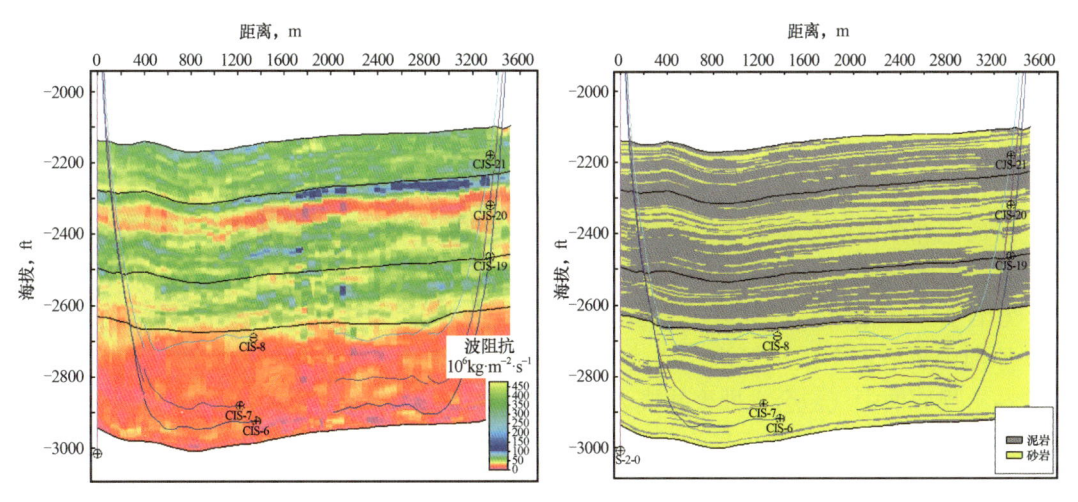

图 8-16　反演属性体与岩相模拟对比图

（2）相控物性参数模型。

根据不同岩相的储层属性参数定量分布规律，分相进行井间随机模拟，建立参数分布模型。参数建模采用序贯高斯模拟方法。高斯随机域是最经典的随机函数模型，该模型的最大特征是随机变量符合高斯分布。序贯高斯模拟的输入参数主要为变量统计参数、变差函数参数及条件数据等。

MPE3区块采用相控参数建模，需对每一种相输入相应的变量统计参数和变差函数参数。数据变换后，采用相控条件下的序贯高斯模拟方法建立了三维孔隙度、渗透率模型。

主力储层孔隙度的分布是沿着河道带或心滩出现高值的。各小层砂体孔隙度分布规律与砂体厚度分布规律相吻合，沿河道主流线方向砂体孔隙度最发育，河道两翼及河道间孔隙度较差，但总体而言砂体连通性好，胶结程度差（图8-17a）。

主力储层渗透性总体表现为一套特高渗透率储层，渗透率的分布与孔隙度的分布有较好的相似性，孔隙度大的区域，渗透率一般也相对较大。与孔隙度模型一样，渗透率高值区分布与沉积相带的分布有较好的相关关系。在小层内部，渗透率的高值区域分布相对比较连续，常呈板状和连片状的分布形式，使得在小层内部表现出较弱的非均质性（图8-17b）。

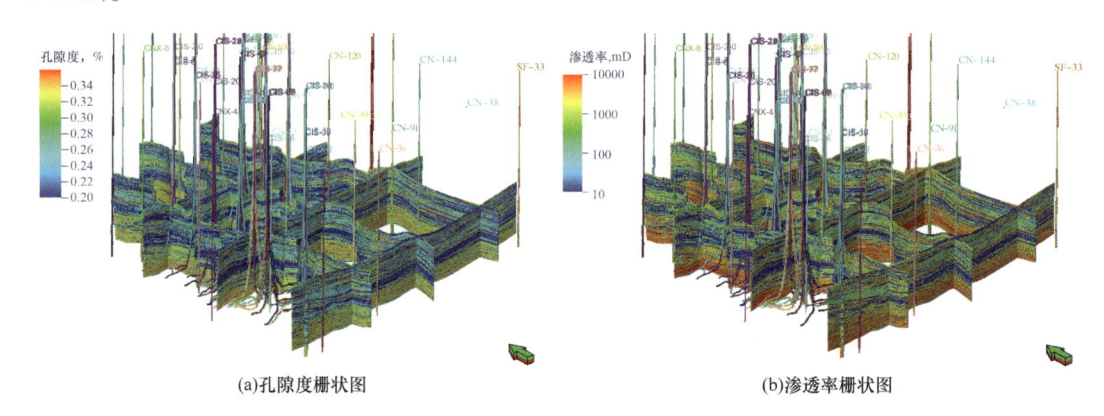

(a)孔隙度栅状图　　(b)渗透率栅状图

图8-17　MPE3区块属性模型栅状图

第二节　超重油泡沫油开发机理

利用泡沫油溶解气驱开发重油油藏在委内瑞拉和加拿大已得到了成功的应用。与国内稠油相比，重油带超重油原油组分构成具有独特性，沥青质含量高，是其能够就地形成相对稳定的泡沫油流的重要内因。泡沫油中含有大量的分散气泡，是冷采开发奥里诺科重油带超重油油藏的重要生产机理。

在含有一定溶解气的油藏中，当油藏压力低于泡点压力时，溶解气开始从原油中分离，原油中形成许多微小气泡，这些微小气泡逐渐聚并扩大，最终脱离油相形成单独气相。与常规原油中气泡会立即聚并成为连续气相释放出来不同，在重油中由于黏滞力大于重力和毛细管压力，这些小气泡呈分散状态滞留在原油中，形成重油的油包气环境，分散的小气泡不容易聚合在一起形成单独的气相，而是随原油一起流动，形成所谓的"泡沫油"。

泡沫油中含有大量的分散微气泡，且能够较长时间滞留在油相中，显著地增加流体的压缩性，提高弹性驱动能量。具有"泡沫油"驱油作用的超重油油藏，其相对的冷采产量较高，油藏压力下降较慢，采收率较高，其一次采收率最高可以达到12%以上。若没有"泡沫油"作用，该类重油油藏的一次采收率一般小于5%。

针对超重油上述特殊的流体性质和流动特征，研发了泡沫油驱油物理模拟实验体系，包括非常规 PVT 装置与流程、泡沫油流变特征测试实验装置与流程等；并通过室内物理模拟等手段研究超重油泡沫油的形成机制、驱油机理、渗流和驱替特征，以及影响其驱油效率的主要因素，对于这类超重油油藏开发方式的选择和开采策略的制定至关重要。

一、重油带超重油流体特征及分布规律

高黏度及高密度是重油区别于普通轻质原油的主要特征。重油的密度大、黏度高，主要是由于其组分中的沥青质及胶质含量高所致，而且随着胶质与沥青质含量增高，重油的相对密度及黏度也增加。重油是一种复杂的、多组分的均质有机混合物，主要是由烷烃、芳烃、胶质和沥青质组成。烷烃是石油中分子量较小、密度较低的组分。芳烃是石油中分子量中等、密度较大的组分。胶质和沥青质为高分子量化合物，并含有硫、氮、氧等杂原子。尤其沥青质是原油中结构最复杂、分子量最大、密度最大的组分[6]。国内外典型重油的族组分特征见表 8-3。由表 8-3 可以看出，委内瑞拉重油和加拿大油砂的沥青质含量远高于国内超稠油。这是因为中国陆上稠油油藏多数为中—新生代陆相沉积，少量为古生代的海相沉积。陆相重质油，由于受成熟度较低的影响，沥青含量较低，而胶质含量高，因而密度较低，但黏度较高。国内多数重油中沥青质含量一般小于 5%（质量分数）。

表 8-3　国内外典型重油族组分特征对比　　　　　　　单位：%（质量分数）

油品	饱和烃	芳香烃	胶质	沥青质
新疆风城油砂	34.2	20.8	41.3	3.7
新疆重 32 井区超稠油	42.7	20.5	35.1	1.7
辽河杜 84 超稠油	33.9	26.4	34.1	5.6
委内瑞拉重油带 MPE3 超重油	6.0	39.6	33.5	20.8
加拿大冷湖油砂	20.7	39.2	24.8	15.3
加拿大阿萨巴斯卡油砂	17.3	39.7	25.8	17.3

重油带原油具用"三高一低可流动"的特点，即高密度（0.934～1.050g/cm^3）、高含硫（平均 35000mg/L）、高含重金属（大于 500mg/L，其中钒占 80%、镍占 20%）、相对低黏度（地下原油黏度一般小于 10000mPa·s），可就地形成泡沫油，冷采条件下可流动且冷采产能较高。

重油带原油组分和性质由北向南整体显示出规律性变化，原油黏度不断增大，API 重度不断减小，由北部向南重油逐渐变为超重油。重油带的原油主要来自白垩系 Querecual 组和 San Antonio 组成熟灰岩烃源岩，该区重油不是由烃源岩在低熟阶段直接生成的，而主要为次生作用所致。厌氧细菌降解作用是该重油带形成的主要成因机制，该区原油降解 PM 级别在 4～8 之间。从微生物降解的主要控制因素看，该斜坡带新生代以来的持续缓慢低幅沉降为生物降解提供了适宜的温度条件，促使原油在沿斜坡带向南长距离运移过程中不断遭受生物降解，这一模式可以很好地解释重油带内原油 API 重度整体由北向南不断减小、黏度逐渐增加的变化趋势。重油带（如胡宁地区）北部大气淡水渗入带的存在为微生物活动提供了更为丰富的无机养分，加速了细菌的新陈代谢速率，提高了原油的降解速

率，导致在重油带北部API重度整体较大的背景下局部存在API重度低值区。除微生物降解作用外，水洗作用和不同期次原油的混合充注也对奥里诺科重油带原油稠变产生了重要影响，导致整个重油带原油稠变的复杂性和非均一性。

重油带东端卡拉波波地区含油层段主要为下中新统Oficina组Morichal段，API重度由北向南逐渐降低，变化范围7～10。区内原油及溶解气的组分组成差异很小，原油中C_{8+}组分大致占87%，溶解气中甲烷占比在90%左右、CO_2占比在8%左右。主要受油层所处深度的控制，区内温度、压力整体表现为由南向北升高的趋势，温度变化范围为37.78～65.56℃，压力变化范围为4.83～11.03MPa；黏度受原油API重度和油层温度的共同影响，特别是温度的影响，表现出由北向南逐渐增大的趋势，总体变化范围为1500～4000mPa·s。

Garacia Lugo基于卡拉波波地区的PVT资料，回归统计该区块原油流体性质随原油API重度、埋深等因素的变化规律。

利用该地区静压和温度测试资料，统计区块压力梯度和温度梯度分别为0.01MPa/m和0.103℃/m。区内原始溶解气油比随油藏埋深的增加线性增大。

$$p_i = 0.01D + 0.297 \quad (8-1)$$

$$T = 0.032D + 26.67 \quad (8-2)$$

$$R_s = 0.0188D \quad (8-3)$$

式中　D——油藏深度（TVDSS），m；
　　　p_i——油藏原始压力，MPa；
　　　T——油藏温度，℃；
　　　R_s——原始溶解气油比，m³/m³。

泡点压力与溶解气油比、气体相对密度、温度、原油API重度相关，存在如下关系：

$$p_b = 0.116 \left\{ \left[4.1874 (R_s / \lambda_g)^{0.8} \left(10^{0.001638T + 0.02912 - 0.0125\text{API}} \right) \right] - 1.4 \right\} \quad (8-4)$$

式中　p_b——泡点压力，MPa；
　　　API——原油API重度值；
　　　λ_g——气体相对密度。

当压力小于泡点压力时，原油体积系数B_{ob}可用式（8-5）计算：

$$B_{ob} = \left\{ 1.3076 + 0.00012 \left[5.615 R_s (\lambda_g / \lambda_o)^{0.5} + 2.25T + 40 \right]^{1.2} \right\} / 1.321 \quad (8-5)$$

当压力大于泡点压力时，原油的压缩系数C_o和体积系数B_o可分别用式（8-6）和式（8-7）计算：

$$C_o = 1.0402 \left[3.34704 + 0.03924T - 0.145p + 0.0129\text{API} \right] \quad (8-6)$$

$$B_o = B_{ob} \left[1 - C_o \times 145(p - p_b) \right] \quad (8-7)$$

气体的体积系数 B_g 和相对密度 λ_g 与压力的关系可用式（8-8）和式（8-9）表达：

$$B_g = 0.0217 p^{-1.036} \tag{8-8}$$

$$\lambda_g = 0.7109 p^{-0.0951} \tag{8-9}$$

死油黏度 μ_{od} 与温度与原油 API 重度有关，表达式为：

$$\mu_{od} = 10^{\left[10^{(1.0101-0.0239\text{API}-0.00396T)}\right]} - 1 \tag{8-10}$$

活油黏度 μ_o 与温度和溶解气油比等因素有关，表达式为：

$$\mu_o = 0.9466 \times 10^{3.90127+0.08363\text{API}-0.018T-0.0275R_s+0.0002\mu_{od}} \tag{8-11}$$

二、泡沫油微观形成机制

泡沫油溶解气驱中气泡的形成机理包括过饱和状态、气泡成核过程、气泡生长过程和气泡的聚并与破碎 4 个过程[7]。

当原油中含有的溶解气高于平衡 PVT 关系式计算值时，体系就处于过饱和状态。过饱和度可定义为平衡压力 p_e 与系统压力 p 的差值，即：

$$S = p_e - p \tag{8-12}$$

液相过饱和是新气相形成的必要条件，在油气系统中过饱和是新气泡形成的驱动力。过饱和的程度越高，气泡形成的数目就越多，过饱和度取决于压力下降的速度[8]。

随着系统压力下降，液体达到过饱和状态，液体内部将产生"气泡核胚"，压力进一步下降，"气泡核胚"转变为气泡核，进而产生微气泡。气泡的生长过程包括两种情况：一种是气泡核形成后，在成核位置处逐渐成长为微气泡；另一种是成核位置处的微气泡在水动力的作用下摆脱毛细管压力的束缚随液相一起流动，随着压力的不断下降，气泡体积不断膨胀。传统的溶解气驱油藏中，这些微气泡会很快合并为大气泡，形成连续气相，导致气油比迅速升高。而在泡沫油驱动油藏中，气泡的合并速度明显降低，伴随气泡的分裂，可以在一定时间内达到动态平衡，从而保持一种气泡分散流动的状态。当气泡不断膨胀并且相互靠近发生碰撞时，由于能量消耗使两个气泡液膜变薄。当达到临界厚度时，如果水动力没有使气泡摆脱毛细管压力的束缚，那么两相邻气泡的合并就会发生。在快速压降试验中，水动力较强，因此发生气泡合并的概率要比慢速压降中低得多。

采用 MPE3 区块油样，利用二维可视化泡沫油微观模拟装置，研究了泡沫油在驱替过程中泡沫的产生、聚并与破碎的微观机制。

1. 泡沫的产生

分析二维微观模拟实验结果表明，泡沫的产生首先是在岩石孔隙表面形成气核（微气泡），气泡核形成后，在成核位置处逐渐成长为微气泡。随着压力的持续降低，气泡体积不断膨胀，体积增大并且相互接触，当相邻气泡彼此间液膜变薄达到临界厚度时，如果气泡没有摆脱毛细管压力束缚，则两相邻气泡将会合并成为一个大气泡。在流动压差的作用下，由于油流的剪切作用，气泡脱离岩石表面随着原油一起流动（图8-18）。

2. 泡沫的聚并

泡沫的聚并最终会导致连续气相的形成。一旦一个气泡形成了，周围液体中的气泡就会向这个气泡扩散。随着气泡生长的加快，气泡形成气体通道，达到了临界气体饱和状态。当超过了临界含气饱和度后，气体就开始流动。

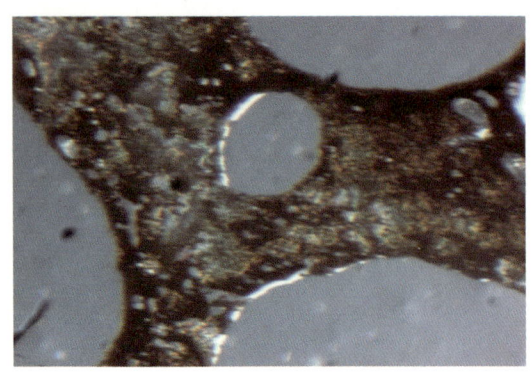

图8-18 气泡的形成机制

观察到泡沫聚并存在两种机制：（1）平滑的孔隙内壁使得气泡破碎频率降低，聚并频率增大（图8-19a）；（2）缓慢流速导致气泡滞留，与后继的气泡聚并（图8-19b）。

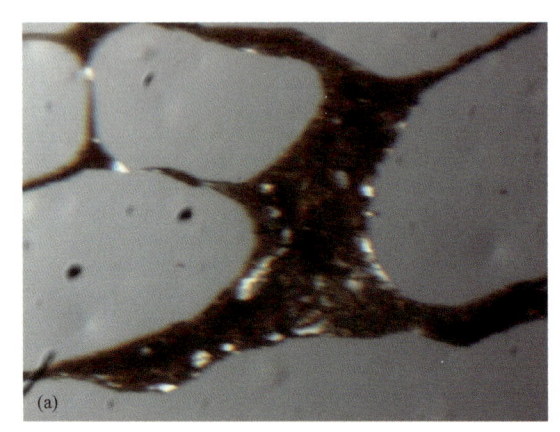

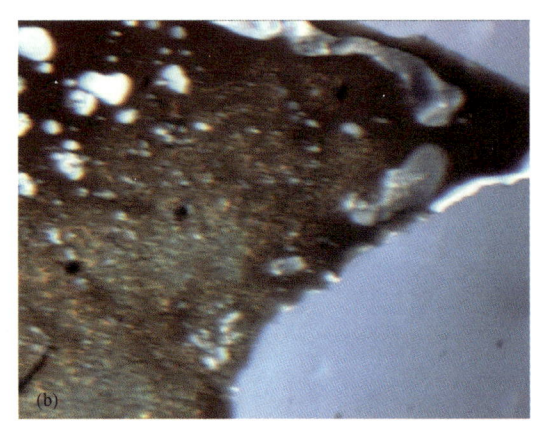

图8-19 泡沫的聚并机制

3. 泡沫的破碎

实验研究发现，在原油中形成的泡沫并不只是一直在聚并和增大，同时也在不断地发生破碎。泡沫破碎是泡沫油能够较长时间持续存在、形成油气分散体系的一个重要机理，是泡沫油维持稳定流动的重要原因。泡沫破碎受黏滞力和毛细管压力支配。为了使泡沫破碎，黏滞力必须克服毛细管压力。当黏滞力大于毛细管压力时，泡沫就会破碎。泡沫的不断形成和边聚并边破碎的过程决定了气泡的大小及其分布状态。

微观实验中观察到泡沫破碎存在4种机制：（1）细小孔喉毛细管压力产生的捕集截断作用（图8-20a）；（2）大气泡通过粗糙不平的孔隙内表面来不及绕流（图8-20b）；（3）高流速压力脉冲；（4）流线反转，压差作用产生的流线反转使得部分气泡流动方向与主流线方向产生一定夹角，从而使得两个方向的气泡高速碰撞破碎。

三、泡沫油非常规PVT特征

J.R.Douglas[9]通过实验和理论分析对奥里诺科重油带Jobo油田原油高压物性进行分析，发现了泡沫油具有非常规的PVT特征，即泡沫油存在两个泡点压力，即泡点压力和拟泡点压力。由于气体分散在油中形成分散体系以及气体最终合并形成单独分离的气相都是动态的过程，泡沫油的PVT特征不仅与压力、温度因素有关，而且取决于局部的流动条件以及流动过程，因此泡沫油的PVT测试采用了非稳态测试方法，即开展不同压降速度下（不同平衡时间）的衰竭实验，同时泡沫油的黏度测试采用了毛细管黏度计，以克服旋转黏度计在测试过程中对泡沫油中分散气泡存在状态的破坏。

复配MPE3区块的活油油样开展泡沫油非常规PVT测试，实验设备采用CoreLab公司的WC系列全观测无汞高温高压PVT分析仪，按照"地层原油物性无汞仪器分析法"配制MPE3区块油样，溶解气油比为15.84m³/m³，温度为50.28℃，溶解气按产出气主要组成（CH_4与CO_2的摩尔比为83%：17%）配制。

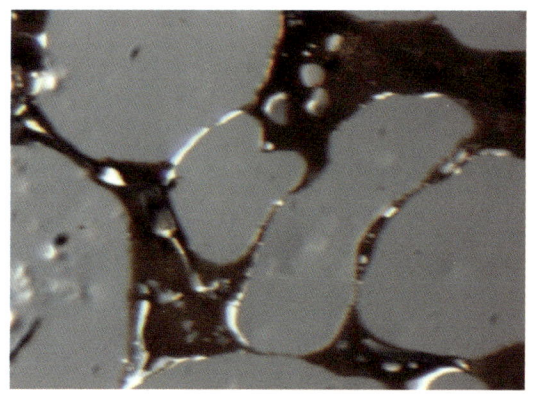

(a) 细小孔喉毛细管力捕集截断机制　　(b) 大气泡通过粗糙孔隙内表面破裂机制

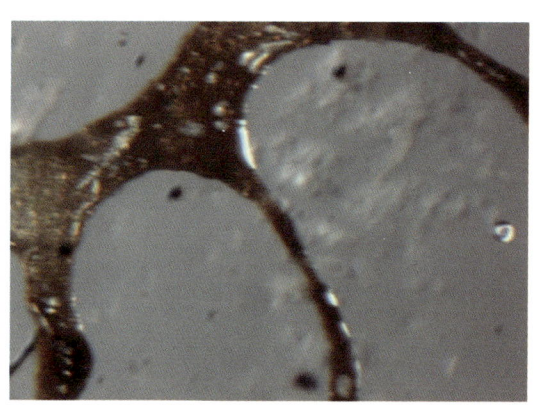

图8-20　泡沫破碎的机制

首先，提及泡沫油PVT中的一个重要概念，即拟泡点压力。常规溶解气驱过程中，气体在压力达到泡点压力以后将迅速聚集、合并，形成连续气相。而在泡沫油快速衰竭实验中，气体的分散流动在达到某一临界压力点时维持了相对较长的一段时间，该临界压力即为拟泡点压力。可以定义为：泡沫油流动过程中，微气泡开始大量聚并，产生连续气相的压力点。拟泡点压力是区分泡沫油与普通溶解气驱的一个重要概念。

实验结果表明，压降速度对泡沫油的PVT特征有着重要的影响（图8-21和图8-22）。在实验过程中，快速衰竭指的是每个测量点平衡时间为2小时，不进行搅拌；中速衰竭指的是每个测量点平衡时间为2天，不进行搅拌；常规测试指的是每个测量点平衡时间为1小时，同时进行充分搅拌。

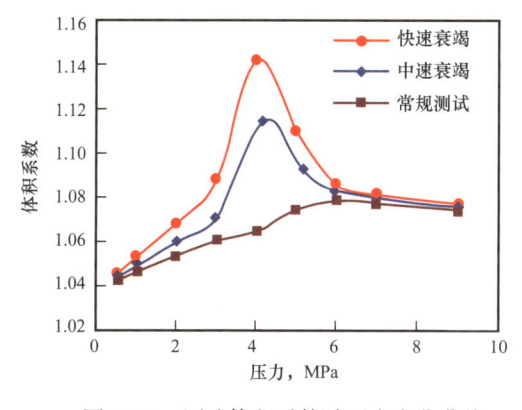

图8-21　原油体积系数随压力变化曲线 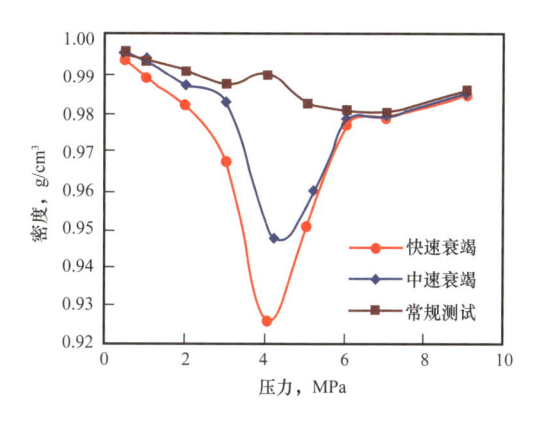　　图8-22　原油密度随压力变化曲线

对于常规测试，泡沫油的体积系数和密度等PVT参数随着压力的降低存在一个明显的拐点，PVT曲线特征与常规原油的特征一致，该拐点即为原油的饱和压力点。而对于非常规测试，泡沫油的体积系数和密度等PVT参数随着压力的降低存在两个拐点，即分别为泡沫油的泡点压力和拟泡点压力。两拐点之间，其体积系数明显大于常规测试结果，密度明显小于常规测试结果，该特征动态反映出泡沫油在泡点压力与拟泡点压力之间，由于泡沫的形成，脱气速度缓慢，使得原油膨胀，弹性能量显著提高。

四、泡沫油流变特征及其影响因素

流变性指物质在外力作用下流动与形变的性质。原油的流变性取决于原油的组成，即取决于原油中溶解气、液体和固体物质的含量以及固体物质的分散程度。

泡沫油在超重油衰竭开采过程中具有独特的流动特征，由于油相中分散气泡的生成和运移，泡沫油的黏度变化非常复杂[10]。R.Bora测试了不同温度、气泡尺寸、溶解气和沥青含量下泡沫油黏度，研究发现在较低压力下泡沫油具有非牛顿流体特性，泡沫油黏度比活油黏度高。A.B.Alshmakhy认为测试设备对泡沫油黏度影响较大，泡沫油视黏度与剪切速率有关。Patrice Abivin发现剪切速率对泡沫油视黏度有较大影响。采用MPE3区块油样开展了泡沫油流变性测试，研究其流变特性及影响因素，认识其黏度变化规律。

1. 实验设备与流程

在石油天然气行业标准SY/T 6282—1997《稠油油藏流体物性分析方法——原油渗流流变特性测试》的基础上，考虑泡沫油体系的特殊性，采用如下测试泡沫油流变性的实验方法。其实验设备和流程如图8-23所示，主要包括原油配样系统（由高压计量泵、配样器、天然气气源组成）、注入系统（由平流泵、中间容器组成）、恒温系统、毛细管（长度为1000mm，内径为6mm）、观察装置、回压阀B、产出液收集装置、回压阀A和泡沫油发生器。回压阀A用于控制中间容器内压力，回压阀B用于控制毛细管压力。泡沫油发生器是用60～80目的石英砂填制而成，目的是使原油与气体充分混合，从而形成稳定的泡沫油状态。观察装置由玻璃模型、高倍显微镜、彩色摄像头和计算机组成，用于观测毛细管内是否为稳定的泡沫油流动状态。

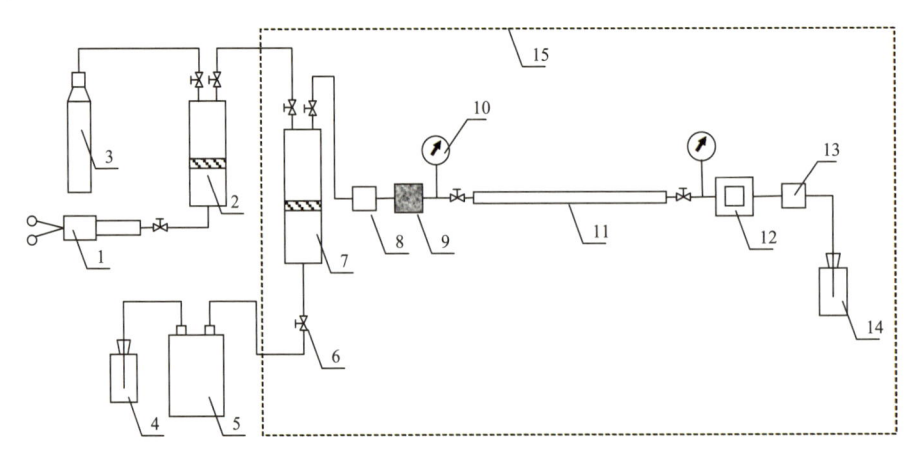

图8-23 泡沫油流变性实验流程图

1—高压计量泵；2—配样器；3—天然气气源；4—蒸馏水；5—平流泵；6—开关；7—中间容器；8—回压阀A；9—泡沫油发生器；10—压力表；11—毛细管；12—观察装置；13—回压阀B；14—产出液收集装置；15—恒温系统

应用 Rabinowitsch 理论，流体在圆管内层流流动时的视黏度表达式为：

$$\mu_e = K\left(\frac{3n+1}{4n}\right)^n \left(\frac{8v}{D}\right)^{n-1} \quad (8-13)$$

或

$$\mu_e = \frac{\Delta p D}{4L} / \frac{8v}{D} \quad (8-14)$$

式中 μ_e——流体在圆管内层流流动时管壁处的表观黏度，Pa·s；

Δp——毛细管两端的压差，Pa；

D——毛细管直径，m；

L——毛细管长度，m；

K——稠度系数，mPa·s；

n——流动特性指数；

v——截面平均流速，m/s。

泡沫油流变性测试实验步骤为：（1）通过原油配样系统配制活油；（2）将恒温系统升温至测试温度，并恒温 4 小时，将复配好的活油注入中间容器内，为了使天然气处于饱和溶解状态，调节回压阀 A 压力大于泡点压力；（3）调节回压阀 B 至测试压力（低于泡点压力），设置平流泵流速，活油进入毛细管后，由于压力低于泡点压力，溶解气逐渐析出，油气经过泡沫油发生器的充分混合，形成稳定的泡沫油状态，从低到高测试不同流速下毛细管两端压差，记录流速、温度、系统压力和压差；（4）降低回压阀 B 压力，重复步骤（3），得到不同压力下泡沫油流变性实验数据。

2. 泡沫油流变特征

50℃下不同压力、剪切速率下泡沫油的有效黏度如图 8-24 所示。在一定的温度和压力下，泡沫油黏度随着剪切速率的增大而逐渐降低，表现出明显的剪切变稀特性。这是因为泡沫油的黏度来源于相对移动的分散介质（活油）液层的内摩擦以及分散相（气泡）的碰撞和挤压，并且分散气泡的碰撞和挤压起着重要作用。随着剪切速率增大，气泡会因变形过大而破裂形成小气泡，分布更为均匀，相互接触的机会减少，碰撞与挤压作用减小，泡沫油黏度降低。

3. 压力与温度对泡沫油流变特征的影响

压力低于泡点压力时，泡沫油黏度随着压力的降低而逐渐增加（图 8-25）。同时，随着压力下降，流动特性指数变小，剪切变稀特征更明显（图 8-27）。这是因为随着压力的逐渐降低，一方面气体在原油中的溶解度逐渐降低，分散介质（活油）的黏度随之升高；另一方面作为分散相的气泡的体积分数增大，分散相和分散介质的摩擦和碰撞加剧，从而导致泡沫油黏度升高。同时，压力越低，剪切速率对于气泡的破裂和分散作用更明显，因此剪切变稀效应更强烈。

在 4MPa 压力下，不同温度下泡沫油视黏度与剪切速率的关系表明，随着温度升高，泡沫油剪切变稀特征减弱（图 8-26）。

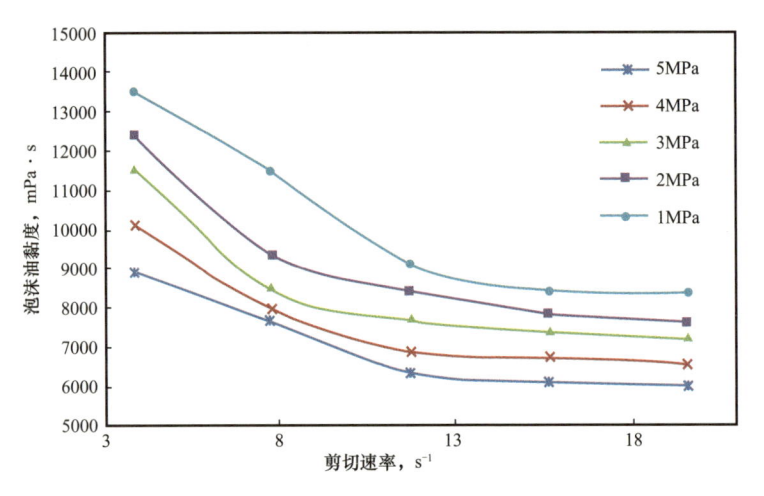

图 8-24　不同压力和剪切速率下泡沫油的黏度（50℃）

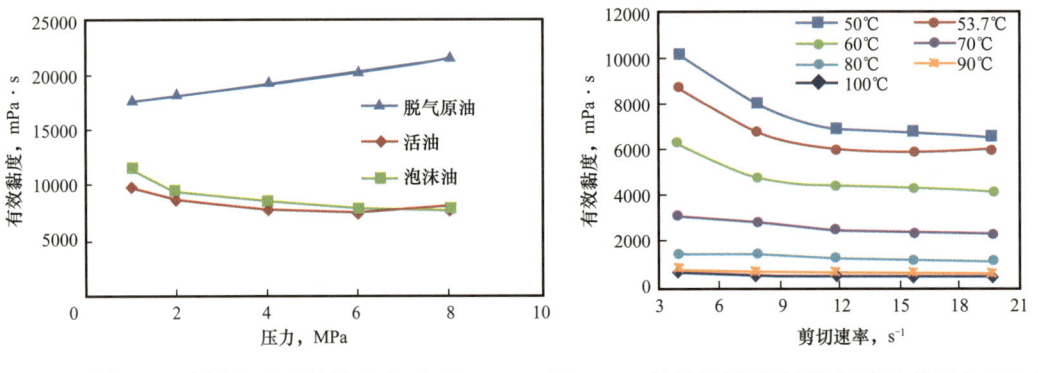

图 8-25　压力与黏度的关系（50℃）

图 8-26　泡沫油流变特征与温度的关系（4MPa）

4. 脱气原油、活油与泡沫油流变特征对比

压力低于泡点压力时，泡沫油黏度低于脱气原油黏度；但由于分散气泡的存在，一定剪切速率下其黏度高于活油黏度，且压力越低，两者差别越大（图 8-25）。一定温度和压力条件下，泡沫油的流动特性指数要明显低于脱气原油和活油的流动特性指数，意味着泡沫油的非牛顿流动特性相对更强（图 8-28）。

泡沫油具有剪切变稀的非牛顿流体特征，黏度随着剪切速率（渗流速度）增加而降低，开采时应保持适当的采油速度，并且生产过程中应尽可能连续开井生产，以避免因停产后复产造成油井启动压力增大的现象。同时，泡沫油黏度随着压力的降低逐渐增加，应维持一定的地层能量。

五、泡沫油驱替特征与驱油效率及其影响因素

泡沫油溶解气驱开发过程中，随着压力的降低，溶解气逐渐从原油中析出，并以极小气泡的形式分散在油中。随着压力进一步降低，气泡会逐渐扩大，当含气饱和度达到临界含气饱和度时，气泡聚集成连续相后气体才形成游离气从油相中分离出去。

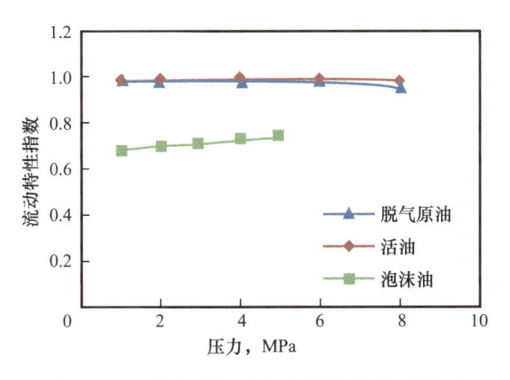

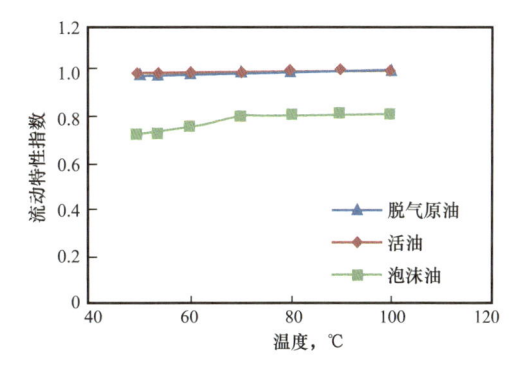

第八章　超重油油藏冷采开发理论与技术

图 8-27　不同压力下流动特性指数对比（50℃）　　图 8-28　不同温度下流动特性指数对比（4MPa）

Kumar 等研究了压降速度对泡沫油溶解气驱开发效果的影响，认为气体流度随着压降速度增大而降低。F.Javadpour 开展了压力衰竭速度对原油流度和临界含气饱和度的影响实验，表明压力衰竭速度越快，临界含气饱和度越大；同时，气相相对渗透率越小，脱气速度越慢，气液流度比越小，原油流动能力相对更高，开采效果更好。Ostos 等开展了长岩心泡沫油衰竭开采实验，研究发现毛细管数会影响采收率和临界含气饱和度。Alshmakhy 等研究了发泡能力对泡沫油溶解气驱的影响，研究表明泡沫的稳定性越强，泡沫油溶解气驱效果越好。Busahmin 等研究了气油比、饱和压力、压降速度、生产压差和气体介质对泡沫油溶解气驱开发效果的影响，结果表明在一定的压降速度下，饱和甲烷的溶解气驱效果要好于饱和二氧化碳溶解气驱效果，同时发现生产压差是影响开发效果最重要的因素。A.Turta 开展了温度对泡沫油形成及稳定性影响的实验，结果表明采收率最高值并非出现在温度最高或黏度最低点。当温度高于 100℃时，尽管黏度降低，但是泡沫油现象不存在了，衰竭开采的采收率反而降低，70℃左右为高温降黏和泡沫油同时发挥作用的最佳区间[11]。

1. 驱替特征

采用 MPE3 区块油样利用填砂管驱替实验研究了泡沫油驱替特征。实验结果如图 8-29 所示，可以看出泡沫油一次衰竭驱替过程存在两个压力拐点（即泡点压力和拟泡点压力）和三个驱替阶段（即单相油流阶段、泡沫油流阶段和油气两相流阶段）。泡沫油的存在延长了衰竭开采的时间，提高了冷采采收率。

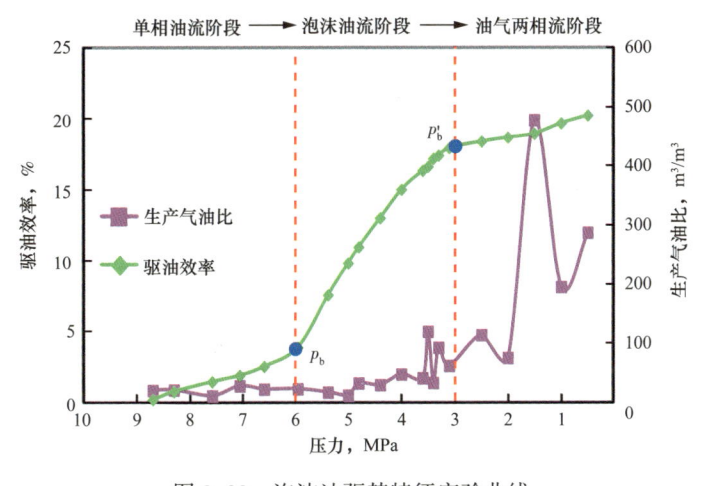

图 8-29　泡沫油驱替特征实验曲线

（1）第一阶段：油藏压力高于泡点压力时的单相油流阶段。该阶段依靠地层弹性能量开采，生产气油比近似于原始溶解气油比，阶段采出程度在2%左右。

（2）第二阶段：油藏压力介于泡点压力和拟泡点压力之间的泡沫油流阶段。由于存在泡沫油，生产气油比仍然维持在一个较低的水平，该阶段依靠气泡膨胀和分散气泡的运移来推动油的流动，阶段采出程度在11%左右。

（3）第三阶段：油藏压力低于拟泡点压力的油气两相流阶段。分散气泡聚并破裂后形成自由气相，生产气油比大幅度上升，同时由于原油脱气，油相黏度也急剧上升，油相渗流能力急剧下降，地层压力快速下降，导致此阶段采出程度低，大概在2%左右。

2. 压力衰竭速度影响

采用一维岩心开展了压降速度分别为15.3kPa/min、7.6kPa/min、3.1kPa/min和2.4kPa/min条件下泡沫油溶解气驱实验，实验参数见表8-4。

表8-4 不同压力衰竭速度条件下泡沫油溶解气驱实验参数

编号	岩心长度 cm	岩心直径 cm	孔隙度 %	渗透率 mD	初始含油饱和度 %	压降速度 kPa/min	温度 ℃	气油比 m³/m³	驱油效率 %
1	60	2.54	40.5	7249	89.6	15.3	53.7	16	24.3
2	60	2.54	41.2	7361	91.3	7.6	53.7	16	21.5
3	60	2.54	42.2	7116	90.1	3.1	53.7	16	14.5
4	60	2.54	41.8	7416	90.7	2.4	53.7	16	12.1

压降速度越快，泡沫油现象越明显，表现为气体滞留在原油中，生产气油比较低，相应泡沫油溶解气驱的驱油效率越高（图8-30和图8-31）。实际生产中，油井附近压降速度快，远离井筒的区域压力下降缓慢，因此在井筒附近泡沫油强，在远处泡沫油弱。为了提高泡沫油的生产效果，井距不应该太大，如果太大，距离较远处原油压降速度慢，容易形成连续流动的气体，不利于发挥泡沫油驱油效应；同时，合理地提高泵转速可以增加压力衰竭速度，激励泡沫油驱油作用，提高泡沫油冷采开发效果。

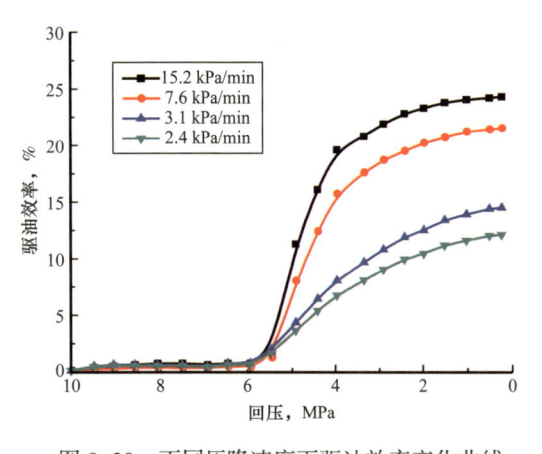

图8-30 不同压降速度下驱油效率变化曲线

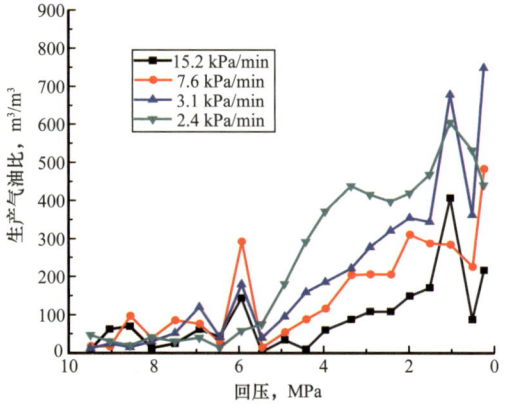

图8-31 不同压降速度下生产气油比曲线

3. 温度影响

采用一维岩心开展了温度分别为53.7℃、75℃、85℃、100℃、120℃和150℃条件下泡沫油溶解气驱实验，实验参数见表8-5。

表8-5　不同温度条件下泡沫油溶解气驱实验参数

编号	岩心长度 cm	岩心直径 cm	孔隙度 %	渗透率 mD	初始含油饱和度 %	压降速度 kPa/min	温度 ℃	气油比 m³/m³	驱油效率 %
1	60	2.54	38.45	9212	83.21	50	53.7	16	15.30
2	60	2.54	39.23	9588	84.02	50	75	16	17.31
3	60	2.54	38.21	9324	85.17	50	85	16	18.84
4	60	2.54	36.18	9549	83.09	50	100	16	20.23
5	60	2.54	37.98	9454	82.64	50	120	16	17.71
6	60	2.54	38.56	9298	84.23	50	150	16	13.78

不同温度下泡沫油驱替特征和驱油效率如图8-32和图8-33所示，当温度低于100℃时，溶解气驱驱油效率随着温度的增加而升高，而当温度高于100℃后，驱油效率随着温度的增加而减小。提高温度可以降低原油黏度，减小溶解气驱过程中的渗流阻力，从而改善开发效果；但是温度越高，黏度越低，加剧了气泡的聚并和连续气相的形成，不利于形成稳定的泡沫油。

图8-32　不同温度下泡沫油驱替特征

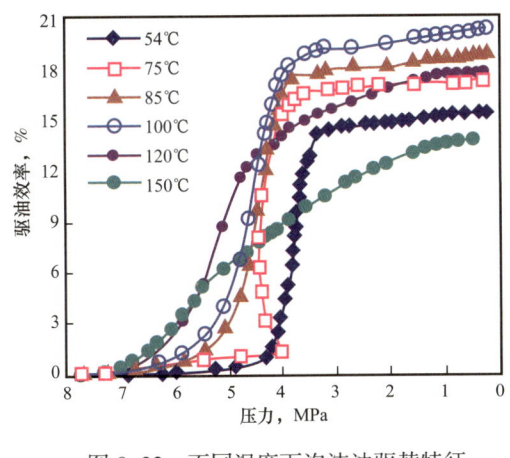

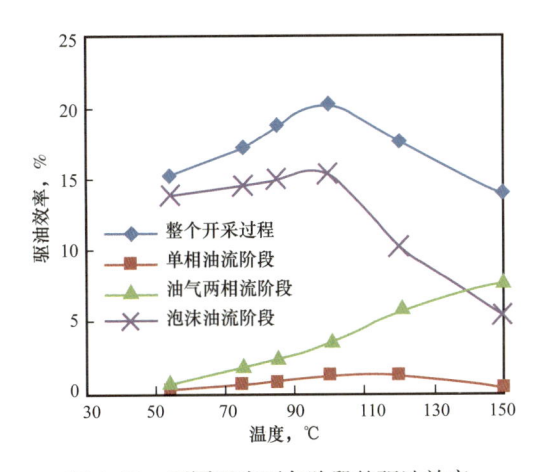

图8-33　不同温度下各阶段的驱油效率

不同温度下泡沫油溶解气驱二维微观实验表明，当温度上升至150℃时，气泡的稳定性大幅度下降，驱替过程以油气两相流动为主（图8-34）。

4. 溶解气油比影响

采用一维岩心开展了溶解气油比为2.5m³/m³、5m³/m³、10m³/m³、16m³/m³和26m³/m³条件下泡沫油溶解气驱实验，实验参数见表8-6。

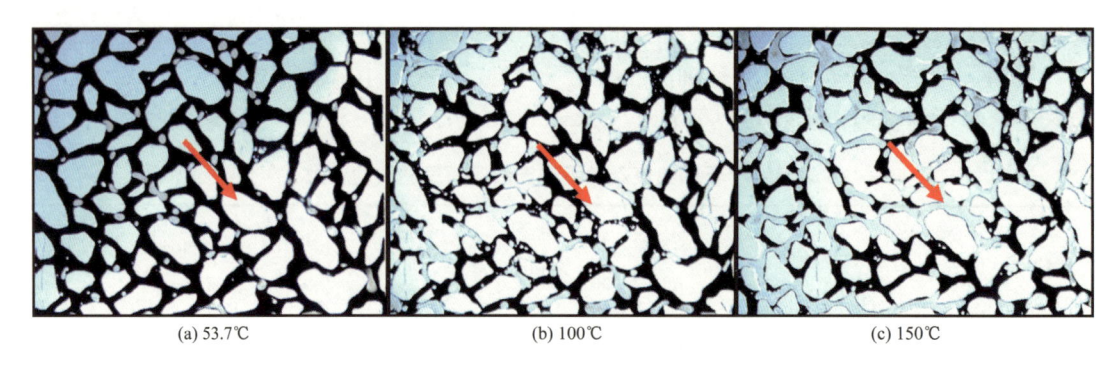

(a) 53.7℃　　　　　　　　　(b) 100℃　　　　　　　　　(c) 150℃

图 8-34　不同温度下泡沫油二维微观驱替实验（5MPa）

表 8-6　不同气油比条件下泡沫油溶解气驱实验参数

编号	岩心长度 cm	岩心直径 cm	孔隙度 %	渗透率 mD	初始含油饱和度 %	压降速度 kPa/min	温度 ℃	气油比 m^3/m^3	驱油效率 %
1	60	2.54	39.15	10112	84.33	20	53.7	2.5	6.33
2	60	2.54	38.21	9788	82.12	20	53.7	5.0	11.52
3	60	2.54	38.38	9524	84.16	20	53.7	10.0	14.61
4	60	2.54	37.11	9949	82.11	20	53.7	16.0	20.53
5	60	2.54	38.28	10154	83.34	20	53.7	26.0	25.93

不同溶解气油比条件下的泡沫油驱替特征如图 8-35 所示，随着溶解气油比增加，泡沫油驱油效率增加。

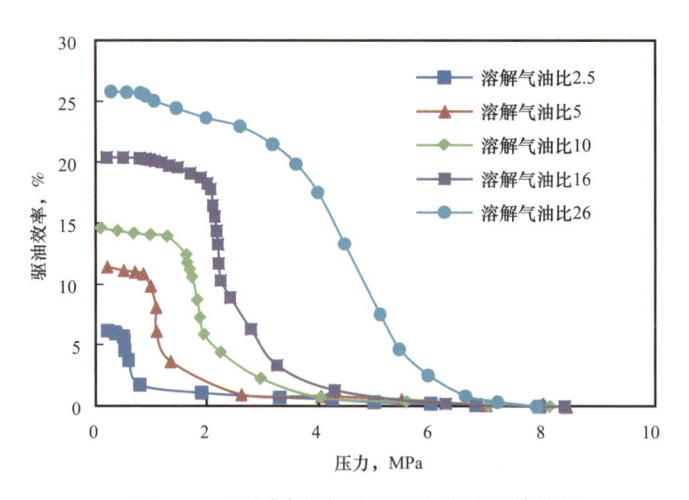

图 8-35　不同溶解气油比下泡沫油驱替特征

随着溶解气油比增加，泡点压力和拟泡点压力均增加（图 8-36），但泡点压力与拟泡点压力之间的差值增加，意味着泡沫油的作用区间增加，泡沫油流阶段的驱油效率贡献增加（图 8-37）。上述现象主要可以从驱替能量和原油黏度两方面考虑：一方面，泡沫油溶解气驱的驱动能量主要是溶解气的弹性能量，溶解气油比的降低，使得溶解气驱过程中释放的弹性能减小，造成膨胀出油减少；另一方面，泡沫油的黏度与溶解气量有较大关系，溶解气越多，黏度越小，因而溶解气油比的降低使得原油黏度增大，驱油效率降低。

六、泡沫油油气相对渗透率特征及影响因素

杨立民、秦积舜通过泡沫油油气相对渗透率实验发现泡沫油油气相对渗透率具有独特性，即气相相对渗透率值很低，以油相渗流为主，存在较大的临界含气饱和度[12]。Pooladi 等认为泡沫油低气相相对渗透率有利于提高泡沫油冷采开发效果。Tang、Busahmin、Kumar、李松岩等通过实验研究认为，压降速度、含水饱和度、溶解气油比、原油黏度以及温度等是影响泡沫油油气相对渗透率特征的主要因素[13]。

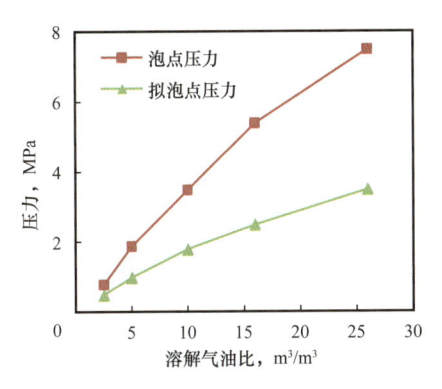

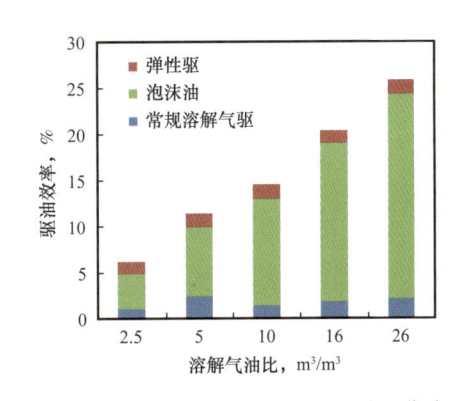

图 8-36 泡点压力和拟泡点压力与溶解气油比关系曲线　　图 8-37 驱油效率与溶解气油比关系曲线

采用 MPE3 区块油样，开展了 53.7℃、75℃、85℃、100℃、120℃与 150℃不同温度下的泡沫油油气相对渗透率测试。气相相对渗透率比油相相对渗透率低几个数量级，两者之间没有交叉。同时，随着温度的升高，油相相对渗透率变化不大，气相相对渗透率随之升高，临界含气饱和度随之下降（图 8-38）。

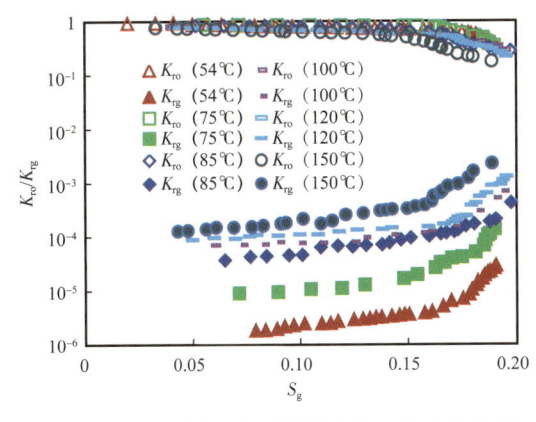

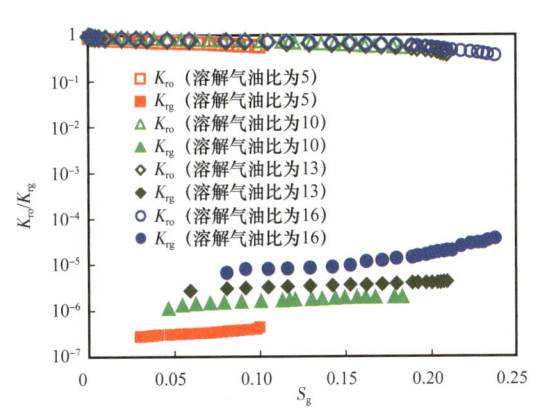

图 8-38 不同温度下泡沫油油气相对渗透率　　图 8-39 不同溶解气油比下泡沫油油气相对渗透率

同样，采用 MPE3 区块油样，开展了溶解气油比分别为 $2.5m^3/m^3$、$5m^3/m^3$、$10m^3/m^3$、$13m^3/m^3$ 和 $16m^3/m^3$ 条件下的泡沫油油气相对渗透率测试。随着溶解气油比的增加，油相

相对渗透率没有明显的变化，气相相对渗透率和临界含气饱和度随之上升（图8-39）。这是因为溶解气油比增加，气泡数量增加，气泡聚并加剧，气相流动性增强。同时溶解气油比上升，泡点压力随之升高，气泡可以在更高的压力下成核，此时的界面张力更低，气泡稳定性更强，临界含气饱和度更高（图8-40）。

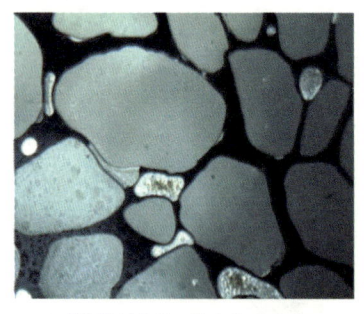

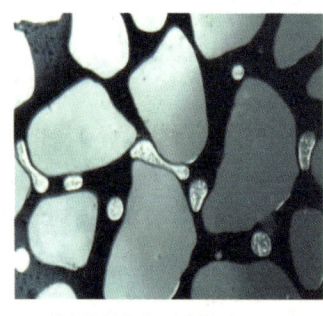

(a) 溶解气油比为5m³/m³（1.5MPa）　　(b) 溶解气油比为16m³/m³（3.0MPa）　　(c) 溶解气油比为26m³/m³（4.0MPa）

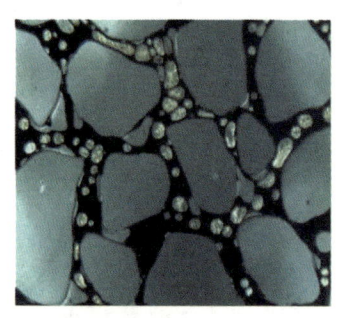

图8-40　不同溶解气油比下泡沫油二维微观驱替实验

七、泡沫油形成及稳定性的其他影响因素

室内实验结果表明，形成泡沫油的主要条件及影响因素包括油藏流体性质与生产操作条件。油藏流体性质主要有原油组分、原油黏度、溶解气油比、岩石孔喉结构、油层渗透率、孔隙度以及油藏温度等，生产操作条件主要是压力衰竭速度与排液量。其中，溶解气油比、压力衰竭速度、油藏温度的影响在上述部分已经论述。

1. 油层渗透率

泡沫油现象通常发生在高渗透重油油藏中，并且生产过程中通常伴随油藏出砂，形成蚯蚓洞，从而进一步提高油藏的渗透性。因此，油藏渗透率是影响泡沫油现象的一个主要参数。Goodarzi采用一维长岩心驱替实验装置，开展了两组实验，渗透率分别为1820mD和12000mD，测试不同油藏渗透率条件下原油的脱气时间和脱气速度，以及脱气时的临界含气饱和度，从而得到泡沫油在运动过程中泡沫油现象是否发生、发生的时间以及无法产生该现象的原因。实验结果表明，随着渗透率的增大，临界含气饱和度升高，原油脱气速度减缓，泡沫油的作用时间延长，采收率越来越高。

2. 原油黏度及组成

A.Turta研究了原油黏度对泡沫油形成及稳定性的影响实验，结果表明泡沫稳定时间与原油黏度呈线性增加。在该实验条件下，当脱气原油黏度大于10000mPa·s时，油藏条件下含气原油中气泡的稳定时间大约为15min；当原油黏度小于10mPa·s时，该原油含气条件下，泡沫的形成和破裂在短时间内发生，稳定时间较短，因此降低原油黏度不利于泡沫的稳定。

F.Bauget开展了沥青质和胶质对重油成泡性能影响的室内实验研究，结果表明当沥青质含量大于10%（质量分数）时，起泡能力、液膜寿命、界面黏度及弹性模量均显著提高。这一现象可用聚合物成簇机理解释，沥青质在界面吸附和重新排列，导致界面张力降低和弹性模量增大，增加了泡沫稳定性。而胶质的存在会溶解沥青质，降低沥青质在油气界面的吸附，界面张力降低幅度减小，界面弹性模量增加幅度降低，影响泡沫的稳定性。委内瑞拉超重油沥青质含量高、胶质含量少，这也是该油品能够更易于形成泡沫油的重要的内在机制之一。

3. 孔隙结构

孔隙结构对泡沫油形成及稳定性影响的室内实验结果表明，孔隙结构越复杂，泡沫稳定时间越长。分析原因认为，孔隙结构越复杂，则毛细管压力越大，大气泡在通过时容易分散成微小气泡，形成分散流。当泡沫运移时，会以颈缩突变形式产生泡沫。其过程是：当气泡从一个孔隙穿过狭窄的喉道进入另一个孔隙时，随着气泡的扩张，毛细管压力递减，液体产生的压力梯度使流体从周围进入喉道中。当毛细管压力降得足够低时，液体便回流而充满喉道，气泡则被液体所断开，形成两个气泡。由此可见，以这种机理形成泡沫要求毛细管压力较低才行。另外，当毛细管压力很高时，泡沫的液膜会耗散流失和断裂。研究表明，存在一个临界毛细管压力 p_c，在 p_c 的一个微小邻域（$p_c-\varepsilon$，$p_c+\varepsilon$）的两侧，泡沫的性质会发生突变，毛细管压力高于这个邻域时不会形成泡沫，低于该邻域时所形成泡沫的强度会很高。

此外，在实际生产中，较大的井眼直径、高密度射孔及负压射孔等措施可以一定程度上提高泡沫油驱油效果。但是，泡沫油的开采也并非生产压差越大越好，生产压差过大，会造成井底附近地层大量出砂，同时油藏近井地带脱气也会严重，从而影响泵效，降低排液量。

第三节　超重油泡沫油冷采特征与评价方法

泡沫油冷采与常规溶解气驱的驱油机理存在差异，相应的开采特征也不同。结合矿产开采特征分析和室内机理认识，建立了泡沫油冷采特征油藏工程评价方法，包括泡沫油非常规溶解气驱物质平衡方程、泡沫油冷采数值模拟方法和水平井泡沫油冷采产能评价与流入动态关系。这有助于深入认识其冷采潜力，并为开发优化设计和冷采潜力挖潜提供技术手段。

一、水平井泡沫油冷采特征与影响因素

目前，超重油冷采技术主要包含携砂冷采和泡沫油冷采技术。携砂冷采技术主要应用于加拿大的重油与油砂区块上。携砂冷采技术成本低、产能高、风险小，采收率一般低于15%。泡沫油冷采主要应用在奥里诺科重油带，与常规溶解气驱相比，水平井泡沫油冷采具有初期产量较高、压力下降缓慢、递减率较低、气油比上升较缓慢的开采特征，采收率通常为5%～12%。

1. 重油带泡沫油冷采开发概况

重油带的开发经历了从直井冷采到蒸汽吞吐，再到水平井＋电动潜油泵（螺杆泵）＋稀释剂开采方式的探索和转变历程。例如，重油带东部的 MPE1 区块和 MPE2 区块，作为委内瑞拉国家石油公司 PDVSA 确立的一个开发试验区，20 世纪 70 年代由 Bitor 公司进行 2D 地震勘探和钻评价井。1984 年起陆续开展了各种开发生产试验，如井距为 150m、300m、400m 的直井蒸汽吞吐以及水平井加稀释剂和不同采油工艺的试验等，随着水平井

钻井技术和电泵举升工艺的发展成熟，90年代中后期，水平井冷采开采技术在重油带得到了推广应用，均采用平台式布井，布井方式包括平行布井和放射状布井。平行布井情况下，每个平台12~24口水平井，水平井段长度为800~1200m，排距为500~600m。井型包括单分支水平井、多分支水平井和鱼骨井等复杂结构井。采用电动潜油泵井底掺稀释剂或螺杆泵井口掺稀释剂举升方式，混合油输送到中心处理站或改质厂进行分离，然后再把稀释剂送回采油井场循环利用。至2017年，重油带日产规模超过29×10^4t，其中日产规模超过1.6×10^4t的在产项目有6个。超重油水平井冷采的平均单井初产为118~199t/d，最高可达368t/d，平均年递减15%~18%，还有少量的直井和斜直井。通常，重油带直井初产约为29t/d，年递减率为28%[14]。表8-7列举了重油带上几个典型开发区块的油藏地质参数及开发参数。

表8-7 奥里诺科重油带典型在产区块油藏地质参数

项目/区块名称		PetroCedeño	A8	PetroPiar	Petromonagas	MPE3
重油带区域		胡宁	阿亚库乔	阿亚库乔	卡拉波波	卡拉波波
深度，m		500~600	304~410	746	685~1067	887
孔隙度，%		29~34	30	30	32	30~36
渗透率，mD		4~17	10	10	10	8~15
初始地层压力，MPa		4.8~5.5	3.5~4.5	6.1	6.8~10.4	8.5
地层温度，℃		49	42~45	43~60	50~60	53
原始含油饱和度，%		80	75~83	84	88	86
原油API重度，°API		8	7.9	8.5	8.5	7.8
原油黏度，mPa·s		1800~3500	7700~12000	3800	1500~4000	2900~9200
泡点压力，MPa		4.3	4.4	5.9		6.2~6.3
原始溶解气油比 m^3/m^3		10	8~11		17	15~16
开采方式		水平井冷采	水平井冷采	水平井冷采	水平井冷采	水平井冷采
水平井	水平段平均长度，m	1219~2133	975	1219~2133	550~1400	1000
	井距，m	放射状布井	—	600	600	主体490~580
	平均初产，t/d	128~193	37~108	128~193	35~400	193
标定采收率，%		6.5	6.1		12	11.7

2. 水平井泡沫油冷采特征

超重油油藏水平井泡沫油冷采普遍初产较高，压力下降较缓慢。随着冷采开发时间延长，地层压力下降，各开发油藏生产气油比均有所上升，油层埋深越浅，气油比上升越快。递减率随着油层埋深增加逐渐降低，随着冷采开发时间延长，呈分段递减趋势。

以 PetroCedeno 区块为例，该区块位于奥里诺科重油带胡宁区中部，区块面积为 504.25km²。区块整体上为北倾单斜构造，主要目的层段为 Oficina 组下段，从上到下可进一步细分为 A、B、C、D、E、F 6 个小层，其中 A、B、C 3 个小层为三角洲沉积，D、E、F 3 个小层为河流相沉积，储层为疏松砂岩。区块采用丛式辐射状水平井冷采开发，平均水平井段长度为 1372m。该区块共有 743 口生产井，其中 B、C、D、E 4 个主力层位投产水平井 726 口，平均初产为 193t/d（图 8-41）。

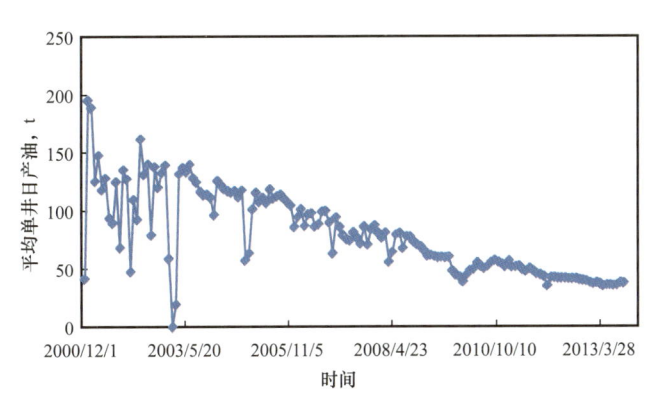

图 8-41 Petrocedeno 区块平均单井日产油曲线

Petrocedeno 区块 B、C、D、E 4 个主力层位生产井初产统计见表 8-8。

表 8-8 Petrocedeno 区块 B、C、D、E 层生产井初产统计

层位	初产，t/d				合计井数，口
	>240	160~240	80~160	<80	
B	10	23	25	53	108
C	0	10	21	133	160
D	26	60	117	237	432
E	1	1	5	21	26

投产后生产气油比开始缓慢上升。主力开发层位为 B 层至 E 层，随着埋深逐渐增加，生产气油比上升速度逐渐减缓（图 8-42）。2013 年 10 月，B 层、C 层、D 层和 E 层的生产气油比分别为 103m³/m³、62m³/m³、51m³/m³ 和 36m³/m³。

区块 B 层有 10 年以上生产历史，呈明显分段递减趋势，前期月递减率为 1.4%，后期月递减率为 1.2%，后期递减率低于前期（图 8-43）。

以 MFB-53 油藏为例，该区块位于奥里诺科重油带阿亚库乔区北部 Bare 油田，面积约 165km²。该油藏是一个简单的单斜构造，被一东西向的正断层切割，地层向南倾斜，倾角小于 10°。该油藏是以中—下中新统为基底的 Oficina 砂岩，平均油藏深度为 1067m。孔隙度的变化范围为 22.5%~32%（平均 30%），渗透率为 2~40D（平均 10D），束缚水饱和度在 16% 左右。初始油藏压力和温度分别为 8.3MPa 和 58℃。原油 API 重度为 9.1°API，

泡点压力为6.9MPa，拟泡点压力为5.7MPa，原始溶解气油比为17m³/m³，原油地层体积系数为1.088，在油藏温度下原油黏度为3000mPa·s。投产初期采用直井冷采开发，平均初产80t/d。为了提高采油速度，投产水平井冷采开发，排距为450m，水平井初产达到了400t/d，与直井相比增加了4倍。

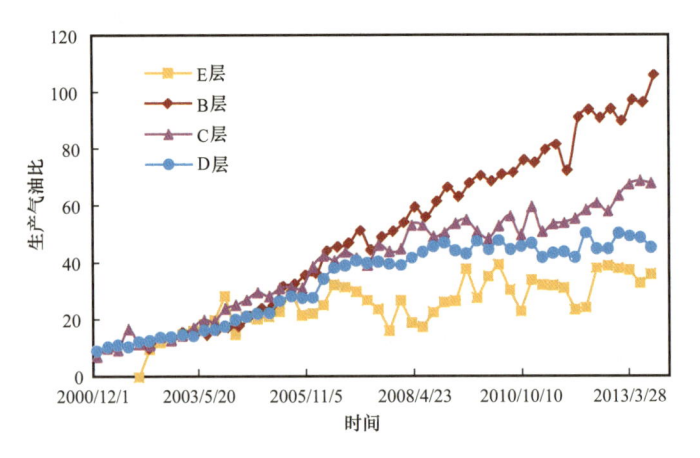

图8-42 PetroCedeño区块分层生产气油比变化曲线

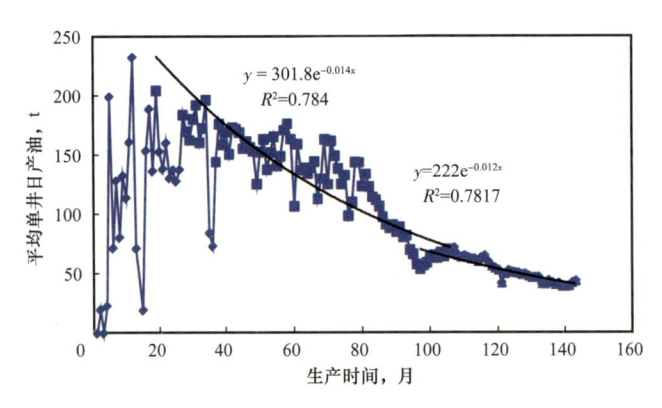

图8-43 PetroCedeño区块B层递减率

以阿亚库乔区的A8区块为例，该区块主要开发目的层段为中新统Oficina组Unit Ⅰ段和Unit Ⅱ段，属河流—三角洲沉积，主要的油藏流体参数见表8-7。Unit Ⅰ段从上至下分为R、S、T、U4个主力开发小层，S层月递减率为5.3%，T层月递减率为4.3%，U层月递减率为4%。从S层到U层，埋深逐渐增加，递减率逐渐降低（图8-44）。

3. 水平井泡沫油冷采影响因素

影响超重油水平井冷采产能的因素包括地质因素和开发因素，地质因素包括油层厚度、油藏埋深等，开发因素包括水平井段长度、井型等。

随着埋深的增加，油藏压力增大，温度增加，溶解气油比增加，原油黏度降低，冷采效果变好。随着油层厚度的增加，单井稳产时间增加，累计产量增加。同时，储层非均质性对水平井泡沫油冷采产能影响很大，包括夹层厚度、密度、分布频率及延伸范围等。

水平井相较斜井和直井采油速度大幅度提高。以卡拉波波区的Bitor油田为例，

1990年以前基本上为直井。1990年以后钻了很多丛式井（以斜井为主）。1995—1997年又钻了几口试验性质的水平井。不同类型生产井的初产为：（1）水平井的初期产量为160~400t/d；（2）斜井的初期产量为48~80t/d；（3）垂直井的初期产量为40~80t/d。不同类型生产井的多年递减率为：（1）水平井的年递减率为13.5%~14.8%；（2）斜井的年递减率为16%~20%；（3）垂直井的年递减率为25%~30%。阿亚库乔区Bare油田1995年以前投产165口直井，油田产量为$0.32×10^4$t/d，后来投产78口水平井，油田产量上升到最高$0.97×10^4$t/d。

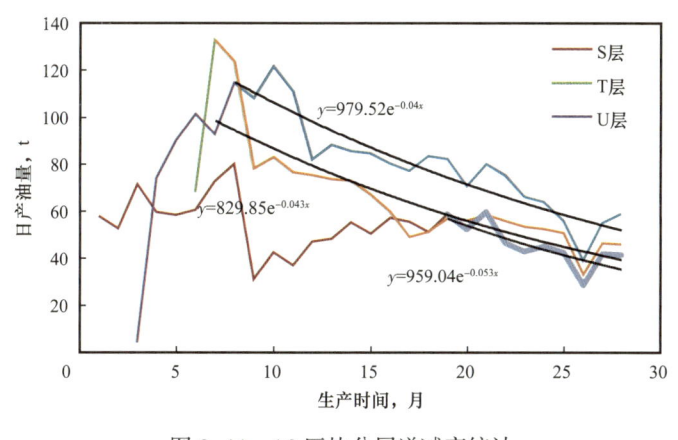

图8-44 A8区块分层递减率统计

整体上，水平井冷采初产随着水平段长度增加而增加，Bitor油田水平井水平段长度为300~700m时，冷采初产为160t/d，水平段长度为700~1300m时，冷采初产为240~320t/d。多侧向水平井相较于单分支水平井采油速度更快。以Petrozuata联合公司为例，到2001年底Petrozuata公司已钻238口水平井，其中98口为单分支水平井，88口为双分支水平井，52口为三分支水平井。单分支水平井的平均单井采油速度在160t/d左右，而多侧向水平井的平均单井采油速度约为274t/d。各种多侧向水平井可以提高产能，提高单井最终采收率，降低原油单位生产成本。鱼骨式多侧向水平井可以保持均质油藏长期高产、稳产，提高非均质油藏的最终采收率和开采速度，因为那些细小分支可以通过油藏的隔层，增大与油层的接触面积，提高泄油速度。在生产后期开采速度递减时，通过结合多个目的层的分支，可以长期保持油井的开采在经济极限速度之上，多侧向水平井和鱼骨式多侧向井的预期采收率高于单侧向井。

二、泡沫油非常规溶解气驱物质平衡方程

溶解气驱的主要驱动能量是岩石和流体的弹性能量。对于常规溶解气驱，当地层压力降到饱和压力以下时，原来呈溶解状态的气体便从原油中分离出来，并随着压力的降低，气体不断膨胀和分离，成为驱油的主要能量。常规溶解气驱具有油藏压力下降急剧、生产气油比上升快、原油采收率低的特点。由于泡沫油效应的存在，泡沫油超重油油藏表现出不同于常规溶解气驱油藏的开发特征，在此建立泡沫油非常规溶解气驱物质平衡方程研究泡沫油超重油油藏的开发特征。

泡沫油重油油藏的开发分为油藏压力高于泡点压力、油藏压力在泡点压力和拟泡点压

力之间以及油藏压力低于拟泡点压力三个阶段。三个阶段原油的流动形态不同，因此需要分别考虑。

（1）当油藏压力高于泡点压力时，流动为单相流动，主要依靠原油的弹性能开采。当油藏压力由原始地层压力降到压力 p_1 时，累计产油量为：

$$N_{p_1} = \frac{\Delta V_{\text{fo}}}{B_{\text{fo}}} = \frac{V_{\text{fo1}} - V_{\text{fo}i}}{B_{\text{fo}}} = NB_{\text{fo}i} \frac{(e^{\int_{p}^{p_i} C_{\text{fo}} dP} - 1)}{B_{\text{fo}}} \quad (8-15)$$

式中　$V_{\text{fo}i}$——原始油藏压力下原油体积，m^3；
　　　p——油藏压力，MPa；
　　　p_i——原始油藏压力，MPa；
　　　Np_1——油藏压力高于泡点压力阶段的累计产油量，m^3；
　　　N——原始地质储量，m^3；
　　　B_{fo}——地层压力下泡沫油体积系数；
　　　$B_{\text{fo}i}$——原始地层压力下泡沫油体积系数；
　　　C_{fo}——泡沫油的压缩系数，此时等于常规原油的压缩系数。

其中，泡沫油体积系数是泡沫油在地层温度和地层压力下的体积（含气原油体积）与其在地面条件下的体积（脱气原油体积）之比。

$$B_{\text{fo}} = \frac{V_{\text{of}}}{V_{\text{os}}} \quad (8-16)$$

式中　V_{of}——泡沫油在地层条件下体积，m^3；
　　　V_{os}——泡沫油在标准状态下的体积，m^3。

原油压缩系数是泡沫油在地层温度下的体积随压力变化的变化率。

$$C_{\text{fo}} = -\frac{1}{V_{\text{of}}} \left(\frac{dV_{\text{of}}}{dp} \right) \quad (8-17)$$

由式（8-16）和式（8-17）可以得到当油藏压力高于泡点压力时，泡沫油体积系数为：

$$B_{\text{fo}} = B_{\text{ob}} e^{\int_{p_b}^{p} -C_{\text{fo}} dP} \quad (8-18)$$

式中　B_{ob}——泡沫油在泡点压力下的体积系数；
　　　C_{fo}——泡沫油的压缩系数。

（2）当油藏压力大于拟泡点压力，但小于泡点压力时，流动变为拟单相流动，仍可以用式（8-15）来计算累计产油量。但是由于 C_{fo} 在压力高于泡点压力时的计算方法与压力在泡点压力和拟泡点压力之间时的计算方法不同，将式（8-15）重新整理，累计产油量为：

$$N_{p_2} = NB_{\text{o}i} \frac{(e^{(\int_{p}^{p_b} C_{\text{fo}} dp + \int_{p_b}^{p_i} C_{\text{fo}} dp)} - 1)}{B_{\text{fo}}} \quad (8-19)$$

式中 N_{p_2}——油藏压力从原始地层压力降至目前地层压力的阶段累计产油量，m^3。

当压力低于泡点压力时，Kumar等通过实验对多个油样进行拟合，得到体积系数的经验公式：

$$B_{fo} = \frac{62.4\gamma_{fo} + 0.0764R_{fo}\gamma_g}{62.4\rho_{fo}} \tag{8-20}$$

式中 ρ_{of}——地层条件下泡沫油密度，g/cm^3；

γ_{of}——泡沫油相对密度；

γ_g——气体相对密度。

泡沫油中包括含气原油和滞留气两种组分，由物质守恒可以得到泡沫油相对密度为：

$$\gamma_{fo} = \frac{\rho_{los}(1-f_{gs}) + \rho_{gs}f_{gs}}{\rho_w} = \gamma_{lo}(1-f_{gs}) + \frac{\rho_{gs}f_{gs}}{\rho_w} \tag{8-21}$$

式中 ρ_w——大气压下15.6℃时水的密度，大约为0.99g/cm³；

ρ_{gs}——大气压下15.6℃时脱出气的密度，g/cm^3；

ρ_{los}——含气原油在标准状况下的密度，g/cm^3；

f_{gs}——大气压下的滞留气体积分数，在泡沫油藏中有一部分脱出气不能脱出形成自由气，而是以气泡的形式留在原油中，这部分气体即为滞留气；γ_{lo}为含气原油相对密度。

密度为单位体积的质量，泡沫油的密度可以由含气原油和滞留气两种组分的密度混合得到：

$$\rho_{fo} = \rho_{lo}(1-f_g) + \rho_g f_g \tag{8-22}$$

一定温度和压力下含气原油的密度可以表示为：

$$\rho_{lo} = \frac{62.4\gamma_o + 0.0764R_s\gamma_g}{60.6528 + 0.009172[5.6180R_s(\frac{\gamma_g}{\gamma_o})^{0.5} + 1.25(1.8T-460)]^{1.175}} \tag{8-23}$$

由真实气体状态方程可以得到一定温度和压力下气体的密度为：

$$\rho_g = \frac{pM}{1000ZRT_g} \tag{8-24}$$

式中 R——通用气体常数，$R=0.008314MPa \cdot m^3/(kmol \cdot K)$；

p——气体的绝对压力，MPa；

Z——压缩因子；

T_g——天然气的热力学温度，K；

M——天然气的摩尔质量，kg/kmol。

当压力在泡点压力和拟泡点压力之间时，C_{fo} 由式（8-25）计算得到。

$$C_{fo} = -\frac{1}{V_{fo}}\frac{\partial V_{fo}}{\partial p} = -\frac{1}{\dfrac{m_{fo}}{\rho_{fo}}}\frac{\partial \dfrac{m_{fo}}{\rho_{fo}}}{\partial p} = \frac{1}{\rho_{fo}}\frac{\partial \rho_{fo}}{\partial p} \qquad (8-25)$$

式中　V_{fo}——泡沫油在地层条件下体积，m^3；

　　　m_{fo}——地层条件下泡沫油质量，g；

　　　ρ_{fo}——地层条件下泡沫油密度，g/cm^3。

（3）当油藏压力低于拟泡点压力时，流动变为气液两相流，物质平衡方程变为：

$$N_{p_3}R_p = \frac{N_{p_b}(B_t - B_{tp_b}) - N_{p_3}(B_t - R_{sp_b}B_g)}{B_g} \qquad (8-26)$$

式中　N_{p_3}——两相流阶段的累计产油量，m^3；

　　　R_p——两相流阶段累计生产气油比，m^3/m^3；

　　　N_{p_b}——油藏在拟泡点压力时的地质储量，m^3；

　　　B_{tp_b}——拟泡点压力下两相体积系数；

　　　B_t——某一压力下两相体积系数；

　　　R_{sp_b}——拟泡点压力时的溶解气油比，m^3/m^3；

　　　B_g——某一压力下气体体积系数。

三、泡沫油冷采数值模拟方法

如前所述，泡沫油是一次开采过程中在重油油藏中发生的分散气－液两相流动现象，泡沫油的驱油过程即为泡沫的形成、生长、聚并与破碎的动态过程。超重油泡沫油存在一个临界含气饱和度，通常在气体饱和度低于10%～15%时，气相相对渗透率非常低，几乎没有流动性。同时，由于泡沫油驱油过程中会大量产生泡沫，因此显著增大了原油体积系数，降低了原油密度，增加了弹性能量。

由于泡沫油驱油特征与常规油不同，因此在油藏数值模拟中，为了准确地模拟上述现象，必须对某些参数做特殊考虑，泡沫油数值模拟处理方法应考虑以下几点：

（1）泡沫油常规PVT测试与非常规PVT测试结果差别很大，特别是泡点压力。一般情况下，非常规PVT分析得到的泡点压力值较小，称为拟泡点压力，在数值模拟中要采用拟泡点压力。

（2）临界气饱和度较高，泡沫油临界气饱和度一般可达到10%～15%。

（3）毛细管黏度计比旋转黏度计测得的原油黏度在数值模拟中更有代表性，更能反映泡沫油的特性。在使用旋转黏度计的情况下，因搅拌油样所产生的拉伸破坏了油气的扩散，更易释放出气泡，形成连续的自由气流。

（4）原油压缩系数比常规稠油要大。

目前，泡沫油数值模拟方法包括拟泡点模型、地质力学模型、改进的分相流动模型、黏度校正模型以及动力模型等。

泡沫油属于热动力学不稳定体系，分散气泡将最终转化为油相和自由气，因此，泡沫油的流动特性可以看作是一个时间和引入流动条件的函数。Coombe 和 Maini 建立了描述泡沫油中分散气泡物理变化过程的多组分动力学机理模型。该模型模拟组分包括水、油、原油中的溶解气、原油中的分散气以及分散气脱离原油形成的自由气。溶解气通过过饱和控制的速率过程变成分散气，分散气受聚并速率控制变成自由气。在采用此模型的基础上，利用 CMG 数值模拟软件中的化学反应模块实现该模拟思路。上述两种不平衡相间传质过程被模拟为具有规范的化学计量和反应速率常数的化学反应过程，速率常数可用历史拟合的方法加以确定。

溶解气→分散气：$\quad X_1=F_1\times([\text{DISGAS}]_{eq}-[\text{BUB}])$ （8-27）

分散气→自由气：$\quad X_2=F_2\times[\text{BUB}]$ （8-28）

式中　[DISGAS]——溶解气组分浓度；

[BUB]——分散气组分浓度；

F_1——泡沫产生频率因子；

F_2——泡沫聚并破裂频率因子。

多组分泡沫油动力模型与常规溶解气驱模型的关键区别在于：常规溶解气驱气组分分为溶解气和自由气；而多组分泡沫油动力模型在溶解气和自由气组分的基础上增加分散气组分。其中，溶解气指的是完全溶解于油相中的气体，自由气指的是连续气相，比分散气运动快得多，而分散气是指从原油中释放出来的微气泡，以不连续气泡的形式分散在油相中，随油相一起流动，是体现泡沫油特性的主要因素。

四、水平井泡沫油冷采产能评价与流入动态关系

超重油油藏目前广泛应用丛式水平井进行冷采，水平井产能评价与流入动态关系是油藏工程以及水平井优化设计的重要内容。对于常规溶解气驱油藏，当地层压力高于泡点压力时，储层与水平井井筒中的流体为单相流，当地层压力低于泡点压力时，溶解气从原油中脱出，形成自由气，流体为气液两相流，油相和气相的物性和流动能力随压力变化而改变。超重油泡沫油一次衰竭开发与常规溶解气驱的驱油机理与开采特征截然不同，常规溶解气驱水平井产能公式和 IPR 关系式不能描述泡沫油特殊的渗流特性，预测结果误差较大。需要基于水平井泡沫油冷采特征、油气相对渗透率规律以及驱油机理等研究水平井泡沫油流入动态。

1. 泡沫油冷采水平井产能评价方法

假定一个理想的流体流动模型，在理想模型中流体为单相稳定流动，从供给边界到井底流量为定值，流体黏度、地层渗透率等参量均认为是恒定不变的。对于实际泡沫油藏，由于泡沫油的特殊性质，流体从供给边界到井底的过程中，压力梯度逐渐增大，泡沫油流量逐渐增加。地层压力低于泡点压力后，溶解气析出后以分散气泡的形式存在于泡沫油流中，在相同产量下实际流体的压力梯度要低于理想模型，生产指数要高于理想模型。

为了计算泡沫油冷采水平井产能，定义了理想模型压力梯度与实际流体压力梯度的比值 ε，它是压力 p 的函数（压力梯度函数 ε），该函数可由泡沫油实验 PVT 数据和相对渗透率数据确定。假定理想模型为单相稳定流，各参量的值恒定为原始地层压力下的值，即 IPR 曲线为直线。而在实际泡沫油藏中，黏度、体积系数等随压力变化，而且在拟泡点压力两侧变化规律不同。以拟泡点压力为分界点，压力高于拟泡点压力时，泡沫油为单相流，产能较大；压力低于拟泡点压力时，气体析出，形成自由气相，流动变为两相流，产能大幅度下降。

压力高于拟泡点压力时，泡沫油为单相流，由达西定律可知理想模型与实际流体压力梯度的比值。通过典型泡沫油体积系数和黏度与压力的关系曲线可以求得压力梯度比函数，进一步可得到不同井底流压下的产能指数修正比。油气两相流除了考虑流体高压物性（PVT）外，还需考虑溶解气油比和相对渗透率，计算得到油气两相流阶段压力梯度比函数，进而得到产能指数修正比。

泡沫油冷采水平井产能的计算思路是首先选定理想水平井产能模型，然后通过压力梯度函数 ε 进行校正，得到实际泡沫油冷采水平井产能。在地层某一位置，压力梯度函数 ε 表达式为：

$$\varepsilon = \begin{cases} \dfrac{\mu_i}{\mu(p)} \dfrac{B_i}{B(p)} & p \geqslant p_{sb}, \text{ 单相与拟单相} \\ \dfrac{\mu_{oi}}{\mu_o(p)} \dfrac{B_{oi}}{B_o(p)} K_{ro}(S_g) & p < p_{sb}, \text{ 油气两相流} \end{cases}$$

超重油水平井冷采流体流动区域近似于箱形，因此选择 Furui 理论模型的产能公式为理想产能公式，根据产能修正系数与压力之间的关系，引入修正系数 β，公式为：

$$Q = \dfrac{\beta KL(p_e - p_{wf})}{141.2\mu_o B_o \left\{ \ln\left[\dfrac{hI_{ani}}{r_w(I_{ani}+1)}\right] + \dfrac{\pi y_b}{hI_{ani}} - 1.224 + S \right\}} \quad (8-29)$$

其中： $I_{ani} = \sqrt{K_h / K_v}$
$K = \sqrt{K_h K_v}$

式中 K_h 和 K_v——水平渗透率和垂向渗透率；

K——储层渗透率；

L——水平井长度；

y_b——所在立方体宽度的一半；

S——表皮系数；

β——修正系数；

p_e——油藏边界压力，MPa；

p_{wf}——井底流压，MPa；

r_w——井半径，m。

图 8-45 为泡沫油不同流动分区压力剖面，在单向流时对比理论模型（Furui 模型）与修正模型压力剖面，可以看出压力剖面基本一致，因为在处于单相流时泡沫油特性未体现出来，产能与理论模型计算一致。在拟单相流阶段，分散的小气泡被束缚在油相中随油一起流动，导致油相体积系数增加，修正模型压力下降得比理论模型慢。在油气两相流阶段，分散的小气泡逐渐聚集成大气泡形成自由气，由于气相流度远大于油相，自由气便迅速造成气窜，导致地层压力降低，修正模型压力低于理论模型。

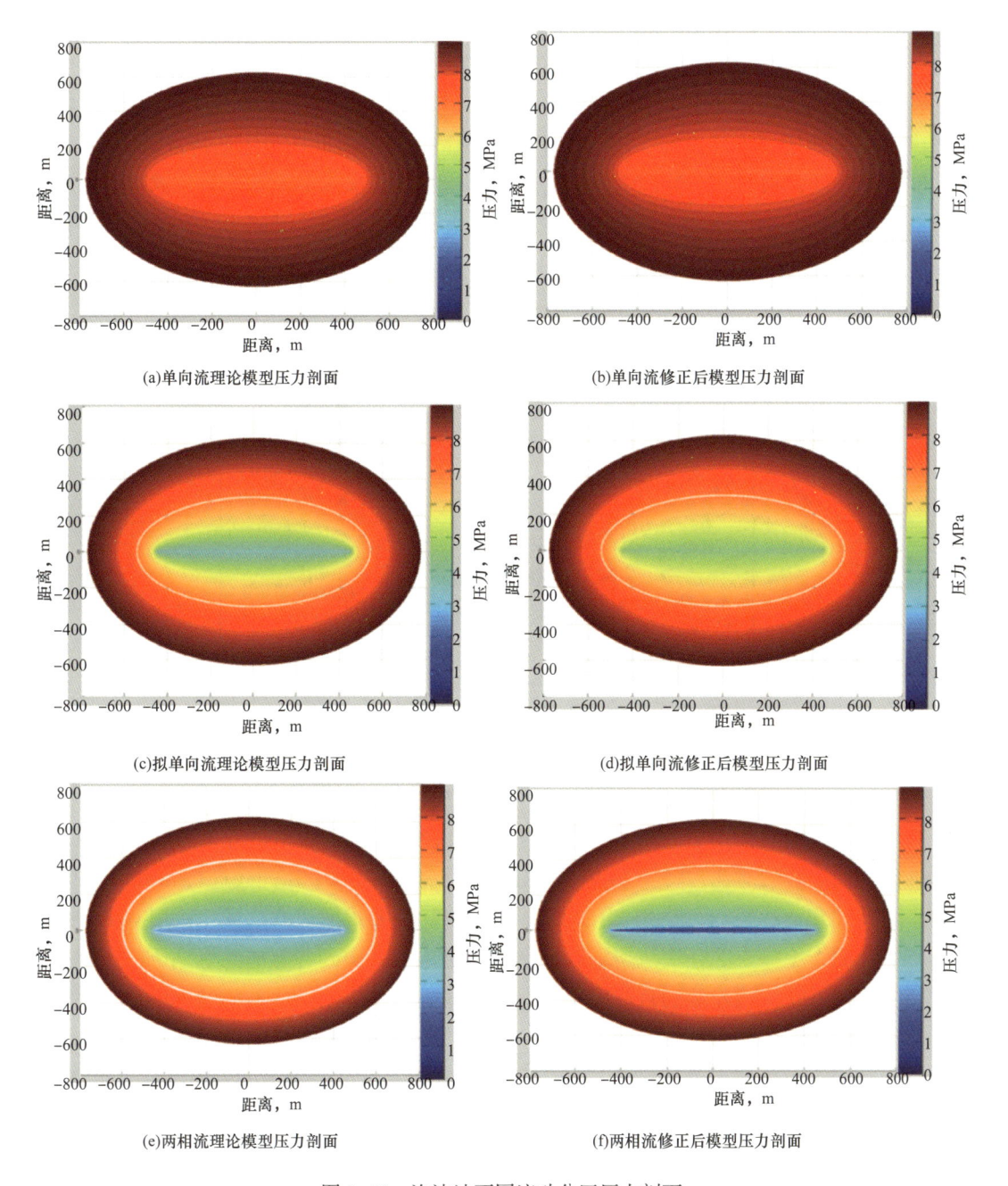

(a) 单向流理论模型压力剖面

(b) 单向流修正后模型压力剖面

(c) 拟单向流理论模型压力剖面

(d) 拟单向流修正后模型压力剖面

(e) 两相流理论模型压力剖面

(f) 两相流修正后模型压力剖面

图 8-45　泡沫油不同流动分区压力剖面

2. 泡沫油冷采水平井流入动态评价方法

超重油泡沫油冷采与常规溶解气驱相比，在PVT特征和油气相对渗透率曲线上存在差异，适用于常规溶解气驱油藏IPR曲线的Voge方程、Cheng方程和Bendakhlia方程等不适用于拟合泡沫油超重油油藏水平井IPR曲线。

采用泡沫油动力学多组分数值模拟方法，通过以下方法得出泡沫型重油油藏水平井IPR曲线：给定初始井底流压进行计算，当衰竭过程达到某一平均地层压力时，记下此时的井底流压和产油量；改变初始井底流压数值，重复上述过程，得到一系列井底流压与相应的产油量，即可做出该平均地层压力下的IPR曲线[15]。

不同平均地层压力下泡沫型超重油油藏水平井IPR曲线如图8-46所示。由图8-46可以看出：平均地层压力较高时，IPR曲线右端略微上翘（这正是泡沫油特性的体现），此时井底流压较低，水平井泄油范围内存在泡沫油流区域，泡沫油中的分散气泡提供了额外的弹性驱动能量，并且分散气对原油的驱动能力大于其产生的流动阻力，产油量与常规溶解气驱相比要高；随着平均地层压力的进一步下降，分散气聚并成大气泡形成连续气相，开始表现出常规溶解气驱油藏的特征。

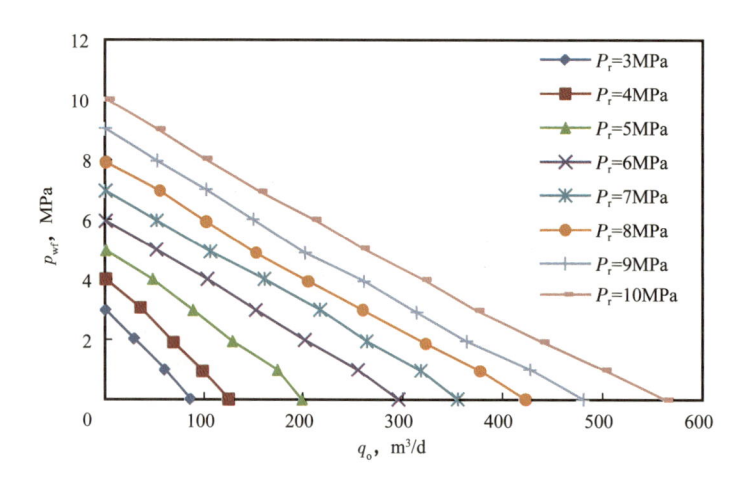

图8-46 泡沫型超重油油藏水平井IPR曲线

典型的水平井常规溶解气驱的无量纲IPR曲线如图8-47所示，为了与水平井泡沫油冷采的IPR曲线进行对比，将图8-46中具有右端上翘特点的IPR曲线进行无量纲化处理，得到水平井泡沫油冷采的无量纲IPR曲线（图8-48）。无量纲化的过程为：用某平均地层压力下IPR曲线上各点的井底流压除以该平均地层压力，得到各点的无量纲压力；将某平均地层压力下IPR曲线左端的直线段延长并交于横坐标轴，用交点对应的产油量除该曲线上各点的产油量，得到各点的无量纲产量。对比图8-46和图8-47可以发现：无量纲压力较高时，常规溶解气驱和泡沫油冷采的无量纲压力与无量纲产油量间基本都呈线性关系；无量纲压力较低时，常规溶解气驱无量纲IPR曲线右端向下弯曲，而泡沫油冷采的无量纲IPR曲线右端则略微向上弯曲。

根据式（8-30）能较好地拟合泡沫油水平井冷采的无量纲IPR曲线。

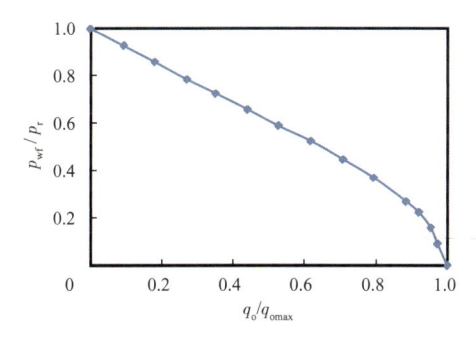

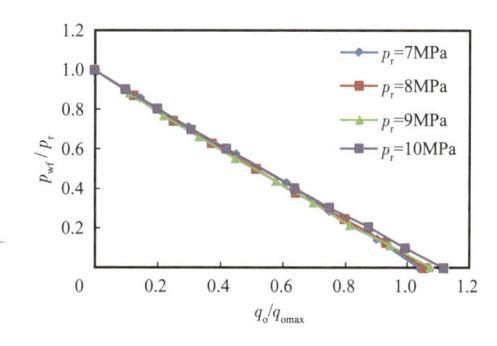

图 8-47　常规溶解气驱无量纲 IPR 曲线

图 8-48　泡沫型重油油藏水平井无量纲 IPR 曲线

$$\frac{Q_o}{Q_{omax}}=[a+b\frac{p_{wf}}{p_r}+c(\frac{p_{wf}}{p_r})^2]^n \qquad (8-30)$$

第四节　超重油油藏水平井冷采开发部署技术及应用

重油油藏开发方式包括热采与非热采两种，热采又分为蒸汽吞吐、蒸汽驱、蒸汽辅助重力泄油（SAGD）、火烧油层等；非热采分为冷采、水驱、聚合物驱等。针对某一具体的重油油藏，开发方式的选择取决于其油藏地质条件和流体性质，其中原油的黏度及其就地流动性是开发方式选择的重要因素。重油带超重油储层厚度大，平面发育连续，高孔隙度、高渗透率，原油具有就地流动性，适合水平井冷采开发。对于水平井冷采而言，油藏工程优化设计主要包括布井方式、排距、井长等方面，以提高单井油层接触面积和产量，并兼顾油藏整体的开发效果和采油速度等[16]。

一、超重油油藏水平井冷采开发方式适应性评价

重油带超重油油藏与国内重油油藏在构造、储层、重油成因以及流体特征等方面存在明显差异（表 8-9）。截至 2016 年底，国内重油探明储量为 20.20×10^8t，动用储量 14.02×10^8t，主要分布在辽河、新疆和吐哈等油田。国内重油油藏以陆相沉积为主，相对规模小、分布分散，油藏类型多样，储层非均质性严重，原油沥青质含量较低，胶质成分高，因而黏度相对较高，就地流动性差或不可流动，以热力开采技术为主，包括蒸汽吞吐、蒸汽驱、SAGD 及火烧，国内不同黏度类型的重油开发方式见表 8-10。奥里诺科超重油油藏储层为疏松砂岩，储层物性好，渗透率高；原油就地具备一定流动能力和一定的冷采产能，同时原油中含有溶解气，当一次衰竭开采时，能够利用泡沫油机理及油层的弹性能量，获得较好的开发效果和较高的冷采采收率。重油油藏开发的关键问题是如何增大油层渗流能力，水平井开采相对直井而言，增大了泄油面积，增强了导流能力，同时减少了生产压差，降低了出砂。超重油油藏油层厚度较大，平面发育连续性好，水平井或多分支水平井开发实践证明，与直井相比，可以获得较高的采油速度和较好的经济效益。统计重油带水平井冷采初期产量为 150～300t/d，产量是直井的 4～10 倍，而单位钻井成本是垂直井的 1.0～1.2 倍，并且水平井适合平台钻井，能够进一步降低建井成本和有利于地面环保。

表 8-9 委内瑞拉超重油和国内重油油藏流体性质对比

参数		奥里诺科重油带超重油	国内重油
构造		构造简单，北倾单斜构造	构造及圈闭复杂，包括背斜、断背斜、断块、潜山、地层圈闭等
沉积		海陆过渡相	陆相沉积为主
油藏埋深		主力油层 400～1100m	一般为 300～2500m，最深的大于 5000m
孔隙度		平均 34%	20%～35%
渗透率		1～20D	0.1～5D
原油性质	原油 API 重度	一般 6～10°API	一般大于 10°API
	原油含硫量	高含硫（3%～5%）	含硫量较低（一般小于 0.5%）
	原油重金属含量	钒和镍含量高（钒一般为几百毫克每升，最高达 1000mg/L；镍大于 99mg/L）	钒和镍含量低（钒小于 2mg/L；镍小于 40mg/L）
	原油沥青质含量	含量高（9%～24%）	含量低（<5%）
	原油胶质含量	含量低（20%～37%）	含量高（20%～52%）
	原始溶解气油比	一般大于 10m³/m³	一般小于 5m³/m³
	地下原油黏度	低黏度（一般小于 10000mPa·s）	黏度较高（一般为 2000～50000mPa·s），最高达 500000mPa·s
油藏条件下流动性		在冷采开发过程中可形成泡沫油而流动	在油藏条件下流动困难或不具备流动性

表 8-10 国内重油分类标准和开发方式筛选

重油名称	类型		主要指标 黏度 mPa·s	辅助指标 20℃时密度 g/cm³	开发方式 井型	开发方式 方式	采收率 %
普通	Ⅰ	Ⅰ-1	50①～150①	>0.9200	直井/水平井	普通水驱	<30
					直井/水平井	蒸汽驱	40～50
		Ⅰ-2	150①～10000	>0.9200	直井/水平井	蒸汽吞吐+热水+氮气或表面活性剂	35 左右
					直井/水平井	蒸汽吞吐	25 左右
特重油	Ⅱ		10000～50000	>0.9500	直井/水平井	蒸汽吞吐	10～15
					直井/水平井	蒸汽驱	35±
超重油（天然沥青）	Ⅲ		>50000	>0.9800	直井	蒸汽吞吐	<15
					直井+水平井	蒸汽驱	30±
					水平井	SAGD	55～60

①油藏条件下的原油，其他为油藏条件下的脱气原油。

二、水平井冷采油藏工程优化设计与开发部署

超重油油藏水平井冷采优化设计和开发部署的目的是提高单井产量,并保证油藏整体以合理的采油速度和经济效益开发。MPE3 区块位于重油带卡拉波波区东端,面积为 150km²,包括 115km² 的 MPE3 主力开发区块和 35km² 的南部扩展区,具备该大区典型的油藏地质和流体特征,以该区块为例,在系统分析影响单井产能的油藏地质因素,优化水平井平台布井方式、水平井排距井长的基础上,开展区块整体开发部署。

1. MPE3 区块油藏地质概况

MPE3 区块构造上整体形态为北倾单斜构造,南高北低,地层倾角为 2°~3°,工区存在 55 条高角度正断层,6 条规模较大,以近东西向展布为主,最大延伸长度约 10058m。主要含油层段为新近系下—中中新统的 Oficina 组 Morichal 段,自上而下分为 O-11、O-12 和 O-13 三套层系,其中 O-12 层又可细分为 O-12S 和 O-12I 两个小层,该段储层是以下三角洲平原辫状河道砂为主的沉积,砂体整体连续,O-12S—O-13 小层南部存在地层缺失,O-13 小层地层缺失范围广。各层的油层厚度为 9~24m,平均厚度大于 15m,油层厚度大(图 8-49);平面上大面积连片分布。隔层分布特征上,纵向上 O-11—O-12S 隔层相对较发育,平均厚度为 3.5m,O-12S—O-12I 隔层平均厚度为 2m,O-12I—O-13 隔层平均厚度为 2.9m;平面上,O-11—O-12S 隔层分布广泛,O-12S—O-12I 隔层主要分布在工区东部,O-12S—O-12I 隔层主要分布在工区西北部。

MPE3 区块油藏类型属于疏松砂岩构造岩性油藏,主力油层无边、底水。开发目的层主要油藏参数见表 8-11。主力油层平均中深(TVDSS)845m,平均地层压力为 8.5MPa,平均地层温度为 46℃。油层孔隙度为 30%~36%,渗透率为 5~10D,含油饱和度为 86%。原油 API 重度为 7.8°API,原油地下和地面相对密度分别为 0.957 和 1.0158,溶解气油比为 15~16m³/m³,饱和压力为 6.2~6.7MPa,原油地下黏度为 2900~3200mPa·s,体积系数为 1.05,压缩系数为 $9.18 \times 10^{-7} kPa^{-1}$。

表 8-11 MPE3 区块开发目的层主要油藏参数表

油层	O-11	O-12S	O-12I/O-13	
			O-12I	O-13
油层埋深,m	783	822	846	885
平均厚度,m	26	25	16	9
油层平均孔隙度,%	30.3	31.2	30.2	29.5
油层平均渗透率,mD	6444	7454	6285	5382
平均含油饱和度,%	87	89	87	83
油藏中部地层压力,MPa	8	8.4	8.7	9
油藏中部地层温度,℃	45	46	46.7	47
储量,10⁶bbl	6153	5103	3905	

2. 影响水平井冷采产能油藏地质因素

建立MPE3区块典型单井模型，分析影响水平井冷采产能的油藏地质因素，包括油层厚度、油藏埋深、渗透率、夹层展布等，在此基础上开展水平井冷采油藏工程设计。典型单井模型平均孔隙度为0.338、平均渗透率为9400mD、平均油藏厚度为27.4m；模型X、Y和Z方向上的网格数分别为31、13和28，X和Y方面的网格步长分别为50m，模型尺寸为1550m×650m。水平井段长度为1000m，模拟生产控制条件为最大日产油量240t、最小井底流压2MPa，经济极限日产油量8t。

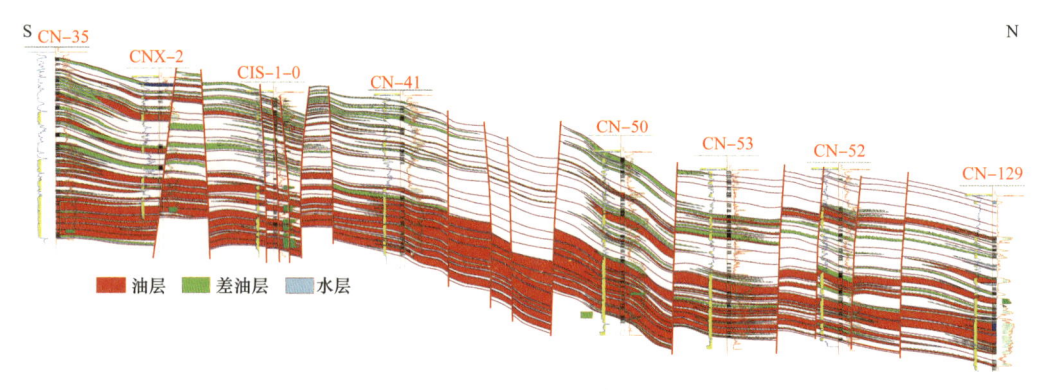

图8-49　MPE3区块油藏剖面图

1）油藏埋深

在油层厚度为18.3m的条件下，模拟油藏埋深为457～914m时水平井的生产效果。模拟结果表明，在初产一定的条件下（模拟用最大产量为240t/d），随着深度增加，地层压力增加，稳产时间增长、累计产油量增加（表8-12）。

表8-12　油藏埋深对水平井生产动态的影响

油藏埋深，m	累计产油量，10^4t	稳产时间，d
457	16	0
549	21	22
640	29	90
732	36	212
823	43	365
914	50	547

2）油层厚度

在油藏埋深914m条件下，模拟油层厚度为9～37m时水平井的生产动态，模拟结果见表8-13。随着油层厚度的增大，重力泄油作用增强，同时水平井的控制储量逐渐增大，因此水平井产能逐渐升高，递减率减慢，开采时间延长，单井累计产油量增多。

表 8-13 油层厚度对水平井生产动态的影响

油层厚度, m	生产时间, a	累计产油量, 10^4t	平均日产油, t	稳产时间, d	年递减率, %
9	16	24	42	212	28.2
14	20	37	51	396	25.4
18	23	50	59	547	23.4
23	26	62	66	768	19.8
27	29	75	71	1127	16.8
32	30	86	79	1461	13.5
37	30	98	89	1727	11.3

3）油藏渗透率

在油层厚度 18m、油藏埋深 914m 的条件下，模拟油藏水平渗透率为 4000~12000mD 时水平井的冷采动态。模拟结果表明，随着渗透率的增加，地层压力下降变缓，单井累计产油量增加，稳产时间延长，产量递减率降低。渗透率从 4000mD 增加到 12000mD 时，单井累计产油量从 $39×10^4$t 增加到 $50×10^4$t。

4）夹层的影响

（1）夹层渗透率。

层内夹层的存在影响油层的有效厚度和垂向渗流能力，进而影响水平井的产能。MPE3 区块的夹层类型有泥岩、泥质粉砂岩和细粉质泥岩三种。不同类型的夹层具有不同的物性。当油层水平渗透率为 8000mD 时，夹层长度为水平井长度（1000m）的一半，夹层厚度为 1.5m，夹层位置位于水平井之上，模拟夹层渗透率分别为 0、10mD、100mD、500mD、1000mD 和 2000mD 情况下水平井的开采效果。模拟结果表明，当夹层渗透率小于 100mD 时，对水平井的生产效果影响较大；当夹层渗透率大于 100mD 时，已有一定的渗透能力，对水平井生产效果的影响逐渐减弱。

（2）夹层厚度。

夹层厚度影响油层的净总厚度比，相应地影响水平井产能。在夹层长度为水平井长度（1000m）的一半、夹层渗透率为 0、位于水平井之上的情况下，模拟夹层厚度分别为 0.3m、0.9m、1.5m 和 2m 时水平井的生产动态。模拟结果表明，夹层对水平井生产效果的影响主要在于降低了流体垂向渗流能力，而厚度并不是一个主要因素。在夹层没有渗透性的条件下，如果夹层延伸范围足够大，即使 0.3m 厚的夹层，对产油量影响也很大。

（3）夹层长度。

夹层延伸长度影响流体向水平井的垂向渗流能力，一条不小于水平井长度的泥岩夹层，对油层的垂向渗流能力起到很好的阻隔作用。在水平井段长度为 1000m、夹层渗透率为 0、位于水平井之上、厚度 1.5m 条件下，模拟夹层长度与水平井长度的比值分别为 0.05、0.1、0.2、0.3、0.4 和 0.5 时的开采动态。模拟结果表明，随着夹层长度的增加，水平井的累计产油量逐渐减少，当长度之比小于 0.2 时，这种影响不是很显著。单分支水平井应避开夹层延伸长度很大的区域。

（4）夹层厚度、密度、分布频率及延伸范围的综合影响。

水平井的主要优点是与油藏接触面积大。但是，影响水平井产能的主要因素之一就是油藏的垂向渗透率。首先，确定储层垂向渗透率可以用岩心实测的垂向渗透率的大小，统计分析垂向渗透率与水平渗透率的比值；其次，是考虑储层存在有不稳定的非渗透性或渗透能力很低的泥质、含泥质或其他性质的夹层，利用统计经验公式进行计算，评估其宏观垂向渗透率的大小。

$$\overline{K}_v = \frac{1-F_s}{(1+fd)\left[\dfrac{1}{K_v}+\dfrac{f}{(K_h d)}\right]} \tag{8-31}$$

式中　F_s——夹层密度，%；

　　　f——夹层频率，条/m；

　　　d——平均夹层长度的一半，m；

　　　K_v——岩心实测垂向渗透率，mD；

　　　K_h——岩心实测水平渗透率，mD。

模拟研究了垂向渗透率与水平渗透率的比值分别为 0.05、0.10、0.15、0.20、0.25、0.30、0.40、0.50、0.60、0.70、0.80、1.0 时水平井的生产效果。模拟结果表明，随着垂向渗透率的增加，水平井产油量也增加，井底流压下降速度减缓，当垂向渗透率与水平渗透率的比值大于 0.3 时，这种影响减小。

3. 水平井冷采油藏工程优化设计

1）开发层系划分

一般而言，开发层系划分的原则主要包括：

（1）同一开发层系各油层应该油层性质相近，油层性质相近包括沉积条件相近、渗透率相近、油层分布面积相近、层内非均质性相近；

（2）一个独立的开发层系应具备一定的储量，以保证油田满足一定的采油速度，并具有较长的稳产时间和达到较好的经济指标；

（3）各开发层系必须具有良好的隔层，以便在注入介质驱替时，层系间能严格分开，确保层系间不发生窜通和干扰；

（4）同一开发层系内油层的构造形态、油水边界、压力系统和原油物性应比较接近；

（5）在分层开采工艺能解决的范围内，开发层系不宜划分过细，以利于减少建设工作量，提高经济效果。

结合以上原则，MPE3 区块在 Morichal 段划分为 O-11、O-12S 与 O-12I/O-13 三套开发层系。

（1）这三个油层组是该块的主力油层，三个油层组的油层厚度之和占油层总厚度的 72.4%，原油地质储量占总储量的 85.4%；

（2）平均单层厚度大于 15m，水平井的产能能够得到保证；

（3）净总厚度比大于 0.75；

（4）三个油层组之间存在全区和局部区域相对稳定发育的隔层。

2）水平井段长度优化

在水平井井距为600m、油层厚度为18.3m、单井初产241t/d的条件下，模拟水平井段长度对冷采效果的影响。模拟结果见表8-14，水平井段越长，稳产时间越长，单井累计产油量越高。此外，随着水平井长度的增加，采出程度逐渐升高，当水平井段超过1600m时，采出程度反而降低。同时考虑钻井工程、油层出砂及油藏非均质性等，建议水平井段长度取800～1200m。

3）水平井排距优化

选定水平井段长度为1000m，模拟对比了不同排距水平井的冷采效果。模拟结果表明，排距越大，供油面积越大，单井控制储量越大，其产量递减越缓慢，生产时间越长，累计产油量越高。例如，当井距由200m增加到800m时，产油量年递减率由32.4%减小到10.9%，生产时间由9年增加到30年，累计产油量由14×10^4t增加到62×10^4t。合理排距的选择受地质因素，（如砂体的大小、延伸方向、形态以及油层非均质性等）和油田开发政策的影响。从经济效益考虑，排距大，钻井数少，投资少；但如果考虑采油速度和建产规模，就需要适当地缩小排距。此外，MPE3区块排距大于600m以后累计产油量的增幅减缓。

表8-14 水平井段长度对开发效果的影响

水平井段长度，m	稳产时间，d	累计产油量，10^4t	递减率，%	采出程度，%
400	85	33	19.43	10.65
600	243	43	18.19	11.42
800	425	52	16.73	11.86
1000	593	61	14.55	12.18
1200	754	70	12.40	12.34
1400	1127	79	11.64	12.51
1600	1382	88	11.25	12.60
1800	1581	96	10.97	12.63
2000	1818	105	10.6	12.61
2200	2237	112	10.16	12.53
2400	2526	119	9.71	12.44

4）水平井在油层中的垂向位置

在油层厚度为24m条件下，模拟了水平井段距离油层底部不同距离下的开采效果。模拟结果表明：由于重力泄油的影响，水平井段越靠近油层底部，采出程度越高，应尽量沿油层底部布井。

5）平台布井方式优化

（1）水平井与断层方位的关系。

MPE3区块断层以近东西向为主，在带有断层的井组模型上，模拟研究了两种布井方式的生产效果；一是水平井长度方向与断层走向平行；二是水平井长度方向与断层走向垂直。由于受到了断层的影响，水平井段长度设为700m。模拟结果表明，平行断层布井的平台及各砂体产油量均大于垂直断层布井的产油量。因此，推荐沿着平行断层的方向布井。

（2）平行布井与辐射状布井。

根据前面的模拟对比，从生产效果考虑，水平井平行断层的布井方式好于垂直断层，但是由于平行布井需要钻三维井，这样将会给钻井和采油带来诸多困难。因此，模拟研究了辐射状布井的生产效果，并与平行布井进行了对比。模拟结果表明，平行布井的生产效果好于辐射布井。分析原因，平行布井的单井泄油面积要大于辐射状布井的泄油面积，尤其是平台附近地带，辐射状布井方式存在井间干扰。

（3）隔层对水平井布井的影响。

根据地质研究，MPE3区块O–11与O–12S之间的隔层比较稳定，而O–12S与O–12I/O–13之间的隔层稳定性较差，有的区域没有隔层或为物性隔层，即两套油层组之间存在一定的连通性，这将会对布井产生影响。

在井距为600m、水平井段长1200m的情况下，每个油层组部署6口井，每个平台部署18口井。针对O–12S与O–12I/O–13之间的两种隔层情况，对水平井的部署进行了模拟对比。一是隔层为不渗透泥岩，二是隔层有一定渗透性。

模拟结果表明，如果O–12S与O–12I/O–13之间存在渗透性隔层，则由于重力作用，O–12S油层组的原油会泄流到O–12I/O–13油层组，但三套砂体总的产油量变化不大。同时，考虑O–12S与O–12I/O–13之间有流体流动的情况下，以O–12S与O–12I/O–13之间存在渗透性物性隔层为基础，模拟研究了在O–12S布井与不布井两种方案。模拟结果表明，如果O–12S不布井，则三个砂体的合计采收率仅降低了0.6%，因此，从开发指标的角度来看，如果O–12S与O–12I/O–13之间没有不渗透隔层，O–12S可以不部署水平井，但这同时需要兼顾采油速度的要求，并开展不同布井方案的经济指标对比。

（4）纵向层间水平井侧向相对位置优化。

在层间隔层分布不连续情况下，纵向存在层间干扰，为降低层间干扰，提高平台整体冷采效果，以200m排距为例，模拟对比三种不同的纵向层间水平井侧向相对位置，上下正对、侧向错位50m和100m。模拟结果表明，纵向层间水平井侧向错位半个排距，可最大限度地降低层间干扰，提高平台整体冷采效果。

6）丛式水平井平行布井平台整体规划

丛式水平井技术具有投资少、见效快、便于集中管理等优点，是提高油田采收率和采油速率的经济有效手段。采用丛式水平井技术，面临的问题之一便是钻井平台的部署优化问题。在一定的油层面积、排距要求下，水平井井数基本确定，单一平台控制油层面积的大小，即每一个平台部署水平井的多少，与需建设的平台数成反比。同时，丛式水平井在相同水平段长度下单井投资与钻井难度随着偏移距增大而增大。平台整体规划部署优化，即达到钻井成本与地面工程建设成本合计最低。具体而言，随着单平台钻井数量的减小，即平台数的增加，区块内的总平台土建费用和地面建设费用都呈现增长趋势；而由于在水平段长度相同的前提下，大偏移距水平井的单井投资费用更高，因此随着单平台钻井数量的减小，大偏移距井数量变少，总的钻井投资呈现下降趋势。综上所述，作为钻井投资和地面工程投资之和的钻井工程总投资将存在一个最低点，该低点所对应的平台数就是最优平台数，所采用的单平台大小就是最优平台大小（图8-50）。结合 MPE3 区块的钻井与地面工程成本，在 600m 排距和 1000m 水平井段长度下，采用上述三套开发层系，每个平台布 12 口井，即每层部署 4 口井，区块整体钻井与地面平台建设投资最优，该平台丛式水平井部署模式如图 8-51 所示。

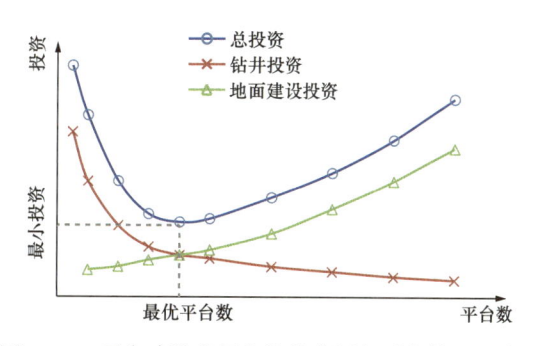

图 8-50　平台建设费用和钻井费用与平台数量的关系

4. MPE3 区块整体丛式水平井开发部署

1）MPE3 主力开发区块早期开发部署

MPE3 区块在早期开发阶段，动用 MPE3 主力开发区块，以建成 455×10^4t/a 产能为目标，完成了整体丛式水平井开发部署。

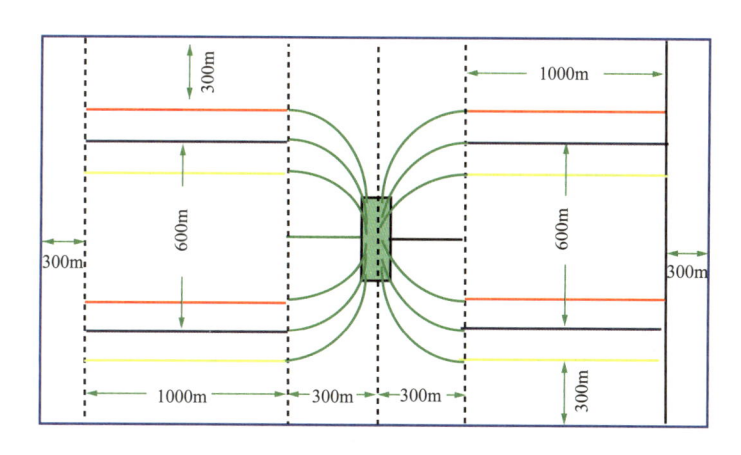

图 8-51　重油丛式水平井平行布井开发模式

综合上述水平井冷采油藏工程优化认识，在充分考虑油藏地质、地面建设和钻采工艺技术基础上，确定以下开发部署原则：

（1）在满足产能要求的基础上，以实现经济效益最大化为目标；

（2）采用平台式布井，以利于地面建设为指导思想，另外还有利于油气集输管理和环境保护；

（3）布井方式采用平台丛式水平井平行布井；

（4）开发层系划分为 O-11、O-12S 和 O-12I/O-13 三个油层组；

（5）水平井部署平行断层走向，尽量避免靠近断层；

（6）水平井段长度为 800~1000m，排距为 600m。

按照以上开发部署原则，区块共部署平台 27 座，部署水平井 292 口，方案 30 年累计产油 1.423×10^8t，30 年末采出程度为 8.58%。

2）MPE3区块整体开发调整部署

区块于2006年8月投产，2006—2010年陆续投产11个平台，2011年为进一步提高采油速度，扩大产能建设规模至$1000×10^4$t/a，进行了开发调整，把排距由500～600m缩小到300m（增加动用35km^{2}的南部扩展区；新建平台按300m排距布井，24口井/平台；已投产11个平台整体加密至300m排距），至2016年区块已具备$1000×10^4$t/a的超重油冷采产能，按调整方案，年产$1000×10^4$t可稳产7年。

三、MPE3区块超重油油藏水平井冷采实施效果

1. 开发历程与现状

区块自2006年8月24日起水平井陆续投产，截至2017年12月底，区块已建平台26座，已钻探井20口、评价井5口和水平生产井455口，投产水平井452口。2006—2010年投产的11个平台为早期生产区（排距为500～600m）；2011年后投产15个平台为300m排距生产区；剩余区域为未开发区（图8-52）。

区块的生产历程可划分为三个阶段，即早期生产区限产阶段（2006年9月—2008年1月，稀释剂供应不足）、早期生产区释放产能阶段（2008年2月—2010年12月）和300m排距生产区逐年上产阶段（2011年1月—2017年12月）。区块在2017年产量下降是受资源国不利的生产经营环境影响所致。

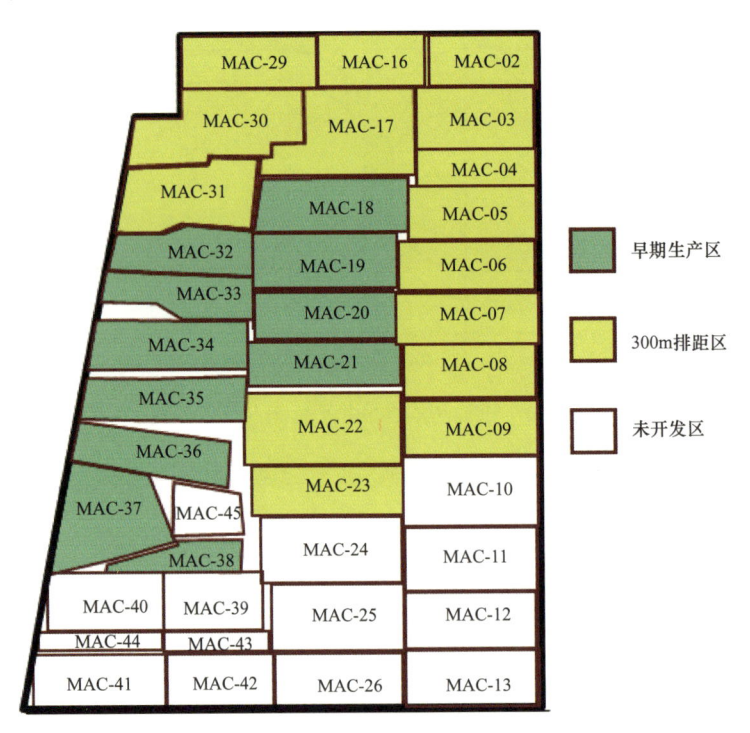

图8-52 MPE3区块生产平台分布图

2017年，区块平均日产液$2.23×10^4$t，平均日产油$2.07×10^4$t，含水率为7.13%，采油速度为0.29%；截至2017年底，区块累计产液$7625×10^4$t，累计产油$7081×10^4$t，累计产水$543×10^4$t，地质储量采出程度为2.77%（图8-53）。

2. 水平井冷采效果评价与冷采特征

1）水平井初期产量分析

对区块投产的 452 口水平井的初产进行统计分析。O-12I/O-13 层的水平井初产最高，平均初产 166t/d，O-12S 层平均初产 149t/d，O-11 层的水平井初产最低，平均初产 104t/d；区块水平井平均初产 140t/d（表 8-15）。

表 8-15 区块投产水平井冷采分层初产统计

层位	投产井数 口	水平井段长度 m	钻遇油层长度 m	水平井段油层钻遇率 %	水平井初产 t/d
O-11	156	818	743	91	104
O-12S	163	831	779	93	149
O-12I/O-13	133	818	779	95	166
合计	452				
平均		823	767	93	140

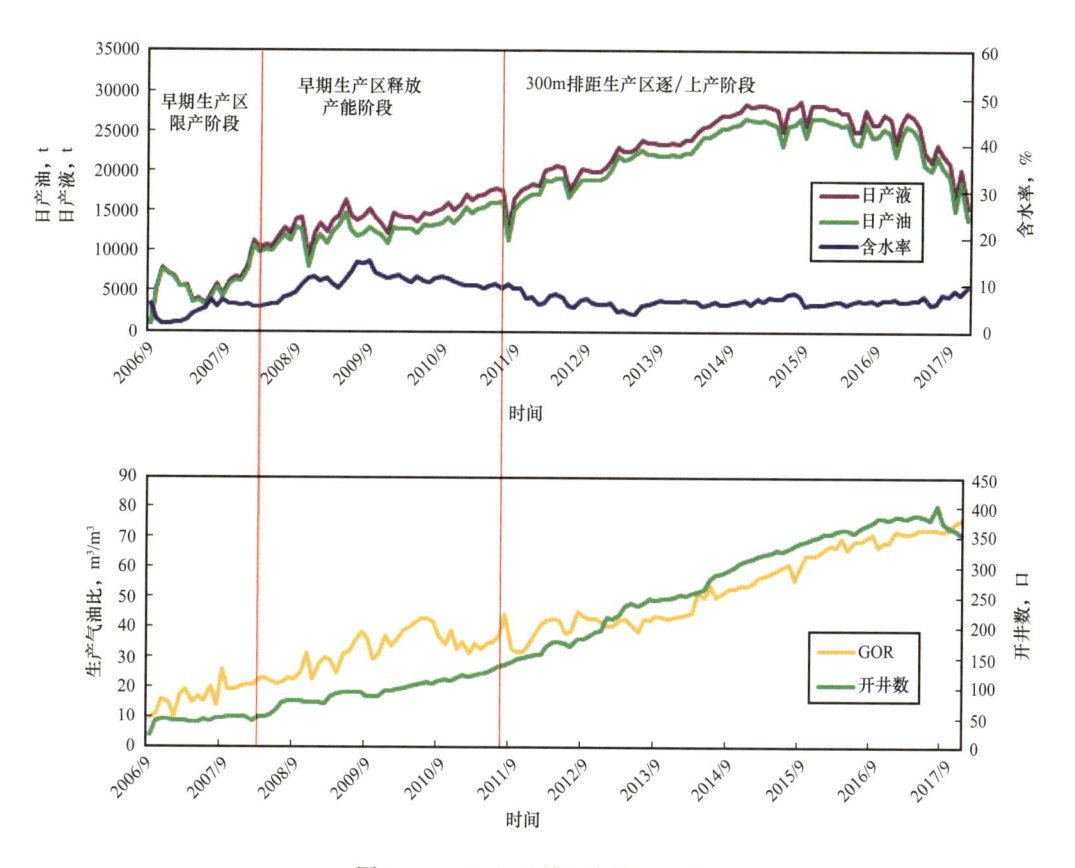

图 8-53 MPE3 区块生产动态曲线

2）产量递减特征

区块层系递减特征明显，自上而下递减率逐渐减小，并且随着生产时间的延长，递减率逐渐降低，如图8-54所示。区块年递减率为13.3%，其中O-11月递减率为1.3%，年递减率为14%；O-12月递减率为1.2%，年递减率为13.5%；O-12I/O-13月递减率为1.1%，年递减率为12.1%。

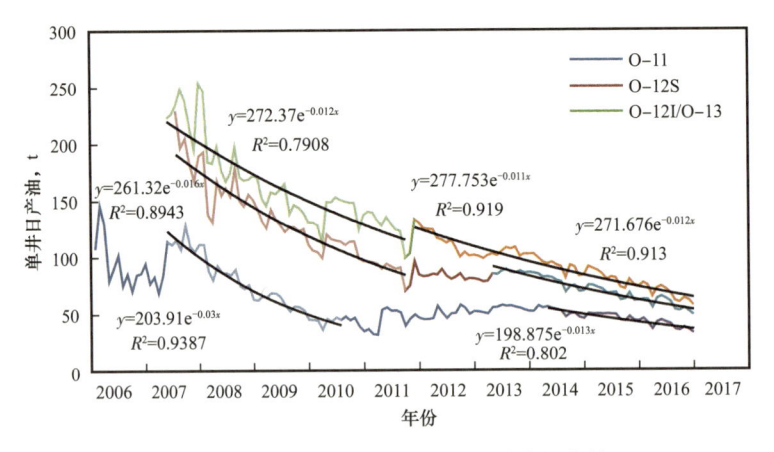

图8-54 MPE3各层位老井递减特征曲线

分层单井日产油与采出程度呈现明显的指数递减趋势，如图8-55所示。

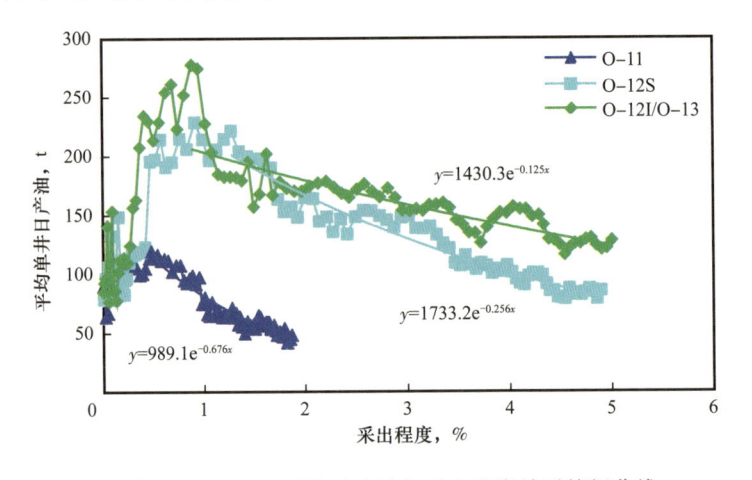

图8-55 MPE3区块日产油与采出程度关系特征曲线

3）生产气油比变化特征

分析早期生产区分层生产气油比的变化特征，如图8-56所示，自上而下生产气油比上升趋势变缓，这与各层储层物性差异及油气重力分异等因素相关。

同时，从图8-57和图8-58可以看出，在目前生产阶段，生产气油比随采出程度呈指数上升趋势。并且在相同压力水平下，O-11生产气油比更高，这也与油气重力分异有关。

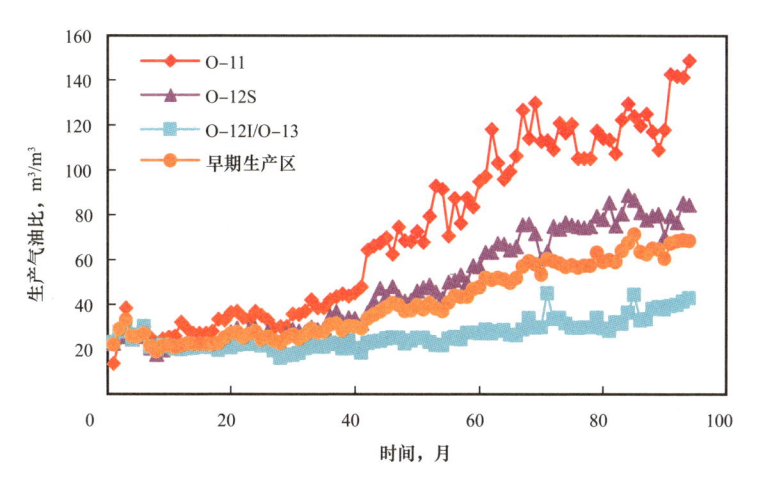

图 8-56　MPE3 区块早期生产区测试气油比变化曲线

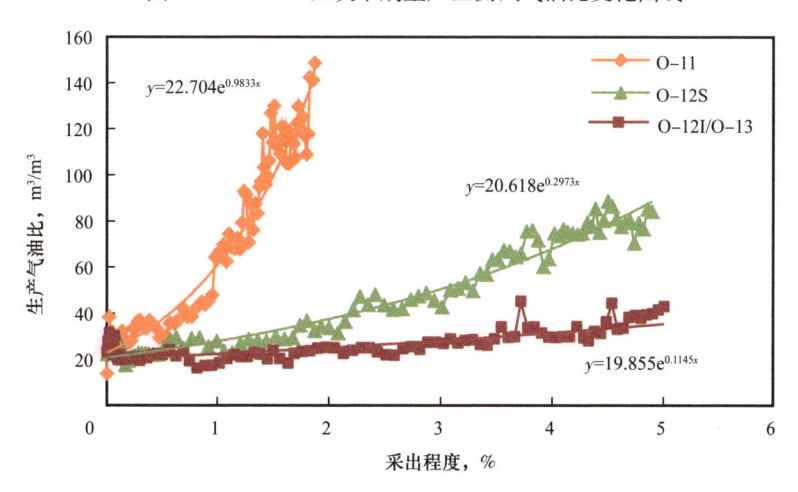

图 8-57　MPE3 区块早期生产区分层生产气油比与采出程度关系

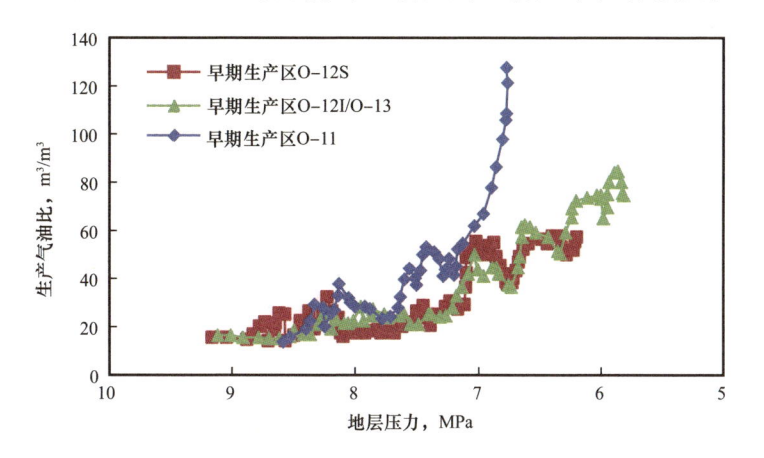

图 8-58　MPE3 区块早期生产区分层生产气油比与地层压力关系

3. 水平井产能影响因素

MPE3 区块水平井冷采产能受油层厚度、渗透率、水平井钻遇油层长度、储层非均质性等因素影响。

1）油层厚度与渗透率的影响

统计分析表明，区块水平井初产与地层系数呈现比较好的正相关关系，随着地层系数增加，水平井单井初产相应升高（图8-59）。

2）钻遇油层长度的影响分析

区块水平井初产与水平井段钻遇油层长度呈正相关关系，随着水平井钻遇油层长度增加，水平井初产增加（图8-60）。

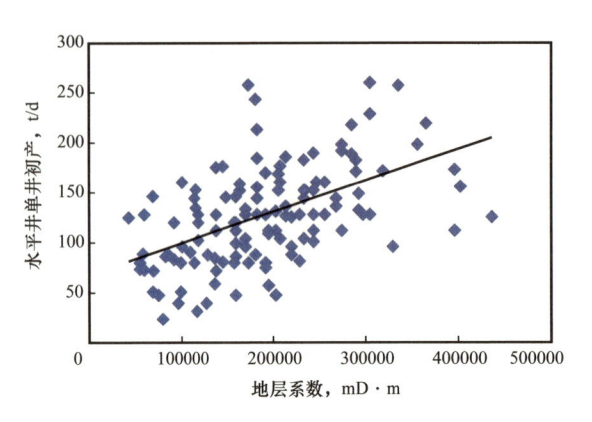

图8-59 水平井初产与地层系数关系统计分析（O-12S）

区块水平井钻遇油层长度为396～1036m，单位厚度采油指数随着水平井钻遇油层长度增加而增加（图8-61）。

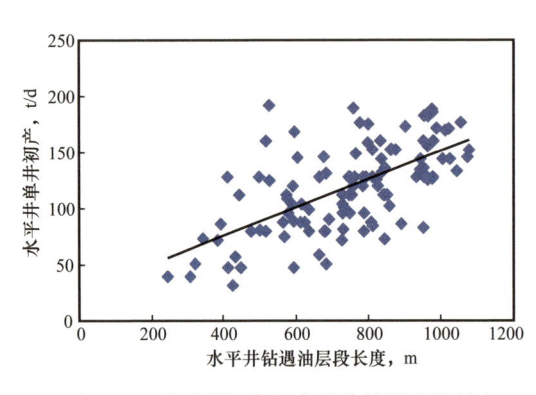

图8-60 水平井初产与水平井钻遇油层长度的关系（O-12S）

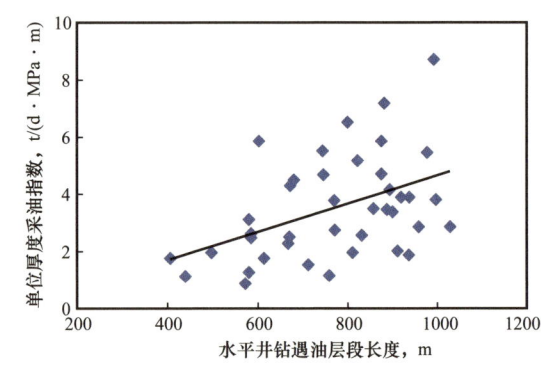

图8-61 MPE3区块水平井单位厚度采油指数和钻遇油层长度关系

3）储层非均质性的影响

以CJS-190井为例，分析储层非均质性对水平井产能的影响。2014年钻投产的CJS-190井位于M2号平台，主要目的层为O-11，完钻井深1672m，水平段长349m，油层钻遇率为81%，水平段1324～1608m为油层，1608～1672m为泥岩（图8-62和图8-63）。

邻井CJS-137井位于M16平台，水平段长度为317m，油层钻遇率为100%，结合该井的储层发育特征，分析CJS-190井轨迹钻至1608m处之后岩性发生变化，主要原因是砂体分布及连续性横向发生变化（图8-64），造成CJS-190井含油砂岩钻遇率只有81%。

CJS-137井与CJS-190井轨迹末端相距152m左右，海拔相差只有0.9m。因此，推测该处并不是微构造变化引起CJS-190井末端轨迹钻遇泥岩，而是横向上发生相变导致砂体分布及连续性发生变化（图8-65）。由于储层的非均质性变化，该井初产只有31t/d。

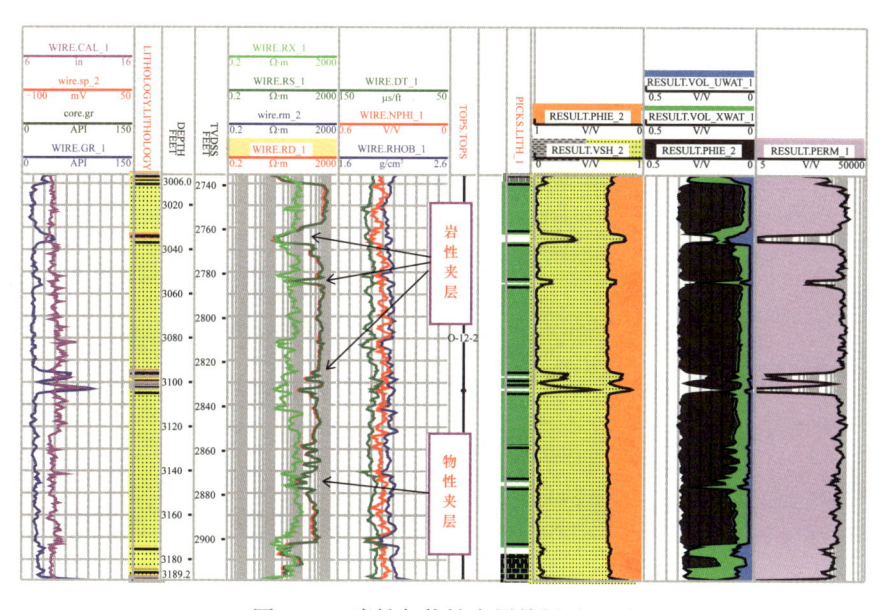

图 8-62　岩性与物性夹层特征对比图

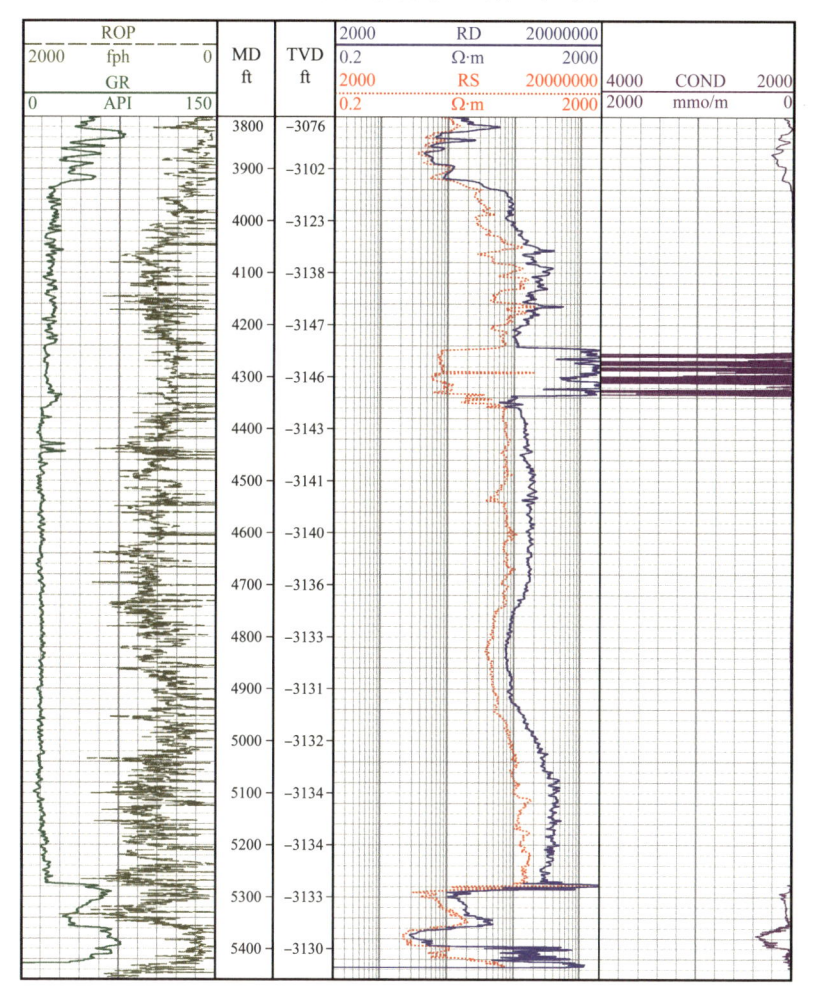

图 8-63　CJS-190 井水平井段测井曲线

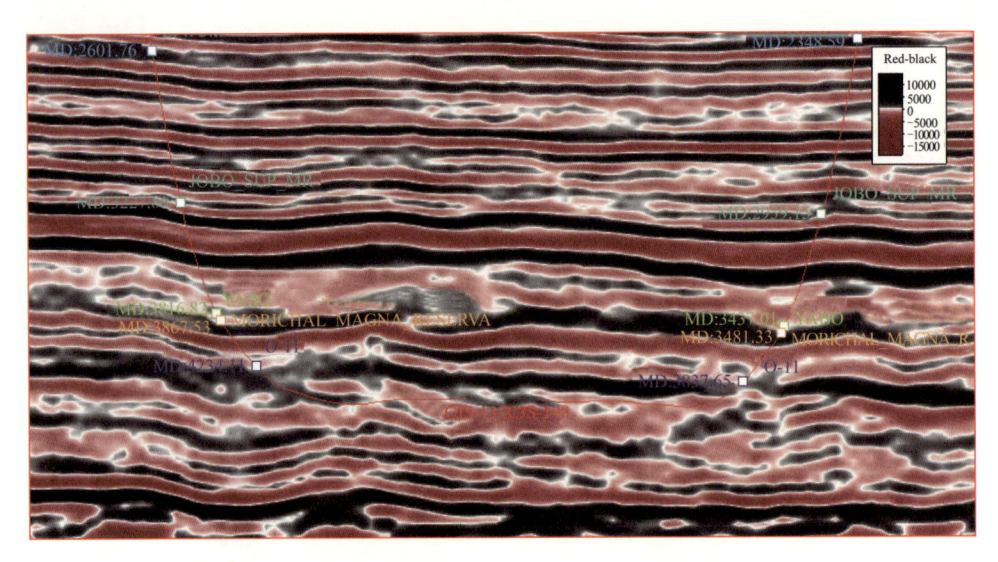

图 8-64　CJS-137 井与 CJS-190 井地震剖面对比图

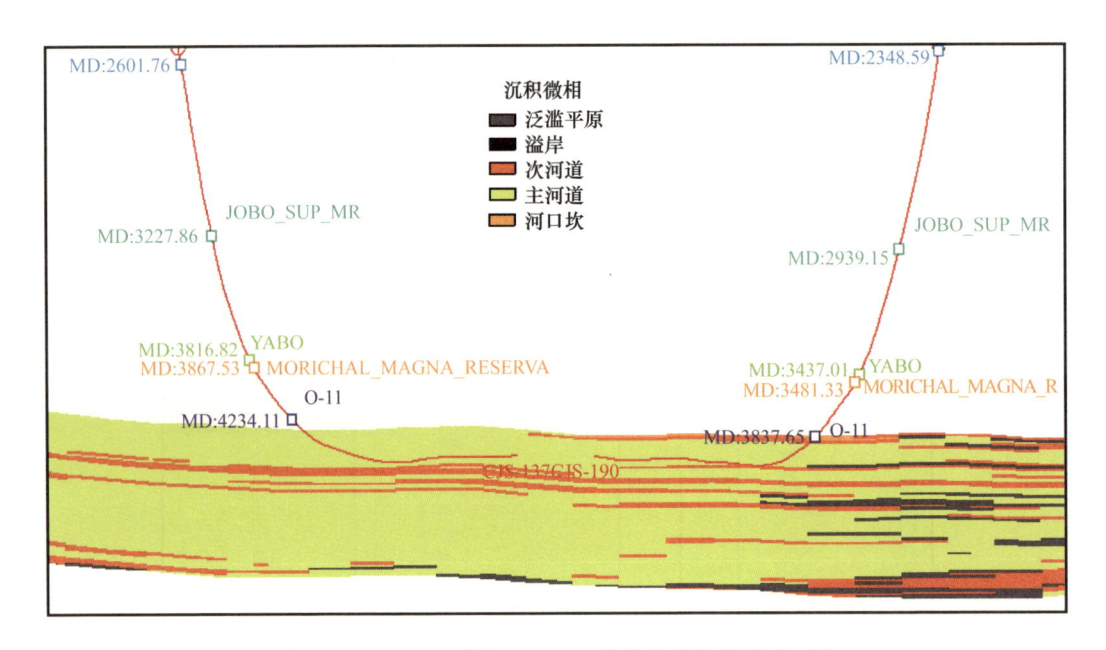

图 8-65　CJS-137 井与 CJS-190 井岩性属性剖面对比图

参 考 文 献

[1] 穆龙新,韩国庆,徐宝军.委内瑞拉奥里诺科重油带地质与油气资源储量[J].石油勘探与开发,2009,36(6):784-789.

[2] Callec Y, Deville E, Desaubliaux G, et al. The Orinoco Turbidite System: Tectonic Controls on Seafloor Morphology and Sedimentation [J]. AAPG bulletin, 2010, 94 (6): 869-887.

[3] Martinius A W, Hegner J, Kaas I, et al.Sedimentology and Depositional Model for the Early Miocene Oficina Formation in the Petrocedeno Field (Orinoco Heavy-oil belt, Venezuela) [J].Marine and

Petroleum Geology, 2012, 35: 352-380.

[4] Soto D, Mann P, Escalona A.Miocene-to-recent Structure and Basinal Architecture along the Central Range Strike-slip Fault Zone, Eastern Offshore Trinidad [J].Marine and Petroleum Geology, 2011, 28: 212-234.

[5] 刘亚明, 谢寅符, 马中振, 等. 南美北部前陆盆地重油成藏特征及勘探前景 [J]. 地学前缘, 2014, 21 (3): 132-144.

[6] 张义堂. 热力采油提高采收率技术 [M]. 北京: 石油工业出版社, 2006.

[7] Maini, B B. Effect of Depletion Rate on Performance of Solution Gas Drive in Heavy Oil System [C]. SPE81114, 2003.

[8] 李兆敏. 泡沫流体在油气开采中的应用 [M]. 北京: 石油工业出版社, 2010.

[9] Douglas J R, Belkis Fernandez, Gonzalo Rojas. Thermodynamic Characterization of a PVT of Foamy Oil [C]. SPE 69724, 2001.

[10] Yang Zhaopeng, Lixingmin, Chen Heping, et al. Effect of Pressure and Temperature on Foamy Oil Rheological Behavior [C]. WHOC15-360, 2015.

[11] Li Xingmin, Chen Heping, Yang Zhaopeng, et al. Effect of GOR and Temperature on Gas Mobility and Recovery Efficiency under Solution-Gas Drive in Heavy Oils [C].WHOC15-319, 2015.

[12] 杨立民, 秦积舜, 陈兴隆. Orinoco 泡沫油的油气相对渗透率测试方法 [J]. 中国石油大学学报 (自然科学版), 2008, 32 (4): 68-72.

[13] Tang G, Firoozabadi A. Effect of GOR, Temperature, and Initial Water Saturation on Solution Gas Drive in Heavy-Oil Reservoirs [C]. SPE 71499, 2001.

[14] 穆龙新. 委内瑞拉奥里诺科重油带开发现状与特点 [J]. 石油勘探与开发, 2010, 37 (3): 338-343.

[15] 陈亚强, 穆龙新, 张建英. 泡沫型重油油藏水平井流入动态 [J]. 石油勘探与开发, 2013, 40 (3): 363-366.

[16] 刘尚奇, 孙希梅, 李松林. 委内瑞拉 MPE-3 区块超重油冷采过程中泡沫油开采机理 [J]. 特种油气藏, 2011, 18 (4): 102-104.

第九章　海外油气勘探开发理论与技术发展展望

中国石油 20 多年的海外油气勘探开发成功实践充分证明将国内成熟技术集成应用与海外特点相结合的科技创新是海外油气勘探开发特色技术研发和有效应用的成功发展之路。坚持"主营业务驱动、发展目标导向、简约集成与创新发展相结合"的海外科技发展理念，统筹推进技术支撑体系和科技创新机制建设，努力攻克制约海外主营业务发展的关键瓶颈技术，推动理论技术集成应用和特色技术创新研发，大大提升了勘探开发质量效益和国际竞争力，为中国石油海外业务有质量有效益可持续发展提供了有力的技术支撑和保障。

第一节　回　　顾

回顾过去，我们围绕全球油气资源评价、海外重点风险勘探和海外复杂油气藏开发，海外被动陆缘盆地、裂谷盆地、含盐盆地等勘探、开发理论与技术取得重大进展，形成四项标志性成果：构建了全球常规油气资源评价方法体系，建立了全球油气资源数据库及信息平台核心软件，支持海外油气业务发展做出了重要贡献；深化了全球裂谷盆地和含盐盆地石油地质理论认识，在中西非裂谷系和中亚含盐盆地构造、岩性、深部下组合及潜山勘探获得重大突破，发现 5 个亿吨级、5 个千万吨级油田 / 区带，五年累计新增石油地质储量 7.6×10^8t。阿姆河右岸盐下碳酸盐岩大型气田勘探开发关键技术取得新进展，新增三级地质储量 $5245 \times 10^8 \mathrm{m}^3$；形成了海外大型碳酸盐岩油田高效开发、气顶油环协同开发等配套技术，支撑中东油气合作区三年新增原油年产量超过 4000×10^4t 和阿姆河右岸 $125 \times 10^8 \mathrm{m}^3$ 产能建设，老油田综合递减率小于 10%，为阿克纠宾油气年产量达到 1100×10^4t 以上提供了有力支撑；针对海外成熟探区滚动勘探、老油田稳产、超重油开发和特色性工程技术瓶颈，形成多项重要技术进展：南美奥连特前陆盆地斜坡带大型低幅度圈闭群勘探配套技术支撑厄瓜多尔安第斯项目滚动勘探规模储量发现。通过揭示高速开发条件下水驱油机理，形成砂岩油田高速开发剩余油分布规律及挖潜技术，实现油田开发形势明显改善，综合递减逐年下降，砂岩老油田维持 7000×10^4t/a。形成了一套泡沫超重油整体丛式水平井冷采开发技术，在委内瑞拉 MPE3 区块超重油开发中成功运用，已建成 1000×10^4t/a 产能规模。

通过全球油气资源评价和超前选区选带，向集团公司提交有关海外业务发展的决策参考 20 余份，为"十二五"成功获取 19 个新项目提供了重要的技术依据；海外探区在地质理论指导和新技术应用下获得多个重大突破，累计新增油气可采储量 6.0×10^8t，桶油发现成本控制在 2.0 美元 /bbl 当量以下。海外油气生产持续保持良好势头，老油田递减得到了有效控制，年综合递减持续控制在 10% 以内，新油田实现快速建产上产，作业产量由 2010 年 8673×10^4t 上升到 2014 年 1.27×10^8t，年均增长 12%，"十二五"末中东地区年产量超过 5000×10^4t，阿姆河右岸达到 $125 \times 10^8 \mathrm{m}^3$。海外高效钻井技术为伊朗、伊拉克、委内瑞拉、中亚油气田上产、稳产提供了有力保障，重油管道输送技术保障了委内瑞拉油气管道安全运行。

在中国石油统筹协调下，形成了以国家专项为引领，公司专项和科技攻关项目为核心，海外勘探开发公司技术支持项目为支撑，海外地区/项目公司项目为补充的多层次科技攻关架构。仅"十二五"就投入科技经费35.2亿元，其中：国家项目3.3亿元，集团公司项目5.2亿元，集团和板块配套26.7亿元。同时形成了以中国石油勘探开发研究院为主体、10个专业技术中心和多个国内油气田公司对口支持海外业务的"1+10+N"开放式海外技术支持体系，技术支持队伍达到1500人以上。仅"十二五"期间就获国家级科技进步一等奖1项，二等奖1项，获省部级一等奖10项，二等奖8项，三等奖14项；申请专利89件，获得授权46件，申请软件著作权25件，编写专著15本，发表SCI检索文章53篇，EI检索文章136篇，其他类检索文章228篇。

第二节　机遇与挑战

一、机遇

（1）国家能源需求持续增长和公司国际化战略发展对海外业务提出了更高要求，需进一步充分发挥中国政治经济和中国石油的比较优势，积极实施海外油气资源新战略。

"走出去"参与国外油气合作是保障国家油气供应的重要途径之一：中国经济的持续增长，油气的供需矛盾越来越突出，这些年中国石油对外依存度持续增高，预计很快将上升到70%，天然气对外依存度更是快速增加，未来也会达到70%左右。除进口外，直接参与国外油气合作勘探开发是保障国家油气供应的重要途径之一。

建设综合性国际能源公司的战略需要和集团公司生存发展的迫切需要，海外业务进入规模质量效益可持续发展的新阶段：集团公司确定了今后的发展目标：就是要全面建成世界水平的综合性国际能源公司，要更好地发展海外业务，加快建成五大油气合作区和四大战略通道，全面建成三大油气运营中心。

中国石油在政治、经济、市场以及上下游一体化方面的比较优势，使其能够在目前复杂多变的国际环境下继续加快实施其全球油气资源开发战略。加大在低风险国家油气资产的获取，平衡海外油气资源结构的中国石油海外油气资源新战略。中国政府的能源外交和与许多资源国的传统友谊是中国石油获取海外油气资源的重要保障；中国经济的持续健康发展和巨大的能源消费市场是推动中国石油"走出去"获取海外油气资源的巨大动力；中国石油既是石油公司又是专业技术服务公司的一体化运作模式已成为我们在全球油气资源激烈竞争的独特优势。

（2）国家实施"一带一路"倡议和能源"十三五"规划，为海外油气资源深度合作创造了新机遇。

2013年9月和10月，习近平总书记分别提出建设"丝绸之路经济带"（简称"一带"）和"21世纪海上丝绸之路"（简称"一路"）的发展合作倡议，强调相关各国要打造互利共赢的"利益共同体"和共同发展繁荣的"命运共同体"，开启了我国政治、经济和人文等对外合作的新篇章。中国石油经过20多年的发展，已在"一带一路"区域内建成三大油气合作区、四大油气战略通道、2.5×10^8t 当量产能、3000×10^4t 炼能的全产业链合作格局，油气合作是"一带一路"倡议的重要支撑。中国石油油气资源及相关产业合作已成为"一带一路""走出去"的领头羊，未来油气合作将继续以"五通"作为实践指南和核心内容，持续发挥引领和骨干作用，尤其在"一带一路"油气资源合作方面向深层次、高水平的全产业链融合发展。

在国家"十三五"能源规划中对海外油气合作也有明确要求：巩固重点国家和资源地区油气产能合作，积极参与国际油气基础设施建设，促进与"一带一路"沿线国家油气管网互联互通；推进中俄东线天然气管道建设，确保按计划建成；务实推动中俄西线天然气合作项目；稳妥推进天然气进口；加强与资源国炼化合作，多元保障石油资源进口。

积极抓住国家实施"一带一路"倡议创造的新机遇，大力实施油气资源全产业链协同共赢战略。"一带一路"国家油气资源丰富，尤其是陆上丝绸之路经济带的油气资源十分富集，是世界主要油气供给区，也是海外油气资源合作的主要地区和方向。统计表明"一带一路"油气产量分别占全球的51%、49%，油气剩余探明储量分别占全球的55%、76%，油气带发现资源量分别占全球的47%、68%，主要分布在中东、中亚、俄罗斯地区。"一带一路"国家原油供应、需求分别约占全球1/2和1/3，重点资源国普遍实施"资源立国"战略，部分国家油气产业产值占GDP的30%~60%，油气出口收入占国家出口总收入的70%~90%。这种油气的供需错位，使得区内既有激烈的供需矛盾，又有强烈的合作需求，为我们油气资源合作提供了良机。

中国石油目前在"一带一路"上拥有17个国家的49个项目，包括上游、管道、炼厂和贸易等多个领域。累计投资超500亿美元，投资重点在中亚和中东地区，权益油气产量超5000×10^4t。

未来油气资源的合作应实施油气全产业链协同共赢战略。在现有合作基础上，充分考虑"一带一路"相关国家的合作需求和中国的比较优势，通过"资源与市场共享、通道与产业共建"，建设开放型油气合作网络，培育自由开放、竞争有序、平等协商、安全共保的伙伴关系，以资金、技术、标准、管理联合合作，打造新的价值链，以利益共同体构建命运共同体，为实现两个百年目标奠定坚实的油气资源基础。

（3）全球油气资源丰富，尤其是非常规资源，勘探开发潜力巨大，而且分布极其不均衡，为我们在海外进一步获取油气资源奠定了丰富的物质基础。

对全球油气资源系统评价结果表明，全球常规与非常规油气资源总量约5×10^{12}t油当量，二者比例约为2:8，全球油气资源丰富，勘探开发潜力巨大。虽然经过150余年的勘探开发，但是常规油气仅采出1/4，非常规油气采出更少。全球油气剩余可采储量仍保持约1%的年增长速度，目前全球石油剩余可采储量超过2416×10^8t，天然气剩余可采储量超过190×10^{12}m³。油气产量也保持稳步增长。同时，全球油气资源分布极不均衡：常规资源以中东地区为主，石油占全球的40%，天然气占全球的31%；非常规石油以美洲地区为主，占全球的40%。

（4）世界形势动荡不安，海外投资环境复杂多变，但在低油价期，资源国改善对外合作政策，为获取海外油气资源创造了新机会。

分析表明，资源丰富的阿拉伯世界局势动荡将呈现长期化趋势，非洲地区一些国家的长期内乱使中国石油海外资产始终处于高风险状态、中亚地区老人政治潜在风险持续攀升、拉美地区社会与安全风险持续高企，各资源国民族主义抬头，合作政策总体趋紧。但长期的低油价，也迫使资源国放松合作政策，寻求吸引外国投资。例如：伊朗经济受制裁遭受严重打击，出台新合同模式取代苛刻的回购合同；墨西哥和巴西也被迫进行能源政策改革，允许外国资本投资上游和深水盐下油田；许多国家修改财税合同条款以吸引外国投资。

不断创新海外油气合作方式，积极购并低风险地区的油气资源，平衡海外资产安全风险。这些年，虽然我们利用中国优势，到不发达国家获取了大量的油气资源并取得巨大成功，但投资风险巨大，人身安全受到巨大威胁，经济效益也大打折扣。因此，在低油价时期，在国家"一带一路"倡议指引下，面对新形势和油气资源深化合作的要求，要不断创新海外油气合作方式，积极购并低风险地区，如北美、阿联酋、阿曼等国家的油气资源，平衡海外资产安全风险，使海外油气资源分布和结构更趋合理。

（5）低油价下，全球油气资产交易构成发生深刻变化，出现大量待售资产，为海外获取油气资源提供了新选择，不断创新海外油气合作方式，积极购并低风险地区的油气资源，平衡海外资产安全风险。

在低油价下，大型国际石油公司积极调整发展战略。以埃克森美孚、雪佛龙、壳牌、BP、道达尔五大巨头为代表的国际石油公司，进一步进行资产优化、强化优质和优势资源占有，大幅放缓非常规资源的投资力度，不断剥离非战略核心资产，以出售低油价期效益较好的中下游资产为主，除壳牌巨资收购BG集团以外，五大巨头在收并购市场上几乎完全充当卖方角色，出售资产总额达123亿美元，创近8年来新高。低油价下，非常规油气资产并购潮已过，出现大量待售资产；小型油气或服务公司大量剥离不良资产或整体出售。而以中国为代表的新兴经济体的国家油公司，海外油气并购活动由前几年极其活跃转入现在的基本停滞状态；金融投资者在油气收并购市场上日益活跃，积极寻找机会。

积极抓住低油价期创造的新机会，用全球视野大力获取海外油气资源。纵观全球能源发展史，每一次油价波动及技术变革都伴随着一波油气公司的兼并收购浪潮，也是全球油气资源重新瓜分的最佳战略期。2014年6年以来，原油价格大幅下降并长期处于低迷状态，全球油气资源交易价格处于低谷，优质资产交易处于窗口期；许多公司迫于财务压力出售优质核心资产，市场上待售油气资产丰富，数量众多，类型广泛，新一轮并购浪潮逐渐显现，我们要充分利用这次难得全球油气资产交易窗口期，大力获取海外油气资源。

（6）中国石油走出去20多年，积累了丰富经验，培养了大量国际化人才，特别是在常规陆上油气勘探开发技术方面具有较强的国际竞争力，为今后的质量效益可持续发展提供了坚强的保障。

中国石油走出去20多年，特别重视海外科技的理论技术集成创新，成功地将中国陆相石油地质理论和勘探开发理念与海外实际相结合，形成了海外适用的勘探开发特色技术，集成完善先进实用的开发工程配套技术系列，使海外常规陆上勘探开发技术达到国际先进水平；积极探索煤层气、超重油、油砂等特殊类型油气藏勘探开发技术和LNG、海洋工程技术，进一步缩短了与国外先进技术的差距。针对滨里海盆地和阿姆河项目，集成了盐下复杂构造勘探开发系列配套技术，攻关形成了被动裂谷和含盐盆地油气勘探综合配套技术、海外超重油及高凝油油藏高效开发技术以及海外大型碳酸盐岩、砂岩油气田开发等关键技术，有力支撑了海外勘探开发业务持续健康发展。

二、挑战

（1）目前中国石油海外油气资源规模大分布广，但多集中于高风险国家且油气主产区很集中。

在中国石油拥有的海外油气资源项目中，约65%分布于如南、北苏丹等风险较高的国家，其油气资源占总储量、总产量比例超过65%；分布于中等风险国家的项目占25%，其油气储量和产量的占比分别约为25%、20%；而分布于低风险国家的项目仅占10%，其油气储量和产量的占比分别约为10%和15%。特别是分布在伊拉克、南、北苏丹、乍得、尼日尔、哈萨克斯坦、委内瑞拉等67个风险较高国家的油气储量和产量占比已超过中国石油全部海外油气资源的70%，而土库曼斯坦的阿姆河右岸项目天然气产量占其总产量的80%以上，油气主产区十分集中。

（2）海外油气资源归资源国所有，外国公司只是一定期限内的油气资源勘探开发的经营者，未来中国石油所有海外油气资源将面临到期归还资源国的巨大挑战。

海外油气资源项目勘探开发期短、时限性强。每年海外都有到期退还资源国的项目，分析表明到2022年陆续到期的项目/区块有7个，影响海外原油作业产量的25%，到2030年海外绝大多数项目合同到期。仅从勘探项目看，到2020年有13个项目到期，勘探面积会锐减56%；到2025年，有18个项目到期，勘探面积将锐减80%。未来中国石油将面临海外油气资源大幅减少甚至没有的巨大挑战。

（3）海外油气资源项目合同模式、条款和合作方式复杂多样，投资环境复杂多变，投资风险巨大。

统计表明，中国石油海外油气勘探开发项目合同模式中，产品分成合同占36%个，矿税制合同占51%个，服务合同占13%，每种合同模式下规定了投资者不同的权益和义务，对投资者极其苛刻；海外项目有独资经营、联合作业、控股主导和参股等多种经营管理方式。

海外油气资源投资风险巨大。例如南、北苏丹分裂和战争对中国石油的"苏丹模式"产生了重大影响，包括千万吨级油田停产，投资不可回收等，战争导致中国石油叙利亚项目全面停产。此外，资源国随时调整财税条款、汇率大幅变化、更改合同内容更是十分普遍。因此，中国石油海外油气资源投资项目大多数都处于较高风险状态。

（4）目前海外油气勘探开发形势已发生了深刻变化，勘探开发都面临巨大挑战，急需创新研发一批适合海外特点的勘探开发技术。

从中国石油海外老项目看，大部分进入中后期。勘探面临着：勘探面积越来越小、勘探领域越来越少、勘探对象越来越复杂，勘探向着复杂岩性、复杂海域、复杂资料和效益勘探方向发展；开发面临着：项目进入"双高"阶段（含水大于80%，采出程度超过60%）：苏丹124区、PK、阿克纠宾和安第斯等28个主力油田进入开发中后期，存在水驱程度不均匀、产量递减加大、剩余油高度零散等问题，常规砂岩老油田稳油注水控水越来越难，高速开发后调整挖潜和有效接替技术还需攻关。因此，对技术的要求更高，勘探转为成熟探区精细评价为主，开发转为"双高"老油田精细研究和综合挖潜为主。需要在技术适应性、技术经济性与技术有效性三方面统筹优化方案。

从海外在建、待建项目看，领域多样化：海外未来5年在建和待建产项目16个，主要是油砂、致密油气、页岩油气、深水、极地和LNG一体化等。非常规和新领域项目在未来产量和投资占比逐渐提高，对海外生产经营的影响进一步突显。年产量占比将由目前的9%增至"十四五"的39%；上游年投资占比将由目前的31%增至"十四五"的37%。因此，这些非常规和业务新领域，技术难度更大、要求更高，而且大型碳酸盐岩油气田长期稳产和重油油砂经济高效开发缺少国内可借鉴的成熟经验和技术，需要创新研发提高采收率技术和高效开发技术等。

从海外新项目获取看，更加复杂困难。已有项目周边滚动勘探开发类项目，资源发现难度加大，油气藏规模和品质变差；巴西、西非等深水勘探开发项目，勘探程度低，认识程度差，给高风险区客观评价和保效区投入带来挑战；中东、拉美大型服务合同类项目，准确把握资源规模与品质更不容易；提高采收率服务合同类项目，准确认识地下才能选好最佳技术；规模油气公司并购项目，时机和策略不易把握，竞争压力较大。因此，面对海外新项目资产类型复杂且合作方式多元的新形势，对不同类型目标评价和优选要求更高，需要集成国内外技术经济评价技术，创新发展海外超前选区评价技术系列。

第三节　海外勘探开发业务对科技的需求

一、海外勘探开发业务目标

1. 勘探业务规划

"十三五"海外勘探年均新增权益油气可采储量5100×10^4t油当量，其中现有陆上常规项目占50%，非常规项目占6%，海上项目占5%，未来新项目占39%。预计2021—2030年勘探年均新增权益油气可采储量5000×10^4t油当量，由于现有项目陆续到期，预计2021—2030年新增储量中92%来自新项目。

未来勘探重点领域是陆上常规勘探和全球资源评价超前选区。陆上常规领域滚动发展中西非裂谷、中亚裂谷、含盐盆地、东南亚弧后裂谷和南美前陆盆地勘探；超前选区选带重点关注东非裂谷、北非克拉通、中东深层和山前冲断带以及俄罗斯高寒地区勘探；海上稳步发展孟加拉湾、澳大利亚、东西非、巴西海上勘探，积极参与大西洋和墨西哥湾被动陆缘盆地勘探；非常规以现有非常规项目为试点，积累勘探经验，做好"甜点"预测，以勘探技术促非常规业务效益发展。

勘探业务发展方向：以效益勘探为目标，保持常规陆上勘探技术优势，逐步掌握海上和非常规勘探核心技术，抢占前沿领域先机，提高勘探成功率、降低发现成本，为增产创效奠定坚实的资源基础。

2. 开发业务规划

预计到2020年，海外油气权益产量可达1.0×10^8t，其中碳酸盐岩占59%，砂岩占32%，非常规占9%。预计到2030年，海外油气权益产量可达1.3×10^8t，其中碳酸盐岩油气田产量占74%，砂岩油气田占15%，非常规油气田占11%。

非常规油气产量"十三五"期间占比小，未来开发重点是常规碳酸盐岩和砂岩油气田开发及提高采收率领域。需加快中东大型碳酸盐岩油藏上产和持续稳产、中亚碳酸盐岩油藏注水调整，中亚、非洲高含水砂岩老油田稳油控水、剩余油挖潜和提高采收率，加强不同类型复杂气田高效开发、稠油热采提高采收率技术攻关；非常规开发领域搞好已有项目投资规模优化、成本控制优化、运营模式优化，降低成本，实现超重油和油砂经济有效开发。

开发业务发展方向：海外开发业务规模优质高效发展，优化区域布局和业务结构，保持常规油气开发优势，逐步掌握非常规超重油和油砂经济有效开发技术。

二、生产难题和技术需求

1. 勘探

生产难题：未来海外多数项目将面临到期，需不断开拓新项目；陆上常规成熟探区目标复杂、风险领域地质条件不确定性大；深水勘探技术不成熟；不同勘探阶段项目资产价值难以确定，不同合同模式资产价值差异大。

技术需求：常规、非常规油气资源评价关键技术，多源数据库融合建设技术，海外超前选区选带和评价技术，复合叠合、逆冲、反转等后期强烈改造复杂盆地等综合评价技术，复杂断块、岩性地层、低幅/微幅圈闭、盐相关等复杂圈闭精细评价技术，潜山等复杂岩性储层预测和评价技术，深水沉积体系预测技术，深水成藏组合评价技术，深水和超深水烃类检测技术，不同阶段勘探资产价值评估技术，不同合同模式油气资产价值评估技术，海域和非常规油气资产价值评估技术以及项目多目标投资组合优化技术。

2. 开发

生产难题：复杂碳酸盐岩油田稳产难度大，砂岩老油田稳油控水难，非常规油气开发"甜点区"预测难度大；超重油和油砂开采成本高、采收率低，难以经济有效开发。

技术需求：大型生物碎屑灰岩油藏注水提高采收率技术，裂缝孔隙型碳酸盐岩油藏注水开发技术，裂缝孔隙（洞）型碳酸盐岩气藏高效开发关键技术，带凝析气顶碳酸盐岩油藏注水开发调整技术，碳酸盐岩油藏注气提高采收率技术，复杂低渗碳酸盐岩开发技术，高含水老油田稳油控水及提高采收率技术，高矿化度地层水油藏提高采收率技术，大型基岩潜山复杂油藏开发技术；不同类型复杂气藏高效开发技术，稠油高效开发技术，复杂油气田地面工程关键技术，碳酸盐岩油田采油采气关键技术，煤层气、致密气和页岩气"甜点"预测与经济开发技术，超重油油藏冷采稳产与改善开发效果技术，油砂SAGD高效开发技术以及非注蒸汽油砂开采技术。

3. 工程

生产难题：深层地震资料品质差、复杂地表地震采集和深水烃类检测难；复杂岩性、非常规储层测井评价效果差；碳酸盐岩、盐膏地层、复杂冲断带和深水安全高效钻井难度大；新建的油砂管道、西非尼—乍原油管道经济性和安全性保障技术难度大。

技术需求："两宽一高"、低频震源、复杂地表、海域地震采集处理解释技术，三维重磁电震联合勘探技术，复杂岩性油气层测井评价技术，非常规油气储层测井评价技术，随钻测井评价技术，含盐、复杂冲断带、深层、深水安全高效钻井技术，碳酸盐岩油气田钻完井技术，油砂油管道、西非原油管道和中亚跨国油气管道经济安全输送技术。

第四节 发 展 展 望

一、发展思路

紧密围绕中国石油建设世界一流水平综合性国际能源公司的目标与公司海外业务有质量、有效益、可持续发展的战略方针，以海外主营业务技术需求为导向，以提升技术竞争力、攻克生产技术瓶颈为目标，坚持国内外成熟技术集成应用和特色技术创新研发相结合的原则，继续以国家科技重大专项为引领、公司重大科技专项为核心、海外技术支持项目为支撑、海外现场技术攻关为补充的多层次科技攻关架构，充分利用国内外优势科技资源，优化技术获取方式，充分发挥海外科技团队的积极性和创造性，不断完善海外技术支持体系，有力支撑海外勘探开发业务健康发展。

二、发展目标

发展优势技术，继续保持陆上常规油气勘探和高含水砂岩老油田提高采收率技术国际领先；碳酸盐岩油藏开发、超重油和油砂开发实现跨越式发展，整体接近国际先进水平；海上和非常规油气勘探开发实现快速追赶。

形成复杂裂谷盆地精细勘探和带凝析气顶碳酸盐岩油藏注水开发调整 2 项核心配套技术；创新发展与超前储备全球超前选区选带、逆冲/反转复杂盆地综合评价、深水—超深水成藏组合评价、大型生物碎屑灰岩油藏注水提高采收率、高矿化度地层水油藏提高采收率、超重油油藏冷采稳产与改善开发效果、非注蒸汽油砂开采和项目多目标投资组合优化等 8 项特色技术。复杂裂谷盆地探井成功率保持 50% 以上，桶油勘探发现成本在 3 美元之内，碳酸盐岩油田提高采收率 5%～10%，砂岩油田综合递减率低于 10%，为海外年均新增权益油气可采储量 $5100 \times 10^4 t$、预计 2020 年海外权益油气产量 $1 \times 10^8 t$ 以上提供有力的技术支撑。

三、发展的重点理论和技术

1. 全球油气资源评价与选区选带研究技术

全球油气资源潜力依然巨大，随着认识程度和技术水平提高，海外勘探开发空间和领域将不断扩展，国家"一带一路"倡议将给海外油气合作带来新机遇。该领域未来发展趋势：

1）进一步深化对全球油气富集规律的认识，丰富和发展油气地质理论

随着地球深部探测计划、深蓝计划实施，将获得对地球动力系统及其相互作用的全新认识，大洋及极地等领域研究将进一步深入，这些都将催生新一代石油地质理论的发展；油气资源形成条件将更加多元化。同时将进一步深化全球油气富集规律的认识，提出新的勘探领域。

2）进一步创新发展常规和非常规油气资源评价技术

要对常规油气资源形成条件认识进一步深化与评价精细化，对非常规油气勘探开发技术与资源评价方法升级换代，天然气水合物等资源开采技术突破与潜力评价。

3）发展形成一套系统的全球超前选区选带关键技术系列

随着大数据与人工智能发展，全球超前选区技术将呈跨越式发展。结合国家"一带一路"倡议，积极拓展中亚管线周边中小型裂谷、东非裂谷、北非克拉通、中东被动陆缘和山前冲断带、俄罗斯东部及远东地区、大西洋和墨西哥湾被动陆缘盆地等有利勘探领域优选。

2. 被动裂谷盆地勘探理论与技术

全球还有大量的被动裂谷盆地，它们的成因类型非常复杂，油气勘探潜力有待进一步深化。在被动裂谷盆地勘探理论方面，盆地成因机理深化研究、不同类型被动裂谷盆地地质特征共性和差异性、油气成藏规律和勘探潜力研究等需要进一步深化；在勘探技术方面，依靠高精度地震采集和处理技术，复杂断块精细刻画、岩性圈闭预测以及基岩潜山评价等向精细化和定量化发展，需要大幅提高目标刻画精度和储层预测符合率。

1）被动裂谷盆地勘探理论发展趋势

随着中西非裂谷系勘探程度和认识程度日益提高，早期的地质认识将不断深化和完善，未来被动裂谷盆地地质理论研究将围绕以下方面展开：

（1）盆地成因机理深化研究。被动裂谷成因机理研究将从走滑断裂相关的中西非裂谷系逐步拓展到全球其他地区，不同类型被动裂谷盆地的成因物理模拟和数值模拟成为主要发展趋势，将更清晰地在时空上揭示被动裂谷盆地形成全部过程，进一步明确盆地地球动力学特征和成盆机理，为盆地石油地质条件和油气成藏规律研究提供基础。

（2）不同类型的被动裂谷盆地地质特征共性和差异性研究。前文已述，被动裂谷盆地可以分为五种成因类型。目前的研究仅基于走滑相关的中西非被动裂谷系，全球其他类型被动裂谷盆地地质特征的研究将逐步成为重点，通过不同类型被动裂谷盆地的地质特征共性和差异性研究，将进一步丰富和发展裂谷盆地地质理论。

（3）不同类型被动裂谷盆地油气成藏规律和勘探潜力研究。仅就中西非走滑相关型被动裂谷而言，其油气成藏规律仅限于主力成藏组合，其他组合勘探潜力还需进一步深化。此外，被动裂谷裂陷层系发育厚层砂泥岩互层，近源层系的地层岩性油气藏富集规律和勘探潜力需深化研究。由于被动裂谷裂陷层系埋藏往往比较深，储层物性偏差，致密层较多，未来在裂陷层系的致密油气勘探潜力不可忽视。

2）被动裂谷盆地勘探技术发展趋势

被动裂谷盆地往往多期裂陷活动叠加，断裂非常发育，主要圈闭类型为断块，断块往往与一条或多条断层相关，主控断层倾角较陡，断层的识别和解释是关键。此外，被动裂谷盆地内通常发育多种类型的构造带，除了构造圈闭外，岩性圈闭和潜山圈闭也是重要的勘探目标。受多期叠置裂谷发育的影响，常规方法采集的地震资料信噪比较差，尤其是深部地震资料反射不清，严重制约了对盆地结构的认识，也影响了层位追踪、断层解释和构造图的准确性。盆地的勘探早期以断块油气藏勘探为主，中后期则主要以岩性圈闭和潜山油气藏为主。因此，未来依靠高精度地震采集和处理技术，在复杂断块精细刻画、岩性圈闭精准预测以及基岩潜山预测等方面需要进一步攻关，提高目标刻画精度和储层预测符合率，精细化和定量化表征复杂目标将是被动裂谷盆地未来勘探技术的发展方向。

（1）复杂断块精细刻画技术。随着断块复杂性进一步增加，控制断块的断层断距越来越小（断距小于10ms），复杂断块精细刻画将从以地球物理手段为主逐步向地质—地球物理综合方向发展。在地质研究方面，以盆地应力与应变分析为基础，利用骨干地震剖面建立盆地构造模型，搞清盆地的断坳结构、构造演化及断裂发育期次；利用玫瑰花图、应变椭球体分析盆地的主应力场，研究断层和裂缝展布规律，建立拉张、张扭、走滑等应力下的构造样式，理清断层分级分期平面展布，为复杂断块的成因和地球物理解释提供基础。在地球物理技术方面，综合地质、测井和试油等多种资料，在三维空间利用地震波的振幅、频率、相位和空间信息全方位刻画地质体面貌、断裂展布和岩性体，实现复杂断块内部结构的三维可视化和精细雕刻。

（2）岩性圈闭精准预测技术。随着勘探程度的提高，被动裂谷盆地将会全面进入岩性或低幅度构造等隐蔽油气藏勘探阶段，需要深化不同类型岩性油气藏成藏规律认识，完善从岩相、岩性、物性到流体识别的地震预测技术系列，提高岩性油气藏的勘探成功率。识别和刻画岩性圈闭主要方法包括地震反演技术（Strta测井约束反演、地质统计反演、Jason反演、ISIS反演）、属性提取技术（振幅、总能量、波峰数等）、相干体切片技术等。随着高密度地震采集技术与全波场地震采集技术的发展，地震资料品质的提高必将带来岩性圈闭识别精度的提高。以叠前地震资料为核心，开展岩石物理、叠前地震保真处理、叠前地震属性分析、叠前地震反演和叠前地震流体识别等地震—地质一体化研究。

（3）基岩潜山预测技术。被动裂谷盆地基岩潜山储层各向异性强，裂缝预测仍将是研究的重点和难点。未来基岩潜山的储层预测主要关注复杂的地震正演、各向异性裂缝预测、流体检测等方面。复杂的波动方程正演模拟将从理论上验证潜山地震响应，利用宽方位资料和横波信息进行叠前裂缝预测、考虑潜山各向异性特点的流体预测等将是未来的发展趋势。

（4）高密度、全波场地震采集技术。随着油气勘探开发的不断深入，地质目标变得越来越复杂，表层和地下构造复杂导致地震成像困难、成像精度低，需采用更高精度的地震技术来准确落实勘探目标。高密度、全波场地震采集技术将成为主要地球物理勘探手段，将会成为被动裂谷盆地最有效的勘探技术之一。

3. 含盐盆地勘探理论与技术

含盐油气盆地分布广泛，随着理论认识的深化和地球物理等勘探技术的提高，其油气勘探将不断开辟新领域。与盐构造相关的油气藏及盐下岩性地层圈闭将是今后极为重要的油气储量增长点，预计在近期及更远的将来，含盐盆地勘探将继续成为热点。含盐盆地的石油地质理论和勘探技术虽然取得长足进展，但仍有待继续深化和发展创新，以不断发现新领域，并提高勘探效率。在含盐盆地石油地质理论方面，需要进一步研究含盐盆地生储盖分布与控制因素、油气输导体系和充注机制、油气相态控制因素和演化模式等；在含盐盆地石油勘探技术方面，需要通过地质地球物理技术攻关，以继续提高预测精度为目标，完善盐下速度建模、盐下碳酸盐岩储层预测、盐伴生圈闭和盐下岩性地层圈闭评价配套技术。

1）盐盆成藏动力学研究

成藏动力学研究的核心是流体形成、排替的化学动力学和流体运移物理动力学过程。动力学过程的研究必须在盆地的演化历史过程中、特定的输导格架下和不断变化的能量场中进行。含盐盆地成藏动力学的进一步发展有赖于地质过程及其机理和主控因素研究的深入，在进一步认识与油气成藏密切相关的化学动力学和流体动力学过程和机理的基础上，实现盆地温度场、压力场、应力场的耦合和流体流动、能量传递和物质搬运的三维物理模拟，是成藏动力学研究的重要发展方向。

随着与油气成藏密切相关的各种化学动力学和流体动力学过程及其模型研究的不断深入，盆地演化和油气生成、运移和聚集过程的模拟技术也不断改进，并由二维发展为三维。目前的模拟技术对稳态流体的模拟较为成熟，对幕式流体的模拟尚待改进；同时，大多数模拟系统未考虑流体流动过程中的化学物质搬运和沉淀及其对流体流动的影响。

2）重磁电震多种地球物理方法的改进和综合应用

开发盐下构造成像的高效方法是石油勘探所面临的主要挑战之一。传统的地震成像方法在实际应用中存在着能量损失大、数据覆盖不完全和成像精度低等一系列问题，需要在地震激发技术、数学模拟算法和数据处理及成像技术等方面不断加以针对性的改进。作为应用最广的勘探方法，地震技术发展迅速，新技术和新手段及其组合不断涌现，还有巨大发展潜力。

重、磁、电法虽显"老旧"，但也在不断创新和发展，且在解决特殊地质体的某些问题时，比地震具有一定的优势，至少可以辅助地震提高可靠度和精度。电法勘探对解决盐下储层和流体预测问题在俄罗斯取得较好效果，甚至在油田开发过程中有创新性的应用。

含盐盆地三维地震叠前深度偏移的可靠性及经济性还需不断改善。海上大地电磁勘探方法可以改进盐体勘探的可靠性问题。由于盐体的电阻率比周围沉积岩高出10倍，这种差异有可能使我们很容易确定盐体构造的范围和厚度，从而提高盐相关油气藏的勘探效率。

三维全张量梯度成像（FTG）是一项旨在提高地震勘探精度的新技术。这项技术利用三维重力仪拾取大地重力场的微小变化，每个层面的信息直接与地下地质体的形态和质量相关。在墨西哥湾进行的两次现场试验表明，这种方法明显改善了对盐下构造的成像能力。

加强前沿地震技术在含盐盆地的创新应用，包括多波多分量和谱分解等技术。多波多分量技术基础在于利用纵波和横波受储层流体的影响不同，进而分析储层岩石物理和识别烃类显示。多分量地震要求用三分量或四分量检波器来记录地震数据。多分量地震使地下一些细微的变化更易识别，从而给岩性地层油气藏勘探提供了更加有效的手段。多波多分量技术另一个很重要的作用是预测裂缝性储层及其流体特性。

谱分解技术是一项基于频率的储层解释技术，可用于求取或检测薄层地质体的非连续性。由时间域转换到频率域后产生的振幅谱可以识别地层的时间厚度变化，相位谱可以检测地质体横向上的不连续性，但这些技术还有待进一步提高精度和针对性。

3）深层及岩性地层油气藏勘探与评价技术

随着勘探程度的提高和相关技术的进步，含盐盆地勘探目标逐渐向盆内深层非构造油气藏发展。在滨里海盆地，除目前的主力层系外，深部的下石炭统维宪阶及更深的泥盆系也具有形成油气藏的基本石油地质条件，而且以岩性油气藏为主。阿姆河盆地中下侏罗统已获得少量发现，是下一步的重要勘探新领域。该层系为阿姆河盆地的主要烃源岩系。在盆地边部和斜坡区，可能发育一些砂岩储层，形成近油气源的岩性地层油气藏。东西伯利亚盆地属于古老克拉通，发育古元古界原生含油气系统，目前已发现大量岩性型油气田。这些领域成藏条件复杂，预测和评价难度大，需要在储层和流体预测技术方面试验新方法，提高精度和符合率。

4）盐下深层非常规油气成藏理论与勘探技术

在目前经济技术条件下，致密砂岩油气、煤层气、页岩油气是最为现实的非常规油气资源，也是世界各国竞相加大勘探、开发和研究的对象。近年来，非常规油气藏成藏理论和勘探技术取得长足进步。含盐盆地非常规油气资源潜力巨大，盐下超深层成藏机理、相态、油气藏类型等基础问题和预测技术还需新的适应性探索。

4. 前陆盆地斜坡带低幅度构造勘探技术

经过十几年的实践摸索，中国石油已经形成一套成熟的特色南美前陆盆地斜坡带低幅度构造地震采集、处理、解释技术与海绿石砂岩特殊储层测井综合评价技术，并在奥连特盆地斜坡带取得了非常显著的应用效果。但随着勘探的不断深入，勘探领域的不断扩展，新的勘探难题不断出现，就加之新技术的快速发展，仍需不断进步。另一方面，目前大部分解释技术仍需要技术人员大量的人工参与，未来前陆盆地斜坡带低幅度构造勘探技术主要有三方面的发展。

1）低幅度构造地震采集和处理技术

未来随着勘探的逐步深入，剩余待发现圈闭规模、幅度将越来越小，识别难度将越来越大，对地震资料品质的要求也必将越来越高。未来地震采集和处理技术可能会在以下几个方面有所突破：设计更有针对性的采集方法、更为详细的表层调查配合近地表静校正处理技术来解决近地表结构变化引起的静校正问题、多域去噪处理技术配合高覆盖次数、加大排列方式有效突出深层基底反射特征、保真保幅高分辨率处理、小面元、宽方位角设计的前提下的偏移成像处理方法。

主要包括观测系统向小道距、小线距、高密度、长排列长度方向发展，以提高表层反演和最终成像精度；激发，采用更为一致的高速层顶界面以下的炮点井深激发系统；采用更高精度的点位坐标和高程测量设备和技术高精度测量系统；更加先进适用的静校正技术、叠前去噪技术、提高分辨率的高保真技术和叠前偏移成像技术。

2）低幅度构造地震解释技术

随着计算机软硬件技术的快速发展，地震资料解释将由人工向半自动化、自动化方向发展；低级序断层的自动识别成为可能；拓频处理技术、反演技术进一步发展，薄储层识别能力进一步提升。未来地震反演必将开展多尺度的混合反演，反演逐步、逐级开展，厚储层的反演结果作为输入模型开展中等厚度储层反演，其结果作为输入模型开展薄储层反演，从而极大提高薄储层的分辨率。

3）海绿石砂岩储层综合解释技术

海绿石砂岩油层测井评价取得了海绿石与石英混合颗粒骨架支撑的关键认识，建立了海绿石—石英混合骨架体积物理模型，揭示了海绿石砂岩油层高伽马、高密度和低电阻的成因机理，形成了一套针对研究区海绿石砂岩油层的有效测井综合评价技术。这项技术及配套方法为厄瓜多尔安第斯项目增储上产提供了有力的支撑，已有研究表明海绿石砂岩储层在南美前陆盆地斜坡带广泛发育，未来该项技术有望在以下几个方面进一步发展：在目标区针对重点探井或评价井海绿石砂岩段实施全井段取心，系统进行岩心实验，尤其是储层岩矿特征、海绿石含量、毛细管压力、岩电参数等测量，进而为更准确地解释工区海绿石砂岩的物性、含油性等奠定基础。对于成岩作用复杂区，还可以考虑采用多矿物模型等评价海绿石砂岩的储层参数。深化海绿石砂岩储层成岩作用研究,完善测井物性解释结论;开展海绿石砂岩孔隙结构等研究,尝试进行储层产液能力预测;开展束缚水评价攻关,优化海绿石砂岩储层含油性评价。

5. 海外砂岩油田开发技术

中国石油海外砂岩油田经过几十年的有效运营,形成了适合海外油田高速高效开发的理念、策略和技术,即为了快速回收公司投资,普遍采用衰竭式高速开采。但主力砂岩油田高速开发后面临含水上升快、综合含水高、采出程度高、油藏压力保持水平低、递减大等生产问题。油田普遍迈入高含水、高采出程度的"双高"开发后期阶段,稳产形势严峻,开发面临严峻挑战。截至2017年,海外砂岩油田地质储量采出程度、可采储量采出程度分别为26.1%和66.8%,储采比为22.1。2017年平均综合含水为88.8%,主力油田地层压力保持水平40%~60%,平面上注采井网不完善、纵向上采用笼统注水方式,常规砂岩油田水驱储量控制程度和动用程度分别为53.8%和56.2%。因此,急需集成创新系列开发技术以满足砂岩油田继续高效开发需求,支撑项目发展。

1)砂岩老油田高速开发后剩余油定量描述技术

以深化油藏地下认识为基础,加强油藏精细描述研究,以沉积模式、地震属性等多信息为约束,精确表征砂体构型单元,深入刻画砂体展布规律,最终厘清剩余油分布规律,为后期挖潜调整指明方向。在此基础上,形成了不同类型砂体剩余油表征技术和不同黏度油藏井网加密调整技术。

2)砂岩老油田高速开发后综合挖潜和井网重构技术

针对海外砂岩油田实际情况,优选适合的开发方式,提出针对性的开发调整措施,形成不同黏度油藏井网加密调整技术、创新适应海外经营环境的井网重组和层系细分技术、高含水老油田提高采收率技术等关键技术。创新形成具有海外特色的二三结合开发技术。

3)海外工艺优化技术

探索适合油藏特点的分层注水工艺,由粗犷型笼统注水向分层精细注水方式转化;优化措施方案,研究适合强底水油藏堵水技术。在分层注水分层采油技术方面,国内已经形成了比较成熟的工艺技术,已经从开始的固定式水平发展到目前的智能式水平,满足了不同类型多层状砂岩油田的开发。目前国内比较先进的技术有双泵分层采油技术、振动波分层采油技术、智能分层注水技术、智能分层采油技术。

4)海外技术经济一体化评价技术

该技术是实现经济效益最大化海外项目的根本,因此在海外砂岩油田的开发中,要以经济效益为中心,充分考虑不同合同模式、投资回收的方式以及合同期的长短对项目的影响,通过对不同类型措施的经济效益进行对比,选出经济性较好的挖潜方案。

根据合同模式、合同期限、油藏特点、中方利益等因素,形成一套技术经济一体化评价技术,实现合同期内经济效益最大化。

6. 海外碳酸盐岩油气藏开发技术

伊拉克大型生物碎屑灰岩油藏注水开发面临着生物碎屑灰岩储层非均质性特征的定量描述与空间展布刻画难题;生物碎屑灰岩油藏水驱油渗流规律认识不清;薄层生物碎屑灰岩油藏水平井注水恢复压力与含水快速上升的矛盾日益突出;巨厚生物碎屑灰岩油藏的高效注水问题;大型生物碎屑灰岩油藏规模注水整体优化部署问题等。哈萨克斯坦让纳若尔带气顶碳酸盐岩油藏经历多年注水开发后，面临着地层压力保持水平低、储层动用程度低、气顶油环协同开发动态调整等难题。土库曼斯坦阿姆河右岸碳酸盐岩气藏储层复杂，盐下礁滩体刻画和裂缝预测难度大、裂缝发育及边底水活跃，造成气田高效开发面临较大的挑战。中亚低压缝洞型碳酸盐岩储层钻完井漏失严重，造成水平段钻进困难，优质储层钻遇率低，固井质量难以保证；中东碳酸岩盐储层上覆泥页岩段易垮塌，机械钻速慢，现有技术难以实现高效安全钻完井。复杂碳酸盐岩油气藏采油采气工程面临诸多挑战等。而碳酸盐岩油气藏开发是中国石油海外主要拓展领域和核心业务，海外碳酸盐岩油气藏发展潜力巨大，具备持续上产空间，目前的技术不能满足未来优质高效发展的需求，需要系统组织不同类型碳酸盐岩油气藏开发技术攻关，创新一套适应海外碳酸盐岩油气藏特点的开发理论和技术体系，支撑海外碳酸盐岩油气藏高效开发。

1) 碳酸盐岩油气藏储层非均质性定量评价技术

（1）生物碎屑灰岩储层非均质性定量评价与表征。开展生物碎屑灰岩储层非均质性成因分析、储层微观孔隙结构评价等，建立岩石类型的测井定量识别标准与方法。生物碎屑灰岩储层纵向存在高渗透层，注水注气波及体积低，难以实现高效补充能量，开展高渗透层的成因与定量识别、隔夹层定量识别与多尺度分布预测，表征高渗透层的空间展布规律；从而形成一套生物碎屑灰岩储层非均质性定量评价与三维地质模型建模技术。

（2）裂缝孔隙型层状碳酸盐岩储层非均质性定量评价与表征。碳酸盐岩储层孔、缝、洞组合关系复杂，孔渗关系规律性差，储层非均质性强，裂缝预测和储层表征难度大。开展裂缝孔隙型碳酸盐岩储层微观特征和组合方式研究，确定碳酸盐岩储层微观非均质模式；制定裂缝孔隙型碳酸盐岩岩石组构和孔隙结构测井定量识别方法，定量表征隔夹层分布规律，形成一套裂缝孔隙型碳酸盐岩储层非均质性定量评价与建模技术。

（3）缝洞型碳酸盐岩储层精细描述和刻画技术。开展针对巨厚盐丘下的变速成图技术研究，搞清礁滩储层发育控制因素分析，定量评价溶蚀、构造裂缝等次生作用对碳酸盐岩储层的影响程度，形成礁滩体刻画和裂缝预测技术。

（4）不同类型碳酸盐岩储层水淹规律及剩余油分布规律表征技术。评价孔隙型、裂缝—孔隙型、孔缝洞复合型等不同类型储层水淹特征，搞清水淹规律，明确控制因素，落实开发中后期水驱波及与驱油规律，建立不同类型储层剩余油分布模式，确定剩余油挖潜技术对策和部署方案，形成不同类型碳酸盐岩储层水淹层定量表征及剩余油分布挖潜技术。

2) 碳酸盐岩油气藏开发基础理论

（1）低渗透生物碎屑灰岩油藏水驱开发基础理论。研究不同孔隙结构类型储层水驱油渗流特征，搞清基质—高渗透条带系统水驱油渗流规律，厘清低渗生物碎屑灰岩油藏注水水质引起的多相流运移机理，揭示注水离子组成及不同矿化度提高原油采收率机理，制定适应伊拉克地区生物碎屑灰岩油藏的注水水质标准。

（2）裂缝孔隙型碳酸盐岩油气藏气顶油环协同开发基础理论。研究在气顶循环注气、油气界面附近屏障注水＋油环面积注水开发方式下，影响气顶油环同采时流体界面稳定的主控因素，揭示气顶油环协同开发机理；建立气顶油藏不同开发方式适应性筛选标准和气顶油环协同开发动态调整方法，实现带凝析气顶油藏气顶油环协同高效开发。

（3）边底水碳酸盐岩气藏水侵机理。基于碳酸盐岩储层精细描述和刻画，物理模拟和数值模拟手段相结合，揭示碳酸盐岩气藏水侵机理，为气藏治水对策制定提供基础。

（4）复杂结构井井筒油气水多相管流动态预测理论。针对海外高产量、高气液比和存在油气水三相情况下，已有管流模型计算出的压力值普遍偏低问题。发展大斜度井和考虑分支间干扰的分支井井筒多相流生产系统优化技术理论，为优化生产制度、延长自喷期提供理论基础。

3）碳酸盐岩油气藏注水开发技术

（1）薄层石灰岩油藏水平井整体注水稳油控水及综合挖潜技术。分析水平井注水开发特征，建立水平井开发效果评价体系和评价方法；明确水平井注水开发含水上升规律及主要影响因素，确定水平井注水井和生产井之间的剩余油分布模式，从而制定水平井注水开发稳油控水技术对策，形成水平井注水开发综合调整与挖潜技术。

（2）巨厚生物碎屑灰岩油藏高效注水开发技术。认清巨厚生物碎屑灰岩储层纵向分布特征，明确影响巨厚储层注水开发效果的主控因素，优化合理的注采井型与注采井网；总结高渗透层的动态分布特征，建立高渗透层的动态识别方法，建立与高渗透层相对应的注采对应模式和技术对策以提高巨厚储层的动用程度，从而提高巨厚生物碎屑灰岩油藏波及效率及注水开发效果。

（3）大型生物碎屑灰岩油藏注水开发整体部署优化技术。伊拉克各油藏大型生物碎屑灰岩油藏分区分阶段投入开发后，造成油藏各区域在平面和纵向上压力分布差异很大，注水后压力恢复效果差异明显。优化压力保持水平、合理选择注水时机，优选油田整体注水开发部署，明确分区分层注水开发技术政策，确保有限水资源高效利用和分区分块高效注水开发，形成大型生物碎屑灰岩油藏注水开发整体部署优化技术。

（4）裂缝孔隙型碳酸盐岩油气藏注水、注气开发调整技术。明确双重介质碳酸盐岩油藏注水、注气开发效果的主控因素，建立双重介质储层注水、注气开发技术政策图版。优化强非均质性储层高含水区周期注水开发技术政策，减缓含水上升速度，稳定油田产量。探索伴生气回注实现混相驱开发的可行性，减缓低渗透区地层压力下降速度，提高合同期内开发效果。拓展开发中后期油田开发模式，评价气水交替、聚表剂驱油等开发方式的适应性，为提高油田采收率储备技术。

4）边底水碳酸盐岩气藏开发技术

（1）碳酸盐岩气藏气水分布及活跃程度评价方法。综合各种动静态资料分析流体分布的控制因素，明确不同类型气藏的气水分布模式，建立水体能量评价方法和水体活跃程度评价标准，指导气田的高效开发。

（2）大斜度井试井解释及气藏动态描述技术。发展大斜度井试井解释理论与方法，建立异常高压气藏单井控制动态储量评价方法，评价异常高压条件下裂缝对气藏开发效果的影响程度，建立单井初始合理产能及产能递减规律评价方法。

（3）裂缝孔隙型边底水气藏控水稳产及综合调整技术。明确边底水气藏出水规律与控制因素，优化边底水气藏控水稳产技术对策，确定单井与全气藏合理产量，形成边底水气藏综合调整技术。

5）复杂碳酸盐岩油气藏钻完井技术

（1）压力敏感性缝洞型储层延长水平段钻井技术。以解决窄压力窗口问题、减轻储层伤害、降低压差卡钻概率、提高钻速和水平井段延伸能力为目标，发展延长缝洞型碳酸盐岩储层水平段钻井技术。压力敏感性缝洞型储层延长水平段钻井技术是以精细控压钻井技术为核心，包括随钻井底环空压力测量、减阻降扭等技术。该技术通过利用一整套井下仪器、地面设备，实现在钻井循环时直接实时监测、动态控制井底压力；在停止循环时，利用井口压力补偿方式，动态控制井口压力，最终实现井底压力或井下某一压力敏感地层压力稳定，并通过轻微轴向振动井下钻具组合，改善井下钻压传递效果，明显降低钻具与井壁之间的摩擦阻力。

（2）异常低压储层安全钻井技术。针对地层压力持续降低、压力亏空大而导致的钻井液体系与性能难以满足钻井要求的挑战，通过超低密度钻井流体技术与随钻测量工具的研发，解决现有钻井液体系无法适应异常低压地层的问题，有效预防并治理异常低压储层井漏，实现在异常低压储层钻大斜度井和水平井时定向参数的实时测量与传递。异常低压储层安全钻井技术的发展是以超低密度钻井液体系及配套设备为核心，包括了气体钻井、可循环微泡沫钻井液、电磁波无线传输等技术的集成与创新。通过国内外技术调研，目前空气、氮气雾化，空气、氮气雾化泡沫，可循环微泡沫钻井液体系均可以实现较低钻井液密度，为异常低压地层的钻进提供了有效技术手段。

（3）上覆易垮塌泥页岩段碳酸岩盐储层分支井钻完井技术。孔隙型碳酸岩盐储层分支井钻完井技术发展方向为优化分支井井身结构优化设计，发展易塌泥页岩段井眼轨迹控制及防塌技术，研发或优选分支井钻井新工具，建立提高分支井钻井速度的新方法。同时，根据地质、油藏条件和采油方式，优选分支井完井类型和钻井方法（主要包括套管开窗锻铣侧钻、预设窗口、裸眼侧钻、径向分支井方法、膨胀管定位侧钻和智能分支井等），以达到降低钻井成本、提高油气层纵向动用程度的目的。

6）复杂碳酸盐岩油气藏采油采气技术

（1）海外高产量和高气液比条件下的人工举升技术。建立气举井远程诊断平台，评价气举井系统效率，研发高气液比井气举辅助电潜泵采油技术，解决了气举开发后期高气液比井人工举升难题。

（2）碳酸盐岩油气藏难动用储层控水改造技术。大规模注水开发进一步加大了储层改造与有效控水的矛盾，碳酸盐岩低渗透边际油藏采用常规酸化、酸压技术难以实现有效动用。开展碳酸盐岩酸压不同尺度裂缝延伸、转向机制及其蚓孔扩展耦合理论研究，发展复杂碳酸盐岩油气藏无级次转向酸压技术，优化碳酸盐岩储层复合深度改造设计，创新碳酸盐岩边底水油气藏控水改造技术，实现有效提高单井产量。进一步发展碳酸盐岩储层加砂压裂技术及水平井体积酸压裂技术，解放低渗透储层。

（3）分层注水及堵水调剖工艺技术。厘清不同注水水质对储层的伤害机理，优化隔夹层欠发育储层分注工艺设计，发展分层注水及其实时测调技术，提高注水波及体积。研发和优选抗盐耐温堵调体系液，优化巨厚储层直井堵调工艺、薄储层水平井控水增油工艺，形成高矿化度碳酸盐岩油藏堵水调剖技术，减缓注入水突进与油井含水上升速度。

（4）碳酸盐岩气藏治水技术。碳酸盐岩气藏发育高角度裂缝，边底水沿裂缝或高渗透条带容易突进到生产井。研发缝洞型储层大斜度井不同完井方式下找堵水配套工具，发展大斜度井找堵水工艺技术。研发孔洞型低压酸性气井泡沫排水剂，形成低压酸性气藏排水采气工艺技术。

7. 超重油油藏有效开发技术

超重油油藏在储层物性及流体性质上具有其独特性，目前主体开发技术为水平井冷采。但冷采衰竭开发无能量补充，随地层压力下降，产量递减、生产气油比上升，开发效果逐渐变差，冷采潜力逐渐减小，冷采稳产困难；同时冷采采收率低（5%~12%），存在很大的提升空间。此外，对于超浅层和浅层超重油油藏（如重油带胡宁地区），由于油藏埋藏浅、地层压力低、原始溶解气油比低、原油黏度高、泡沫油作用相对弱，驱动能量和流动能力弱，冷采单井产能相对低，经济效益差。总体说来，超重油油藏稳产与提高采收率的技术发展趋势主要有以下几个方面。

1）超重油油藏提高冷采效果和采收率技术

超重油冷采会导致层间、层内冷采动用程度存在差异，储量动用不均，为进一步提高冷采效果，需深化研究储层构型对流体分布以及冷采剩余油分布规律的影响、深化冷采特征及冷采剩余潜力定量刻画，优化层内、层间水平井部署，制定激励泡沫油驱油作用的开发技术政策等。提高单井产量是解决浅层超重油油藏经济有效开发的关键，需从浅层疏松砂岩油藏储层和流体识别、钻井与油藏工程一体化设计、油藏流体降黏与补充能量、配套举升工艺等多专业多角度协同攻关研究。重油带实施过直井蒸汽吞吐、水平井蒸汽吞吐和直井蒸汽驱等热采先导性试验，取得了较好的增产和提高采收率效果。但目前冷采开发方式及开发部署（井型、井长、排距、完井方式等）对热采接替的适应性需进一步验证，并且热采成本高、经济风险大。加拿大针对Lloydminster地区浅薄层超重油油藏泡沫油携砂冷采（CHOPS）后开展了循环溶剂注入（CSP）技术研究和先导试验，由于溶解困难、回采过程中脱气快等原因，不能有效实现降黏和保压的目的；同时，该地区实施的水驱、聚合物驱等后续开采方式先导试验效果对地层原油黏度和储层的非均质性依赖性大。需研究低成本非热采保压与提高采收率技术，包括注入体系配方筛选、驱油机理、注采优化设计等方面；需研究有效降低热采成本的技术途径。

2）非热采接替稳产与提高采收率技术

（1）高黏聚合物驱技术：传统上聚合物适用的原油黏度低，属于常规油的三次采油开发方式。但是，随着对聚合物驱替机理认识的深入以及工艺的进步，聚合物可适应的领域也在大大加强，加拿大在原油黏度高达数千厘泊的重油油藏已经成功进行了多例聚合物驱先导试验。需要进一步加强与超重油油藏流体特征相匹配的高黏聚合物的研制与评价，并开展聚合物与气体交替驱提高采收率可行性研究。

（2）注溶剂吞吐技术：注溶剂循环吞吐（CSP/ECSP）的工艺流程与常规蒸汽吞吐（CSS）非常类似，既注入一定体积的单一溶剂或多种组合溶剂，通过一口井注入、焖井、再开井生产的方式进行循环吞吐作业。循环注溶剂吞吐的溶剂配方可选择单一溶剂，如甲烷、二氧化碳、氮气等。在注气循环内，挥发性烃类段塞"指进"到原油中，给易容于原油的段塞提供通道，并且在生产过程中，为溶解气驱提供驱油动力，而大部分易溶于原油组分保持原油的低黏度。为此，需要加强超重油与不同溶剂组合的相态研究、溶剂筛选评价、室内驱油机理和驱替效率测试、开发优化设计等方面的研究。

（3）二次泡沫油开发技术：鉴于单纯的天然气回注难以再次形成泡沫油，通过大量室内实验反复论证，确立了"轻烃溶剂+气体+二次泡沫油促发体系"段塞式注入形成二次泡沫油的技术思路：向超重油油藏中首先注入轻烃溶剂段塞稀释超重油降黏，然后以段塞的形式分别注入气体和由"超耐油发泡剂+稳泡剂+水"组成的二次泡沫油促发体系溶液，在油层多孔介质空间内，通过剪切起泡，与稀释后流动的原油一起形成泡沫分散流，即二次泡沫油流。它可以采用吞吐和驱替两种方式开发，对于吞吐方式，注入一定质量的上述体系后，关井焖井一段时间，再回采出地面；对于驱替方式，连续交替注入上述体系，驱动原油不断进入生产井底。技术原理：首先注入的轻烃溶剂段塞，可大幅提高原油流动能力，减少二次泡沫油促发体系与气体进入油层深部的阻力；随后注入的气体段塞可直接进入油层深部，再后注入的二次泡沫油促发体系进一步顶替气体进入油层更远的深部，以降黏和驱动更大范围的超重油。在回采过程中，较高黏度的二次泡沫油促发体系阻挡了气体从井底的快速脱离，并与返回生产井底的气体剪切起泡，形成泡沫，进一步封堵脱气，从而有效起到油层保压的作用，并通过延缓气体的快速脱出，大幅延长气体滞留在原油中的时间，提高含气原油的弹性能量，并降低原油的动力黏度，从而达到延长生产时间，提高原油产量和采收率的目的。

3）热力采油提高采收率技术

（1）多元热流体吞吐技术：蒸汽吞吐作为一种非常成熟的技术在全世界的稠油或重油油藏中广泛应用，重油带上有多个区块进行了蒸汽吞吐先导试验。近年来，改善蒸汽吞吐开发效果技术发展迅速，如多井整体吞吐、蒸汽+助剂吞吐等。其中，蒸汽+助剂吞吐中使用的助剂主要包括非凝析气类（天然气、氮气、二氧化碳、烟道气等）、溶剂类（轻质油）以及高温泡沫剂（表面活性剂）等。该方法能够发挥多种驱油机理，可有效延长蒸汽吞吐经济开采轮次，延长周期内生产时间，综合提高采收率。

超重油与常规稠油超稠油相比，地下具有一定流动性，为多元热流体吞吐技术的应用提供了可行性。多元热流体是一种由水蒸气、氮气和二氧化碳等烟道气成分组成的高温高压混合热流体，通过复合热载体发生器产生并经管路、油井直接注入油层，高温高压的多元热流体进入油藏能够补充地层能量并大幅度降低原油黏度。利用蒸汽和气体的协同增产机理，多元热流体开采技术具有采油速度快和采收率高的特点。

多元热流体发生器基于火箭发动机高压燃烧喷射机理，利用空气与天然气/柴油/原油在高压密闭条件下充分燃烧生成高温高压二氧化碳、氮气和水蒸气。发生器舱包含：PLC控制、空气流量调节、天然气流量调节、变频控制高压供水水泵、发生器、点火系统、测温测压计量系统及热载体输出系统。目前12t/h的多元热流体发生器装置相当于5.9t/h蒸汽锅炉+4.7t/h空气分离装置+1.4t/h二氧化碳收集装置。发生器压力与温度分别为6.2MPa和300℃。可以通过程序控制定时排垢。目前应用原油作为燃料的发生器已在现场实施应用。

多元热流体吞吐技术在注气初期就在注入蒸汽的同时伴注大量的氮气和二氧化碳。在注入多元热流体过程中，地层原油黏度随温度升高而降低，同时烟道气体混合在原油中形成泡沫油，可以大幅度提高原油的流动能力。并且相较于常规蒸汽吞吐，因为烟道气在注入过程中首先沿原注汽超覆部位进入油层，占据井筒附近超覆孔隙空间，烟道气、蒸汽和原油三相流动，增加大孔道渗流阻力。后续注入过程中，烟道气高温膨胀形成相对的高压腔，有利于注入的多元热流体向相对低渗透部位扩散，从而达到均匀注气、扩大波及体积、提高动用程度的作用。

（2）超重油油藏冷采降压后蒸汽辅助重力泄油技术：典型的蒸汽辅助重力泄油

（SAGD）技术是通过在油藏下部布两口水平井，其中注入井在生产井的上部，通过注入井持续注入蒸汽，使蒸汽向上和侧向移动加热油层，形成蒸汽腔，蒸汽在蒸汽腔边缘冷凝，通过重力分异作用使冷凝水和加热的原油沿蒸汽腔边缘流入下部生产井将原油采出。

目前矿场规模实施SAGD的油藏一般是地下原油不具备流动性的油砂和超稠油，泡沫油型超重油油藏地下原油具有流动性，原油的流动性对SAGD开发机理和开发效果影响尚不明确；同时泡沫油型超重油具有较高的原始溶解气油比，溶解气属于非凝析气体，非凝析气体对SAGD开发具有一定的影响，溶解气聚集在蒸汽和原油的界面处，阻碍了蒸汽对原油的加热作用，降低了SAGD开发的最终采收率，所以冷采转SAGD的地层压力应尽量降低，以减少油相中溶解气的含量，降低溶解气对蒸汽腔发育的不利影响。其次，由于泡沫油地层下具有流动性，泡沫油SAGD不需要预热，注采井垂向井距应适当增大。建议采用上下两口水平井冷采后转SAGD可以降低溶解气含量，提高SAGD开采效果；多井对SAGD实施不均衡注汽，利用相邻SAGD井对注汽压差将蒸汽腔中的部分溶解气排出，并利用蒸汽的驱动力，增加SAGD井对间的蒸汽腔发育和储量动用程度。

总体来看，海外在勘探技术发展方面近中期的目标是：陆上成熟探区滚动勘探和风险勘探继续保持国际领先水平，全球油气资源评价与选区选带、油气资产评价达到国际先进水平，深水目标评价实现快速追赶；创新发展全球超前选区选带、逆冲/反转复杂盆地综合评价、深水—超深水成藏组合评价和项目多目标投资组合优化四项关键技术；形成复杂裂谷盆地精细勘探核心配套技术。研发集全球地质信息、资源评价与资产评估于一体的GRIS 3.0版软件平台；全球油气资源评价覆盖度达90%以上，复杂裂谷盆地探井成功率保持在50%以上，每桶油发现成本在3美元之内；为海外陆上风险勘探与成熟探区滚动勘探领域目标评价提供有效勘探部署与规划，为"十三五"预计年新增权益油气可采储量5100×10^4t（新项目2000×10^4t）提供技术支撑。

海外在开发技术发展方面近中期的目标是：高含水砂岩老油田提高采收率技术继续保持国际领先，大型碳酸盐岩油气藏开发达到国际先进水平，深水油气开发、超重油和油砂开发技术实现快速追赶；创新发展大型生物碎屑灰岩油藏注水提高采收率、高矿化度地层水油藏提高采收率、超重油油藏冷采稳产与改善开发效果和非注蒸汽油砂开采四项关键技术；形成带凝析气顶碳酸盐岩油层注水开发调整核心配套技术。砂岩油田综合递减率低于10%，碳酸盐岩油田提高采收率5%～10%；适应国家丝绸之路经济带能源战略，提升公司油气份额，在中亚和中东大型碳酸盐岩油气藏开发中形成具有竞争力的技术优势，力保实现作业产量1.2×10^8t（权益产量6500×10^4t）；以美洲重油、油砂为基地，大力提升开发技术，保证实现经济高效开发，为"十三五"海外油气作业产量2×10^8t以上，权益油气产量1.0×10^8t以上提供有力的技术支撑。

海外在油气田工程技术发展方面近中期的目标是复杂领域地震采集与处理、三维重磁电震联合勘探、复杂岩性油气层测井评价、碳酸盐岩油气田钻完井、含盐地层安全高效钻井、跨国油气管道安全输送达到国际先进水平。复杂领域物探技术在提高反转和多期叠置裂谷盆地断层和岩性体识别精度、深层信噪比和复杂山地与冲断带采集处理水平等方面取得显著进展，并达到降低成本、规模应用的明显效果；复杂油气藏安全高效钻井技术为中东地区复杂碳酸盐岩油藏和中亚地区盐下深井安全、优快和效益钻探提供技术保障，为海外增储上产、降本增效提供钻井技术支撑；管道安全高效输送技术集成主要在加拿大油砂油管道输送、西非管道、中亚跨国油气管道和跨国管道维抢修体系等领域广泛应用。

从长远看，未来海外要继续坚持"业务发展战略驱动、技术创新引领发展"的原则，集成创新与自主研发相结合，推动领先技术向精细化和高端化发展，有差距的技术争取跻身国际先进行列，并在前沿领域占据一定技术份额，实现公司技术领域全球化和国际化，引领海外业务创新发展。

在勘探方面，要重点发展全球剩余勘探领域超前选区选带技术、复杂领域勘探目标精细评价技术和深水—超深水勘探目标地质地球物理综合评价技术。在开发方面，重点发展复杂碳酸盐岩油藏注水及提高采收率技术、高含水砂岩老油田稳油控水及提高采收率技术和海上油气开发综合配套技术实现突破。在非常规勘探开发技术领域，要大力提升重油—超重油高效开发和非注蒸汽油砂高效开发技术，保证美洲重油和油砂项目经济高效开发；全面掌握非常规气地质综合评价与经济开发技术。在高寒地区勘探开发技术领域，如冻土地区地震采集技术、高寒地区钻完井技术和高寒地区采油采气及集输技术实现突破。

总之，陆上常规油气勘探开发技术向精细化和高端化发展，在全球陆上常规油气资源日益劣质化大趋势下，实现技术精益求精，不断挖掘效益资源。深水—超深水勘探开发技术跻身国际先进行列，其中深水沉积体系和目标地质地球物理评价技术部分达到国际领先水平。非常规油气勘探开发技术整体接近国际先进水平，其中重油—超重油、油砂、煤层气、页岩气等勘探开发技术达到国际先进水平。极地等高寒地区具备一定技术能力，并使公司能够占据业务份额，形成开放式国际一流研发团队。